K
T

AVESTA

DIE HEILIGEN BÜCHER DER PARSEN

ÜBERSETZT

AUF DER GRUNDLAGE VON

CHR. BARTHOLOMAE'S ALTIRANISCHEM WÖRTERBUCH

VON

FRITZ WOLFF.

STRASSBURG

VERLAG VON KARL J. TRÜBNER

1910.

Herrn Professor

CHRISTIAN BARTHOLOMAE

in Dankbarkeit und Verehrung.

Vorwort.

Der von Gray (IFAnz. 22. 14) ausgesprochene Wunsch, daß Bartholomae selber, als am besten dazu befähigter, auf der Grundlage seines Altiranischen Wörterbuchs eine neue Übersetzung des Avesta liefere, wird leider nicht erfüllt werden. Da aber im AirWb. der Stoff dafür vollständig vorliegt, so glaubte ich, es sei auch einem andern nicht unmöglich, diese Aufgabe — wenigstens einigermaßen — zu lösen. Aus dieser Erwägung heraus ist der vorliegende Versuch entstanden. Meine Übersetzung beruht so gut wie ausschließlich auf Bartholomae's Wörterbuch; sie will die im AirWb. an unendlich vielen Stellen zerstreuten Teilchen zusammenfassen, die zahllosen Punkte und Striche des AirWb.'s, wenn ich so sagen darf, zu einem Bild vereinen. In dieser Absicht habe ich mich streng an das Wb. gehalten: ich bin Wort für Wort, Stelle für Stelle Bartholomae's Auffassungen nachgegangen, ich habe seine Anschauungen überall wiedergegeben, ich habe auch die kleinen und kleinsten Übersetzungsstückchen übernommen.

Was ich biete, ist eine vollständige Übersetzung der in Geldner's Avesta-Ausgabe (Stuttgart 1889—95) enthaltenen Texte[1]), mit Ausnahme der von Bartholomae selbst übersetzten Gatha's (Straßburg 1905). Meine Übersetzung ist möglichst wortgetreu. Die Forderung ästhetischer Wirkung kann sie daher nur in beschränktem Maß erfüllen. Wäre ich ihr mehr nachgegangen, so hätte ich befürchten müssen, den stilistischen Charakter des Urtextes zu verwischen. Einige Stellen, die nicht anders als in freier Übersetzung zu geben waren, sind in den Fußnoten erläutert.

Wörter, die ich bei der Verdeutschung der Texte aus stilistischen Gründen ergänzen mußte, sind in runde Klammern[2]) ( ) eingeschlossen, Ergänzungen des Sinns halber in eckige[3]) [ ]. Die Verwendung der Klammern soll dem Philologen den Wortlaut des Urtextes verdeutlichen; der Nichtphilologe möge über die Klammern hinweglesen und ebenso über die zahlreichen Absätze,

---

[1]) Die von Geldner abgekürzten Stellen sind in derselben Weise wiedergegeben, nur bei einer Reihe von kleinen Kürzungen (wie dātarə ... ašāum für dātarə gaēθanąm astvaitinąm ašāum) habe ich die Lücken stillschweigend ausgefüllt.

[2]) In ( ) ist z. B. auch das Relativ-Pronomen gesetzt, wo ein Kompositum des Texts durch Relativ-Satz aufgelöst ist: miθrō vouru.gaoyaoitiš „Miθra, (der) weite Fluren besitzt".

[3]) Eine strenge Scheidung war freilich nicht überall durchzuführen.

die im allgemeinen die für den Urtext charakteristischen Wiederholungen zur Anschauung bringen sollen.

Die in den Text geratenen Glossen, die Geldner in seiner Ausgabe ungleichmäßig behandelt hat[1]), ebenso Wörter, die sich an den Fundstellen als spätere, und zwar unangebrachte Zutaten erweisen, sind in spitze Klammern < > eingeschlossen. — Die Eigennamen und alle besonderen avestischen Ausdrücke, ebenso die Namen der Tage und anderes dergleichen sind in Sperrdruck gegeben. — Was bei Geldner gesperrt gedruckt ist, habe ich unterstrichen. — Die in die Texte des jüngeren Avesta eingestreuten Zitate aus den Gāθā's sind in ' ' eingeschlossen. In den Noten ist die Mutterstelle verzeichnet und zwar mit dem Zusatz: =, wenn es sich um vollständig wiedergegebene Strophen handelt; bei kleineren Stücken lautet der Zusatz: aus oder nach, je nachdem die Stelle unverändert übernommen oder frei benutzt ist.

Wo Bartholomae's Textänderungen zu Sinnänderungen führen, sind die in Frage stehenden Wörter oder Stellen durch *Kursiv-Druck* kenntlich gemacht. — Die aus dem AirWb. übernommenen Übersetzungsteile sind in der Weise bezeichnet, daß eine am letzten Wort der Stelle angebrachte Note auf die Spaltenzahl des Wb.'s verweist. — Im AirWb. unübersetzt gelassene Avesta-Wörter sind in die Noten gestellt; Textänderungen sind mit † versehen: bei den Eigennamen ist dies † nur im Index angewendet.

Die avestischen Ausdrücke wie Aša, Ratav usw. sind als solche in die Übersetzung unverändert übernommen; ich verweise dafür auf Bthl.'s Ausführungen im Vorwort seiner Gatha-Übersetzung, S. VII ff. — Für ašavan- habe ich ašagläubig (Ašaanhänger, ašagerecht) gebraucht, wo es auf Menschen, ašaheilig, wo es auf Gottheiten, und ašaehrwürdig, wo es auf Ahura Mazdāh bezogen ist. — ašya- ist durch ašafromm, und ašaya durch ašamäßig wiedergegeben, außer in der Verbindung ašaya vaṅhuya „nach Recht (und) Pflicht".

Es ist eine Eigentümlichkeit der Avestasprache, für gewisse Dinge (insbes. Körperteile) und Tätigkeiten (z. B. gehen, sprechen) verschiedene Nomina und Verba zu verwenden, je nachdem von einem ahurischen oder daēvischen[2]) Wesen die Rede ist; durch die Wörter der zweiten Reihe sollen die damit benannten Sachen oder Handlungen als mangelhaft oder verächtlich gekennzeichnet werden. Das läßt sich in einer Übersetzung nicht entsprechend wiedergeben, doch glaubte ich, nicht ganz darüber weggehen zu dürfen. Ich

[1]) Grundsätzlich läßt er sie weg (vgl. Y. 9. 11, aber Yt. 19. 40 im Text), z. T. setzt er sie in eckige Klammern (V. 4. 2), z. T. in den fortlaufenden Text (V. 1. 14, Yt. 19. 40).

[2]) „daēvisch" im Sinn von „nicht ašagläubig": so wird Yt. 10. 37 von den Menschen, die den Miθra betrügen, die daēvische Bezeichnung für „Kopf" gebraucht, und ebenso die für „gestorben" in V. 5. 61, wo es von einem Mazdāhanbeter, der sich einer gewissen Sünde schuldig gemacht hat, heißt, er werde, wenn er gestorben ist, nicht ins Paradies kommen; s. unten S. 350.

habe deshalb solche Ausdrücke, die ausschließlich in Bezug auf daēvische Wesen gebraucht werden, durch das vorgesetzte Zeichen ° kenntlich gemacht[1]). Dasselbe Zeichen ist auch da verwendet, wo dregvant- (eigentlich) „drug-gläubig" als Attribut des Anra Mainyav und anderer daēvischer Gottheiten — streng genommen ungenau — mit „ruchlos" wiedergegeben ist.

Der sprachliche Wert der einzelnen Stücke des Avesta ist sehr verschieden[2]). Von den grammatisch minderwertigsten Stücken wie Yt. 2, 3 und 4 eine genaue Übersetzung zu bieten, ist wertlos. Sie würde inhaltlich etwas durchaus anderes ergeben, als was der Verfasser sagen wollte, der mit der Sprache nur ganz mangelhaft vertraut war. Hat er doch die ihm durch die Überlieferung vertrauten Wörter ohne jedes Verständnis für die syntaktische Bedeutung ihres Ausgangs aneinander gereiht. Glücklicherweise ist der Sinn, den er damit verbindet, nicht so tief, daß er nicht trotzdem im allgemeinen herausgefunden werden könnte. Zur Veranschaulichung des Gesagten sei hier ein Absatz (Yt. 2. 11) „wortgetreu" wiedergegeben: „Zauberer [Form?!], o Zaraθuštra, wird besiegen der Daēva, der Mensch. Wer? (Der) fürwahr, o Spitama Zaraθuštra, zum Haus (gehört). Jede Drug wird töten, jede Drug wird verschwinden, sobald dieser . . . [Mann!?] solcher Sprüche — — —." (s. unten S. 160).

Im Index (S. 441 ff.) habe ich knappe Bemerkungen zu den avestischen Personen-, Volks- und geographischen Namen gegeben, sowie zu den Wörtern, die in besonderem Sinn gebraucht oder für die Anschauungen des Avesta bedeutsam sind. Ich wollte so dem Benutzer meiner Übersetzung die Notwendigkeit ersparen, dafür weitere Hilfsmittel in Anspruch zu nehmen.

Herr Professor Bartholomae war so freundlich, mir eine große Zahl von Anfragen, die ich mündlich und schriftlich an ihn gerichtet habe, zu beantworten; er hat sämtliche Korrekturbogen durchgesehen und mir dabei Verbesserungen und Belehrungen jeglicher Art in unübersehbarer Reihe gegeben. Ich sage ihm für alles meinen besten Dank: ein kurzer Dank für die lange Mühe!

Münster i. W., im Juli 1910.

Fritz Wolff.

---

[1]) Nur wo für Jahī-, Jahikā- „Dirne, Hure" gesetzt ist, habe ich das Zeichen fortgelassen.

[2]) s. AirWb. S. XXII.

Für die Ausprache der avestischen Wörter beachte man folgendes:

1. Allgemeines: Die Zeichen i und u sind hinter einem a-Vokalzeichen vielfach etymologisch belanglos, bei der Lesung bleiben sie unberücksichtigt. Im Index werde ich diese Vokale in kleinerem Druck geben. Beisp. Uštavaitī sprich °vatī, Mainyav spr. many°, Vouru.kaša spr. voru°, Pāurva spr. pārva, Urvan spr. rvan. — — ə wird im allgemeinen nur als Vokal der ersten Wortsilbe gesprochen (s. unter 2), z. B. spənta, ebenso in der Zusammensetzung: Uxšyaṯ.nəmah; in der Verbindung ərə wird nur das erste ə gesprochen, z. B. Amərətatāt spr. Amərt°; im übrigen s. den Index, in dem das beim Lesen stumme ə durch kleineren Druck bezeichnet ist. Sonst wird es nach Möglichkeit in der Aussprache unter leichter Dehnung der Vorsilbe fortgelassen, z. B. Barəsman spr. bārsman.

2. Die einzelnen Laute:

ā ē ī ō ū etwa wie lang a e etc.
aē lautet etwa wie deutsch ai.
ao „ „ „ „ au.
å „ „ „ englisch aw (law).
ą „ „ „ französisch en.
ə ə̄ „ „ „ englisch u (but).
ə̄u „ „ „ deutsch ö.
ōi „ „ „ „ oi.
č „ „ „ englisch ch.
δ „ „ „ „ th (the).
γ „ „ „ niederdeutsch g (Tage).
h (anl. u. intervokal.) lautet wie deutsch h.
sonst lautet wie deutsch ch.
h̆ lautet etwa wie deutsch ch.

ǰ lautet etwa wie englisch j.
ŋ ŋ́ „ „ „ deutsch ng.
ŋuh „ „ „ „ nghw.
s „ „ „ „ ss.
š „ „ „ „ sch.
θ „ „ „ englisch th.
ṯ „ „ „ „ th.
v „ „ „ „ w.
x „ „ „ deutsch ch.
x^v „ „ „ „ chw.
y „ „ „ englisch y (ye).
z „ „ „ deutsch s (Rose).
ž „ „ „ französisch j.

Abkürzungen und Zeichen:

Bthl.	Bartholomae.
AirWb.	Altiranisches Wörterbuch 1904.
ZumAirWb.	Zum Altiranischen Wörterbuch 1906.
Darmesteter.	Le Zend Avesta 1892/3.
Gdn.	Geldner.
NA.	Avesta, die heiligen Bücher der Parsen, herausg. von Geldner 1889/95.
ZR.	Zoroastrische Religion in Bertholet, Religionsgeschichtliches Lesebuch 1908.
IF.	Indogermanische Forschungen.
KZ.	Kuhn's Zeitschrift.
Pü.	Pehleviübersetzung.
SPreussAW. (Sitzber. AW.)	Sitzungsberichte der Preußischen Akademie der Wissenschaften.

Die einzelnen Teile des Avesta:

Y.	Yasna '(liturgisches) Gebet'.
Vr.	Visprat 'Alle Ratav's'.
Gl.	Glaubensbekenntnis.
Nk.	Nīrang i kustīk bastan 'Gebet beim Gürtelumbinden'.
SrB.	Srōš vāč 'Leises Gebet an Sraoša'.
Hb.	Hōšbām 'Sonnenaufgang(sgebet)'.
Ny.	Nyāyišn 'Preisung'.
G.	Gāh 'Tageszeit'.
Yt.	Yašt 'Verehrung'.
S.	Sīh rōčak 'Dreißig Tage'.
A.	Āfrīnakān '(Segens)wünsche'.
V.	Vidēvdāt 'Gesetz gegen die Daēva's'.

† bedeutet Textänderung des AirWb.'s gegen NA.

( ) [ ] < > °: s. o. S. VII ff.

Kursivdruck, Unterstrichenes: s. o. S. VIII.

Zahlen ohne weitere Angabe beziehen sich auf die Spalten des AirWb.'s; s. o. S. VIII.

YASNA.

Eingang.

1. Aša ist das beste Gut[1] ...
Als Mazdāhanbeter, als Zaraθuštraanhänger will ich das Glaubensgelübde ablegen[2]), den Daēva's feind, Ahura's Lehre zugetan:
Dem ašaheiligen Hāvanay, dem Ratav des Aša, zu Verehrung und Preis und Befriedigung und Lob;
dem Sāvaŋhay und dem ašaheiligen Vīsya, dem Ratav des Aša, zu Verehrung und Preis und Befriedigung und Lob.
2. Den Ātar, den Sohn des Ahura Mazdāh, — dich, o Ātar, Sohn des Ahura Mazdāh, — (wollen wir) unter Zufriedenstellung verehren und preisen und befriedigen und loben.
3. „Wie der beste Oberherr"[3]) soll mir der Zaotar aufsagen;
„so der [beste] Richter (ist er) [Zaraθuštra] gemäß dem heiligen Recht"[3])
soll der wissende Ašagläubige [die Gemeinde] aufsagen[4]).
Aša ist das beste Gut[1]) ...
Wie der beste Oberherr[3]) ...
4. Ich verpflichte mich feierlich (darauf, daß) gut gedacht und gut gesagt und gut getan (wird alles), was zu denken und zu sagen und zu tun (ist)[5]).
Ich nehme mir vor anzunehmen alles, (was) gut gedacht und gut gesagt und gut getan (ist);
ich nehme mir vor zu unterlassen alles, (was) übel gedacht[6]) und übel gesagt und übel getan (ist).
5. Dar bring ich euch, o Aməša Spənta's, Verehrung und Preis; dar mit dem Gedanken, dar mit dem Wort, dar mit der Tat, dar mit dem Gemüt, dar (bringe ich) 'sogar des eignen Leibes Leben'[7]).
6. Ich bete das Aša(gebet): Aša [Recht] ist das beste Gut; nach Wunsch wird es, nach Wunsch uns zuteil, das Aša [Recht auf das Paradies] für das beste Aša [Rechtschaffenheit].[8])[1])
7. Als Mazdāhanbeter, als Zaraθuštraanhänger will ich das Glaubensgelübde ablegen[2]), den Daēva's feind, Ahura's Lehre zugetan:

[1]) = Y. 27. 14. [2]) 1362. [3]) s. Y. 27. 13. [4]) 1652. [5]) 1177. [6]) 89. [7]) Aus Y. 33. 14. [8]) 233.

Dem ašaheiligen Hāvanay, dem Ratav des Aša, zu Verehrung und Preis und Befriedigung und Lob;

dem Sāvaŋhay und dem ašaheiligen Vīsya, dem Ratav des Aša, zu Verehrung und Preis und Befriedigung und Lob;

zu Verehrung und Preis und Befriedigung und Lob d(ies)er Ratav's, der Tages- und Tagesabteilungs- und Monats- und Jahreszeiten- und Jahres-(götter).

8. Den prächtigen hoheitsvollen Ahura Mazdāh; die Aməša Spənta's; den weite Fluren besitzenden Miθra und den gute Weide bietenden Rāman;

9. den unsterblichen, reichen, schnelle Rosse besitzenden Hvarəxšaēta; den überlegen wirkenden, über die andern Geschöpfe hinwegsehenden Vayav — jenes an dir, o Vayav, was an dir dem heiligen Geist entstammt ist; die richtigste mazdāhgeschaffene ašaheilige Čistā; die gute mazdayasnische Daēnā;

10. den heiligen, ašaheiligen energisch antreibenden Mąθra; das gegen die Daēva's gerichtete Gesetz; das von Zaraθuštra stammende Gesetz; die lange Überlieferung; die gute mazdayasnische Religion; den Glauben an das heilige Wort[1]); das verstandesgemäße Auffassen der mazdayasnischen Religion; die Kenntnis des heiligen Worts; die angeborene mazdāhgeschaffene Weisheit; die erlernte[2]) mazdāhgeschaffene Weisheit;

11. den Ātar, den Sohn des Ahura Mazdāh, — dich, o Ātar, Sohn des Ahura Mazdāh, — samt allen Feuer(arte)n; das mazdāhgeschaffene, das Behagen des Aša gewährende Gebirge Uši.darəna;

12. alle ašaheiligen geistigen (und) stofflichen Yazata's; die starken, rings siegreichen Fravašay's der Ašagläubigen; die Fravašay's der ersten Glaubenslehrer[3]); die Fravašay's der Nächstverwandten

(wollen wir) unter Zufriedenstellung verehren und preisen und befriedigen und loben.

13. „Wie der beste Oberherr"[4]) soll mir der Zaotar aufsagen,

„wie der beste Oberherr" soll mir er, der Zaotar, aufsagen;

„so der [beste] Richter (ist er) [Zaraθuštra] gemäß dem heiligen Recht"[4]) soll der wissende Ašagläubige [die Gemeinde] aufsagen.

Aša ist das beste Gut[5]) . . .

14. Durch Befriedigung des Ahura Mazdāh, durch Überwindung des Aŋra Mainyav (fördert man) 'die Erfüllung (dessen), was nach [Ahura's] Willen das geeignetste (ist)'[6]).

Aša ist das beste Gut[5]) . . .

---

[1]) 1703. [2]) eig. „vom Ohr gehörte". [3]) 877. [4]) s. Y. 27. 13. [5]) = Y. 27. 14. [6]) Aus Y. 50. 11; 1761.

15. Wie der beste Oberherr, so der [beste] Richter (ist er) [Zaraθuštra] gemäß dem heiligen Recht[1]), der des guten Sinns Lebenswerke dem Mazdāh zubringt und (so) die Obergewalt dem Ahura[2]) (er, Zaraθuštra), den sie den Armen als Hirten bestellt haben[3]).[4])

1.

1. Ich widme (es), ich vollziehe (es)
für[5]) den Schöpfer Ahura Mazdāh, den prächtigen hoheitsvollen, den größten und besten und schönsten und festesten und weisesten und wohlgestaltetsten und an Ašagerechtigkeit höchsten, (für ihn, des) Absichten gut (sind, der) weitgehende Unterstützung (gewährt), der uns geschaffen, der (uns) gestaltet, der (uns) auferzogen hat, er, der heiligste Geist.
2. Ich widme (es), ich vollziehe (es)
für Vohu Manah, für Aša Vahišta, für Xšaθra Vairya, für die heilige Ārmatay, für die beiden, Haurvatāt (und) Amərətatāt, für Gə̄uš Tašan, für Gə̄uš Urvan, für Ātar, (den Sohn) des Ahura Mazdāh, den geschäftigsten der Aməša Spənta's[6]).
3. Ich widme (es), ich vollziehe (es)
für die Tagesabteilungs(götter), die Ratav's des Aša; für den ašaheiligen Hāvanay, den Ratav des Aša;
ich widme (es), ich vollziehe (es)
für Sāvaŋhay und den ašaheiligen Vīsya, den Ratav des Aša;
ich widme (es), ich vollziehe (es)
für den weite Fluren besitzenden, tausendohrigen, zehntausendäugigen Miθra, den bei (seinem) Namen angerufenen Yazata, (und) für den gute Weide bietenden Rāman.
4. Ich widme (es), ich vollziehe (es)
für den ašaheiligen Rapiθwina, den Ratav des Aša;
ich widme (es), ich vollziehe (es)
für Frādaṱ.fšav und den ašaheiligen Zantuma, den Ratav des Aša;
ich widme (es), ich vollziehe (es)
für Aša Vahišta und für Ātar, (den Sohn) des Ahura Mazdāh.
5. Ich widme (es), ich vollziehe (es)
für den ašaheiligen Uzayeirina, den Ratav des Aša;
ich widme (es), ich vollziehe (es)
für Frādaṱ.vīra und den ašaheiligen Dāh́yuma, den Ratav des Aša;
ich widme (es), ich vollziehe (es)
für den hohen Gott Napāt Apąm und für das mazdāhgeschaffene Wasser.

---

[1]) 282. [2]) 702. [3]) 778. [4]) = Y. 27. 13. [5]) 1318. [6]) 146.

6. Ich widme (es), ich vollziehe (es)
für den ašaheiligen Aiwisrūθrima Aibigaya, den Ratav des Aša;
ich widme (es), ich vollziehe (es)
für Frādaṯ.vīspąm.hujyātay und den ašaheiligen Zaraθuštrō.təma, den Ratav des Aša;
ich widme (es), ich vollziehe (es)
für die Fravašay's der Ašagläubigen und für die Scharen von Heldensöhnen besitzenden Frauen und für die Yāiryā Hušitay und für den gutgebauten schöngewachsenen Ama und für den ahurageschaffenen Vərəθraγna und für die siegreiche Uparatāt.

7. Ich widme (es), ich vollziehe (es)
für den ašaheiligen Ušahina, den Ratav des Aša;
ich widme (es), ich vollziehe (es)
für Bərəjya und den ašaheiligen Nmānya, den Ratav des Aša;
ich widme (es), ich vollziehe (es)
für den ašafrommen, die Belohnungen verschaffenden, siegreichen, Hab und Gut fördernden Sraoša; für den gerechtesten Rašnav und für die Hab und Gut förderende, Hab und Gut mehrende Arštāt.

8. Ich widme (es), ich vollziehe (es)
für die Monats(götter), die Ratav's des Aša; für den ašaheiligen Antarəmāh, den Ratav des Aša;
ich widme (es), ich vollziehe (es)
für Pərənō.māh und den ašaheiligen Vīšaptaθa, den Ratav des Aša.

9. Ich widme (es), ich vollziehe (es)
für die Jahreszeiten(götter), die Ratav's des Aša; für den ašaheiligen Maiδyōi.zarəmaya, den Ratav des Aša;
ich widme (es), ich vollziehe (es)
für den ašaheiligen Maiδyōišam, den Ratav des Aša;
ich widme (es), ich vollziehe (es)
für den ašaheiligen Paitiš.hahya, den Ratav des Aša;
ich widme (es), ich vollziehe (es)
für den am Eintrieb der Herden und am Widdersprung kenntlichen ašaheiligen Ayāθrima, den Ratav des Aša;
ich widme (es), ich vollziehe (es)
für den ašaheiligen Maiδyāirya, den Ratav des Aša;
ich widme (es), ich vollziehe (es)
für den ašaheiligen Hamaspaθmaēdaya, den Ratav des Aša;
ich widme (es), ich vollziehe (es)
für die Jahres(götter), die Ratav's des Aša.

10. Ich widme (es), ich vollziehe (es)
für alle die Ratav's, die die dreiunddreißig nächsten mit Hāvanay sich einfindenden Ratav's des Aša sind, welche (als die) des besten Aša

von Mazdāh [dem Zaraθuštra] geoffenbart, von Zaraθuštra [der Welt] verkündet sind[1]).

11. Ich widme (es), ich vollziehe (es)
für die beiden, Ahura (und) Miθra, die beiden hohen gefahrentrückten ašaheiligen; und für die Sterne, die zum heiligen Geist gehörigen Schöpfungen, und für den prächtigen glanzvollen Tištrya-Stern und für den des Rindes Ursprung bildenden Mond und für den schnelle Rosse besitzenden Hvarəxšaēta, das Auge des Ahura Mazdāh; für Miθra, den Landesherrn der Länder.
Ich widme (es), ich vollziehe (es)
für (den Tag des) prächtigen hoheitsvollen Ahura Mazdāh[2]);
ich widme (es), ich vollziehe (es)
für (den Monat der) Fravašay's[3]) der Ašagläubigen.

12. Ich widme (es), ich vollziehe (es)
für dich, den Ātar, den Sohn des Ahura Mazdāh, samt allen Feuer(arte)n;
ich widme (es), ich vollziehe (es)
für die guten Wasser, für alle mazdāhgeschaffenen Wasser und für alle mazdāhgeschaffenen Pflanzen.

13. Ich widme (es), ich vollziehe (es)
für den heiligen, ašaheiligen, energisch antreibenden Mąθra; für das gegen die Daēva's gerichtete Gesetz; für das von Zaraθuštra stammende Gesetz; für die lange Überlieferung; für die gute mazdayasnische Religion.

14. Ich widme (es), ich vollziehe (es)
für das mazdāhgeschaffene, das Behagen des Aša gewährende Gebirge Uši.darəna und für alle das Behagen des Aša, viel Behagen gewährenden mazdāhgeschaffenen Gebirge; für die mazdāhgeschaffene kavische Herrlichkeit und für die unnahbare mazdāhgeschaffene Herrlichkeit[4]);
ich widme (es), ich vollziehe (es)
für die gute Ašay, für die gute Čistay, für die gute Ərətay, für die gute Rasąstāt, für den Glanz[4]) (und) für den mazdāhgeschaffenen Nutzen.

15. Ich widme (es), ich vollziehe (es)
für die dahmamäßige gute Āfritay und für den Gemeinder, den ašagläubigen Mann, und für den starken heldenhaften Yazata Dāmōiš Upamana.

16. Ich widme (es), ich vollziehe (es)
für diese (unsere) Stätten und Wohnplätze und Weideländer und Wohnungen und Tränken; für die Wasser und Länder und Pflanzen;

---

[1]) 1164. [2]) Im Gebet wird hier der Name des gegenwärtigen Tages, [3]) der Name des laufenden Monats eingesetzt. [4]) Beide Male x^{v}arənah-.

für die Erde hier und den Himmel dort[1]) und für den ašaheiligen Wind; für die Sterne, den Mond, die Sonne, den anfangslosen unvergänglichen Lichtraum

und für alle Geschöpfe des heiligen Geistes, für die ašagläubigen (männlichen) und ašagläubigen (weiblichen), die Ratav's des Aša.

17. Ich widme (es), ich vollziehe (es)

für den hohen Ratav, den des Aša; für die(se) Ratav's, die Tages- und Tagesabteilungs- und Monats- und Jahreszeiten- und Jahres-(götter), die die Ratav's des Aša sind: in der Zeit der Haomabereitung.

18. Ich widme (es), ich vollziehe (es)

für die starken, rings siegreichen Fravašay's der Ašagläubigen;

für die Fravašay's der ersten Glaubenslehrer[2]);

für die Fravašay's der Nächstverwandten;

für die Fravašay meiner eigenen Seele[3]).

19. Ich widme (es), ich vollziehe (es)

für alle Ratav's des Aša;

ich widme (es), ich vollziehe (es)

für all die gutes schenkenden geistigen und stofflichen Yazata's, die ihm, dem besten Aša, gemäß zu verehren und zu preisen sind.

20. O ašaheiliger Hāvanay, Ratav des Aša; o ašaheiliger Sāvanhay, Ratav des Aša; o ašaheiliger Rapiθwina, Ratav des Aša; o ašaheiliger Uzayeirina, Ratav des Aša; o ašaheiliger Aiwisrūθrima Aibigaya, Ratav des Aša; o ašaheiliger Ušahina, Ratav des Aša!

21. Wenn ich dich gekränkt habe, wenn im Gedanken, wenn im Wort, wenn in der Tat, wenn absichtlich, wenn unabsichtlich[4]):

(so) preise und lobe ich dich dafür, (so) widme ich (es) dir[5]), wenn ich dich darin versäumt habe[6]), nämlich in der Verehrung und im Gebet.

22. O all (ihr) größten ašaheiligen Ratav's, Ratav's des Aša! Wenn ich euch gekränkt habe, wenn im Gedanken, wenn im Wort, wenn in der Tat, wenn absichtlich, wenn unabsichlich[4]):

(so) preise und lobe ich euch dafür, (so) widme ich (es) euch, wenn ich euch darin versäumt habe, nämlich in der Verehrung und im Gebet.

23. Als Mazdāhanbeter, als Zaraθuštraanhänger will ich das Glaubensgelübde ablegen[7]), den Daēva's feind, Ahura's Lehre zugetan:

Dem ašaheiligen Hāvanay, dem Ratav des Aša, zu Verehrung und Preis und Befriedigung und Lob;

dem Sāvanhay und dem ašaheiligen Vīsya, dem Ratav des Aša, zu Verehrung und Preis und Befriedigung und Lob;

---

[1]) 1664. [2]) 877. [3]) 1783. [4]) 1656. [5]) 1318. [6]) 1494. [7]) 1362.

zu Verehrung und Preis und Befriedigung und Lob d(ies)er Ratav's, der Tages- und Tagesabteilungs- und Monats- und Jahreszeiten- und Jahres-(götter).

2.

1. Die Zaoθra's hole ich her zu verehren, das Barəsman hole ich her zu verehren;
das Barəsman hole ich her zu verehren, die Zaoθra's hole ich her zu verehren;
die Zaoθra's samt Barəsman hole ich her zu verehren,
das Barəsman samt Zaoθra's hole ich her zu verehren;
mit diesem Zaoθra hole ich dies Barəsman her zu verehren,
mit diesem Barəsman hole ich dies Zaoθra her zu verehren;
dies Barəsman samt Zaoθra's hole ich her zu verehren;
samt Zaoθra's, samt Gürtelband hole ich dies ašamäßig gespreitete Barəsman her zu verehren.

2. Mit diesem Zaoθra und Barəsman
hole ich her zu verehren den ašaehrwürdigen Ahura Mazdāh, den Ratav des Aša;
hole ich her zu verehren die gutherrschenden wohlmeinenden Aməša Spənta's.

3. Mit diesem Zaoθra und Barəsman
hole ich her zu verehren die ašaheiligen Tagesabteilungs(götter), die Ratav's des Aša;
hole ich her zu verehren den ašaheiligen Hāvanay, den Ratav des Aša;
hole ich her zu verehren den Sāvaṅhay und den ašaheiligen Vīsya, den Ratav des Aša.
Mit diesem Zaoθra und Barəsman
hole ich her zu verehren den weite Fluren besitzenden, tausendohrigen zehntausendäugigen Miθra, den bei (seinem) Namen angerufenen Yazata;
hole ich her zu verehren den gute Weide bietenden Rāman.

4. Mit diesem Zaoθra und Barəsman
hole ich her zu verehren den ašaheiligen Rapiθwina, den Ratav des Aša;
hole ich her zu verehren den Frādaṱ.fšav und den ašaheiligen Zantuma, den Ratav des Aša.
Mit diesem Zaoθra und Barəsman
hole ich her zu verehren den Aša Vahišta und den Ātar, den Sohn des Ahura Mazdāh.

5. Mit diesem Zaoθra und Barəsman
hole ich her zu verehren den ašaheiligen Uzayeirina, den Ratav des Aša;
hole ich her zu verehren den Frādaṱ.vīra und den ašaheiligen Dāhyuma, den Ratav des Aša.

Mit diesem Zaoθra und Barəsman
hole ich her zu verehren den hohen Gott, den strahlenden Gebieter, den schnelle Rosse besitzenden Apąm Napāt;
und hole ich her zu verehren das ašaheilige mazdāhgeschaffene Wasser.

6. Mit diesem Zaoθra und Barəsman
hole ich her zu verehren den ašaheiligen Aiwisrūθrima Aibigaya den Ratav des Aša;
hole ich her zu verehren den Frādaṯ.vīspąm.hujyātay und den ašaheiligen Zaraθuštrō.təma, den Ratav des Aša.
Mit diesem Zaoθra und Barəsman
hole ich her zu verehren die guten gewaltigen heiligen Fravašay's der Ašagläubigen
und hole ich her zu verehren die Scharen von Heldensöhnen besitzenden Frauen
und hole ich her zu verehren die Yāiryā Hušitay
und hole ich her zu verehren den gutgebauten, schöngewachsenen Ama
und hole ich her zu verehren den ahurageschaffenen Vərəθraγna
und hole ich her zu verehren die siegreiche Uparatāt.

7. Mit diesem Zaoθra und Barəsman
hole ich her zu verehren den ašaheiligen Ušahina, den Ratav des Aša;
hole ich her zu verehren den Bərəjya und den ašaheiligen Nmānya, den Ratav des Aša.
Mit diesem Zaoθra und Barəsman
hole ich her zu verehren den ašafrommen schöngewachsenen siegreichen, Hab und Gut fördernden ašaheiligen Sraoša, den Ratav des Aša;
hole ich her zu verehren den gerechtesten Rašnav
und hole ich her zu verehren die Hab und Gut fördernde, Hab und Gut mehrende Arštāt.

8. Mit diesem Zaoθra und Barəsman
hole ich her zu verehren die ašaheiligen Monats(götter), die Ratav's des Aša;
hole ich her zu verehren den ašaheiligen Antarəmāh, den Ratav des Aša;
hole ich her zu verehren den Pərənō.māh *und* den ašaheiligen Vīšaptaθa, den Ratav des Aša.

9. Mit diesem Zaoθra und Barəsman
hole ich her zu verehren die ašaheiligen Jahreszeiten(götter), die Ratav's des Aša;
hole ich her zu verehren den ašaheiligen Maiδyōi.zarəmaya, den Ratav des Aša.
Mit diesem Zaoθra und Barəsman hole ich her zu verehren den ašaheiligen Maiδyōišam, den Ratav des Aša.
Mit diesem Zaoθra und Barəsman hole ich her zu verehren den ašaheiligen Paitiš.hahya, den Ratav des Aša.

Mit diesem Zaoθra und Barəsman hole ich her zu verehren den am Eintrieb der Herden und am Widdersprung kenntlichen ašaheiligen Ayāθrima, den Ratav des Aša.

Mit diesem Zaoθra und Barəsman hole ich her zu verehren den ašaheiligen Maiδyāirya, den Ratav des Aša.

Mit diesem Zaoθra und Barəsman hole ich her zu verehren den ašaheiligen Hamaspaθmaēdaya, den Ratav des Aša.

Mit diesem Zaoθra und Barəsman hole ich her zu verehren die ašaheiligen Jahres(götter), die Ratav's des Aša.

10. Mit diesem Zaoθra und Barəsman hole ich her zu verehren alle Ratav's des Aša, die die dreiunddreißig nächsten mit Hāvanay sich einfindenden Ratav's des Aša sind, welche (als die) des besten Aša von Mazdāh [dem Zaraθuštra] geoffenbart, von Zaraθuštra [der Welt] verkündet sind[1]).

11. Mit diesem Zaoθra und Barəsman
hole ich her zu verehren die beiden, Ahura (und) Miθra, die beiden hohen gefahrentrückten ašaheiligen;
hole ich her zu verehren Sterne und Mond und Sonne (und) — mittelst der Barəsman-Pflanzen — den Miθra, den Landesherrn aller Länder.

Mit diesem Zaoθra und Barəsman hole ich her zu verehren den prächtigen hoheitsvollen Ahura Mazdāh[2]).

Mit diesem Zaoθra und Barəsman hole ich her zu verehren die guten gewaltigen heiligen Fravašay's[3]) der Ašagläubigen.

12. Mit diesem Zaoθra und Barəsman hole ich her zu verehren dich, den ašaheiligen Ātar, den Sohn des Ahura Mazdāh, den Ratav des Aša, samt allen Feuer(arte)n.

Mit diesem Zaoθra und Barəsman
hole ich her zu verehren die guten besten mazdāhgeschaffenen ašaheiligen Wasser;
hole ich her zu verehren alle mazdāhgeschaffenen ašaheiligen Wasser;
hole ich her zu verehren alle mazdāhgeschaffenen ašaheiligen Pflanzen.

13. Mit diesem Zaoθra und Barəsman
hole ich her zu verehren den heiligen hochherrlichen Mąθra;
hole ich her zu verehren das gegen die Daēva's gerichtete Gesetz;
hole ich her zu verehren das von Zaraθuštra stammende Gesetz;
hole ich her zu verehren die lange Überlieferung;
hole ich her zu verehren die gute mazdayasnische Religion.

14. Mit diesem Zaoθra und Barəsman

---

[1]) 1164. [2]) Im Gebet wird hier der Name des Gottes des gegenwärtigen Tages, [3]) des laufenden Monats eingesetzt.

hole ich her zu verehren das Gebirge Uši.darəna, den mazdāhgeschaffenen, das Behagen des Aša gewährenden Yazata;
hole ich her zu verehren alle das Behagen des Aša, viel Behagen gewährenden mazdāhgeschaffenen ašaheiligen Gebirge, die Ratav's des Aša;
hole ich her zu verehren die starke mazdāhgeschaffene kavische Herrlichkeit;
hole ich her zu verehren die starke mazdāhgeschaffene unnahbare Herrlichkeit[1]).
Mit diesem Zaoθra und Barəsman
hole ich her zu verehren die gute Ašay, die strahlende hohe kraftvolle schöngewachsene segensreiche;
hole ich her zu verehren den mazdāhgeschaffenen Glanz[1]);
hole ich her zu verehren den mazdāhgeschaffenen Nutzen.
15. Mit diesem Zaoθra und Barəsman
hole ich her zu verehren die dahmamäßige gute Āfritay;
hole ich her zu verehren den Gemeinder, den ašagläubigen Mann;
und hole ich her zu verehren den starken heldenhaften Yazata Dāmōiš Upamana.
16. Mit diesem Zaoθra und Barəsman
hole ich her zu verehren diese (unsere) Wasser und Länder und Pflanzen;
hole ich her zu verehren diese (unsere) Stätten und Wohnplätze und Weideländer und Wohnungen und Tränken;
und hole ich her zu verehren diesen (unsern) Herrn des Wohnplatzes, ihn, den Ahura Mazdāh.
17. Mit diesem Zaoθra und Barəsman hole ich her zu verehren alle größten Ratav's: die Tages-, Tagesabteilungs-, Monats-, Jahreszeiten-, Jahres-(götter).
Mit diesem Zaoθra und Barəsman hole ich her zu verehren die guten gewaltigen heiligen Fravašay's der Ašagläubigen.
18. Mit diesem Zaoθra und Barəsman
hole ich her zu verehren alle ašaheiligen Yazata's;
hole ich her zu verehren alle Ratav's des Aša: um die Zeit der Haomabereitung, wenn Sāvaŋhay und Vīsya die Ratavschaft (haben), wenn alle größten Ratav's die Ratavschaft (haben)[2]).

3.

1. Mit dem samt Zaoθra dargebrachten Barəsman hole ich zur Zeit der Haomabereitung zu verehren als Nahrung (nämlich) als Myazda die beiden, Haurvatāt[3]) (und) Amərətatāt[3]), (und) die guttätige Milch:

---

[1]) Beide Male xᵛarənah-. [2]) 1500 (?). [3]) Hier als Bezeichnung für die von H. und A. geschützten Wasser und Pflanzen.

um zufriedenzustellen Ahura Mazdāh (und) die Aməša Spənta's, um zufriedenzustellen den ašafrommen, die Belohnungen verschaffenden, siegreichen, Hab und Gut fördernden Sraoša.

2. Zu verehren hole ich her Haoma(pflanze) und Haoma(trank), um zufriedenzustellen die Fravašay des ašagläubigen Zaraθuštra Spitama;
zu verehren hole ich her Brennholz mit Räucherwerk, um zufriedenzustellen dich, den Ātar, den Sohn des Ahura Mazdāh.

3. Zu verehren hole ich her die Haoma's, um zufriedenzustellen die guten Wasser, die guten mazdāhgeschaffenen Wasser;
zu verehren hole ich her das für den Haoma bestimmte Wasser,
zu verehren hole ich her die flüssige Milch,
zu verehren hole ich her die ašamäßig aufgesetzte Haδānaēpatā-Pflanze:
um zufriedenzustellen die mazdāhgeschaffenen Wasser.

4. Zu verehren hole ich her samt Zaoθra's, samt Gürtelband dies ašamäßig gespreitete Barəsman,
um zufriedenzustellen die Aməša Spənta's.
Zu verehren hole ich her die gutgedachten, gutgesagten, gutgetanen Sprüche,
zu verehren hole ich her das Aufsagen der Gāθā's,
zu verehren hole ich her die gut ausgeführten Befehle[1]),
zu verehren hole ich her diesen Erwerb des Anspruchs auf das (andere) Leben und des (höchsten) Anrechts und die Ratavbefriedigung[2]) der Ratav's:
um zufriedenzustellen die ašaheiligen geistigen (und) stofflichen Yazata's und um zufriedenzustellen meine eigene Seele[3]).

5. Zu verehren hole ich her die Tagesabteilungs(götter), die Ratav's des Aša;
zu verehren hole ich her den ašaheiligen Hāvanay, den Ratav des Aša;
zu verehren hole ich her den Sāvaŋhay und den ašaheiligen Vīsya, den Ratav des Aša;
zu verehren hole ich her den weite Fluren besitzenden, tausendohrigen, zehntausendäugigen Miθra, den bei (seinem) Namen angerufenen Yazata, (und) den gute Weide bietenden Rāman.

6. Zu verehren hole ich her den ašaheiligen Rapiθwina, den Ratav des Aša;
zu verehren hole ich her den Frādaṭ.fšav und den ašaheiligen Zantuma, den Ratav des Aša;
zu verehren hole ich her den Aša Vahišta und den Ātar, (den Sohn) des Ahura Mazdāh.

7. Zu verehren hole ich her den ašaheiligen Uzayeirina, den Ratav des Aša;

---

[1]) 1850. [2]) Eins der beiden ča ist ausgelassen. [3]) 1783.

zu verehren hole ich her den Frādaṭ.vīra und den ašaheiligen Dāhyuma, den Ratav des Aša;
zu verehren hole ich her den hohen Gott Napāt Apąm und das mazdāhgeschaffene Wasser.

8. Zu verehren hole ich her den ašaheiligen Aiwisrūθrima Aibigaya, den Ratav des Aša;
zu verehren hole ich her den Frādaṭ.vīspąm.hujyātay und den ašaheiligen Zaraθuštrō.təma, den Ratav des Aša;
zu verehren hole ich her die Fravašay's der Ašagläubigen und die Scharen von Heldensöhnen besitzenden Frauen und die Yāiryā Hušitay und den gutgebauten schöngewachsenen Ama und den ahurageschaffenen Vərəθraγna und die siegreiche Uparatāt.

9. Zu verehren hole ich her den ašaheiligen Ušahina, den Ratav des Aša;
zu verehren hole ich her den Bərəjya und den ašaheiligen Nmānya, den Ratav des Aša;
zu verehren hole ich her den ašafrommen, die Belohnungen verschaffenden, siegreichen, Hab und Gut fördernden Sraoša, den gerechtesten Rašnav und die Hab und Gut fördernde, Hab und Gut mehrende Arštāt.

10. Zu verehren hole ich her die Monats(götter), die Ratav's des Aša; den ašaheiligen Antarəmāh, den Ratav des Aša;
zu verehren hole ich her den Pərənō.māh und den ašaheiligen Višaptaθa, den Ratav des Aša.

11. Zu verehren hole ich her die Jahreszeiten(götter), die Ratav's des Aša; den ašaheiligen Maiδyōi.zarəmaya, den Ratav des Aša;
zu verehren hole ich her den ašaheiligen Maiδyōišam, den Ratav des Aša;
zu verehren hole ich her den ašaheiligen Paitiš.hahya, den Ratav des Aša;
zu verehren hole ich her den am Eintrieb der Herden und am Widdersprung kenntlichen ašaheiligen Ayāθrima, den Ratav des Aša;
zu verehren hole ich her den ašaheiligen Maiδyāirya, den Ratav des Aša;
zu verehren hole ich her den ašaheiligen Hamaspaθmaēdaya, den Ratav des Aša;
zu verehren hole ich her die Jahres(götter), die Ratav's des Aša.

12. Zu verehren hole ich her alle die Ratav's, die die dreiunddreißig nächsten mit Hāvanay sich einfindenden Ratav's des Aša sind, welche (als die) des besten Aša von Mazdāh [dem Zaraθuštra] geoffenbart, von Zaraθuštra [der Welt] verkündet sind[1]).

13. Zu verehren hole ich her die beiden, Ahura (und) Miθra, die beiden hohen gefahrentrückten ašaheiligen, und die Sterne, die zum heiligen Geist gehörigen Schöpfungen, und den prächtigen glanzvollen Tištrya-Stern und den des Rindes Ursprung bildenden Mond und den schnelle Rosse

---

[1]) 1164.

besitzenden Hvarəxšaēta, das Auge des Ahura Mazdāh; den Miθra, den Landesherrn der Länder.

Zu verehren hole ich her (den Tag des) prächtigen hoheitsvollen Ahura Mazdāh[1]);

zu verehren hole ich her (den Monat der) Fravašay's[2]) der Ašagläubigen.

14. Zu verehren hole ich her dich, den Ātar, den Sohn des Ahura Mazdāh, samt allen Feuer(arte)n;

zu verehren hole ich her die guten Wasser, alle mazdāhgeschaffenen Wasser und alle mazdāhgeschaffenen Pflanzen.

15. Zu verehren hole ich her den heiligen, ašaheiligen, energisch antreibenden Mąθra; das gegen die Daēva's gerichtete Gesetz; das vom Zaraθuštra stammende Gesetz; die lange Überlieferung; die gute mazdayasnische Religion.

16. Zu verehren hole ich her das mazdāhgeschaffene, das Behagen des Aša gewährende Gebirge Uši.darəna und alle das Behagen des Aša, viel Behagen gewährenden mazdāhgeschaffenen Gebirge; die mazdāhgeschaffene kavische Herrlichkeit und die unnahbare mazdāhgeschaffene Herrlichkeit[3]);

zu verehren hole ich her die gute Ašay, die gute Čistay, die gute Ərətay, die gute Rasąstāt, den Glanz[3]) (und) den mazdāhgeschaffenen Nutzen.

17. Zu verehren hole ich her die dahmamäßige gute Āfritay und den Gemeinder, den ašagläubigen Mann, und den starken heldenhaften Yazata Dāmōiš Upamana.

18. Zu verehren hole ich her

diese (unsere) Stätten und Wohnplätze und Weideländer und Wohnungen und Tränken; die Wasser und Länder und Pflanzen;

die Erde hier und den Himmel dort[4]) und den ašaheiligen Wind; die Sterne, den Mond, die Sonne, den anfangslosen unvergänglichen Lichtraum

und alle Geschöpfe des heiligen Geistes, die ašagläubigen (männlichen) und ašagläubigen (weiblichen), die Ratav's des Aša.

19. Zu verehren hole ich her den hohen Ratav, den des Aša; die(se) Ratav's, die Tages- und Tagesabteilungs- und Monats- und Jahreszeiten- und Jahres-(götter), die die Ratav's des Aša sind: in der Zeit der Haomabereitung.

20. Zu verehren hole ich her als Nahrung (nämlich) als Myazda die beiden, Haurvatāt[5]) (und) Amərətatāt[5]), (und) die guttätige Milch, um zufriedenzustellen den ašafrommen heldenhaften Sraoša, (der) das heilige Wort in sich aufgenommen hat, das starke Holz schwingt[6]), den ahurischen, bei (seinem) Namen angerufenen Yazata.

---

[1]) [2]) s. Y. 1. 11 No. 2 und 3. [3]) Beide Male xᵛarənah-. [4]) 1664. [5]) s. Y. 3. 1 No. 3. [6]) Gemeint ist eine Waffe aus Holz, Keule oder Spieß.

21. Zu verehren hole ich her Haoma(pflanze) und Haoma(trank), um zufriedenzustellen die Fravašay des ašaheiligen Zaraθuštra Spitama, des bei (seinem) Namen angerufenen Yazata;
zu verehren hole ich her Brennholz mit Räucherwerk, um zufriedenzustellen dich, den Ātar, den Sohn des Ahura Mazdāh, den bei (seinem) Namen angerufenen Yazata.

22. Zu verehren hole ich her
die starken, rings siegreichen Fravašay's der Ašagläubigen,
die Fravašay's der ersten Glaubenslehrer[1]),
die Fravašay's der Nächstverwandten.

23. Zu verehren hole ich her alle Ratav's des Aša;
zu verehren hole ich her all die gutes schenkenden geistigen und stofflichen Yazata's, die ihm, dem besten Aša, gemäß zu verehren und zu preisen sind.

24. Als Mazdāhanbeter, als Zaraθuštraanhänger will ich das Glaubensgelübde ablegen, den Daēva's feind, Ahura's Lehre zugetan:
Dem ašaheiligen Hāvanay, dem Ratav der Aša, zu Verehrung und Preis und Befriedigung und Lob;
dem Sāvaṅhay und dem ašaheiligen Vīsya, dem Ratav des Aša, zu Verehrung und Preis und Befriedigung und Lob;
zu Verehrung und Preis und Befriedigung und Lob d(ies)er Ratav's, der Tages- und Tagesabteilungs- und Monats- und Jahreszeiten- und Jahres-(götter).

25. „Wie der beste Oberherr“[2]) soll mir der Zaotar aufsagen,
„wie der beste Oberherr“ soll mir er, der Zaotar, aufsagen;
„so der [beste] Richter (ist er) [Zaraθuštra] gemäß dem heiligen Recht“[2]) soll der wissende Ašagläubige [die Gemeinde] aufsagen.

4.

1. Diese guten Gedanken und guten Reden und guten Taten; diese Haoma's und Myazda's und Zaoθra's und das ašamäßig gespreitete Barəsman und das guttätige Rind[3]); die beiden, Haurvatāt[4]) (und) Amərətatāt[4]), und die guttätige Milch[3]); Haoma(pflanze) und Haoma(trank); Brennholz und Räucherwerk; diesen Erwerb des Anspruchs auf das (andere) Leben und des (höchsten) Anrechts und die Ratavbefriedigung[5]) der Ratav's und das Aufsagen der Gāθā's (und) die gut ausgeführten Befehle[6]):
(all dies) widmen und weihen wir.

2. So weihen wir sie denn

---

[1]) 877. [2]) s. Y. 27. 13. [3]) Beide Male gav-; vgl. Y. 3. 20. [4]) s. Y. 3. 1 No. 3.
[5]) Eins der beiden ča ist ausgelassen. [6]) 1850.

dem Ahura Mazdāh und dem ašafrommen Sraoša und den Aməša Spənta's und den Fravašay's der Ašagläubigen und den Seelen der Ašagläubigen und dem Ātar, (dem Sohn) des Ahura Mazdāh und hohen Ratav, und auch der gesamten Schöpfung des Ašaehrwürdigen
zu Verehrung und Preis und Befriedigung und Lob.

3. So weihen wir sie denn,
diese guten Gedanken und guten Reden und guten Taten; diese Haoma's und Myazda's und Zaoθra's und das ašamäßig gespreitete Barəsman und das guttätige Rind[1]); die beiden, Haurvatāt[2]) (und) Amərətatāt[2]), und die guttätige Milch[1]); Haoma(pflanze) und Haoma(trank); Brennholz und Räucherwerk; diesen Erwerb des Anspruchs auf das (andere) Leben und des (höchsten) Anrechts und die Ratavbefriedigung[3]) der Ratav's und das Aufsagen der Gāθā's (und) die gutausgeführten Befehle[4]):
(all dies) widmen und weihen wir.

4. So weihen wir sie denn
den gutherrschenden wohlmeinenden, immer lebenden, immer gedeihenden Aməša Spənta's, (den männlichen), die zum guten Sinn halten[5]), und (den weiblichen), die ebenso (tun)[6]).

5. So weihen wir sie denn sehr zahlreich,
um dies (unser) Haus zum Gedeihen zu bringen (und) das Vieh und die ašagläubigen Menschen dieses Hauses, (die) geboren (sind) und künftig geboren (werden)[7]), (dieses Hauses), wozu sie gehören[8]).

6. So weihen wir sie denn den guten Fravašay's der Ašagläubigen, die stark und rings siegreich (sind), damit sie den Ašagläubigen helfen.

7. So weihen wir sie denn
dem Schöpfer Ahura Mazdāh, dem prächtigen hoheitsvollen, dem geistigen Geist, (und) den Aməša Spənta's
zu Verehrung und Preis und Befriedigung und Lob.

8. So weihen wir sie denn
den Tagesabteilungs(göttern), den Ratav's des Aša; dem ašaheiligen Hāvanay, dem Ratav des Aša,
zu Verehrung und Preis und Befriedigung und Lob.
So weihen wir sie denn
dem Sāvanhay und dem ašaheiligen Vīsya, dem Ratav des Aša,
zu Verehrung und Preis und Befriedigung und Lob.
So weihen wir sie denn
dem weite Fluren besitzenden, tausendohrigen, zehntausendäugigen Miθra, dem bei (seinem) Namen angerufenen Yazata, (und) dem gute Weide bietenden Rāman
zu Verehrung und Preis und Befriedigung und Lob.

---

1) s. Y. 4. 1 No. 3. 2) s. Y. 3. 1 No. 3. 3) Eins der beiden ča ist ausgelassen. 4) 1850. 5) 1706. 6) 387. 7) 1658. 8) ?

9. So weihen wir sie denn
dem ašaheiligen Rapiθwina, dem Ratav des Aša,
zu Verehrung und Preis und Befriedigung und Lob.
So weihen wir sie denn
dem Frādaṭ.fšav und dem ašaheiligen Zantuma, dem Ratav des Aša,
zu Verehrung und Preis und Befriedigung und Lob.
So weihen wir sie denn
dem Aša Vahišta und dem Ātar, (dem Sohn) des Ahura Mazdāh,
zu Verehrung und Preis und Befriedigung und Lob.
10. So weihen wir sie denn
dem ašaheiligen Uzayeirina, dem Ratav des Aša,
zu Verehrung und Preis und Befriedigung und Lob.
So weihen wir sie denn
dem Frādaṭ.vīra und dem ašaheiligen Dāhyuma, dem Ratav des Aša,
zu Verehrung und Preis und Befriedigung und Lob.
So weihen wir sie denn
dem hohen Gott Napāt Apąm und dem mazdāhgeschaffenen Wasser
zu Verehrung und Preis und Befriedigung und Lob.
11. So weihen wir sie denn
dem ašaheiligen Aiwisrūθrima Aibigaya, dem Ratav des Aša,
zu Verehrung und Preis und Befriedigung und Lob.
So weihen wir sie denn
dem Frādaṭ.vīspąm.hujyātay und dem ašaheiligen Zaraθuštrō.təma, dem Ratav des Aša,
zu Verehrung und Preis und Befriedigung und Lob.
So weihen wir sie denn
den Fravašay's der Ašagläubigen und den Scharen von Heldensöhnen besitzenden Frauen und der Yāiryā Hušitay und dem gutgebauten schöngewachsenen Ama und dem ahurageschaffenen Vərəθraγna und der siegreichen Uparatāt
zu Verehrung und Preis und Befriedigung und Lob.
12. So weihen wir sie denn
dem ašaheiligen Ušahina, dem Ratav des Aša,
zu Verehrung und Preis und Befriedigung und Lob.
So weihen wir sie denn
dem Bərəjya und dem ašaheiligen Nmānya, dem Ratav des Aša,
zu Verehrung und Preis und Befriedigung und Lob.
So weihen wir sie denn
dem ašafrommen, die Belohnungen verschaffenden, siegreichen, Hab und Gut fördernden Sraoša; dem gerechtesten Rašnav und der Hab und Gut fördernden, Hab und Gut mehrenden Arštāt
zu Verehrung und Preis und Befriedigung und Lob.

13. So weihen wir sie denn
den Monats(göttern), den Ratav's des Aša; dem ašaheiligen Antarə-māh, dem Ratav des Aša,
zu Verehrung und Preis und Befriedigung und Lob.
So weihen wir sie denn
dem Pərənō.māh und dem ašaheiligen Vīšaptaθa, dem Ratav des Aša,
zu Verehrung und Preis und Befriedigung und Lob.
14. So weihen wir sie denn
den Jahreszeiten(göttern), den Ratav's des Aša; dem ašaheiligen Maiδyōi.-zarəmaya, dem Ratav des Aša,
zu Verehrung und Preis und Befriedigung und Lob.
So weihen wir sie denn
dem ašaheiligen Maiδyōišam, dem Ratav des Aša,
zu Verehrung und Preis und Befriedigung und Lob.
So weihen wir sie denn
dem ašaheiligen Paitiš.hahya, dem Ratav des Aša,
zu Verehrung und Preis und Befriedigung und Lob.
So weihen wir sie denn
dem am Eintrieb der Herden und am Widdersprung kenntlichen aša-heiligen Ayāθrima, dem Ratav des Aša,
zu Verehrung und Preis und Befriedigung und Lob.
So weihen wir sie denn
dem ašaheiligen Maiδyāirya, dem Ratav des Aša,
zu Verehrung und Preis und Befriedigung und Lob.
So weihen wir sie denn
dem ašaheiligen Hamaspaθmaēdaya, dem Ratav des Aša,
zu Verehrung und Preis und Befriedigung und Lob.
So weihen wir sie denn
den Jahres(göttern), den Ratav's des Aša,
zu Verehrung und Preis und Befriedigung und Lob.
15. So weihen wir sie denn
allen den Ratav's, die die dreiunddreißig nächsten mit Hāvanay sich einfindenden Ratav's des Aša sind, welche (als die) des besten Aša von Mazdāh [dem Zaraθuštra] geoffenbart, von Zaraθuštra [der Welt] verkündet sind[1]),
zu Verehrung und Preis und Befriedigung und Lob.
16. So weihen wir sie denn
den beiden, Ahura (und) Miθra, den beiden hohen gefahrentrückten ašaheiligen; und den Sternen, den zum heiligen Geist gehörigen Schöpfungen; und dem prächtigen glanzvollen Tištrya-Stern und dem

[1]) 1164.

des Rindes Ursprung bildenden Mond und dem schnelle Rosse besitzenden Hvarəxšaēta, dem Auge des Ahura Mazdāh; dem Miθra, dem Landesherrn der Länder,
zu Verehrung und Preis und Befriedigung und Lob.
So weihen wir sie denn
(dem Tag des) prächtigen hoheitsvollen Ahura Mazdāh[1])
zu Verehrung und Preis und Befriedigung und Lob.
So weihen wir sie denn
(dem Monat der) Fravašay's[2]) der Ašagläubigen
zu Verehrung und Preis und Befriedigung und Lob.

17. So weihen wir sie denn
dir, dem Ātar, dem Sohn des Ahura Mazdāh, samt allen Feuer(arte)n,
zu Verehrung und Preis und Befriedigung und Lob.
So weihen wir sie denn
den guten Wassern, allen mazdāhgeschaffenen Wassern und allen mazdāhgeschaffenen Pflanzen
zu Verehrung und Preis und Befriedigung und Lob.

18. So weihen wir sie denn
dem heiligen, ašaheiligen, energisch antreibenden Mąθra, dem gegen die Daēva's gerichteten Gesetz, dem von Zaraθuštra stammenden Gesetz, der langen Überlieferung, der guten mazdayasnischen Religion
zu Verehrung und Preis und Befriedigung und Lob.

19. So weihen wir sie denn
dem mazdāhgeschaffenen, das Behagen des Aša gewährenden Gebirge Uši.darəna und allen das Behagen des Aša, viel Behagen gewährenden, mazdāhgeschaffenen Gebirgen; der mazdāhgeschaffenen kavischen Herrlichkeit und der unnahbaren mazdāhgeschaffenen Herrlichkeit[3])
zu Verehrung und Preis und Befriedigung und Lob.
So weihen wir sie denn
der guten Ašay, der guten Čistay, der guten Ərətay, der guten Rasąstāt, dem Glanz[3]) (und) dem mazdāhgeschaffenen Nutzen
zu Verehrung und Preis und Befriedigung und Lob.

20. So weihen wir sie denn
der dahmamäßigen guten Āfritay und dem Gemeinder, dem ašagläubigen Mann, und dem starken heldenhaften Yazata Dāmōiš Upamana
zu Verehrung und Preis und Befriedigung und Lob.

21. So weihen wir sie denn
diesen (unsern) Stätten und Wohnplätzen und Weideländern und Wohnungen und Tränken; den Wassern und Ländern und Pflanzen;

---

[1]) [2]) s. Y. 1. 11 No. 2 und 3. [3]) Beide Male x^{v}arənah-.

der Erde hier und dem Himmel dort[1]) und dem ašaheiligen Wind; den Sternen, dem Mond, der Sonne, dem anfangslosen unvergänglichen Lichtraum

und allen Geschöpfen des heiligen Geistes, den ašagläubigen (männlichen) und ašagläubigen (weiblichen), den Ratav's des Aša,

zu Verehrung und Preis und Befriedigung und Lob.

22. So weihen wir sie denn

dem hohen Ratav, dem des Aša; d(ies)en Ratav's, den Tages- und Tagesabteilungs- und Monats- und Jahreszeiten- und Jahres-(göttern), die die Ratav's des Aša sind: in der Zeit der Haomabereitung,

zu Verehrung und Preis und Befriedigung und Lob.

23. So weihen wir sie denn

dem ašafrommen heldenhaften Sraoša, (der) das heilige Wort in sich aufgenommen (hat), das starke Holz schwingt[2]), dem ahurischen,

unter Zufriedenstellung zu Verehrung und Preis und Befriedigung und Lob.

So weihen wir sie denn

der Fravašay des ašagläubigen Zaraθuštra Spitama

unter Zufriedenstellung zu Verehrung und Preis und Befriedigung und Lob.

So weihen wir sie denn

dir, o Ātar, Sohn des Ahura Mazdāh,

unter Zufriedenstellung zu Verehrung und Preis und Befriedigung und Lob.

24. So weihen wir sie denn

den starken, rings siegreichen Fravašay's der Ašagläubigen;

den Fravašay's der ersten Glaubenslehrer[3]);

den Fravašay's der Nächstverwandten

zu Verehrung und Preis und Befriedigung und Lob.

25. So weihen wir sie denn allen Ratav's des Aša zu Verehrung und Preis und Befriedigung und Lob.

So weihen wir sie denn all den gutes schenkenden geistigen und stofflichen Yazata's, die ihm, dem besten Aša, gemäß zu verehren und zu preisen sind.

Die gutherrschenden wohlmeinenden Aməša Spənta's wollen wir verehren.

26. Wen — und welche (Frauen) — unter den Seienden Mazdāh Ahura (als einen solchen) kennt, (dem) durch Aša für (sein) Gebet das bessere (Los zuteil wird)[4]), diese (Männer) und diese (Frauen) wollen wir verehren.[5])

---

[1]) 1664. [2]) s. Y. 3. 20 No. 6. [3]) 877. [4]) 1270 u. [5]) = Y. 27. 15.

5.[1])

1. So wollen wir denn den Ahura Mazdāh,
der das Rind und das Aša schuf,
die Wasser und die guten Pflanzen schuf,
das Licht und die Erde und alles Gute schuf,
wegen seiner Herrschgewalt und Größe und (seiner) schönen Werke verehren[2]).
2. Ihn also wollen wir mit der Auslese der Gebete[3]) (derer) verehren, die es mit dem Rind halten[4]).
3. Ihn also wollen wir mit dem von Ahura stammenden, dem Mazdāh wohlgefälligen heiligsten Namen verehren[5]);
ihn wollen wir mit unserm Leib und Leben verehren;
ihn (und) die Fravašay's der ašagläubigen Männer und Frauen wollen wir verehren.
4. Den Aša Vahišta wollen wir verehren, den schönsten Spənta Aməša, ihn den lichten, ihn den *alles gute gewährenden.*
5. Den Vohu Manah und den Vohu Xšaθra und die gute Wesenheit und die gute Vergeltung und die gute Frommergebenheit wollen wir verehren.
6. Wen — und welche (Frauen) — unter den Seienden Mazdāh Ahura (als einen solchen) kennt, (dem) durch Aša für (sein) Gebet das bessere (Los zuteil wird)[6]), diese (Männer) und diese (Frauen) wollen wir verehren.[7])

6.

1. Den Schöpfer Ahura Mazdāh verehren wir;
die gutherrschenden wohlmeinenden Aməša Spənta's verehren wir.
2. Die ašaheiligen Tagesabteilungs(götter), die Ratav's des Aša, verehren wir;
den ašaheiligen Hāvanay, den Ratav des Aša, verehren wir;
den Sāvaṅhay und den ašaheiligen Vīsya, den Ratav des Aša, verehren wir;
den weite Fluren besitzenden, tausendohrigen, zehntausendäugigen Miθra, den bei (seinem) Namen angerufenen Yazata, verehren wir;
den gute Weide bietenden Rāman verehren wir.
3. Den ašaheiligen Rapiθwina, den Ratav des Aša, verehren wir;
den Frādaṱ.fšav und den ašaheiligen Zantuma, den Ratav des Aša, verehren wir;
den Aša Vahišta und den Ātar, den Sohn des Ahura Mazdāh, verehren wir.
4. Den ašaheiligen Uzayeirina, den Ratav des Aša, verehren wir;
den Frādaṱ.vīra und den ašaheiligen Dāhyuma, den Ratav des Aša, verehren wir;

[1]) = Y. 37. [2]) 1847. [3]) 1270 o. [4]) 1706. [5]) 1162. [6]) 1270 u. [7]) = Y. 27. 15.

den hohen Gott, den strahlenden Gebieter, den schnelle Rosse besitzenden Apąm Napāt verehren wir;
und das ašaheilige mazdāhgeschaffene Wasser verehren wir.
5. Den ašaheiligen Aiwisrūθrima Aibigaya, den Ratav des Aša, verehren wir;
den Frādaṭ.vīspąm.hujyātay und den ašaheiligen Zaraθuštrō.təma, den Ratav des Aša, verehren wir;
die guten gewaltigen heiligen Fravašay's der Ašagläubigen verehren wir;
und die Scharen von Heldensöhnen besitzenden Frauen verehren wir;
und die Yāiryā Hušitay verehren wir;
und den gutgebauten schöngewachsenen Ama verehren wir;
und den ahurageschaffenen Vərəθraγna verehren wir;
und die siegreiche Uparatāt verehren wir.
6. Den ašaheiligen Ušahina, den Ratav des Aša, verehren wir;
den Bərəjya und den ašaheiligen Nmānya, den Ratav des Aša, verehren wir;
den ašafrommen schöngewachsenen siegreichen, Hab und Gut fördernden, ašaheiligen Sraoša verehren wir;
den gerechtesten Rašnav verehren wir;
die Hab und Gut förderndе, Hab und Gut mehrende Arštāt verehren wir.
7. Die ašaheiligen Monats(götter), die Ratav's des Aša, verehren wir;
den ašaheiligen Antarəmāh, den Ratav des Aša, verehren wir;
den Pərənō.māh *und* den ašaheiligen Vīšaptaθa, den Ratav des Aša, verehren wir.
8. Die ašaheiligen Jahreszeiten(götter), die Ratav's des Aša, verehren wir;
den ašaheiligen Maiδyōi.zarəmaya, den Ratav des Aša, verehren wir;
den ašaheiligen Maiδyōišam, den Ratav des Aša, verehren wir;
den ašaheiligen Paitiš.hahya, den Ratav des Aša, verehren wir;
den am Eintrieb der Herden und am Widdersprung kenntlichen ašaheiligen Ayāθrima, den Ratav des Aša, verehren wir;
den ašaheiligen Maiδyāirya, den Ratav des Aša, verehren wir;
den ašaheiligen Hamaspaθmaēdaya, den Ratav des Aša, verehren wir;
die ašaheiligen Jahres(götter), die Ratav's des Aša, verehren wir.
9. Alle Ratav's des Aša verehren wir, die die dreiunddreißig nächsten mit Hāvanay sich einfindenden Ratav's des Aša sind, welche (als die) des besten Aša von Mazdāh [dem Zaraθuštra] geoffenbart, von Zaraθuštra [der Welt] verkündet sind[1]).
10. Die beiden, Ahura (und) Miθra, die beiden hohen gefahrentrückten ašaheiligen, verehren wir;

[1]) 1164.

Sterne und Mond und Sonne (und) — mittelst der Barəsman-Pflanzen — den Miθra, den Landesherrn aller Länder, verehren wir;
den prächtigen hoheitsvollen Ahura Mazdāh[1]) verehren wir;
die guten gewaltigen heiligen Fravašay'’s[2]) der Ašagläubigen verehren wir.

11. Dich, den ašaheiligen Ātar, den Sohn des Ahura Mazdāh, den Ratav des Aša, verehren wir samt allen Feuer(arte)n;
die guten besten mazdāhgeschaffenen ašaheiligen Wasser verehren wir;
alle mazdāhgeschaffenen ašaheiligen Wasser verehren wir;
alle mazdāhgeschaffenen ašaheiligen Pflanzen verehren wir.

12. Den heiligen hochherrlichen Mąθra verehren wir;
das gegen die Daēva's gerichtete Gesetz verehren wir;
das von Zaraθuštra stammende Gesetz verehren wir;
die lange Überlieferung verehren wir;
die gute mazdayasnische Religion verehren wir.

13. Das Gebirge Uši.darəna, den mazdāhgeschaffenen, das Behagen des Aša gewährenden Yazata, verehren wir;
alle das Behagen des Aša, viel Behagen gewährenden, mazdāhgeschaffenen ašaheiligen Gebirge, die Ratav's des Aša, verehren wir;
die starke mazdāhgeschaffene kavische Herrlichkeit verehren wir;
die starke mazdāhgeschaffene unnahbare Herrlichkeit[3]) verehren wir;
die gute Ašay, die strahlende hohe kraftvolle schöngewachsene segensreiche, verehren wir;
den mazdāhgeschaffenen Glanz[3]) verehren wir;
den mazdāhgeschaffenen Nutzen verehren wir.

14. Die dahmamäßige gute Āfritay verehren wir;
und den Gemeinder, den ašagläubigen Mann, verehren wir;
den starken heldenhaften Yazata Dāmōiš Upamana verehren wir.

15. Diese (unsere) Wasser und Länder und Pflanzen verehren wir;
diese (unsere) Stätten und Wohnplätze und Weideländer und Wohnungen und Tränken verehren wir;
und diesen (unsern) Herrn des Wohnplatzes, ihn, den Ahura Mazdāh, verehren wir.

16. Alle größten Ratav's: die Tages-, Tagesabteilungs-, Monats-, Jahreszeiten-, Jahres-(götter) verehren wir.

17. Die beiden, Haurvatāt[4]) (und) Amərətatāt[4]), verehren wir;
die guttätige Milch verehren wir;
den ašafrommen schöngewachsenen siegreichen, Hab und Gut fördernden, ašaheiligen Sraoša, den Ratav des Aša, verehren wir.

18. Haoma(pflanze) und Haoma(trank) verehren wir;
die Belohnung und die Fravašay des ašagläubigen Zaraθuštra Spitama verehren wir nun;

---

[1]) [2]) s. Y. 2. 11 No. 2 und 3. [3]) Beide Male x^v^arənah-. [4]) s. Y. 3. 1 No. 3.

Brennholz und Räucherwerk verehren wir;
dich, den ašaheiligen Ātar, den Sohn des Ahura Mazdāh, den Ratav des Aša, verehren wir.

19. Die guten gewaltigen heiligen Fravašay's der Ašagläubigen verehren wir.

20. Alle ašaheiligen Yazata's verehren wir;
alle Ratav's des Aša verehren wir:
um die Zeit der Haomabereitung, wenn Sāvanhay und Vīsya die Ratavschaft (haben), wenn alle größten Ratav's die Ratavschaft (haben)[1].

21. Wen — und welche (Frauen) — unter den Seienden[2]) . . .
„Wie der beste Oberherr"[3]) soll mir er, der Zaotar, aufsagen;
„so der [beste] Richter (ist er) [Zaraθuštra] gemäß dem heiligen Recht"[3]) soll der wissende Ašagläubige [die Gemeinde] aufsagen.

7.

1. Aša ist das beste Gut[4]) . . .
Ašamäßig weihe ich als Nahrung (nämlich) als Myazda die beiden, Haurvatāt[5]) (und) Amərətatāt[5]), (und) die guttätige Milch:
um zufriedenzustellen Ahura Mazdāh (und) die Aməša Spənta's;
um zufriedenzustellen den ašafrommen, die Belohnungen verschaffenden, siegreichen, Hab und Gut fördernden Sraoša.

2. Ašamäßig weihe ich Haoma(pflanze) und Haoma(trank),
um zufriedenzustellen die Fravašay des ašagläubigen Zaraθuštra Spitama;
ašamäßig weihe ich die beiden, Brennholz (und) Räucherwerk,
um zufriedenzustellen dich, den Ātar, den Sohn des Ahura Mazdāh.

3. Ašamäßig weihe ich die Haoma's[6]),
um zufriedenzustellen die guten Wasser, die guten mazdāhgeschaffenen Wasser;
ašamäßig weihe ich das für den Haoma bestimmte Wasser,
ašamäßig weihe ich die flüssige Milch,
ašamäßig weihe ich die ašamäßig aufgesetzte Haδānaēpatā-Pflanze:
um zufriedenzustellen die mazdāhgeschaffenen Wasser.

4. Ašamäßig weihe ich samt Zaoθra's, samt Gürtelband dies ašamäßig gespreitete Barəsman,
um zufriedenzustellen die Aməša Spənta's;
ašamäßig weihe ich die gutgedachten, gutgesagten, gutgetanen Sprüche;
ašamäßig weihe ich das Aufsagen der Gāθā's;
ašamäßig weihe ich die gut ausgeführten Befehle[7]);

---

[1]) 1500 (?). [2]) = Y. 27. 15. [3]) s. Y. 27. 13. [4]) = Y. 27. 14. [5]) s. Y. 3. 1 No. 3. [6]) haomi!, vgl. die Parallelstelle Y. 3. 3, wo haomą. [7]) 1850.

ašamäßig weihe ich diesen Erwerb des Anspruchs auf das (andere) Leben und des (höchsten) Anrechts und die Ratavbefriedigung[1]) der Ratav's:

um zufriedenzustellen die ašaheiligen geistigen (und) stofflichen Yazata's und um zufriedenzustellen meine eigene Seele[2]).

5. Ašamäßig weihe ich den Tagesabteilungs(göttern), den Ratav's des Aša; dem ašaheiligen Hāvanay, dem Ratav des Aša;

ašamäßig weihe ich dem Sāvanhay und dem ašaheiligen Vīsya, dem Ratav des Aša;

ašamäßig weihe ich dem weite Fluren besitzenden, tausendohrigen, zehntausendäugigen Miθra, dem bei (seinem) Namen angerufenen Yazata, (und) dem gute Weide bietenden Rāman.

6. Ašamäßig weihe ich dem ašaheiligen Rapiθwina, dem Ratav des Aša;

ašamäßig weihe ich dem Frādaṭ.fšav und dem ašaheiligen Zantuma, dem Ratav des Aša;

ašamäßig weihe ich dem Aša Vahišta und dem Ātar, (dem Sohn) des Ahura Mazdāh.

7. Ašamäßig weihe ich dem ašaheiligen Uzayeirina, dem Ratav des Aša;

ašamäßig weihe ich dem Frādaṭ.vīra und dem ašaheiligen Dāhyuma, dem Ratav des Aša;

ašamäßig weihe ich dem hohen Gott Napāt Apąm und dem mazdāhgeschaffenen Wasser.

8. Ašamäßig weihe ich dem ašaheiligen Aiwisrūθrima Aibigaya, dem Ratav des Aša;

ašamäßig weihe ich dem Frādaṭ.vīspąm.hujyātay und dem ašaheiligen Zaraθuštrō.təma, dem Ratav des Aša;

ašamäßig weihe ich den Fravašay's der Ašagläubigen und den Scharen von Heldensöhnen besitzenden Frauen und der Yāiryā Hušitay und dem gutgebauten schöngewachsenen Ama und dem ahurageschaffenen Vərəθraγna und der siegreichen Uparatāt.

9. Ašamäßig weihe ich dem ašaheiligen Ušahina, dem Ratav des Aša;

ašamäßig weihe ich dem Bərəjya und dem ašaheiligen Nmānya, dem Ratav des Aša;

ašamäßig weihe ich dem ašafrommen, die Belohnungen verschaffenden, siegreichen, Hab und Gut fördernden Sraoša; dem gerechtesten Rašnav und der Hab und Gut fördernden, Hab und Gut mehrenden Arštāt.

10. Ašamäßig weihe ich den Monats(göttern), den Ratav's des Aša; dem ašaheiligen Antarəmāh, dem Ratav des Aša;

ašamäßig weihe ich dem Pərənō.māh und dem ašaheiligen Vīšaptaθa, dem Ratav des Aša.

---

[1]) Eins der beiden ča ist ausgelassen. [2]) 1783.

11. Ašamäßig weihe ich den Jahreszeiten(göttern), den Ratav's des Aša; dem ašaheiligen Maiδyōi.zarəmaya, dem Ratav des Aša;
ašamäßig weihe ich dem ašaheiligen Maiδyōišam, dem Ratav des Aša;
ašamäßig weihe ich dem ašaheiligen Paitiš.hahya, dem Ratav des Aša;
ašamäßig weihe ich dem am Eintrieb der Herden und am Widdersprung kenntlichen ašaheiligen Ayāθrima, dem Ratav des Aša;
ašamäßig weihe ich dem ašaheiligen Maiδyāirya, dem Ratav des Aša;
ašamäßig weihe ich dem ašaheiligen Hamaspaθmaēdaya, dem Ratav des Aša;
ašamäßig weihe ich den ašaheiligen Jahres(göttern), den Ratav's des Aša.

12. Ašamäßig weihe ich allen den Ratav's, die die dreiunddreißig nächsten mit Hāvanay sich einfindenden Ratav's des Aša sind, welche (als die) des besten Aša von Mazdāh [dem Zaraθuštra] geoffenbart, von Zaraθuštra [der Welt] verkündet sind [1]).

13. Ašamäßig weihe ich den beiden, Ahura (und) Miθra, den beiden hohen gefahrentrückten ašaheiligen, und den Sternen, den zum heiligen Geist gehörigen Schöpfungen, und dem prächtigen glanzvollen Tištrya-Stern und dem des Rindes Ursprung bildenden Mond und dem schnelle Rosse besitzenden Hvarəxšaēta, dem Auge des Ahura Mazdāh; dem Miθra, dem Landesherrn der Länder.
Ašamäßig weihe ich (dem Tag des) prächtigen hoheitsvollen Ahura Mazdāh [2]);
ašamäßig weihe ich (dem Monat der) Fravašay's [3]) der Ašagläubigen.

14. Ašamäßig weihe ich dir, dem Ātar, dem Sohn des Ahura Mazdāh, samt allen Feuer(arte)n;
ašamäßig weihe ich den guten Wassern, allen mazdāhgeschaffenen Wassern und allen mazdāhgeschaffenen Pflanzen.

15. Ašamäßig weihe ich dem heiligen ašaheiligen, energisch antreibenden Mąθra; dem gegen die Daēva's gerichteten Gesetz, dem von Zaraθuštra stammenden Gesetz; der langen Überlieferung; der guten mazdayasnischen Religion.

16. Ašamäßig weihe ich dem mazdāhgeschaffenen, das Behagen des Aša gewährenden Gebirge Uši.darəna und allen das Behagen des Aša, viel Behagen gewährenden mazdāhgeschaffenen Gebirgen; der mazdāhgeschaffenen kavischen Herrlichkeit und der unnahbaren mazdāhgeschaffenen Herrlichkeit [4]);
ašamäßig weihe ich der guten Ašay, der guten Čistay, der guten Ǝrətay, der guten Rasąstāt, dem Glanz [4]) (und) dem mazdāhgeschaffenen Nutzen.

---

[1]) 1164. [2]) [3]) s. Y. 1. 11 No. 2 und 3. [4]) Beide Male x^varənah-.

17. Ašamäßig weihe ich der dahmamäßigen guten Āfritay und dem Gemeinder, dem ašagläubigen Mann, und dem starken heldenhaften Yazata Dāmōiš Upamana.

18. Ašamäßig weihe ich
diesen (unsern) Stätten und Wohnplätzen und Weideländern und Wohnungen und Tränken; den Wassern und Ländern und Pflanzen;
der Erde hier und dem Himmel dort[1]) und dem ašaheiligen Wind; den Sternen, dem Mond, der Sonne, dem anfangslosen unvergänglichen Lichtraum
und allen Geschöpfen des heiligen Geistes, den ašagläubigen (männlichen) und ašagläubigen (weiblichen), den Ratav's des Aša.

19. Ašamäßig weihe ich dem hohen Ratav, dem des Aša; d(ies)en Ratav's, den Tages- und Tagesabteilungs- und Monats- und Jahreszeiten- und Jahres(göttern), die die Ratav's des Aša sind: in der Zeit der Haomabereitung.

20. Ašamäßig weihe ich als Nahrung (nämlich) als Myazda die beiden, Haurvatāt[2]) (und) Amərətatāt[2]), (und) die guttätige Milch, um zufriedenzustellen den ašafrommen heldenhaften Sraoša, (der) das heilige Wort in sich aufgenommen (hat), das starke Holz schwingt[3]), den ahurischen, bei (seinem) Namen angerufenen Yazata.

21. Ašamäßig weihe ich Haoma(pflanze) und Haoma(trank), um zufriedenzustellen die Fravašay des ašaheiligen Zaraθuštra Spitama, des bei (seinem) Namen angerufenen Yazata;
ašamäßig weihe ich beides, Brennholz (und) Räucherwerk, um zufriedenzustellen dich, den Ātar, den Sohn des Ahura Mazdāh, den bei (seinem) Namen angerufenen Yazata.

22. Ašamäßig weihe ich
den starken, rings siegreichen Fravašay's der Ašagläubigen;
den Fravašay's der ersten Glaubenslehrer[4]);
den Fravašay's der Nächstverwandten.

23. Ašamäßig weihe ich allen Ratav's des Aša;
ašamäßig weihe ich all den gutes schenkenden geistigen und stofflichen Yazata's, die ihm, dem besten Aša, gemäß zu verehren und zu preisen sind.

24. Ašamäßig möge er sich zu uns hinwenden, 'dessen Nutzen oder Schaden, darüber er verfügt, (alle Lebenden) erfahren werden'[5]). Deine Lobredner und Propheten, o Ahura Mazdāh, heißen wir und wollen wir (sein)[6]), und (als solche) stellen wir uns bereit (für das), was du den Daēnā's als den meinesgleichen gehörigen Lohn bestimmt hast[7]), o Mazdāh Ahura.

25. Diesen (Lohn) verschaff dú uns für das Leben hier und für das

[1]) 1664. [2]) s. Y. 3. 1 No. 3. [3]) s. Y. 3. 20 No. 6. [4]) 877. [5]) Aus Y. 45. 7; 1561f. [6]) 1382. [7]) 1141.

geistige[1]) (Leben), dazu (verschaff) ihn, daß wir dazu gelangen, zur Vereinigung mit dir und dem Aša, für alle Zeit.[2])

Wie der beste Oberherr, so der [beste] Richter (ist er) [Zaraθuštra] gemäß dem heiligen Recht[3]) ...

26. Das Ahuna Vairya (Gebet) verehren wir,
das rechtgesprochene Gebet verehren wir,
die dahmamäßige gute Āfritay verehren wir,
den starken heldenhaften Yazata Dāmōiš Upamana verehren wir,
die beiden, Haurvatāt[4]) und Amərətatāt[4]), verehren wir,
die guttätige Milch verehren wir,
Haoma(pflanze) und Haoma(trank) verehren wir,
Brennholz und Räucherwerk verehren wir:
zum Lob der dahmamäßigen guten Āfritay.

27. Wen — und welche (Frauen) — unter den Seienden Mazdāh Ahura (als einen solchen) kennt, (dem) durch Aša für (sein) Gebet das bessere (Los zuteil wird)[5]), diese (Männer) und diese (Frauen) wollen wir verehren.[6])

28. „Wie der beste Oberherr"[7]) soll mir er, der Zaotar, aufsagen;
„so der [beste] Richter (ist er) [Zaraθuštra] gemäß dem heiligen Recht"[7]) soll der wissende Ašagläubige [die Gemeinde] aufsagen.

8.

1. Aša ist das beste Gut[8]) ...
Ašamäßig weihe ich als Nahrung (nämlich) als Myazda die beiden, Haurvatāt[4]) (und) Amərətatāt[4]), (und) die guttätige Milch; Haoma-(pflanze) und Haoma(trank); Brennholz und Räucherwerk:
zum Lob des Ahura Mazdāh, des Ahuna Vairya (Gebets), des rechtgesprochenen Gebets, der dahmamäßigen guten Āfritay, des starken Dāmōiš Upamana, des Haoma und des Mąθra und des ašagläubigen Zaraθuštra.
Ašamäßig möge er sich zu uns wenden.

2. Genießet, ihr Männer, hier den Myazda, wer[9]) (von euch) ihn verdient hat durch Ašaglaube und Eifer[10]).

3. O Aməša Spənta's, o mazdayasnische Daēnā, (ihr) guten (Götter) und guten (Göttinnen), und (ihr) Zaoθra's!
Wer unter den Mazdāhanbetern hier[11]), sich einen Mazdāhanbeter nennend, sich für einen Anhänger des Aša ausgebend, mit Zauber die Welt des Aša °zerstört[12]), den macht (uns) kund[13]), ihr, die Wasser und Pflanzen und Zaoθra's!

---

[1]) 1. [2]) 1564. [3]) = Y. 27. 13. [4]) s. Y. 3. 1 No. 3. [5]) 1270 u. [6]) = Y. 27. 15. [7]) s. Y. 27. 13. [8]) = Y. 27. 14. [9]) †yōi.dim statt yōi dim. [10]) 1768, 1218. [11]) 2. [12]) 1523. [13]) 673.

4. Und wer hier unter den volljährigen (dazu) aufgeforderten Mazdāh-anbetern[1]) diese Worte aufzusagen sich weigert[2]), (der) verfällt in die Strafe dessen, (der) sich mit Zauberei befaßt[3]).
Aša ist der beste Gut[4]) ...
Wie der beste Oberherr[5]) ...
5. Unbeschränkt und nach Wunsch mögest du, Ahura Mazdāh, über deine Geschöpfe herrschen:
unbeschränkt über die Wasser, unbeschränkt über die Pflanzen, unbeschränkt über alles Gute, (das) im Aša seinen Ursprung (hat).
Zu einem gebietenden machet den Ašagläubigen,
zu einem ohnmächtigen den Druggläubigen.
6. Frei möge der Ašagläubige sein;
unfrei möge der Druggläubige sein, gewichen, unterdrückt, weggebracht[6]) von der Schöpfung des heiligen Geistes, gefangen, unfrei.
7. Soll Ich nun, der Zaraθuštra, die Obersten der Häuser und der Dörfer und der Gaue und der Länder antreiben[7]), zu denken und zu reden und zu handeln gemäß dieser (unserer) Religion, die die ahurische, zaraθuštrische (ist)?
8. Freiheit und Wohlbehagen wünsche ich der gesamten Schöpfung des Ašaehrwürdigen;
Gefangenschaft und Mißbehagen wünsche ich der gesamten Schöpfung des °Ruchlosen.
9. Aša ist das beste Gut[4]) ...
Den das Aša fördernden Haoma (wollen wir) unter Zufriedenstellung verehren und preisen und befriedigen und loben.
„Wie der beste Oberherr“[8]) soll mir der Zaotar aufsagen,
„wie der beste Oberherr“ soll mir er, der Zaotar, aufsagen;
„so der [beste] Richter (ist er) [Zaraθuštra] gemäß dem heiligen Recht“[8]) soll der wissende Ašagläubige [die Gemeinde] aufsagen.

9.

1. In dem Zeitabschnitt, (da) die Haomabereitung (vollzogen wird)[9]), trat Haoma an Zaraθuštra heran, (der gerade) das Feuer ringsum in den gehörigen Stand setzte und die Gāθā's aufsagte. An ihn richtete Zaraθuštra die Frage:
„Wer bist du, Mann! Der schönste des gesamten leiblichen Daseins — eigenen sonnigen unsterblichen Lebens[10]) —, den Ich (je) zu Gesicht bekommen habe?“
2. Da antwortete mir dieser, der ašaheilige Haoma, der Todwehrer:

---

[1]) 1668. [2]) 1197. [3]) 19. [4]) = Y. 27. 14. [5]) = Y. 27. 13. [6]) 1105. [7]) 1740. [8]) s. Y. 27. 13. [9]) 1805. [10]) 1865.

„Ich, o Zaraθuštra, ich bin der ašaheilige Haoma, der Todwehrer! Hole mich her, o Spitama, keltere mich, daß man (mich) trinke[1]; preise mich (mir) zum Preis, so wie mich die künftigen Saošyant's preisen werden."

3. Darauf sprach Zaraθuštra:

„Verehrung dem Haoma! — Wer kelterte dich, o Haoma, als erster Mensch für die stoffliche Welt, welches Los wurde ihm zuteil[2], welcher Erfolg stellte sich bei ihm ein?"

4. Da antwortete mir dieser, der ašaheilige Haoma, der Todwehrer:

„Vīvahvant kelterte mich als erster Mensch für die stoffliche Welt; dies Los wurde ihm zuteil, dieser Erfolg stellte sich bei ihm ein:

daß ihm ein Sohn geboren wurde, nämlich Yima, der strahlende, schöne Herden besitzende, der hoheitsvollste der geborenen Menschen, der sonnengleich blickende;

daß er in seinem Reich nichtsterbend machte beide, Tiere (und) Menschen[3], nichtvertrocknend beide, Wasser (und) Pflanzen, zu essen unversiegliche Speise[4].

5. Unter des tapfern Yima Herrschaft[5] gab es nicht Kälte[6] nicht Hitze, gab es nicht Altern nicht Tod, nicht den daēvageschaffenen Neid[7]. Fünfzehnjährig dem äußern Ansehen nach[8] gingen der Vater und der Sohn einher, jeder von beiden, solange der schöne Herden besitzende Yima, der Sohn des Vīvahvant, die Herrschaft führte."[9] —

6. „Wer kelterte dich, o Haoma, als zweiter Mensch für die stoffliche Welt, welches Los wurde ihm zuteil[2], welcher Erfolg stellte sich bei ihm ein?"

7. Da antwortete mir dieser, der ašaheilige Haoma, der Todwehrer:

„Āθwya kelterte mich als zweiter Mensch für die stoffliche Welt; dies Los wurde ihm zuteil, dieser Erfolg stellte sich bei ihm ein:

daß ihm ein Sohn geboren wurde, Θraētaona, aus gewaltigem Adelshause,

8. der das Ungeheuer Dahāka besiegte, den °dreimäuligen, °dreiköpfigen, °sechsäugigen, tausend Fertigkeiten besitzenden; die(se) sehr starke daēvische Drug, den für die Lebenden schlimmen[10], druggläubigen; sie, die weitaus stärkste Drug, (die) Aŋra Mainyav gegen sie, die stoffliche Welt, °geschaffen hat, um die Welt des Aša zu °verderben." —

9. „Wer kelterte dich, o Haoma, als dritter Mensch für die stoffliche Welt, welches Los wurde ihm zuteil[2], welcher Erfolg stellte sich bei ihm ein?"

0. Da antwortete mir dieser, der ašaheilige Haoma, der Todwehrer:

„Θrita, der Sāma's gewaltigster, kelterte mich als dritter Mensch für die stoffliche Welt; dies Los wurde ihm zuteil, dieser Erfolg stellte sich bei ihm ein:

---

[1]) 1868. [2]) 184. [3]) 1453. [4]) 1874. [5]) 542. [6]) 269. [7]) ? [8]) 1495. [9]) 552. [10]) 47.

daß ihm zwei Söhne geboren wurden, Urvāxšaya und Kərəsāspa; ein Richter der erste, ein Gesetzgeber[1]); aber der andere ein überlegen wirkender, lockenhaariger, die Wurfkeule führender junger (Held),

11. der das gehörnte, das Rosse verschlingende, Männer verschlingende, das giftige fahlgelbe Ungeheuer besiegte, auf dem das gelbliche Gift klafterhoch floß[2]); auf dem sich Kərəsāspa im eisernen (Kessel) um die Mittagszeit[3]) (Fleisch)speise kochte[4]). Und diesem Schurken wurde es heiß und er fing an zu schwitzen[5]). (Da) schnellte er vorwärts unter dem Kessel hervor[6]), das siedende Wasser schüttete er um[7]): erschrocken lief der heldensinnige Kərəsāspa bei Seite." —

12. „Wer kelterte dich, o Haoma, als vierter Mensch für die stoffliche Welt, welches Los wurde ihm zuteil[8]), welcher Erfolg stellte sich bei ihm ein?"

13. Da antwortete mir dieser, der ašaheilige Haoma, der Todwehrer: „Pourušaspa kelterte mich als vierter Mensch für die stoffliche Welt; dies Los wurde ihm zuteil, dieser Erfolg stellte sich bei ihm ein:
daß Du ihm geboren wurdest, Du fürwahr, o Zaraθuštra, aus dem Hause des Pourušaspa, den Daēva's feind, Ahura's Lehre zugetan.

14. Berühmt in Airyana Vaējah, hast Du, o Zaraθuštra, zuerst (das Gebet) Ahuna Vairya unter Einhaltung der Pausen viermal vorgetragen[9]), die zweite Hälfte mit lauterem Vortrag[10]).

15. Du Zaraθuštra, du hast bewirkt, (daß) die Daēva's sich alle in die Erde verkrochen, die sich vordem in Männergestalt auf der Erde hier °herumtrieben[11]).
(Du), der der stärkste, der (du) der heldenhafteste, der (du) der rührigste, der (du) der schnellste, der (du) der siegreichste[12]) aus der Schöpfung der beiden Geister wurde(st)." —

16. Darauf sprach Zaraθuštra:
„Verehrung dem Haoma! Der gute Haoma, der wohlgeschaffene rechtgeschaffene Haoma, der gute, als Heiltäter eingesetzte, der wohlgestaltete, wohlwirkende, siegreiche, goldfarbige, mit biegsamen Schößlingen (ist), wenn sie (ihn) trinken, höchst förderlich[13]) und bereitet für die Seele am besten die Bahn.

17. Ich rufe zu mir herab deine Rauschbegeisterung, o goldfarbener, herab die Kraft, herab die Sieghaftigkeit, herab die Gesundheit, herab das Heiltum, herab das Gedeihen, herab das Wachstum, herab die sich auf den ganzen Leib erstreckende Stärke, herab das allseitige Wissen[14]), herab darum:
daß ich unabhängig unter den Wesen einhergehe[15]), die Feindschaften überwindend, die Drug besiegend;

---

[1]) 1542. [2]) 1472. [3]) 1704. [4]) 905. [5]) 1860. [6]) 1024. [7]) 1281. [8]) 184. [9]) 1448. [10]) 534 f. [11]) 667 f. [12]) as ‚er war' ist gestrichen. [13]) 1865 f. [14]) 1155. [15]) 477.

18. herab darum, daß ich aller Feinde Anfeindungen überwinde, (die) von Daēva's und Menschen; von Zauberern und Hexen; von kavischen und karapanischen Machthabern und °zweifüßigen Schurken; von °zweifüßigen Irrlehrern und von °vierfüßigen Wölfen und von dem breitfrontigen betrüglich °ziehenden °Feindesheer.

19. Um diese erste Gunst bitte ich dich, Todwehrer Haoma: um das lichte, alle Wonnen bietende beste Dasein der Ašagläubigen;

um diese zweite Gunst bitte ich dich, Todwehrer Haoma: um Gesundheit dieses (meines) Leibes[1];

um diese dritte Gunst bitte ich dich, Todwehrer Haoma: um langes Leben der Lebenskraft;

20. um diese vierte Gunst bitte ich dich, Todwehrer Haoma: daß ich wirksam, kraftvoll (und) zufrieden auf der Erde auftrete, die Feindschaften überwindend, die Drug besiegend;

um diese fünfte Gunst bitte ich dich, Todwehrer Haoma: daß ich siegreich, die Schlacht gewinnend auf der Erde auftrete, die Feindschaften überwindend, die Drug besiegend;

21. um diese sechste Gunst bitte ich dich, Todwehrer Haoma: zuerst möchten wir den Dieb, zuerst den Räuber, zuerst den Wolf wahrnehmen[2]; niemand möge uns früher wahrnehmen, alle möchten wir zuerst wahrnehmen." —

22. Haoma teilt denen, die als Helden (ihr) Gespann zum Wettkampf entsenden[3], Kraft und Stärke zu;

Haoma verschafft den gebärenden (Frauen) Besitz herrlicher Söhne und ašagläubige Nachkommenschaft;

Haoma teilt denen, die gern dem Studium der Naska obliegen[4], Heiligkeit und Wissen zu;

23. Haoma teilt denen, die als Mädchen lang unverheiratet geblieben sind[5], einen *Gatten* und Fürsorger[6] zu, alsbald (wenn er drum) gebeten (wird)[7], der einsichtsvolle.

24. Haoma hat ihn, den Kərəsānay, aus seiner Herrschaft verjagt[8], der °jammerte in der Sorge um seine Herrschaft, der °sagte[9]:

„Nicht soll sich fernerhin in meinem Lande ein Āθravan aufhalten[10] die (heiligen) Studien zu verbreiten[11]. Der reißt alles Wachstum an sich, alles Wachstum zerstört er[12]."

25. Wohl dir, der du aus eigener Kraft[13] unabhängig bist, o Haoma!

Wohl dir, (der du) mit den vielen wahrgesprochenen Sprüchen vertraut (bist)!

Wohl dir, nicht brauchst du nach dem wahren Wort herumzufragen[14])!

---

[1]) 2. [2]) 917. [3]) 196. [4]) 1060. [5]) 345. [6]) 1521. [7]) 1177. [8]) 73. [9]) 1492. [10]) 449. [11]) 1420 u. [12]) 1420 o.; eig. „omnia augmentorum". [13]) 1783. [14]) 866.

26. Es überbrachte dir Mazdāh den ...[1]) Gürtel, den sternengeschmückten, von Geistern gefertigten, (nämlich) die gute mazdayasnische Religion[2]). Und mit diesem umgürtet bist du auf den Höhen der Berge für alle Zeit Schirm und Stütze des heiligen Worts[3]).

27. O Haoma, Hausherr, Dorfherr, Gauherr, Landesherr! An Heiligkeit Herr des Wissens! Her für meinen Leib rufe ich dich zu Kraft und Wehrhaftigkeit und zu viel Rettung bringender Stärkung.

28. Schaff fort unserer Feinde Feindschaften, fort der ergrimmten Anschlag[4])! Und jedweder Mensch, der an diesem Hause, der an diesem Dorfe, der an diesem Gau, der an diesem Lande Frevel übt, von dessen Füßen nimm die Stärke, seine Ohren reiß ab, zerstöre seinen Geist[5]).

29. „Nicht mit den °Füßen sollst du etwas ausrichten[6]), nicht mit den °Händen etwas ausrichten können!"
Nicht soll er die Erde mit (seinen) °Augen beschauen, nicht das Rind mit (seinen) °Augen beschauen:
der unsern Geist vergewaltigt, der unsern Körper vergewaltigt.

30. Gegen den Leib des gelben, greulichen, Gift ausspritzenden Ungeheuers schlag die Waffe[7]), o goldfarbener Haoma, zu Gunsten des (von ihm) dem Untergang geweihten Ašagläubigen[8]);
gegen den Leib des mächtig gewordenen[9]) blutdürstigen zornigen Banditen schlag die Waffe, o goldfarbener Haoma, zu Gunsten des (von ihm) dem Untergang geweihten Ašagläubigen.

31. Gegen den Leib des druggläubigen Menschen, des Machthabers, (der) das °Haupt hochträgt[10]), schlag die Waffe[7]), o goldfarbener Haoma, zu Gunsten des (von ihm) dem Untergang geweihten Ašagläubigen[8]);
gegen den Leib des dem Ašaglauben feindlichen, das (andere) Leben °zerstörenden Irrlehrers, (der) die Worte dieser (unserer) Religion (zwar) im Gedächtnis hat[11]), (aber) in (seinem) Handeln nicht befolgt[12]), schlag die Waffe, o goldfarbener Haoma, zu Gunsten des (von ihm) dem Untergang geweihten Ašagläubigen.

32. Gegen den Leib der Zauberei treibenden, Wollust bereitenden, ...[13]) bringenden Hure, deren Begierde wie eine im Wind sich bewegende Regenwolke dahintaumelt, schlag die Waffe[7]), o goldfarbener Haoma, zu Gunsten des (von ihr) dem Untergang geweihten Ašagläubigen[8]);
gegen diesen ihren Leib schlag die Waffe, o goldfarbener Haoma, zu Gunsten des (von ihr) dem Untergang geweihten Ašagläubigen.

[1]) paurvanīm; nach Geldner, SPreussAW. 1903. 422 „ersten". [2]) 98. [3]) Nach Geldner, aaO.; s. Bthl., Zum AirWb. 175 f. [4]) 941. [5]) 1587. [6]) 639. [7]) 1345. [8]) 1055. [9]) 1451. [10]) 1428. [11]) 1181. [12]) 71. [13]) upaštā[.bairyāi].

10.

1. °Weggehen sollen sie nun hier, weg die Teufel, weg die Teufelinnen;
der gute Sraoša soll weilen,
die gute Ašay soll hier wohnen,
die gute Ašay soll hier verweilen:
in diesem (unserm) Hause, das dem Ahura zugetan (ist), das dem ašafördernden Haoma (gehört).

2. Das erstere (untere Stück) deines [des Haoma] Mörsers, das die (Haoma-) Zweige aufnimmt[1], preise ich mit Gebet, o einsichtsvoller;
und auch das obere deines Mörsers, womit ich hineinstampfe mit Manneskraft[1], preise ich mit Gebet, o einsichtsvoller.

3. Ich preise die Wolke und den Regen, die beide deinen Leib auf den Höhen der Berge wachsen machen;
ich preise die hohen Berge, wo *du gewachsen bist*, o Haoma.

4. Ich preise die breite, weite, energisch schaffende, segensreiche Erde, deine Erhalterin, o ašaheiliger Haoma;
ich preise der Erde Gefild[2], wo du wohlriechend (auf)wächst, der tapfere, und als Mazdāh's schönes Gewächs[3];
o Haoma, wachsen mögest du auf dem Berg und gedeihen allerwärts[4]; — und wahrlich des heiligen Rechtes Brunnen bist du[5].

5. Vermehre dich durch mein Gebet: an allen Wurzeln und an allen Schößlingen und an allen Ästen.

6. Haoma nimmt zu, (wenn er) gepriesen (wird); desgleichen wird der Mann, der ihn preist, siegreicher[6].
Auch die geringfügigste Haomakelterung[7],
auch die geringfügigste Haomapreisung,
auch der geringfügigste Haomagenuß dient (dazu), tausend Daēva's zu töten[7].

7. Es verschwindet, kaum °hervorgebracht[8], die Befleckung aus diesem Hause, dahin man hinzubringt[9], darin man besingt das augenfällige Heiltum (und) Gesundheitsmittel des heilkräftigen Haoma.
⟨Für sein Haus und die Wohnstätte⟩.[10]

8. Alle andern Rauschtränke sind freilich[11] von dem das blutige Holz schwingenden Aēšma begleitet, aber er, der Rauschtrank[12] des Haoma, ist von dem fröhlich stimmenden Aša begleitet. Flink macht der Haomarausch[13]. Welcher Sterbliche den Haoma wie einen jungen Sohn lobt[14]: denen[15] wird sich Haoma bereit stellen, ihre Leiber zu heilen[16].

---

1) 1786. 2) 581. 3) 1838. 4) 1496. 5) 531 f. 6) 63, 928. 7) 1081. 8) 1763. 9) 224. 10) Wohl Glosse. 11) 1695. 12) 1114. 13) 1511. 14) 643. 15) 7. 16) 1327.

9. O Haoma, gib mir von den Arzneien, durch die du Heilung schaffst[1]; o Haoma, gib mir von den Siegereigenschaften, durch die du Überwinder der Angriffe bist[2].

Als Freund (und) Lobsänger will ich mich dir bereit stellen; einen Freund, (der) lobsingt, nannte der Schöpfer Ahura Mazdāh (noch) willkommener als den Aša Vahišta[3].

10. Dich, den vom Schöpfer geschaffenen Helden, hat der wohlwirkende Gott (aus)gestaltet;

dich, den vom Schöpfer geschaffenen Helden, hat der wohlwirkende Gott niedergesetzt auf dem Haraitī-Gebirge.

11. Da trugen dich dann heilige, (darüber) belehrte Vögel[4] nach verschiedenen Richtungen sich wendend weg: hin zu den Iškata Upāiri.saēna-(Bergen), hin zu den Starō.sāra (genannten) Bergspitzen[5], hin — von der hohlen Felswand weg[6] — hin zu den Halden allenthalben, hin zu den weißschimmernden Bergen[7].

12. Seitdem wächst du hervor auf diesen Gebirgen, der vielartige milchreiche goldfarbige Haoma; deine Arzneien sind mit den Wonnen des Vohu Manah verbunden[8].

So wend denn ab den Anschlag des, (der) mich verwünscht;

so (mach) denn zu nichte Anschlag um Anschlag (des), der sich gegen mich in Verwünschungen ergeht[9].

13. Verehrung dem Haoma, weil er des Armen Sinn ebenso stolz macht[10] wie (den Sinn) selbst des Reichsten[11];

Verehrung dem Haoma, weil er des Armen Sinn ebenso stolz macht [wie den Sinn selbst des Reichsten], wenn er sich am Ziel[12] (seiner) Wünsche befindet[13].

Du, du machst männerreich (und) heiliger (und) einsichtiger (jeden), der[14] von dir wahrlich, o goldfarbener Haoma, dem mit Milch gemischten, sein Teil (zum Genuß) empfängt[15].

14. Nicht sollen sie mir beliebig wie das Stierbanner[16] sich einherbewegen, (wenn) sie (dich) genießen[17]; stracks vorwärts sollen sie gehen, (die) sich an dir begeistern[18]; mit energischem Schaffensdrang sollen sie sich einstellen. Ich weihe dir, o ašaheiliger ašafördernder Haoma, diesen Leib hier, der mir schön gewachsen scheint[19].

15. Ich lehne ab die Kärglichkeiten[20] des schurkigen Weibes, (deren) Einsicht untüchtig ist, die den Priester und den Haoma zu betrügen vermeint, sie, die (selber) betrogen zugrunde gehen wird[21]; die sich daran gibt, ihn, den Anteil des Haoma, zu °verzehren[22], nicht macht er

---

1) 915. 2) 1412. 3) 1405 (?). 4) 676. 5) 1599. 6) 475. 7) 1624. 8) 1522. 9) 754. 10) 1785. 11) 1485. 12) eig. „in der Erlangung“. 13) 1320 u. No. 14) 1218. 15) 923 f. 16) Das Reichsbanner, aus Stierfell oder mit einem Stierbild, das im Winde schwankt. 17) 581. 18) 1113. 19) 1324. 20) 1407. 21) 680. 22) 1754.

die zur Mutter von Priestern, auch nicht macht er (sie) zur Mutter trefflicher Söhne[1]).

16. Fünfen gehöre ich, fünfen gehöre ich nicht an:
dem Gutgedachten gehöre ich, dem Schlechtgedachten gehöre ich nicht an;
dem Gutgesagten gehöre ich, dem Schlechtgesagten gehöre ich nicht an;
dem Gutgetanen gehöre ich, dem Schlechtgetanen gehöre ich nicht an;
dem Gehorsam gehöre ich, dem Ungehorsam gehöre ich nicht an;
dem Ašaehrwürdigen gehöre ich, dem °Ruchlosen gehöre ich nicht an:
und zwar bis daß am Ende (der Dinge) zwischen den beiden Geistern der entscheidende Sieg stattfinden wird[2]).

17. Es sprach Zaraθuštra:
„Verehrung dem mazdāhgeschaffenen Haoma, gut (ist) der mazdāhgeschaffene Haoma, Verehrung dem Haoma!
Alle Haoma's preise ich, sei es, daß sie auf den Höhen der Berge, sei es, daß sie in den Tälern der Flüsse (sind); auch die, welche, in Gefangenschaft gehalten, sich in den Fesseln der Weiber befinden[3]).
Aus der silbernen Schale lasse ich (dich) in die goldene laufen[4]); daß nur von dir, dem so prächtigen wertvollen, nichts auf den Boden hinabsickert!"[5])

18. Dies (sind) deine Gāθā's, o Haoma, dies sind (deine) Preislieder, dies sind (deine) Sprüche; diese rechtgesprochenen Gebete sind (dein), die Gesundheit bringenden, sieghaften, den Feinden entgegenwirkenden, heilkräftigen!

19. . . . . . .[6]).
Stracks vorwärts sollen sie gehen, (die) sich an dir begeistern[7]);
leuchtend sollen sie vorwärts gehen, (die) sich an dir begeistern;
flinker fahren sie dahin, (die) sich (an dir) berauschen[8]).
Es preist der sieghafte den guten mit diesem gāθischen Wort[9]):

20. Verehrung für das Rind! Verehrung für das Rind!
Den Spruch für das Rind! Den Sieg für das Rind!
Die Nahrung von dem Rind[10]), die Kleidung von dem Rind[10])!
'Die Landwirtschaft für das Rind! Laß feist werden das (Rind) zu unsrer Nahrung!'[11])

21. Den goldfarbenen hochgewachsenen Haoma verehren wir,
den die Lebewesen fördernden Haoma, den . . .[12]) verehren wir,
den Todwehrer Haoma verehren wir,
alle Haoma's verehren wir;

[1]) 324, 1827; eig. „nicht . . . zu einer, die Priester, die treffliche Kinder zu Söhnen hat". [2]) 1085. [3]) 742 u. No. [4]) 628. [5]) 1085. [6]) imåsə tūmčiṯ māvōya. [7]) 1113. [8]) 1528 u. No. [9]) 521. [10]) wie oben gave. [11]) Aus Y. 48. 5; 1427, 1028. [12]) frāšmay-; Geldner, 3 Yt. 115 „trinkbar".

die Belohnung und die Fravašay des ašagläubigen Zaraθuštra Spitama verehren wir nun.

Wen — und welche (Frauen) — unter den Seienden[1]) . . .

11.

1. Drei wirklich Ašagläubige sprechen fluchend Verwünschungen aus[2]): das Rind und das Pferd und der Haoma.

Das Rind verwünscht den Priester[2]):

„Kinderlos mögest du werden und üblen Ruf mögest du bekommen[3]), der du mich, (wenn ich) gar gekocht (bin), nicht austeilst[4]), sondern du, du vermästest mich[5]) für des Weibes oder Sohnes oder für den eignen Wanst.“[6])

2. Das Pferd verwünscht den Reiter:

„Du sollst keinen Renner (mehr) aufzäumen[7]), keinen Renner (mehr) besteigen, keinen Renner (mehr) zügeln[7]), der du mich nicht bittest (meine) Kraft (zu zeigen)[8]) in der zahlreich besuchten Festversammlung des männerreichen Gaus.“[9])

3. Der Haoma verwünscht den Trinker[10]):

„Kinderlos mögest du werden und üblen Ruf mögest du bekommen[11]), der du mich, (wenn ich) ausgekeltert (bin), zurückhälst wie einen todsündigen Dieb; und ich bin doch sicher kein Todsünder[12]), Ich, der ašaheilige Todwehrer Haoma.“

4. Es hat mir, dem Haoma, der ašaehrwürdige Vater Ahura Mazdāh als (Opfer)anteil aus(gesetzt und) zugewiesen[13]) die beiden Backen samt der Zunge[14]) und das linke Auge.

5. Wer mich um diesen Anteil bringt, oder (ihn) mir stiehlt oder wegnimmt[15]), den der ašaehrwürdige Ahura Mazdāh für mich bestimmt hat, (nämlich) die beiden Backen samt der Zunge[14]) und das linke Auge:

6. nicht wird in dessen Hause[16]) ein Priester geboren[17]), noch ein Krieger noch ein viehzüchtender Bauer, sondern[18]) es werden in seinem Haus[16]) Dahāka's und Mūraka's und vielartige Varšna's geboren werden[17]).

7. Rasch sollst du dem heldenhaftesten Haoma (seinen) Anteil an Fleisch abschneidend zuweisen, daß dich nur nicht Haoma fessele[19]), wie er den Schurken fesselte, ihn, den tūrischen Franrasyan, den von Eisen rings umschlossenen[20]), im mittleren Drittel der Erde hier[21]).

8. Es sprach Zaraθuštra:

„Verehrung dem mazdāhgeschaffenen Haoma, gut (ist) der mazdāhgeschaffene Haoma, Verehrung dem Haoma!“

---

[1]) = Y. 27. 15. [2]) 1667. [3]) 741. [4]) 924. [5]) 1027. [6]) 1153 f. [7]) 1301. [8]) 487. [9]) 458. [10]) s. No. zu 1879 f. [11]) 741. [12]) 1043. [13]) 185. [14]) 1815. [15]) 1700. [16]) 7. [17]) 1658. [18]) 305. [19]) 1096. [20]) 867. [21]) 1663.

9. ......[1])

10. Ich weihe dir, o ašaheiliger ašafördernder Haoma, diesen Leib hier, der mir schöngewachsen scheint[2]), dem rührigen Haoma, zur Rauschbegeisterung, zur Seligkeit, zum Besitz des (höchsten) Anrechts.
Mögest Du mir, o ašaheiliger Todwehrer Haoma, das beste Dasein der Ašagläubigen schenken, das lichte, alle Wonnen bietende.

11. Aša ist das beste Gut[3])...

12. Aša ist das beste Gut[3])...
Wie der beste Oberherr, so der [beste] Richter (ist er) gemäß dem heiligen Recht[4])...
Unbeschränkt und nach Wunsch mögest du, Ahura Mazdāh, über deine Geschöpfe herrschen:
unbeschränkt über die Wasser, unbeschränkt über die Pflanzen, unbeschränkt über alles Gute, (das) im Aša seinen Ursprung (hat).
Zu einem gebietenden machet den Ašagläubigen,
zu einem ohnmächtigen den Druggläubigen.

13. Frei möge der Ašagläubige sein;
unfrei möge der Druggläubige sein, gewichen, unterdrückt, weggebracht[5]) von der Schöpfung des heiligen Geistes, gefangen, unfrei.

14. Soll Ich nun, der Zaraθuštra, die Obersten der Häuser und der Dörfer und der Gaue und der Länder antreiben[6]), zu denken und zu reden und zu handeln gemäß dieser (unserer) Religion, die die ahurische zaraθuštrische (ist)?

15. Freiheit und Wohlbehagen wünsche ich der gesamten Schöpfung des Ašaehrwürdigen;
Gefangenschaft und Mißbehagen wünsche ich der gesamten Schöpfung des °Ruchlosen.

16. Aša ist das beste Gut[3]) ...
Als Mazdāhanbeter, als Zaraθuštraanhänger will ich das Glaubensgelübde ablegen, den Daēva's feind, Ahura's Lehre zugetan:
Dem ašaheiligen Hāvanay, dem Ratav des Aša, zu Verehrung und Preis und Befriedigung und Lob;
dem Sāvanhay und dem ašaheiligen Vīsya, dem Ratav des Aša, zu Verehrung und Preis und Befriedigung und Lob;
zu Verehrung und Preis und Befriedigung und Lob d(ies)er Ratav's, der Tages- und Tagesabteilungs- und Monats- und Jahreszeiten- und Jahres-(götter).

---

[1]) yō nō aēvō at̰ tē uyē θrāyōidyāi tūrahe †məndāidyāi xšvīdəm haptāždyāi nava dasme yōi vā yaēθma. Eine Übersetzung des „kabbalistischen Gemengsels“ (1171) zu geben ist nicht möglich; die einzelnen Wörter, meist gāθische, sind wegen ihres Anklangs an Zahlwörter (1 bis 10) gewählt und dementsprechend gedeutet; 1171. [2]) 1324. [3]) = Y. 27. 14. [4]) = Y. 27. 13. [5]) 1105. [6]) 1740.

„Wie der beste Oberherr“ [1]) soll mir der Zaotar aufsagen,
„wie der beste Oberherr“ soll mir er, der Zaotar, aufsagen;
„so der [beste] Richter (ist er) [Zaraθuštra] gemäß dem heiligen Recht“ [1]) soll der wissende Ašagläubige [die Gemeinde] aufsagen.

17. Ich verpflichte mich feierlich (darauf, daß) gut gedacht und gut gesagt und gut getan (wird alles), was zu denken und zu sagen und zu tun (ist) [2]).
Ich nehme mir vor anzunehmen alles, (was) gut gedacht und gut gesagt und gut getan (ist);
ich nehme mir vor zu unterlassen alles, (was) übel gedacht [3]) und übel gesagt und übel getan (ist).

18. Dar bring ich euch, o Aməša Spənta's, Verehrung und Preis; dar mit dem Gedanken, dar mit dem Wort, dar mit der Tat, dar mit dem Gemüt, dar (bringe ich) 'sogar des eignen Leibes Leben' [4]).

19. Ich bete das Aša(gebet): Aša [Recht] ist das beste Gut; nach Wunsch wird es, nach Wunsch uns zuteil, das Aša [Recht auf das Paradies] für das beste Aša [Rechtschaffenheit]. [5])

12.

1. Ich verwünsche die Daēva's.
Als Mazdāhanbeter, als Zaraθuštraanhänger will ich das Glaubensgelübde ablegen, den Daēva's feind, Ahura's Lehre zugetan, als Preiser der Aməša Spənta's, als Beter der Aməša Spənta's.
Dem guten schätzereichen Ahura Mazdāh erkenne ich alles Gute zu, 'und all das Beste' [6]), dem ašaehrwürdigen prächtigen hoheitsvollen, dem das Rind, dem das Ašaparadies, dem das Licht, dem (der Gedanke eignet:) 'es sollen die wohligen Räume sich mit Licht erfüllen' [7]).

2. Für die heilige gute Ārmatay entscheide ich mich; sie soll mein sein. [8])
Ich schwöre ab dem Diebstahl und Raub des Rindes,
(ich schwöre) ab der Schädigung und Verwüstung [9]) der mazdayasnischen Gemeinden.

3. Ich will Bewegungsfreiheit und Wohnfreiheit den maßgebenden (Hausvorständen) gewähren, die es über diese Erde hin mit dem Rind halten [10]). Bei den unter Verehrung für Aša aufgesetzten (Zaoθra's) gelobe ich das [11]):
„Ich werde mich von nun an nicht (mehr) der Schädigung noch Verwüstung an den mazdayasnischen Gemeinden schuldig machen [12]) noch des Trachtens nach Leib und Leben [13]).

4. Auf sage ich der Gemeinschaft [14])

---

[1]) s. Y. 27. 13. [2]) 1177. [3]) 89. [4]) Aus Y. 33. 14. [5]) = Y. 27. 14; 233. [6]) Aus Y. 47. 5; 480. [7]) Aus Y. 31. 7; 1528. [8]) Nach Y. 32. 2; 1361. [9]) 1701. [10]) 1706. [11]) 1594. [12]) 1700f. [13]) 595. [14]) 1564.

mit den schlimmen schädlichen gesetzlosen Böses schaffenden Daēva's, den lügnerischsten der Seienden, den stinkendsten der Seienden, den schädlichsten der Seienden;
auf mit den Daēva's, auf mit den Daēvagenossen, auf mit den Zauberern, auf mit den Zauberergenossen;
auf mit denen, (die) jedwedem unter den Seienden Schaden tun:
auf in Gedanken, auf in Worten, auf in Taten, auf in Kundgebungen.
Auf sage ich denn so der Gemeinschaft mit jeglichem feindseligen Druggläubigen [1]).

5. So, so wie Ahura Mazdāh den Zaraθuštra lehrte[2]) bei allen Besprechungen, bei allen Zusammenkünften, bei denen sich Mazdāh und Zaraθuštra beide besprachen[3]);

6. so, so wie Zaraθuštra der Gemeinschaft mit den Daēva's aufsagte[4]) bei allen Besprechungen, bei allen Zusammenkünften, bei denen sich Mazdāh und Zaraθuštra beide besprachen[3]);
so sage auch Ich[4]), der Mazdāhanbeter Zaraθuštraanhänger, der Gemeinschaft mit den Daēva's auf, wie (der Gemeinschaft) mit ihnen er, der ašagläubige Zaraθuštra, aufsagte[5]).

7. Wes Glaubens die Wasser, wes Glaubens die Pflanzen, wes Glaubens das guttätige (Ur)rind;
wes Glaubens Ahura Mazdāh, der das Rind, der den ašagläubigen Mann erschuf;
wes Glaubens Zaraθuštra war, wes Glaubens Kavay Vīštāspa, wes Glaubens die beiden, Frašaoštra (und) Jāmāspa;
wes Glaubens jeder der die Pflicht erfüllenden ašaheiligen Saošyant's (ist):
nach diesem Glauben und (dieser) Lehre bin ich ein Mazdāhanbeter."[6])

8. Als Mazdāhanbeter, als Zaraθuštraanhänger will ich das Glaubensgelübde ablegen, (der) sich dem Glauben angelobt, zum Glauben bekannt hat[7]).
Ich schwöre mich ein auf den gutgedachten Gedanken,
ich schwöre mich ein auf das gutgesprochene Wort,
ich schwöre mich ein auf die gutgetane Handlung.

9. Ich schwöre mich ein auf die mazdayasnische Religion, (die) bewirkt, (daß) der Angriff eingestellt, die Waffe niedergelegt (wird)[8]); durch (die) die Sippenehe geboten (ist), die ašaheilige (Religion), die unter allen, (die es) gibt und geben wird[9]), die größte und beste und schönste (ist): sie, die ahurische zaraθuštrische.
Dem Ahura Mazdāh eigne ich alles Gute zu. —
Das ist das Gelöbnis auf die mazdayasnische Religion[10]).

---

[1]) 113 u. [2]) 584. [3]) 998. [4]) 1196. [5]) 113 m. [6]) 1371. [7]) 1362. [8]) 1003. [9]) 931. [10]) 340.

13.

1. Den Ahura Mazdāh rufe ich auf als Ratav des Hausherrn[1]) des Hauses und als Ratav des Gemeindeherrn der Gemeinde und als Ratav des Gauherrn des Gaus und als Ratav des Landesherrn des Landes.
Als Ratav der Frauen rufe ich auf die mazdayasnische Daēnā, die gute Ašay, die Pārənday und sie, die ašagläubige Frau[2]), und die Erde hier, die uns trägt.
2. Als Ratav des lieben nützlichsten Gesellen rufe ich auf den Ātar, (den Sohn) des Ahura Mazdāh;
die allereifrigsten, die landwirtschaftlich tätigsten unter den ašagläubigen Männern rufe ich auf als Ratav des viehzüchtenden Ackerbauers;
die tüchtigsten Kräfte des Aša rufe ich auf als Ratav des Kriegers.
3. Die größten Kenntnisse in der mazdayasnischen Religion rufe ich auf als Ratav des Priesters;
und als deren Lehrer berufe ich als Ratav's ins Amt, setze (sie) als Ratav's ins Amt ein[3]) die Aməša Spənta's und die Saošyant's, (die) am besten (in der Religion) unterrichtet (sind), die richtigen Sprüche am besten kennen, die allerstärksten, die am meisten anregenden.
Die größten Kräfte der mazdayasnischen Religion, die Priester und Krieger und viehzüchtenden Ackerbauern, berufe ich (als Ratav's ins Amt).
4. Ich weihe euch, o gutherrschende wohlmeinende Aməša Spənta's, 'sogar des eignen Leibes Leben'[4]), weihe alle guten Lebenswerke.
So haben die beiden Geister gedacht,
so haben sie gesprochen,
so haben sie gehandelt: ...[5]).
5. Wie du, du Ahura Mazdāh, es dachtest und sagtest und betätigtest und vollführtest, nämlich das Gute, so weihen wir (es) dir, so eignen wir (es dir) zu, so verehren wir dich damit, so huldigen wir (dir), so danken wir dir (damit), Mazdāh Ahura.
6. Mit des guten Zugehörigen Zugehörigkeit an das gute Aša, an die gute Vergeltung, an die gute Frommergebenheit nahen wir dir.
7. Die Fravašay des guttätigen (Ur)rindes und des ašagläubigen (Ur)menschen Gaya verehren wir;
die Belohnung und die Fravašay des ašagläubigen Zaraθuštra Spitama verehren wir nun.
Wen — und welche (Frauen) — unter den Seienden[6]) ...
Wie der beste Oberherr, so der [beste] Richter (ist er) gemäß dem heiligen Recht[7]) ...

---

[1]) 1194. [2]) Wörtlich „die zweibeinige“; Darmesteter: „Personnification de la vertu féminine“. [3]) 1602. [4]) Aus Y. 33. 14. [5]) Das „wie“ fehlt. [6]) = Y. 27. 15. [7]) = Y. 27. 13.

Aša ist das beste Gut[1]) . . .

8. Den Ahuna Vairya beten wir;
das Aša Vahišta, den schönsten Aməša Spənta, beten wir;
den Fraorətay-Abschnitt beten wir;
das Sichbekennen und Sichangeloben an die mazdayasnische Religion beten wir.
Wen — und welche (Frauen) — unter den Seienden[2]) . . .

14.

1. Bereitstellen will ich mich euch, o Aməša Spənta's, als Preiser Zaotar Rufer Beter Sprecher Sänger:
zu eurer, nämlich der Aməša Spənta's, Verehrung und Preis;
zu unserer, nämlich der ašagläubigen Saošyant's, Seligkeit und zum Besitz des (höchsten) Anrechts.
2. Ich weihe euch, o gutherrschende wohlmeinende Aməša Spənta's, 'sogar des eignen Leibes Leben'[3]), weihe alle guten Lebenswerke.
3. Mit diesem Zaoθra und Barəsman hole ich her zu verehren alle ašaheiligen Yazata's;
hole ich her zu verehren alle Ratav's des Aša: um die Zeit der Haomabereitung, wenn Sāvaŋhay und Vīsya die Ratavschaft (haben), wenn alle größten Ratav's die Ratavschaft (haben)[4]).
4. Als Mazdāhanbeter, als Zaraθuštraanhänger will ich das Glaubensgelübde ablegen, den Daēva's feind, Ahura's Lehre zugetan:
Dem ašaheiligen Hāvanay, dem Ratav des Aša, zu Verehrung und Preis und Befriedigung und Lob;
dem Sāvaŋhay und dem ašaheiligen Vīsya, dem Ratav des Aša, zu Verehrung und Preis und Befriedigung und Lob;
zu Verehrung und Preis und Befriedigung und Lob d(ies)er Ratav's, der Tages- und Tagesabteilungs- und Monats- und Jahreszeiten- und Jahres-(götter).
5. „Wie der beste Oberherr"[5]) soll mir der Zaotar aufsagen,
„wie der beste Oberherr" soll mir er, der Zaotar, aufsagen;
„so der [beste] Richter (ist er) [Zaraθuštra] gemäß den heiligen Recht"[5]) soll der wissende Ašagläubige [die Gemeinde] aufsagen.

15.

1. Mit Preis und Lob und Ergebenheit rufe ich die guten Aməša Spənta's bei (ihren) schönen Namen heran. Ich bete an nach dem Brauch des guten Ašaglaubens, nach dem Brauch der guten mazdayasnischen Religion.

---

[1]) = Y. 27. 14. [2]) = Y. 27. 15. [3]) Aus Y. 33. 14. [4]) 1500 (?). [5]) s. Y. 27. 13.

2. 'Wen mir (unter denen), die waren und die sind, Mazdāh Ahura (als einen solchen) kennt, dem durch Aša das Beste für (sein) Gebet (werden wird): die will ich verehren mit ihren Namen und vor (sie) treten mit Huldigung.'[1]) — 'Das gute Reich, das köstliche, als frommendsten Anteil'.[2])
3. Gehorsamer Sinn soll hier bereit sein zur Verehrung des Ahura Mazdāh[3]), des gewaltigsten ašaehrwürdigen, der von uns verehrt (wird)[4]), wie am Anfang so auch am Ende[5]).
So soll sich hier der Gehorsam einstellen[6]) zur Verehrung des Ahura Mazdāh, des gewaltigsten ašaehrwürdigen, der von uns verehrt (wird).
4. „Wie der beste Oberherr"[7]) soll mir der Ātərəvaxš aufsagen;
„so der [beste] Richter (ist er) [Zaraθuštra] gemäß dem heiligen Recht"[7]) soll der wissende Ašagläubige [die Gemeinde] aufsagen.

16.

1. Den ašaehrwürdigen Ahura Mazdāh, den Ratav des Aša, den wohlmeinenden größten Yazata, ihn den gewaltigsten, Hab und Gut fördernden, den Schöpfer der guten Schöpfung, verehren wir;
mit diesen gespendeten Zaoθra's hier und den rechtgesprochenen Gebeten verehren wir jedweden ašaheiligen geistigen Yazata.
2. Den ašaheiligen Zaraθuštra, den Ratav des Aša, verehren wir;
mit diesen gespendeten Zaoθra's hier und den rechtgesprochenen Gebeten verehren wir jedweden ašaheiligen stofflichen Yazata.
Die Fravašay des ašagläubigen Zaraθuštra verehren wir,
des Zaraθuštra Sprüche verehren wir,
des Zaraθuštra Religion verehren wir,
des Zaraθuštra Glauben und Lehre[8]) verehren wir,
(der) sich (den Anspruch auf) das (andere) Leben erwirbt (und) nach dem Aša verlangt[9]).
3. Die ašaheilige Schöpfung, (die) als die erstere geschaffen (ist);
[10])(den Tag) des prächtigen hoheitsvollen Ahura Mazdāh verehren wir;
den Vohu Manah verehren wir;
den Aša Vahišta verehren wir;
den Xšaθra Vairya verehren wir;
die heilige gute Ārmatay verehren wir;
die Haurvatāt verehren wir;
die Amərətatāt verehren wir.
4. [10])Den Schöpfer Ahura Mazdāh verehren wir;

---

[1]) = Y. 51. 22; 1315, 499. [2]) Aus Y. 51. 1; 722. [3]) 1634. [4]) 1275f. [5]) 407. [6]) 172. [7]) s. Y. 27. 13. [8]) 1371. [9]) NA. stellt diese Worte zu § 3; 111 o. 20. [10]) Die §§ 3—6 enthalten die 30 Namen der Monatstage (der Reihe nach): 1—7, 8—14, 15—22, 23—30; vgl. S. 1 und 2.

Ātar, den Sohn des Ahura Mazdāh, verehren wir;
die guten mazdāhgeschaffenen ašaheiligen Wasser verehren wir;
die schnelle Rosse besitzende Sonne verehren wir;
den des Rindes Ursprung bildenden Mond verehren wir;
den prächtigen herrlichen Tištrya-Stern verehren wir;
die Seele des guttätigen (Ur)rindes verehren wir.

5. [1])Den Schöpfer Ahura Mazdāh verehren wir;
den weite Fluren besitzenden Miθra verehren wir;
den ašafrommen Sraoša verehren wir;
den gerechtesten Rašnav verehren wir;
die guten starken heiligen Fravašay's der Ašagläubigen verehren wir;
den ahurageschaffenen Vərəθraγna verehren wir;
den gute Weide bietenden Rāman verehren wir;
den heiligen wohlmeinenden Vāta verehren wir.

6. [1])Den Schöpfer Ahura Mazdāh verehren wir;
die gute mazdayasnische Daēnā verehren wir;
die gute Ašay verehren wir;
die Arštāt verehren wir;
den Himmel verehren wir;
die guttätige Erde verehren wir;
das heilige Wort verehren wir;
den anfangslosen ewigen Lichtraum verehren wir.

7. Die sonnigen Wohnungen des Aša verehren wir, in denen die Seelen der Verstorbenen ruhen, sie, die Fravašay's der Ašagläubigen[2]);
das beste Dasein der Ašagläubigen, das lichte, alle Wonnen bietende verehren wir.

8. Die beiden, Milch (und) Fett, (die) die Wasser fließen, die Pflanzen wachsen machen, die Unterdrücker des daēvageschaffenen Āzay verehren wir,
um die Mūš, die Hexe, zu bestehen und zu unterdrücken, und um zu überwinden die (auf den Urheber) sich zurückwendende Anfeindung des dem Ašaglauben feindlichen Irrlehrers und des vielverderblichen Machthabers.

9. Alle Wasser verehren wir, alle Pflanzen verehren wir;
alle guten (Männer), alle guten (Frauen) verehren wir;
alle geistigen und stofflichen Yazata's, die die Schenker des guten, (die) ašaheilig (sind), verehren wir.

10. Wir verehren dich, die heilige Ārmatay, als (unsere) Wohnung; wir beten zu dir, o ašaehrwürdiger Ahura Mazdāh, um Wohnung mit gesundem Vieh, mit gesunden Männern[3]), mit gesundem (Besitz von

---

[1]) s. No. 10 zu § 3. [2]) 1424. [3]) 1106.

allem) Ašaentstammten, auf daß nämlich in dieser selben Wohnung[1]) eine jede Person[2]) so lang als möglich verweile[1]), sowohl im Sommer wie zur Winterszeit.

17.

1. Den ašaehrwürdigen Ahura Mazdāh, den Ratav des Aša, verehren wir; die gutherrschenden wohlmeinenden Aməša Spənta's verehren wir.
2. Die ašaheiligen Tagesabteilungs(götter), die Ratav's des Aša, verehren wir;
den ašaheiligen Hāvanay, den Ratav des Aša, verehren wir;
den Sāvaŋhay und den ašaheiligen Vīsya, den Ratav des Aša, verehren wir;
den weite Fluren besitzenden, tausendohrigen, zehntausendäugigen Miθra, den bei (seinem) Namen angerufenen Yazata, verehren wir;
den gute Weide bietenden Rāman verehren wir.
3. Den ašaheiligen Rapiθwina, den Ratav des Aša, verehren wir;
den Frādaṯ.fšav und den ašaheiligen Zantuma, den Ratav des Aša, verehren wir;
den Aša Vahišta und den Ātar, den Sohn des Ahura Mazdāh, verehren wir.
4. Den ašaheiligen Uzayeirina, den Ratav des Aša, verehren wir;
den Frādaṯ.vīra und den ašaheiligen Dāh́yuma, den Ratav des Aša, verehren wir;
den hohen Gott, den strahlenden Gebieter, den schnelle Rosse besitzenden Apąm Napāt verehren wir;
und das ašaheilige mazdāhgeschaffene Wasser verehren wir.
5. Den ašaheiligen Aiwisrūθrima Aibigaya, den Ratav des Aša, verehren wir;
den Frādaṯ.vīspąm.hujyātay und den ašaheiligen Zaraθuštrō.təma, den Ratav des Aša, verehren wir;
die guten gewaltigen heiligen Fravašay's der Ašagläubigen verehren wir;
und die Scharen von Heldensöhnen besitzenden Frauen verehren wir;
und die Yāiryā Hušitay verehren wir;
und den gutgebauten schöngewachsenen Ama verehren wir;
und den ahurageschaffenen Vərəθraγna verehren wir;
und die siegreiche Uparatāt verehren wir.
6. Den ašaheiligen Ušahina, den Ratav des Aša, verehren wir;
den Bərəjya und den ašaheiligen Nmānya, den Ratav des Aša, verehren wir;
den ašafrommen schöngewachsenen siegreichen, Hab und Gut fördernden, ašaheiligen Sraoša, den Ratav des Aša, verehren wir;

[1]) 774. [2]) 635.

den gerechtesten Rašnav verehren wir;
die Hab und Gut fördernde, Hab und Gut mehrende Arštāt verehren wir.

7. Die ašaheiligen Monats(götter), die Ratav's des Aša, verehren wir;
den ašaheiligen Antarəmāh, den Ratav des Aša, verehren wir;
den Pərənō.māh *und* den ašaheiligen Vīšaptaθa, den Ratav des Aša, verehren wir.

8. Die ašaheiligen Jahreszeiten(götter), die Ratav's des Aša, verehren wir;
den ašaheiligen Maiδyōi.zarəmaya, den Ratav des Aša, verehren wir;
den ašaheiligen Maiδyōišam, den Ratav des Aša, verehren wir;
den ašaheiligen Paitiš.hahya, den Ratav des Aša, verehren wir;
den am Eintrieb der Herden und am Widdersprung kenntlichen ašaheiligen Ayāθrima, den Ratav des Aša, verehren wir;
den ašaheiligen Maiδyāirya, den Ratav des Aša, verehren wir;
den ašaheiligen Hamaspaθmaēdaya, den Ratav des Aša, verehren wir;
die ašaheiligen Jahres(götter), die Ratav's des Aša, verehren wir.

9. Alle Ratav's des Aša verehren wir, die die dreiunddreißig nächsten mit Hāvanay sich einfindenden Ratav's des Aša sind, welche (als die) des besten Aša von Mazdāh [dem Zaraθuštra] geoffenbart, von Zaraθuštra [der Welt] verkündet sind[1]).

10. Die beiden, Ahura (und) Miθra, die beiden hohen gefahrentrückten ašaheiligen, verehren wir;
Sterne und Mond und Sonne (und) – mittelst der Barəsman-Pflanzen – den Miθra, den Landesherrn aller Länder, verehren wir;
den prächtigen hoheitsvollen Ahura Mazdāh[2]) verehren wir;
die guten gewaltigen heiligen Fravašay's[3]) der Ašagläubigen verehren wir.

11. Dich, den Ātar, den Sohn des Ahura Mazdāh, verehren wir;
das Bərəzisavah-Feuer verehren wir,
das Vohu.fryāna-Feuer verehren wir,
das Urvāzišta-Feuer verehren wir,
das Vāzišta-Feuer verehren wir,
das Spəništa-Feuer verehren wir.
Des Reiches Enkel, den Yazata Nairyō.saŋha, verehren wir.
Ātar, den Hausherrn aller Häuser, den mazdāhgeschaffenen ašaheiligen Sohn des Ahura Mazdāh, den Ratav des Aša, verehren wir samt allen Feuer(arte)n.

12. Die guten besten mazdāhgeschaffenen ašaheiligen Wasser verehren wir;
alle mazdāhgeschaffenen ašaheiligen Wasser verehren wir;
alle mazdāhgeschaffenen ašaheiligen Pflanzen verehren wir.

13. Den heiligen hochherrlichen Mąθra verehren wir;
das gegen die Daēva's gerichtete Gesetz verehren wir;

---

[1]) 1164. [2]) [3]) s. Y. 2. 11 No. 2 und 3.

das von Zaraθuštra stammende Gesetz verehren wir;
die lange Überlieferung verehren wir;
die gute mazdayasnische Religion verehren wir.

14. Das Gebirge Uši.darәna, den mazdāhgeschaffenen, das Behagen des Aša gewährenden Yazata, verehren wir;
alle das Behagen des Aša, viel Behagen gewährenden mazdāhgeschaffenen ašaheiligen Gebirge, die Ratav's des Aša, verehren wir;
die starke mazdāhgeschaffene kavische Herrlichkeit verehren wir;
die starke mazdāhgeschaffene unnahbare Herrlichkeit[1]) verehren wir;
die gute Ašay, die strahlende hohe kraftvolle schöngewachsene segensreiche, verehren wir;
den mazdāhgeschaffenen Glanz[1]) verehren wir;
den mazdāhgeschaffenen Nutzen verehren wir.

15. Die dahmamäßige gute Āfritay verehren wir;
und den Gemeinder, den ašagläubigen Mann, verehren wir;
den starken heldenhaften Yazata Dāmōiš Upamana verehren wir.

16. Diese (unsere) Wasser und Länder und Pflanzen verehren wir;
diese (unsere) Stätten und Wohnplätze und Weideländer und Wohnungen und Tränken verehren wir;
diesen (unsern) Herrn des Wohnplatzes, ihn, den Ahura Mazdāh, verehren wir.

17. Alle größten Ratav's: die Tages-, Tagesabteilungs-, Monats-, Jahreszeiten-, Jahres-(götter) verehren wir.

18. Die guten gewaltigen heiligen Fravašay's der Ašagläubigen preise ich, rufe ich, besinge ich;
wir verehren die zum Nmānya, zum Vīsya, zum Zantuma, zum Dāhyuma, zum Zaraθuštrō.tәma gehörigen (Fravašay's).

19. Alle ašaheiligen Yazata's verehren wir;
alle Ratav's des Aša verehren wir: um die Zeit der Haomabereitung, wenn Sāvanhay und Vīsya die Ratavschaft (haben), wenn alle größten Ratav's die Ratavschaft (haben)[2]).
Wen — und welche (Frauen) — unter den Seienden[3]) . . .

18.

1. Aša ist das beste Gut[4]) . . .
'Schenk mir, der du das Rind geschaffen hast und die Wasser und die Pflanzen[5]), Unsterblichkeit und Wohlfahrt durch den heiligsten Geist[6]), o Mazdāh, Kraft und Bestand durch Vohu Manah bei dem Richterspruch.'[7])

2. [8])'Für den heiligen Geist und für das nach göttlichem Recht beste Denken

---

[1]) Beide Male xᵛarәnah-. [2]) 1500 (?). [3]) = Y. 27. 15. [4]) = Y. 27. 14. [5]) 645. [6]) 712. [7]) = Y. 51. 7; 1576. [8]) Y. 18. 2—18. 7 = Y. 47; s. Bthl. Gatha's.

und Handeln und Reden wird uns[1]) Wohlfahrt und Unsterblichkeit verleihen Mazdāh Ahura im Verein mit Xšaθra, mit Ārmatay[2]).

3. Dieses heiligsten Geistes Bestes soll man erfüllen mit der Zunge Rede durch die Worte des guten Sinns, mit der Hände Werk durch die Tätigkeit der Frommergebenheit[3]) in (Folge) dieser Erkenntnis: ér, Mazdāh, ist der Vater des Aša[4]).

4. Dú bist der heilige Vater dieses Geistes[5]), der für uns das Glück bringende Rind geschaffen hat[6]), aber zu dessen Weide die Ārmatay, (ihm) Frieden gewährend[7]), nachdem er, o Mazdāh, mit Vohu Manah sich beraten hatte[8]).

5. Von diesem heiligen Geist sind die Druggenossen abgefallen, o Mazdāh, nicht (aber) so die Ašaanhänger[9]). Ob man über weniges, ob man über vieles Herr ist[10]), man soll dem Ašaanhänger Liebes erweisen, aber böse sein gegen den Druggenossen[11]).

6. Und all das Beste, das du ja durch diesen heiligen Geist, o Mazdāh Ahura, dem Ašaanhänger versprochen hast[12]): soll gegen deinen Willen[13]) der Druggenosse (daran) teil haben[14]), der es in seinem Tun mit dem Aka Manah hält[15])?

7. Durch diesen heiligen Geist, o Mazdāh Ahura, mittelst des Feuers wirst du die Verteilung des Guthabens an die beiden Parteien vollziehen[16]) unter Hilfleistung der Ārmatay und des Aša[17]). Sie [die Verteilung] wird ja noch viele, (die) hören wollen, (veranlassen sich zu) bekehren[18]).

8. Für den heiligen Geist und für das nach göttlichem Recht beste Denken und Handeln und Reden wird uns Wohlfahrt und Unsterblichkeit verleihen Mazdāh Ahura im Verein mit Xšaθra, mit Ārmatay'[19]).

Aša ist das beste Gut[20]) . . .

Das Spəntā.mainyū-Kapitel[21]) beten wir.

Wen — und welche (Frauen) — unter den Seienden[22]) . . .

9. Wie der beste Oberherr, so [der beste] Richter (ist er) gemäß dem heiligen Recht[23]) . . .

Aša ist das beste Gut[20]) . . .

Den Ahuna Vairya beten wir;

Das Aša Vahišta, den schönsten Aməša Spənta, beten wir.

Wen — und welche (Frauen) — unter den Seienden[22]) . . .

19.

1. Es fragte Zaraθuštra den Ahura Mazdāh:

„O Ahura Mazdāh, heiligster Geist, Schöpfer der stofflichen Welt, aša-

[1]) 231. [2]) 712. [3]) 1377. [4]) 598. [5]) 905. [6]) 1524. [7]) 1414. [8]) 1000. [9]) 1517. [10]) 373. [11]) 463. [12]) 430. [13]) 1769. [14]) 923. [15]) 1706. [16]) 1443. [17]) 761. [18]) 1361. [19]) s. Y. 18. 2 Noten. [20]) = Y. 27. 14. [21]) D. i. Y. 47—50. [22]) = Y. 27. 15. [23]) = Y. 27. 13.

ehrwürdiger! Was war das für ein Spruch[1]), o Ahura Mazdāh, den du mir verkündetest,

2. vor (Erschaffung des) Himmels, vor dem Wasser, vor der Erde, vor dem Rind, vor der Pflanze, vor dem Feuer, dem Sohn des Ahura Mazdāh. vor dem ašagläubigen Mann, 'vor (allem) Raubgesindel, den Daēva's wie den Menschen'[2]), vor der gesamten stofflichen Welt, vor allem guten mazdāhgeschaffenen, (das) im Aša seinen Ursprung (hat)?"

3. Darauf sprach Ahura Mazdāh:
„Das war das Stück Ahuna Vairya[3]), o Spitama Zaraθuštra, das ich dir verkündete,

4. vor (Erschaffung des) Himmels, vor dem Wasser, vor der Erde, vor dem Rind, vor der Pflanze, vor dem Feuer, dem Sohn des Ahura Mazdāh, vor dem ašagläubigen Mann, 'vor (allem) Raubgesindel, den Daēva's wie den Menschen'[2]), vor der gesamten stofflichen Welt, vor allem guten mazdāhgeschaffenen, (das) im Aša seinen Ursprung (hat)." —

5. Dies Stück Ahuna Vairya, o Spitama Zaraθuštra, (wiegt) mir, (wenn es) ohne Einschiebung (und) Versetzung von Worten hergesagt (wird)[4]), hundert andere (als) Ratav's (wirkende) Gāθā's auf[5]), (die) ohne Einschiebung (und) Versetzung von Worten hergesagt (werden)[6]).
Auch (wenn es) mit Einschiebung (und) Versetzung von Worten aufgesagt (wird)[7]), (wiegt es) zehn andere (als) Ratav's (wirkende Gāθā's) auf.

6. Wer mir, o Spitama Zaraθuštra, in diesem stofflichen Dasein das Stück Ahuna Vairya
sich ins Gedächtnis zurückruft oder
(es) sich ins Gedächtnis zurückrufend leise hersagt oder
(es) leise hersagend rezitirt oder
(es) rezitirend betet:
des Seele will Ich, der Ahura Mazdāh, sogar dreimal über die Brücke in das beste Dasein hin führen[8]), hin zum besten Dasein, hin zum besten Ašaanrecht, hin zum besten Lichtraum.

7. Und wer mir, o Spitama Zaraθuštra, in diesem stofflichen Dasein, das Stück Ahuna Vairya leise hersagend, (davon) ausläßt sei es die Hälfte[9]) oder ein Drittel oder ein Viertel oder ein Fünftel:
dessen Seele will Ich, der Ahura Mazdāh, vom besten Dasein fernhalten[10]); soviel an Höhe und Breite als die Erde hier würde ich (sie) fernhalten; und es ist die Erde hier so groß an Höhe wie auch an Breite[11]).

8. Dér Spruch, der die Worte ahū und ratav enthält[12]), ist vor der Schöpfung jenes Himmels verkündet worden; vor des Wassers, vor der Erde, vor

---

[1]) 33. [2]) Nach Y. 34. 5; 538. [3]) 33. [4]) 116 u. [5]) 824. [6]) 116 m. [7]) 86 f. [8]) 591. [9]) 1493. [10]) 686. [11]) 962 f. [12]) 284.

der Pflanze, vor des vierbeinigen Rindes Schöpfung; vor der Erzeugung des ašagläubigen zweibeinigen Mannes; (be)vor jene Sonne dort in (ihre) sichtbare Gestalt hineingeschaffen (war)[1]); (aber) nach der Schöpfung der Aməša Spənta's[2]).

9. Ins Dasein rief mir der heiligere der beiden Geister die gesamte Schöpfung[3]) des Ašaehrwürdigen, (die jetzt) da ist und (jetzt) ins Dasein tritt und künftig ins Dasein treten (wird)[4]), mit der šyaoθananąm (‚Werke‘)-Stelle (nämlich mit der Stelle:) šyaoθənanąm aŋhə̄uš mazdāi[5]) ‚Lebenswerke dem Mazdāh‘.

10. Und das ist der wirksamste Spruch unter den Sprüchen, die je gesprochen worden sind, aufgesagt werden und werden gesprochen werden[6]); denn es ist ihm die Spruchgewalt in dem Maße zu eigen[7]), daß die ganze Menschheit, wenn sie ihn sich eingeprägt hat, dadurch (daß sie ihn) merkt (und) behält[8]), sich vom Sterben retten kann[9]).

11. Und dieser unser Spruch ist ausgesprochen worden, (um) gelernt und überdacht (zu werden), und zwar von jedem der Seienden[10]), ihm, dem besten Aša, gemäß.

12. yaθa ‚wie‘ sagt aus[11]), daß sie ihn [Zaraθuštra] als Ahū und Ratav eingesetzt haben[12]);

aθa[13]) ‚so‘ ist so zu verstehen, daß er, der Ahura Mazdāh, (als Ahū und Ratav da ist) für die Geschöpfe, (die) die ersten im Denken (sind).

yaθa ‚wie‘ enthält die Lehre, (daß) er der allergrößte ist;

aθa ‚so‘ enthält die Lehre, (daß) für ihn die Geschöpfe (da sind)[14]).

13. Daß gute Lebensführung für Mazdāh (ist)[15]), setzt vaŋhə̄uš ‚des guten‘ als dritten Lehrsatz fest[16]).

(Die Worte) dazda manaŋhō ‚(der) des (guten) Sinns (Lebenswerke) zubringt‘ sind so zu verstehen, (daß) er für das Denken (da ist), nämlich als Lehrer für das Denken[17]).

manaŋhō ‚des Sinns‘: damit weist er auf ihn hin;

šyaoθənanąm ‚Werke‘ weist auf (ihn als) Ahū hin[18]).

14. Unter mazda[19]) ‚Mazdāh‘ ist zu verstehen: sowohl (daß) er [Mazdāh] für die Geschöpfe (da ist) als auch (daß) sie[20]), die Geschöpfe, für ihn (da sind).

xšaθrəm ahurāi ‚Obergewalt dem Ahura‘ bezieht sich auf (die Worte) 'dein, o Mazdāh, ist die Herrschgewalt'[21]).

†drəgubyō vāstārəm ‚den Armen als Hirten‘ bezieht sich auf (die Worte) nämlich (auf) 'ein Freund dem Spitama'[22]).

---

[1]) 796. [2]) 82. [3]) 1332. [4]) 927. [5]) 1713. [6]) 382f.; 1265. [7]) 382m. [8]) 1553. [9]) 1529. [10]) 1580. [11]) 364. [12]) 282. [13]) NA. hat iθa; s. aber im selben § yaθa ... aθa. [14]) 430f. [15]) 1821 (?). [16]) 772. [17]) 431. [18]) 448. [19]) Wohl mazdāi zu lesen, s. Geldner, NA. in den Varianten. [20]) təm! Etwa dim zu lesen? [21]) Aus Y. 53. 9; 431. [22]) Nach Y. 51. 11.

Fünf Lehrsätze (enthält also das Ahuna Vairyagebet).

Der gesamte Spruch (ist) eine Offenbarung, der ganze Spruch (eine Offenbarung) des Ahura Mazdāh[1]).

15. Der beste Ahura Mazdāh hat den Ahuna Vairya kund getan, der selbe beste hat (ihn) dem Gedächtnis eingeprägt[2]). — (Da) geriet der Böse in Bedrängnis[3]). — Und auf sagte er [Ahura Mazdāh] dem °Ruchlosen mit folgendem Scheidespruch[4]):

'Nicht stimmen unser beider Gedanken noch Lehren noch Absichten noch Überzeugungen noch Worte noch Werke noch Wesen noch Seelen zusammen'[5]).

16. Und dieser von Mazdāh verkündete Spruch[6]), (der) durch Dienstwilligkeit vollzogen (wird, enthält) drei Zeilen, (umfaßt) vier Stände (und hat) fünf Ratav's[7]).

Welches sind seine Verszeilen[8])? —

Das Gutgedachte, das Gutgesagte, das Gutgetane.

17. Welches (sind) die Stände? —

Der Priester, Krieger, viehzüchtende Bauer, Handwerker[9]), ...[10]) zusammen mit dem ašagläubigen Mann, des Denken, Reden (und) Tun richtig (ist)[11]), (der) auf den Ratav merkt, sich auf die Religion versteht, 'durch des Tätigkeit Haus und Hof von Aša gefördert werden'[12]).

18. Welches (sind) die Ratav's[13])? —

Der des Hauses, der Gemeinde, des Gaus, des Landes (und) fünftens Zaraθuštra: bei den anderen Ländern außer dem zaraθuštrischen Raγay[14]); das zaraθuštrische Raγay (hat nur) vier Ratav's[15]).

Welches (sind) die Ratav's dieses (Landes)? —

Der des Hauses und der Gemeinde und des Gaus (und) viertens Zaraθuštra[16]).

19. Was (ist) das Gutgedachte? — Der im Denken erste Ašagläubige[17]) (verkörpert es).

Was (ist) das Gutgesagte? — Das heilige Wort.

Was (ist) das Gutgetane? — Durch die Preislieder und die an Gerechtigkeit ersten Geschöpfe[18]) (wird es verkörpert).

20. Mazdāh sprach. — Zu wem sprach er[19])? — Zu dem geistigen und stofflichen Ašagläubigen.

Was für einer sprach die Offenbarung aus? — Der beste Herrscher.

Zu was für einem? — Zu dem Ašagerechten und Besten und Abhängigen[20]).

---

1) 995. 2) 448. 3) 1813. 4) 133. 5) Aus Y. 45. 2; 1371. 6) der Ahuna Vairya. 7) 806. 8) 103. 9) 908. 10) vīspaya irina. 11) 206 (?). 12) Aus Y. 43. 6; 1013. 13) 1500, 424. 14) 1497; eig. „bei den Ländern, die die anderen (sind) als ... R.“. 15) 579, 1500. 16) 1661. 17) ?. 18) ? 19) 1195. 20) 177 (?).

21. Das Stück Ahuna Vairya beten wir; wir preisen das laute und das leise Aufsagen und das Absingen und die Weihe des Ahuna Vairya.
Wen — und welche (Frauen) — unter den Seienden[1]) . . .

20.

1. Ahura Mazdāh tat kund:
ašəm vohū vahištəm astī ‚Aša ist das beste Gut‘: (Die Worte) sind so zu verstehen, (daß) ihm das beste Gut zuteil wird, nämlich dem Zugehörigen als Zubehör[2]);
vohū vahištəm astī ‚ist das beste Gut‘: in dieser Weise prägt er (uns) einen Lehrsatz ein[3]).
2. uštā astī uštā ahmāi ‚nach Wunsch wird es, nach Wunsch uns‘: die in der Ušta (‚nach Wunsch‘)-Stelle[4]) (enthaltenen Worte) sind zu verstehen in Beziehung auf jeden Ašagläubigen — jedem Ašagläubigen (wird das Gut zuteil) —; nämlich man bezieht es durch Statuierung von . . .[5]) auf jeden Ašagläubigen — jedem Ašagläubigen (wird das Gut zuteil).[6])
3. yaṯ ašāi vahištāi ašəm ‚das Aša [Recht] für das beste Aša [Gerechtigkeit]‘: (die Worte) sind zu verstehen in Beziehung auf das gesamte heilige Wort für den, (der) den ganzen Mąθra in sich faßt.
Insofern es [das Ašagebet] die Lehre enthält,
(daß) der Ašagerechtigkeit das [ahurische] Reich gehört,
und (daß) dem rufenden Ašagerechten die Ašagerechtigkeit zuteil wird,
und (daß) uns die Ašagerechtigkeit zuteil wird, nämlich den Saošyant's:
(sind) drei Lehrsätze (drin gegeben)[7]).
Der gesamte Spruch (ist) eine Offenbarung, der ganze Spruch (eine Offenbarung) des Ahura Mazdāh[8]).
4. Mazdāh sprach. — Zu wem sprach er[9])? — Zu dem geistigen und stofflichen Ašagläubigen.
Was für einer sprach die Offenbarung aus? — Der beste Herrscher.
Zu was für einem? — Zu dem Ašagerechten und Besten und Abhängigen[10]).
5. Das Stück Aša Vahišta[11]) beten wir; wir preisen das laute und das leise Aufsagen und das Absingen und die Weihe des Aša Vahišta.
Wen — und welche (Frauen) — unter den Seienden[1]) . . .

21.

1. Der auf ‚das Gebet‘ bezügliche Spruch[12]) des ašagläubigen Zaraθuštra (lautet):
yeṅhē hātąm āaṯ yesnē paitī ‚wen unter den Seienden (dem) für (sein) Gebet‘.

---

[1]) = Y. 27. 15. [2]) 1859. [3]) 448. [4]) 418. [5]) nā? [6]) vgl. zum § 2 Geldner KZ. 27. 248. [7]) 430. [8]) 995. [9]) 1195. [10]) 177 (?). [11]) 922. [12]) d. h. der durch das Wort yesnē ‚für (sein) Gebet‘ bezeichnete Spruch.

yeṅhe ‚wen' lehrt die Anbetung des Mazdāh[1]), wie sie nach dem Gesetz des Ahura (sein soll)[2]).

Hātąm ‚unter den Seienden' bezieht sich auf das Gebet, insofern (es) zur Erquickung der Seienden (dient)[3]).

2. [3])yā̊nhąm ‚welche (Frauen)' bezieht sich auf das Gebet der ašagläubigen in Frommergebenheit ersten Frauen, das heißt auf (ihren) Preis für die Aməša's[4]).

Drei Lehrsätze (enthält also das Yeṅhe-hātąm-Gebet). Der ganze Spruch (ist) auf ‚das Gebet'[5]) bezüglich. —

An wen (richtet sich) das Gebet[6])? — An die Aməša Spənta's des Gottesdienstes[7]).

3. Es sprach Mazdāh:

„Nach (seinem) Wunsch (sei es) einem jeden — dem was er wünscht der nach Wunsch schaltende Mazdāh Ahura gewähren möge.“ [8])

4. Was hat er mit diesem Spruch angekündigt? —

Das ‚Nachwunschgehen' hat er angekündigt und mit dem Worte ‚nach Wunsch' hat er jedem Ašagläubigen[9]), (der jetzt) da ist und (jetzt) ins Dasein tritt und künftig ins Dasein treten wird[10]), das Beste, (er) der Beste, angekündigt. Der beste Mazdāh hat es dem besten ašagläubigen (Zaraθuštra) für (je)den besten Ašagläubigen angekündigt[9]).

5. Das gutgeweihte ašaheilige Stück Yeṅhē.hātąm[11]) beten wir: wen — und welche (Frauen) — unter den Seienden[12]) ...

22.

1. Aša ist das beste Gut[13]) ...

Mit dem samt Zaoθra dargebrachten Barəsman des prächtigen hoheitsvollen Schöpfers Ahura Mazdāh (und) der Aməša Spənta's
hole ich her zu verehren diesen ašamäßig aufgesetzten Haoma,
und hole ich her zu verehren diese ašamäßig aufgesetzte flüssige Milch,
und hole ich her zu verehren diese ašamäßig aufgesetzte Haδānaēpatā-Pflanze.

2. Samt den guten Wassern hole ich her zu verehren diese haomahaltigen milchhaltigen haδānaēpatā(saft)haltigen ašamäßig aufgesetzten Zaoθra's;
und samt den guten Wassern hole ich her zu verehren das für den Haoma bestimmte Wasser;
und zu verehren hole ich her die steinerne Kelterpresse;
und zu verehren hole ich her die metallene Kelterpresse.

---

[1]) 364. [2]) 726 (?). [3]) 609 u. No.; die letzten Worte des § 1 (insofern ...) sind in der NA. zu § 2 gezogen. [4]) 431. [5]) s. No. 12 zu § 1. [6]) 181. [7]) 822. [8]) Nach Y. 43. 1, wo Zaraθuštra der Sprecher ist; 489, 1381. [9]) 1194. [10]) 927. [11]) 922. [12]) = Y. 27. 15. [13]) = Y. 27. 14.

3. Diese Barəsman-Pflanze und die erreichte Ratavbefriedigung; das Merken und die Betätigung der guten mazdayasnischen Religion und das Aufsagen der Gāθā's und die erreichte Ratavbefriedigung des ašagläubigen Ratav des Aša; dies Brennholz und Räucherwerk — deins, des Ātar, des Sohns des Ahura Mazdāh, — hole ich her zu verehren;
und alles gute mazdāhgeschaffene, (das) im Aša seinen Ursprung (hat), hole ich her zu verehren:
4. um zufriedenzustellen Ahura Mazdāh, die Aməša Spənta's, den ašafrommen Sraoša, Ātar, (den Sohn) des Ahura Mazdāh, den hohen Ratav, den des Aša.
5. Zu verehren hole ich her die Tagesabteilungs(götter), die Ratav's des Aša;
zu verehren hole ich her den ašaheiligen Hāvanay, den Ratav des Aša;
zu verehren hole ich her den Sāvanhay und den ašaheiligen Vīsya, den Ratav des Aša;
zu verehren hole ich her den weite Fluren besitzenden, tausendohrigen, zehntausendäugigen Miθra, den bei (seinem) Namen angerufenen Yazata, (und) den gute Weide bietenden Rāman.
6. Zu verehren hole ich her den ašaheiligen Rapiθwina, den Ratav des Aša;
zu verehren hole ich her den Frādaṱ.fšav und den ašaheiligen Zantuma, den Ratav des Aša;
zu verehren hole ich her den Aša Vahišta und den Ātar, (den Sohn) des Ahura Mazdāh.
7. Zu verehren hole ich her den ašaheiligen Uzayeirina, den Ratav des Aša;
zu verehren hole ich her den Frādaṱ.vīra und den ašaheiligen Dāhyuma, den Ratav des Aša;
zu verehren hole ich her den hohen Gott Napāt Apąm und das mazdāhgeschaffene Wasser.
8. Zu verehren hole ich her den ašaheiligen Aiwisrūθrima Aibigaya, den Ratav des Aša;
zu verehren hole ich her den Frādaṱ.vīspąm.hujyātay und den ašaheiligen Zaraθuštrō.təma, den Ratav des Aša;
zu verehren hole ich her die Fravašay's der Ašagläubigen und die Scharen von Heldensöhnen besitzenden Frauen und die Yāiryā Hušitay und den gutgebauten schöngewachsenen Ama und den ahurageschaffenen Vərəθraγna und die siegreiche Uparatāt.
9. Zu verehren hole ich her den ašaheiligen Ušahina, den Ratav des Aša;
zu verehren hole ich her den Bərəjya und den ašaheiligen Nmānya, den Ratav des Aša;
zu verehren hole ich her den ašafrommen, die Belohnungen verschaffenden, siegreichen, Hab und Gut fördernden Sraoša, den gerechtesten

Rašnav und die Hab und Gut fördernde, Hab und Gut mehrende Arštāt.

10. Zu verehren hole ich her die Monats(götter), die Ratav's des Aša; den ašaheiligen Antaramāh, den Ratav des Aša;
zu verehren hole ich her den Pərənō.māh und den ašaheiligen Vīšaptaθa, den Ratav des Aša.

11. Zu verehren hole ich her die Jahreszeiten(götter), die Ratav's des Aša; den ašaheiligen Maiδyōi.zarəmaya, den Ratav des Aša;
zu verehren hole ich her den ašaheiligen Maiδyōišam, den Ratav des Aša;
zu verehren hole ich her den ašaheiligen Paitiš.hahya, den Ratav des Aša;
zu verehren hole ich her den am Eintrieb der Herden und am Widdersprung kenntlichen ašaheiligen Ayāθrima, den Ratav des Aša;
zu verehren hole ich her den ašaheiligen Maiδyāirya, den Ratav des Aša;
zu verehren hole ich her den ašaheiligen Hamaspaθmaēdaya, den Ratav des Aša;
zu verehren hole ich her die Jahres(götter), die Ratav's des Aša.

12. Zu verehren hole ich her alle die Ratav's, die die dreiunddreißig nächsten mit Hāvanay sich einfindenden Ratav's des Aša sind, welche (als die) des besten Aša von Mazdāh [dem Zaraθuštra] geoffenbart, von Zaraθuštra [der Welt] verkündet sind[1]).

13. Zu verehren hole ich her die beiden, Ahura (und) Miθra, die beiden hohen gefahrentrückten ašaheiligen, und die Sterne, die zum heiligen Geist gehörigen Schöpfungen, und den prächtigen glanzvollen Tištrya-Stern und den des Rindes Ursprung bildenden Mond und den schnelle Rosse besitzenden Hvarəxšaēta, das Auge des Ahura Mazdāh; den Miθra, den Landesherrn der Länder.
Zu verehren hole ich her (den Tag des) prächtigen hoheitsvollen Ahura Mazdāh[2]);
zu verehren hole ich her (den Monat der) Fravašay's[3]) der Ašagläubigen.

14. Zu verehren hole ich her dich, den Ātar, den Sohn des Ahura Mazdāh, samt allen Feuer(arte)n;
zu verehren hole ich her die guten Wasser, alle mazdāhgeschaffenen Wasser und alle mazdāhgeschaffenen Pflanzen.

15. Zu verehren hole ich her den heiligen ašaheiligen energisch antreibenden Mąθra; das gegen die Daēva's gerichtete Gesetz; das vom Zaraθuštra stammende Gesetz; die lange Überlieferung; die gute mazdayasnische Religion.

---

[1]) 1164. [2]) [3]) s. Y. 1. 11 No. 2 und 3.

16. Zu verehren hole ich her das mazdāhgeschaffene, das Behagen des Aša gewährende Gebirge Uši.darəna und alle das Behagen des Aša, viel Behagen gewährenden mazdāhgeschaffenen Gebirge; die mazdāhgeschaffene kavische Herrlichkeit und die unnahbare mazdāhgeschaffene Herrlichkeit[1];

zu verehren hole ich her die gute Ašay, die gute Čistay, die gute Ərətay, die gute Rasąstāt, den Glanz[1] (und) den mazdāhgeschaffenen Nutzen.

17. Zu verehren hole ich her die dahmamäßige gute Āfritay und den Gemeinder, den ašagläubigen Mann, und den starken heldenhaften Yazata Dāmōiš Upamana.

18. Zu verehren hole ich her

diese (unsere) Stätten und Wohnplätze und Weideländer und Wohnungen und Tränken; die Wasser und Länder und Pflanzen;

die Erde hier und den Himmel dort[2]) und den ašaheiligen Wind; die Sterne, den Mond, die Sonne, den anfangslosen unvergänglichen Lichtraum

und alle Geschöpfe des heiligen Geistes, die ašagläubigen (männlichen) und ašagläubigen (weiblichen), die Ratav's des Aša.

19. Zu verehren hole ich her den hohen Ratav, den des Aša; die(se) Ratav's, die Tages- und Tagesabteilungs- und Monats- und Jahreszeiten- und Jahres-(götter), die die Ratav's des Aša sind: in der Zeit der Haomabereitung.

20. Zu verehren hole ich her diesen ašamäßig aufgesetzten Haoma;

und zu verehren hole ich her diese ašamäßig aufgesetzte flüssige Milch;

und zu verehren hole ich her diese ašamäßig aufgesetzte Haδānaēpatā-Pflanze.

21. Samt den guten Wassern hole ich her zu verehren diese haomahaltigen milchhaltigen haδānaēpatā(saft)haltigen ašamäßig aufgesetzten Zaoθra's;

und samt den guten Wassern hole ich her zu verehren das für den Haoma bestimmte Wasser;

und zu verehren hole ich her die steinerne Kelterpresse;

und zu verehren hole ich her die metallene Kelterpresse.

22. Diese Barəsman-Pflanze und die erreichte Ratavbefriedigung; das Merken und die Betätigung der guten mazdayasnischen Religion und das Aufsagen der Gāθā's und die erreichte Ratavbefriedigung des ašagläubigen Ratav des Aša; dies Brennholz und Räucherwerk — deins, des Ātar, des Sohns des Ahura Mazdāh, — hole ich her zu verehren;

und alles gute mazdāhgeschaffene, (das) im Aša seinen Ursprung (hat) hole ich her zu verehren:

---

[1]) Beide Male x^{v}arənah-. [2]) 1664.

23. um zufriedenzustellen
den prächtigen hoheitsvollen Ahura Mazdāh; die Aməša Spənta's; den weite Fluren besitzenden Miθra und den gute Weide bietenden Rāman;
24. den unsterblichen, reichen, schnelle Rosse besitzenden Hvarəxšaēta; den überlegen wirkenden, über die anderen Geschöpfe hinwegsehenden Vayav — jenes an dir, o Vayav, was an dir dem heiligen Geist entstammt ist; die richtigste mazdāhgeschaffene ašaheilige Čistā; die gute mazdayasnische Daēnā;
25. den heiligen ašaheiligen energisch antreibenden Mąθra; das gegen die Daēva's gerichtete Gesetz; das von Zaraθuštra stammende Gesetz; die lange Überlieferung; die gute mazdayasnische Religion; den Glauben an das heilige Wort[1]); das verstandesgemäße Auffassen der mazdayasnischen Religion; die Kenntnis des heiligen Worts; die angeborene mazdāhgeschaffene Weisheit; die erlernte[2]) mazdāhgeschaffene Weisheit;
26. den Ātar, den Sohn des Ahura Mazdāh, — dich, o Ātar, Sohn des Ahura Mazdāh, — samt allen Feuer(arte)n; das mazdāhgeschaffene, das Behagen des Aša gewährende Gebirge Uši.darəna;
27. alle ašaheiligen geistigen (und) stofflichen Yazata's;
die starken, rings siegreichen Fravašay's der Ašagläubigen;
die Fravašay's der ersten Glaubenslehrer[3]);
die Fravašay's der Nächstverwandten
(und je)den bei (seinem) Namen angerufenen Yazata.

23.

1. Zu verehren hole ich her die Fravašay's, die zu Anfang waren, (die Fravašay's) der Häuser[4]) und Dörfer und Gaue und Länder, die den Himmel gestützt, die das Wasser gestützt, die die Erde gestützt, die das Rind erhalten, die die empfangenen Kinder in den Mutterleibern erhalten haben, (sodaß) sie nicht starben[5]).
2. Zu verehren hole ich her, her die Fravašay[6]) des Ahura Mazdāh (und) der Aməša Spənta's samt allen den ašaheiligen Fravašay's der geistigen Yazata's;
zu verehren hole ich her, her die Fravašay[6]) des (Ur)menschen Gaya, des Zaraθuštra Spitama, des Kavay Vīštāspa (und) des Zaraθuštrasohns Isaṭ.vāstra samt allen den ašaheiligen Fravašay's der ersten Glaubenslehrer.
3. Zu verehren hole ich her die Fravašay eines jeden Ašagläubigen[7]).

---

[1]) 1703. [2]) eig. „vom Ohr gehörte". [3]) 877. [4]) 874. [5]) 78 o. [6]) ?; †ā †fravaše. [7]) ?!

Wo immer[1]) auf dieser Erde ist sie beim Sterben? — Bei dem dahmamäßigen (Manne), bei der Frau, dem Knaben, dem Mädchen (und) dem in der Landwirtschaft Tätigen hat sie den Wohnsitz. Aus diesem Hause heraus streben sie (die Fravasay's), die ersehnen (und) die bekommen gute Huldigungen und Gebete.

4. Zu verehren hole ich her
die starken, rings siegreichen Fravašay's der Ašagläubigen,
die Fravašay's der ersten Glaubenslehrer[2]),
die Fravašay's der Nächstverwandten,
die Fravašay meiner eigenen Seele;
zu verehren hole ich her alle Ratav's des Aša;
zu verehren hole ich her all die gutes schenkenden geistigen und stofflichen Yazata's, die ihm, dem besten Aša, gemäß zu verehren und zu preisen sind.

5. (Als Mazdāhanbeter)[3]) . . . will ich das Glaubensgelübde ablegen . . . dem Hāvanay . . . dem Sāvanhay . . . (dieser) Ratav's . . . (und Jahresgötter).
„Wie der beste Oberherr"[4]) soll mir der Zaotar aufsagen,
„wie der beste Oberherr" soll mir er, der Zaotar, aufsagen;
„so der [beste] Richter (ist er) [Zaraθuštra] gemäß dem heiligen Recht"[4]) soll der wissende Ašagläubige [die Gemeinde] aufsagen.

24.

1. Dem Ahura Mazdāh weihen wir die Haoma's;
diese Haoma's und Myazda's und Zaoθra's und das ašamäßig gespreitete Barəsman und das guttätige Rind und diese ašamäßig aufgesetzte flüssige Milch und diese ašamäßig aufgesetzte Haδānaēpatā-Pflanze;
2. samt den guten Wassern diese haomahaltigen milchhaltigen haδānaēpatā(saft)haltigen ašamäßig aufgesetzten Zaoθra's;
samt den guten Wassern das für den Haoma bestimmte Wasser und die steinerne Kelterpresse und die metallene Kelterpresse;
3. diese Barəsman-Pflanze und die erreichte Ratavbefriedigung; das Merken und die Betätigung der guten mazdayasnischen Religion und das Aufsagen der Gāθā's und die erreichte Ratavbefriedigung des ašagläubigen Ratav des Aša; dies Brennholz und Räucherwerk — deins, des Ātar, des Sohns des Ahura Mazdāh, — und alles gute mazdāhgeschaffene, (das) im Aša seinen Ursprung (hat),
widmen und weihen wir.
So weihen wir sie denn:
4. dem Ahura Mazdāh und dem ašafrommen Sraoša und den Aməša Spənta's und den Fravašay's der Ašagläubigen und den Seelen

---

[1]) ?! [2]) 877. [3]) = Y. 3. 24. [4]) s. Y. 27. 13.

der Ašagläubigen und dem Ātar, (dem Sohn) des Ahura Mazdāh und hohen Ratav, und der gesamten Schöpfung des Ašaehrwürdigen
zu Verehrung und Preis und Befriedigung und Lob.

5. So weihen wir sie denn der Fravašay des ašagläubigen Zaraθuštra Spitama, (der) sich (den Anspruch auf) das (andere) Leben erwirbt (und) nach dem Aša verlangt,
zu Verehrung und Preis und Befriedigung und Lob,
samt allen (übrigen) ašaheiligen Fravašay's, denen der gestorbenen Ašagläubigen und denen der am Leben befindlichen Ašagläubigen und denen der (noch) ungeborenen Männer, der Neugestalter, der Saošyant's.

6. Diese Haoma's und Myazda's und Zaoθra's und das ašamäßig gespreitete Barəsman und das guttätige Rind und diese ašamäßig aufgesetzte flüssige Milch und diese ašamäßig aufgesetzte Haδānaēpatā-Pflanze;

7. samt den guten Wassern diese haomahaltigen milchhaltigen haδānaēpatā(saft)haltigen ašamäßig aufgesetzten Zaoθra's;
samt den guten Wassern das für den Haoma bestimmte Wasser und die steinerne Kelterpresse und die metallene Kelterpresse;

8. diese Barəsman-Pflanze und die erreichte Ratavbefriedigung; das Merken und die Betätigung der guten mazdayasnischen Religion und das Aufsagen der Gaθā's und die erreichte Ratavbefriedigung des ašagläubigen Ratav des Aša; dies Brennholz und Räucherwerk — deins, des Ātar, des Sohns des Ahura Mazdāh, — und alles gute mazdāhgeschaffene, (das) im Aša seinen Ursprung (hat),
widmen und weihen wir.

9. So weihen wir sie denn
den gutherrschenden wohlmeinenden, immer lebenden, immer gedeihenden Aməša Spənta's, (den männlichen), die zum guten Sinn halten[1]), und (den weiblichen), die ebenso (tun)[2]).

10. So weihen wir sie denn sehr zahlreich,
um dies (unser) Haus zum Gedeihen zu bringen (und) das Vieh und die ašagläubigen Menschen dieses Hauses, (die) geboren (sind) und künftig geboren (werden)[3]), (dieses Hauses), wozu sie gehören[4]).

11. So weihen wir sie denn den guten Fravašay's der Ašagläubigen, die stark und rings siegreich (sind), damit sie den Ašagläubigen helfen.

12. So weihen wir sie denn dem Schöpfer Ahura Mazdāh, dem prächtigen hoheitsvollen, dem geistigen Geist, (und) den Aməša Spənta's
zu Verehrung und Preis und Befriedigung und Lob.

13—27. So weihen wir sie denn
den Tagesabteilungs(göttern), den Ratav's des Aša; dem ašaheiligen Hāvanay, dem Ratav des Aša,

---

[1]) 1706. [2]) 387. [3]) 1658. [4]) ?

zu Verehrung und Preis und Befriedigung und Lob.
So weihen wir sie denn
dem Sāvaŋhay und dem ašaheiligen Vīsya[1] ...: in der Zeit der Haomabereitung,
zu Verehrung und Preis und Befriedigung und Lob.

28—32. So weihen wir sie denn:
Den prächtigen hoheitsvollen Ahura Mazdāh, die Aməša Spənta's[2] ... die Fravašay's der Nächstverwandten,
(wollen wir) unter Zufriedenstellung verehren und preisen und befriedigen und loben.

33. So weihen wir sie denn
den starken, rings siegreichen Fravašay's der Ašagläubigen;
den Fravašay's der ersten Glaubenslehrer[3];
den Fravašay's der Nächstverwandten;
der Fravašay meiner eigenen Seele[4])
zu Verehrung und Preis und Befriedigung und Lob.

34. So weihen wir sie denn allen Ratav's des Aša zu Verehrung und Preis und Befriedigung und Lob.
So weihen wir sie denn all den gutes schenkenden geistigen und stofflichen Yazata's, die ihm, dem besten Aša, gemäß zu verehren und zu preisen sind.

25.

1. Die gutherrschenden wohlmeinenden Aməša Spənta's verehren wir;
diesen ašamäßig aufgesetzten Haoma verehren wir;
und diese ašamäßig aufgesetzte flüssige Milch verehren wir;
und diese ašamäßig aufgesetzte Haδānaēpatā-Pflanze verehren wir.

2. Samt den guten Wassern verehren wir diese haomahaltigen milchhaltigen haδānaēpatā(saft)haltigen ašamäßig aufgesetzten Zaoθra's;
und samt den guten Wassern verehren wir das für den Haoma bestimmte Wasser;
die steinerne Kelterpresse verehren wir,
und die metallene Kelterpresse verehren wir.

3. Diese Barəsman-Pflanze und die erreichte Ratavbefriedigung; das Merken und die Betätigung der guten mazdayasnischen Religion und das Aufsagen der Gāθā's und die erreichte Ratavbefriedigung des ašagläubigen Ratav des Aša; dies Brennholz und Räucherwerk — deins, des Ātar, des Sohns des Ahura Mazdāh, — verehren wir;

---

[1]) = Y. 4. 8—22. [2]) = Y. Eingang 8—12. [3]) 877. [4]) 1783.

und alles gute mazdāhgeschaffene, (das) im Aša seinen Ursprung (hat), verehren wir.

4. Den prächtigen hoheitsvollen Ahura Mazdāh verehren wir;
die gutherrschenden wohlmeinenden Aməša Spənta's verehren wir;
den weite Fluren besitzenden Miθra verehren wir;
den gute Weide bietenden Rāman verehren wir;
die schnelle Rosse besitzende Sonne, die unsterbliche Pracht, verehren wir.

5. Den ašaheiligen Vayav verehren wir; den überlegen wirkenden, über die andern Geschöpfe hinwegsehenden Vayav verehren wir; jenes an dir, o Vayav, was an dir dem heiligen Geist entstammt ist, verehren wir;
die richtigste mazdāhgeschaffene ašaheilige Čistā verehren wir;
die gute mazdayasnische Daēnā verehren wir.

6. Den heiligen hochherrlichen Mąθra verehren wir;
das gegen die Daēva's gerichtete Gesetz verehren wir;
das von Zaraθuštra stammende Gesetz verehren wir;
die lange Überlieferung verehren wir;
die gute mazdayasnische Religion verehren wir;
den Glauben an das heilige Wort[1]) verehren wir;
das verstandesmäße Auffassen der mazdayasnischen Religion verehren wir;
die Kenntnis im heiligen Wort verehren wir;
die angeborene mazdāhgeschaffene Weisheit verehren wir;
die erlernte[2]) mazdāhgeschaffene Weisheit verehren wir.

7. Ātar, den Sohn des Ahura Mazdāh, verehren wir;
dich, den ašaheiligen Ātar, den Sohn des Ahura Mazdāh, den Ratav des Aša, verehren wir;
alle Feuer(arten) verehren wir;
das Gebirge Uši.darəna, den mazdāhgeschaffenen, das Behagen des Aša gewährenden Yazata, verehren wir.

8. Jeden ašaheiligen geistigen Yazata verehren wir,
und jeden ašaheiligen stofflichen Yazata verehren wir.

26.

1. Die guten gewaltigen heiligen Fravašay's der Ašagläubigen preise ich, rufe ich, besinge ich;
wir verehren die zum Nmānya, zum Vīsya, zum Zantuma, zum Dāhyuma, zum Zaraθuštrō.təma gehörigen (Fravašay's).

---

[1]) 1703. [2]) eig. „vom Ohr gehörte".

2. Und unter allen diesen ersten Fravašay's verehren wir nun sie, die Fravašay, die des Ahura Mazdāh, als die größte und beste und schönste und festeste und weiseste und wohlgestaltetste und an Ašagerechtigkeit höchste.

3. Wir verehren die guten gewaltigen heiligen Fravašay's der Ašaheiligen, (nämlich) die der lichten, energisch blickenden, hochgewachsenen überstarken heldenhaften ahurischen Aməša Spənta's, die ungefährdet, ašaheilig (sind).

4. Wir verehren nun die Lebenskraft und die Wesenheit und das Wahrnehmungsvermögen und die Seele und die Fravašay der ersten Verkünder und der ersten Hörer der heiligen Lehren[1]), ašagläubiger (Männer) und ašagläubiger (Frauen), die zu Gunsten des Aša den Sieg davon getragen haben[2]).

Wir verehren die Seele des guttätigen (Ur)rindes.

5. (Die Fravašay derer), die zu Gunsten des Aša den Sieg davon getragen haben[2]), (verehren wir, nämlich):

wir verehren die Fravašay des ašagläubigen (Ur)menschen Gaya,

wir verehren nun die Belohnung und die Fravašay des ašagläubigen Zaraθuštra Spitama,

wir verehren die Fravašay des ašagläubigen Kavay Vīštāspa,

wir verehren die Fravašay des ašagläubigen Zaraθuštrasohns Isaṭ.-vāstra.

6. Wir verehren nun die Lebenskraft und die Wesenheit und das Wahrnehmungsvermögen und die Seele und die Fravašay der nächstverwandten ašagläubigen (Männer) und ašagläubigen (Frauen), die zu Gunsten des Aša den Sieg davon getragen haben[2]), samt allen (übrigen) ašaheiligen Fravašay's, denen der gestorbenen Ašagläubigen und denen der am Leben befindlichen Ašagläubigen und denen der (noch) ungeborenen Männer, der Neugestalter, der Saošyant's.

7. Nun verehren wir die Seelen der Verstorbenen, sie, die Fravašay's der Ašagläubigen;

wir verehren nun die Fravašay's aller verstorbenen Nächstverwandten dieses Hauses[3]), der (Priester-)Lehrer (und) Schüler, der ašagläubigen Männer (und) ašagläubigen Frauen.

8. Die Fravašay's aller ašagläubigen (Priester)Lehrer verehren wir,
die Fravašay's aller ašagläubigen (Priester)Schüler verehren wir;
die Fravašay's aller ašagläubigen Männer verehren wir,
die Fravašay's aller ašagläubigen Frauen verehren wir.

9. Die Fravašay's aller ašagläubigen von einem Dahma gezeugten Kinder verehren wir;

---

[1]) 1574. [2]) 1351. [3]) 1040; eig. „in diesem Hause“.

die Fravašay's der im Land befindlichen Ašagläubigen verehren wir, und die Fravašay's der außer Lands befindlichen Ašagläubigen verehren wir.

10. Die Fravašay's der ašagläubigen Männer verehren wir, und die Fravašay's der ašagläubigen Frauen verehren wir; alle guten gewaltigen heiligen Fravašay's der Ašagläubigen verehren wir: (all) die vom (Ur)menschen Gaya her bis zu dem siegreichen Saošyant[1]) hin.

11. Wir verehren alle Fravašay's der Ašagläubigen, wir verehren die Seelen der Verstorbenen, sie, die Fravašay's der Ašagläubigen.
Wen — und welche (Frauen) — unter den Seienden[2]) . . .
„Wie der beste Oberherr"[3]) soll mir der Zaotar aufsagen,
„so der [beste] Richter (ist er) [Zaraθuštra] gemäß dem heiligen Recht"[3]) soll der wissende Ašagläubige [die Gemeinde] aufsagen.

27.

1. Darum wollen wir ihn, den größten von allen, ihn den Ahura Mazdāh, zu (unserm) Ahū und Ratav bestellen[4]),
um den °ruchlosen Aŋra Mainyav (nieder)zuschlagen,
um den das blutige Holz schwingenden Aēšma (nieder)zuschlagen,
um die māzanischen Daēva's (nieder)zuschlagen,
um alle Daēva's und die varənischen Druggläubigen (nieder)zuschlagen;
2. um den prächtigen hoheitsvollen Ahura Mazdāh zu erhöhen,
um die Aməša Spənta's zu erhöhen,
um den prächtigen glanzvollen Tištrya-Stern zu erhöhen,
um den ašagläubigen Mann zu erhöhen,
um die gesamte ašaheilige Schöpfung des heiligen Geistes zu erhöhen.
3. Wie der beste Oberherr, so der [beste] Richter (ist er) [Zaraθuštra] gemäß dem heiligen Recht[5]) . . .
4. 'O Mazdāh, tu mir die besten Lehren und Handlungen kund, sie, o Vohu Manah, und, o Aša, des Preises Schuldforderung[6]). Durch eure Macht, o Ahura, mach es wahr, daß die Menschheit nach eurem Willen tauglich sei.'[7])
5. Her komme der liebe Airyaman zur Unterstützung zu den Männern und Frauen des Zaraθuštra, zur Unterstützung des guten Sinns.[8])
Welches Ich den köstlichen Lohn verdient, (dem) erbitte ich den Preis

---

[1]) Astvaṯ.ərəta. [2]) = Y. 27. 15. [3]) s. Y. 27. 13. [4]) 703. [5]) = Y. 27. 13. [6]) 375. [7]) = Y. 34. 15; 1006. [8]) 199.

der Gerechtigkeit[1]), den begehrenswerten[2]), welchen Ahura Mazdāh zuteilen wird[3]).

Aša ist das beste Gut[4])...

6. Die Haoma(zweige, die) ihre Macht von Mazdāh (haben)[5]), die Ratav's des Aša, sollen gefiltert werden. Der gute Sraoša, 'welcher mit der schätzereichen *Ašay* vereint ist'[6]), — und der soll hier emsig tätig sein[7]).

7. Wir lehren als segensreich das Sichbeschäftigen mit dem ašamäßig aufgesagten Ahuna Vairya und mit dem ašamäßig in Gang gebrachten Mörser und mit den wahrgesprochenen Sprüchen. So werden sie denn (noch) segensreicher sein[8]).

Wie der beste Oberherr, so der [beste] Richter (ist er) gemäß dem heiligen Recht[9])...

8. [10])'Er, der gewaltigste Mazdāh Ahura, und Ārmatay[11]) und das Haus und Hof fördernde Aša und Vohu Manah und Xšaθra[12]): hört auf mich, seid mir barmherzig, (wann) an jedweden die Heimzahlung erfolgt[13]).

9. Mach dich auf zu mir, o Ahura[14]), durch Ārmatay schenk Rüstigkeit[15]), durch den heiligsten Geist, o Mazdāh, (schenk) Kraft mittelst der guten Heimzahlung[16]), durch Aša (schenk) starke Gewalt[17]), durch Vohu Manah die Belohnung[18]).

10. Um mich zu stützen, du weitausschauender[19]), sollt ihr mir die unvergleichlichen (Wonnen) eures Reiches, o Ahura, zusichern als das Los des guten Sinns[20]). Belehre, o heilige Ārmatay, die Daēnā's über das Aša[21]).

11. Als Weihgeschenk bringt Zaraθuštra des eigenen Leibes Leben dar[22]), die Auslese guten Denkens, Handelns und Redens dem Mazdāh, dem Aša[23]), (und) den Gehorsam und die Herrschgewalt[24]).'[10])

Aša ist das beste Gut[4])...

12. Als Mazdāhanbeter, als Zaraθuštraanhänger will ich das Glaubensgelübde ablegen[25]), den Daēva's feind, Ahura's Lehre zugetan:

Dem ašaheiligen Hāvanay, dem Ratav des Aša, zu Verehrung und Preis und Befriedigung und Lob;

dem Sāvanhay und dem ašaheiligen Vīsya, dem Ratav des Aša, zu Verehrung und Preis und Befriedigung und Lob;

zu Verehrung und Preis und Befriedigung und Lob d(ies)er Ratav's, der Tages- und Tagesabteilungs- und Monats- und Jahreszeiten- und Jahres-(götter).

---

1) 1288. 2) 378. 3) 1113. 4) = Y. 27. 14. 5) ?. 6) Nach Y. 43. 12; 1180 f. 7) 1237. 8) vgl. 1834. 9) = Y. 27. 13. 10) Y. 27. 8–11 = Y. 33. 11–14; s. Bthl. Gatha's. 11) 1576. 12) 1014. 13) 321. 14) 183. 15) 649. 16) 321. 17) 1799. 18) 1027. 19) 1430. 20) 92. 21) 676. 22) 1520. 23) 872. 24) 543. 25) 1362.

13. Wie der beste Oberherr, so der [beste] Richter (ist er) [Zaraθuštra] gemäß dem heiligen Recht[1]), der des guten Sinns Lebenswerke dem Mazdāh zubringt und (so) die Obergewalt dem Ahura[2]) [er, Zaraθuštra], den sie den Armen als Hirten bestellt haben[3]).[4])

14. Aša [Recht] ist das beste Gut; nach Wunsch wird es, nach Wunsch uns zuteil, das Aša [Recht auf das Paradies] für das beste Aša [Rechtschaffenheit].[5])

15. Den Ahuna Vairya beten wir;
das Aša Vahišta, den schönsten Aməša Spənta, beten wir.
Wen — und welche (Frauen) — unter den Seienden Mazdāh Ahura (als einen solchen) kennt, (dem) durch Aša für (sein) Gebet das bessere (Los zuteil wird)[6]), diese (Männer) und diese (Frauen) wollen wir verehren.

Yasna 28—34: siehe Bartholomae, Gatha's.

35.

1. Den ašaehrwürdigen Ahura Mazdāh, den Ratav des Aša, verehren wir; die gutherrschenden wohlmeinenden Aməša Spənta's verehren wir; die gesamte geistige und stoffliche Schöpfung des Ašaehrwürdigen verehren wir nach dem Brauch des guten Aša, nach dem Brauch der guten mazdayasnischen Religion.

2. Wir preisen (was von andern) gut gedacht (und) gut gesagt (ist) und die guten Werke, (die) hier und anderswo getan (werden) und getan worden (sind)[7]), wie wir (auch selber) uns eifrig um das Gute bemühen[8]).

3. Das wollen wir uns erwählen[9]), o Ahura Mazdāh (und) o schönes Aša, damit wir die (Werke) denken und sprechen und ausführen, welche unter den Werken, (die) es gibt[10]), für beide Welten[11]) die besten sind[10]).

4. Durch die (Aussicht auf die) Heimzahlungen für das beste Tun spornen wir an[12]), dem Vieh Frieden und Futter zu gewähren[13]), die belehrten und die unbelehrten, die herrschenden und die hörigen[14]).

5. Dem wahrlich, (der) die Herrschaft am besten führt, teilen wir die Herrschaft zu, die unser (Anliegen bildet)[15]), und überweisen (sie ihm) und suchen (sie ihm) zu verschaffen[16]): dem Mazdāh Ahura und dem Aša Vahišta.

6. Und wie (einer) — Mann oder Weib — weiß (was) Recht (ist)[17]), so das (was) gut ist —: mit Eifer[18]) soll er es denn für seine Person betätigen

---

[1]) 282. [2]) 702. [3]) 778. [4]) Zum § vgl. Bthl., Zum AirWb. 126. [5]) 233. [6]) 1270 u. [7]) 379. [8]) 1035 f. [9]) 1361. [10]) 268. [11]) 576, 718. [12]) 321. [13]) 703. [14]) 52. [15]) s. 88 No. 3. [16]) 1820. [17]) 1761. [18]) 321.

und es denen zum Verständnis bringen[1]), die es so ausführen sollen, wie es (richtig) ist.

7. Denn euch, dem Ahura Mazdāh, Verehrung und Preis (zu spenden) und Futter dem Vieh, halten wir für das Beste. Wir wollen es für euch betätigen und es (andern) zum Verständnis bringen, so gut wir können[2]).

8. In der Genossenschaft des Aša, in der Gemeinde des Aša[3]) zahl dann jedem der Seienden[4]) mit der besten Erquickung für beide Welten heim[5]).

9. Diese offenbarten Worte, o Ahura Mazdāh, wollen wir mit (immer) besserem Bedenken des Aša verkünden[6]); dich [Zaraθuštra] aber bestellen wir als deren Einschärfer und Lehrer[7]).

10. Und um des Aša willen und des Vohu Manah und des guten Xšaθra: Lobgesänge (häufen wir) nunmehr, o Ahura, auf Lobgesänge, Sprüche nun auf Sprüche, Gebete nun auf Gebete.[8])

Wen — und welche (Frauen) — unter den Seienden[9]) . . .

36.

1. Mittelst der Tätigkeit des Feuers hier nahen wir uns dir zuerst, o Mazdāh Ahura, mittelst deines heiligsten Geistes dir[10]), der du auch Schmerz (bereitest) dem, dem du Schmerz (zu bereiten) vorhast[11]).

2. Als wonnigster komm dú uns . . .[12]), o Ātar, (Sohn) des Mazdāh Ahura, mit der Wonne des wonnigsten entgegen[13]);
mit der Verehrung des ehrerbietigsten komm uns zu der größten der Entscheidungen entgegen.

3. Als Feuer bist du die Freude des Mazdāh Ahura, als heiligster Geist bist du seine Freude[14]). Welcher deiner Namen der förderlichste (ist)[15]), o Ātar, (Sohn) des Mazdāh Ahura, mit dem (auf den Lippen) wollen wir uns dir nahen.

4. Mit gutem Denken wollen wir dir, mit guter Ašagerechtigkeit dir, mit Werken und Reden der guten Lehre dir nahen.

5. Wir huldigen, wir danken dir, o Mazdāh Ahura[16]). Mit allen guten Gedanken, mit allen guten Worten, mit allen guten Taten wollen wir dir nahen.

6. Die schönste Gestalt unter den Gestalten sprechen wir dir zu[17]), o Mazdāh Ahura: das Licht hier (und) jenes Höchste unter den Hohen dort, was Sonne heißt[18]).

Wen — und welche (Frauen) — unter den Seienden[9]) . . .

---

[1]) 1343. [2]) 26. [3]) 1564. [4]) 268. [5]) 718. [6]) 1134. [7]) 841. [8]) 88 u. No. 2. [9]) = Y. 27. 15. [10]) 315. [11]) 51. [12]) yātāyā? [13]) 1545. [14]) 1427. [15]) 1417. [16]) 375. [17]) 1317. [18]) 163.

37.[1])

1. So wollen wir denn den Ahura Mazdāh,
der das Rind und das Aša schuf,
die Wasser und die guten Pflanzen schuf,
das Licht und die Erde und alles Gute schuf,
2. wegen seiner Herrschgewalt und Größe und (seiner) schönen Werke verehren[2]).
Ihn also wollen wir mit der Auslese der Gebete[3]) (derer) verehren, die es mit dem Rind halten[4]).
3. Ihn also wollen wir mit dem von Ahura stammenden, dem Mazdāh wohlgefälligen heiligsten Namen verehren[5]);
ihn wollen wir mit unserm Leib und Leben verehren;
ihn (und) die Fravašay's der ašagläubigen Männer und Frauen wollen wir verehren.
4. Den Aša Vahišta wollen wir verehren, den schönsten Spənta Aməša, ihn den lichten, ihn den *alles gute gewährenden.*
5. Den Vohu Manah und den Vohu Xšaθra und die gute Wesenheit und die gute Vergeltung und die gute Frommergebenheit wollen wir verehren.
Wen — und welche (Frauen) — unter den Seienden[6]) ...

38.

1. So verehren wir samt den (Götter)frauen die Erde hier, die uns trägt;
und (sie), die deine Frauen (sind), Ahura Mazdāh, die durch Aša trefflichen, die verehren wir:
2. den Glaubenseifer, die Rührigkeit, das Sichberatenlassen (und) die Frommergebenheit[7]), samt ihnen die gute Vergeltung[8]), den guten Wunsch, die gute Fülle, den guten Ruf, die gute Üppigkeit verehren wir.
3. Wir verehren die hervorquellenden und (dann) sich zusammenfindenden (und dann) fortfließenden Wasser[9]), die von Ahura stammenden des Ahura, die wohlwirkenden, und euch, (die ihr) leicht zu passieren (seid), und (die, worin) es sich gut schwimmen und gut baden (läßt): das Geschenk für beide Welten[10]).
4. So, mit den (genannten) Namen, die euch, ihr guten (Wasser), Ahura Mazdāh gab[11]), als (er), der Schenker des Guten[12]), euch schuf, mit denen verehren wir euch, mit denen werben wir um (eure) Gunst, mit denen huldigen wir, mit denen danken wir (euch).
5. Und euch, Wasser, rufen wir an als die trächtigen und euch als die Mutter(kühe und) euch als die melken Kühe, (die) für den Armen sorgen, die alltränkenden[13]), besten (und) schönsten;

---

[1]) = Y. 5. [2]) 1847. [3]) 1270. [4]) 1706. [5]) 1162. [6]) = Y. 27. 15. [7]) 335. [8]) 5. [9]) 1104. [10]) 576. [11]) 387. [12]) 1349. [13]) 49.

herab (rufen wir euch), ihr guten, mittelst der langarmigen Opferspende[1]), (die ihr) im Unglück Vergeltung übend Abhilfe schafft[2]), ihr lebendigen Mütter.

Wen — und welche (Frauen) — unter den Seienden[3]) . . .

39.

1. So verehren wir denn den Gə̄uš Urvan und den (Gə̄uš) Tašan; unsere Seelen und (die) der Haustiere, die uns nähren[4]), für welche diese [wir] und welche für diese [uns] da sind[5]).
2. Und die Seelen der nützlichen wilden Tiere[6]) verehren wir. So verehren wir die Seelen der beliebig wo geborenen ašagläubigen Männer und Frauen, deren besseres Ich den Sieg davonträgt oder davontragen wird oder davongetragen hat[7]).
3. So verehren wir denn die guten (Götter) und guten (Göttinnen), die immer lebenden, immer gedeihenden Spənta Aməša's, (die männlichen), die zum guten Sinn halten[8]), und (die weiblichen), die ebenso (tun)[9]).
4. Wie du, du Ahura Mazdāh, es dachtest und sagtest und betätigtest und vollführtest, nämlich das Gute, so weihen wir (es) dir, so eignen wir (es dir) zu, so verehren wir dich damit, so huldigen wir (dir), so danken wir dir (damit), Mazdāh Ahura.
5. Mit des guten Zugehörigen Zugehörigkeit an das gute Aša, an die gute Vergeltung, an die gute Frommergebenheit nahen wir dir.[10])

Wen — und welche (Frauen) — unter den Seienden[3]) . . .

40.

1. Bei diesen Heimzahlungen jetzt[11]), o Mazdāh Ahura, gedenk (dessen) und erfülle (es), was unser Anliegen bildet, durch deine Gewährung[12]) (dessen), was du den Daēnā's als den meinesgleichen gehörigen Lohn bestimmt hast[13]), o Mazdāh Ahura.
2. Diesen (Lohn) verschaff du uns für das Leben hier und für das geistige[14]) (Leben); dazu (verschaff) ihn, daß wir dazu gelangen, zur Gemeinschaft mit dir und dem Aša für alle Zeit[15]).
3. Mach, o Mazdāh Ahura,
(daß) die Ritter an das Aša glauben (und) nach dem Aša verlangen,
(daß) die Bauern tüchtig (werden) zu dauernder eifervoller fester Genossenschaft;
für uns (aber) [die Priester], (daß sie beide) uns treu ergeben (seien).[16])
4. Auf diese Weise mögen der Adel, auf diese Weise die Bauernschaften, auf diese Weise die Sodalitäten, mit denen wir vereint sind[17]), (euch

---

[1]) 695. [2]) 834. [3]) = Y. 27. 15. [4]) 880, 297. [5]) 300. [6]) 61. [7]) 1351. [8]) 1706. [9]) 387. [10]) 1859. [11]) 3. [12]) 537. [13]) 1141. [14]) 1. [15]) 1746. [16]) 298. [17]) 1746.

Anlaß) sein, und auf diese Weise möchten wir (alle), o Mazdāh Ahura, als Ašagläubige (und) Gerechte euch (Anlaß) sein: (uns) zu schenken, (was) wir wünschen[1].

Wen — und welche (Frauen) — unter den Seienden[2]...

41.

1. Lobgesänge Lieder (und) Preisungen widmen wir und eignen wir zu und weihen wir dem Ahura Mazdāh und dem Aša Vahišta.
2. Deines guten Reiches, o Mazdāh Ahura, mögen wir für alle Zeit teilhaftig werden. Ein guter Herrscher möge über uns — Mann oder Weib — in beiden Welten die Herrschaft führen[3], o Gütigster unter den Seienden.
3. Als den segensreichen setzen wir dich ein, als den erfolgreichen[4], von Aša begleiteten Yazata. So mögest du uns denn in beiden Welten Leben und Leibhaftigkeit[5] sein[6], o Gütigster unter den Seienden.
4. Verdienen möchten wir uns und gewinnen deine langdauernde Unterstützung[7], o Mazdāh Ahura; wirksam möchten wir durch dich werden und mächtig[8]. Und Unterstützung mögest du uns lange und nach Wunsch gewähren, o Gütigster unter den Seienden.
5. Deine Lobredner und Propheten, o Ahura Mazdāh, heißen wir und wollen wir (sein)[9], und (als solche) stellen wir uns bereit (für das), was du den Daēnā's als den meinesgleichen gehörigen Lohn bestimmt hast[10], o Mazdāh Ahura.
6. Diesen (Lohn) verschaff dú uns für das Leben hier und für das geistige[11] (Leben); dazu (verschaff) ihn, daß wir dazu gelangen, zur Vereinigung mit dir und dem Aša für alle Zeit[12].
7. Wen — und welche (Frauen) — unter den Seienden[2]...
   Wir preisen (was von andern) gut gedacht[13]...
   Wie der beste Oberherr[14]...
   Aša ist das beste Gut[15]...
8. Den gewaltigen ašaheiligen Yasna Haptaŋhātay, den Ratav des Aša, verehren wir.
   Wen — und welche (Frauen) — unter den Seienden[2]...

42.

1. Wir weihen euch, o Aṁəša Spənta's, die Bestandteile des Yasna Haptaŋhātay.
   Die Wasserquellen verehren wir, und die Wasserfurten verehren wir;

---

[1]) 1520. [2]) = Y. 27. 15. [3]) 1819. [4]) 1833. [5]) sva. „leibhaftiges Leben". [6]) 214. [7]) 1795. [8]) 928. [9]) 1382. [10]) 1141. [11]) 1. [12]) 1564. [13]) = Y. 35. 2. [14]) = Y. 27. 13. [15]) = Y. 27. 14.

die Gablungen der Wege verehren wir, und die Kreuzungen der Wege verehren wir.

2. Die Berge, (auf denen) sich Wasserläufe befinden, verehren wir;
und die Seen, (die) Wasserbecken bilden, verehren wir;
und die nutzbringenden Getreidefelder verehren wir;
die beiden, den Hüter und den Schöpfer[1]), verehren wir;
Mazdāh und Zaraθuštra verehren wir.

3. Die Erde und den Himmel verehren wir;
und den kühnen mazdāhgeschaffenen Wind verehren wir;
und den Gipfel des Haraitī-Gebirges verehren wir;
die Erde und alles Gute verehren wir.

4. Den guten Sinn und die Seelen der Ašagläubigen verehren wir;
den [Fisch] Vāsī, ihn den ...[2]), verehren wir;
und den [Esel] Xara, ihn den ašaheiligen, verehren wir, der mitten im Meer Vouru.kaša steht;
das Meer Vouru.kaša verehren wir.

5. Und den goldfarbenen hochgewachsenen Haoma verehren wir,
den die Lebewesen fördernden Haoma, den ...[3]) verehren wir,
den Todwehrer Haoma verehren wir.

6. Das Vorwärtsfließen der Wasser verehren wir, und das Vorwärtsfliegen der Vögel verehren wir;
und die Rückkehr der Priester verehren wir, die fernhin (zu denen) gehen, (die) in den (andern) Ländern das Aša suchen[4]).
Und alle Aməša Spənta's verehren wir.
Wen — und welche (Frauen) — unter den Seienden[5]) ...

Yasna 43—51: siehe Bartholomae, Gatha's.

52.

1. Wie der beste Oberherr, so der [beste] Richter (ist er) [Zaraθuštra] gemäß dem heiligen Recht[6]) ...
(Was) gut und (was noch) besser (ist, das) wünsche ich[7]) für die gesamte Schöpfung des ašaehrwürdigen, (die jetzt) da ist und (jetzt) ins Dasein tritt und künftig ins Dasein treten wird.
Die ...[8]) Ašay, (die) eine langdauernde Wehr bietet, ...[9]), die gern beistehende, ...[9]), (die) die Hoffnung erfüllt,

2. (Ašay, die) alle Heilmittel der Wasser und der Tiere und der Pflanzen besitzt[10]), (die) alle Anfeindungen der Daēva's und Menschen überwindet, (die) auf dies (unser) Haus und auf diesen (unsern) Hausherrn des Hauses mißgünstig (sind),

---

[1]) 888. [2]) panča.sadvarā- „der fünfzig Tore hat" ? [3]) frāšmay-? [4]) 258 f.
[5]) = Y. 27. 15. [6]) = Y. 27. 13. [7]) 1406. [8]) rāsaintīm? [9]) mišačim? [10]) 934.

3. die guten Heimzahlungen und die guten Belohnungen, die voranstehenden besseren (und) die folgenden ...[1]), (die) langdauernde Wehr bieten, — —[2]), auf daß uns die größten und besten und schönsten Belohnungen zuteil werden.

4. Wir wollen die Aməša Spənta's verehren und preisen und befriedigen und loben, (damit sie)
dies (unser) Haus erhöhen,
die gesamte Schöpfung des Ašaehrwürdigen erhöhen,
die gesamte Schöpfung des °Ruchlosen unterdrücken;
(den Ahura) 'lobend, o Aša, der es wohlmeint mit den Seienden'[3]).

5. Unbeschränkt und nach Wunsch mögest du, Ahura Mazdāh, über deine Geschöpfe herrschen:
unbeschränkt über die Wasser, unbeschränkt über die Pflanzen, unbeschränkt über alles Gute, (das) im Aša seinen Ursprung (hat).
Zu einem gebietenden machet den Ašagläubigen,
zu einem ohnmächtigen den Druggläubigen.

6. Frei möge der Ašagläubige sein;
unfrei möge der Druggläubige sein, gewichen, unterdrückt, weggebracht[4]) von der Schöpfung des heiligen Geistes, gefangen, unfrei.

7. Soll Ich nun, der Zaraθuštra, die Obersten der Häuser und der Dörfer und der Gaue und der Länder antreiben[5]), zu denken und zu reden und zu handeln gemäß dieser (unserer) Religion, die die ahurische, zaraθuštrische (ist)?

8. Freiheit und Wohlbehagen wünsche ich der gesamten Schöpfung des Ašaehrwürdigen;
Gefangenschaft und Mißbehagen wünsche ich der gesamten Schöpfung des °Ruchlosen.

Yasna 53: siehe Bartholomae, Gatha's.

54.

1. Her komme der liebe Airyaman zur Unterstützung zu den Männern und Frauen des Zaraθuštra, zur Unterstützung des guten Sinns.[6])
Welches Ich den köstlichen Lohn verdient, (dem) erbitte ich den Preis der Gerechtigkeit[7]), den begehrenswerten[8]), welchen Ahura Mazdāh zuteilen wird[9]).
Aša ist das beste Gut[10]) ...

2. Das Airyaman-išya (Gebet) verehren wir, das mächtige, siegreiche, gegen die Anfeindungen (der Daēva's) gerichtete, den größten unter den Sprüchen des Aša;

---

[1]) rāsaintīš? [2]) das Verbum in § 1—3? [3]) Aus Y. 45. 6; 1824. [4]) 1105. [5]) 1740. [6]) 199. [7]) 1288. [8]) 378. [9]) 1113. [10]) = Y. 27. 14.

die heiligen, als Ratav's herrschenden, ašaheiligen Gāθā's verehren wir; die Staota Yesnya's verehren wir, 'wie es den Gesetzen für das erste Leben (gemäß ist)'[1].

Wen — und welche (Frauen) — unter den Seienden[2]) ...

55.

1. Alles Hab und Gut und (unsere) Leiber und den Knochenbau und die Lebenskräfte und die Körper und die (Körper)kräfte und das Wahrnehmungsvermögen und die Seele und die Fravašay widmen und weihen wir.

So weihen wir denn dies (alles) den heiligen, als Ratav's herrschenden, ašaheiligen Gāθā's.

2. (Die) Gāθā's, welche uns Obhut und Schutz gewähren und die Nahrung des Geistes bilden, welche für unsere Seele beides sind, Nahrung und Kleidung[3]):

diese Gāθā's gewähren uns Obhut und Schutz und bilden die Nahrung des Geistes; diese sind für unsere Seele beides, Nahrung und Kleidung;

diese mögen uns guten Lohn, reichen Lohn, den Lohn der Gerechtigkeit eintragen für das künftige Leben[4]), nach der Trennung von Leib und Wahrnehmungsvermögen.

3. Sie, die Staota Yesnya's, sollen sich bei uns einstellen,
sie mit der Kraft, sie mit dem Sieg;
sie mit der Gesundheit, sie mit der Heilkraft;
sie mit dem Gedeihen, sie mit dem Wachstum;
sie mit der Seligkeit, sie mit der Hilfleistung;
sie mit dem Wohlwollen, sie mit dem Besitz des (höchsten) Anrechts;
sie mit der Freigebigkeit, sie mit der Mildtätigkeit:

wie sie ja Mazdāh, er, der gewaltigste, sieghafte, Hab und Gut fördernde, geschaffen hat, um die Welt des Aša zu schützen[5]), um zu wachen über die Welt des Aša, über die, (die) den Nutzen bekommen, und (die) ihn schaffen werden[6]), und über die gesamte Schöpfung des Ašaehrwürdigen.

4. Jeden Ašagläubigen, (der) sich mit diesem an die Ratav's zu ihrer Befriedigung gerichteten Gebet, Abbitte für sich leistend, einstellt, sollst du aufnehmen in Humata und Hūxta und Hvaršta[7]).

5. Den Aša und den Vohu Manah verehren wir;
die heiligen, als Ratav's herrschenden, ašaheiligen Gāθā's verehren wir.

6. Die Staota Yesnya's verehren wir, 'wie es den Gesetzen für das erste Leben (gemäß ist)'[1]), (sie die) in Gedanken wiederholt, verrichtet, gelernt, gelehrt, fest behalten, betätigt, ins Gedächtnis zurückgerufen,

---

[1]) Aus Y. 33. 1; 1515. [2]) = Y. 27. 15. [3]) 1868. [4]) 1834 f. [5]) 1246. [6]) 1561. [7]) 1851.

aufgesagt (und) gebetet (werden): (sie, die) 'die Menschheit nach (ihrem) Willen tauglich machen'[1]).

7. Das Stück die Staota Yesnya's[2]) verehren wir; wir preisen das laute und das leise Aufsagen und das Absingen und die Weihe der Staota Yesnya's.

Wen — und welche (Frauen) — unter den Seienden[3]) ...

56.

1. Gehorsamer Sinn soll hier bereit sein zur Verehrung des Ahura Mazdāh[4]), des gewaltigsten ašaehrwürdigen, der von uns verehrt (wird)[5]), wie am Anfang so auch am Ende[6]).

So soll sich hier der Gehorsam einstellen[7]) zur Verehrung des Ahura Mazdāh, des gewaltigsten ašaehrwürdigen, der von uns verehrt (wird).

2. Gehorsamer Sinn soll hier bereit sein zur Verehrung[4]) der guten Wasser und der Fravašay's der Ašagläubigen, die von unseren Seelen verehrt (werden), wie am Anfang so auch am Ende[6]).

So soll sich hier der Gehorsam einstellen[7]) zur Verehrung der guten Wasser und der Fravašay's der Ašagläubigen, die von unseren Seelen verehrt (werden).

3. Gehorsamer Sinn, der gute, soll hier bereit sein zur Verehrung[4]) der guten Wasser, der guten, und der gutherrschenden wohlmeinenden und guten Aməša Spənta's und zur Verehrung des guten Loses, das uns, als der Gerechtigkeit zufallend, verbürgt ist und zuteil werden wird[8]).

Und der gute, die Belohnungen verschaffende Sraoša soll sich hier zur Verehrung der guten Wasser einstellen, wie am Anfang so auch am Ende[6]).

4. So soll sich hier der Gehorsam, der gute, einstellen zur Verehrung der guten Wasser, der guten, und der gutherrschenden wohlmeinenden und guten Aməša Spənta's und zur Verehrung des guten Loses, das uns, als der Gerechtigkeit zufallend, verbürgt ist und zuteil werden wird[8]).

Und der gute, die Belohnungen verschaffende Sraoša soll sich hier zur Verehrung der guten Wasser einstellen.

5. Wie der beste Oberherr, so der [beste] Richter (ist er) [Zaraθuštra] gemäß dem heiligen Recht[9]) ...

Aša ist das beste Gut[10]) ...

Sraoša, den ašafrommen schöngewachsenen siegreichen, Hab und Gut fördernden, ašaheiligen, den Ratav des Aša, verehren wir.

Wen — und welche (Frauen) — unter den Seienden[3]) ...

---

[1]) Nach Y. 34. 15; 1006. [2]) 922. [3]) = Y. 27. 15. [4]) 1634. [5]) 1275 f. [6]) 407. [7]) 172. [8]) 184. [9]) = Y. 27. 13. [10]) = Y. 27. 14.

57.

1. Aša ist das beste Gut[1]) ...
Unter Zufriedenstellung will ich den ašafrommen heldenhaften Sraoša, (der) das heilige Wort in sich aufgenommen (hat), das starke Holz schwingt, den ahurischen, verehren und preisen und befriedigen und loben.
„Wie der beste Oberherr"[2]) soll mir der Zaotar aufsagen,
„wie der beste Oberherr" soll mir er, der Zaotar, aufsagen;
„so der [beste] Richter (ist er) [Zaraθuštra] gemäß dem heiligen Recht"[2]) soll der wissende Ašagläubige [die Gemeinde] aufsagen.

I.

2. Sraoša, den ašafrommen schöngewachsenen siegreichen, Hab und Gut fördernden, ašaheiligen, den Ratav des Aša, verehren wir,
der als erster der Schöpfung des Mazdāh bei gespreitetem Barəsman:
das Gebet an Ahura Mazdāh sprach,
das Gebet an die Aməša Spənta's sprach[3]),
das Gebet an den Hüter und den Schöpfer sprach, die beide alle Wesen schufen[4]).
3. Ob seiner Pracht[5]) und Herrlichkeit, wegen seiner Kraft und Wehrhaftigkeit, wegen seiner Verehrung der Yazata's[6]) will ich ihn mit hörbarem Gebet (und) mit Zaoθra's verehren, den ašafrommen Sraoša und die gute hohe Ašay und den schöngewachsenen Nairyō.saŋha.
Her zu uns möge der siegreiche ašafromme Sraoša zu helfen kommen.
4. Den ašafrommen Sraoša verehren wir;
den hohen Ratav, ihn den Ahura Mazdāh, verehren wir, der der höchste an Ašagerechtigkeit, der am weitesten in der Ašagerechtigkeit gekommen (ist);
alle zaraθuštrischen Lehren verehren wir;
und alle gutgetanen Werke verehren wir, (die schon) getan (sind) und (die erst) getan werden.
Wen — und welche (Frauen) — unter den Seienden[7]) ...

II.

5. Sraoša, den ašafrommen schöngewachsenen siegreichen, Hab und Gut fördernden (ašaheiligen, den Ratav des Aša), verehren wir;
6. der zuerst als Barəsman spreitete: drei Zweige und fünf Zweige[8]) und sieben Zweige und neun Zweige, bis zum Knie[9]) und bis zur Mitte des Beins reichende[10]) (Zweige),

---

[1]) = Y. 27. 14. [2]) s. Y. 27. 13. [3]) 1275. [4]) 888 f. [5]) 5. [6]) 1270. [7]) = Y 7. 15. [8]) 809. [9]) 311. [10]) 1117.

um die Aməša Spənta's zu verehren und zu preisen und zu befriedigen und zu loben. — Ob seiner Pracht[1] ...

III.

7. Sraoša, den ašafrommen schöngewachsenen siegreichen (Hab und Gut fördernden, ašaheiligen, den Ratav des Aša), verehren wir;
8. der zuerst sie, die fünf Gāθā's des ašagläubigen Spitama Zaraθuštra, verszeilen-, strophenweise[2]) samt der Auslegung (und) samt den Antworten aufgesagt hat,
um die Aməša Spənta's zu verehren und zu preisen und zu befriedigen und zu loben. — Ob seiner Pracht[1]) ...

IV.

9. Sraoša, den ašafrommen schöngewachsenen siegreichen (Hab und Gut fördernden, ašaheiligen, den Ratav des Aša), verehren wir;
10. der dem armen (Mann) und der armen (Frau) ein mächtiges Haus nach Sonnenuntergang zimmert;
der dem Aēšma mit niederschmetternder Waffe eine über und über blutige Wunde schlägt und (ihn) dann auf seinen °Kopf schlagend zurücktreibt[3]), wie 'der starke den schwächeren'[4]). — Ob seiner Pracht[1]) ...

V.

11. Sraoša, den ašafrommen schöngewachsenen siegreichen (Hab und Gut fördernden, ašaheiligen, den Ratav des Aša), verehren wir, den heldenhaften schnellen kraftvollen kühnen gewaltigen, (der) von hoher Einsicht (ist);
12. der aus allen Schlachten siegreich[5]) zur Versammlung der Aməša Spənta's heimkehrt[6]). — Ob seiner Pracht[1]) ...

VI.

13. Sraoša, den ašafrommen schöngewachsenen siegreichen (Hab und Gut fördernden, ašaheiligen, den Ratav des Aša), verehren wir:
den stärksten der jungen (Helden),
den tapfersten der jungen (Helden),
den rührigsten der jungen (Helden),
den schnellsten der jungen (Helden),
(der) in der Ferne am meisten unter den jungen (Helden) gefürchtet (wird).
Befleißigt euch, o Mazdāhanbeter, der Verehrung des ašafrommen Sraoša!

---

[1]) = Y. 57. 3—4. [2]) 103. [3]) 1875. [4]) Aus Y. 34. 8; 1062. [5]) 201. [6]) 1477.

14. Weit weg von diesem Haus,
weit weg von dieser Gemeinde,
weit weg von diesem Gau,
weit weg von diesem Lande
gehen[1]) die schlimmen Nöte, die Überschwemmungen, in dessen Haus[2]) der ašafromme siegreiche Sraoša und der ašagläubige Mann,
(bei dem) die guten Gedanken überwiegen,
die guten Reden überwiegen,
die guten Taten überwiegen,
zufriedengestellt (und) gut aufgenommen ist. — Ob seiner Pracht[3]) ...

VII.

15. Sraoša, den ašafrommen schöngewachsenen siegreichen (Hab und Gut fördernden, ašaheiligen, den Ratav des Aša), verehren wir,
der der Überwinder (ist) des mit der Kayaδa[4])-Sünde behafteten (Mannes),
der der Überwinder (ist) des mit der Kāiδya[4])-Sünde behafteten (Weibes);
der der Schläger (ist) der daēvischen, sehr starken Drug, (die) das (andere) Leben °zerstört;
der der Wächter (ist) und Beaufsichtiger für das Gedeihen[5]) der gesamten Menschheit;
16. der nie einschlafend wachsam des Mazdāh Schöpfung behütet,
der nie einschlafend wachsam des Mazdāh Schöpfung bewacht,
der die gesamte stoffliche Welt nach Sonnenuntergang mit hochgehobener Waffe[6]) behütet;
17. der nicht (mehr) geschlafen hat, seitdem[7]) die beiden Geister — er, der heilige Geist, und er, der böse, — die Schöpfung schufen,
der (vielmehr), alles was zum Aša gehört bewachend, alle Tage und Nächte mit den māzanischen Daēva's kämpft;
18. ér flieht nicht, erschreckt (und) aus Angst[8]), vor den Daēva's; vor ihm fliehen widerwillig erschreckt alle Daēva's, erschreckt °laufen sie ins Dunkel[9]). — Ob seiner Pracht[3]) ...

VIII.

19. Sraoša, den ašafrommen schöngewachsenen siegreichen (Hab und Gut fördernden, ašaheiligen, den Ratav des Aša), verehren wir,
dem Haoma, der ...[10]), der heiltätige schöne gebieterische, mit den goldfarbenen Augen auf der höchsten Höhe, auf dem Haraitī-Gebirge opferte,
20. (der) gute schützende, rings erklingende Worte spricht (und) das allseitige, das verständnisreiche Wissen und den Inbegriff des heiligen Worts in in Besitz hat. — Ob seiner Pracht[3]) ...

[1]) 750, 148. [2]) 9. [3]) = Y. 57. 3—4. [4]) ?. [5]) ?. [6]) 350. [7]) 1862. [8]) 793. [9]) 649. [10]) frāšmay- ?

IX.

21. Sraoša, den ašafrommen schöngewachsenen siegreichen (Hab und Gut fördernden, ašaheiligen, den Ratav des Aša), verehren wir,
dessen sieghaftes tausendsäuliges Haus auf der höchsten Höhe, auf dem Haraitī-Gebirge erbaut (ist): innen eigenlichtig, außen sternengeschmückt[1]);
22. dem der Ahuna Vairya als siegreiche Waffe diente[2]) und der Yasna Haptaŋhātay und der Fšūšō Mąθra, er, der sieghafte, und alle Yeŋ́hē.hātąm-Rezitationen[3]). — Ob seiner Pracht[4]) . . .

X.

23. Sraoša, den ašafrommen schöngewachsenen siegreichen (Hab und Gut fördernden, ašaheiligen, den Ratav des Aša), verehren wir,
durch des Kraft und Wehrhaftigkeit und Wohlvertrautheit und Wissen die Aməša Spənta's zu der sieben Teile umfassenden Erde herabkamen;
der der Religion Religions-Unterweiser (ist);
24. (der) unbeschränkt einherschreitet hin zu ihr, der stofflichen Welt.
Zu dieser Religion bekannte sich der ašaehrwürdige Ahura Mazdāh, dazu Vohu Manah, dazu Aša Vahišta, dazu Xšaθra Vairya, dazu die heilige Ārmatay, dazu Haurvatāt, dazu Amərətatāt, dazu (bekannte sich) die an Ahura gerichtete Frage, dazu die von Ahura erteilte Belehrung.
25. So mögest du denn für beiderlei Leben[5]), für beiderlei Leben uns Schutz gewähren, o du ašafrommer schöngewachsener Sraoša, für dieses, das irdische Leben, und (für jenes), das das geistige ist[6]):
vor dem druggläubigen Verderben,
vor dem druggläubigen Aēšma,
vor den druggläubigen °Heerscharen, die das blutige Banner führen,
vor den °Anstürmen des Aēšma, die der arglistige Aēšma samt dem daēvageschaffenen Vīδātav °veranstaltet.
26. So mögest Du denn, o ašafrommer schöngewachsener Sraoša unsern Gespannen Kraft, (unsern) Leibern Gesundheit[7]) verleihen[8]), (daß wir) die Feinde auf weit hinaus erspähen, die Gegner abwehren, die feindseligen hassenden Widersacher auf einen Schlag besiegen[9]). —
Ob seiner Pracht[4]) . . .

XI.

27. Sraoša, den ašafrommen schöngewachsenen siegreichen (Hab und Gut fördernden, ašaheiligen, den Ratav des Aša), verehren wir,

---

[1]) 1855. [2]) 1326. [3]) 1273. [4]) = Y. 57. 3—4. [5]) 106. [6]) 1218. [7]) 635. [8]) 56. [9]) 902.

den vier weiße lichte strahlende heilige kundige schattenlose, durch die Luft fliegende Renner ziehen; ihre hörnernen Hufe (sind) mit Gold ausgelegt[1]).

28. Die beiden (Zugtiere sind)
rascher als (ebensoviel) Rosse,
rascher als (ebensoviel) Winde[2]),
rascher als (ebensoviel) Regengüsse,
rascher als (ebensoviel) Wolken,
rascher als ein paar fliegende Vögel[3]),
rascher als ein paar gutgeschossener (Pfeile)[4]);

29. welche all die einholen[5]), denen sie von hinten her (verfolgend) nachjagen[6]); nicht (aber) werden sie (selber) von hinten her eingeholt[5]), die, ihn den guten ašafrommen Sraoša ziehend, mit beiden Waffen[7]) herzukommen.
Auch wenn (er) im östlichen Indien (ist), er packt (ihn);
auch wenn (er) im westlichen (ist), er schlägt (ihn) nieder[8]). —
Ob seiner Pracht[9]) ...

XII.

30. Sraoša, den ašafrommen schöngewachsenen siegreichen (Hab und Gut fördernden, ašaheiligen, den Ratav des Aša), verehren wir,
der sich hochgewachsen hochgegürtet zu den Geschöpfen des Mazdāh hinsetzt[10]);

31. der dreimal jeden Tages und jeder Nacht zu diesem Erdteil, dem strahlenden Xᵛaniraθa, herzufährt, die scharfschneidige Waffe, (deren) Anprall gewaltig ist, in der Hand haltend gegen den °Kopf der Daēva's:

32. um den °ruchlosen Aŋra Mainyav (nieder)zuschlagen,
um den das blutige Holz schwingenden Aēšma (nieder)zuschlagen,
um die māzanischen Daēva's (nieder)zuschlagen,
um alle Daēva's (nieder)zuschlagen. —
Ob seiner Pracht[9]) ...

XIII.

33. Sraoša, den ašafrommen schöngewachsenen siegreichen (Hab und Gut fördernden, ašaheiligen, den Ratav des Aša), verehren wir.
Hier und nicht hier, hier und über diese ganze Erde hin verehren wir alle siegenden Siege[11]) des ašafrommen Sraoša, des heldenhaften, (der) das heilige Wort in sich aufgenommen (hat), des heldenhaften wehrhaften starkarmigen Kriegers, (der) den Daēva's auf den °Kopf schlägt[12]), des Siege gewinnenden, sieghaften ašaheiligen[11]); und die siegende

---

[1]) 796. [2]) 342; eben war von vieren (!) die Rede. [3]) 821. [4]) 1852; wörtlich ‚als ein paar (Pfeile, die) als gut geschossene geschossen (werden)". [5]) 71. [6]) 1407. [7]) ?. [8]) 1814. [9]) = Y. 57. 3—4. [10]) 1754. [11]) 1351 f. [12]) 440.

Überlegenheit, die des ašafrommen Sraoša und die des Yazata Arštay (verehren wir).

34. Alle von Sraoša beschirmten Häuser verehren wir, in denen der ašafromme liebe geliebte Sraoša gut aufgenommen (ist) und (ebenso) der ašagläubige Mann,
(bei dem) die guten Gedanken überwiegen,
die guten Reden überwiegen,
die guten Taten überwiegen. —
Ob seiner Pracht[1]) ...
Wie der beste Oberherr, so der [beste] Richter (ist er) gemäß dem heiligen Recht[2]) ...

58.

1. Das machen wir zur Waffe, das zum Angriff:
das Gebet[3]), (welches) von guter Herkunft, dem Aša ergeben, der Ārmatay ergeben (ist);
das Gebet, dessen Ursprung das Gutgedachte[4]) (ist) und das Gutgesagte und das Gutgetane.

2. Dies Gebet soll uns vor der Feindseligkeit der Daēva's und der Menschen[5]) schützen; diesem Gebet vertrauen wir[6]) (unser) Hab und Gut und (unsere) Personen an, (sie) zu beschützen und zu bewachen und zu hüten und zu beaufsichtigen.

3. Wir haben Freude an (deiner) Verehrung, o Ahura Mazdāh,
wir haben den Wunsch (dich) zu verehren,
wir sind bereit (dich) zu verehren.[7])
Dem Gebet vertrauen wir (unser) Hab und Gut und (unsere) Personen an, (sie) zu beschützen und zu bewachen und zu hüten und zu beaufsichtigen — 'von wegen des Gebets, wie das Gebet an einen wie ihr (sein soll)'[8]).

4. [9]) „(Wer) sich Vieh hält, erwirbt sich das (höchste) Ašaanrecht, ist siegreich, der frommendste; den Viehbesitzer rühmen wir.[10])
Ér (ist) der Vater des Rinds und des Aša und (je)des zum Aša gehörigen männlichen und weiblichen Geschöpfes;[11])
ein wahrhafter Wohltäter[12]) (ist er, und) dieses großen und guten und schönen gedenken wir rühmend;[13])
und dér Mann, (der) sich Vieh hält[10]), der soll im Verein mit der Ašagerechtigkeit und der Weidewirtschaft und der Freigebigkeit und Mildtätigkeit und Milde und dem Ātar, (dem Sohn) des Ahura Mazdāh, Wache (und) Aufsicht (über uns) führen.

---

[1]) = Y. 57. 3—4. [2]) = Y. 27. 13. [3]) 1577. [4]) 1070. [5]) 815. [6]) 1070. [7]) 1069. [8]) Aus Y. 44. 1; 1070 m. [9]) § 4 und 5 als Worte des Rinds; 1029 u. No. [10]) 1029. [11]) 1592. [12]) 1639, 1349. [13]) 1639.

5. Wie ihr uns geschaffen habt, o Aməša Spənta's, 'so schirmt uns (auch)'[1]):
schirmt uns, o gute (Götter),
schirmt uns, o gute (Göttinnen),
schirmt uns, o gutherrschende wohlmeinende Aməša Spənta's!
'Ich kenne keinen andern als euch, o Aša[2]): so schirmt uns denn'[1])!"[3])

6. Wir eignen dem heiligen Geist die Gedanken zu, die Worte zu, die Taten zu, die Tiere zu, die Menschen zu, (die wir) unversehrte Haustiere, gesunden Hausstand, gesunde Haustiere, gesunde Männer haben, (die wir) gesund (und) heil (sind und) das (höchste) Anrecht besitzen. Möchten wir des schöpferischen Schöpfers schöpferisches Licht, das des Ahura Mazdāh, zu sehen bekommen[4]).

7. Verehrung dir, o Ātar, (Sohn) des Ahura Mazdāh! Zu der größten der Entscheidungen komm (uns) entgegen. Gewähre zur Hilfe die Fülle, zur Unterstützung die Fülle der beiden, der Haurvatāt (und) der Amərətatāt[5]).

8. Die vollständige Sammlung der Staota Yesnya's beten wir mit der wirksamsten Strophe[6]).
Die schönste Gestalt unter den Gestalten sprechen wir dir zu[7]), o Mazdāh Ahura: das Licht hier (und) jenes Höchste unter den Hohen dort, was Sonne heißt[8]).

9. Die Staota Yesnya's beten wir, 'wie es den Gesetzen für das erste Leben (gemäß ist)'[9]).

59.

1. Den ašaehrwürdigen Ahura Mazdāh, den Ratav des Aša, verehren wir;
die gutherrschenden wohlmeinenden Aməša Spənta's verehren wir.

2. Die ašaheiligen Tagesabteilungs(götter), die Ratav's des Aša, verehren wir;
den ašaheiligen Hāvanay, den Ratav des Aša, verehren wir;
den Sāvaŋhay und den ašaheiligen Vīsya, den Ratav des Aša, verehren wir;
den weite Fluren besitzenden, tausendohrigen, zehntausendäugigen Miθra, den bei (seinem) Namen angerufenen Yazata, verehren wir;
den gute Weide bietenden Rāman verehren wir.

3. Den ašaheiligen Rapiθwina, den Ratav des Aša, verehren wir;
den Frādat̰.fšav und den ašaheiligen Zantuma, den Ratav des Aša, verehren wir;
den Aša Vahišta und den Ātar, den Sohn des Ahura Mazdāh, verehren wir.

---

[1]) Aus Y. 34. 7; 804. [2]) Aus Y. 34. 7; 137. [3]) s. No. 9 zu § 4. [4]) 679 (?); Geldner, ZarRel. 335 No. ergänzt „nach dem Tode". [5]) 1157. [6]) 75. [7]) 1317. [8]) 163. [9]) Aus Y. 33. 1; 1515.

4—10. Den ašaheiligen Uzayeirina, den Ratav des Aša, verehren wir; den Frādaṯ.vīra und den (ašaheiligen) Dāh́yuma[1] ...... — den Miθra, den Landesherrn aller Länder, verehren wir;
den prächtigen hoheitsvollen Ahura Mazdāh[2]) verehren wir;
die guten gewaltigen heiligen Fravašay's[3]) der Ašagläubigen verehren wir.

11. Dich, den Ātar, den Sohn des Ahura Mazdāh, verehren wir;
das Bərəzisavah-Feuer verehren wir,
das Vohu.fryāna-Feuer verehren wir,
das Urvāzišta-Feuer verehren wir,
das Vāzišta-Feuer verehren wir,
das Spə̄ništa-Feuer verehren wir.
Des Reiches Enkel, den Yazata Nairyō.sanha, verehren wir.
Ātar, den Hausherrn aller Häuser, den mazdāhgeschaffenen ašaheiligen Sohn des Ahura Mazdāh, den Ratav des Aša, verehren wir samt allen Feuer(arte)n.

12—17. Die guten besten mazdāhgeschaffenen ašaheiligen Wasser verehren wir;[4]) ....
Alle größten Ratav's: die Tages-, Tagesabteilungs-, Monats-, Jahreszeiten-, Jahres-(götter) verehren wir.

18—20. Die guten gewaltigen heiligen Fravašay's der Ašagläubigen preise ich, rufe ich, besinge ich;
wir verehren die zum Nmānya, zum Vīsya, zum Zantuma, zum Dāh́yuma[5]) ...., die ungefährdet, ašaheilig (sind).

21—23. (Wir verehren nun die Lebenskraft)[6]) ..... der ersten Verkünder[6]) .... samt allen (übrigen) ašaheiligen Fravašay's, denen der gestorbenen Ašagläubigen und denen der am Leben befindlichen Ašagläubigen und denen der ungeborenen Männer, der Neugestalter, der Saošyant's.

24—26. Nun verehren wir die Seelen der Verstorbenen[7]) ...... und die Fravašay's der außer Lands befindlichen Ašagläubigen verehren wir.

27. Die Fravašay's der ašagläubigen Männer verehren wir,
und die Fravašay's der ašagläubigen Frauen verehren wir;
alle guten gewaltigen heiligen Fravašay's der Ašagläubigen verehren wir:
(all) die vom (Ur)menschen Gaya her bis zu dem siegreichen Saošyant[8]) hin.

28. Den ahurageschaffenen Vərəθraγna verehren wir;
den siegreichen Saošyant[8]) verehren wir;
dies ašamäßig gespreitete Barəsman verehren wir samt Zaoθra's, samt Gürtelband;
die eigene Seele verehren wir, die eigene Fravašay verehren wir.

---

[1]) = Y. 17. 4—10. [2]) [3]) s. Y. 2. 11 No. 2 und 3. [4]) = Y. 17. 12—17. [5]) = Y. 26. 1—3. [6]) = Y. 26. 4—6. [7]) = Y. 26. 7—9. [8]) Astvaṯərəta.

29. Alle ašaheiligen Yazata's verehren wir,
alle Ratav's des Aša verehren wir: um die Zeit der Haomabereitung, wenn Sāvaŋhay und Vīsya die Ratavschaft (haben), wenn alle größten Ratav's die Ratavschaft (haben)[1]).
Wen — und welche (Frauen) — unter den Seienden[2]) ...
30. Das Gute, (das) besser (ist) als gut, möge dir werden, dir selber, dem Zaotar[3]); mögest Du den Lohn dir gewinnen[4]), auf den der Zaotar sich Anspruch erworben hat,
(bei dem) die guten Gedanken überwiegen,
die guten Reden überwiegen,
die guten Taten überwiegen.
31. Es möge zu euch kommen, (was) besser als gut (ist);
nicht möge zu euch kommen, (was) schlechter als schlecht (ist);
nicht möge zu mir kommen, (was) schlechter als schlecht (ist).
32. Wie der beste Oberherr, so der [beste] Richter (ist er) gemäß dem heiligen Recht[5]) ...
Aša ist das beste Gut[6]) ...
33. Den Ahuna Vairya beten wir;
das Aša Vahišta, den schönsten Aməša Spənta, beten wir;
den zum Haδaoxta gehörigen Fšūšō Mąθra beten wir;
die vollständige Sammlung der Staota Yesnya's beten wir,
die Staota Yesnya's beten wir, 'wie es den Gesetzen für das erste Leben (gemäß ist)'[7]).
Wen — und welche (Frauen) — unter den Seienden[2]) ...
Wie der beste Oberherr[5]) ...
34. „Wie der beste Oberherr"[8]) soll mir der Zaotar aufsagen,
„wie der beste Oberherr" soll mir er, der Zaotar, aufsagen;
„so der [beste] Richter (ist er) [Zaraθuštra] gemäß dem heiligen Recht"[8]) soll der wissende Ašagläubige [die Gemeinde] aufsagen.

60.

1. 'Der möge zu dem was besser ist als gut gelangen[9]), der uns die rechten Wege des Vorteils lehren könnte[10]) in dem leiblichen Leben hier und in dem des Geistes, die wahren, zu den Geschöpfen hin, bei denen Ahura wohnt[11]), — der getreu, der wie du kundig ist und heilig, o Mazdāh[12]).'[13])
2. Sie, die Zuweisungen an die Ašagläubigen, und die Belohnungen und Vergeltungen und Bewillkommnungen mögen sich in diesem (unserm) Hause einstellen;

---

[1]) 1500 (?). [2]) = Y. 27. 15. [3]) 654. [4]) 1769. [5]) = Y. 27. 13. [6]) = Y. 27. 14. [7]) Aus Y. 33. 1; 1515. [8]) s. Y. 27. 13. [9]) 1405. [10]) 1574. [11]) 1760. [12]) 797. [13]) = Y. 43. 3; s. Bthl. Gatha's.

einstellen möge sich nun bei dieser Gemeinde die Ašagerechtigkeit und die Herrschermacht und der Nutzen und der Glanz und das Glück und die lange Gebieterschaft dieser Religion, der ahurischen zaraθuštrischen.

3. Nicht möge nun in diesem Hause das Rind verderben[1],
nicht verderben die Ašagerechtigkeit,
nicht verderben die Kraft des ašagläubigen Mannes,
nicht verderben die ahurische Lehre.

4. Her (ins Haus) sollen die guten gewaltigen heiligen Fravašay's der Ašagläubigen kommen[2], der Ašay Heilmittel teilhaftig, (die) so breit wie die Erde, so lang wie die Flüsse, so hoch wie die Sonne (sind)[3], damit es in Besitz des Besseren gelange, den Bösgesinnten widerstehe, Reichtum und Herrlichkeit weiter vermehre.[2]

5. Überwinden soll in diesem Haus[4]
der Gehorsam den Ungehorsam,
der Friede den Unfrieden,
die Freigebigkeit die Kargheit[4],
die Frommergebenheit die Auflehnung,
das wahrgesprochene Wort das falschgesprochene Wort,
das Aša die Drug;

6. worin die Aməša Spənta's von der ašafrommen Gefolgschaft empfangen werden die guten Verehrungen und Preisungen; die beiden guten (Gaben), Verehrung und Preis; gute Darbringung und erwünschte Darbringung und Darbringung von Huldigungen — bis hin zu der ewigen Ernte (des Lohns am Ende der Dinge).

7. Nicht möge dieses Haus jemals der selige Glanz, nicht der selige Reichtum, nicht die selige tüchtige Nachkommenschaft im Stich lassen, bei langdauernder Genossenschaft mit dem, (der) das Paradies zuweist, und mit der guten Ašay[5].

8.—10. Unbeschränkt und nach Wunsch mögest du, Ahura Mazdāh, über deine Geschöpfe herrschen: (unbeschränkt)[6] ...., die die ahurische, zaraθuštrische (ist)?

11. Auf daß unsere Gedanken froh seien, (unsere) Seelen (sich) *nach Wunsch* (befinden)[7], (unsere) Leiber selig seien[8], (soll uns) das Paradies (zuteil werden, indem) wir von der Offenlegung weg zu den ahurischen Räumen gelangen[9], o Mazdāh.

12. O bester Aša, o schönster Aša, wir wollen deines Anblicks teilhaftig werden, wir möchten zu dir gelangen, wir wollen ganz dir zugesellt werden.[10]

Aša ist das beste Gut[11] ...

---

[1] 931 o. [2] 378. [3] 1691. [4] 1519. [5] 1876 f. [6] = Y. 8. 5—7. [7] 1893. [8] 274. [9] 584. [10] 1739. [11] = Y. 27. 14.

13. Wie der beste Oberherr[1]) ...
Aša ist das beste Gut[2]) ...
Den Ahuna Vairya beten wir;
das Aša Vahišta, den schönsten Aməša Spənta, beten wir.
Wen — und welche (Frauen) — unter den Seienden[3]) ...

61.

1. Den Ahuna Vairya spornen wir zwischen Erde und Himmel an;
und das Aša Vahišta spornen wir zwischen Erde und Himmel an;
und das gutgebetete Yeṅhē.hātąm(-Gebet) spornen wir zwischen Erde und Himmel an;
und den dahmamäßigen[4]) guten Segensspruch des Gemeinders, des ašagläubigen Mannes, spornen wir zwischen Erde und Himmel an:
2. zu unterdrücken und fortzuschaffen samt seiner Schöpfung den Aŋra Mainyav, (des) Geschöpfe übel sind, den vielverderblichen;
zu unterdrücken und fortzuschaffen die (männlichen) Kaxᵛarəδa's und die (weiblichen) Kaxᵛarəδa's;
zu unterdrücken und fortzuschaffen den (männlichen) Kaxᵛarəδa und den (weiblichen) Kaxᵛarəδa;
3. zu unterdrücken und fortzuschaffen die mit der Kayaδa(-Sünde) behafteten (Männer) und die mit der Kayaδa(-Sünde) behafteten (Weiber);
zu unterdrücken und fortzuschaffen den mit der Kayaδa(-Sünde) behafteten (Mann) und das mit der Käiδya(-Sünde) behaftete (Weib);
zu unterdrücken und fortzuschaffen die Diebe und Räuber;
zu unterdrücken und fortzuschaffen die Zanda's und Zauberer;
zu unterdrücken und fortzuschaffen den Vertragverletzer und den Vertragbrecher;
4. zu unterdrücken und fortzuschaffen, (die) den Ašagläubigen töten und (die) den Ašagläubigen befeinden;
zu unterdrücken und fortzuschaffen den dem Ašaglauben feindlichen Irrlehrer und den vielverderblichen Machthaber;
zu unterdrücken und fortzuschaffen jedweden der Druggläubigen, (die) ungebührlich denken, ungebührlich sprechen, ungebührlich handeln, o Spitama Zaraθuštra.
5. 'Ob wir wohl die (Anhänger der) Drug von uns wegschaffen können?'[5]) —
Als Saošyant's werden wir die (Anhänger der) Drug wegschaffen[6]). —
Was besagt: „Wir werden wegschaffen?“ —
Es besagt: „Wir wollen sie schlagen[7]) heraus aus all den sieben

---

[1]) = Y. 27. 13. [2]) = Y. 27. 14. [3]) = Y. 27. 15. [4]) Eins der beiden ča ist ausgelassen. [5]) Aus Y. 44. 13; 1067. [6]) 1551. [7]) 435.

Erdteilen, (wir) die herrschenden (sie) die ohnmächtige(n), um zu unterdrücken (und) fortzuschaffen die gesamte Schöpfung des °Ruchlosen, (den Ahura) 'lobend, o Aša, der es wohlmeint mit den Seienden'[1])."

62.

1. Wie der beste Oberherr, so der [beste] Richter (ist er) [Zaraθuštra] gemäß dem heiligen Recht[2]) . . .

Verehrung und Preis, gute Darbringung und erwünschte Darbringung und Darbringung von Huldigungen wünsche ich dir, o Ātar, Sohn des Ahura Mazdāh.

Verehrungswürdig bist du, preiswürdig,

verehrungswürdig mögest du sein, preiswürdig in den Häusern der Menschen.

Heil soll dém Manne werden, der zu dir wahrlich betet, Brennholz in der Hand, Barəsman in der Hand, Milch in der Hand, den Mörser in der Hand.

2. Des gehörigen Brennholzes sollst du teilhaftig werden,
des gehörigen Räucherwerks sollst du teilhaftig werden,
der gehörigen Mahlzeit sollst du teilhaftig werden,
der gehörigen Lagerstatt sollst du teilhaftig werden,
der Pflege seitens der Mündigen sollst du teilhaftig werden,
der Pflege seitens der Gemeinder sollst du teilhaftig werden:
o Ātar, Sohn des Ahura Mazdāh;

3. um aufzuflammen in diesem Hause,
um immer aufzuflammen in diesem Hause,
um zu erstrahlen in diesem Hause,
um groß zu werden in diesem Hause[3]),
über gar lange Zeit hinaus bis zur gewaltigen Neugestaltung (der Menschheit und) zugleich mit[4]) der gewaltigen guten Neugestaltung.

4. Verleihe mir, o Ātar, Sohn des Ahura Mazdāh:
rasch Glück, rasch Schutz, rasch Leben;
reichlich Glück, reichlich Schutz, reichlich Leben;
Wissen, Heiligkeit, eine flinke Zunge, der Seele Auffassungskraft[5]), alsdann Gedächtniskraft, große umfassende unvergängliche[6]);

5. alsdann mannhafte Tapferkeit, (die immer) auf den Beinen, ohne Schlaf, (auch) auf dem Lager ruhend wach (ist)[7]);

zur Vollreife gelangende tüchtige Nachkommenschaft, (die) dem Gau die Gesetze vorschreibt, der Versammlung Rat erteilt, zusammen aufwachsende, (die) emsig wirkend aus der Not erlöst, einsichtige, die mir fördern soll Haus und Gemeinde und Gau und Land und des Landes Ruhm.

---

[1]) Aus Y. 45. 6; 1824. [2]) = Y. 27. 13. [3]) 1339. [4]) ?. [5]) 563. [6]) 78. [7]) 338.

6. Verleihe mir, o Ātar, Sohn des Ahura Mazdāh, womit er mir den Wunsch erfüllen soll[1]), jetzt und für alle Zeit[2]), das Paradies der Ašagläubigen, das lichte, alle Wonnen bietende, damit ich mir den guten Vorteil und den guten Leumund erwerbe[3]) und für die Seele die langdauernde Seligkeit.

7. An alle richtet Ātar, (der Sohn) des Mazdāh Ahura, die Weisung[4]), denen er das Nachtmahl und das Frühmahl kocht[5]);
von allen fordert[6]) er gute Darbringung, erwünschte Darbringung und Darbringung von Huldigungen, o Spitama.

8. Das Feuer betrachtet die Hände aller Vorbeigehenden[7]): ‚Was bringt der Freund dem Freunde, der sich vorwärts bewegende dem stillsitzenden?‘[8])

9. Und wenn er sein ašamäßig dargebrachtes Brennholz bringt oder das ašamäßig gespreitete Barəsman oder die Haδānaēpatā-Pflanze, dann wünscht ihm Ātar, (der Sohn) des Mazdāh Ahura, (wenn er) zufriedengestellt, nicht gekränkt (ist), in Erfüllung der Bitte[9]):

10. „Es mögen dir zuteil werden[9]) Herden von Vieh, zuteil eine Fülle von Männern[10]);
es möge dir ein regsamer Geist zuteil werden und ein regsames Gemüt[11]);
ein frohgemutes Leben sollst du leben[12]) (all) die Nächte, die du leben wirst[13]).“ —
Das ist des Feuers Segenswunsch (für den), der[14]) ihm trockenes, zu hellem (Brand) ausgesuchtes, nach dem Brauch des Aša in gehörigen Stand gesetztes Brennholz (dar)bringt.

11. Aša ist das beste Gut[15]) ...
Wir heben an das Vorwärtsgehen und das Zurückgehen der guten Wasser und (ihre) Preisung[16]): zu verehren hole ich (sie her).

12. (Als Mazdāhanbeter) .... will ich das Glaubensgelübde ablegen[17]) .....
...... und Lob d(ies)er Ratav's ...... (und Jahresgötter).

13. „Wie der beste Oberherr“[18]) soll mir der Zaotar aufsagen,
„wie der beste Oberherr“ soll mir er, der Zaotar, aufsagen;
„so der [beste] Richter (ist er gemäß dem heiligen Recht“[18])) soll (der wissende Ašagläubige) aufsagen.

63.

1. ‚Wen mir (unter denen), die waren und die sind, Mazdāh Ahura (als einen solchen) kennt, dem durch Aša das Beste für (sein) Gebet (werden wird): die will ich verehren mit ihren Namen und vor (sie) treten mit Huldigung.‘[19])

---

[1]) 102. [2]) 1266. [3]) 1795. [4]) 934 f. [5]) 1586. [6]) 1748. [7]) 725. [8]) 978. [9]) 1743. [10]) 1435. [11]) 1427. [12]) 502 u. [13]) 502 m. [14]) 331, 370. [15]) = Y. 27. 14. [16]) 1011 (?). [17]) = Y. 3. 24. [18]) s. Y. 27. 13. [19]) = Y. 51. 22; 1315, 499.

'Das gute Reich, das köstliche, als frommendsten Anteil'.[1])

2. Gehorsamer Sinn soll hier bereit sein zur Verehrung[2]) der guten Wasser und der Fravašay's der Ašagläubigen, die von unseren Seelen verehrt (werden), wie am Anfang so auch am Ende[3]).

So soll sich hier der Gehorsam einstellen[4]) zur Verehrung der guten Wasser und der Fravašay's der Ašagläubigen, die von unseren Seelen verehrt (werden).

3. Den ašaehrwürdigen Ahura Mazdāh, den Ratav des Aša, verehren wir;
die gutherrschenden wohlmeinenden Aməša Spənta's verehren wir;
die Wasser verehren wir;
die Seelen und die Fravašay's der Ašagläubigen verehren wir.
Wen — und welche (Frauen) — unter den Seienden[5]) ...
Wie der beste Oberherr[6]) ...

64.

1. 'Sie werden herkommen, daß die Menschheit das Aša sich erwerbe'[7]).
2. [8])'Der Prophet, der betend seine Stimme erhebt, o Mazdāh, der Freund, o Aša, Zaraθuštra[9]) —: damit meine Zunge einen Weg habe[10]), lehre (mich) der Schöpfer der Geisteskraft durch Vohu Manah (seine) Satzungen[11])!
3. Ich will euch schirren die raschesten Renner[12]) durch die Anregung eures Preises[13]), die breiten, die starken[14]), o Mazdāh, Aša, Vohu Manah, mit denen ihr herankommen sollt[15]). Zu meiner Hilfe seid bereit[16])!
4. Immer (wieder) will ich mit den Versen[17]), die bekannt sind als die des frommen Eifers[18]), vor euch treten, o Mazdāh, die Hände ausstreckend[17]), und vor euch, o Aša, auch mit dem Gebet des Getreuen[19]), und vor euch mit allem, was der gute Sinn vermag[20]).
5. Mit diesen Gebeten preisend will ich wieder vor euch treten, o Mazdāh und Aša[21]), mit den Werken des guten Sinns. Wenn ich erst (selbst) nach Gefallen über méin Verdienst schalten werde[22]), dann werde ich (auch) eifrig dafür Sorge tragen, daß der Einsichtige es bekomme[23]).
6. Die Taten, die ich (künftig) wirken werde, und die früheren[24]) und was, o Vohu Manah, durch das Auge Wert hat, das Licht der Sonne[25]), der schimmernde Stier der Tage[26]), (das alles dient) zu eurem Preis, o Aša (und) Mazdāh Ahura[27])!
7. Euer Lobsänger, o Mazdāh, will ich heißen und sein[28]), so lang ich, o Aša, vermag und kann[29]). Der Schöpfer der Menschheit fördere durch Vohu Manah, daß sie erfülle, was seinem Willen am besten entspricht[30])!'[8])

---

[1]) Aus Y. 51. 1; 722. [2]) 1634. [3]) 407. [4]) 172. [5]) = Y. 27. 15. [6]) = Y. 27. 13. [7]) Aus Y. 46. 3; 383, 696. [8]) § 2—7 = Y. 50. 6—11; s. Bthl. Gatha's. [9]) 1179. [10]) 1508. [11]) 1574. [12]) 1691. [13]) 604 f. [14]) 892 f. [15]) 1688. [16]) 178. [17]) 842. [18]) 1642. [19]) 195. [20]) 1832. [21]) 1598. [22]) 551. [23]) 374. [24]) 862. [25]) 191. [26]) 383. [27]) 1304. [28]) 38. [29]) 1267. [30]) 1761.

65.

1. Das Wasser Arədvī will ich verehren, (sie), die gewaltige makellose, die sich weithin verbreitende, heilkräftige, daēvafeindliche, Ahura's Lehre zugetane, (die) würdig (ist) von der stofflichen Welt verehrt, würdig von der stofflichen Welt gepriesen zu werden,
die den Eifer fördernde ašaheilige,
die die Herden fördernde ašaheilige,
die Haus und Hof fördernde ašaheilige,
die das Vermögen fördernde ašaheilige,
die das Land fördernde ašaheilige;
2. die aller Männer Samenflüssigkeiten vollkommen macht,
die aller Weiber Mutterleiber für die Geburt vollkommen macht,
die alle Weiber leicht gebären macht,
die allen Weibern die den Umständen (und) der Zeit entsprechende Milch[1]) verschafft;
3. die umfangreiche weitberühmte[2]), die an Länge so groß ist wie alle die Wasser hier, die auf der Erde hervorfließen; die kraftvolle, die vom Berge Hukairya her bis zum Meer Vouru.kaša hinfließt.
4. Es geraten alle Ufer in dem Meer Vouru.kaša in Aufregung, die ganze Mitte wallt auf,
wenn zu ihnen herzufließt,
wenn zu ihnen herzuströmt
die gewaltige makellose Arədvī, die tausend Seebuchten, tausend Abflüsse (hat); und jede dieser Seebuchten[3]) und jeder dieser Abflüsse (ist) vierzig Tagesritte (lang) für einen Reitersmann, (der) gut zu Roß (ist)[4]).
5. Und der Abfluß dieses meines éinen Wassers[5]) verbreitet sich über alle die sieben Erdteile hin;
und dieses meines éinen Wassers (Abfluß) strömt gleichmäßig herab zur Winters- und Sommerszeit[6]).
Sie [die Arədvī] macht mir die Wasser vollkommen, sie die Samenflüssigkeiten der Männer, sie der Weiber Mutterleiber, sie der Weiber Milch.
6. Hierher sollen die Fravašay's der Ašagläubigen kommen, (derer die) sind und gewesen sind, (die) geboren und (noch) nicht geboren (sind), die sie gegen den Strom aus dem nächsten Gewässer getragen haben[7]).
7. Nicht dem Übeldenkenden sollt ihr uns, ihr Wasser[8]),
nicht dem Übelredenden sollt ihr uns, ihr Wasser,
nicht dem Übelhandelnden sollt ihr uns, ihr Wasser,
nicht dem, (des) Daēnā übel ist,
nicht dem, (der) die Genossen (der Priesterzunft) befeindet,
nicht dem, (der) die Magier befeindet,

---

[1]) 1507. [2]) 750. [3]) 425. [4]) 158. [5]) 23. [6]) 1774. [7]) 934 (?). [8]) 1015.

nicht dem, (der) die Gemeindeangehörigen befeindet,
nicht dem, (der) die Familienangehörigen befeindet,
und nicht dem sollt ihr uns, ihr guten Wasser, ihr besten mazdāhgeschaffenen ašaheiligen, preisgeben[1]),
der (unser) Hab und Gut dem Verderben preiszugeben wünscht, von uns, (die) wir keinen im Stich lassen[2]);
und nicht dem sollt ihr uns, ihr guten Wasser, ihr besten mazdāhgeschaffenen ašaheiligen, preisgeben,
der (unsere) Person dem Verderben preiszugeben wünscht, von uns, (die) wir keinen im Stich lassen.

8. Wer ein Dieb, wer ein Räuber, wer ein Bandit, wer ein Mörder des Ašagläubigen, wer ein Zauberer, wer ein Leichengräber, wer ein Eifersüchtiger, wer ein Knicker, wer ein dem Ašaglauben feindlicher Irrlehrer, welcher Mensch ein druggläubiger Machthaber (ist):
zurück gegen den sollen sich die Feindseligkeiten wenden, alsbald[3]) die Gefahren (zurück gegen den), der sie hervorgerufen hat;
es sollen sich die Gefahren wenden (gegen den), der sie hervorgerufen hat[4]).

9. Ihr Wasser, verweilet an dem Ort[5]), so lange der Zaotar Gottesdienst tut!
Ob wohl der Zaotar mit dem gelehrten Spruch die guten Wasser preisen wird?[6])
Ob ihm wohl die Zunge gefesselt wird[7]), wenn er pflichtwidrig Gottesdienst tut?
Ob wohl die Sprüche das Ziel erreichen (werden)[8]), die ihn der Lehrer gelehrt hat[9])?
Ob wohl die Gebete (erfüllt) werden,
ob wohl die Schuldforderungen (erfüllt) werden,
ob wohl die Gewährungen[10]) (erfüllt) werden,
die Ahura Mazdāh dem Zaraθuštra verkündet, Zaraθuštra den stofflichen Wesen ver(kündet) hat?

10. Zuerst sollst du an die Wasser deine Bitte richten[11]), o Zaraθuštra,
drauf sollst du die gehörig in Stand gesetzten, von Gemeindern ausgesuchten Zaoθra's den Wassern darbringen, (indem) du diese Worte aufsagst:

11. „Ihr Wasser, um einen großen Gunstbeweis ersuche ich euch; den schenkt mir, durch dessen Gewährung das höchste Gut[12]) überantwortet wird, (um das) man nicht betrogen werden kann[13]);
ihr Wasser, um Vermögen bitte ich euch: um vielartiges kraftvolles; und um segensreiche Nachkommenschaft, der manch einer huldigen soll[14]), und die keiner suchen soll zu schädigen[15]) noch zu schlagen noch zu °töten noch zu vergewaltigen noch um die Habe zu bringen[16]).

---

[1]) 1015. [2]) 190. [3]) ?; īša. [4]) 149. [5]) 517. [6]) 435. [7]) 1818. [8]) 36. [9]) 20. [10]) 1519. [11]) 170; wörtl. „die erstere Bitte sollst du ... bitten". [12]) eig. „das Bessere". [13]) 117. [14]) 945. [15]) 1701. [16]) 76.

12. Darum bitte ich euch, ihr Wasser[1]), darum ihr Länder, darum ihr Pflanzen;
darum ihr gutherrschenden wohlmeinenden Aməša Spənta's, gute (Götter) und gute (Göttinnen), Schöpfer (alles) Guten;
darum ihr guten starken rings siegreichen Fravašay's der Ašagläubigen;
darum (dich) o weite Fluren besitzender Miθra;
darum o ašafrommer schöngewachsener Sraoša;
darum o gerechtester Rašnav;
darum o Ātar, Sohn des Ahura Mazdāh;
darum o hoher gebietender Gott, schnelle Rosse besitzender Apąm Napāt;
darum (euch) ihr sämtlichen Yazata's, die (ihr) schenkt (was) besser (ist als gut), ihr ašaheiligen.

13. Das schenkt mir, ihr Wasser, das ihr Länder, (das ihr Pflanzen;
das ihr gutherrschenden wohlmeinenden Aməša Spənta's, gute (Götter) und gute (Göttinnen), Schöpfer (alles) Guten;
das ihr guten starken rings siegreichen Fravašay's der Ašagläubigen;
das o weite Fluren besitzender Miθra;
das o ašafrommer schöngewachsener Sraoša;
das o gerechtester Rašnav;
das o Ātar, Sohn des Ahura Mazdāh;
das o hoher gebietender Gott, schnelle Rosse besitzender Apąm Napāt;
das ihr sämtlichen Yazata's, die (ihr) schenkt (was) besser (ist als gut), ihr ašaheiligen.“

14. Und was größer ist als das[2]);
und was besser ist als das;
und was schöner ist als das;
und was köstlicher ist als das:
das gewährt Ihr uns, o ašaheilige Yazata's, (die) ihr die Macht (dazu) habt (und) es könnt, alsbald und rasch[3]) nach diesem gāθischen Wort[4]): 'die Erfüllung (dessen), was nach [Ahura's] Willen das geeignetste (ist)'[5]).

15. 'Schenk mir, der du das Rind geschaffen hast und die Wasser und die Pflanzen[6]), Unsterblichkeit und Wohlfahrt durch den heiligsten Geist[7]), o Mazdāh, Kraft und Bestand durch Vohu Manah bei dem Richterspruch.'[8])

16. 'Wen mir (unter denen), die waren und die sind, Mazdāh Ahura (als einen solchen) kennt, dem durch Aša das Beste für (sein) Gebet (werden wird): die will ich verehren mit ihren Namen und vor (sie) treten mit Huldigung.'[9])
'Das gute Reich, das köstliche, als frommendsten Anteil'.[10])

17. Gehorsamer Sinn, der gute, soll hier bereit sein zur Verehrung[11]) der

---

[1]) 370. [2]) 297. [3]) 1177. [4]) 521. [5]) Aus Y. 50. 11; 1761. [6]) 645. [7]) 712. [8]) = Y. 51. 7; 1576. [9]) = Y. 51. 22; 1315, 499. [10]) Aus Y. 51. 1; 722. [11]) 1634.

guten Wasser, der guten, und der gutherrschenden wohlmeinenden und guten Aməša Spənta's und zur Verehrung des guten Loses, das uns, als der Gerechtigkeit zufallend, verbürgt ist und zuteil werden wird[1]).

Und der gute, die Belohnungen verschaffende Sraoša soll sich hier zur Verehrung der guten Wasser einstellen, wie am Anfang so auch am Ende[2]).

18. So soll sich hier der Gehorsam, der gute, einstellen zur Verehrung der guten Wasser, der guten[3]) ......

(Und) der gute, die Belohnungen verschaffende (Sraoša soll sich hier) zur Verehrung (der guten Wasser einstellen).

19. „Wie der beste Oberherr"[4]) soll mir er, der Zaotar, aufsagen;

„so der [beste] Richter (ist er, gemäß dem heiligen Recht"[4])) soll (der wissende Ašagläubige) aufsagen.

66.

1. Aša ist das beste Gut[5]) ...

Ašamäßig weihe ich dies haomahaltige milchhaltige haδānaēpatā(saft)-haltige, ašamäßig aufgesetzte Zaoθra, um dich, o Ahurānī, (Tochter) des Ahura, zufriedenzustellen (und) den Ahura Mazdāh, die Aməša Spənta's, den ašafrommen Sraoša, Ātar, (den Sohn) des Ahura Mazdāh, den hohen Ratav, den des Aša.

2—16. Ašamäßig weihe ich den Tagesabteilungs(göttern), den Ratav's des Aša; dem ašaheiligen Hāvanay, dem Ratav des Aša;

ašamäßig weihe ich dem Sāvaŋhay und dem ašaheiligen Vīsya, dem Ratav des Aša;

ašamäßig weihe ich dem weite Fluren besitzenden, tausendohrigen, zehntausendäugigen Miθra, dem bei (seinem) Namen angerufenen Yazata, (und) dem gute Weide bietenden Rāman.

Ašamäßig weihe ich[6]) ...., die die Ratav's des Aša sind: in der Zeit der Haomabereitung.

17. Ašamäßig weihe ich dies (haomahaltige milchhaltige haδānaēpatā-(saft)haltige, ašamäßig aufgesetzte) Zaoθra, um dich, o Ahurānī, (Tochter) des Ahura, zufriedenzustellen (und) den prächtigen hoheitsvollen Ahura Mazdāh; die Aməša Spənta's; den weite Fluren besitzenden Miθra und den gute Weide bietenden Rāman;

18. den .... Hvarəxšaēta[7]) ......, das Behagen des Aša gewährende (Gebirge Uši.darəna);

19. alle[8]) ......; die Fravašay's der Nächstverwandten (und je)den bei (seinem) Namen angerufenen Yazata.

---

[1]) 184. [2]) 407. [3]) = Y. 56. 4. [4]) s. Y. 27. 13. [5]) = Y. 27. 14. [6]) = Y. 7. 5—19. [7]) = Y. 22. 24—26. [8]) = Y. 22. 27.

67.

1. Ašamäßig weihe ich die Fravašay's, die zu Anfang waren[1] ....., die die empfangenen Kinder in den Mutterleibern erhalten haben, (sodaß) sie nicht starben.

2. Ašamäßig weihe ich die Fravašay[2]) des Ahura Mazdāh (und) der Aməša Spənta's samt allen den ašaheiligen Fravašay's der geistigen Yazata's;
ašamäßig weihe ich die Fravašay[2]) des (Ur)menschen Gaya, des Zaraθuštra Spitama, des Kavay Vīštāspa (und) des Zaraθuštra-(sohns) Isaṭ.vāstra samt allen den ašaheiligen Fravašay's der ersten Glaubenslehrer.

3. Ašamäßig weihe ich die Fravašay eines jeden Ašagläubigen[3]). Wo immer[3]) auf dieser Erde ist sie beim Sterben? — Bei dem dahmamäßigen (Manne), bei der Frau, dem Knaben, dem Mädchen (und) dem in der Landwirtschaft Tätigen hat sie den Wohnsitz. Aus diesem Hause heraus streben sie (die Fravašay's), die ersehnen (und) die bekommen gute Huldigungen und Gebete.

4. Ašamäßig weihe ich die[4]) .... Fravašay's der Ašagläubigen[4]) .... die Fravašay meiner eignen Seele;
ašamäßig weihe ich alle Ratav's des Aša;
ašamäßig weihe ich all die gutes schenkenden[4]) ......, die ihm, dem besten Aša, gemäß zu verehren und zu preisen sind.

5. Ašamäßig möge er sich zu uns hinwenden.

6. Wir verehren die hervorquellenden und (dann) sich zusammenfindenden (und dann) fortfließenden Wasser[5]), die von Ahura stammenden des Ahura, die wohlwirkenden, und euch, (die ihr) leicht zu passieren (seid), und (die, worin) es sich gut schwimmen und gut baden (läßt): das Geschenk für beide Welten[6]).

7. So, mit den (genannten) Namen, die euch, ihr guten (Wasser), Ahura Mazdāh gab[7]), als (er), der Schenker des Guten[8]), euch schuf, mit denen verehren wir euch, mit denen werben wir um (eure) Gunst, mit denen huldigen wir, mit denen danken wir (euch).

8. Und euch, Wasser, rufen wir an als die trächtigen und euch als die Mutter(kühe und) euch als die melken Kühe, (die) für den Armen sorgen, die allträkenden[9]) besten (und) schönsten;
herab (rufen wir euch), ihr guten, mittelst der langarmigen Opferspende[10]), (die ihr) im Unglück Vergeltung übend Abhilfe schafft[11]), ihr lebendigen Mütter.
Wen — und welche (Frauen) — unter den Seienden[12]) ...

---

[1]) = Y. 23. 1. [2]) ?; †ā †fravaše. [3]) ?! [4]) = Y. 23. 4. [5]) 1104. [6]) 576. [7]) 387. [8]) 1349. [9]) 49. [10]) 695. [11]) 834. [12]) = Y. 27. 15.

68.

1. Das machen wir dir, o Ahurānī, (Tochter) des Ahura, zur Abwendung dessen, daß wir dich beleidigt haben [1]). Dies dir (zugewiesene) Zaoϑra, (das) Haoma, Milch, Haδānaēpatā(saft) enthält [2]), soll als Ausgleich dienen, o Ahurānī, (Tochter) des Ahura.
2. Zu Milch und Fett und zu mir, dem Zaotar, sollst du dich herwenden:
zur Gesundheit und zum Heiltum,
zum Gedeihen und zum Wachstum,
zur Seligkeit und zum Erwerb des (höchsten) Anrechts,
zum guten Leumund und zum Seelenfrieden,
zum Sieg und zur (Kraft, die) Hab und Gut fördert.
3. Wir verehren dich, o Ahurānī, (Tochter) des Ahura, mit den Zaoϑra's des guten Denkens;
wir verehren dich, o Ahurānī, (Tochter) des Ahura, mit den Zaoϑra's des guten Redens;
wir verehren dich, o Ahurānī, (Tochter) des Ahura, mit den Zaoϑra's des guten Tuns:
4. zur Erleuchtung für das Denken,
zur Erleuchtung für das Reden,
zur Erleuchtung des Tuns,
zur Seligkeit für die Seele,
zur Förderung von Hab und Gut,
zur Seligkeit derer, die das (höchste) Anrecht besitzen [3]).
5. Verleih mir, o Ahurānī, (Tochter) des Ahura, das Paradies der Aša-gläubigen, das lichte, alle Wonnen bietende;
verleih mir, o Ahurānī, (Tochter) des Ahura, männliche tüchtige Nachkommenschaft, die mir fördern soll Haus und Gemeinde und Gau und Land und des Landes Ruhm.
6. Dich, die Ahurānī, verehren wir;
das Meer Vouru.kaša verehren wir;
und alle die Wasser auf der Erde verehren wir: die stehenden und fließenden, die in Quellen und in Flußläufen, die Schnee- und Regen-(wasser) [4]).
7. So, mit Verehrung und Preisung, wie es für sie die gebührendste Verehrung und Preisung ist ihm, dem besten Aša, gemäß, verehren wir die guten Wasser, die besten mazdāhgeschaffenen ašaheiligen.
(Den Tag der) guten Wasser verehren wir.
8. Die beiden, Milch (und) Fett, (die) die Wasser fließen, die Pflanzen wachsen machen, die Unterdrücker des daēvageschaffenen Āzay, verehren wir,

---

[1]) 175, 10. [2]) 1654. [3]) ? [4]) 328.

um die Mūš, die Hexe, zu bestehen und zu unterdrücken, und um zu überwinden die (auf den Urheber) sich zurückwendende Anfeindung des dem Ašaglauben feindlichen Irrlehrers und des vielverderblichen Machthabers;

um zu bestehen die Feindschaft von Daēva und Mensch.

9. Hör auf unser Gebet, o Ahurānī, (Tochter) des Ahura;

laß dir unser Gebet gefallen, o Ahurānī, (Tochter) des Ahura;

erfüll unser Gebet[1]); komm her uns zu helfen bei reichlicher und guter Weihe[2]) und guter Darbringung von Zaoθra's.

10. Wer euch verehrt, ihr guten, von Ahura stammenden Wasser des Ahura, mit den besten Zaoθra's, mit den schönsten Zaoθra's, mit den von Gemeindern gefilterten Zaoθra's:

11. dem (gebt ihr) Reichtum und Glanz;

dem Gesundheit des Leibes, dem Ausdauer des Leibes, dem Sieg des Leibes;

dem viel Behagen gewährendes Vermögen;

dem auch eine tüchtige Nachkommenschaft;

dem ein langes Langleben;

dem das Paradies der Ašagläubigen, das lichte, alle Wonnen bietende.

12. Gebt, o gute Wasser,

mir dem betenden Zaotar und uns den betenden Mazdāhanbetern, den Genossen und Beigenossen (der Priesterzunft), den Meistern und Zöglingen (der Priesterschule)[3]), und den Männern und Frauen, und den unmündigen (Knaben) und Mädchen, und (überhaupt allen, die) in der Landwirtschaft tätig sind[4]),

13. die an ihrer Stätte ausharren zum Zweck der Überwindung der Not[5]) und der Drangsal infolge der Einbrüche des °Feindesheeres und von Seiten der feindlichen Widersacher[6]):

(all denen gebt) das Suchen und Finden des geradesten Pfads[7]), der der geradeste ist hin zu Aša und zum Paradies der Ašagläubigen[8]), dem lichten, alle Wonnen bietenden.

Wie der beste Oberherr[9]) . . .

14. Damit man gut wohne, ruhig wohne, lange (drin) wohne, flehe ich (dich o Ātar) an, in (des) Haus zu gehen, von dem diese Zaoθra's (stammen)[10]);

damit man gut wohne, ruhig wohne, lange (drin) wohne, flehe ich (dich) an, in jedes mazdayasnische[11]) Haus (zu gehen).

---

[1]) 345. [2]) vgl. 264 zu Yt. 10. 77. [3]) 1806. [4]) 1417. [5]) 1347. [6]) 1428. [7]) 1320. [8]) 1515. [9]) = Y. 27. 13. [10]) 695, 363. [11]) !

Mit guter Darbringung, mit erwünschter Darbringung, mit Darbringung von Huldigungen flehe ich (dich) an, o Ātar;
mit guter Verehrung flehe ich dich an, o Ahurānī.

15. Den Frieden wünsche ich diesem Lande, (der) gute Weide gewährt[1]);
beides, Gesundheit (und) Heiltum, wünsche ich euch, den Gemeindern, den ašagläubigen Männern;
alles wünsche ich (euch), was[2]) gut (und) ašaheilig zwischen Erde und Himmel[3]) ist: tausend Heilmittel, zehntausend Heilmittel.

16—18. Unbeschränkt und nach Wunsch mögest du, Ahura Mazdāh, über deine Geschöpfe herrschen:[4]) . . . . ., die die ahurische, zaraθuštrische (ist)?

19. Freiheit und Wohlbehagen (wünsche ich der gesamten Schöpfung des Ašaehrwürdigen;
Gefangenschaft und Mißbehagen wünsche ich der gesamten) Schöpfung des °Ruchlosen:
so möge es kommen, wie ich es wünsche[5]).

20. Wir preisen (was von andern) gut gedacht (und) gut gesagt (ist) und die guten Werke, (die) hier und anderswo getan (werden) und getan worden (sind)[6]), wie wir (auch selber) uns eifrig um das Gute bemühen[7]).

21. Die gute Ādā hier, die gute Ašay rufen wir zu uns heran und herab.
Den Glaubenseifer, die Rührigkeit[8]) . . . .
Wir verehren die . . . . . Wasser[9]) . . . .
So . . . . . die euch, ihr guten (Wasser)[10]) . . . .
Und euch, Wasser[11]) . . . .
(Darum) gebeten schenket Ihr uns, (die ihr dazu) im Stande (seid), Reichtum und Glanz;
ihr Wasser schenket uns dén Gunstbeweis, wie er früher von euch erlangt (ward)[12]).

22. Verehrung dem Ahura Mazdāh, Verehrung den Aməša Spənta's, Verehrung dem weite Fluren besitzenden Miθra, Verehrung der schnelle Rosse besitzenden Sonne, Verehrung diesen — des Ahura Mazdāh — Augen, Verehrung dem (Ur)rind, Verehrung dem Gaya, Verehrung der Fravašay des ašagläubigen Zaraθuštra Spitama, Verehrung der gesamten Schöpfung des Ašaehrwürdigen, (die jetzt) da ist und (jetzt) ins Dasein tritt und künftig ins Dasein treten wird.

23. 'Durch Vohu Manah erhöhe, durch Xšaθra und Aša nach Wunsch den Leib.'[13])

---

[1]) 1879. [2]) ? [3]) 131. [4]) = Y. 8. 5—7. [5]) 494. [6]) 379. [7]) 1035 f. [8]) = Y. 38. 2. [9]) = Y. 38. 3. [10]) = Y. 38. 4. [11]) = Y. 38. 5. [12]) 1319. [13]) Aus Y. 33. 10; 1337.

'Das Licht hier (und jenes) Höchste unter den Hohen (dort)'.[1])
'Bei welchem Ende du mit deinem heiligen Geist kommen wirst'.[2])
Aša [Recht] ist das beste Gut; nach Wunsch wird es, nach Wunsch uns zuteil, das Aša [Recht auf das Paradies] für das beste Aša [Rechtschaffenheit].[3])
(Als Mazdāhanbeter) ... will ich das Glaubensgelübde ablegen[4]) ...... Hāvanay ... Sāvanhay ... (Jahresgötter). „Wie der beste Oberherr" ... soll ... aufsagen.
24. Verehrung euch, ihr ašaheiligen Gāθā's.
'Für den heiligen Geist'[5]) ....
Aša ist das beste Gut[3]) ...
Das ...[6]) Spəntā.mainyū-Kapitel beten wir.
Wen — und welche (Frauen) — unter den Seienden[7]) ...

69.

1. 'Wen mir (unter denen), die waren und die sind, Mazdāh Ahura (als einen solchen) kennt, dem durch Aša das Beste für (sein) Gebet (werden wird): die will ich verehren mit ihren Namen und vor (sie) treten mit Huldigung.'[8])
‚Gutes Denken' (ist) das beste.
2. Wen mir[9]) .... mit Huldigung.
Aša ist das beste Gut[3]) ...
3. Wen mir[9]) .... mit Huldigung. — 'Das gute Reich, das köstliche, als frommendsten Anteil'.[10])

70.

1. Sie will ich verehren, vor *sie*[11]) will ich mit Huldigung hintreten, die der hier[12]) als die gutherrschenden wohlmeinenden Aməša Spənta's preist[12]).
Ihn verehren wir als Herrn, ihn als Ratav: den Ahura Mazdāh, den Schöpfer, den Helfer, (der) alles Gute gebildet hat;
ihn verehren wir als Ratav: den Zaraθuštra Spitama.
2. Das uns Bestimmte, das wollen wir ohne Fehl verkünden und (weiter) verkünden[13]), das dem Ahura Mazdāh, das dem Vohu Manah, das dem Aša Vahišta, das dem Xšaθra Vairya, das der heiligen Ārmatay, das den beiden, Haurvatāt (und) Amərətatāt, das dem Gə̄uš Tašan, dem Gə̄uš Urvan, das dem Ātar, (dem Sohn) des Ahura Mazdāh, (angehört);
3. das dem ašafrommen Sraoša, das dem gerechtesten Rašnav, das dem weite Fluren besitzenden Miθra, das dem ašaheiligen Vāta, das der

[1]) Aus Y. 36. 6; 163. [2]) Aus Y. 43. 6; 494. [3]) = Y. 27. 14; 233. [4]) = Y. 3. 24—25. [5]) Das ganze 47. Kapitel des Yasna wird hier wiederholt; s. Bthl. Gatha's. [6]) paityāpąm (fehlt AirWb.). Nach der Tradition: „hierher kommend" ?! [7]) Y. 27. 15. [8]) = Y. 51. 22; 1315, 499. [9]) = Y. 69. 1. [10]) Aus Y. 51. 1; 722. [11]) 1355 unter *vanta-. [12]) ? [13]) 354 f.

guten mazdayasnischen Religion, das der dahmamäßigen guten Āfritay, das der dahmamäßigen guten Vertragstreue[1]), das der dahmamäßigen guten Eidestreue[1]) (angehört):

4. weil wir mit Eifer als Träger für das [heilige] Wort dienen möchten[2]) wie die Saošyant's der Länder, (die) den Vorteil (im andern Leben) erwirkend (ihre) Stimme *erheben.*
Saošyant's möchten wir sein,
siegreiche möchten wir sein,
liebe nützlichste Gesellen des Ahura Mazdāh möchten wir sein,
die wir als ašagläubige Männer[3]) Gutgedachtes denken, Gutgesagtes reden, Gutgetanes tun;
5. 'damit der gute Sinn sich bei uns einstelle'[4]). —
Es wird (meine Seele) des beglückenden Guts teilhaftig werden;
'wie wird meine Seele des beglückenden Guts teilhaftig werden?'[5])
6. Wir verehren das Vorwärtsgehen und das Zurückgehen der guten Wasser und (ihre) Preisung[6]);
den hohen Gott, den strahlenden Gebieter, den schnelle Rosse besitzenden Apąm Napāt verehren wir;
die gesamte Schöpfung des Ašaehrwürdigen zu verehren und zu preisen und zu befriedigen und zu loben soll gehorsamer Sinn bereit sein[7]).
7. Den ašafrommen Sraoša verehren wir;
den hohen Ratav, ihn den Ahura Mazdāh, verehren wir, der der höchste an Ašagerechtigkeit, der am weitesten in der Ašagerechtigkeit gekommen (ist);
alle zaraθuštrischen Lehren verehren wir;
und alle gutgetanen Werke verehren wir, (die schon) getan (sind) und (die erst) getan werden.
Wen — und welche (Frauen) — unter den Seienden[8]) . . .

71.

1. Es fragte der ašagläubige Frašaoštra den ašagläubigen Zaraθuštra:
„Beantworte (mir) vorerst, o Zaraθuštra, was ist das Aufsagen der (als) Ratav's (wirkenden), was die vollkommene Rezitation der Gāθā's?"
2. Darauf sprach Zaraθuštra:
„Den ašaehrwürdigen Ahura Mazdāh, den Ratav des Aša, verehren wir;
den ašagläubigen Zaraθuštra, den Ratav des Aša, verehren wir;
die Fravašay des ašagläubigen Zaraθuštra verehren wir;
die ašaheiligen[9]) Aməša Spənta's verehren wir.

---

[1]) ? [2]) 1246. [3]) 1219. [4]) Aus Y. 44. 1; 497 m. [5]) Aus Y. 44. 8; 497 u. [6]) 1011 (?). [7]) 1634 m. [8]) = Y. 27. 15. [9]) Ungrammatisch.

3. Die guten gewaltigen heiligen Fravašay's der Ašagläubigen verehren wir; (die) der stofflichen und geistigen (Schöpfung);
den wirksamsten der Ratav's, den rührigsten der Yazata's, (der) sich am besten unter den Ratav's des Aša verdient gemacht hat, der am meisten (Huldigungen und Gebete)[1]) erlangt, verehren wir;
die Ratavbefriedigung des ašaheiligen Ratav des Aša, (die) ihr Ziel am besten erreicht, verehren wir.
4. Den ašaehrwürdigen Ahura Mazdāh, den Ratav des Aša, verehren wir;
und jede Gestalt des Ahura Mazdāh verehren wir;
und alle Aməša Spənta's verehren wir;
und alle Ratav's des Aša verehren wir;
und die ganze mazdayasnische Religion verehren wir;
und jede Verszeile verehren wir.
5. Und das ganze heilige Wort[2]) verehren wir;
und das ganze gegen die Daēva's gerichtete Gesetz verehren wir;
und die ganze lange Überlieferung verehren wir;
und alle ašaheiligen geistigen und stofflichen Yazata's verehren wir;
und alle guten gewaltigen heiligen Fravašay's der Ašagläubigen verehren wir.
6. Und alle mazdāhgeschaffenen ašaheiligen Geschöpfe verehren wir, (die) vom Ašaehrwürdigen geschaffen, vom Ašaehrwürdigen hervorgebracht, der Lehre der Ašagläubigen zugetan, von den Ašagläubigen verehrt (sind, sie die) ašaheilig für die Ašagläubigen und verehrungs- (und) preiswürdig[3]) für die Ašagläubigen (sind);
und alle fünf ašaheiligen Gāθā's verehren wir;
und den ganzen Yasna [Haptaŋhātay] und das Vorwärtsgehen und das Zurückgehen [der Wasser] und (ihre) Preisung[4]) verehren wir.
7. Und alle Staota Yesnya's verehren wir; und alle von Mazdāh verkündeten Sprüche verehren wir:
die am besten schlagen das, (was) übel gedacht (ist);
die am besten schlagen das, (was) übel gesagt (ist);
die am besten schlagen das, (was) übel getan (ist);
die Acht haben auf das, (was) übel gedacht (ist)[5]);
die Acht haben auf das, (was) übel gesagt (ist);
die Acht haben auf das, (was) übel getan (ist);
8. die alles, (was) übel gedacht (ist), zerstücken;
die alles, (was) übel gesagt (ist), zerstücken;
die alles, (was) übel getan (ist), zerstücken:
man könnte wirklich meinen, wie das Feuer trocknes Holz, (das) gehörig in Stand gesetzt (und) gut ausgesucht (ist), zerstückt, schmort, verbrennt[6]).

---

[1]) ?; Bthl. (92) verweist auf Y. 23. 3. [2]) 1460. [3]) ?; yahmyā. [4]) 1011 (?). [5]) 84. [6]) 1782.

Und aller dieser Sprüche Kraft und Sieg und Herrlichkeit und Stärke verehren wir.

9. Alle Wasser, die in Quellen und die in Flußläufen befindlichen[1]), verehren wir;

alle Pflanzen an Schossen und Wurzeln[2]) verehren wir;

die ganze Erde verehren wir und den ganzen Himmel verehren wir;

und alle Sterne und den Mond und die Sonne verehren wir;

den ganzen anfangslosen Lichtraum verehren wir;

und alles Getier, (das) im Wasser und auf dem Lande lebt[3]) und (das) sich fliegend bewegt und in der Freiheit haust, und die auf der Weide heimischen (Tiere)[4]) verehren wir.

10. Alle deine guten ašaheiligen Geschöpfe, o wohlwirkender Ahura Mazdāh, verehren wir, die du reichlich und gut geschaffen hast, die ihm, dem besten Aša, gemäß deine verehrungswürdigen und preiswürdigen (Geschöpfe) sind;

und alle das Behagen des Aša gewährenden Gebirge verehren wir;

und alle mazdāhgeschaffenen Seen verehren wir;

und alle Feuer(arten) verehren wir;

und alle rechtgesprochenen Sprüche verehren wir.

11. Und all diese (rufe ich an) in Ergebenheit gegen Aša, in Ergebenheit gegen Ārmatay, und wir beten (sie) an[5]), (uns) zu beschützen und zu bewachen und zu hüten und zu beaufsichtigen: zur Seligkeit mögt ihr mir dienen.

Mit den heiligen, als Ratav's herrschenden, ašaheiligen Gāθā's rufe ich (all diese) an, und wir beten (sie) an, (uns) zu beschützen und zu bewachen und zu hüten und zu beaufsichtigen: zur Seligkeit mögt ihr mir dienen.

Für mich, für meine eigene Seele[6]) rufe ich (sie) an, und wir beten (sie) an, (uns) zu beschützen und zu bewachen und zu hüten und zu beaufsichtigen.

12. Haurvatāt, den ašaheiligen Ratav des Aša, verehren wir;

Amərətatāt, den ašaheiligen Ratav des Aša, verehren wir;

die an Ahura gerichtete ašaheilige Frage, den Ratav des Aša, verehren wir;

die von Ahura erteilte ašaheilige Belehrung, den Ratav des Aša, verehren wir;

den gewaltigen ašaheiligen Yasna Haptaŋhātay, den Ratav des Aša, verehren wir.

13. Er, der ašagläubige Zaraθuštra, soll vom Freund verlangen, (daß er dem Freund) Schutz gewähre[7]);

(daß) der ašagläubige vom ašagläubigen zu unterstützen (sei), der Freund vom Freunde, erkläre ich dir[8]); das (ist) nämlich besser; 'denn dér

---

[1]) 800. [2]) 1379. [3]) 398. [4]) 580. [5]) 260. [6]) 1783. [7]) 28 f. [8]) 330.

(ist selber) ein Druggenosse, der dem Druggenossen wohlwill; dér ein Ašaanhänger, dem der Ašaanhänger wert (ist)'[1]).

14. Diese sehr trefflichen Sprüche tat Ahura Mazdāh dem Zaraϑuštra kund (mit den Worten): „Sie ja, o Zaraϑuštra, sag auf am äußersten Ziel des Lebens[2]).

15. Denn wenn du, o Zaraϑuštra, diese Sprüche am äußersten Ziel des Lebens[2]) aufsagst, (so) will Ich, der Ahura Mazdāh, deine Seele vom übelsten Dasein fernhalten; soviel an Höhe und Breite als die Erde hier würde ich (sie) fernhalten; und es ist die Erde hier so groß an Höhe wie auch an Breite[3]).

16. Wie du (es) willst, o Ašagläubiger,
(so) sollst du dann des Ašaanrechts teilhaftig sein[4]),
sollst die Seele über die Činvaṭ-Brücke hinüberbringen,
sollst, des Ašaanrechts teilhaftig, zu dem besten Dasein gelangen[4]),
(indem) du die Uštavaitī-Gāϑā aufsagst (und) dir das Nachwunschgehen verheißest:
Nach seinem Wunsch[5]) . . . . . .“

17. Die Tätigkeit und die Wohlgemutheit[6]) verehren wir,
die Wohlgemutheit und die Tätigkeit verehren wir,
um zu widerstehen den Finsternissen,
um zu widerstehen dem Jammer und Leid[7]).
Gesundheit und Heiltum verehren wir,
Gedeihen und Wachstum verehren wir,
um zu widerstehen Schmerzen und Krankheiten.

18. Die vollkommen gesprochenen Worte (der Gāϑā's) verehren wir,
die ausgelassenen (Worte) der Gāϑā's[8]) verehren wir,
die heiligen, als Ratav's herrschenden, ašaheiligen Gāϑā's verehren wir;
die Staota Yesnya's verehren wir, 'wie es den Gesetzen für das erste Leben (gemäß ist)'[9]),
die vollständige Sammlung der Staota Yesnya's verehren wir;
die eigene Seele verehren wir, die eigene Fravašay verehren wir.

19. Die dahmamäßige gute Āfritay verehren wir;
und den Gemeinder, den ašagläubigen Mann, verehren wir;
den starken heldenhaften Yazata Dāmōiš Upamana verehren wir.

20. Diese (unsere) Wasser und Länder und Pflanzen verehren wir;
diese (unsere) Stätten und Wohnplätze und Weideländer und Wohnungen und Tränken verehren wir;
und diesen (unsern) Herrn des Wohnplatzes, ihn, den Ahura Mazdāh, verehren wir.

---

[1]) Aus Y. 46. 6; 1026. [2]) 1535. [3]) 962 f. [4]) 1382. [5]) = Y. 43. 1; s. Bthl. Gatha's. [6]) 1378. [7]) 141. [8]) 1494. [9]) Aus Y. 33. 1; 1515.

21. Alle größten Ratav's: die Tages-, Tagesabteilungs-, Monats-, Jahreszeiten-, Jahres-(götter) verehren wir.

22. Die guten gewaltigen heiligen Fravašay's der Ašagläubigen preise ich, rufe ich, besinge ich;
wir verehren die zum Nmānya, zum Vīsya, zum Zantuma, zum Dāhyuma, zum Zaraθuštrō.təma gehörigen (Fravašay's).

23. Den ašaheiligen Ātar, den Sohn des Ahura Mazdāh, den Ratav des Aša, verehren wir;
samt Zaoθra's, samt Gürtelband verehren wir dies ašamäßig gespreitete Baresman, den ašaheiligen Ratav des Aša:
den Apąm Napāt verehren wir;
den Nairyō.saṅha verehren wir;
den heldenhaften Yazata Dāmōiš Upamana verehren wir;
die Seelen der Verstorbenen, sie, die Fravašay's der Ašagläubigen, verehren wir.

24. Den hohen Ratav, ihn den Ahura Mazdāh, verehren wir, der der höchste an Ašagerechtigkeit, der am weitesten in der Ašagerechtigkeit gekommen (ist);
alle zaraθuštrischen Lehren verehren wir;
und alle gutgetanen Werke verehren wir, (die schon) getan (sind) und (die erst) getan werden.
Wen — und welche (Frauen) — unter den Seienden[1]) ...
Wie der beste Oberherr[2]) ...

25. Durch die (Aussicht auf die) Heimzahlungen für das beste Tun spornen wir an, dem Vieh (Frieden und Futter zu gewähren)[3]). 'Aber ihm [dem Rind] hat Mazdāh durch Aša die Pflanzen wachsen lassen'[4]).

26—28. Unbeschränkt und (nach Wunsch mögest du,) Ahura Mazdāh[5]) ...., die die ahurische, zaraθuštrische (ist)?

29. Auf daß unsere Gedanken froh seien, (unsere) Seelen (sich) *nach Wunsch* (befinden)[6]), (unsere) Leiber selig seien[7]), (soll uns) das Paradies (zuteil werden, indem) wir von der Offenlegung weg zu den ahurischen Räumen gelangen[8]), o Mazdāh.

30. O bester Aša, o schönster Aša, wir wollen deines Anblicks teilhaftig werden, wir möchten zu dir gelangen, wir wollen ganz dir zugesellt werden.[9])
Aša ist das beste Gut[10]) ...

31. Wie der beste Oberherr[2]) ...
Aša ist das beste Gut[10]) ...

---

[1]) = Y. 27. 15. [2]) = Y. 27. 13. [3]) Nach Y. 35, 4; 321, 703. [4]) Aus Y. 48. 6; 1337. [5]) = Y. 8. 5—7. [6]) 1393. [7]) 274. [8]) 584. [9]) 1739. [10]) = Y. 27. 14.

Den Ahuna Vairya beten wir;
das Aša Vahišta, den schönsten Aməša Spənta, beten wir.
Wen — und welche (Frauen) — unter den Seienden[1]) ...

72.

1. Den Ahuna Vairya spornen wir zwischen Erde und Himmel an;
und das Aša Vahišta spornen wir zwischen Erde und Himmel an;
und das gutgebetete Yeṅhē.hātąm(-Gebet) spornen wir zwischen Erde und Himmel an;
und den dahmamäßigen[2]) guten Segensspruch des Gemeinders, des ašagläubigen Mannes, spornen wir zwischen Erde und Himmel an:

2. zu unterdrücken und fortzuschaffen samt seiner Schöpfung den Aṅra Mainyav, (des) Geschöpfe übel sind, den vielverderblichen;
zu unterdrücken und fortzuschaffen die (männlichen) Kaxᵛarəδa's und die (weiblichen) Kaxᵛarəδa's;
zu unterdrücken und fortzuschaffen den (männlichen) Kaxᵛarəδa und den (weiblichen) Kaxᵛarəδa;

3. zu unterdrücken und fortzuschaffen die mit der Kayaδa(-Sünde) behafteten (Männer) und die mit der Kayaδa(-Sünde) behafteten (Weiber);
zu unterdrücken und fortzuschaffen den mit der Kayaδa(-Sünde) behafteten (Mann) und das mit der Kąiδya(-Sünde) behaftete (Weib);
zu unterdrücken und fortzuschaffen die Diebe und Räuber;
zu unterdrücken und fortzuschaffen die Zanda's und Zauberer;
zu unterdrücken und fortzuschaffen den Vertragverletzer und den Vertragbrecher;

4. zu unterdrücken und fortzuschaffen, (die) den Ašagläubigen töten und (die) den Ašagläubigen befeinden;
zu unterdrücken und fortzuschaffen den dem Ašaglauben feindlichen Irrlehrer und den vielverderblichen Machthaber;
zu unterdrücken und fortzuschaffen jeden der Druggläubigen, (die) ungebührlich denken, ungebührlich sprechen, ungebührlich handeln, o Spitama Zaraθuštra.

5. 'Ob wir wohl die (Anhänger der) Drug von uns wegschaffen können?'[3]) —
Als Saošyant's werden wir die (Anhänger der) Drug wegschaffen[4]). —
Was besagt „wir werden wegschaffen?“ —
Es besagt: „Wir wollen sie schlagen[5]) heraus aus all den sieben Erdteilen, (wir) die herrschenden (sie) die ohnmächtige(n) um zu unterdrücken (und) fortzuschaffen die gesamte Schöpfung des °Ruchlosen, (den Ahura) 'lobend, o Aša, der es wohlmeint mit den Seienden'[6]).“
Wie der beste Oberherr[7]) ...

---

[1]) = Y. 27. 15. [2]) Eins der beiden ča ist ausgelassen. [3]) Aus Y. 44. 13; 1067. [4]) 1551. [5]) 435. [6]) Aus 45. 6; 1824. [7]) = Y. 27. 13.

6. Verehrung und Preis, Kraft und Stärke wünsche ich
dem prächtigen hoheitsvollen Ahura Mazdāh; den Aməša Spənta's; dem weite Fluren besitzenden Miθra und dem gute Weide bietenden Rāman;

7. dem unsterblichen[1] ...... Hvarəxšaēta[1]) ..... allen[1]) ..... Yazata's[1]) ..... den Fravašay's der Nächstverwandten.

8. Verehrung und Preis, Kraft und Stärke wünsche ich dir, o Ātar, Sohn des Ahura Mazdāh.

Aša ist das beste Gut[2]) ...

Wie der beste Oberherr[3]) ...

Verehrung und[4]) .. wünsche ich[4]) ..... dem Ahura Mazdāh[4]) ..... den Fravašay's der Nächstverwandten.

Verehrung und[4]) ...... wünsche ich dir, o Ātar, Sohn des Ahura Mazdāh.

Aša ist das beste Gut[2]) ...

9. Dem (gebt ihr) Reichtum[5]) .... das ... alle Wonnen bietende.

Aša ist das beste Gut[2]) ...

Tausend Heilmittel, zehntausend Heilmittel.

Aša ist das beste Gut[2]) ...

Komm mir zu Hilfe, o Mazdāh!

(Tag) des gutgebauten schöngewachsenen Ama, des ahurageschaffenen Vərəθraγna und der siegreichen Uparatāt.

10. (Tag) des gute Weide bietenden Rāman und des überlegen wirkenden, über die andern Geschöpfe hinwegsehenden Vayav — jenes an dir, o Vayav, was an dir dem heiligen Geist entstammt ist (verehren wir) —, des unvergänglichen Θwāša, des endlosen Zrvan, des ewigen Zrvan.

Aša ist das beste Gut[2]) ...

11. (Es gibt nur) éin(en) Weg, den des Aša, alle (Wege) der anderen (sind) Unwege[6]), ...[7]).

---

[1]) = Y. 22. 24—27. [2]) = Y. 27. 14. [3]) = Y. 27. 13. [4]) = Y. 72. 6—8. [5]) = Y. 68. 11. [6]) 75, 1217. [7]) anrahe mainyə̄uš nasištąm daēnąm daēvayasnanąm parājītīm mašyānąm frākərəitīm?! — Die Stelle ist verderbt; vielleicht etwa „......... Unwege, (die) zu der völlig zu Grunde richtenden Religion des Anra Mainyav, zum Leben (und) zur Hervorbringung der daēvaanbetenden Menschen (führen)".

VISPRAT.

1.

1. Ich widme (das Opfer), ich vollziehe (es)
(für euch), ihr Ratav's der geistigen, ihr Ratav's der stofflichen (Geschöpfe), ihr Ratav's der (Tiere, die) im Wasser leben, ihr Ratav's derer, (die) in der Erde leben, ihr Ratav's derer, (die) sich fliegend bewegen, ihr Ratav's derer, (die) in Freiheit hausen, ihr Ratav's derer, (die) auf der Weide heimisch sind: für (euch), die ašaheiligen Ratav's des Aša.
2. Ich widme (es), ich vollziehe (es)
für die Jahreszeiten(götter), die Ratav's des Aša; für den saftgebenden ašaheiligen Maiδyōi.zarəmaya, den Ratav des Aša;
ich widme (es), ich vollziehe (es)
für den ašaheiligen Maiδyōišam, (in dem) die Futtermahd stattfindet, den Ratav des Aša;
ich widme (es), ich vollziehe (es)
für den ašaheiligen Paitiš.hahya, (in dem) die Getreideernte stattfindet, den Ratav des Aša;
ich widme (es), ich vollziehe (es)
für den ašaheiligen Ayāθrima, (in dem) der Eintrieb der Herden und der Widdersprung stattfindet, den Ratav des Aša;
ich widme (es), ich vollziehe (es)
für den kältebringenden ašaheiligen Maiδyāirya, den Ratav des Aša;
ich widme (es), ich vollziehe (es)
für den ašaheiligen Hamaspaθmaēdaya, (in dem) die Erfüllung der religiösen Pflicht stattfindet, den Ratav des Aša.
3. Ich widme (es), ich vollziehe (es)
für das Gaēθanąm Ånhairya, den ašaheiligen Ratav des Aša, das die Gebärerinnen zeugen werden[1];
ich widme (es), ich vollziehe (es)
für die gutgebeteten Bestandteile der ašaheiligen Staota Yesnya's, der Ratav's des Aša;
ich widme (es), ich vollziehe (es)
für die gutgebeteten Bestandteile der Staota Yesnya's, der Myazda's des Aša für die ašaheiligen (Götter) und ašaheiligen (Göttinnen).

[1]) 358.

4. Ich widme (es), ich vollziehe (es)
für die Jahres(götter), die Ratav's des Aša; für das laute Aufsagen des ašaheiligen Ahuna Vairya, des Ratav des Aša;
ich widme (es), ich vollziehe (es)
für das Beten des ašaheiligen Aša Vahišta, des Ratav des Aša;
ich widme (es), ich vollziehe (es)
für das gutgebetete ašaheilige Yeŋhē.hātąm(-Gebet), den Ratav des Aša.
5. Ich widme (es), ich vollziehe (es)
für die ašaheilige Ahunavaitī-Gāθā, den Ratav des Aša;
ich widme (es), ich vollziehe (es)
für die vielartigen, Scharen von Heldensöhnen besitzenden mazdāhgeschaffenen Frauen, die ašaheiligen Ratav's des Aša;
ich widme (es), ich vollziehe (es)
für den, (der) einen Ahū (und) Ratav besitzt, den ašaheiligen Ratav des Aša;
ich widme (es), ich vollziehe (es)
für den ašaheiligen Yasna Haptaŋhātay, den Ratav des Aša;
ich widme (es), ich vollziehe (es)
für das makellose ašaheilige Wasser Arədvī, den Ratav des Aša.
6. Ich widme (es), ich vollziehe (es)
für die ašaheilige Uštavaitī-Gāθā, den Ratav des Aša;
ich widme (es), ich vollziehe (es)
für die das Behagen des Aša, viel Behagen gewährenden mazdāhgeschaffenen ašaheiligen Gebirge, die Ratav's des Aša;
ich widme (es), ich vollziehe (es)
für die ašaheilige Spəntā.mainyū-Gāθā, den Ratav des Aša;
ich widme (es), ich vollziehe (es)
für den ahurageschaffenen Vərəθraγna und die siegreiche Uparatāt, den ašaheiligen Ratav des Aša.
7. Ich widme (es), ich vollziehe (es)
für die ašaheilige Vohuxšaθrā-Gāθā, den Ratav des Aša;
ich widme (es), ich vollziehe (es)
für den weite Fluren besitzenden Miθra und den gute Weide bietenden Rāman, den ašaheiligen Ratav des Aša;
ich widme (es), ich vollziehe (es)
für die ašaheilige Vahištōištī-Gāθā, den Ratav des Aša;
ich widme (es), ich vollziehe (es)
für die dahmamäßige gute Āfritay und für den Gemeinder, den ašagläubigen Mann, und für den starken heldenhaften Yazata Dāmōiš Upamana, den ašaheiligen Ratav des Aša.
8. Ich widme (es), ich vollziehe (es)
für das ašaheilige Airyaman-išya(-Gebet), den Ratav des Aša;
ich widme (es), ich vollziehe (es)

für den ašaheiligen Fšūšō Mąθra, den Ratav des Aša;
ich widme (es), ich vollziehe (es)
für den erhabenen ašaheiligen Ratav Haδaoxta, den Ratav des Aša.
9. Ich widme (es), ich vollziehe (es)
für die an Ahura gerichtete Frage, für die von Ahura erteilte Belehrung[1]), für den ahurischen Dāhyuma, für den ahurischen Zaraθuštrō.təma, den ašaheiligen Ratav des Aša;
ich widme (es), ich vollziehe (es)
für den Futter verschaffenden Haδiš und für den ašagläubigen Mann, (der) dem guttätigen Rind Futter gibt und es hegt und pflegt[2]).

2.

1. Mit diesem Zaoθra und Barəsman
hole ich her zu verehren die geistigen Ratav's,
hole ich her zu verehren die stofflichen Ratav's,
hole ich her zu verehren die im Wasser lebenden Ratav's,
hole ich her zu verehren die in der Erde lebenden Ratav's,
hole ich her zu verehren die sich fliegend bewegenden Ratav's,
hole ich her zu verehren die in Freiheit hausenden Ratav's,
hole ich her zu verehren die auf der Weide heimischen Ratav's.
2. Mit diesem Zaoθra und Barəsman
hole ich her zu verehren die ašaheiligen Jahreszeiten(götter), die Ratav's des Aša;
hole ich her zu verehren den saftgebenden ašaheiligen Maiδyōi.zarəmaya, den Ratav des Aša;
mit diesem Zaoθra und Barəsman hole ich her zu verehren
den ašaheiligen Maiδyōišam, (in dem) die Futtermahd stattfindet, den Ratav des Aša;
mit diesem Zaoθra und Barəsman hole ich her zu verehren
den ašaheiligen Paitiš.hahya, (in dem) die Getreideernte stattfindet, den Ratav des Aša;
mit diesem Zaoθra und Barəsman hole ich her zu verehren
den ašaheiligen Ayāθrima, (in dem) der Eintrieb der Herden *und* der Widdersprung stattfindet, den Ratav des Aša;
mit diesem Zaoθra und Barəsman hole ich her zu verehren
den kältebringenden ašaheiligen Maiδyāirya, den Ratav des Aša;
mit diesem Zaoθra und Barəsman hole ich her zu verehren
den ašaheiligen Hamaspaθmaēdaya, (in dem) die Erfüllung der religiösen Pflicht stattfindet, den Ratav der Aša.

---

[1]) 346. [2]) 1415.

3. Mit diesem Zaoθra und Barəsman hole ich her zu verehren
das Gaēθanąm Ąnhairya, den ašaheiligen Ratav des Aša, das die Gebärerinnen zeugen werden[1];
mit diesem Zaoθra und Barəsman hole ich her zu verehren
alle die Ratav's, die Ahura Mazdāh dem Zaraθuštra als verehrungs- und preiswürdig nannte[2]) ihm, dem besten Aša, gemäß.

4. Mit diesem Zaoθra und Barəsman hole ich her zu verehren
dich den Ratav: den Ahura Mazdāh, den (im höchsten Maße) geistigen unter den geistigen Geschöpfen, den Ahū und Ratav der geistigen Schöpfung;
mit diesem Zaoθra und Barəsman hole ich her zu verehren
dich, den Ratav: den Zaraθuštra Spitama, den (im höchsten Maße) stofflichen unter den stofflichen Geschöpfen, den Ahū und Ratav der stofflichen Schöpfung[3].

5. Mit diesem Zaoθra und Barəsman hole ich her zu verehren
den, (der) die Ratav's [die Gāθā's] aufsagt, ihn den ašagläubigen Mann, (der) den gutgedachten Gedanken und das gutgesprochene Wort und die gutgetane Handlung fest im Gedächtnis behält, (der) an der heiligen Ārmatay festhält (und) die an dem Spruch des Saošyant[4] (festhalten), 'durch dessen Tätigkeit Haus und Hof von Aša gefördert werden'[5].

6. Mit diesem Zaoθra und Barəsman
hole ich her zu verehren die ašaheiligen Jahres(götter), die Ratav's des Aša,
hole ich her zu verehren das laute Aufsagen des ašaheiligen Ahuna Vairya, des Ratav des Aša;
mit diesem Zaoθra und Barəsman hole ich her zu verehren
das Beten des ašaheiligen Aša Vahišta, des Ratav des Aša;
mit diesem Zaoθra und Barəsman hole ich her zu verehren
das gutgebetete ašaheilige Yeńhē.hātąm(-Gebet), den Ratav des Aša.

7. Mit diesem Zaoθra und Barəsman
hole ich her zu verehren die ašaheilige Ahunavaitī-Gāθā, den Ratav des Aša,
hole ich her zu verehren die schöngewachsenen Frauen, (die) sich guten Eheglücks (und) guter Abstammung erfreuen;
mit diesem Zaoθra und Barəsman hole ich her zu verehren
den, (der) einen Ahū (und) Ratav besitzt, den ašaheiligen Ratav des Aša; der nämlich *besitzt einen Ahū und Ratav*[6]: er, der Ahura Mazdāh;
mit diesem Zaoθra und Barəsman

---

[1]) 358. [2]) 37. [3]) 1592. [4]) Vielleicht Zitat. [5]) Aus Y. 43. 6; 1013. [6]) 284.

hole ich her zu verehren den gewaltigen ašaheiligen Yasna Haptaŋhātay,
den Ratav des Aša,
hole ich her zu verehren die gewaltige makellose ašaheilige Arədvī,
den Ratav des Aša.

8. Mit diesem Zaoθra und Barəsman
hole ich her zu verehren die ašaheilige Uštavaitī-Gāθā, den Ratav
des Aša,
hole ich her zu verehren die das Behagen des Aša, viel Behagen gewährenden mazdāhgeschaffenen ašaheiligen Gebirge, die Ratav's des Aša;
mit diesem Zaoθra und Barəsman
hole ich her zu verehren die ašaheilige Spəntā.mainyū-Gāθā, den
Ratav des Aša,
hole ich her zu verehren den ahurageschaffenen Vərəθraγna,
und hole ich her zu verehren die siegreiche Uparatāt.

9. Mit diesem Zaoθra und Barəsman
hole ich her zu verehren die ašaheilige Vohuxšaθrā-Gāθā, den Ratav
des Aša,
hole ich her zu verehren den weite Fluren besitzenden Miθra,
hole ich her zu verehren den gute Weide bietenden Rāman;
mit diesem Zaoθra und Barəsman
hole ich her zu verehren die ašaheilige Vahištōištī-Gāθā, den Ratav
des Aša,
hole ich her zu verehren die dahmamäßige gute Āfritay,
und hole ich her zu verehren den Gemeinder, den ašagläubigen Mann,
hole ich her zu verehren den starken heldenhaften Yazata Dāmōiš
Upamana.

10. Mit diesem Zaoθra und Barəsman hole ich her zu verehren
das ašaheilige Airyaman-išya(-Gebet), den Ratav des Aša;
mit diesem Zaoθra und Barəsman hole ich her zu verehren
den ašaheiligen Fšūšō Mąθra, den Ratav des Aša;
mit diesem Zaoθra und Barəsman hole ich her zu verehren
den erhabenen ašaheiligen Ratav Haδaoxta, den Ratav des Aša.

11. Mit diesem Zaoθra und Barəsman
hole ich her zu verehren die an Ahura gerichtete ašaheilige Frage,
den Ratav des Aša,
hole ich her zu verehren die von Ahura erteilte ašaheilige Belehrung,
den Ratav des Aša;
mit diesem Zaoθra und Barəsman
hole ich her zu verehren den Futter verschaffenden Haδiš,
hole ich her zu verehren den, (der) dem guttätigen Rind Futter bringt,
hole ich her zu verehren den ašagläubigen Mann, (der) das Rind hegt
und pflegt.

3.

1. „Einen Hāvanan will ich anstellen." — „Ich, ich will mich (als solcher) bereitstellen."[1]) —
„Einen Ātərəvaxš will ich anstellen." — „Ich, ich will mich (als solcher) bereitstellen." —
„Einen Frabərətar will ich anstellen." — „Ich, ich will mich (als solcher) bereitstellen." —
„Einen Ābərət will ich anstellen." — „Ich, ich will mich (als solcher) bereitstellen." —
„Einen Āsnātar will ich anstellen." — „Ich, ich will mich (als solcher) bereitstellen." —
„Einen Raēθwiškara will ich anstellen." — „Ich, ich will mich (als solcher) bereitstellen." —
„Einen Sraošāvarəz will ich anstellen, der am besten (in der Religion) unterrichtet (ist), die richtigen Sprüche am besten kennt." — „Ich, ich will mich (als solcher) bereitstellen." —
„Wie der beste Oberherr"[2]) soll mir er, der Zaotar, aufsagen;
„so der [beste] Richter (ist er gemäß dem heiligen Recht"[2])) soll (der wissende Ašagläubige [die Gemeinde]) aufsagen.
2. Einen Priester will ich anstellen,
einen Krieger will ich anstellen,
einen viehzüchtenden Ackerbauer will anstellen;
einen Hausherrn des Hauses will ich anstellen,
einen Gemeindeherrn der Gemeinde will ich anstellen,
einen Gauherrn des Gaus will ich anstellen,
einen Landesherrn des Landes will ich anstellen.
3. Einen Jüngling will ich anstellen, (der) gut denkt, gut redet, gut handelt, (des) Wesen gut ist;
einen Jüngling, (der) als Fürsprech dient, will ich anstellen;
einen, (der) eine Sippenehe geschlossen hat, will ich anstellen;
einen (Priester), (der nur) innerhalb des Landes (Dienst tut)[3]), will ich anstellen;
einen segensreichen (Priester), (der auch im Ausland) umhergeht, will ich anstellen;
eine Hausherrin des Hauses will ich anstellen.
4. Eine Frau will ich anstellen,
(bei der) die guten Gedanken überwiegen,
die guten Reden überwiegen,
die guten Taten überwiegen,
die guten Taten überwiegen,

[1]) 1326. [2]) s. Y. 27. 13. [3]) eig. „des Wegwende innerhalb des Landes".

(die) gut lenksam, dem Ratav untertan (ist), ašagläubig, (wie)[1]) die heilige Ārmatay und (wie)[1]) deine Frauen, o Ahura Mazdāh.

Und einen ašagläubigen Mann will ich anstellen,
(bei dem) die guten Gedanken überwiegen,
die guten Reden überwiegen,
die guten Taten überwiegen,
(der) das Glaubensbekenntnis kennt, die Kayaδa(-Sünde) nicht kennt, 'durch dessen Tätigkeit Haus und Hof von Aša gefördert werden'[2]).

5. Aber jeder von euch Mazdāhanbetern —: wir berufen (sie) als Ratav's ins Amt, setzen (sie) als Ratav's ins Amt ein[3]), die Aməša Spənta's und die Saošyant's, (die) am besten (in der Religion) unterrichtet (sind), die richtigen Sprüche am besten kennen, die allerstärksten, die am meisten anregenden.

Die größten Kräfte der mazdayasnischen Religion, die Priester und Krieger und viehzüchtenden Ackerbauern, berufen wir (als Ratav's ins Amt).

6. „Wie der beste Oberherr“[4]) soll mir er, der Ātərəvaxš, aufsagen;
„so der [beste] Richter (ist er gemäß dem heiligen Recht“[4])) soll (der wissende Ašagläubige) aufsagen.
„Wie der beste Oberherr“ soll mir er, der Zaotar, aufsagen;
„so der [beste] Richter (ist er gemäß dem heiligen Recht“) soll (der wissende Ašagläubige) aufsagen.

7. Du, o Āθravan, du sollst unser Zaotar sein[5]).
„Wie der beste Oberherr“[4]) soll mir er, der Ātərəvaxš, aufsagen;
„so der [beste] Richter (ist er gemäß dem heiligen Recht“[4])) soll (der wissende Ašagläubige) aufsagen. —
Ich, ich will es als Zaotar übernehmen: das laute Aufsagen[6]) und das leise Aufsagen und das Absingen und die Weihe der Staota Yesnya's.

4.

1. Wir weihen den Gedanken und das Gedachte und die gute Ādā und die gute Ašay und die gute Čistay und die gute Drvatāt; er[7]) preist die Ratav's (und) das (was) zu den Ratav's gehört[7]).

2. Zu Gunsten des Rinds wollen wir das Glaubensgelübde ablegen[8]) als Mazdāhanbeter, als Zaraθuštraanhänger; wir sprechen es zu dem (als) Ratav (wirkenden) Myazda und dem (als) Ratav (wirkenden) Gebet, (das) an die Ratav's zu deren Befriedigung gerichtet (ist)[9]).

Die gesamte Schöpfung des Ašaehrwürdigen zu verehren und zu preisen und zu befriedigen und zu loben soll gehorsamer Sinn bereit sein.

Den ašafrommen Sraoša[10]) . . . und diese (Frauen) wollen wir verehren.

---

[1]) Wörtl. „sie die heilige Ārm. und sie deine Fr.“. [2]) Aus Y. 43. 6; 1013. [3]) 1602. [4]) s. Y. 27. 13. [5]) 1607. [6]) 1327. [7]) ? ! [8]) 1020. [9]) ? [10] = Y. 70. 7.

5.

1. Ich stelle mich euch bereit, o Aməša Spənta's, als Preiser Zaotar Rufer Beter Sprecher Sänger:
zu eurer, nämlich der Aməša Spənta's, Verehrung und Preis und Befriedigung und Lob;
zu unserer, nämlich der ašagläubigen Saošyant's, Seligkeit und Ratavbefriedigung und zum Besitz des (höchsten) Anrechts und zum Sieg und zum Seelenfrieden.
2. Ich weihe euch, o gutherrschende wohlmeinende Aməša Spənta's, 'sogar des eignen Leibes Leben'[1]), weihe alle guten Lebenswerke.
3. Ich bekenne mich dir, o ašaehrwürdiger Ahura Mazdāh, zu dieser (unserer) Religion als ein Mazdāhanbeter[2]), als ein Zaraθuštraanhänger, den Daēva's feind[3]) ...... soll ... aufsagen.

6.

1. Mit Preis und Lob und Ergebenheit und Zaoθra's, (die) zur Schuldermittlung dienen[4]), und mit rechtgesprochenen Sprüchen rufe ich die guten Aməša Spənta's bei (ihren) schönen Namen heran. Ich bete an die guten Aməša Spənta's mit den schönen Namen des Aša nach dem Brauch des guten Ašaglaubens, nach dem Brauch der guten mazdayasnischen Religion.
Wen mir ... durch Aša[5]) ......, der von uns verehrt (wird).

7.

1. Die rechtgesprochenen Sprüche verehren wir,
den ašafrommen Sraoša verehren wir,
die gute Ašay verehren wir,
den Nairyō.saŋha verehren wir,
den siegreichen Frieden verehren wir,
das Nicht-niederzuwerfende[6]) und das Unerschütterliche[6]) verehren wir,
und die Fravašay's der Ašagläubigen verehren wir,
die Činvaṭ-Brücke verehren wir,
das Haus des Lobs des Ahura Mazdāh verehren wir,
das beste Dasein der Ašagläubigen, das lichte, alle Wonnen bietende, verehren wir.
2. Den besten Weg zu dem besten Dasein verehren wir,
die gute Arštāt verehren wir, (die) Hab und Gut fördert, Hab und Gut mehrt, Hab und Gut Nutzen schafft,
sie, die mazdayasnische Religion, (verehren wir),

---

[1]) Aus Y. 33. 14. [2]) 1362. [3]) = Y. 14. 4—5. [4]) ? [5]) = Y. 15. 2—3. [6]) Was ist damit gemeint?

den gerechtesten Rašnav verehren wir,
den weite Fluren besitzenden Miθra verehren wir,
die flinke Pārəndav verehren wir, die flinke unter den flinkdenkenden, die flinke unter den flinksprechenden, die flinke unter den flinkhandelnden [1]. — Flink macht sie die Körper.

3. Die mannhafte Hąm.varətay verehren wir, (die) die Männer ...[2], die Einsicht der Männer ...[3], die rascher (ist) als rasch[4], die tapferer (ist) als tapfer, die sich, und zwar auf besondere Fügung der Götter, bei ihnen [den Kriegern] einstellt[5], die den Kriegern auch in der Gefangenschaft einen Retter für ihre Person schafft[6].

Wir verehren den mazdāhgeschaffenen Schlaf, die Freude für beide, Tiere (und) Menschen.

4. Wir verehren jene ašaheiligen Schöpfungen, die eher geschaffen, eher gebildet sind als der Himmel und als das Wasser und als die Erde und als die Pflanze und als das guttätige Rind;
wir verehren das Meer Vouru.kaša;
wir verehren den kühnen mazdāhgeschaffenen Wind;
wir verehren den sonnigen Himmel, das erstgeschaffene erstgebildete Stoffliche des stofflichen Seins[7].

5. Dich den ašaheiligen Ātar, den Sohn des Ahura Mazdāh, den Ratav des Aša, verehren wir;
samt Zaoθra's, samt Gürtelband verehren wir dies ašamäßig gespreitete Barəsman, den ašaheiligen Ratav des Aša;
den Apąm Napāt verehren wir;
den Nairyō.sanha[8] ...... und diese (Frauen) wollen wir verehren.
„Wie der beste Oberherr“ [9] soll mir er, der Zaotar, aufsagen;
„so der [beste] Richter (ist er gemäß dem heiligen Recht“ [9]) soll (der wissende Ašagläubige) aufsagen.

8.

1. An diesen[10] Worten ergötze dich, des[10] Worte laß dir gefallen[11], o ašaehrwürdiger Ahura Mazdāh samt den guten Yazata's, — den gutherrschenden wohlmeinenden Aməša Spənta's, (die) fünfzig (sind) und hundert und tausend und zehntausend und hunderttausend und sogar noch mehr[12] als das.

2. Dem wahrlich, (der) die Herrschaft am besten führt, teilen wir die Herrschaft zu, die unser (Anliegen bildet), (und überweisen sie ihm und suchen sie ihm zu verschaffen: dem Mazdāh Ahura) und dem Aša Vahišta.[13])

---

[1]) 1513. [2]) framən[.nara-]. [3]) framən[.narō.vīra-]. [4]) 342. [5]) 922. [6]) 1436. [7]) 876. [8]) = Y. 71. 23—24. [9]) s. Y. 27. 13. [10]) Wessen? [11]) 1560. [12]) 280, 580. [13]) = Y. 35. 5.

9.

1. Die aufgesetzten Haoma's, die aufgesetzten Zaoθra's, (die bereits) aufgesetzt (sind, und die erst) aufgesetzt werden (sollen), die sieghaften, den Feinden entgegenwirkenden,
(die) der Heilmittel der Ašay teilhaftig,
der Heilmittel der Čistay teilhaftig,
der Heilmittel des Mazdāh teilhaftig,
der Heilmittel des Zaraθuštra teilhaftig,
der Heilmittel des Zaraθuštrō.təma teilhaftig (sind);

2. (die) jener Heilmittel teilhaftig sind, die dem segensreichen ašagläubigen, die dem segensreichen (auch im Ausland) umhergehenden (Priester), die der guten mazdayasnischen Religion, die der dahmamäßigen guten Āfritay, die der dahmamäßigen guten Vertragstreue[1]), die der dahmamäßigen guten Eidestreue[1]) (angehören):

3. wir wollen (sie) zuweisen und weihen und durch Keltern zubereiten und herzubringen und (mit Wasser) übergießen und gut opfern und gut aufsagen: die Haoma's, die gewaltig heilig ašaheilig sind,
die ašamäßig aufgesetzten, die ašamäßig aufzusetzenden;
die ašamäßig zugewiesenen, die ašamäßig zuzuweisenden[2]);
die ašamäßig ausgepreßten, die ašamäßig auszupressenden[3]).

4. Der Kraft des kraftvollen, der Sieghaftigkeit des kraftvollen, der kraftvollen Energie, der kraftvollen Ašay, der kraftvollen Čistay, der kraftvollen Paurvatāt, der kraftvollen Uparatāt, den kraftvollen Yazata's — den gutherrschenden wohlmeinenden, immer lebenden, immer gedeihenden Aməša Spənta's, (den männlichen), die zum guten Sinn halten[4]), und (den weiblichen), die ebenso (tun)[5]);

5. den beiden, Haurvatāt (und) Amərətatāt, und dem Gēuš Tašan und dem Gēuš Urvan und dem bei (seinem) Namen angerufenen Ātar und dem Haδiš, (der) das (höchste) Anrecht, Futter (und) Wohlbehagen verschafft, dem erbarmungsvollen,
(weihen wir die Haomazweige);

6. und Preislieder zur Verehrung und zur Huldigung und zum Lob: das des Ahura Mazdāh[6]), das der Aməša Spənta's, und (das) des ašaheiligen hohen Ratav;
zur Verehrung und Huldigung: des wirksamsten Ratav, und der Ašay, (die ihr Ziel) erreicht hat, und der Ratavbefriedigung, (die ihr Ziel) erreicht hat;

7. und des heiligen Worts und der mazdayasnischen Religion und der Staota Yesnya's und aller Ratav's und aller Gebete, (die)

---

[1]) ? [2]) 92. [3]) 1781. [4]) 1706. [5]) 387. [6]) 1588, 33.

an die Ratav's zu ihrer Befriedigung gerichtet (werden), und auch der gesamten Schöpfung des Ašaehrwürdigen.

Zu Verehrung und Preis und Befriedigung und Lob soll gehorsamer Sinn bereit sein, wie am Anfang so auch am Ende [1].

„Wie der beste Oberherr" soll mir er, der Ātərəvaxš [2]) ......

10.

1. Ich hole her zu verehren: Arəzahī, Savahī, Fradaδafšū, Vīdaδafšū, Vouru.barəštī, Vouru.jarəštī und diesen Erdteil, den Xᵛaniraθa.

2. Ich hole her zu verehren

die steinerne Haomapresse (und) die eiserne Haomapresse, die Tasse, (die) die Zaoθra's enthält [3]; das Haar(sieb), (mit dem) man den Haoma filtert [4], und dich, das ašamäßig gespreitete Barəsman.

Ich hole her zu verehren

... [5]) des Ahuna Vairya und die Wesenheiten der mazdayasnischen Religion.

Ich hole her zu verehren

die ... Fravašay's der Ašagläubigen [6]) ...... soll ... aufsagen.

11.

1. Dem Ahura Mazdāh weihen wir die Haoma(tränke), die aufgesetzten [7]), dem gewaltigsten [7]) sieghaften, Hab und Gut fördernden, dem gutherrschenden ašaehrwürdigen, dem als Ratav herrschenden ašaehrwürdigen;

den Aməša Spənta's weihen wir die Haoma(tränke),

den guten Wassern weihen wir die Haoma(tränke),

der eignen Seele weihen wir die Haoma(tränke),

der gesamten Schöpfung des Ašaehrwürdigen weihen wir die Haoma(tränke).

2. Diese Haoma(tränke), diese Haomageräte, diese gespreiteten (Barəsman's), diese Myazda's, diese Himmel [8]), die ersten Schöpfungen;

diese steinerne Haomapresse, (die) herzugebracht (ist), o goldfarbener Haoma,

diese eiserne Haomapresse, (die) herzugebracht (ist), o goldfarbener Haoma;

dies für den Haoma bestimmte Wasser, dies ašamäßig gespreitete Barəsman;

3. diese Körper und Kräfte, diese Opfergüsse, (die) im Gang sind [9]), diesen ašaheiligen Haoma, das guttätige Rind und den ašagläubigen Mann, die tüchtigen Gedanken der Ašagläubigen und die tüchtigen Gedanken

---

[1]) 407. [2]) = Vr. 3. 6, Y. 56. 1, Vr. 9, Y. 57. 4. [3]) 1655. [4]) 1735. [5]) anahunāča ratuščā? [6]) = Y. 23. 4—5. [7]) ! [8]) ? [9]) 1237.

der Saošyant's, diese ašamäßig aufgesetzte flüssige Milch und diese ašamäßig aufgesetzte Haδānaēpatā-Pflanze;

4. samt den guten Wassern diese haomahaltigen milchhaltigen haδānaēpatā(saft)haltigen ašamäßig aufgesetzten Zaoθra's;

und samt den guten Wassern das für den Haoma bestimmte Wasser und die steinerne Kelterpresse und die metallene Kelterpresse;

5. diese Barəsman-Pflanze und die erreichte Ratavbefriedigung; das Merken und die Betätigung der guten mazdayasnischen Religion und das Aufsagen der Gāθā's und die erreichte Ratavbefriedigung des ašagläubigen Ratav des Aša; dies Brennholz und das Räucherwerk — deins, des Ātar, des Sohns des Ahura Mazdāh, — und alles gute mazdāhgeschaffene, (das) im Aša seinen Ursprung hat,

widmen und weihen wir.

So weihen wir sie denn:

6. dem Ahura Mazdāh und dem ašafrommen Sraoša und dem gerechtesten Rašnav und dem weite Fluren besitzenden Miθra und den Aməša Spənta's und den Fravašay's der Ašagläubigen und den Seelen der Ašagläubigen und dem Ātar, (dem Sohn) des Ahura Mazdāh und hohen Ratav, und dem (als) Ratav (wirkenden) Myazda und dem (als) Ratav (wirkenden) Gebet, (das) an die Ratav's zu deren Befriedigung gerichtet (ist)[1], und der gesamten Schöpfung des Ašaehrwürdigen

zu Verehrung und Preis und Befriedigung und Lob.

7. So weihen wir sie denn

der Fravašay des ašagläubigen Zaraθuštra Spitama, (der) sich (den Anspruch auf) das (andere) Leben erwirbt (und) nach dem Aša verlangt,

zu Verehrung und Preis und Befriedigung und Lob,

samt allen (übrigen) ašaheiligen Fravašay's, denen der gestorbenen Ašagläubigen und denen der am Leben befindlichen Ašagläubigen und denen der (noch) ungeborenen Männer, der Neugestalter, der Saošyant's.

8—11. Diese Haoma(tränke)[2] . . . . . . (das) im Aša seinen Ursprung hat, widmen und weihen wir.

So weihen wir sie denn:

12. den gutherrschenden wohlmeinenden, immer lebenden, immer gedeihenden Aməša Spənta's, die die guten[3]), die die Schöpfer des Guten (sind), die zum guten Sinn halten[4]); es halten ja zum guten Sinn sie, die gutherrschenden wohlmeinenden Aməša Spənta's, (die) aus dem guten Sinn heraus gebildet und hervorgegangen[5]) (sind).

---

[1]) ?! [2]) = Vr. 11. 2—5. [3]) vohu! [4]) 1706. [5]) 1165.

13. So weihen wir sie denn sehr zahlreich,
um dies (unser) Haus zum Gedeihen zu bringen, zum Nutzen dieses Hauses, zum Wachstum dieses Hauses; (damit) sie dieses Hauses Not überwinden, dieses Hauses Anfeindung überwinden[1]); (um) das Vieh und die ašagläubigen Menschen dieses Hauses, (die) geboren (sind) und künftig geboren (werden)[2]), (zum Gedeihen zu bringen) — (dieses Hauses), zu dem sie (einst) gehört haben, zu dem sie (jetzt) gehören, zu dem wir gehören[3]), wir die Saošyant's der Länder;

14. das[4]) den Gutes wirkenden ašagläubigen (Männern),
das den Gutes wirkenden ašagläubigen (Frauen),
das den die Pflicht erfüllenden ašagläubigen (Männern),
das den die Pflicht erfüllenden ašagläubigen (Frauen),
das den gute Werke wirkenden ašagläubigen (Männern),
das den gute Werke wirkenden ašagläubigen (Frauen gehört).

15. So weihen wir sie denn den guten Fravašay's der Ašagläubigen, die stark und rings siegreich (sind), damit sie den Ašagläubigen helfen.

16. So weihen wir sie denn
dem ašafrommen Sraoša und der guten Ašay und dem Nairyō.sanha und dem siegreichen Frieden und dem Ātar, (dem Sohn) des Ahura Mazdāh und hohen Ratav, und auch der gesamten Schöpfung des Ašaehrwürdigen
zu Verehrung und Preis und Befriedigung und Lob.
So weihen wir sie denn dem Ahura Mazdāh, dem Vohu Manah[5])...., die die Ratav's des Aša sind: in der Zeit der Haomabereitung,
zu Verehrung und Preis und Befriedigung und Lob.
So weihen wir sie denn
dem prächtigen hoheitsvollen Ahura Mazdāh
unter Zufriedenstellung zu Verehrung und Preis und Befriedigung und Lob.

17—18. So weihen wir sie denn:
Arəzahī[6]) ...... und den Wesenheiten der mazdayasnischen Religion.

19. Wie der ašaehrwürdige Ahura Mazdāh, was aufgesetzt, was gewidmet (ist), — (wie er) dies weihte,
wie er, der ašagläubige Zaraθuštra, dies weihte,
wie Ich, der Zaotar, dies weihe,
(der) ich mich verstehe[7]) auf Verehrung und Preis dieser Dinge,
(der) ich mich verstehe auf die in rechter Form[8]) sich vollziehende Weihe,
(der) ich mich verstehe auf die zu rechter Zeit sich vollziehende Weihe[8]):

20. zu eurer, nämlich der Aməša Spənta's, Verehrung und Preis und Befriedigung und Lob;

---

[1]) 1440. [2]) 1658. [3]) ? [4]) d. i. „das Haus". [5]) = Y. 1. 2 (mit veränderter Formel) und Y. 4. 7—22. [6]) = Vr. 10 (mit veränderter Formel). [7]) 1315. [8]) 1507.

zu unserer, nämlich der ašagläubigen Saošyant's, Seligkeit und Ratavbefriedigung und zum Besitz des (höchsten) Anrechts und zum Sieg und zum Seelenfrieden:

21. so setzen wir ihn denn, den allergrößten, zum Ahū und Ratav ein, ihn den Ahura Mazdāh, zu Verehrung und Preis und Befriedigung und Lob.

So weihen wir sie denn den ... Fravašay's der Ašagläubigen[1] ..... ihm, dem besten Aša, gemäß ..... (zu preisen sind).

12.

1. Und den zu filternden Haoma(zweigen), die für den hohen Ratav, für den ašaehrwürdigen Ahura Mazdāh, für den Zaraθuštra Spitama, gefiltert werden sollen[2]), (kommt zu) der Besitz trefflicher Haustiere und Leute[3]).

Hier (ist) der gute ašafromme Sraoša[4]), 'welcher mit der schätzereichen *Ašay* vereint ist'[5]), — und der soll hier emsig tätig sein[6]).

2. Wir lehren als segensreich das Sichbeschäftigen mit dem Ahuna Vairya, (der) ašamäßig vorgetragen worden (ist und) vorgetragen (wird)[7]), und mit dem Mörser, (der) die Haoma(zweige) auspreßt, (der) ašamäßig in Gang gebracht (ist und) gehalten (wird)[8]);

3. und mit den wahrgesprochenen Sprüchen und mit den zaraθuštrischen Lehren und mit den gutvollbrachten Taten und mit den ašamäßig gespreiteten Barəsman's und mit den ašamäßig gekelterten Haoma(zweigen) und mit den Staota Yesnya's und mit den (Dingen) der mazdayasnischen Religion, (die) zu denken[9]) und zu reden und zu tun (sind).

4. So werden sie denn (noch) gesegneter sein!
Als segensreich bestimmen wir,
als segensreich bezeichnen wir,
als segensreich erkennen wir:
diese Geschöpfe, welche der ašaehrwürdige Ahura Mazdāh geschaffen hat, (die er) durch Vohu Manah vollkommen machen, durch Aša erhöhen wird[10]), sie die größten und besten und schönsten unter den Seienden.

So wollen wir denn (noch) gesegneter und erfolgreicher werden[11]) durch sie, die Geschöpfe des heiligen Geistes, dadurch daß wir (sie) zu gesegneten und erfolgreichen bekehren.

5. Segensreich mögt ihr uns werden, steinerne Haomapressen, eiserne Haomapressen, (die) herzugebracht und in Gang gehalten (werden) im Haus

---

[1]) = Y. 4. 24—25. [2]) 1793. [3]) 986. [4]) 1718. [5]) Nach Y. 43. 12; 1180 f. [6]) 1237. [7]) 1642. [8]) 1804 f. [9]) 1177. [10]) 1337. [11]) 1834.

und im Dorf und im Gau und im Land; in diesem Haus, in diesem Dorf, in diesem Gau, in diesem Land; und (die) uns (gehören), den Mazdāhanbetern, (die) wir Gottesdienst tun, Brennholz (und) Räucherwerk darbringend (und) die Gebete an die Ratav's verrichtend.

So werden sie denn (noch) gesegneter sein!

„Wie der beste Oberherr" soll mir er, der Zaotar[1]) ...... aufsagen.

Wie der beste Oberherr[2]) ...

Aša ist das beste Gut[3]) ...

13.

0\. Den ašaehrwürdigen Ahura Mazdāh, den Ratav des Aša, verehren wir;
den ašagläubigen Zaraθuštra, den Ratav des Aša, verehren wir;
die Fravašay des ašagläubigen Zaraθuštra verehren wir;
die ašaheiligen[4]) Aməša Spənta's verehren wir;
die guten gewaltigen heiligen Fravašay's der Ašagläubigen, (die) der stofflichen und geistigen (Schöpfung), verehren wir;
den wirksamsten der Ratav's, den rührigsten der Yazata's, (der) sich am besten unter den Ratav's des Aša verdient gemacht hat, der am meisten (Huldigungen und Gebete)[5]) erlangt, verehren wir;
die Ratavbefriedigung des ašaheiligen Ratav des Aša, (die) ihr Ziel am besten erreicht, verehren wir.

1\. Gemäß dem Aša[6]) verehren wir den Ahura Mazdāh;
gemäß dem Aša verehren wir die Aməša Spənta's;
gemäß dem Aša verehren wir das wahrgesprochene (Wort);
gemäß dem Aša verehren wir das ganze heilige Wort;
den Zaraθuštra, (der) mit dem heiligen Wort eins ist, verehren wir;
den 'Nutzen für die Ašaanhänger'[7]) verehren wir;
(was) den Aməša Spənta's nach Wunsch (ist) verehren wir;
die erste der drei (ersten Gāθā's)[8]) verehren wir, (die) ohne Einschieben (und) ohne Versetzen (von Worten aufgesagt wird).

2\. Gemäß dem Aša[6]) verehren wir den Ahura Mazdāh[9]) .... ohne Versetzen (von Worten aufgesagt wird).
Die beiden ersten der drei (ersten Gāθā's)[8]) verehren wir, (die) ohne Einschieben (und) ohne Versetzen (von Worten aufgesagt werden).

3\. Gemäß dem Aša[6]) verehren wir den Ahura Mazdāh[9]) ......;
die erste der drei (ersten Gāθā's)[8]) verehren wir, (die) ohne Einschieben (und) ohne Versetzen (von Worten aufgesagt wird);
die beiden ersten der drei (ersten Gāθā's)[8]) verehren wir, (die) ohne Einschieben (und) ohne Versetzen (von Worten aufgesagt werden);

---

[1]) = Y. 3. 25. [2]) = Y. 27. 13. [3]) = Y. 27. 14. [4]) Ungrammatisch. [5]) s. Y. 71. 3 No. 1. [6]) ašəm! [7]) Aus Y. 30. 11; 1516. [8]) 1792 (!). [9]) = Vr. 13. 1.

alle drei ersten (Gāθā's)[1]) verehren wir, (die) ohne Einschieben (und) ohne Versetzen (von Worten aufgesagt werden);

von allen drei ersten (Gāθā's)[1]), (die) ohne Einschieben (und) ohne Versetzen (von Worten aufgesagt werden), verehren wir die Kapitel und Verszeilen und Wörter und Strophe(n)[2]) und das laute Aufsagen und das leise Aufsagen und das Absingen und die Weihe.

Dich, den (ašaheiligen) Ātar, den Sohn des Ahura Mazdāh[3]) .... und diese (Frauen) wollen wir verehren.

14.

0. Den ... Ahura Mazdāh[4]) ...... die Ratavbefriedigung .... verehren wir.

Die ašaheilige Ahunavaitī-Gāθā, den Ratav des Aša, verehren wir:

1. mit allen Verszeilen, mit allen Strophen, mit der Auslegung, mit den Fragen, mit den Antworten, samt den beiden Worten[5]) und den Versteilen, (wenn sie) mit guter Rezitation aufgesagt wird[6]), (die) mit guter Weihe geweiht werden (soll)[7]);

2. [8])im eigenen Hause, in eigener Augenscheinlichkeit[5]), nach eigenem Belieben, nach eigener Herrschermacht, in eigener Ratavschaft, im eigenen Glück, dem des Ahura Mazdāh — gern in sorglichem Sinn aus gläubigem Gemüt[9]).[8])

3. Den ašaheiligen Ahuna Vairya, den Ratav des Aša, verehren wir; den, (der) einen Ahū (und) Ratav besitzt, den ašaheiligen Ratav des Aša, verehren wir; der nämlich *besitzt einen Ahū und Ratav*[10]): er, der Ahura Mazdāh.

4. Die Bestandteile der Ahunavaitī-Gāθā verehren wir;

von der Ahunavaitī-Gāθā verehren wir die Kapitel und Verszeilen und Wörter und Strophe(n)[2]) und das laute Aufsagen und das leise Aufsagen und das Absingen und die Weihe.

Dich den (ašaheiligen) Ātar[3]) ..... und diese (Frauen) wollen wir verehren.

Aša ist das beste Gut[11]) ...

Wen mir[12]) .... der von uns verehrt (wird).

15.

1. Wendet die Füße an, (wendet) die Hände an, (wendet) den Verstand an[13]), o Mazdāhanbeter, Zaraθuštraanhänger,

um die gehörigen angemessenen gutgetanen Werke zu tun[14]),

um die ungehörigen unangemessenen übelgetanen Werke zu lassen[15]).

---

[1]) 1792 (!). [2]) 1340. [3]) = Vr. 7. 5. [4]) = Vr. 13. 0. [5]) ? [6]) 1829 f. [7]) 1831. [8]) Abrupt. [9]) 111. [10]) 284. [11]) = Y. 27. 14. [12]) = Y. 15. 2—3. [13]) 691. [14]) 1378 m. [15]) 1378 u.

Und die gute Landwirtschaft soll hier betrieben werden[1]), damit (was) mangelhaft (ist) vollkommen gemacht werde[2]).

2. Und gehorsamer Sinn soll hier bereit sein zur Verehrung des Ahura Mazdāh[3]), des gewaltigsten ašaehrwürdigen, der von uns verehrt (wird)[4]), um aufzusagen und zu wiederholen und dem Gedächtnis einzuprägen und (darauf) zu vertrauen und leise zu rezitieren und singend abzubeten den siegreichen ašaheiligen Yasna Haptaŋhātay, ohne (daß Worte) eingeschoben (und) versetzt (werden)[5]);

3. der der große kraftvolle siegreiche, für Anfeindung unerreichbare heißt (und) heißen wird.

(Und gehorsamer Sinn soll bereit sein) die sieghaften Sprüche aufzusagen und Ātar, (den Sohn) des Ahura Mazdāh, (zu verehren).

4—5. Und Preislieder zur Verehrung und zur Huldigung und zum Lob: das des Ahura Mazdāh[6]) . . . . . . so auch am Ende.

„Wie der beste Oberherr“ . . . er, der Ātərəvaxš[7]) . . . . . ., der von uns verehrt (wird).

(Wendet) die Füße an, (wendet) die Hände an[8]) . . . (und) gehorsamer Sinn soll (hier) bereit sein.

Den ašafrommen Sraoša verehren wir;

den (hohen) Ratav[9]) . . . . . . und diese (Frauen) wollen wir verehren.

16.

0. Den ašaehrwürdigen Ahura Mazdāh, den Ratav des Aša[10]) . . . . . die Ratavbefriedigung . . . . verehren wir.

Den gewaltigen ašaheiligen Yasna Haptaŋhātay, den Ratav des Aša, verehren wir: mit allen Verszeilen, mit allen Strophen, mit der Auslegung, mit den Fragen, mit den Antworten, samt den beiden Worten[11]) und den Versteilen, (wenn er) mit guter Rezitation aufgesagt wird[12]), (der) mit guter Weihe geweiht werden (soll)[13]);

im eignen Hause, in eigner Augenscheinlichkeit[14]) . . . . . . in sorglichem Sinn aus gläubigem Gemüt.

1. Den Ātar nun, den Sohn des Ahura Mazdāh, verehren wir,
und die dem Ātar entstammten Yazata's verehren wir,
und die dem Ātar entstammten Gerechten[15]) verehren wir,
und die Fravašay's der Ašagläubigen verehren wir,
und ihn, den siegreichen Sraoša, verehren wir,
und ihn, den ašagläubigen Mann, verehren wir,
und sie, die gesamte Schöpfung des Ašaehrwürdigen, verehren wir.

---

[1]) 1416. [2]) 1407. [3]) 1634. [4]) 1275 f. [5]) 116. [6]) = Vr. 9. 6—7. [7]) = Y. 15. 4 und 15. 3 (Letzter Satz). [8]) = Vr. 15. 4. [9]) = Y. 57. 4. [10]) = Vr. 13. 0. [11]) ? [12]) 1829 f. [13]) 1831. [14]) = Vr. 14. 2. [15]) Eins der beiden ča ist ausgelassen.

2. Die Belohnung und die Fravašay des ašagläubigen Zaraθuštra Spitama verehren wir nun,
und die Belohnung und die Fravašay jedes Ašagläubigen verehren wir nun,
alle Fravašay's der Ašagläubigen verehren wir,
die Fravašay's der im Land befindlichen Ašagläubigen verehren wir,
und die Fravašay's der außer Lands befindlichen Ašagläubigen verehren wir,
die Fravašay's der ašagläubigen Männer verehren wir,
und die Fravašay's der ašagläubigen Frauen verehren wir.

3. Über die von uns, von denen der ašaehrwürdige Ahura Mazdāh weiß, (daß ihnen) das bessere (Los) für (ihre) Verehrung (zuteil werden wird)[1], ist Zaraθuštra Ahū und Ratav.
(Was) zur Heimat gehört, die Wasser und die Erden und die Bäume[2], verehren wir.

4. Die Bestandteile des Yasna Haptaŋhātay verehren wir;
von dem Yasna Haptaŋhātay verehren wir die Kapitel und Verszeilen und Wörter und Strophe(n)[3] ...... und diese (Frauen) wollen wir verehren.

17.

1. Aša ist das beste Gut[4] ...
Wir heben an die guten Gedanken und die guten Worte und die guten Taten des Yasna Haptaŋhātay.
Wir heben an das ‚Aša ist das beste Gut'[4]).

18.

0. Den ašaehrwürdigen Ahura Mazdāh, den Ratav des Aša[5] ...... die Ratavbefriedigung ... verehren wir.
Die ašaheilige Uštavaitī-Gāθā, den Ratav des Aša, verehren wir: mit allen Verszeilen, mit allen Strophen, mit der Auslegung, mit den Fragen, mit den Antworten, samt den beiden Worten[6] und den Versteilen, (wenn sie) mit guter Rezitation aufgesagt wird[7], (die) mit guter Weihe geweiht werden (soll)[8];
im eignen Hause[9] ..... in sorglichem Sinn aus gläubigem Gemüt.
Den ašaheiligen Ahuna Vairya, den Ratav des Aša, verehren wir;
den, (der) einen Ahū ... besitzt[10] .... der Ahura Mazdāh.

1. Nach Wunsch verehren wir den Ahura Mazdāh,
nach Wunsch verehren wir die Aməša Spənta's,
nach Wunsch verehren wir den ašagläubigen Mann,

---

[1]) 1315. [2]) 1709. [3]) = Vr. 14. 4. [4]) = Y. 27. 14. [5]) = Vr. 13. 0. [6]) ? [7]) 1829 f. [8]) 1831. [9]) = Vr. 14. 2. [10]) = Vr. 14. 3.

nach Wunsch verehren wir das erste Geschöpf des Ašaehrwürdigen[1]), und die Uštastrophe beten wir für (jeden) ašagläubigen[2]) Mann.

2. Und das immerwährende Nachwunschgehen verehren wir, das 'für den druggläubigen Mann Qualen'[3]) (bedeutet);
das endlose Nachwunschgehen verehren wir,
und mit der Uštastrophe verehren wir jeden ašagläubigen[2]) Mann, (der jetzt) da ist und (jetzt) ins Dasein tritt und künftig ins Dasein treten wird[4]).

3. Die Bestandteile der Uštavaitī-Gāθā verehren wir;
von der Uštavaitī-Gāθā verehren wir die Kapitel und Verszeilen[5]) .... und diese (Frauen) wollen wir verehren.

19.

0. Den ašaehrwürdigen Ahura Mazdāh, den Ratav des Aša[6]) ..... die Ratavbefriedigung ... verehren wir.
Die ašaheilige Spəntā.mainyū-Gāθā, den Ratav des Aša, verehren wir: mit allen Verszeilen, mit allen Strophen, mit der Auslegung, mit den Fragen, mit den Antworten, samt den beiden Worten[7]) und den Versteilen, (wenn sie) mit guter Rezitation aufgesagt wird[8]), (die) mit guter Weihe geweiht werden (soll)[9]);
im eignen Hause[10]) .... in sorglichem Sinn aus gläubigem Gemüt.

1. Den heiligen Ahura Mazdāh verehren wir,
die heiligen Aməša Spənta's verehren wir,
den heiligen ašagläubigen Mann verehren wir,
das heilige Zuvorwissen verehren wir,
die heilige gute Ārmatay verehren wir,
die vom Heiligen geschaffenen ašaheiligen Geschöpfe verehren wir,
die ašaheiligen Geschöpfe, (die) die ersten im Denken (sind)[11]), verehren wir,
die allwissende Weisheit, ihn den Ahura Mazdāh, verehren wir.

2. Die Sonne, die Leuchte (des Himmels), verehren wir,
die Sonne, das Höchste unter den Hohen, verehren wir,
die Sonne und die Aməša Spənta's verehren wir,
die gut ausgeführten Befehle[12]) verehren wir,
die sonnigen Wohnungen[13]) [des Aša] verehren wir,
diese Herrlichkeit verehren wir,
die von Ātar geschenkten Herden verehren wir,
das Ašaheilige, (das) den Nutzen verbreitet, verehren wir,
die schaffende, sie die heilige Ārmatay, verehren wir, ...[14]).

---

[1]) 1592. [2]) 418, 2 Stellen. [3]) Nach Y. 45. 7. [4]) 927. [5]) = Vr. 14. 4. [6]) = Vr. 13. 0. [7]) ? [8]) 1829f. [9]) 1831. [10]) = Vr. 14. 2. [11]) ? [12]) 1850. [13]) 1424. [14]) yehe dāθre ašaheča ašaonąmča aša.paoiryanąm dāmanąm ?

3. Die Bestandteile der Spəntā.mainyū-Gāθā verehren wir;
von der Spəntā.mainyū-Gāθā verehren wir die Kapitel und Verszeilen[1] .... und diese (Frauen) wollen wir verehren.

20.

0. Den ašaehrwürdigen Ahura Mazdāh, den Ratav des Aša[2]) ..... die Ratavbefriedigung ... verehren wir.
Die ašaheilige Vohuxšaθrā-Gāθā, den Ratav des Aša, verehren wir: mit allen Verszeilen, mit allen Strophen, mit der Auslegung, mit den Fragen, mit den Antworten, samt den beiden Worten[3]) und den Versteilen, (wenn sie) mit guter Rezitation aufgesagt wird[4]), (die) mit guter Weihe geweiht werden (soll)[5]);
im eignen Hause[6]) .... in sorglichem Sinn aus gläubigem Gemüt.
1. Das gute [ahurische] Reich verehren wir,
den Xšaθra Vairya verehren wir,
den feurigen Metallstrom verehren wir,
die wahrgesprochenen sieghaften Sprüche, (die) die Daēva's schlagen, verehren wir.
Jenen Gewinn verehren wir, jenes Heiltum verehren wir, jenes Heilmittel verehren wir, jenes Gedeihen verehren wir, jenes Wachstum verehren wir;
2. jenen Sieg verehren wir, der zwischen der mit vohū xšaθrəm ‚das gute Reich' (und) mit vahištā īštiš ‚das beste Gut' beginnenden (Gāθā) durch das Aufsagen der guten Gedanken und guten Reden und guten Taten entsteht,
um den übeln Gedanken und übeln Reden und übeln Taten zu widerstehen,
um wiedergutzumachen, (was) von mir falsch gedacht und falsch gesagt und falsch getan (wurde)[7]).
3. Die Bestandteile der Vohuxšaθrā-Gāθā verehren wir;
von der Vohuxšaθrā-Gāθā verehren wir die Kapitel und Verszeilen[8]) ...... und diese (Frauen) wollen wir verehren.

21.

0. Aša ist das beste Gut[9]) ...
Wen mir ... durch Aša[10]) ...... soll ... aufsagen.
Gehorsamer Sinn soll hier bereit sein[11]) ... der von uns verehrt (wird).
(Wendet) die Füße an[12]) ... der von uns verehrt (wird); um aufzusagen ... den andern Yasna Haptaŋhātay[13]) (ohne daß Worte)[14]) .... so auch am Ende. „Wie der beste Oberherr" ...... und diese (Frauen) wollen wir verehren.

---

[1]) = Vr. 14. 4. [2]) = Vr. 13. 0. [3]) ? [4]) 1829 f. [5]) 1831. [6]) = Vr. 14. 2. [7]) 1378. [8]) = Vr. 14. 4. [9]) = Y. 27. 14. [10]) = Y. 15. 2—4. [11]) = Y. 15. 3. [12]) = Vr. 15. 1—2. [13]) d. i. Y. 52. [14]) = Vr. 15. 2—5.

Aša ist das beste Gut[1] ...

Die Bestandteile des andern Yasna Haptanhātay[2] (wollen wir) unter Zufriedenstellung verehren und (preisen und befriedigen und loben. — „Wie der beste Oberherr") soll[3] ... aufsagen.

Den ašaehrwürdigen Ahura Mazdāh[4] ... Aša ist das beste Gut[1] ...

Den gewaltigen ašaheiligen andern Yasna Haptanhātay, den Ratav des Aša, verehren wir.

Wen — und welche (Frauen) — unter den Seienden[5] ...

Wir weihen euch, o Aməša Spənta's[6] ...... und diese (Frauen) wollen wir verehren.

Den ašaehrwürdigen Ahura Mazdāh, den Ratav des Aša[7] ...... die Ratavbefriedigung ... verehren wir.

Den gewaltigen ašaheiligen andern Yasna Haptanhātay, den Ratav des Aša, verehren wir: mit allen Verszeilen, mit allen Strophen, mit der Auslegung, mit den Fragen, mit den Antworten, samt den beiden Worten[8] und den Versteilen, (wenn er) mit guter Rezitation aufgesagt wird[9], (der) mit guter Weihe geweiht werden (soll)[10];

im eignen Hause[11] ... in sorglichem Sinn aus gläubigem Gemüt.

1. Für die guten Wasser und die fruchttragenden Pflanzen und die Fravašay's der Ašagläubigen heben wir Gebet und Preis an;
für all die, welche gut (sind): sie die Wasser und sie die Pflanzen und sie die Fravašay's der Ašagläubigen heben wir Gebet und Preis an.

2. Für das (Ur)rind, für Gaya, für den heiligen, ašaheiligen, energisch antreibenden Mąθra heben wir Gebet und Preis an;
für dich, o Ahura Mazdāh, heben wir Gebet und Preis an;
für dich, o Zaraθuštra, heben wir Gebet und Preis an;
für dich, o hoher Ratav, heben wir Gebet und Preis an;
für die Aməša Spənta's heben wir Gebet und Preis an.

3. Das Anhören und Erbarmen[12] verehren wir,
das Anhören des Beters[13] verehren wir,
das Erbarmen mit dem Beter[13] verehren wir,
die beiden, Freigebigkeit (und) Mildtätigkeit verehren wir, was unter ašagläubigen Religionsgenossen[14] besteht,
das gute Gebet, (das) nicht trügt (und) kein Leid antut, verehren wir.

4. Den andern Yasna [Haptanhātay] verehren wir,
das Beten des andern Yasna[15] verehren wir,
von dem andern Yasna verehren wir die Kapitel und Verszeilen und Wörter und Strophe(n)[16] ...... und diese (Frauen) wollen wir verehren.

---

[1]) = Y. 27. 14. [2]) d. i. Y. 52. [3]) = Y. 3. 25. [4]) = Y. 35. 1—41. 7. [5]) = Y. 27. 15. [6]) = Y. 42. 1—6. [7]) = Vr. 13. 0. [8]) ? [9]) 1829 f. [10]) 1831. [11]) = Vr. 14. 2. [12]) 1633. [13]) 1404. [14]) 1875. [15]) 1272. [16]) = Vr. 14. 4.

22.

1. Aša ist das beste Gut[1] ...
Mit diesem Preis, mit dieser Preisung[2], der der Aməša Spənta's und der ašaheiligen Saošyant's spornen wir durch die (Aussicht auf die) Heimzahlungen für das beste Tun an, dem Vieh (Frieden und Futter zu gewähren)[3].

2. Welchen guten Anspruch der Ašagläubige besitzt[4], damit (ist) der Druggläubige unbekannt[5]. Wir wollen (ihm) nicht nachkommen, voraus soll er seines Weges gehen[6]; nicht mit Gedanken, nicht mit Wort, nicht mit Tat und nicht irgendwie sonst wollen wir (mit ihm) zusammentreffen[7].
Aša ist das beste Gut[1] ...

23.

0. Den ašaehrwürdigen Ahura Mazdāh, den Ratav des Aša[8] .... die Ratavbefriedigung ... verehren wir.
Die ašaheilige Vahištōištī-Gāθā, den Ratav des Aša, verehren wir: mit allen Verszeilen[9] .... aus (gläubigem) Gemüt.

1. Den besten Ahura Mazdāh verehren wir,
die besten Aməša Spənta's verehren wir,
den besten ašagläubigen Mann verehren wir,
das beste Aša [Paradies] verehren wir,
die besten Offenbarungen, sie die Staota Yesnya's, verehren wir,
den besten Besitz, den am besten Aša [Paradies], verehren wir,
das beste Dasein der Ašagläubigen, das lichte, alle Wonnen bietende, verehren wir,
den besten Weg zu dem besten Dasein verehren wir.

2. Die Bestandteile der Vahištōištī-Gāθā verehren wir;
von der Vahištōištī-Gāθā verehren wir die Kapitel und Verszeilen[10] ...... und diese (Frauen) wollen wir verehren.

24.

0. Den ašaehrwürdigen Ahura Mazdāh, den Ratav des Aša[8] .... die Ratavbefriedigung ... verehren wir.
Das ašaheilige Airyaman-išya(-Gebet), den Ratav des Aša, verehren wir: mit allen Verszeilen, mit allen Strophen, mit der Auslegung, mit den Fragen, mit den Antworten, samt den beiden Worten[11] und den Versteilen, (wenn es) mit guter Rezitation aufgesagt wird[12], (das) mit guter Weihe geweiht werden (soll)[13];

---

[1]) = Y. 27. 14. [2]) 88. [3]) Nach Y. 35. 4; 321, 703. [4]) Wörtl. „kennt". [5]) 245. [6]) 870f. [7]) 829. [8]) = Vr. 13. 0. [9]) = Vr. 14. 1. [10]) = Vr. 14. 4. [11]) ? [12]) 1829f. [13]) 1831.

im eignen Hause[1]) .... in sorglichem Sinn aus gläubigem Gemüt.
Den Ātar nun, ... des Ahura[2]) .... und die Bäume, verehren wir.

1. Jenen Gewinn verehren wir, jenes Heiltum verehren wir, jenes Heilmittel verehren wir, jenes Gedeihen verehren wir, jenes Wachstum verehren wir;
jenen Sieg verehren wir, der zwischen den beiden, dem Ahuna- (und) dem Airyaman-(Gebet)[3]) durch das Aufsagen der guten Gedanken und guten Reden und guten Taten entsteht,
um den übeln Gedanken und übeln Reden und übeln Taten zu widerstehen,
um wiedergutzumachen, (was) von mir falsch gedacht und falsch gesagt und falsch getan (wurde)[4]).

2. Die Bestandteile des Airyaman-išya(-Gebets) verehren wir;
von dem Airyaman-išya(-Gebet) verehren wir die Verszeilen und[5]) ..... und diese (Frauen) wollen wir verehren.

3. Ich bete das Aša(gebet):[6]) ......
Ich verwünsche die Daēva's[7]) ......
(Es gibt nur) éin(en) Weg, den des Aša, alle (Wege) der anderen (sind) Unwege.[8])

---

[1]) = Vr. 14. 2. [2]) = Vr. 16. 1—3. [3]) 283, 131. [4]) 1378. [5]) = Vr. 14. 4.
[6]) = Y. Eingang 6. [7]) = Y. 12. 1. [8]) 75, 1217.

X^{v}ARTAK APASTĀK.

Glaubensbekenntnis.

1. Aša [Recht] ist das beste Gut; nach Wunsch wird es, nach Wunsch uns zuteil, das Aša [Recht auf das Paradies] für das beste Aša [Rechtschaffenheit].[1])
2. Wie der beste Oberherr, so der [beste] Richter (ist er) [Zaraθuštra] gemäß dem heiligen Recht[2]), der des guten Sinns Lebenswerke dem Mazdāh zubringt und (so) die Obergewalt dem Ahura [er, Zaraθuštra], den sie den Armen als Hirten bestellt haben[3]).[4])

Nirang i kustik bastan.

1. Durch Befriedigung des Ahura Mazdāh, durch Überwindung des Anra Mainyav (fördert man) 'die Erfüllung (dessen), was nach [Ahura's] Willen das geeignetste (ist)'[5]).
   Ich bete das Aša(gebet): Aša ist das beste Gut[1]) ...
   Wie der beste Oberherr[4]) ...
   Aša ist das beste Gut[1]) ...
2. Komm mir zu Hilfe, o Mazdāh! Ein Mazdāhanbeter bin ich. Als Mazdāhanbeter, als Zaraθuštraanhänger[6]) .... das Gelöbnis (auf die mazdayasnische Religion).
   Aša ist das beste Gut[1]) ...

Srōš vāč.

1. Wie der beste Oberherr[4]) ...
   Aša ist das beste Gut[1]) ...
   (Als Mazdāhanbeter, als Zaraθuštraanhänger) will ich das Glaubensgelübde ablegen, (den Daēva's feind,) Ahura's Lehre zugetan:
   Dem ašaheiligen Ušahina, dem Ratav des Aša, zu Verehrung und (Preis und Befriedigung und) Lob;
   dem Bərəjya und dem ašaheiligen Nmānya, dem Ratav des Aša, zu Verehrung und (Preis und Befriedigung und) Lob.
   Den ašafrommen (heldenhaften) Sraoša, (der das heilige Wort in sich aufgenommen hat, das starke Holz schwingt,) den ahurischen, (wollen wir) unter Zufriedenstellung verehren und (preisen und befriedigen und) loben.

---

[1]) = Y. 27. 14; 233. [2]) 282. [3]) 702, 778. [4]) = Y. 27. 13. [5]) Aus Y. 50. 11; 1761. [6]) = Y. 12. 8—9.

„Wie der beste Oberherr“ (soll mir) der Zaotar[1]) .... aufsagen.

2. Sraoša, den ašafrommen[2]) .... den Ratav ... verehren wir.
Der Ahuna Vairya schirmt den Leib.
Wie der beste Oberherr[3]) ...
'Wen, o Mazdāh, wird man einem wie ich als Schützer bestellen'[4]) ......
'Wer ist es, der siegreich nach deinem (Wort die Seienden) beschirmen soll'[5]) ......

3. Schützt uns vor dem Feind, o Mazdāh und o heilige[6]) Ārmatay!
(Ver)schwinde daēvische Drug,
(ver)schwinde daēvaentstammte,
(ver)schwinde daēvageschaffene,
(ver)schwinde daēvaerzeugte!
Verschwinde, o Drug, °zieh ab, o Drug, verschwinde völlig, o Drug, im Norden sollst du verschwinden[7]), nicht sollst du die stoffliche Welt des Aša °zunichte machen!
'Gebet und Frommergebenheit und Glaubenseifer'.[8])
Aša ist das beste Gut[9]) ...
Wie der beste Oberherr[3]) ...

4. Verehrung und Preis, Kraft und Stärke wünsche ich dem ašafrommen (heldenhaften) Sraoša, (der das heilige Wort in sich aufgenommen hat, das starke Holz schwingt,) dem ahurischen.
Aša ist das beste Gut[9]) ...

5. Dem (gebt ihr) Reichtum und[10]) .... das ... alle Wonnen bietende.
So möge es kommen, wie ich (es) wünsche[11]).
Aša ist das beste Gut[9]) ...
Tausend Heilmittel[12]) .... des ewigen (Zrvan).
So möge es kommen, wie ich (es) wünsche[11]).
Aša ist das beste Gut[9]) ...

Hōšbām.

1. Und du mögest diese Worte aufsagen, die das sieghafteste und heiltätigste sind[13]): fünf Ahuna Vairya's mögest du rezitiren: wie der beste Oberherr[3]) ...
Der Ahuna Vairya schirmt den Leib.
Wie der beste Oberherr[3]) ...
'Wen, o Mazdāh,[14]) .... Frommergebenheit und Glaubenseifer'.
Aša ist das beste Gut[9]) ...
Wie der beste Oberherr[3]) ...

---

[1]) = Y. 0. 3. [2]) = Y. 57. 2. [3]) = Y. 27. 13. [4]) = Y. 46. 7; 1141. [5]) = Y. 44. 16; 898. [6]) Eins der beiden ča ist ausgelassen. [7]) 79. [8]) Aus Y. 49. 10; 335. [9]) = Y. 27. 14. [10]) = Y. 68. 11. [11]) 494. [12]) = Y. 72. 9—10. [13]) 1413. [14]) = SrB. 2—3.

2. Verehrung dir! Darum wollen wir ihn, (den größten) von allen[1] .....
die ... Druggläubigen (niederzuschlagen);
3. um den ... Ahura Mazdāh zu erhöhen[2] ....
Wie der beste Oberherr[3] ...
4. (Was) gut und (was noch) besser[4] ...... mit den Seienden.
Unbeschränkt und[5] ...., die die ahurische, zaraθuštrische (ist)?
5. Auf daß unsere (Gedanken froh) seien[6] .... wir wollen ganz dir 'zugesellt werden. Aša ist das beste Gut[7] ...
Dem (gebt ihr) Reichtum[8] ...... Aša ist das beste Gut[7] ...

Die Nyāyišn's.

1.

X'aršēt Nyāyišn.

1. Verehrung dir, o Ahura Mazdāh, und zwar dreimal vor[9] (allen) andern Wesen!
Verehrung euch, o Aməša Spənta's, (die ihr) alle mit der Sonne gleichgewillt (seid)!
Diese (unsere Verehrung) soll zu Ahura Mazdāh, sie zu den Aməša Spənta's, sie zu den Fravašay's der Ašagläubigen, sie zu dem ewigen Vayah zu gelangen suchen.
2. Durch Befriedigung des Ahura Mazdāh, durch Überwindung des Anra Mainyav (fördert man) 'die Erfüllung (dessen), was nach [Ahura's] Willen das geeignetste (ist)'[10].
Ich bete das Aša(gebet): Aša ist das beste Gut[7] ...
3—4. Ich verpflichte mich feierlich (darauf, daß) gut gedacht und[11] ....
dar mit dem Gemüt, dar (bringe ich) 'sogar des eignen Leibes Leben'[12].
Ich bete das Aša(gebet): Aša ist das beste Gut[7] ...
5. Verehrung dem Ahura Mazdāh, Verehrung den Aməša Spənta's, Verehrung dem weite Fluren besitzenden Miθra, Verehrung der schnelle Rosse besitzenden Sonne, Verehrung diesen — des Ahura Mazdāh — Augen[13] .... und künftig ins Dasein treten wird.
'Durch Vohu Manah erhöhe, durch Xšaθra und Aša nach Wunsch den Leib.'[14]
Aša ist das beste Gut[7] ...
'Das Licht hier (und jenes) Höchste unter den Hohen (dort)'.[15]
Aša ist das beste Gut[7] ...
Bei welchem (Ende du) mit (deinem) heiligen[16] ...... für das beste Aša.

---

[1]) = Y. 27. 1. [2]) = Y. 27. 2. [3]) = Y. 27. 13. [4]) = Y. 52. 1—4. [5]) = Y. 8. 5—7. [6]) = Y. 60. 11—12. [7]) = Y. 27. 14. [8]) = SrB. 5. [9]) 593. [10]) Aus Y. 50. 11; 1761. [11]) = Y. 11. 17—18. [12]) Aus Y. 33. 14. [13]) = Y. 68. 22. [14]) Aus Y. 33. 10; 1337. [15]) Aus Y. 36. 6; 163. [16]) = Y. 68. 23.

6. Miθra verehren wir, (der) weite Fluren besitzt, die rechten Sprüche kennt, den beredten tausendohrigen wohlgebauten zehntausendäugigen hohen, (der) auf breiter Warte (steht), den gewaltigen schlaflosen wachsamen.

7. Miθra, den Landesherrn aller Länder, verehren wir, den Ahura Mazdāh zum glanzvollsten der geistigen Yazata's gemacht hat;
alsdann mögen die beiden hohen, Miθra (und) Ahura, kommen, uns zu helfen;
die schnelle Rosse besitzende Sonne, die unsterbliche Pracht, verehren wir.

8. Den heiläugigen Tištrya verehren wir; den Tištrya verehren wir; die Tištryaēnī's verehren wir; den prächtigen glanzvollen Tištrya verehren wir;
den mazdāhgeschaffenen Vanant-Stern verehren wir;
den prächtigen glanzvollen Tištrya-Stern verehren wir;
den unvergänglichen Θwāša verehren wir;
den endlosen Zrvan verehren wir, den ewigen Zrvan verehren wir;
den heiligen wohlmeinenden Vāta verehren wir;
die richtigste mazdāhgeschaffene ašaheilige Čistā verehren wir;
die gute mazdayasnische Religion verehren wir;
den in gutem Zustand befindlichen Pfad verehren wir;
den Teich Zarənumant verehren wir;
den mazdāhgeschaffenen Berg Saokənta verehren wir.

9. Jeden ašaheiligen geistigen Yazata verehren wir,
und jeden ašaheiligen stofflichen Yazata verehren wir;
die eigene Seele verehren wir,
die eigene Fravašay verehren wir.
Komm mir zu Hilfe, o Mazdāh!
Die guten gewaltigen heiligen Fravašay's der Ašagläubigen verehren wir;
die schnelle Rosse besitzende Sonne, die unsterbliche Pracht, verehren wir.
Aša ist das beste Gut[1]) . . .

10. Als Mazdāhanbeter, als Zaraθuštraanhänger will ich das Glaubensgelübde ablegen[2]), den Daēva's feind, Ahura's Lehre zugetan:
Dem ašaheiligen Hāvanay, dem Ratav des Aša, zu Verehrung und Preis und Befriedigung und Lob;
dem Sāvaŋhay und dem ašaheiligen Vīsya, dem Ratav des Aša, zu Verehrung und Preis und Befriedigung und Lob;
dem ašaheiligen Rapiθwina, dem Ratav des Aša, zu Verehrung und Preis und Befriedigung und Lob;

---

[1]) = Y. 27. 14. [2]) 1362.

dem Frādaṯ.fšav und dem ašaheiligen Zantuma, dem Ratav des Aša, zu Verehrung und Preis und Befriedigung und Lob;
dem ašaheiligen Uzayeirina, dem Ratav des Aša, zu Verehrung und Preis und Befriedigung und Lob;
dem Frādaṯ.vīra und dem ašaheiligen Dāiiyuma, dem Ratav des Aša, zu Verehrung und Preis und Befriedigung und Lob.
Die unsterbliche prächtige, schnelle Rosse besitzende Sonne (wollen wir) unter Zufriedenstellung verehren und preisen und befriedigen und loben.
„Wie der beste Oberherr“ [1]) soll mir der Zaotar aufsagen;
„so der [beste] Richter (ist er) gemäß dem heiligen Recht“ [1]) soll der wissende Ašagläubige aufsagen.

11. Die schnelle Rosse besitzende Sonne, die unsterbliche Pracht, verehren wir.
Dann wenn die Sonne mit (ihrem) Licht Wärme bringt,
dann wenn die Sonne, die Leuchte (des Himmels), Wärme bringt,
stellen sich die geistigen Yazata's (zu) hundert und tausend ein:
diesen Glanz sammeln sie,
diesen Glanz führen sie herab,
diesen Glanz verteilen sie auf der ahurageschaffenen Erde,
Hab und Gut des Aša zu fördern und den Leib des Aša zu fördern.

12. Dann wenn die Sonne aufgeht, erfolgt
eine Läuterung der ahurageschaffenen Erde [2]),
eine Läuterung des fließenden Wassers,
eine Läuterung des Quellwassers [3]),
eine Läuterung des Meerwassers [4]),
eine Läuterung des stehenden Wassers;
erfolgt eine Läuterung der ašagläubigen Geschöpfe, die (die) des heiligen Geistes sind [5]).

13. Wenn (erst) die Sonne nicht (mehr) aufgehen wird,
dann [6]) werden die Daēva's alles, was auf den sieben Erdteilen ist [7]), zu °nichte machen [8]);
(dann) finden die geistigen Yazata's in diesem stofflichen Dasein durchaus keinen Aufenthaltsort (und) keine Wohnstätte (mehr) [9]).

14. Wer sie, die schnelle Rosse besitzende Sonne, die unsterbliche Pracht, verehrt,
um der Finsternis zu widerstehen,
um den der Finsternis entstammten Daēva's zu widerstehen,
um den Dieben und Räubern zu widerstehen,
um den Zauberern und Hexen zu widerstehen,
um der Gefahr, (die) von Maršavan droht, zu widerstehen:

---

[1]) s. Y. 27. 13. [2]) 927 f. [3]) 532. [4]) 1701. [5]) 269. [6]) 55. [7]) 268. [8]) 1239. [9]) 837.

(der) verehrt den Ahura Mazdāh, verehrt die Aməša Spənta's, verehrt die eigene Seele; stellt alle geistigen und stofflichen Yazata's durchaus zufrieden:

(der nämlich), der sie, die schnelle Rosse besitzende Sonne, die unsterbliche Pracht, verehrt.

15. Ich will den weite Fluren besitzenden, tausendohrigen, zehntausendäugigen Miθra verehren;

ich will die Keule verehren, (die) auf das °Haupt der Daēva's gut geschwungen (wird); er der weite Fluren besitzende Miθra (führt sie);

ich will auch die Gemeinschaft [mit Miθra] verehren, die die beste unter (allen) Gemeinschaften ist zwischen Mond und Sonne.

16. Ob seiner Pracht und Herrlichkeit will ich sie mit hörbarem Gebet (und) mit Zaoθra's verehren, die schnelle Rosse besitzende Sonne, die unsterbliche Pracht;

die schnelle Rosse besitzende Sonne, die unsterbliche Pracht, verehren wir mit Haoma enthaltender Milch[1]), mit Barəsman, mit Zungenfertigkeit[2]), mit Gedanken und Wort und Werk, mit Zaoθra's und mit rechtgesprochenen Sprüchen.

Wen — und welche (Frauen) — unter den Seienden Mazdāh Ahura (als einen solchen) kennt, (dem) durch Aša für (sein) Gebet das bessere (Los zuteil wird)[3]), diese (Männer) und diese (Frauen) wollen wir verehren.

17. Wie der beste Oberherr[4]) ...

Verehrung und Preis, Kraft und Stärke wünsche ich der unsterblichen prächtigen, schnelle Rosse besitzenden Sonne.

18. Aša ist das beste Gut[5]) ...

(Wer euch verehrt, ihr guten) von Ahura stammenden (Wasser) des Ahura[6]) ...... mit den von Gemeindern gefilterten Zaoθra's:

dem (gebt ihr) Reichtum[7]) .... Tausend ...... Komm mir zu Hilfe .... Aša ist das beste Gut[5]) ...

19. Durch Befriedigung des Ahura Mazdāh[8]) ...... Ich bete das Aša-(gebet): Aša ist das beste Gut[5]) ...

Verehrung dir, o ašaheiliger[9])! (Verehrung dir) o gewaltigste Arədvī, o gewaltige makellose ašaheilige!

Aša ist das beste Gut[5]) ...

Verehrung, o gute mazdāhgeschaffene ašaheilige Pflanze!

Aša ist das beste Gut[5]) ...

Den schnelle Rosse besitzenden Hvarəxšaēta, die unsterbliche Pracht, verehren wir.

Aša ist das beste Gut[5]) ...

---

[1]) 1735. [2]) 1815. [3]) 1270 u. [4]) = Y. 27. 13. [5]) = Y. 27. 14. [6]) = Y. 68. 10. [7]) = Y. 72. 9. [8]) = Ny. 1. 2. [9]) Wer ist gemeint?

2.

Mihr Nyāyišn.

1—9. Verehrung dir, o Ahura Mazdāh[1] .... Komm mir zu Hilfe, o Mazdāh!

Die schnelle Rosse besitzende Sonne, die unsterbliche Pracht, verehren wir.

Aša ist das beste Gut[2] ...

10. (Als Mazdāhanbeter) ... will ich das Glaubensgelübde ablegen[3] ...... dem ... Hāvanay ...... und Lob.

Den weite Fluren besitzenden, tausendohrigen, zehntausendäugigen Miθra, den bei (seinem) Namen angerufenen Yazata, (und) den gute Weide bietenden Rāman (wollen wir) unter Zufriedenstellung verehren und preisen und befriedigen und loben.

„Wie der beste Oberherr" (soll mir) der Zaotar[3] ..... soll der wissende ... aufsagen.

11. Miθra verehren wir, (der) weite Fluren besitzt, die rechten Sprüche kennt[4] .... den .. wachsamen.

Miθra, (der) rings um das Land ist, verehren wir;
Miθra, (der) inmitten des Landes ist, verehren wir;
Miθra, (der) innerhalb der Landes ist, verehren wir;
Miθra, (der) über dem Lande ist, verehren wir;
Miθra, (der) unter dem Lande ist, verehren wir;
Miθra, (der) vor dem Lande ist, verehren wir;
Miθra, (der) hinter dem Lande ist, verehren wir.

12. Die beiden, Miθra (und) Ahura, die beiden hohen gefahrentrückten ašaheiligen verehren wir;

Sterne und Mond und Sonne (und) — mittelst der Barəsman-Pflanzen — den Miθra verehren wir, den Landesherrn aller Länder.

13. Ob seiner Pracht und Herrlichkeit will ich ihn mit hörbarem Gebet (und) mit Zaoθra's verehren, den weite Fluren besitzenden Miθra;

den weite Fluren besitzenden Miθra verehren wir, (der) den arischen Ländern friedliches Wohnen (und) gutes Wohnen gewährt.

14. Er möge zu uns kommen zur Hilfe,
er möge zu uns kommen zur Freiheit[5],
er möge zu uns kommen zur Unterstützung,
er möge zu uns kommen zur Barmherzigkeit,
er möge zu uns kommen zur Heilung,
er möge zu uns kommen zum Siege,
er möge zu uns kommen zur Seligkeit,
er möge zu uns kommen zum Besitz des (höchsten) Anrechts:
der starke, rings siegreiche, (der) zu verehren (ist und) zu preisen —

---

[1]) = Ny. 1. 1—9. [2]) = Y. 27. 14. [3]) = Ny. 1. 10. [4]) = Ny. 1. 6. [5]) 1513.

der nie betrogene — für die ganze stoffliche Welt, Miθra, er der weite Fluren besitzende.

15. Ihn den kraftvollen Yazata, den gewaltigen, unter den Geschöpfen gewaltigsten —: Miθra will ich mit Zaoθra's verehren[1];
vor ihn will ich treten mit Huldigung und Verehrung, ihn will ich mit hörbarem Gebet (und) mit Zaoθra's verehren: den weite Fluren besitzenden Miθra;
den weite Fluren besitzenden Miθra verehren wir mit Haoma enthaltender Milch[2], mit Barəsman[3] .... und diese (Frauen) wollen wir verehren.

16. Wie der beste Oberherr[4] ...
Verehrung und[5] .... wünsche ich dem weite Fluren besitzenden, tausendohrigen (zehntausendäugigen) Miθra[6] .... dem gute Weide bietenden (Rāman).

17. Aša ist das beste Gut[7] ...
Dem (gebt ihr) Reichtum[8] .... Tausend .... Komm mir (zu Hilfe) .... Aša ist das beste Gut[7] ...
Den weite Fluren besitzenden Miθra verehren wir.
Aša ist das beste Gut[7] ...

3.

Māh Nyāyiš̌n.

1. Verehrung dem Ahura Mazdāh, Verehrung den Aməša Spənta's, Verehrung dem des Rindes Ursprung bildenden Mond: Verehrung (ihm,) dem erblickten[9], Verehrung (ihm) beim Erblicken[10].

2. Durch Befriedigung des Ahura Mazdāh[11] .... Ich bete das Aša(gebet): Aša ist das beste Gut[7] ...
(Als Mazdāhanbeter) ... will ich das Glaubensgelübde ablegen[12] .... und Lob.
Den des Rindes Ursprung bildenden Mond und das einzig geschaffene (Ur)rind und das vielartige Getier (wollen wir) unter Zufriedenstellung verehren und[12] .... soll ... aufsagen.

3. Verehrung dem Ahura[13] .... beim Erblicken.

4. Wie lang wächst der Mond, wie lang nimmt der Mond ab? —
Fünfzehn (Tage) wächst der Mond, fünfzehn nimmt der Mond ab.[14]
Wie die Dauer seiner Zunahme, so (ist) die Dauer (seiner) Abnahme;
so (ist) die Dauer (seiner) Abnahme, wie auch die Dauer seiner Zunahme.[15] —
'Wer (ists), durch den der Mond wächst, nun (wieder) abnimmt?'[16]

---

[1] 616. [2] 1735. [3] = Ny. 1. 16. [4] = Y. 27. 13. [5] = Ny. 1. 17. [6] = Ny. 2. 10. [7] = Y. 27. 14. [8] = Y. 72. 9. [9] 725. [10] 831. [11] = Ny. 1. 2. [12] = Ny. 1. 10. [13] = Ny. 3. 1. [14] 845. [15] 384. [16] Aus Y. 44. 3; 793.

5. Den des Rindes Ursprung bildenden ašaheiligen Mond, den Ratav des Aša, verehren wir.
Jetzt habe ich den Blick auf den Mond gerichtet,
jetzt wurde ich des Mondes gewahr;
auf den lichten Mond habe ich hingeschaut,
den lichten Mond habe ich (jetzt) wahrgenommen[1]).
Da stehen die Aməša Spənta's, den Glanz halten sie in ihrem Besitz;
da stehen die Aməša Spənta's, den Glanz verteilen sie auf der ahurageschaffenen Erde.
6. Dann wenn der Mond mit (seinem) Licht Wärme bringt, wachsen immer gegen den Frühling zu die grünlichen Pflanzen auf der Erde empor.
(Die drei), Antarəmāh und Pərənō.māh und Vīšaptaθa:
den ašaheiligen Antarəmāh, den Ratav des Aša, verehren wir,
den ašaheiligen Pərənō.māh, den Ratav des Aša, verehren wir,
den ašaheiligen Vīšaptaθa, den Ratav des Aša, verehren wir.
7. Ich will den des Rindes Ursprung bildenden Mond verehren, den prächtigen glanzvollen Gott, den habereichen, mit Gluthitze erfüllten, würdevollen, (der) mit Lichtglanz, mit Reichtum ausgestattet (ist), den gewandten, nutzvollen, (der) ein festes Haus besitzt (und) mit gutem Licht versehen[2]) (ist), den heiltätigen Gott.
8. Ob seiner Pracht und Herrlichkeit will ich ihn mit hörbarem Gebet (und) mit Zaoθra's verehren, den des Rindes Ursprung bildenden Mond;
den des Rindes Ursprung bildenden ašaheiligen Mond, den Ratav des Aša, verehren wir mit Haoma enthaltender Milch[3]) . . . .
und diese (Frauen) wollen wir verehren.
9. Wie der beste Oberherr[4]) . . .
Verehrung und[5]) . . . . wünsche ich dem des Rindes Ursprung bildenden Mond und dem einziggeschaffenen (Ur)rind und dem vielartigen Getier.
Aša ist das beste Gut[6]) . . .
10. Verleiht Kraft und Sieg,
verleiht die Üppigkeit[7]) des Rinds,
verleiht die Vielheit der Helden,
(die,) standhaft (und) beredt, siegreich (und) unbesiegbar, die Gegner auf einen Schlag besiegen, die feindlichgesinnten auf einen Schlag besiegen, (die im Stande sind) 'den Getreuen augenfälliges Behagen zu schaffen'[8]):
11. ihr Yazata's, (die) ihr reich seid an Glanz,
ihr Yazata's, (die) ihr reich seid an Heilmitteln!

---

[1]) 1316. [2]) ? [3]) = Ny. 1. 16. [4]) = Y. 27. 13. [5]) = Ny. 1. 17. [6]) = Y. 27. 14. [7]) ? [8]) Nach Y. 34. 4; vgl. 588.

Offenbar sollen eure Großtaten werden, offenbar eure (Taten), (die) ihr auf Anruf helft[1]; offensichtlichen Glanz wahrlich gewährt ihr, ihr Wasser, dem (der zu euch) betet.

12. Aša ist das beste Gut[2] ...
Dem (gebt ihr) Reichtum[3] .... Tausend ..... Komm mir (zu Hilfe) ...... Aša ist das beste Gut[2] ...
(Durch Befriedigung des Ahura) Mazdāh[4] ...
Verehrung dem Ahura[5] .... beim Erblicken.
Aša ist das beste Gut[2] ...
Den ... Mond[6] .... verehren wir.
Aša ist das beste Gut[2] ...

4.

Ardvīsūr Nyāyišn.

1. Durch Befriedigung des Ahura Mazdāh[4] .... Ich bete das Aša(gebet): Aša ist das beste Gut[2] ...
(Als Mazdāhanbeter) ... will ich das Glaubensgelübde ablegen[7] .... und Lob.
Die guten mazdāhgeschaffenen Wasser, das makellose ašaheilige Wasser Arədvī, alle mazdāhgeschaffenen Wasser und alle mazdāhgeschaffenen Pflanzen (wollen wir) unter Zufriedenstellung verehren und preisen und befriedigen und loben.
„Wie der beste Oberherr" soll (mir) der Zaotar[7] .... soll der wissende ... aufsagen.
Wie der beste Oberherr[8] ...

2. Es sprach Ahura Mazdāh zu Spitama Zaraθuštra:
„Du mögest mir diese, o Spitama Zaraθuštra, verehren, sie die gewaltige makellose Arədvī, die sich weithin verbreitende, heilkräftige, daēvafeindliche, Ahura's Lehre zugetane, (die) würdig (ist) von der stofflichen Welt verehrt, würdig von der stofflichen Welt gepriesen zu werden,
die den Eifer fördernde ašaheilige,
die die Herden fördernde ašaheilige,
die Haus und Hof fördernde ašaheilige,
die das Vermögen fördernde ašaheilige,
die das Land fördernde ašaheilige;

3—6. die aller Männer[9] .... sie der Weiber Milch;

7. die Ich, der Ahura Mazdāh, ...[10] hervorgebracht habe, um Haus und Dorf und Gau und Land gedeihen zu lassen[11]."

---

[1] 1669. [2] = Y. 27. 14. [3] = Y. 72. 9. [4] = Ny. 1. 2. [5] = Ny. 3. 1. [6] = Ny. 3. 8. [7] = Ny. 1. 10. [8] = Y. 27. 13. [9] = Y. 65. 2—5. [10] hizvārəna. [11] 1816.

8. Indem ich nunmehr die Staota Yesnya's aufsage[1]) und den Ahuna Vairya aufsage und den Aša Vahišta ...[2]) und die guten Wasser mittelst dieses gāθischen Spruchs läutere: '(was) im Haus des Lobs Ahura Mazdāh als erster erlangt hat'[3]), wird er das dafür als günstigen Erfolg gewähren[4]).

9. Ob ihrer Pracht und Herrlichkeit will ich sie mit hörbarem Gebet verehren, will ich sie mit wohlgebetetem Gebet verehren —
so mögest du dich durch den Ruf weisen lassen[5]), so mögest du (noch) besser verehrt werden[6])! —
(und) mit Zaoθra's (will ich) die gewaltige makellose ašaheilige Arədvī (verehren);
die gewaltige makellose ašaheilige Arədvī, den Ratav des Aša, verehren wir mit Haoma enthaltender Milch[7]) .... und diese (Frauen) wollen wir verehren.

10. Wie der beste Oberherr[8]) ...
Verehrung und (Preis, Kraft und Stärke) wünsche ich den guten mazdāhgeschaffenen Wassern, dem makellosen ašaheiligen Wasser Arədvī, allen mazdāhgeschaffenen Wassern und allen mazdāhgeschaffenen Pflanzen.
Aša ist das beste Gut[9]) ...
Dem (gebt ihr) Reichtum[10]) .... Tausend .... Komm mir (zu Hilfe) .... Aša ist das beste Gut[9]) ...

11. Aša ist das beste Gut[9]) ...
Die gewaltige makellose ašaheilige Arədvī, den Ratav des Aša, verehren wir.
Aša ist das beste Gut[9]) ...

5.

Ātaš i Varhrān Nyāyišn.

1—3. 'Mach dich auf zu mir[11]) .... den Gehorsam und die Herrschgewalt'.

4. Durch Befriedigung des Ahura Mazdāh[12]) ...
Verehrung dir, o Ātar, (Sohn) des Mazdāh Ahura, o gütiger größter Yazata!
Aša ist das beste Gut[9]) ...
(Als Mazdāhanbeter) ... will ich das Glaubensgelübde ablegen[13]) ..... und Lob.
Den Ātar, den Sohn des Ahura Mazdāh, — dich, o Ātar, Sohn des Ahura Mazdāh;

5. den Ātar, den Sohn des Ahura Mazdāh, den Glanz[14]) (und) den mazdāhgeschaffenen Nutzen, die Herrlichkeit[14]) der mazdāhgeschaffenen Arier

---

[1]) 297. [2]) husravāni? [3]) Aus Y. 51. 15; 494. [4]) Schlußworte nach Yt. 5. 19. [5]) 1669. [6]) 1835. [7]) = Ny. 1. 16. [8]) = Y. 27. 13. [9]) = Y. 27. 14. [10]) = Y. 72. 9. [11]) = Y. 33. 12—14; s. Bthl. Gatha's. [12]) = Ny. 1. 2. [13]) = Ny. 1. 10. [14]) Beide Male xᵛarənah-.

und die mazdāhgeschaffene kavische Herrlichkeit; den Ātar, den Sohn des Ahura Mazdāh, den Kavay Haosravah, den See Haosravah, den mazdāhgeschaffenen Berg Asnvant, den mazdāhgeschaffenen See Čaēčasta und die mazdāhgeschaffene kavische Herrlichkeit;

6. den Ātar, den Sohn des Ahura Mazdāh, den mazdāhgeschaffenen Berg Raēvant und die mazdāhgeschaffene kavische Herrlichkeit; den Ātar, den Sohn des Ahura Mazdāh, — o Ātar heiliger Kriegsheld, o hoheitsvoller Yazata, an Heilmitteln reicher Yazata —, den Ātar, den Sohn des Ahura Mazdāh, samt allen Feuer(arte)n, des Reiches Enkel, den Yazata Nairyō.saṇha

wollen wir unter Zufriedenstellung (verehren)[1] ...... soll der wissende ... aufsagen.

7—16. Verehrung und Preis, gute Darbringung und[2] .... nach dem Brauch des Aša in gehörigen Stand gesetztes (Brennholz darbringt).

17. Wie der beste Oberherr[3] ...

Verehrung und (Preis, Kraft und Stärke) wünsche ich für den Ātar, den Sohn des Ahura Mazdāh, — für dich, o Ātar, Sohn des Ahura Mazdāh[4] ..... den Yazata Nairyō.saṇha.

Aša ist das beste Gut[5] ...

18. 'Von deinem Feuer, o Ahura[6], das seine Kraft durch Aša hat[7], dem verheißenen machtvollen, wünschen wir, daß es dem Getreuen augenfälliges Behagen (schaffe)[8], aber, o Mazdāh, dem Feind sichtbare Qual, gemäß deinen Handwinken[8].'[9]

Aša ist das beste Gut[5] ...

19. Dem (gebt ihr Reichtum)[10] .... Tausend .... Komm mir (zu Hilfe) .... Aša ist das beste Gut[5] ...

20. (Durch Befriedigung des Ahura) Mazdāh[11] ...

Verehrung dir (o Ātar, Sohn des Ahura Mazdāh, o gütiger) größter Yazata!

Aša ist das beste Gut[5] ...

---

[1]) = Ny. 1. 10. [2]) = Y. 62. 1—10. [3]) = Y. 27. 13. [4]) = Ny. 5. 4—6. [5]) = Y. 27. 14. [6]) 588. [7]) 40. [8]) 1686. [9]) = Y. 34. 4; s. Bthl. Gatha's. [10]) = Y. 72. 9. [11]) = Ny. 1. 2.

Die Gāh's.

1.

Hāvan Gāh.

1. Unter Befriedigung des Ahura Mazdāh!
Aša ist das beste Gut[1] . . .
Als Mazdāhanbeter, als Zaraθuštraanhänger will ich das Glaubensgelübde ablegen[2], den Daēva's feind, Ahura's Lehre zugetan:
Dem ašaheiligen Hāvanay, dem Ratav des Aša, zu Verehrung und Preis und Befriedigung und Lob;
dem Sāvanhay und dem ašaheiligen Vīsya, dem Ratav des Aša, zu Verehrung und Preis und Befriedigung und Lob.

2. Den weite Fluren besitzenden, tausendohrigen, zehntausendäugigen Miθra, den bei (seinem) Namen angerufenen Yazata, (und) den gute Weide bietenden Rāman (wollen wir) unter Zufriedenstellung verehren und preisen und befriedigen und loben.
„Wie der beste Oberherr"[3]) soll mir der Zaotar aufsagen;
„so der [beste] Richter (ist er gemäß dem heiligen Recht")[3]) soll der wissende (Ašagläubige) aufsagen.

3. Den ašaehrwürdigen Ahura Mazdāh, den Ratav des Aša, verehren wir,
den ašagläubigen Zaraθuštra, den Ratav des Aša, verehren wir,
die Fravašay des ašagläubigen Zaraθuštra verehren wir,
die ašaheiligen[4]) Aməša Spənta's verehren wir.

4. Die guten gewaltigen heiligen Fravašay's der Ašagläubigen verehren wir; (die) der stofflichen und geistigen (Schöpfung);
den wirksamsten der Ratav's, den rührigsten der Yazata's, (der) sich am besten unter den Ratav's des Aša verdient gemacht hat, der am meisten (Huldigungen und Gebete)[5]) erlangt, verehren wir;
die Ratavbefriedigung des ašaheiligen Ratav des Aša, (die) ihr Ziel am besten erreicht, verehren wir.

5. Den ašaheiligen Hāvanay, den Ratav des Aša, verehren wir,
Haurvatāt, den ašaheiligen Ratav des Aša, verehren wir,
Amərətatāt, den ašaheiligen Ratav des Aša, verehren wir,
die an Ahura gerichtete ašaheilige Frage, den Ratav des Aša, verehren wir,

[1]) = Y. 27. 14. [2]) 1362. [3]) s. Y. 27. 13. [4]) Ungrammatisch. [5]) s. Y. 71. 3 No. 1.

die von Ahura erteilte ašaheilige Belehrung, den Ratav des Aša, verehren wir,

den gewaltigen ašaheiligen Yasna Haptaŋhātay, den Ratav des Aša, verehren wir.

6. Sāvaŋhay und den ašaheiligen Vīsya, den Ratav des Aša, verehren wir;

das Airyaman-išya(-Gebet), den ašaheiligen Ratav des Aša, verehren wir, das mächtige siegreiche, gegen die Anfeindungen [der Daēva's] gerichtete, (das) alle Anfeindungen überwindet, alle Anfeindungen immer und immer überwindet, das als letzter, das als mittelster, das als erster gerufen wird[1]) außer dem Mąθra, (das ist) den fünf Gāθā's[2]).

7. Den weite Fluren besitzenden Miθra verehren wir,

und den gute Weide bietenden Rāman verehren wir —

zu Verehrung und Preis des Ratav Vīsya —

und den ašaheiligen Vīsya, den Ratav des Aša, verehren wir.

8. Den weite Fluren besitzenden, tausendohrigen, zehntausendäugigen Miθra, den bei (seinem) Namen angerufenen Yazata, verehren wir;

den gute Weide bietenden Rāman verehren wir.

9. Dich, den ašaheiligen Ātar, den Sohn des Ahura Mazdāh, den Ratav des Aša, verehren wir; samt Zaoθra's[3]) ..... und (die erst) getan werden.

Wen — und welche (Frauen) — unter den Seienden[4]) ...

10. Wie der beste Oberherr[5]) ...

Verehrung und Preis, Kraft und Stärke wünsche ich dem weite Fluren besitzenden, tausendohrigen, zehntausendäugigen Miθra, dem bei (seinem) Namen angerufenen Yazata, (und) dem gute Weide bietenden Rāman.

Aša ist das beste Gut[6]) ...

Dem (gebt ihr) Reichtum[7]) .... Tausend .... Komm mir (zu Hilfe) ...... Aša ist das beste Gut[6]) ...

2.

Rapiθwin Gāh.

1. Unter Befriedigung des Ahura Mazdāh!

Aša ist das beste Gut[6]) ...

Als Mazdāhanbeter, als Zaraθuštraanhänger will ich das Glaubensgelübde ablegen[8]), den Daēva's feind, Ahura's Lehre zugetan:

Dem ašaheiligen Rapiθwina, dem Ratav des Aša, zu Verehrung und Preis und Befriedigung und Lob;

dem Frādaṯ.fšav und dem ašaheiligen Zantuma, dem Ratav des Aša, zu Verehrung und Preis und Befriedigung und Lob.

---

[1]) 399. [2]) 642. [3]) = Y. 71. 23—24. [4]) = Y. 27. 15. [5]) = Y. 27. 13. [6]) = Y. 27. 14. [7]) = Y. 72. 9. [8]) 1362.

2. Den Aša Vahišta und den Ātar, (den Sohn) des Ahura Mazdāh, (wollen wir) unter Zufriedenstellung verehren und preisen und befriedigen und loben.

„Wie der beste Oberherr" soll mir der Zaotar[1] .... aufsagen.

3—4. Den ... Ahura Mazdāh[2] .... die Ratavbefriedigung ... verehren wir.

5. Den ašaheiligen Rapiθwina, den Ratav des Aša, verehren wir;
die ašaheilige Ahunavaitī-Gāθā, den Ratav des Aša, verehren wir,
die ašaheilige Uštavaitī-Gāθā, den Ratav des Aša, verehren wir,
die ašaheilige Spəntā.mainyū-Gāθā, den Ratav des Aša, verehren wir,
die ašaheilige Vohuxšaθrā-Gāθā, den Ratav des Aša, verehren wir,
die ašaheilige Vahištōištī-Gāθā, den Ratav des Aša, verehren wir.

6. Frādat̰.fšav und den ašaheiligen Zantuma, den Ratav des Aša, verehren wir,
und den Fšūšō Mąθra verehren wir,
und das wahrgesprochene Wort verehren wir,
die wahrgesprochenen Sprüche verehren wir: die sieghaften, (die) die Daēva's schlagen, verehren wir;
die Wasser und die Erden verehren wir und die Pflanzen;
und die geistigen Yazata's verehren wir, die schenken (was) besser (als gut ist), die ašaheiligen;
und die ašaheiligen[3] Aməša Spənta's verehren wir.

7. Die guten gewaltigen heiligen Fravašay's der Ašagläubigen verehren wir,
und die Spitzen des besten Aša verehren wir:
die größten durch das Bedenken, die größten durch das Betätigen, die größten durch das Festhalten, die größten durch das Erfüllen, die größten durch das Verbreiten der mazdayasnischen Religion[4].

8. Jene Versammlung und Zusammenkunft, die auf der Höhe jenes Himmels dort von den Aməša Spənta's besucht wird[5] — zu Verehrung und Preis des Ratav Zantuma — und den ašaheiligen Zantuma, den Ratav des Aša, verehren wir.

9. Aša Vahišta und den Ātar, den Sohn des Ahura Mazdāh, verehren wir.

10—11. Dich, den ... Ātar[6] .... und diese (Frauen) wollen wir verehren.

12. Wie der beste Oberherr[7] ...
Verehrung und (Preis, Kraft und Stärke) wünsche ich dem Aša Vahišta und dem Ātar, (dem Sohn) des Ahura Mazdāh.
Aša ist das beste Gut[8] ...
Dem (gebt ihr) Reichtum[9] .... Tausend ...... Komm mir (zu Hilfe) .... Aša ist das beste Gut[8] ...

---

[1]) = Y. 0. 3. [2]) = G. 1. 3—4. [3]) Ungrammatisch. [4]) 1448 (?). [5]) 494 f. [6]) = G. 1. 9. [7]) = Y. 27. 13. [8]) = Y. 27. 14. [9]) = Y. 72. 9.

3.

Uzayarin Gāh.

1. Unter Befriedigung des Ahura Mazdāh!
Aša ist das beste Gut[1] ...
Als Mazdāhanbeter, als Zaraθuštraanhänger will ich das Glaubensgelübde ablegen[2], den Daēva's feind, Ahura's Lehre zugetan:
Dem ašaheiligen Uzayeirina, dem Ratav des Aša, zu Verehrung und Preis und Befriedigung und Lob;
dem Frādaṯ.vīra und dem ašaheiligen Dāhyuma, dem Ratav des Aša, zu Verehrung und Preis und Befriedigung und Lob.
2. Den hohen Gott Napāt Apąm und das mazdāhgeschaffene Wasser (wollen wir) unter Zufriedenstellung verehren und preisen und befriedigen und loben.
„Wie der beste Oberherr" soll mir der Zaotar[3]) .... aufsagen.
3—4. Den ... Ahura Mazdāh[4]) .... die Ratavbefriedigung ... verehren wir.
5. Den ašaheiligen Uzayeirina, den Ratav des Aša, verehren wir;
den ašagläubigen Zaotar, den Ratav des Aša, verehren wir,
den ašagläubigen Hāvanan, den Ratav des Aša, verehren wir,
den ašagläubigen Ātərəvaxš, den Ratav des Aša, verehren wir,
den ašagläubigen Frabərətar, den Ratav des Aša, verehren wir,
den ašagläubigen Ābərət, den Ratav des Aša, verehren wir,
den ašagläubigen Āsnātar, den Ratav des Aša, verehren wir,
den ašagläubigen Raēθwiškara, den Ratav des Aša, verehren wir,
den ašagläubigen Sraošāvarəz, den Ratav des Aša, verehren wir.
6. Den Frādaṯ.vīra und den ašaheiligen Dāhyuma, den Ratav des Aša verehren wir,
die Sterne und den Mond und die Sonne, die [himmlischen] Leuchten[5]), verehren wir,
den anfangslosen Lichtraum verehren wir,
und die wohlige(n) Stätte(n) der Seligen[6]) verehren wir, die 'Qualen für den druggläubigen Mann'[7]) (sind).
7. Den Ašagläubigen, (der) die Pflicht erfüllt, den Ratav des Aša, verehren wir,
und den zweiten (Teil der) Glaubenslehre[8]) verehren wir,
das ašagläubige Geschöpf des Ašaehrwürdigen, (das) die Pflicht erfüllt, verehren wir bei Tag (und) bei Nacht mit würdig dargebrachten Zaoθra's — zu Verehrung und Preis des Ratav Dāhyuma —
und den ašaheiligen Dāhyuma, den Ratav des Aša, verehren wir.

---

[1]) = Y. 27. 14. [2]) 1362. [3]) = Y. 0. 3. [4]) = G. 1. 3—4. [5]) 1489. [6]) 101.
[7]) Nach Y. 45. 7; 1570. [8]) 813 u. No. (?).

8. Den hohen Gott, den strahlenden Gebieter, den schnelle Rosse besitzenden Apąm Napāt verehren wir,
und das ašaheilige mazdāhgeschaffene Wasser verehren wir.
9—10. Dich, den ... Ātar[1]) .... und diese (Frauen) wollen wir verehren.
11. Wie der beste Oberherr[2]) ...
Verehrung und (Preis, Kraft und Stärke) wünsche ich dem hohen Gott Napāt Apąm und dem mazdāhgeschaffenen Wasser.
Aša ist das beste Gut[3]) ...
Dem (gebt ihr) Reichtum[4]) .... Tausend .... Komm mir (zu Hilfe) ...... Aša ist das beste Gut[3]) ...

4.

Aiwisrūθrim Gāh.

1. Unter Befriedigung des Ahura Mazdāh!
Aša ist das beste Gut[3]) ...
Als Mazdāhanbeter, als Zaraθuštraanhänger will ich das Glaubensgelübde ablegen[5]), den Daēva's feind, Ahura's Lehre zugetan:
Dem ašaheiligen Aiwisrūθrima Aibigaya, dem Ratav des Aša, zu Verehrung und Preis und Befriedigung und Lob;
dem Frādaṯ.vīspąm.hujyātay und dem ašaheiligen Zaraθuštrō.təma, dem Ratav des Aša, zu Verehrung und Preis und Befriedigung und Lob.
2. Die Fravašay's der Ašagläubigen und die Scharen von Heldensöhnen besitzenden Frauen und die Yāiryā Hušitay und den gutgebauten schöngewachsenen Ama und den ahurageschaffenen Vərəθraγna und die siegreiche Uparatāt
(wollen wir) unter Zufriedenstellung verehren und preisen und befriedigen und loben.
„Wie der beste Oberherr“ soll mir der Zaotar[6]) .... aufsagen.
3—4. Den ... Ahura Mazdāh[7]) .... die Ratavbefriedigung ... verehren wir.
5. Den ašaheiligen Aiwisrūθrima, den Ratav des Aša, verehren wir,
den ašaheiligen Aibigaya, den Ratav des Aša, verehren wir;
dich, den ašaheiligen Ātar, den Sohn des Ahura Mazdāh, den Ratav des Aša, verehren wir;
die steinerne(n) Kelterpresse(n), die Ratav's des Aša, verehren wir,
die eiserne(n) Kelterpresse(n), die Ratav's des Aša, verehren wir;
samt Zaoθra's, samt Gürtelband verehren wir dies ašamäßig gespreitete Barəsman, den ašaheiligen Ratav des Aša,

[1]) = G. 1. 9. [2]) = Y. 27. 13. [3]) = Y. 27. 14. [4]) = Y. 72. 9. [5]) 1362. [6]) = Y. 0. 3.
[7]) = G. 1. 3—4.

die beiden, Wasser (und) Pflanze, verehren wir,
die beiden Eimer der Renner[1]), den[2]) ašaheiligen Ratav des Aša, verehren wir.

6. Den ašaheiligen Frādat.vīspąm.hujyātay, den Ratav des Aša, verehren wir,
den ašagläubigen Zaraθuštra, den Ratav des Aša, verehren wir,
den ašaheiligen heiligen Mąθra, den Ratav des Aša, verehren wir,
den ašaheiligen Gōuš Urvan, den Ratav des Aša, verehren wir,
den ašaheiligen Zaraθuštrō.təma, den Ratav des Aša, verehren wir,
den ašagläubigen Zaraθuštra, den Ratav des Aša, verehren wir.

7. Den ašagläubigen Priester, den Ratav des Aša, verehren wir,
den ašagläubigen Krieger, den Ratav des Aša, verehren wir,
den ašagläubigen viehzüchtenden Ackerbauern, den Ratav des Aša, verehren wir;
des Hauses ašagläubigen Hausherrn, den Ratav des Aša, verehren wir,
des Dorfes ašagläubigen Dorfherrn, den Ratav des Aša, verehren wir,
des Gaues ašagläubigen Gauherrn, den Ratav des Aša, verehren wir,
des Landes ašagläubigen Landesherrn, den Ratav des Aša, verehren wir.

8. Einen ašagläubigen Jüngling, (der) gut denkt, gut redet, gut handelt, (des) Wesen gut (ist), den Ratav des Aša, verehren wir;
einen ašagläubigen Jüngling, (der) als Fürsprech dient, den Ratav des Aša, verehren wir;
einen ašagläubigen, (der) eine Sippenehe geschlossen hat, den Ratav des Aša, verehren wir;
einen ašagläubigen (Priester, der nur) innerhalb des Landes[3]) (Dienst tut), den Ratav des Aša, verehren wir;
einen segensreichen ašagläubigen (Priester, der auch im Ausland) umhergeht, den Ratav des Aša, verehren wir;
eine Hausherrin des Hauses, den ašagläubigen Ratav des Aša, verehren wir.

9. Eine ašagläubige Frau verehren wir,
(bei der) die guten Gedanken überwiegen,
die guten Reden überwiegen,
die guten Taten überwiegen,
(die) gut lenksam, dem Ratav untertan (ist), ašagläubig, (wie)[4]) die heilige Ārmatay und (wie)[4]) deine Frauen, o Ahura Mazdāh.
Und einen ašagläubigen Mann verehren wir,
(bei dem) die guten Gedanken überwiegen,
die guten Reden überwiegen,
die guten Taten überwiegen,

---

[1]) ? [2]) ! [3]) s. Vr. 3. 3 No. 3. [4]) s. Vr. 3. 4 No. 1.

(der) das Glaubensbekenntnis kennt, die Kayaδa(-Sünde) nicht kennt, 'durch dessen Tätigkeit Haus und Hof von Aša gefördert werden'[1] — zu Verehrung und Preis des Ratav Zaraθuštrō.təma — und den ašaheiligen Zaraθuštrō.təma, den Ratav des Aša, verehren wir.

10. Die guten gewaltigen heiligen Fravašay's der Ašagläubigen verehren wir, und die Scharen von Heldensöhnen besitzenden Frauen verehren wir, und die Yāiryā Hušitay verehren wir, und den gutgebauten schöngewachsenen Ama verehren wir, und den ahurageschaffenen Vərəθraγna verehren wir, und die siegreiche Uparatāt verehren wir.

11—12. Dich, den ... Ātar[2] .... und diese (Frauen) wollen wir verehren.

13. Wie der beste Oberherr[3] ...
Verehrung und (Preis, Kraft und Stärke) wünsche ich den Fravašay's der Ašagläubigen und den Scharen von Heldensöhnen besitzenden Frauen und der Yāiryā Hušitay und dem gutgebauten schöngewachsenen Ama und dem ahurageschaffenen Vərəθraγna und der siegreichen Uparatāt.
Aša ist das beste Gut[4] ...
Dem (gebt ihr) Reichtum[5] .... Tausend ...... Komm mir (zu Hilfe) ...... Aša ist das beste Gut[4] ...

5.

Ušahin Gāh.

1. Unter Befriedigung des Ahura Mazdāh!
Aša ist das beste Gut[4] ...
Als Mazdāhanbeter, als Zaraθuštraanhänger will ich das Glaubensgelübde ablegen[6], den Daēva's feind, Ahura's Lehre zugetan:
Dem ašaheiligen Ušahina, dem Ratav des Aša, zu Verehrung und Preis und Befriedigung und Lob;
dem Bərəjya und dem ašaheiligen Nmānya, dem Ratav des Aša, zu Verehrung und Preis und Befriedigung und Lob.

2. Den ašafrommen, die Belohnungen verschaffenden, siegreichen, Hab und Gut fördernden Sraoša, den gerechtesten Rašnav und die Hab und Gut fördernde, Hab und Gut mehrende Arštāt
(wollen wir) unter Zufriedenstellung verehren und preisen und befriedigen und loben.
„Wie der beste Oberherr" soll mir der Zaotar[7] ..... aufsagen.

---

[1]) Aus Y. 43. 6; 1013. [2]) = G. 1. 9. [3]) = Y. 27. 13. [4]) = Y. 27. 14. [5]) = Y. 72. 9. [6]) 1362. [7]) = Y. 0. 3.

3—4. Den ... Ahura Mazdāh[1] .... die Ratavbefriedigung ... verehren wir.

5. Den ašaheiligen Ušahina, den Ratav des Aša, verehren wir,
die schöne Ušah verehren wir, die Ušah verehren wir: die strahlende, (die) die Rosse flink laufen läßt, (die) die Männer ...[2]), die Einsicht der Männer ...[3]), (sie) die selig, (die) mit Nmānya zusammen (ist)[4];
die flinke Ušah, (die) die Rosse flink laufen läßt, verehren wir, die auf der sieben Teile umfassenden Erde erscheint; jene Ušah verehren wir;
den ašaehrwürdigen Ahura Mazdāh, den Ratav des Aša, verehren wir,
den Vohu Manah verehren wir,
den Aša Vahišta verehren wir,
den Xšaθra Vairya verehren wir,
die heilige gute Ārmatay verehren wir.

6. Den ašaheiligen Bərəǰya, den Ratav des Aša, verehren wir nach dem Brauch des guten Ašaglaubens, nach dem Brauch der guten mazdayasnischen Religion —
zu Verehrung und Preis des Ratav Nmānya —
und den ašaheiligen Nmānya, den Ratav des Aša, verehren wir.

7. Den ašafrommen schöngewachsenen siegreichen, Hab und Gut fördernden, ašaheiligen Sraoša, den Ratav des Aša, verehren wir;
den gerechtesten Rašnav verehren wir,
und die Hab und Gut fördernde, Hab und Gut mehrende Arštāt verehren wir.

8—9. Dich, den ... Ātar[5]) .... und diese (Frauen) wollen wir verehren.

10. Wie der beste Oberherr[6]) ...
Verehrung und (Preis, Kraft und Stärke) wünsche ich dem ašafrommen, die Belohnungen verschaffenden, siegreichen, Hab und Gut fördernden Sraoša, dem gerechtesten Rašnav und der Hab und Gut fördernden, Hab und Gut mehrenden Arštāt.
Aša ist das beste Gut[7]) ...
Dem (gebt ihr) Reichtum[8]) .... Tausend .... Komm mir (zu Hilfe) ...... Aša ist das beste Gut[7]) ...

---

[1]) = G. 1. 3—4. [2]) framən[.nara-]. [3]) framən[.narō.vīra-]. [4]) ?; nmānyāiti. [5]) = G. 1. 9. [6]) = Y. 27. 13. [7]) = Y. 27. 14. [8]) = Y. 72. 9.

Die Yašt's.

1.

Ōhrmazd Yašt.

0. Durch Befriedigung des Ahura Mazdāh, durch Überwindung des Aŋra Mainyav (fördert man) 'die Erfüllung (dessen), was nach [Ahura's] Willen das geeignetste (ist)'[1]).

Ich verpflichte mich feierlich (darauf, daß) gut gedacht und[2]) .... 'sogar des eignen Leibes Leben'[3]).

Ich bete das Aša(gebet): Aša ist das beste Gut[4]) ...

Als Mazdāhanbeter, als Zaraθuštraanhänger will ich das Glaubensgelübde ablegen, den Daēva's feind, Ahura's Lehre zugetan, dem ... Hāvanay[5]) .... und Lob.

Den prächtigen hoheitsvollen Ahura Mazdāh (wollen wir) unter Zufriedenstellung verehren und preisen und befriedigen und loben.

„Wie der beste Oberherr" (soll mir)[6]) .... soll der wissende ... aufsagen.

1. Es fragte Zaraθuštra den Ahura Mazdāh:
„O Ahura Mazdāh, heiligster Geist, Schöpfer der stofflichen Welt, o ašaehrwürdiger! Was ist im heiligen Mąθra am machtvollsten, was am siegreichsten, was am hoheitsvollsten, was beim Schlußwerk am tätigsten,

2. was (ist) am sieghaftesten, was am heiltätigsten, was überwindet am besten die Feindschaften von Daēva's und Menschen, was wirkt am meisten im gesamten stofflichen Dasein auf das Denken ein[7]), was läutert am besten im gesamten stofflichen Dasein die Seelentriebe[8])?"

3. Darauf sprach Ahura Mazdāh:
„Unser Name, o Spitama Zaraθuštra, der der Aməša Spənta's! Das ist im heiligen Mąθra am machtvollsten, das am siegreichsten, das am hoheitsvollsten, das beim Schlußwerk am tätigsten,

4. das (ist) am sieghaftesten, das am heiltätigsten, das überwindet am besten die Feindschaften von Daēva's und Menschen, das wirkt am meisten im gesamten stofflichen Dasein auf das Denken ein[7]), das läutert am besten im gesamten stofflichen Dasein die Seelentriebe[8])."

---

[1]) Aus Y. 50. 11; 1761. [2]) = Y. 11. 17—18. [3]) Aus Y. 33. 14. [4]) = Y. 27. 14. [5]) = Ny. 1. 10; die jeweilige Tageszeit ist zu nennen. [6]) = Y. 0. 3. [7]) 1438. [8]) 1450.

5. Es sagte Zaraθuštra:

„Verkünde mir den Namen, o ašaehrwürdiger Ahura Mazdāh, der dein größter ist und bester und schönster und (der) beim Schlußwerk am tätigsten und (der) der sieghafteste und der heiltätigste (ist) und (der) am besten die Feindschaften von Daēva's und Menschen überwindet:

6. auf daß Ich alle Daēva's und Menschen überwinde,

auf daß Ich alle Zauberer und Hexen überwinde,

auf daß mich niemand überwinde, nicht Daēva, nicht Mensch, nicht Zauberer und (auch) nicht Hexen!"

7. Darauf sprach Ahura Mazdāh:

„'(Der) zu befragen ist'[1]) heiße ich, o ašagläubiger Zaraθuštra! Zweitens der 'zur Herde gehörige', drittens der '...'[2]), viertens das 'beste Aša', fünftens 'alles mazdāhgeschaffene ašaentstammte Gute', sechstens: bin ich 'die Weisheit', siebentens 'der Weisheitsvolle'; achtens: bin ich 'die Einsicht', neuntens der 'Einsichtsvolle';

8. zehntens: bin ich 'die Heiligkeit', elftens 'der Heilige', zwölftens 'Ahura', dreizehntens 'der Gewaltigste', vierzehntens (bin ich) das: 'unerreichbar für Anfeindung'[3]), fünfzehntens 'der Unbesiegliche', sechszehntens '(der jedermanns) Verdienst im Gedächtnis hat'[4]), siebenzehntens '(der) alles wahrnimmt', achtzehntens 'der Heiltätige', neunzehntens: bin ich 'der Schöpfer', zwanzigstens bin ich: bin ich 'Mazdāh' mit Namen!

9. Du mögest mich, o Zaraθuštra, bei Tag (und) bei Nacht mit würdig dargebrachten Zaoθra's verehren:

(so) will ich zu dir kommen zu Hilfe und Unterstützung, Ich der Ahura Mazdah;

es soll zu dir kommen zu Hilfe und Unterstützung er der gute ašafromme Sraoša;

es sollen zu dir kommen zu Hilfe und Unterstützung sie die Wasser und sie die Pflanzen und sie die Fravašay's der Ašagläubigen.

10. Wenn du überwinden willst, o Zaraθuštra, die Anfeindungen[5]) von Daēva's und Menschen[6]), von Zauberern und Hexen, von kavischen und karapanischen Machthabern und °zweifüßigen Schurken, von °zweifüßigen Irrlehrern und von °vierfüßigen Wölfen;

11. von dem °Feindesheer mit der breiten Front, dem breiten Banner, dem hochaufgerichteten Banner, dem entfalteten Banner, (das) das blutige Banner einherträgt:

so sage alle Tage und Nächte diese Namen leise murmelnd auf.

12. Schützer bin ich und Schöpfer und Schirmer bin ich, Kenner und heiligster Geist bin ich;

'der Heiltätige' heiße ich, 'der Heiltätigste' heiße ich;

'der Priester' heiße ich, 'der beste Priester' heiße ich;

---

[1]) ? [2]) ava.tanuya-. [3]) 1446. [4]) Vgl. 1802 zu Y. 32. 6. [5]) 644. [6]) 166.

'Ahura' heiße ich, 'Mazdāh' heiße ich[1]);
'der Ašaehrwürdige' heiße ich, 'der Ašaehrwürdigste' heiße ich;
'der Hoheitsvolle' heiße ich, 'der Hoheitsvollste' heiße ich;
'(der) vieles sieht' heiße ich, '(der) vieles am besten sieht' heiße ich;
'(der) in die Ferne sieht' heiße ich, '(der) am besten in die Ferne sieht' heiße ich;

13. 'Späher' heiße ich, 'Verfolger' heiße ich, 'Schöpfer' heiße ich, 'Schützer' heiße ich, 'Schirmer' heiße ich;
'Kenner' heiße ich, 'der beste Kenner' heiße ich;
'(der) sich Vieh hält' heiße ich, 'der Spruch vom Viehbesitzer' heiße ich;
'(der) nach der Herrschaft verlangt', heiße ich, '(der) am meisten nach der Herrschaft verlangt' heiße ich;
'(des) Herrschaft mild ist' heiße ich, '(des) Herrschaft am mildesten ist' heiße ich;

14. '(der) keinen Trug übt' heiße ich, '(der) sicher vor Betrug ist' heiße ich;
'der Behutsame' heiße ich, '(der) die Feindschaften überwindet' heiße ich;
'(der) auf einen Schlag siegt' heiße ich, '(der) alle besiegt' heiße ich;
'der Allschaffende' heiße ich, '(der) alle Wonne gewährt' heiße ich,
'(der) viel Wonne gewährt' heiße ich, 'der Selige' heiße ich;

15. '(der) wirksamen Nutzen schafft' heiße ich, '(der) wirksamen Vorteil schafft' heiße ich; 'der Nützende' heiße ich;
'der Gewaltige' heiße ich, 'der Gewaltigste' heiße ich;
'Aša' heiße ich, 'der Hohe' heiße ich;
'der Gebieterische' heiße ich, 'der Gebieterischste' heiße ich;
'der Einsichtige' heiße ich, 'der Einsichtigste' heiße ich; '(der) weithin schaut' heiße ich.
Und so (lauten) die Namen[2]).

16. Und wer mir in diesem stofflichen Dasein, o Spitama Zaraθuštra, diese (meine) Namen leise murmelnd aufsagt[3]) bei Tag oder bei Nacht,

17. (wer sie) aufsagt[3]),
aufstehend oder sich niederlegend[4]), sich niederlegend oder aufstehend,
den Gürtel anlegend oder den Gürtel ablegend[5]),
vom Platz weggehend oder aus dem Gau weggehend oder aus dem Land weggehend, zu einem (anderen) Land hingehend:

18. nicht würden diesen Mann[6]), weder an diesem Tage noch in dieser Nacht, die Scheren treffen, nicht die Wurfhammer, nicht die Pfeile, nicht die Dolche, nicht die Keulen des, (der) von Aēšma zum Angriff gesendet, (des) Sinn von der Drug beherrscht ist; nicht vermögen Steine (ihn) zu treffen[7]).

---

[1]) 286. [2]) 370. [3]) Verderbt: framrava. [4]) 841. [5]) 917. [6]) nara! [7]) 1327.

19. Und diese (genannten) zwanzig Namen[1]) dienen als Rückhalt und Schutzwehr gegen die geistige Druggesellschaft und die verruchte varənische und (gegen) den verderblichen Kayaδa(-Sünder)[2]) und gegen den °ruchlosen Allverderber, ihn den Anra Mainyav: man sollte meinen, (so), als ob ein Tausend Männer einen einzigen Mann behüten würde(n)." —

20. 'Wer ist es, der siegreich nach deinem Wort die Seienden beschirmen soll?[3]) Durch ein Gesicht versprich mir den das Leben heilenden Richter zu bestimmen![4]) Und bei Jedem soll Gehorsam samt dem guten Sinn sich einstellen, o Mazdāh, dem du es wünschest[5]).'[6])

21. Verehrung vor der kavischen Herrlichkeit,
Verehrung vor dem arischen Vaējah,
Verehrung, o mazdāhgeschaffene Saokā,
Verehrung vor dem Wasser der Dāityā,
Verehrung vor dem makellosen Wasser Arədvī,
Verehrung vor dem gesamten Sein des Ašaehrwürdigen!
Wie der beste Oberherr[7]) ...
Aša ist das beste Gut[8]) ...

22. Den Ahuna Vairya verehren wir,
den Aša Vahišta, den schönsten Aməša Spənta, verehren wir,
Macht und Stärke und Gewalt und Sieg und Glanz und Kraft verehren wir,
den prächtigen hoheitsvollen Ahura Mazdāh verehren wir.
Wen — und welche (Frauen) — unter den Seienden[9]) ...

23. Wie der beste Oberherr[7]) ...
Verehrung und Preis, Kraft und Stärke wünsche ich dem prächtigen hoheitsvollen Ahura Mazdāh.
Aša ist das beste Gut[8]) ...

24. Beschützen mögest du, o Zaraθuštra, für immer den befreundeten Menschen vor dem übelgesinnten Feind; nicht sollst du (darauf) ausgehen, dem Freund einen Schlag zu versetzen[10]); laß nicht Schaden erleiden[11]), laß nicht um die Habe bringen[12]) jenen gesetzestreuen Mann, der (uns) das größte Opfer spendet, (dabei aber) *uns, die* Aməša Spənta's, um das geringste für (sein) Opfer angeht[13]).

25. Hier in meinem[14]) Hause ist Vohu Manah, o Zaraθuštra,
hier in meinem Hause (ist) Aša Vahišta, o Zaraθuštra,
hier in meinem Hause (ist) Xšaθra Vairya, o Zaraθuštra,
hier in meinem Hause (ist) die heilige Ārmatay, o Zaraθuštra,

---

[1]) 1458, 573. [2]) 1700. [3]) 898. [4]) 285. [5]) 1382. [6]) Aus Y. 44. 16. [7]) = Y. 27. 13. [8]) = Y. 27. 14. [9]) = Y. 27. 15. [10]) 1264. [11]) 758. [12]) 75. [13]) 1237 (?). [14]) d. i. des Ahura Mazdāh.

hier in meinem Hause (sind), o Zaraθuštra, die beiden, Haurvatāt (und) Amərətatāt, die den Lohn der Ašagerechten bilden, (wenn) sie ins künftige Leben kommen[1]).

26. ....[2]), o du ašagläubiger Zaraθuštra, durch meine Geisteskraft und Einsicht[3]), 'wie es mit dem ersten Leben werden wird'[4]), 'und wie zu Ende (der Dinge) das Leben sein wird'[5]).

27. Tausend Heilmittel, zehntausend Heilmittel und (zwar) der heiligen Ārmatay[6])! Und mit (Hilfe) der heiligen Ārmatay zerstört ihre [daēvische] Anfeindung, reißt (ihre) Ohren[7]) ab, bindet (ihre) °Hände zusammen, zertrümmert (ihre) *Waffen*[8]); in Fesseln legt ihn, so daß er Fesseln trägt[9]).

28. 'Wird der Ašaanhänger, o Mazdāh, den Druggenossen überwinden'[10]),
der Ašaanhänger die Drug überwinden,
der Ašaanhänger den Druggenossen überwinden? —
Wir verehren die Ohren des Ahura Mazdāh, daß er das heilige Wort vernehme;
wir verehren die Gedächtniskraft des Ahura Mazdāh, daß er das heilige Wort behalte;
wir verehren die Zunge des Ahura Mazdāh, daß er das heilige Wort verkünde.[11])
Wir verehren jenes Gebirge das Uši.dam Uši.darəna bei Tag (und) bei Nacht mit würdig dargebrachten Zaoθra's.

29. Es sprach Zaraθuštra: „*Fort jage ich euch damit* (*zurück*) *in die Erde*!“[12]) Durch die Augen der heiligen Ārmatay wurde der Schurke zu Boden gestreckt.

30. Tausend Heilmittel, zehntausend Heilmittel!
Die Fravašay dieses ašagläubigen Mannes, der Asmō.x^{v}anvant heißt, verehren wir;
dann will ich als Bekenner (des Glaubens die Fravašay's) der andern Ašagläubigen reichlich verehren;
(die Fravašay) des gewaltigen mazdāhgeschaffenen Gaokərəna, den gewaltigen mazdāhgeschaffenen Gaokərəna verehren wir.

31. Wir verehren die Ohren des Ahura Mazdāh, daß er das heilige Wort vernehme;
wir verehren die Gedächtniskraft des Ahura Mazdāh, daß er das heilige Wort behalte;
wir verehren die Zunge des Ahura Mazdāh, daß er das heilige Wort verkünde.[11])

---

[1]) 1187 f. [2]) vaēθāča taṯča kaēθiča? [3]) 598. [4]) Aus Y. 28. 11; 929. [5]) Aus Y. 30. 4; 81. [6]) Ungrammatisch. [7]) Das ahurische Wort! [8]) 1666. [9]) 697 (?); eig. „fesselt den Fesseln tragenden“. [10]) Aus Y. 48. 2; 436. [11]) 696. [12]) 688.

Wir verehren jenes Gebirge das Uši.dam Uši.darəna bei Tag (und) bei Nacht mit würdig dargebrachten Zaoθra's.
Aša ist das beste Gut[1] ...
32. Die schaffende, sie die heilige Ārmatay, verehren wir, ...[2])
Darum wollen wir ihn, den größten von allen[3]) .... die ... ašaheilige Schöpfung ... (zu erhöhen).
33. Aša ist das beste Gut[1]) ...
Dem (gebt ihr) Reichtum[4]) .... Tausend ..... Komm mir zu Hilfe .... Aša ist das beste Gut[1]) ...

2.

Haft Amahraspand Yašt.

0. Durch Befriedigung des Ahura Mazdāh[5]) .... Ich bete das Aša(gebet): Aša ist das beste Gut[1]) ...
(Als Mazdāhanbeter) ... will ich das Glaubensgelübde ablegen[6]) .... und Lob.
1. [7]) Den prächtigen hoheitsvollen Ahura Mazdāh (und) die Aməša Spənta's; den Vohu Manah, den siegreichen Frieden, (der) über (alle) anderen Geschöpfe hinwegsieht, die angeborene mazdāhgeschaffene Weisheit, die erlernte[8]) mazdāhgeschaffene Weisheit;
2. den schönsten Aša Vahišta, das gewaltige mazdāhgeschaffene Airyaman-išya(-Gebet), die gute weitschauende mazdāhgeschaffene ašaheilige Saokā; den Xšaθra Vairya, den feurigen Metallstrom, die Barmherzigkeit, (die) für die Armen sorgt[9]);
3. die gute heilige Ārmatay, die gute weitschauende mazdāhgeschaffene ašaheilige Rātā; den Ratav Haurvatāt, die Yāiryā Hušitay, die Jahre(sgötter), die Ratav's des Aša; den Ratav Amərətatāt, die beiden, die fette Herde (und) das nutzbringende Getreidefeld, den gewaltigen mazdāhgeschaffenen Gaokərəna;
4. den weite Fluren besitzenden Miθra und den gute Weide bietenden Rāman; den Aša Vahišta und den Ātar, (den Sohn) des Ahura Mazdāh; den hohen Gott Napāt Apąm und das mazdāhgeschaffene Wasser;
5. die Fravašay's der Ašagläubigen und die Scharen von Heldensöhnen besitzenden Frauen und die Yāiryā Hušitay und den gutgebauten schöngewachsenen Ama und den ahurageschaffenen Vərəθraγna und die siegreiche Uparatāt; den ašafrommen, die Belohnungen ver-

[1]) = Y. 27. 14. [2]) yehe dāθre ašaheča ašaonąmča aša.paoiryanąm dāmanąm? [3]) = Y. 27. 1—2. [4]) = Y. 72. 9. [5]) Ny. 1. 2. [6]) = Ny. 1. 10. [7]) § 1—5 = S. 1. 1—7; die §§ enthalten die Namen der 7 ersten Monatstage. [8]) d. i. „vom Ohr gehört". [9]) 806.

schaffenden, siegreichen, Hab und Gut fördernden Sraoša, den gerechtesten Rašnav und die Hab und Gut fördernde, Hab und Gut mehrende Arštāt

(wollen wir) unter Zufriedenstellung (verehren und preisen und befriedigen und loben).

(„Wie der beste Oberherr" soll mir der Zaotar)[1] ...... aufsagen.

6. [2])Den prächtigen hoheitsvollen Ahura Mazdāh verehren wir,
die gutherrschenden wohlmeinenden Aməša Spənta's verehren wir;
den Vohu Manah, den Aməša Spənta, verehren wir,
den siegreichen Frieden, (der) über (alle) anderen Geschöpfe hinwegsieht, verehren wir,
die angeborene mazdāhgeschaffene Weisheit verehren wir,
die erlernte[3]) mazdāhgeschaffene Weisheit verehren wir;
7. den Aša Vahišta, den schönsten Aməša Spənta, verehren wir,
das Airyaman-išya(-Gebet) verehren wir: das gewaltige mazdāhgeschaffene verehren wir,
die gute weitschauende mazdāhgeschaffene ašaheilige Saokā verehren wir;
den Xšaθra Vairya, den Aməša Spənta, verehren wir,
den feurigen Metallstrom verehren wir,
die Barmherzigkeit, (die) für die Armen sorgt[4]), verehren wir;
8. die heilige gute Ārmatay verehren wir,
die gute weitschauende mazdāhgeschaffene ašaheilige Rātā verehren wir;
die Haurvatāt, den Aməša Spənta, verehren wir,
die Yāiryā Hušitay verehren wir,
die ašaheiligen Jahre(sgötter), die Ratav's des Aša, verehren wir;
die Amərətatāt, den Aməša Spənta, verehren wir,
die fette Herde verehren wir und die nutzbringenden Getreidefelder verehren wir,
den gewaltigen mazdāhgeschaffenen Gaokərəna verehren wir;
9. den weite Fluren besitzenden Miθra verehren wir,
den gute Weide bietenden Rāman verehren wir;
Aša Vahišta und Ātar, den Sohn des Ahura Mazdāh, verehren wir;
den hohen Gott, den strahlenden Gebieter, den schnelle Rosse besitzenden Apąm Napāt verehren wir,
und das mazdāhgeschaffene ašaheilige Wasser verehren wir;
10. die guten gewaltigen heiligen Fravašay's der Ašagläubigen verehren wir,
und die Scharen von Heldensöhnen besitzenden Frauen verehren wir,
und die Yāiryā Hušitay verehren wir,
und den gutgebauten schöngewachsenen Ama verehren wir,
und den ahurageschaffenen Vərəθraγna verehren wir,

---

[1]) = Y. 0. 3. [2]) § 6—10 = S. 2. 1—7; s. No. 7 zu Yt. 2. 1. [3]) d. i. „vom Ohr gehört". [4]) 805.

und die siegreiche Uparatāt verehren wir;

den ašafrommen, siegreichen, Hab und Gut fördernden ašaheiligen Sraoša, den Ratav des Aša, verehren wir,

den gerechtesten Rašnav verehren wir,

und die Hab und Gut fördernde, Hab und Gut mehrende Arštāt verehren wir.

11. Die Zauberer (und) Daēva's (und) Menschen wird er, o Zaraθuštra, besiegen; — wer? — (der) fürwahr zum Hause (des Ahura gehört), o Spitama Zaraθuštra! Jede Drug wird er töten, jede Drug wird verschwinden, sobald dieser Mann[1]) solche Sprüche — — —.

12. . . . .[2]), wer sie benutzt, die sieben gutherrschenden wohlmeinenden Aməša Spənta's, um die Gegner abzuhalten[3]). Die mazdayasnische Religion, das roßgestaltige mazdāhgeschaffene ašaheilige Wasser verehren wir.

13. . . . .[4])

14. . . . .[5])

15. Wie der beste Oberherr[6]) . . .

Verehrung und (Preis, Kraft und Stärke) wünsche ich für den prächtigen hoheitsvollen Ahura Mazdāh[7]). . . . . Hab und Gut mehrende (Arštāt).

Aša ist das beste Gut[8]) . . .

Dem (gebt ihr) Reichtum[9]) . . . . Tausend . . . . . . Aša ist das beste Gut[8]) . . .

3.

Ašavahišt Yašt.

0. Durch Befriedigung des Ahura Mazdāh[10]) . . . . Ich bete das Aša(gebet): Aša ist das beste Gut[8]) . . .

(Als Mazdāhanbeter) . . . will ich das Glaubensgelübde ablegen[11]) . . . . und Lob.

Den schönsten Aša Vahišta, das gewaltige mazdāhgeschaffene Airyaman-išya(-Gebet), die gute weitschauende mazdāhgeschaffene ašaheilige Saokā

---

[1]) hō nō!? Die §§ 11—14 sind ein trostloses Machwerk. [2]) aoi.tē aoi tanvō daδāiti aoi.tē aoi aθaurunəm ǰanāiti aθaurunəm yaθa raθaēštārəm vīspa.nō asruštəe nāšātanąm aoǰanha? [3]) 739 (?). [4]) ātarə.vitarə.maibyā vitarə.maibyā vīmraot̰ zaraθuštra ātarə.vitarə.maibyasčit̰ vitarə.maibyasčit̰ vīmraot̰ zaraθuštra yat̰ vanhəuš mananhō yat̰ aiθyeǰanhəm vačąm fraspāvarəš frāča framərəθwača fraǰąθwača? [5]) satavata satə̄.vita utavata utə̄.vita uta uta apa.barənuta yaθa bastəm fravašnąm daēnąm māzdayasnīm nāšātanąm aoǰanha. ašəm vohū . . .? [6]) = Y. 27. 13. [7]) = Yt. 2. 1—5. [8]) = Y. 27. 14. [9]) = Y. 72. 9. [10]) = Ny. 1. 2. [11]) = Ny. 1. 10.

(wollen wir) unter Zufriedenstellung (verehren und preisen und befriedigen und loben).

(„Wie der beste Oberherr")[1]...... soll der wissende ... aufsagen.

1. Es sprach Ahura Mazdāh zu dem Spitama Zaraθuštra:

„Und als ich mit dem besten Aša, o Spitama Zaraθuštra, o Preiser und Zaotar und Rufer und Prediger und Beter und Segner und Sänger, die glänzenden Lichträume und sonnigen Wohnungen schuf[2]), (die) sich kleiden[3]) — —[4]), zu unserer, nämlich der Aməša Spənta's, Verehrung und Preisung, — —[4])."

2. Es sagte Zaraθuštra:

„Sage (mir) nur, o der rechten Sprüche kundiger Ahura Mazdāh, wie die Sprüche waren, als du mit dem besten Aša <o Spitama Zaraθuštra, Preiser und Zaotar und Rufer und Prediger und Beter und Segner und Sänger>[5]) die glänzenden Lichträume und sonnigen Wohnungen schufst[6]), (die) sich kleiden[3]) — —[4]), zu eurer, nämlich der Aməša Spənta's, Verehrung und Preisung, — —[4])."

3. Ich sage es auf das Aša Vahišta. Wenn ich das Aša Vahišta aufsage, dann — — der anderen, nämlich der Aməša Spənta's, gute Heimstätte,

welche Mazdāh mit guten Gedanken schirmt,
welche Mazdāh mit guten Reden schirmt,
welche Mazdāh mit guten Taten schirmt;
im Haus des Lobs des Ahura (ist) die gute Heimstätte.

4. Das Haus des Lobs ist für die ašagläubigen Menschen (bestimmt)[7]); keiner der Druggenossen (kann gehen) auf dem Gang nach dem Haus des Lobs[8]), ...[9]), zu der Sichtbarkeit des Ahura Mazdāh[10]).

5. Es schlägt ...[11]) den bösen Geist aller Zauberer und Hexen das Airyaman(-Gebet)[12]):

der größte der göttlichen Sprüche, der beste der göttlichen Sprüche;
der schönste der göttlichen Sprüche, der allerschönste der göttlichen Sprüche;
der starke unter den göttlichen Sprüchen, der stärkste der göttlichen Sprüche;
der feste unter den göttlichen Sprüchen, der festeste der göttlichen Sprüche;
der sieghafte unter den göttlichen Sprüchen, der sieghafteste der göttlichen Sprüche;
der heiltätige unter den göttlichen Sprüchen, der heiltätigste der göttlichen Sprüche.

---

[1]) = Y. 0. 3. [2]) fradaiθīša!? [3]) ? [4]) Die §§ 1 und 2 sind unvollständig und konfus. [5]) Aus § 1. [6]) frādāhīš?! [7]) 270. [8]) 835 (?). [9]) ravō.hušayōdąm? (Gdn. NA. Var.); 256 No.: etwa „Raum und gutes Wohnen gewährend?". [10]) ?; čiθrəm ahurəm mazdąm. [11]) ahmāi? [12]) So nach dem Sinn; der Wortlaut des Textes besagt das Gegenteil!

6. [1] (Es gibt) einen (Arzt, der) mit dem heiligen Recht heilt,
einen, (der) mit dem Gesetz heilt,
einen, (der) mit dem Messer heilt,
einen, (der) mit den Pflanzen(säften) heilt,
einen, (der durch Besprechungen) mit dem heiligen Wort heilt.
Der heiltüchtigen heiltüchtigster (ist, der) mit dem heiligen Wort heilt[2]); der bei einem ašagläubigen Mann die Eingeweide heilt[3]), der ist der heiltüchtigen heiltüchtigster[2]).

7. °Weichet Krankheiten! °Weichet Tod! °Weichet Daēva's! °Weichet Widerwärtigkeiten! °Weichet dem Ašaglauben feindlicher Irrlehrer! °Weichet menschlicher Machthaber!

8. Ihr drachenentstammten, °weichet,
ihr wolfentstammten, °weichet,
ihr °zweifüßlerentstammten, °weichet!
Tarō.matay, °weichet! Pairi.matay, °weichet! Fieberhitzen, °weichet! Verleumder, °weichet! Friedlose Zustände, °weichet! Mit dem bösen Blick Behaftete, °weichet!

9. Ihr lügnerischsten unter den Lügenrednern, °weichet! Hexende Dirne, °weichet! Kaxᵛarəδische Dirne, °weichet! Vordre nördliche Winde, °weichet! Vordre nördliche Winde, verschwindet! Und (ebenso), der zu diesen drachenentstammten (gehört).

10. Wer tausend mal tausend, zehntausend mal zehntausend[4]) dieser Daēva's tötet, (der) trifft Krankheiten, trifft Tod, trifft Daēva's, trifft Widerwärtigkeiten, trifft den dem Ašaglauben feindlichen Irrlehrer, trifft den menschlichen Machthaber;

11. (der) trifft die drachenentstammten,
trifft die wolfentstammten,
trifft die °zweifüßlerentstammten,
trifft Tarō.matay, trifft Pairi.matay, trifft Fieberhitzen, trifft Verleumder, trifft die friedlosen Zustände, trifft die mit dem bösen Blick Behafteten;

12. (der) trifft die lügnerischsten unter den Lügenrednern, trifft die hexende Dirne, trifft die kaxᵛarəδische Dirne, trifft die vordern nördlichen Winde — verschwindet vordere nördliche Winde — und (ebenso den), der zu diesen °zweifüßlerentstammten (gehört).

13. Wenn einer tausend mal tausend, zehntausend mal zehntausend[4]) dieser Daēva's tötet, stürzte kopfüber hinab aus dem Himmel[5]) der trügerischste der Daēva's, der vielverderbliche Aŋra Mainyav.

14. Es °sprach der vielverderbliche Aŋra Mainyav: „Weh mir, wehe![6])

---

[1]) NA. hat am Anfang des § 6 mąθranąm, das zu § 5 zu ziehen und dort zu streichen ist. [2]) 1180. [3]) 1531 (?). [4]) 913 (!). [5]) 761 f. [6]) 334.

Mit dem besten Aša
wird man das, (was) unter den Krankheiten am meisten Krankheit (ist), treffen,
wird man das, (was) unter den Krankheiten am meisten Krankheit (ist), befeinden;
wird man das, (was) unter den Verderben am meisten Verderben (ist), treffen,
wird man das, (was) unter den Verderben am meisten Verderben (ist), befeinden;
wird man das, (was) unter den Daēva's am meisten Daēva (ist), treffen,
wird man das, (was) unter den Daēva's am meisten Daēva (ist), befeinden;
wird man das, (was) unter den Widerwärtigkeiten am meisten Widerwärtigkeit (ist), treffen,
wird man das, (was) unter den Widerwärtigkeiten am meisten Widerwärtigkeit (ist), befeinden;
wird man den dem Ašaglauben feindlichen Irrlehrer treffen,
wird man den dem Ašaglauben feindlichen Irrlehrer befeinden;
wird man den, (der) unter den Menschen der ärgste Machthaber (ist), treffen,
wird man den, (der) unter den Menschen der ärgste Machthaber (ist), befeinden;
15. wird man den, (der) unter den vom Drachen abstammenden am meisten vom Drachen abstammt, treffen,
wird man den, (der) unter den vom Drachen abstammenden am meisten vom Drachen abstammt, befeinden;
wird man den, (der) unter den vom Wolf abstammenden am meisten vom Wolf abstammt, treffen,
wird man den, (der) unter den vom Wolf abstammenden am meisten vom Wolf abstammt, befeinden;
wird man den, (der) unter den vom °Zweifüßler abstammenden am meisten vom °Zweifüßler abstammt, treffen,
wird man den, (der) unter den vom °Zweifüßler abstammenden am meisten vom °Zweifüßler abstammt, befeinden;
wird man Tarō.matay treffen, wird man Tarō.matay befeinden;
wird man Pairi.matay treffen, wird man Pairi.matay befeinden;
wird man das, (was) unter den Fiebern am meisten Fieber (ist), treffen,
wird man das, (was) unter den Fiebern am meisten Fieber (ist), befeinden;
wird man den verleumderischsten unter den Verleumdern treffen,
wird man den verleumderischsten unter den Verleumdern befeinden;
wird man den unfriedlichsten unter den Unfriedlichen treffen,
wird man den unfriedlichsten unter den Unfriedlichen befeinden;

wird man den, (der) unter den mit bösem Blick Behafteten den bösesten Blick hat, treffen,
wird man den, (der) unter den mit bösem Blick Behafteten den bösesten Blick hat, befeinden;
16. wird man den lügnerischsten unter den Lügenrednern treffen,
wird man den lügnerischsten unter den Lügenrednern befeinden;
wird man die zauberische Dirne treffen, wird man die zauberische Dirne befeinden;
wird man die kaxᵛarəδische Dirne treffen, wird man die kaxᵛarəδische Dirne befeinden;
wird man die vordern nördlichen Winde treffen, wird man die vordern nördlichen Winde befeinden." —
17. Verschwinden soll die Drug, schwinden soll die Drug, °abziehen soll die Drug, völlig verschwinden soll sie; im Norden sollst du verschwinden[1]), nicht sollst du die stoffliche Welt des Aša °zunichte machen!
18. Ob seiner Pracht und Herrlichkeit will ich ihn mit hörbarem Gebet (und) mit Zaoθra's verehren, den Aša Vahišta, den schönsten Aməša Spənta;
den Aša Vahišta, den schönsten Aməša Spənta, verehren wir mit Haoma enthaltender Milch[2]) .... und diese (Frauen) wollen wir verehren.
19. Wie der beste Oberherr[3]) ...
Verehrung und (Preis, Kraft und Stärke) wünsche ich für den schönsten Aša Vahišta[4]) ...... die ... ašaheilige (Saokā).
Aša ist das beste Gut[5]) ...
Dem (gebt ihr) Reichtum[6]) .... Tausend ...... Komm mir zu Hilfe .... Aša ist das beste Gut[5]) ...

4.

Harvatät Yašt.

0. Durch Befriedigung des Ahura Mazdāh[7]) .... Ich bete das Aša(gebet): Aša ist das beste Gut[5]) ...
(Als Mazdāhanbeter) ... will ich das Glaubensgelübde ablegen[8]) .... und Lob.
Den Ratav Haurvatāt, die Yāiryā Hušitay (und) die Jahre(sgötter), die Ratav's des Aša, (wollen wir) unter Zufriedenstellung[9]) .... soll der wissende ... aufsagen.
1. Es sprach Ahura Mazdāh zu dem Spitama Zaraθuštra:
„Ich, ich schuf für die ašagläubigen Männer die Hilfen und Unter-

[1]) 79. [2]) = Ny. 1. 16. [3]) = Y. 27. 13. [4]) = Yt. 3. 0. [5]) = Y. 27. 14. [6]) = Y. 72. 9. [7]) = Ny. 1. 2. [8]) = Ny. 1. 10. [9]) = Yt. 3. 0.

stützungen und Befreiungen und ...[1]) der Haurvatāt; wir ......[2]) (den), der sich bei den Aməša Spənta's einstellen soll, auf daß er zu (der Zahl der) Aməša Spənta's gelange, zu Vohu Manah, Aša Vahišta, Xšaθra Vairya, zur heiligen Ārmatay, zu Haurvatāt und Amərətatāt.

2. Wer gegen die tausend mal tausend dieser Daēva's, die zehntausend mal zehntausend, die hunderttausend mal hunderttausend[3]) die Namen der Aməša Spənta's (und besonders den) der Haurvatāt anrufen würde, wird die Nasav schlagen, wird die Hašī schlagen, wird die Γašay schlagen, wird die Saēnyā schlagen, wird die Būǰay schlagen.

3. Und vor allem spreche ich zu dem ašagläubigen Mann: wenn einer in dieser Weise aus (der Zahl der) geistigen Yazata's zu dem gerechtesten Rašnav, in dieser Weise zu den Aməša Spənta's hält, werden (alle) diese, (*die*) *mannhafte Namen haben*, den ašagläubigen Mann vor der Nasav retten, vor der Hašī, vor der Γašay, vor der Saēnyā, vor der Būǰay, vor dem °Feindesheer mit der breiten Front, vor dem weitentfalteten Banner, vor dem druggläubigen menschlichen Machthaber[4]), vor dem Uštra[5]) Vairya, vor dem männlichen Machthaber[4]), vor dem Zauberer, vor der Hexe, vor ...[6])." —

4. Wie ...[7]) der Weg der Ašagläubigen, wie (der) der Druggläubigen? — Darauf sprach Ahura Mazdāh: „Wenn mir (einer) das heilige Wort rezitirend oder (es) sich ins Gedächtnis zurückrufend oder (es) leise aufsagend oder (es laut) rezitirend eine Furche zieht, (so) könnte er seine Person (darin) verbergen.

5. Jedwede: dich [den Druggenossen] und die Drug, (die) sich in ...[8]) befindet, oder jedwede, (die) sich in Unternehmungen befindet, oder jedwede, (die) sich in Wirrnissen (befindet); jedwede: dich und die Drug will ich in den arischen Heimstätten treffen,
dich und die Drug will ich fesseln,
dich und die Drug schlage ich nieder,
dich und die Drug schaffe ich fort nach der unteren Seite zu.

6. Ein Dreigefurche[9]) furcht er aus, (drei) künde ich dem ašagläubigen Mann;
ein Sechsgefurche[9]) furcht er aus, sechs künde ich dem ašagläubigen Mann;
ein Neungefurche[9]) furcht er aus, neun künde ich dem ašagläubigen Mann.

7. Die Namen [der Aməša Spənta's] schlagen die unter diesen Drug's zurück, (die) sich mit Leichen zu tun machen.
.........[10]) 'er der Priester Zaraθuštra'[11]) aus der abscheulichen

[1]) xᵛītåsča? [2]) †avi frača yaoxmaide? [3]) 280. [4]) ?; s. 1573 No. zu sāsta-. [5]) ? [6]) urusta? [7]) urvašaiti?; nach Darmesteter „sondert sich ab". [8]) haiθyō.-ayanąm? [9]) „Durch 3 (6, 9) parallele Furchstriche hergestellte Abgrenzung". [10]) ǰata karapanō čiθrīm ǰāmāča mərətō saoča? [11]) Nach Y. 33. 6.

Hölle[1]) nach seinem Willen und Belieben, (das heißt) wie auch immer sein Belieben (ist).

8. Nach dem Untergang der Sonne — nach Norden hin — (und wenn) die Sonne noch nicht aufgegangen ist[2]), schlägt er mit niederschmetternder Waffe die Nasav, (daß sie) über und über blutig (wird) — zugrunde gehen wird die Schurkin[3]) —: zu Befriedigung und Lob der geistigen Yazata's.

9. Nicht sollst du, o Zaraθuštra, (einen anderen) in diesem Zauberspruch unterweisen außer dem Vater oder dem Sohn oder dem leiblichen Bruder[4]) oder dem ...[5]) Priester. — (Der) von der Art des Haosravah (ist)[6]) (und) von gutem Wesen, er der von gutem Wesen (ist): der ašagläubige tapfere macht alle Bezirke bereit." —

10. Ob seiner Pracht und Herrlichkeit will ich ihn mit hörbarem Gebet (und) mit Zaoθra's verehren, den Aməša Spənta Haurvatāt;

wir verehren den Aməša Spənta Haurvatāt mit Haoma enthaltender Milch[7]) .... und diese (Frauen) wollen wir verehren.

11. Wie der beste Oberherr[8]) ...

Verehrung und (Preis, Kraft und Stärke) wünsche ich dem Ratav Haurvatāt, der Yāiryā Hušitay (und) den Jahre(sgötter)n, den Ratav's des Aša.

Aša ist das beste Gut[9]) ...

Dem (gebt ihr) Reichtum[10]) .... Tausend .... Komm mir (zu Hilfe) ...... Aša ist das beste Gut[9]) ...

5.

Ardvīsūr Yašt.

0. Durch Befriedigung des Ahura Mazdāh[11]) .... Ich bete das Aša(gebet): Aša ist das beste Gut[9]) ...

(Als Mazdāhanbeter) ... will ich das Glaubensgelübde ablegen[12]) ...... und Lob.

Das makellose ašaheilige Wasser Arədvī und alle mazdāhgeschaffenen Pflanzen (wollen wir) unter Zufriedenstellung[13]) .... soll der wissende ... aufsagen.

I.

1. Es sprach Ahura Mazdāh zu Spitama Zaraθuštra:

„Du mögest mir diese, o Spitama Zaraθuštra, verehren, sie die gewaltige makellose Arədvī, die sich weithin verbreitende, heilkräftige, daēva-

---

[1]) 675. [2]) 1338. [3]) 1151. [4]) 1759. [5]) θrāyavan-? [6]) ? [7]) = Ny. 1. 16. [8]) = Y. 27. 13. [9]) = Y. 27. 14. [10]) = Y. 72. 9. [11]) = Ny. 1. 2. [12]) = Ny. 1. 10. [13]) = Yt. 3. 0.

feindliche, Ahura's Lehre zugetane, (die) würdig (ist) von der stofflichen Welt verehrt, würdig von der stofflichen Welt gepriesen zu werden,
die den Eifer fördernde ašaheilige,
die die Herden fördernde ašaheilige,
die Haus und Hof fördernde ašaheilige,
die das Vermögen fördernde ašaheilige,
die das Land fördernde ašaheilige;

2. die aller Männer Samenflüssigkeiten vollkommen macht,
die aller Weiber Mutterleiber für die Geburt vollkommen macht,
die alle Weiber leicht gebären macht,
die allen Weibern die den Umständen (und) der Zeit entsprechende Milch [1]) verschafft;

3. die umfangreiche weitberühmte [2]), die an Länge so groß ist wie alle die Wasser hier, die auf der Erde hervorfließen; die kraftvolle, die vom Berge Hukairya her bis zum Meer Vouru.kaša hinfließt.

4. Es geraten alle Ufer in dem Meer Vouru.kaša in Aufregung, die ganze Mitte wallt auf,
wenn zu ihnen herzufließt,
wenn zu ihnen herzuströmt
die gewaltige makellose Arədvī, die tausend Seebuchten, tausend Abflüsse (hat); und jede dieser Seebuchten [3]) und jeder dieser Abflüsse (ist) vierzig Tagesritte (lang) für einen Reitersmann, (der) gut zu Roß (ist) [4]).

5. Und der Abfluß dieses meines éinen Wassers [5]) verbreitet sich über alle die sieben Erdteile hin;
und dieses meines éinen Wassers (Abfluß) strömt gleichmäßig herab zur Winters- und Sommerszeit [6]).
Sie [die Arədvī] macht mir die Wasser vollkommen, sie die Samenflüssigkeiten der Männer, sie der Weiber Mutterleiber, sie der Weiber Milch:

6. die Ich, der Ahura Mazdāh, . . . [7]) hervorgebracht habe, um Haus und Dorf und Gau und Land gedeihen zu lassen [8]), und um (sie) zu schützen und zu hüten und zu beaufsichtigen und zu beschützen und zu bewachen.

7. Heran kam, o Zaraθuštra, die gewaltige makellose Arədvī vom Schöpfer Mazdāh her: schön fürwahr sind (ihre) Arme [9]), die weißen, (die) stärker als ein Pferd(eleib sind); herrliche (Dinge) trägt sie zur Schau, die anmutige [10]), überklafterstark fließend [11]), folgendes im Sinne sinnend:

---

[1]) 1507. [2]) 750. [3]) 425. [4]) 158. [5]) 23. [6]) 1774. [7]) hizvārəna? [8]) 1816. [9]) 955. [10]) 1617. [11]) 956.

8. ‚Wer wird mich preisen, wer mit haomahaltigen milchhaltigen, in gehörigen Stand gesetzten, durchgeseihten Zaoθra's verehren? Wem, (der) mir treu und ergeben (ist)[1], soll Ich willfahren, (daß er) munter und wohlgemut (sei)[2]?' —

9. Ob ihrer Pracht und Herrlichkeit will ich sie mit hörbarem Gebet verehren, will ich sie mit wohlgebetetem Gebet (und) mit Zaoθra's verehren, die gewaltige makellose ašaheilige Arədvī.

So mögest du dich durch den Ruf weisen lassen[3]), so mögest du (noch) besser verehrt werden[4]), o gewaltige makellose Arədvī, mit Haoma enthaltender Milch[5]) ..... und diese (Frauen) wollen wir verehren.

II.

10. Du mögest mir diese, o Spitama Zaraθuštra, verehren, sie die gewaltige makellose Arədvī[6]) .... die das Land fördernde ašaheilige.

11. Der vorn (stehend) den Wagen lenkt[7]), hält die Zügel des Wagens[8]); in diesem Wagen fährt sie [Arədvī] sich nach einem Helden sehnend, folgendes im Sinne sinnend: ‚Wer wird mich preisen[9]) .... und wohlgemut (sei)?' — Ob ihrer Pracht[10]) ...

III.

12. Du mögest mir ... verehren[6]) ...... (Arədvī) ...... die das Land fördernde ašaheilige;

13. der vier Zugtiere, alle gleichfarbig weiß, aus gleicher Rasse, die hohen, die Anfeindungen aller Feinde überwinden, der Daēva's und Menschen, der Zauberer und Hexen, der kavischen und karapanischen Machthaber. — Ob ihrer Pracht[10]) ...

IV.

14. Du mögest mir ... verehren[6]) ...... (Arədvī) ...... die das Land fördernde ašaheilige;

15. die kraftvolle lichte hohe schöngewachsene, deren bei Tag und Nacht fallende Wasser[11]) in solcher Fülle herabströmen[12]) wie alle die Wasser hier, die auf der Erde hervorfließen; (sie), die kraftvoll vorwärtsfließt. — Ob ihrer Pracht[10]) ...

V.

16. Du mögest mir ... verehren[6]) ...... (Arədvī) ...... die das Land fördernde ašaheilige.

---

[1]) 119. [2]) 1741. [3]) 1669. [4]) 1835. [5]) = Ny. 1. 16. [6]) = Yt. 5. 1. [7]) 1418. [8]) 359. [9]) = Yt. 5. 8. [10]) = Yt. 5. 9. [11]) „Regenwasser". [12]) 646.

17. Ihr opferte er der Schöpfer Ahura Mazdāh in dem arischen Vaējah der guten Dāityā[1]) mit Haoma enthaltender Milch[2]), mit Barəsman, mit Zungenfertigkeit[3]), (mit Gedanken und Wort und Werk, mit Zaoθra's und mit rechtgesprochenen) Sprüchen.
18. Und er bat sie:
„Diesen Erfolg schenke mir, o gute gewaltigste, o gewaltige makellose Arədvī:
Daß Ich den Sohn des Pourušaspa, den ašagläubigen Zaraθuštra, ständig antreibe,
gemäß der Religion zu denken,
gemäß der Religion zu reden,
gemäß der Religion zu handeln."
19. Es schenkte ihm da diesen Erfolg die gewaltige makellose Arədvī, (die) immer dem bittenden Erfolg schenkt[4]), (der) Zaoθra's darbringt, (der) glaubenstreu opfert. — Ob ihrer Pracht[5]) . . .

VI.

20. Du mögest mir . . . verehren[6]) . . . . . . (Arədvī) . . . . . . die das Land fördernde ašaheilige.
21. Ihr opferte Haošyanha Paraδāta am Anstieg des Harā(gebirgs)[7]) hundert männliche Pferde[8]), tausend Rinder, zehntausend Schafe.
22. Und er bat sie:
„Diesen Erfolg schenke mir, o gute gewaltigste, o gewaltige makellose Arədvī:
Daß Ich die höchste Herrschgewalt über alle Länder werde, über Daēva's und Menschen, über Zauberer und Hexen, über kavische und karapanische Machthaber;
daß Ich zwei Drittel der māzanischen Daēva's und der varənischen Druganhänger zu Boden schlage."
23. Es schenkte ihm da diesen Erfolg die gewaltige makellose Arədvī, (die) immer dem bittenden Erfolg schenkt[4]), (der) Zaoθra's darbringt, (der) glaubenstreu opfert. — Ob ihrer Pracht[5]) . . .

VII.

24. Du mögest mir . . . verehren[6]) . . . . . . (Arədvī) . . . . . . die das Land fördernde ašaheilige.
25. Ihr opferte er der strahlende, schöne Herden besitzende Yima auf dem Berg Hukairya hundert männliche Pferde, tausend Rinder, zehntausend Schafe.
26. Und er bat sie:
„Diesen Erfolg schenke mir, o gute gewaltigste, o gewaltige makellose Arədvī:

[1]) 730. [2]) 1735. [3]) 1815. [4]) 1755. [5]) = Yt. 5. 9. [6]) = Yt. 5. 1. [7]) 390. [8]) 1276.

Daß Ich die höchste Herrschgewalt über alle Länder werde, über Daēva's und Menschen, über Zauberer und Hexen, über kavische und karapanische Machthaber;
daß Ich von den Daēva's wegschaffe:
beides, Vermögen und Vorteil,
beides, die Üppigkeit und die Herden[1]),
beides, Zufriedenheit und Ansehen[2]).“

27. Es schenkte ihm da diesen Erfolg die gewaltige makellose Arədvī, (die) immer dem bittenden Erfolg schenkt[3]), (der) Zaoθra's darbringt, (der) glaubenstreu opfert. — Ob ihrer Pracht[4]) ...

VIII.

28. Du mögest mir ... verehren[5]) ...... (Arədvī) ...... die das Land fördernde ašaheilige.

29. Ihr opferte der °dreimäulige Ažay Dahāka in dem Lande von Bawray hundert männliche Pferde, tausend Rinder, zehntausend Schafe.

30. Und er bat sie:
„Diesen Erfolg schenke mir, o gute gewaltigste, gewaltige makellose Arədvī:
Daß Ich alle[6]) die sieben Erdteile menschenleer mache.“

31. Nicht schenkte ihm da diesen Erfolg die gewaltige makellose Arədvī. — Ob ihrer Pracht[4]) ...

IX.

32. Du mögest mir ... verehren[5]) ...... (Arədvī) ...... die das Land Land fördernde ašaheilige.

33. Ihr opferte der Sohn des Āθwya(hauses)[7]), des gewaltigen Hauses, Θraētaona, bei dem vierohrigen [Lande] Varəna hundert männliche Pferde, tausend Rinder, zehntausend Schafe.

34. Und er bat sie:
„Diesen Erfolg schenke mir, o gute gewaltigste, o gewaltige makellose Arədvī:
Daß ich Sieger werde über den Ažay Dahāka, den °dreimäuligen, °dreiköpfigen, °sechsäugigen[8]) .... um die Welt des Aša zu °verderben;
und (daß) ich seine beiden Frauen (als Beute) wegführe[9]): die beiden, Sanhavak (und) Arənavak[10]), die den schönsten Körper zur Zeugung (von Kindern) haben[11]); die beiden, die für das Hauswesen die trefflichsten (sind)[12]).“

---

[1]) 1027; sva. „die Üppigkeit der Herden“. [2]) 806. [3]) 1755. [4]) = Yt. 5. 9. [5]) = Yt. 5. 1. [6]) aoi ausgelassen. [7]) 323. [8]) = Y. 9. 8. [9]) 223. [10]) 1558. [11]) 1687. [12]) 96.

35. Es schenkte ihm da diesen Erfolg die gewaltige makellose Arədvī, (die) immer dem bittenden Erfolg schenkt[1]), (der) Zaoθra's darbringt, (der) glaubenstreu opfert. — Ob ihrer Pracht[2]) ...

X.

36. Du mögest mir ... verehren[3]) ...... (Arədvī) ...... die das Land fördernde ašaheilige.

37. Ihr opferte der heldensinnige Kərəsāspa *angesichts* des Sees Pišinah hundert männliche Pferde, tausend Rinder, zehntausend Schafe.

38. Und er bat sie:

„Diesen Erfolg schenke mir, o gute gewaltigste, o gewaltige makellose Arədvī:

Daß ich Sieger werde über den Gandarəwa, den mit der goldenen Ferse, bei den wogenden Ufern[4]) am See Vouru.kaša;

(daß) ich das gewaltige Haus des Druggenossen im Lauf erreiche (auf der Erde hier)[5]), der breiten runden fernbegrenzten."

39. Es schenkte ihm da diesen Erfolg die gewaltige makellose Arədvī, (die) immer dem bittenden Erfolg schenkt[1]), (der) Zaoθra's darbringt, (der) glaubenstreu opfert. — Ob ihrer Pracht[2]) ...

XI.

40. Du mögest mir ... verehren[3]) ...... (Arədvī) ...... die das Land fördernde ašaheilige.

41. Ihr opferte der schurkige tūrische Franrasyan an dem Schacht zu der Erde hier hundert männliche Pferde, tausend Rinder, zehntausend Schafe.

42. Und er bat sie:

„Diesen Erfolg schenke mir, o gute gewaltigste, o gewaltige makellose Arədvī:

Daß ich zu jener Herrlichkeit gelange, die inmitten des Sees Vouru.kaša schwebt[6]), die den arischen Ländern, den jetzigen und den künftigen[7]), und die dem ašagläubigen Zaraθuštra gehört."

43. Nicht schenkte ihm da diesen Erfolg die gewaltige makellose Arədvī. — Ob ihrer Pracht[2]) ...

XII.

44. Du mögest mir ... verehren[3]) .... (Arədvī) .... die das Land fördernde ašaheilige.

45. Ihr opferte der tapfere tatkräftige Kavay Usan auf dem Berg Ərəzifya hundert männliche Pferde, tausend Rinder, zehntausend Schafe.

---

[1]) 1755. [2]) = Yt. 5. 9. [3]) = Yt. 5. 1. [4]) 451. [5]) Nach 843 No. zu paθana-.
[6]) 1386 f. [7]) 225.

46. Und er bat sie:
„Diesen Erfolg schenke mir, o gute gewaltigste, o gewaltige makellose Arədvī:
Daß Ich die höchste Herrschgewalt über alle Länder werde, über Daēva's und Menschen, (über Zauberer und Hexen, über kavische) und karapanische (Machthaber).“
47. Es schenkte ihm da diesen Erfolg die gewaltige makellose Arədvī, (die) immer dem bittenden Erfolg schenkt[1]), (der) Zaoθra's darbringt, (der) glaubenstreu opfert. — Ob ihrer Pracht[2]) ...

XIII.

48. Du mögest mir ... verehren[3]) .... (Arədvī) .... die das Land fördernde ašaheilige.
49. Ihr opferte der Held der arischen Länder, der Befestiger des Reiches, Haosravah[4]), *angesichts* des Sees Čaēčasta, des tiefen mit der weiten Wasserfläche, hundert männliche Pferde, tausend Rinder, zehntausend Schafe.
50. Und er bat sie:
„Diesen Erfolg schenke mir, o gute gewaltigste, o gewaltige makellose Arədvī:
Daß Ich die höchste Herrschgewalt über alle Länder werde, über Daēva's und Menschen, (über Zauberer und Hexen, über kavische) und karapanische (Machthaber);
daß Ich von allen Gespannen das vorderste lenke[5]) über sie die lange Rennbahn hin[6]), (und daß) wir durchaus nicht die Fallgrube des Schurken[7]) schneiden[8]), (wenn) er, arge List im Sinn[9]), mich zu Rosse bekämpft.“
51. Es schenkte ihm da diesen Erfolg die gewaltige makellose Arədvī, (die) immer dem bittenden Erfolg schenkt[1]), (der) Zaoθra's darbringt, (der) glaubenstreu opfert. — Ob ihrer Pracht[2]) ...

XIV.

52. Du mögest mir ... verehren[3]) ..... (Arədvī) ..... die das Land fördernde ašaheilige.
53. Ihr opferte der heldenhafte Krieger Tusa auf den Rücken der Pferde, (indem er dabei) um Kraft für die Gespanne, um Gesundheit für die Leiber[10]) bat, (um) die Feinde auf weit hinaus zu erspähen, (die Gegner abzuwehren), die feindseligen hassenden (Widersacher auf einen Schlag zu besiegen[11])).

---

[1]) 1755. [2]) = Yt. 5. 9. [3]) = Yt. 5. 1. [4]) 1770. [5]) 784 f. [6]) 112. [7]) eig. „(dessen), der als Schurke ...“ [8]) 1515 f. [9]) 1089. [10]) 635. [11]) 902.

54. Und er bat sie:
„Diesen Erfolg schenke mir, o gute gewaltigste, o gewaltige makellose Arədvī:
Daß ich Sieger werde über die tapferen von Vaēsaka abstammenden °Söhne bei dem Paß Xšaθrō.suka, dem höchstgelegenen in dem hochragenden ašaheiligen Kanha[1]);
daß Ich die tūrischen Länder entzweischlage:
50 zu schlagen mit 100 Schlägen,
100 zu schlagen mit 1000 Schlägen,
1000 zu schlagen mit 10 000 Schlägen,
10 000 zu schlagen mit 100 000 Schlägen[2]).“
55. Es schenkte ihm da diesen Erfolg die gewaltige makellose Arədvī, (die) immer dem bittenden Erfolg schenkt[3]), (der) Zaoθra's darbringt, (der) glaubenstreu opfert. — Ob ihrer Pracht[4]) ...

XV.

56. Du mögest mir ... verehren[5]) ...... (Arədvī) ...... die das Land fördernde ašaheilige.
57. Ihr opferten die tapferen von Vaēsaka abstammenden °Söhne bei dem Paß Xšaθrō.suka, dem höchstgelegenen in dem hochragenden ašaheiligen Kanha[1]), hundert männliche Pferde, tausend Rinder, zehntausend Schafe.
58. Und sie baten sie:
„Diesen Erfolg schenke uns, o gute gewaltigste, o gewaltige makellose Arədvī:
Daß wir Sieger werden über den heldenhaften Krieger Tusa;
daß Wir die arischen Länder entzweischlagen: 50 zu schlagen mit[6]) .... mit 100 000 Schlägen.“
59. Nicht schenkte ihnen nun da diesen Erfolg die gewaltige makellose Arədvī. — Ob ihrer Pracht[4]) ...

XVI.

60. Du mögest mir ... verehren[5]) .... (Aredvī) .... die das Land fördernde ašaheilige.
61. Ihr opferte Pāurva, er der kundige Schiffer[7]), als ihn der siegreiche Held Θraētaona in die Lüfte in Gestalt eines Geiervogels auffliegen machte.
62. Der schwebte in Folge dessen[8]) drei Tage (und) drei Nächte hindurch[9]) nach seinem Hause zu[10]): er vermochte nicht wieder herunterzu-

[1]) 75, 437. [2]) 281. [3]) 1755. [4]) = Yt. 5. 9. [5]) = Yt. 5. 1. [6]) = Yt. 5. 54. [7]) 890. [8]) 172. [9]) 806. [10]) 836.

kommen[1]). Am Ende der dritten Nacht gelangte er zur Morgenröte, zum Aufleuchten der gewaltigen[2]); um die Morgenröte rief er die gewaltige makellose Arədvī an:

63. „O gewaltige makellose Aredvī! Eil mir rasch zu Hilfe[3]), bring mir jetzt Unterstützung! Ich, ich will dir tausend haomahaltige, milchhaltige, in gehörigen Stand gesetzte, durchgeseihte Zaoθra's bei dem Wasser Raŋhā (dar)bringen, wenn ich lebend zu der ahurageschaffenen Erde hingelange[4]) (und) zu meinem Haus[5]).“

64. Herzufloß die gewaltige makellose Arədvī in Gestalt eines schönen Mädchens, eines sehr kräftigen schöngewachsenen hochgegürteten[6]), eines geradgewachsenen — reich die Herkunft — eines adeligen[7]); vom Knöchel abwärts (war sie) mit glänzendem Schuhwerk bekleidet[8]), (das) mit goldenen Schnürbändern befestigt (ist)[9]).

65. Sie hielt (ihn) an seinen Armen fest[10]); alsbald geschah es — es (dauerte) nicht lang —, daß[11]) er emsig tätig zu der ahurageschaffenen Erde (und) zu seinem Haus hingelangte: gesund, nicht krank, ohne Schaden genommen (zu haben)[12]), ebenso wie auch zuvor[13]).

66. Es schenkte ihm (also) da diesen Erfolg die gewaltige makellose Aredvī, (die) immer dem bittenden Erfolg schenkt[14]), (der) Zaoθra's darbringt, (der) glaubenstreu opfert. — Ob ihrer Pracht[15]) . . .

XVII.

67. Du mögest mir . . . verehren[16]) . . . . . . (Arədvī) . . . . . . die das Land fördernde ašaheilige.

68. Ihr opferte Jāmāspa, als er das Heer der daēvaanbetenden Druggenossen von fern her in Schlachtordnung anrücken sah[17]), hundert männliche Pferde, tausend Rinder, zehntausend Schafe.

69. Und er bat sie:
„Diesen Erfolg schenke mir, o gute gewaltigste, o gewaltige makellose Arədvī:
Daß ich eines ebensogroßen Sieges teilhaftig werde wie alle die andern Arier (zusammen).“

70. Es schenkte ihm da diesen Erfolg die gewaltige makellose Arədvī, (die) immer dem bittenden Erfolg schenkt[14]), (der) Zaoθra's darbringt, (der) glaubenstreu opfert. — Ob ihrer Pracht[15]) . . .

XVIII.

71. Du mögest mir . . . verehren[16]) . . . . . . (Arədvī) . . . . . . die das Land fördernde ašaheilige.

---

[1]) 1534. [2]) 1453. [3]) 504. [4]) 610. [5]) 1861. [6]) 1290. [7]) 587. [8]) 1086. [9]) 1679. [10]) 526. [11]) 1177. [12]) 190. [13]) 1774. [14]) 1755. [15]) = Yt. 5. 9. [16]) = Yt. 5. 1. [17]) 1325.

72. Ihr opferten Ašavazdah, der Sohn des Pourubāxštay, und Ašavazdah und Θrita, die Söhne des Sāyuždrī[1], bei (dem) dem hohen Gott, dem strahlenden Gebieter, dem schnelle Rosse besitzenden Apąm Napāt (geweihten Ort) hundert männliche Pferde, tausend Rinder, zehntausend Schafe.

73. Und sie baten sie:
„Diesen Erfolg schenke uns, o gute gewaltigste, o gewaltige makellose Arədvī:
Daß wir Sieger werden über die beredten tūrischen Dānav's und den Asanbana(sproß) Kara und den Asanbana(sproß) Vara und den sehr tapferen Dūraēkaēta im Kampf um ihr Hab und Gut[2].“

74. Es schenkte ihnen nun da diesen Erfolg die gewaltige makellose Arədvī, (die) immer dem bittenden Erfolg schenkt[3], (der) Zaoθra's darbringt, (der) glaubenstreu opfert. — Ob ihrer Pracht[4] ...

XIX.

75. Du mögest mir ... verehren[5] ...... (Arədvī) ...... die das Land férdernde ašaheilige.

76. Ihr opferte Vistarav, er der Naotaride[6], bei dem Wasser Vītanuhaitī, (indem) er in wahrgesprochener Rede also mit Worten sprach:

77. „Das (ist) nach der Wahrheit, das richtig gesagt[7], o gewaltige makellose Arədvī, daß von mir soviel Daēvaanbeter zu Boden gestreckt (wurden), als ich Haare auf dem Kopf trage[8]. So mach Du mir denn, o gewaltige makellose Arədvī, einen trockenen Durchgang frei über die gute Vītanuhaitī weg!“

78. Herzufloß die gewaltige makellose Arədvī in Gestalt eines schönen Mädchens, eines sehr kräftigen schöngewachsenen hochgegürteten[9], eines geradgewachsenen — reich die Herkunft — eines adeligen[10]; mit goldenem Schuhzeug (war sie) angetan, mit reichverziertem glänzendem[11]. Die einen Wasser ließ sie stillstehen, die andern machte sie weiterfließen; (so) machte sie einen trockenen Durchgang frei über die gute Vītanuhaitī weg[12].

79. Es schenkte ihm (also) da diesen Erfolg die gewaltige makellose Arədvī, (die) immer dem bittenden Erfolg schenkt[3], (der) Zaoθra's darbringt, (der) glaubenstreu opfert. — Ob ihrer Pracht[4] ...

XX.

80. Du mögest mir ... verehren[5] ...... (Arədvī) ...... die das Land fördernde ašaheilige.

---

[1] 1572. [2] 4. [3] 1755. [4] = Yt. 5. 9. [5] = Yt. 5. 1. [6] 1459. [7] 239. [8] 1374, 1572. [9] 1290. [10] 587. [11] 42. [12] 626.

81. Ihr opferte Yōišta, der (aus der Familie) der Fryana's[1]), *auf der umbrandeten Insel* der Raŋhā[2]) hundert männliche Pferde, tausend Rinder, zehntausend Schafe.

82. Und er bat sie:

„Diesen Erfolg schenke mir, o gute gewaltigste, o gewaltige makellose Arədvī:

Daß ich Sieger werde über den arglistigen verblendeten Axtya, und (daß) ich (ihm) auf seine Fragen antworten kann[3]), auf die neunundneunzig schwierigen in feindseliger Absicht gefragten (Fragen)[4]), wenn mich der arglistige verblendete Axtya fragt[3]).“

83. Es schenkte ihm da diesen Erfolg die gewaltige makellose Arədvī, (die) immer dem bittenden Erfolg schenkt[5]), (der) Zaoθra's darbringt, (der) glaubenstreu opfert. — Ob ihrer Pracht[6]) . . .

XXI.

84. Du mögest mir . . . verehren[7]) . . . . . . (Arədvī) . . . . . . die das Land fördernde ašaheilige;

85. der[8]) der wohlwirkende Ahura Mazdāh zu wissen tat:

„Geh herzu, komm wieder her, o gewaltige makellose Arədvī, von jenen Sternen dort zu der ahurageschaffenen Erde.

Dich sollen die tapferen Fürsten, die Landesherren, die Söhne von Landesherren, verehren;

86. dich sollen auch die Ritter, sie die heldenhaften, um Besitz schneller Rosse und um die Überlegenheiten des Ruhmes bitten;

dich sollen die betenden Priester, die . . .[9]) Priester, um Wissen und um Heiligkeit bitten und um den ahurageschaffenen Sieg und um die siegreiche Überlegenheit;

87. dich sollen heiratsfähige emsige Mädchen . . .[10]) um [gute?] Herrschaft bitten und um einen heldenhaften Hausherrn;

dich sollen gebärende junge Frauen[11]) um gute Geburt bitten:

Du, du wirst (all) das (all) diesen zuweisen, (da du dazu) im Stande (bist), o gewaltige makellose Arədvī.“ —

88. Es kam, o Zaraθuštra, die gewaltige makellose Arədvī von jenen Sternen dort zu der ahurageschaffenen Erde; und es sprach die gewaltige makellose Arədvī:

89. „Wahrlich, o ašagläubiger Spitama,

dich setzte Ahura Mazdāh als Ratav[12]) der stofflichen Welt ein,

mich setzte Ahura Mazdāh als Schützer(in)[12]) der gesamten Schöpfung des Ašaehrwürdigen ein.

---

[1]) 1026. [2]) 763. [3]) 1010. [4]) 816. [5]) 1755. [6]) = Yt. 5. 9. [7]) = Yt. 5. 1. [8]) eig. „wo“. [9]) θrāyavan-? [10]) yaona?; vll. „in der Heimstätte“. [11]) 1658. [12]) ?!

Ob meiner Pracht (und) Herrlichkeit ergingen sich Kleinvieh und Großvieh und die zweifüßigen[1]) Menschen über die Erde hin; Ich wahrlich ...[2]) beschütze all das gute mazdāhgeschaffene ašaentstammte, man könnte meinen, (so) wie der Viehstall das Vieh."

90. Es befragte Zaraθuštra sie die gewaltige makellose Arədvī:
„O gewaltige makellose Arədvī! Mit welchem Opfer soll ich dich verehren, mit welchem Opfer soll ich (dir) huldigen, daß dir Mazdāh eine Bahn bereite, *nicht eine Bahn diesseits*, (sondern) über dem Sonnenball[3]); damit dir kein Arg antun können die Schlangen[4]) und Arəθna's[5]) und Vawžaka's[5]) und Varənava's[5]) und Varənava.vīša's[5])?"

91. Darauf sprach die gewaltige makellose Arədvī:
„Fürwahr, o ašagläubiger Spitama! Mit diesem Opfer sollst du mich verehren, mit diesem Opfer sollst du (mir) huldigen vom Sonnenaufgang bis zum Sonnenuntergang: dies mein Zaoθra sollst du genießen; die Priester, (die) die (heiligen) Sprüche erfragt haben, (die) die (heiligen) Lehren erfragt haben, (und) der weise geschickte, (der) das heilige Wort in sich aufgenommen hat, (mögen es genießen).

92. Nicht (aber) sollen dies mein Zaoθra genießen: ein ...[6]), nicht ein Fieberkranker, nicht ein mit Bruch behafteter[7]), nicht ein ...[8]), nicht ein ...[9]); nicht ein Weib, nicht ein Gemeinder, (der) die Gāθā's nicht aufsagt, nicht ein Aussätziger, des Person abgesondert (ist)[10]).

93. Nicht stelle ich mich bei jenen Zaoθra's ein, die für mich genießen Blinde und Taube und Zwerge[11]) und Blödsinnige und ...[12]) und Fallsüchtige: mit dem Zeichen gezeichnete, womit die nichtklugen gezeichnet (sind)[13]) nach aller Urteil[14]). Nicht sollen auch dies mein Zaoθra genießen (die) vorn einen Höcker haben, nicht (die) hinten einen Höcker haben, nicht Zwerge mit ungestalten Zähnen." —

94. Es befragte Zaraθuštra sie die gewaltige makellose Arədvī:
„O gewaltige makellose Arədvī! Was geschieht alsdann mit deinen Zaoθra's[15]), wenn sie dir daēvaanbetende Druggenossen nach Sonnenuntergang darbringen?"

95. Darauf sprach die gewaltige makellose Arədvī:
„Fürwahr, o ašagläubiger Spitama Zaraθuštra! Die Schaudererregenden, die Schelsüchtigen, die Hohnsüchtigen, die Schmähsüchtigen stellen sich — sechshundert und tausend — bei diesen (Zaoθra's) ein, die hinter

---

[1]) bizəngra-!; sonst nur von daēvischen Wesen. [2]) Im Text steht ein Wort, das wahrscheinlich „du" bedeutet. [3]) 133. [4]) 266. [5]) Daēvische Tiere. [6]) harəta-? [7]) Oder „entmannt"? [8]) sačay-? [9]) kasvīš-? [10]) 818. [11]) 782. [12]) ara-? [13]) 899 f. [14]) 127. [15]) 929.

mir zugeführt werden[1]; (die Zaoθra's), die nicht (von mir) besucht werden, (dienen) zur[2]) Verehrung der Daēva's[3]).“ —

96. Ich will den allgefeierten goldenen Berg Hukairya verehren, von dem mir aus einer Höhe von tausend Männern die gewaltige makellose Arədvī herankommt[4]); sie verfügt über (so) große Hoheit[5]) wie alle die Wasser hier, die auf der Erde hervorfließen, (sie), die kraftvoll vorwärtsfließt. — Ob ihrer Pracht[6]) . . .

XXII.

97. Du mögest mir . . . verehren[7]) . . . . . . (Arədvī) . . . . . die das Land fördernde ašaheilige;

98. an die ringsher die Mazdāhanbeter treten[8]), Barəsman in der Hand.
Ihr opferten die Hvōva's, ihr opferten die Naotariden:
um Vermögen baten die Hvōva's, um Besitz schneller Rosse die Naotariden;
alsbald darauf wurden die Hvōva's an Vermögen sehr gewaltig,
alsbald darauf (erhielten) die Naotariden (ihren Wunsch erfüllt): Vīštāspa kam in den Besitz der schnellsten Rosse in diesen Ländern.

99. Es schenkte ihnen nun da diesen Erfolg die gewaltige makellose Arədvī, (die) immer dem bittenden Erfolg schenkt[9]), (der) Zaoθra's darbringt, (der) glaubenstreu opfert. — Ob ihrer Pracht[6]) . . .

XXIII.

100. Du mögest mir . . . verehren[7]) . . . . . . (Arədvī) . . . . . die das Land fördernde ašaheilige;

101. die tausend Seebuchten[10]) . . . . für einen Reitersmann, (der gut zu Roß ist). Am Abfluß einer jeden (der Seebuchten) steht[11]) ein wohlgebautes Haus, ein hundertfenstriges glänzendes tausendsäuliges schöngeformtes, auf zehntausend Tragbalken ruhend, ein gewaltiges (Haus).

102. Bei Jedwedem im Haus[12]) liegt auf dem Divan mit schöner Decke, dem wohlduftenden, mit Polstern versehenen[13]), — —[14]). Herzufließt, o Zaraθuštra, die gewaltige makellose Arədvī aus einer Höhe von tausend Männern[4]); sie verfügt über (so) große Hoheit[5]) wie alle die Wasser hier, die auf der Erde hervorfließen, (sie), die kraftvoll vorwärtsfließt. — Ob ihrer Pracht[6]) . . .

XXIV.

103. Du mögest mir . . . verehren[7]) . . . . . (Arədvī) . . . . . die das Land fördernde ašaheilige.

---

[1]) 1387. [2]) paiti für haiti? [3]) 1327 (?). [4]) 1818. [5]) 551. [6]) = Yt. 5. 9. [7]) = Yt. 5. 1. [8]) 90. [9]) 1755. [10]) = Yt. 5. 4. [11]) 425. [12]) 83. [13]) 1864. [14]) Wer?; vgl. Yt. 17. 10.

104. Ihr opferte er der ašagläubige Zaraθuštra in dem arischen Vaējah der guten Dāityā[1]) mit Haoma enthaltender Milch[2]) .... mit ... Sprüchen.

105. Und er bat sie:
„Diesen Erfolg schenke mir, o gute gewaltigste, o gewaltige makellose Arədvī:
Daß Ich den Sohn des Aurvat̰.aspa, den heldenhaften Kavay Vīštāspa ständig antreibe,
gemäß der Religion zu denken,
gemäß der Religion zu reden,
gemäß der Religion zu handeln."

106. Es schenkte ihm da diesen Erfolg die gewaltige makellose Arədvī, (die) immer dem bittenden Erfolg schenkt[3]), (der) Zaoθra's darbringt, (der) glaubenstreu opfert. — Ob ihrer Pracht[4]) ...

XXV.

107. Du mögest mir ... verehren[5]) ..... (Arədvī) ..... die das Land fördernde ašaheilige.

108. Ihr opferte der hocheinsichtige Kavay Vīštāspa *angesichts* des Wassers [des Sees] Frazdānav hundert (männliche Pferde, tausend Rinder, zehntausend) Schafe.

109. Und er bat sie:
„Diesen Erfolg schenke mir, o gute gewaltigste, o gewaltige makellose Arədvī:
Daß ich Sieger werde über den Tąθryāvant[6]), (des) Wesen übel ist, und über den Daēvaanbeter Pəšana und über den Druggenossen Arəjat̰.aspa im Kampf um sein Hab und Gut[6])."

110. Es schenkte ihm da diesen Erfolg die gewaltige makellose Arədvī, (die) immer dem bittenden Erfolg schenkt[3]), (der) Zaoθra's darbringt, (der) glaubenstreu opfert. — Ob ihrer Pracht[4]) ...

XXVI.

111. Du mögest mir ... verehren[5]) ..... (Arədvī) ..... die das Land fördernde ašaheilige.

112. Ihr opferte der zu Roß kämpfende Zairi.varay *angesichts* des Wassers Dāityā hundert (männliche Pferde, tausend Rinder, zehntausend) Schafe.

113. Und er bat sie:
„Diesen Erfolg schenke mir, o gute gewaltigste, o gewaltige makellose Arədvī:

[1]) 730. [2]) = Ny. 1. 16. [3]) 1755. [4]) = Yt. 5. 9. [5]) = Yt. 5. 1. [6]) 4.

Daß ich Sieger werde über den Daēvaanbeter Humayaka, (der) mit weit ausgestreckten °Klauen in den acht Höhlenräumen haust[1]), und über den Druggenossen Arəjat̰.aspa im Kampf um sein Hab und Gut[2]).“

114. Es schenkte ihm da diesen Erfolg die gewaltige makellose Arədvī, (die) immer dem bittenden Erfolg schenkt[3]), (der) Zaoθra's darbringt, (der) glaubenstreu opfert. — Ob ihrer Pracht[4]) . . .

XXVII.

115. Du mögest mir . . . verehren[5]) . . . . (Arədvī) . . . . die das Land fördernde ašaheilige.

116. Ihr opferte Vandarəmainiš, (der Bruder des)[6]) Arəjat̰.aspa, am See Vouru.kaša hundert (männliche Pferde, tausend Rinder, zehntausend) Schafe.

117. Und er bat sie:

„Diesen Erfolg schenke mir, o gute gewaltigste, o gewaltige makellose Arədvī:

Daß ich Sieger werde über den heldenhaften Kavay Vīštāspa ⟨der zu Pferde kämpfende Zairi.varay⟩[7]);

daß Ich die arischen Länder entzweischlage: 50 zu schlagen[8]) . . . . mit 100 000 Schlägen.“

118. Nicht schenkte ihm da diesen Erfolg die gewaltige makellose Arədvī. — Ob ihrer Pracht[4]) . . .

XXVIII.

119. Du mögest mir . . . verehren[5]) . . . . . (Arədvī) . . . . . die das Land fördernde ašaheilige;

120. der Ahura Mazdāh vier Hengste zimmerte: den Wind und den Regen und die Wolke und den Hagel. Immer, o Spitama Zaraθuštra, lassen (die vier Hengste) es mir regnen und schneien und triefen und hageln[9]);

der [der Arədvī] an Geschossen zuteil wurden neunhundert und tausend[10]).

121. Ich will den allgefeierten goldenen Berg Hukairya verehren, von dem mir aus einer Höhe von tausend Männern die gewaltige makellose Arədvī herankommt[11]); sie verfügt über (so) große Hoheit[12]) wie alle die Wasser hier, die auf der Erde hervorfließen, (sie), die kraftvoll vorwärtsfließt. — Ob ihrer Pracht[4]) . . .

---

[1]) 1833. [2]) 4. [3]) 1755. [4]) = Yt. 5. 9. [5]) = Yt. 5. 1. [6]) s. No. 2 zu vandarəmainiš, 1356. [7]) Einschiebsel, 1682 No. zu zairivaray-. [8]) = Yt. 5. 54. [9]) 1410, 973. [10]) 1729; als Geschosse sind die Regentropfen, Schneeflocken etc. bezeichnet. [11]) 1818. [12]) 551.

XXIX.

122. Du mögest mir ... verehren[1]) ...... (Arədvī) ...... die das Land fördernde ašaheilige.

123. Das goldene Brusttuch haltend, steht die gute da, die gewaltige makellose Arədvī, sich nach der Stimme des Zaotar sehnend, folgendes im Sinne sinnend:

124. ‚Wer wird mich preisen, wer mit haomahaltigen milchhaltigen, in gehörigen Stand gesetzten, durchgeseihten Zaoθra's verehren? Wem, (der) mir treu und ergeben (ist)[2]), soll Ich willfahren, (daß er) munter und wohlgemut (sei)[3])?' — Ob ihrer Pracht[4]) ...

XXX.

125. Du mögest mir ... verehren[1]) ...... (Arədvī) ...... die das Land fördernde ašaheilige;

126. die immer wahrzunehmen ist[5]) — die gewaltige makellose Arədvī — in der Gestalt eines schönen Mädchens[5]), eines sehr kräftigen schöngewachsenen hochgegürteten[6]), eines geradgewachsenen — reich die Herkunft — eines adeligen[7]); in einen kostbaren vielgefalteten goldenen Mantel gekleidet[8]).

127. Wahrlich wie es das Maß (will, hält sie) Barəsman(stengel) in der Hand; mit einem vierkantigen goldenen Ohrgehänge Staat machend[9]), trägt die hochedle gewaltige makellose Arədvī ein Halsgeschmeide an ihrem schönen Hals[10]); sie schnürt sich ihre Taille[11]), damit (ihre) Brüste schöngestaltet und damit sie gefällig seien[12]).

128. Oben (auf dem Kopf) band sich die gewaltige makellose Arədvī ein Diadem fest[13]), (das) mit hundert Juwelen[14]) besetzt, golden achtteilig[15]), wie ein Wagenkasten gestaltet, mit Bändern geschmückt (ist), ein schönes wohlgefertigtes, (an dem) ein Reif hervortritt.

129. Biberkleider[16]) hat die gewaltige makellose Arədvī an von dreihundert Bibern[16]), (die) vier Junge werfen[17]): (von Weibchen) weil das Biberweibchen am schönsten ist, insofern es am dichtesten behaart ist; ⟨der Biber ist ein Wasser(tier)⟩[18]). Bei richtiger Bereitung zur vorgeschriebenen Zeit[19]) strahlen die Felle auf die Beschauer Silber und Gold(glanz) in Fülle[20]). —

130. So trage ich denn, o gute gewaltigste, o gewaltige makellose Arədvī, nach diesem Erfolg Verlangen, daß Ich hochbeliebt große Herrschaften gewinne, (in denen) man viel kocht (und) tüchtige Portionen (zu essen) bekommt[21]); mit schnaubenden Rossen (und) sausenden[22]) Rädern,

---

[1]) = Yt. 5. 1. [2]) 119. [3]) 1741. [4]) = Yt. 5. 9. [5]) 1317. [6]) 1290. [7]) 587. [8]) 1349. [9]) 1617. [10]) 1186. [11]) 362. [12]) 1085. [13]) 911 f. [14]) ? [15]) 261. [16]) 925 o. [17]) 1658. [18]) 925 m. [19]) 1249. [20]) 582 f. [21]) 1608. [22]) ?

(wo) man die Peitsche schwingt[1]; (wo) es viel zu kauen gibt (und) Speisen geborgen sind; (wo) es schöne Wohlgerüche gibt.

In (seinen) Lagerräumen bringt er nach Belieben in reicher Fülle alles unter[2], was zum Wohlleben dient ......[3].

131. So trage ich denn, o gute gewaltige makellose Arədvī, nach zwei Helden Verlangen, und zwar nach einem zweibeinigen Helden und einem vierbeinigen Helden:

nach jenem zweibeinigen Helden, der schnell beim Auszug [zum Kampf] ist und in den Schlachten die Wagen gut voran [gegen den Feind] zu bringen weiß[4];

nach jenem vierbeinigen, der die beiden Flügel des breitfrontigen °Feindesheers zum Wenden bringt, den linken und den rechten, den rechten und den linken.

132. Um dieses (meines) Gebets willen[5],

um dieses (meines) Preises willen,

um dessentwillen (was hier geschieht)[6] komm wieder her, o gewaltige mackellose Arədvī, von jenen Sternen dort zu der ahurageschaffenen Erde, zu dem opfernden Zaotar, zu der überfließenden (den Opferguß darbringenden) hohlen Hand, um zu helfen, (die du) dem bittenden Erfolg schenkst[7], (der) Zaoθra's darbringt, (der) glaubenstreu opfert, auf daß all (meine) Helden siegreich heimkehren wie (die) des Kavay Vīštāspa[8]. — Ob ihrer Pracht[9] ...

133. Wie der beste Oberherr[10] ...

Verehrung und (Preis, Kraft und Stärke) wünsche ich den guten mazdāhgeschaffenen Wassern (und besonders) dem (makellosen) ašaheiligen (Wasser Arədvī).

Aša ist das beste Gut[11] ...

Dem (gebt ihr) Reichtum[12] .... Aša ist das beste Gut[11] ...

6.

Xᵛaršēt Yašt.

0. Durch Befriedigung des Ahura Mazdāh[13] ...... Ich bete das Aša(gebet): Aša ist das beste Gut[11] ...

(Als Mazdāhanbeter) ... will ich das Glaubensgelübde ablegen[14] .... und Lob.

Den unsterblichen prächtigen, schnelle Rosse besitzenden Hvarəxšaēta (wollen wir) unter Zufriedenstellung[15] .... soll (der wissende Ašagläubige) aufsagen.

---

[1]) 561. [2]) 1606. [3]) iriθəntəm xšaθrəm zazāiti?. [4]) 1830. [5]) 12o. [6]) 12m. [7]) 1755. [8]) 1243. [9]) = Yt. 5. 9. [10]) = Y. 27. 13. [11]) = Y. 27. 14. [12]) = Y. 72. 9. [13]) = Ny. 1. 2. [14]) = Ny. 1. 10. [15]) = Yt. 3. 0.

1. Die schnelle Rosse besitzende Sonne, die unsterbliche Pracht, verehren wir.
Dann wenn die Sonne mit (ihrem) Licht Wärme bringt,
dann wenn die Sonne, die Leuchte (des Himmels), Wärme bringt,
stellen sich die geistigen Yazata's (zu) hundert und tausend ein:
diesen Glanz sammeln sie,
diesen Glanz führen sie herab,
diesen Glanz verteilen sie auf der ahurageschaffenen Erde,
Hab und Gut des Aša zu fördern und den Leib des Aša zu fördern.

2. Dann wenn die Sonne aufgeht, erfolgt
eine Läuterung der ahurageschaffenen Erde[1]),
eine Läuterung des fließenden Wassers,
eine Läuterung des Quellwassers[2]),
eine Läuterung des Meerwassers[3]),
eine Läuterung des stehenden Wassers;
erfolgt eine Läuterung der ašagläubigen Geschöpfe, die (die) des heiligen Geistes sind[4]).

3. Wenn (erst) die Sonne nicht (mehr) aufgehen wird,
dann[5]) werden die Daēva's alles, was auf den sieben Erdteilen ist[6]), °zunichte machen[7]);
(dann) finden die geistigen Yazata's in diesem stofflichen Dasein durchaus keinen Aufenthaltsort (und) keine Wohnstätte (mehr)[8]).

4. Wer sie, die schnelle Rosse besitzende Sonne, die unsterbliche Pracht, verehrt,
um der Finsternis zu widerstehen,
um den der Finsternis entstammten Daēva's zu widerstehen,
um den Dieben und Räubern zu widerstehen,
um den Zauberern und Hexen zu widerstehen,
um der Gefahr, (die) von Maršavan droht, zu widerstehen:
(der) verehrt den Ahura Mazdāh, verehrt die Aməša Spənta's, verehrt die eigene Seele; stellt alle geistigen und stofflichen Yazata's durchaus zufrieden:
(der nämlich), der sie, die schnelle Rosse besitzende Sonne, die unsterbliche Pracht, verehrt.

5. Ich will den weite Fluren besitzenden, tausendohrigen, zehntausendäugigen Miθra verehren;
ich will die Keule verehren, (die) auf das °Haupt der Daēva's gut geschwungen (wird); er der weite Fluren besitzende Miθra (führt sie);
ich will auch die Gemeinschaft [mit Miθra] verehren, die die beste unter (allen) Gemeinschaften ist zwischen Mond und Sonne.

---

[1]) 927f. [2]) 532. [3]) 1701. [4]) 269. [5]) 55. [6]) 268. [7]) 1239. [8]) 887.

6. Ob seiner Pracht und Herrlichkeit will ich sie mit hörbarem Gebet (und) mit Zaoθra's verehren, die schnelle Rosse besitzende Sonne, die unsterbliche Pracht;
die schnelle Rosse besitzende Sonne, die unsterbliche Pracht, verehren wir mit Haoma enthaltender Milch[1]) .... und diese (Frauen) wollen wir verehren.
7. Wie der beste Oberherr[2]) ...
Verehrung und (Preis, Kraft und Stärke) wünsche ich dem unsterblichen prächtigen, schnelle Rosse besitzenden Hvarəxšaēta.
Aša ist das beste Gut[3]) ...
Dem (gebt ihr) Reichtum[4]) .... Tausend ..... Aša ist das beste Gut[3]) ...

7.

Māh Yašt.

0. Durch Befriedigung des Ahura Mazdāh[5]) .... Ich bete das Aša(gebet): Aša ist das beste Gut[3]) ...
(Als Mazdāhanbeter) ... will ich das Glaubensgelübde ablegen[6]) ...... und Lob.
Den des Rindes Ursprung bildenden Māh und das einziggeschaffene (Ur)rind und das vielartige Getier (wollen wir) unter Zufriedenstellung[7]) .... soll (der wissende Ašagläubige) aufsagen.
1. Verehrung dem Ahura Mazdāh, Verehrung den Aməša Spənta's, Verehrung dem des Rindes Ursprung bildenden Mond: Verehrung (ihm,) dem erblickten[8]), Verehrung (ihm) beim Erblicken[9]).
2. Wie lang wächst der Mond, wie lang nimmt der Mond ab? —
Fünfzehn (Tage) wächst der Mond, fünfzehn nimmt der Mond ab.[10])
Wie die Dauer seiner Zunahme, so (ist) die Dauer (seiner) Abnahme;
so (ist) die Dauer (seiner) Abnahme, wie auch die Dauer seiner Zunahme.[11]) —
'Wer (ists), durch den der Mond wächst, nun (wieder) abnimmt?'[12])
3. Den des Rindes Ursprung bildenden ašaheiligen Mond, den Ratav des Aša, verehren wir.
Jetzt habe ich den Blick auf den Mond gerichtet,
jetzt wurde ich des Mondes gewahr;
auf den lichten Mond habe ich hingeschaut,
den lichten Mond habe ich (jetzt) wahrgenommen[13]).
Da stehen die Aməša Spənta's, den Glanz halten sie in ihrem Besitz;
da stehen die Aməša Spənta's, den Glanz verteilen sie auf der ahurageschaffenen Erde.

---

[1]) = Ny. 1. 16. [2]) = Y. 27. 13. [3]) = Y. 27. 14. [4]) = Y. 72. 9. [5]) = Ny. 1. 2. [6]) = Ny. 1. 10. [7]) = Yt. 3. 0. [8]) 725. [9]) 831. [10]) 845. [11]) 384. [12]) Aus Y. 44. 3; 793. [13]) 1316.

4. Dann wenn der Mond mit (seinem) Licht Wärme bringt, wachsen immer gegen den Frühling zu die grünlichen Pflanzen auf der Erde empor.
(Die drei), Antarəmāh und Pərənō.māh und Vīšaptaθa:
den ašaheiligen Antarəmāh, den Ratav des Aša, verehren wir,
den ašaheiligen Pərənō.māh, den Ratav des Aša, verehren wir,
den ašaheiligen Vīšaptaθa, den Ratav des Aša, verehren wir.

5. Ich will den des Rindes Ursprung bildenden Mond verehren, den prächtigen glanzvollen Gott, den habereichen, mit Gluthitze erfüllten, würdevollen, (der) mit Lichtglanz, mit Reichtum ausgestattet (ist), den gewandten, nutzvollen, (der) ein festes Haus besitzt (und) mit gutem Licht versehen[1] (ist), den heiltätigen Gott.

6. Ob seiner Pracht und Herrlichkeit will ich ihn mit hörbarem Gebet (und) mit Zaoθra's verehren, den des Rindes Ursprung bildenden Mond;
den des Rindes Ursprung bildenden ašaheiligen Mond, den Ratav des Aša, verehren wir mit Haoma enthaltender Milch[2] ....
und diese (Frauen) wollen wir verehren.

7. Wie der beste Oberherr[3] ...
Verehrung und (Preis, Kraft und Stärke) wünsche ich dem des Rindes Ursprung bildenden Māh und dem einziggeschaffenen (Ur)rind und dem vielartigen Getier.
Aša ist das beste Gut[4] ...
Dem (gebt ihr) Reichtum[5] .... Aša ist das beste Gut[4] ...

8.

Tištr Yašt.

0. Durch Befriedigung des Ahura Mazdāh[6] .... Ich bete das Aša(gebet): Aša ist das beste Gut[4] ...
(Als Mazdāhanbeter) ... will ich das Glaubensgelübde ablegen[7] .... und Lob.
Den prächtigen glanzvollen Tištrya-Stern (und) den gewaltigen mazdāhgeschaffenen ...[8]) Satavaēsa (wollen wir) unter Zufriedenstellung[9] .... soll der (wissende Ašagläubige) aufsagen.

I.

1. Es sprach Ahura Mazdāh zu dem Spitama Zaraθuštra:
„Du sollst des Ahū- und Ratav-Amtes walten.“[10] —
Den Mond und den Aufenthaltsort[11] und den Myazda verehren wir;

---

[1] ? [2] = Ny. 1. 16. [3] = Y. 27. 13. [4] = Y. 27. 14. [5] = Y. 72. 9. [6] = Ny. 1. 2. [7] = Ny. 1. 10. [8] frāpa-? [9] = Yt. 3. 0. [10] 110. [11] ?!

daß sich mir die glanzvollen Sterne zusammentun und voran der Mond, (um) den Kriegern Herrlichkeit zu schenken [1]), will ich den Anweiser der Wohnstätte, den Tištrya-Stern, mit Zaoθra's verehren.

2. Tištrya, den prächtigen glanzvollen Stern, verehren wir, (der) ruhiges Wohnen (und) gutes Wohnen gewährt, den weißen glänzenden hervorleuchtenden aufstrahlenden heiltätigen flinkfliegenden hohen, (der) von fern mit (seinen) lichten makellosen Strahlen aufstrahlt;

und das sich über weite Wasserflächen erstreckende Wasser und die weitberühmte Vaŋhvī und den mazdāhgeschaffenen Namen des Rindes und die starke kavische Herrlichkeit und die Fravašay des ašagläubigen Spitama Zaraθuštra (verehren wir).

3. Ob seiner Pracht und Herrlichkeit will ich ihn mit hörbarem Gebet (und) mit Zaoθra's verehren, den Tištrya-Stern;

Tištrya, den prächtigen glanzvollen Stern, verehren wir mit Haoma enthaltender Milch [2]) . . . . und diese (Frauen) wollen wir verehren.

II.

4. Tištrya, den prächtigen glanzvollen Stern, verehren wir, (der) den Samen des Wassers enthält, den gewaltigen hohen kraftvollen, weithin schauenden, den hohen, überlegen wirkenden, von dem her, dem erhabenen, der Ruhm (stammt) [3]), (aber) von Apąm Napāt (stammt) der Ursprung. — Ob seiner Pracht [4]) . . .

III.

5. Tištrya, den prächtigen glanzvollen Stern, verehren wir, nach dem sich Kleinvieh und Großvieh sehnen und die Menschen, (die) früher Gewalttaten verübt haben [5]), und die Kaēta's [6]), (die) zuvor böslich gehandelt haben [7]).

Wann wird uns der prächtige glanzvolle Tištrya aufgehen?

Wann werden die Wasserquellen, (die) stärker als ein Pferd(eleib sind), aufs neue fließen [8])? — Ob seiner Pracht [4]) . . .

IV.

6. Tištrya, den prächtigen glanzvollen Stern, verehren wir, der ebenso rasch zum See Vouru.kaša dahinfährt wie der durch die Luft fliegende Pfeil [9]), den der Pfeilschütze Ərəxša, der beste Pfeilschütze der Arier, vom Berg Airyō.xšuθa bis zum Berg Xᵛanvant schoß [10]).

7. Da richtete auf ihn [den Pfeil] der Schöpfer Ahura Mazdāh den Atem, da die Wasser und Pflanzen; der weite Fluren besitzende Miθra bahnte ihm ringsum den Pfad [11]). — Ob seiner Pracht [4]) . . .

---

[1]) 1741. [2]) = Ny. 1. 16. [3]) 1737. [4]) = Yt. 8. 3. [5]) 700. [6]) ? [7]) 428. [8]) 625. [9]) 560 f., 1386. [10]) 349. [11]) s. Bthl. IF. 12. 106.

V.

8. Tištrya, den prächtigen glanzvollen Stern, verehren wir, der die Pairikā's überwindet, der die Pairikā's durch und durch überwindet, die als Sternschnuppen zwischen Erde und Himmel stürzen[1]) beim See Vouru.kaša, dem kraftvollen[2]) schöngestalteten tiefen, (des) Wasser sich weithin erstreckt; er kommt wahrlich zu dem See in ašaheiliger Roßgestalt[3]), er läßt diese Wasser heranwogen, und geschickte Winde wehen herzu.

9. Alsdann bringt Satavaēsa diese Wasser an die sieben Erdteile heran. Wenn er sich bei der Lohnverteilung[4]) einstellt[5]), kommt der schöne friedenbringende (Tištrya) zu den Ländern, (auf daß sie) ein Gutjahr haben. — Ob wohl die arischen Länder mit Gutjahr (gesegnet) sein werden? — Ob seiner Pracht[6]) . . .

VI.

10. Tištrya (den prächtigen glanzvollen Stern) verehren wir, der also sprechend zu Ahura Mazdāh sprach:
„O Ahura Mazdāh, heiligster Geist, Schöpfer der stofflichen Welt, o ašaehrwürdiger!

11. Wenn mich die Menschen mit Gebet, (das meinen) Namen nennt, verehren würden, wie die andern Yazata's mit Gebet verehrt werden[7]), (das ihre) Namen nennt, (so) würde ich mich — eignen sonnigen unsterblichen Lebens[8]) — mit dem Alter der bestimmten Zeit[9]) zu den ašagläubigen Männern aufmachen; mit (dem Alter) der bestimmten (Zeit) würde ich auf éine Nacht oder zwei oder fünfzig hinzukommen[10]).“

12. Den Tištrya verehren wir und die Tištryaēinī's verehren wir; und den Stern, (der) auf den ersten (dem Rang nach) folgt[11]), verehren wir; und die Paoiryaēinī's verehren wir; jene Sterne — das Siebengestirn — (verehren wir), um den Zauberern und Hexen zu widerstehen;
den mazdāhgeschaffenen Vanant-Stern verehren wir um (seiner) wohlgefügten Kraft und um (seiner) ahurageschaffenen Wehrhaftigkeit und um (seiner) siegreichen Überlegenheit (und) um (seiner Befähigung), Not und Feindschaft zu überwinden;
den heiläugigen Tištrya verehren wir.

13. Während der ersten zehn Nächte[12]), o Spitama Zaraθuštra, nimmt der prächtige glanzvolle Tištrya eine (sichtbare) Gestalt an[13]), (indem er) in der Gestalt eines fünfzehnjährigen glänzenden kläräugigen hohen überstarken machtvollen geschickten Manns im Lichtglanz schwebt;

---

[1]) 469. [2]) Ungrammatisch, aus Yt. 8. 46 übernommen. [3]) aspō.kəhrpąm ašaonīm! An der Originalstelle (Yt. 8. 46) steht der Lokativ. [4]) Bei der Ernte (?). [5]) 1476. [6]) = Yt. 8. 3. [7]) 135. [8]) 1865. [9]) 333. [10]) 497 f. [11]) d. i. Satavaēsa. [12]) 549. [13]) 1482.

14. eines so alten, wie wann dem Mann zum ersten Mal der Gürtel zuteil wird;[1]
eines so alten, wie wann den Mann zum ersten Mal die Kraft ankommt;[2]
eines so alten, wie wann der Mann zuerst die Mündigkeit erhält.[3]

15. Der hier spricht in der Versammlung, der hier stellt die Frage:
„Wer wird mich jetzt mit milchhaltigen haomahaltigen Zaoθra's verehren? Wem soll Ich gewähren
das aus Männern bestehende Vermögen,
die aus Männern bestehende Schar
und die Vervollkommnung (seiner) eignen Seele?
Jetzt bin ich für die stoffliche Welt verehrungs- und preiswürdig: ihm dem besten Aša gemäß."

16. Während der zweiten zehn Nächte, o Spitama Zaraθuštra, nimmt der prächtige glanzvolle Tištrya eine (sichtbare) Gestalt an[4], (indem er) in der Gestalt eines goldgehörnten Rindes im Lichtglanz schwebt.

17. Der hier spricht in der Versammlung, der hier stellt die Frage:
„Wer wird mich jetzt mit milchhaltigen haomahaltigen Zaoθra's verehren? Wem soll Ich gewähren
das aus Rindern bestehende Vermögen,
die aus Rindern bestehende Schar
und die Vervollkommnung (seiner) eignen Seele?
Jetzt bin ich für die stoffliche Welt verehrungs- und preiswürdig: ihm dem besten Aša gemäß."

18. Während der dritten zehn Nächte, o Spitama Zaraθuštra, nimmt der prächtige glanzvolle Tištrya eine (sichtbare) Gestalt an[4], (indem er) in Gestalt eines weißen schönen Rosses[5] mit goldfarbigen Ohren (und) gold(beschlag)enen Zügeln[6] im Lichtglanz schwebt.

19. Der hier spricht in der Versammlung, der hier stellt die Frage:
„Wer wird mich jetzt mit milchhaltigen haomahaltigen Zaoθra's verehren? Wem soll Ich gewähren
das aus Rossen bestehende Vermögen,
die aus Rossen bestehende Schar
und die Vervollkommnung (seiner) eigenen Seele?
Jetzt bin ich für die stoffliche Welt verehrungs- und preiswürdig: ihm dem besten Aša gemäß."

20. Alsdann kommt, o Spitama Zaraθuštra, der prächtige glanzvolle Tištrya herab zum See Vouru.kaša in Gestalt eines weißen schönen Rosses mit goldfarbigen Ohren (und) gold(beschlag)enen Zügeln[6].

21. Hervorkommend °macht sich gegen ihn auf er der Daēva Apaoša in Gestalt eines schwarzen Rosses[5],
eines kahlen mit kahlen Ohren,

---

[1]) 158, 1291. [2]) 140. [3]) 354. [4]) 1482. [5]) 190. [6]) Oder „mit goldenem Gebiß"?

eines kahlen mit kahlem Rücken,
eines kahlen mit kahlem Schwanz,
eines . . .[1]) schaudererregenden.

22. Die beiden nun werden handgemein, o Spitama Zaraθuštra: der prächtige glanzvolle Tištrya und er der Daēva Apaoša.
Die beiden kämpfen, o Spitama Zaraθuštra, drei Tage (und) drei Nächte lang;
er bemeistert ihn[2]), er besiegt ihn: er der Daēva Apaoša (ihn) den prächtigen glanzvollen Tištrya.

23. Darauf jagt er ihn (eine Strecke) Weg von der Länge eines Hāθra fort vom See Vouru.kaša; Weh und Unheil verheißt sich[3]) der prächtige glanzvolle Tištrya:
„Weh mir, o Ahura Mazdāh; Unheil (euch), ihr Wasser[3]) und Pflanzen; Verhängnis (über dich), o mazdayasnische Religion[4])! Nicht verehren mich nun die Menschen mit Gebet, (das meinen) Namen nennt, wie die andern Yazata's mit Gebet verehrt werden, (das ihren) Namen nennt.

24. Wenn mich die Menschen mit Gebet, (das meinen) Namen nennt, verehren würden, wie die andern Yazata's mit Gebet verehrt werden[5]), (das ihren) Namen nennt, (so) würde ich mir verschaffen[6])
die Kraft von zehn Rossen,
die Kraft von zehn Kamelen,
die Kraft von zehn Rindern,
die Kraft von zehn Bergen,
die Kraft von zehn schiffbaren Wassern.“ —

25. „Ich, ich der Ahura Mazdāh verehre den prächtigen glanzvollen Tištrya mit Gebet, (das seinen) Namen nennt; ich will ihm verschaffen
die Kraft von zehn Rossen,
die Kraft von zehn Kamelen,
die Kraft von zehn Rindern,
die Kraft von zehn Bergen,
die Kraft von zehn schiffbaren Wassern.“

26—28. Alsdann kommt, o Spitama Zaraθuštra, der prächtige glanzvolle Tištrya herab zum See Vouru.kaša[7]) . . . . . .
Die beiden kämpfen, o Zaraθuštra, um die Mittagszeit[8]);
er bemeistert ihn[2]), er besiegt ihn: der prächtige glanzvolle Tištrya ihn den Daēva Apaoša.

29. Darauf jagt er ihn (eine Strecke) Weg von der Länge eines Hāθra fort vom See Vouru.kaša; Glück und Erfolg[9]) verheißt sich der prächtige glanzvolle Tištrya:

---

[1]) daγa-? [2]) 88. [3]) 1547, 2 Stellen. [4]) 923. [5]) 135. [6]) 937. [7]) = Yt. 8. 20—22. [8]) 301, 1704. [9]) 1547; eig. „Nachwunschgehen“.

„Heil ward mir[1]), o Ahura Mazdāh; Heil (euch), ihr Wasser und Pflanzen; Heil (dir), o mazdayasnische Religion; Heil (ward euch), ihr Länder, zuteil[1])! Eure Wasserbäche werden ungehindert hervorbrechen
hin zum Getreide mit den großen Körnern
und zum Gras mit den kleinen Körnern[2]) und zur stofflichen Welt."

30. Alsdann kommt, o Spitama Zaraθuštra, der prächtige glanzvolle Tištrya herab zum See Vouru.kaša in Gestalt eines weißen schönen Rosses mit goldfarbigen Ohren (und) gold(beschlag)enen Zügeln[3]).

31. Der läßt den See aufwogen, der läßt den See überwogen;
der läßt den See aufwallen, der läßt den See überwallen;
der läßt den See auffluten, der läßt den See überfluten:
es geraten alle Ufer in dem See Vouru.kaša in Aufregung, die ganze Mitte wallt auf.

32. Darauf, o Spitama Zaraθuštra, erhebt sich der prächtige glanzvolle Tištrya wieder aus dem See Vouru.kaša;
darauf erhob sich der prächtige glanzvolle Satavaēsa aus dem See Vouru.kaša.
Und alsdann entstehen Nebel bei dem jenseits von Indien gelegenen Berg, der inmitten des Sees Vouru.kaša steht.

33. Und dann kommen die wolkenbildenden ašaheiligen Nebel herangezogen[4]); vorwärts fliegt der südliche der Winde hin zu den Pfaden, die der Hab und Gut fördernde Haoma, der ...[5]) geht[6]). Dahin dann zieht der kühne mazdāhgeschaffene Wind den Regen und die Wolke und den Hagel hin zu den Stätten, hin zu den Wohnplätzen, hin zu den sieben Erdteilen.

34. Apąm Napāt teilt die den (einzelnen) Heimstätten bestimmten Wasser, o Spitama Zaraθuštra, an die stoffliche Welt aus, und er der kühne Wind und die im Wasser ruhende Herrlichkeit und die Fravašay's der Ašagläubigen. — Ob seiner Pracht[7]) ...

VII.

35. Tištrya (den prächtigen glanzvollen Stern) verehren wir, der von dorther, von[8]) der strahlenden Morgenröte her dahinfährt
auf dem Weg, (des) Wende fern liegt,
auf der von den Göttern bestimmten Stätte,
auf der vorgeschriebenen wasserreichen:
zum Wohlgefallen des Ahura Mazdāh, zum Wohlgefallen der Aməša Spənta's. — Ob seiner Pracht[7]) ...

---

[1]) 417. [2]) 263. [3]) Oder „mit goldenem Gebiß"? [4]) 1282. [5]) frāšmay-? [6]) 148. [7]) = Yt. 8. 3. [8]) hača statt hiš zu lesen?, 415 m.

VIII.

36. Tištrya (den prächtigen glanzvollen Stern) verehren wir, nach dem — (wenn) dem Menschen das Jahr (wieder) zu Ende geht[1]) — die Rat erteilenden Fürsten und die wilden (Tiere, die) in den Bergen hausen, und die scheuen, (die) in den Ebenen streifen[2]), ausspähen, (wenn er) im Aufgehen (ist)[3]), (der) bei (seinem) Aufgang dem Land Gutjahr sowohl als Mißjahr heraufbringt[4]). — Ob wohl die arischen Länder mit Gutjahr (gesegnet) sein werden? — Ob seiner Pracht[5]) ...

IX.

37. Tištrya (den prächtigen glanzvollen Stern) verehren wir, (der) sich eilends (dahin)schwingt, (der) schnell (dahin)fliegt, der ebenso rasch zum See Vouru.kaša dahinfährt wie der durch die Luft fliegende Pfeil[6]), den der Pfeilschütze Ərəxša, der beste Pfeilschütze der Arier, vom Berg Airyō.xšuθa bis zum Berg Xᵛanvant schoß[7]).

38. Auf ihn [den Pfeil] richtete Ahura Mazdāh den Atem <die Aməša Spənta's>[8]) (er und) der weite Fluren besitzende Miθra bereiteten ihm beide den Pfad[9]). Hinter ihm drein flogen die beiden begleitend[10]), die gute hohe Ašay und die auf hurtigem Wagen fahrende Pārənday, so lang, bis daß er dahinschießend zum Berg Xᵛanvant gelangte; auf dem Xᵛanvant kam er zur Erde[11]). — Ob seiner Pracht[5]) ...

X.

39. Tištrya (den prächtigen glanzvollen Stern) verehren wir, der die Pairikā's überwindet, der die Pairikā's durch und durch überwindet, die Aŋra Mainyav hinaufschickte, vermeinend, alle den Samen des Wassers enthaltenden Sterne aufhalten zu können[12]).

40. Tištrya überwindet sie, er jagt sie vom See Vouru.kaša fort. Alsdann steigen die Wolken auf[13]), (die) die Gutjahr schaffenden Wasser führen; in denen die strömenden Regenschauer (enthalten sind), die Wasser, (die) strömend[14]) sich gar weithin verbreiten[15]) über die sieben Erdteile hin[14]). — Ob seiner Pracht[5]) ...

XI.

41. Tištrya (den prächtigen glanzvollen Stern) verehren wir, nach dem sich die Wasser sehnen, die stehenden und fließenden, die in Quellen und in Flußläufen, die Schnee- und Regen(wasser)[16]).

---

[1]) 1287. [2]) 190. [3]) 1614. [4]) 759; eig. „mit Gutjahr ... Mißjahr aufgehend". [5]) = Yt. 8. 3. [6]) 560f, 1386. [7]) 349. [8]) Glosse, 429. [9]) 429. [10]) 1152. [11]) 184. [12]) 828. [13]) 990. [14]) 1541. [15]) 83. [16]) 328.

42. Wann wird uns der prächtige glanzvolle Tištrya aufgehen?
Wann werden die Wasserquellen — umfangreicher als ein Pferd(eleib) — herzufließend fließen?[1])
(Wann werden die Quellen) zu den schönen Stätten und Wohnplätzen und Fluren hinfließend[2]) die Wurzeln der Pflanzen mit starkem Netzen benetzen[3])? — Ob seiner Pracht[4]) ...

XII.

43. Tištrya (den prächtigen glanzvollen Stern) verehren wir, der alle Greuel[5]), mit sprühendem Wasser daherfahrend[3]), von all den Wesen hier wegspült und (so sie) heilt[5]), (er) der gewaltigste, wenn er verehrt zufriedengestellt geliebt (und) willkommengeheißen ist. — Ob seiner Pracht[4]) ...

XIII.

44. Tištrya (den prächtigen glanzvollen Stern) verehren wir,
den Ahura Mazdāh zum Ratav und Beaufsichtiger[6]) über alle Sterne gesetzt hat wie über die Menschen den Zaraθuštra;
den Aṅra Mainyav nicht °verderben kann[7]), (den) nicht die Zauberer und Hexen, nicht die Zauberer der Menschen und nicht alle Daēva's zusammen zu °verderben fertigbringen[8]). — Ob seiner Pracht[4]) ...

XIV.

45. Tištrya (den prächtigen glanzvollen Stern) verehren wir, dem Ahura Mazdāh tausend Fertigkeiten verlieh, (ihm) dem gewaltigsten unter den des Wassers Samen enthaltenden (Sternen); der mit den des Wassers Samen enthaltenden (Sternen) im Lichtglanz dahergefahren kommt[9]).

46. Der besucht alle Buchten und alle schönen Zuflüsse und alle schönen Abflüsse des Sees Vouru.kaša, des kraftvollen schöngestalteten tiefen, (des) Wasser sich weithin erstreckt, in Gestalt eines weißen schönen Rosses[10]) mit goldfarbigen Ohren (und) gold(beschlag)enen Zügeln[11]).

47. Dann strömen[12]), o Spitama Zaraθuštra, vom See Vouru.kaša her die fallenden Wasser[13]) herab[12]), die läuternden heiltätigen; diese (Wasser) teilt der gewaltigste (Tištrya) an die Länder dort aus, wo der verehrt zufriedengestellt geliebt (und) willkommengeheißen ist. — Ob seiner Pracht[4]) ...

---

[1]) 89. [2]) 625. [3]) 1338, 2 Stellen. [4]) = Yt. 8. 3. [5]) 1033. [6]) Etwa in der Bed. von Ahū (830 o No.) [7]) 1145. [8]) 771. [9]) 150. [10]) 190. [11]) s. Yt. 8. 18 No. 6. [12]) 646. [13]) „Regenwasser".

XV.

48. **Tištrya** (den prächtigen glanzvollen Stern) verehren wir, nach dem sich alle die Geschöpfe des heiligen Geistes sehnen,
(die) sich unter der Erde aufhalten,
und (die) sich auf der Erde aufhalten,
und die im Wasser und die auf dem Lande leben,
und die sich fliegend bewegen und die in der Freiheit hausen,
und was oben über dem (allen)[1]) die endlose anfangslose Schöpfung des **Aša**ehrwürdigen genannt wird. — Ob seiner Pracht[2]) ...

XVI.

49. **Tištrya** (den prächtigen glanzvollen Stern) verehren wir, den fürsorglichen tatkräftigen geschickten herrschenden, (der) über tausend Herrlichkeiten verfügt[3]), der dem, (der ihn) zufriedenstellt[4]), dem bittenden Menschen ohne Gegenbitte[5]) viel Herrlichkeiten schenkt.

50. Ich, ich schuf, o **Spitama Zaraθuštra**, jenen Stern den **Tištrya**
an Verehrungswürdigkeit gleichend[6]),
an Preiswürdigkeit gleichend,
an Würdigkeit zufriedengestellt zu werden gleichend,
an Lobwürdigkeit gleichend:
mir selber[6]), dem **Ahura Mazdāh**;

51. um jene **Pairikā** zu bestehen und zu unterdrücken und um zu überwinden (ihre auf den Urheber) sich zurückwendende Anfeindung, die [**Pairikā**] des Mißwachses, die (aber) übelredende Menschen „Gutjahrbringerin" mit Namen nennen.

52—53. Wenn Ich nämlich, o **Spitama Zaraθuštra**, jenen Stern den **Tištrya** nicht geschaffen hätte an Verehrungswürdigkeit[7]) .... „Gutjahrbringerin" mit Namen nennen,

54. (so) würde mir ja jeden Tages oder jeder Nacht *jene* **Pairikā**, die des Mißwachses, — hin und wieder °gehend[8]) — die Lebenskraft der gesamten körperlichen Welt ganz und gar entzweispalten[9]).

55. Der prächtige glanzvolle **Tištrya** fesselt ja jene **Pairikā** mit zwiefachen Fesseln und mit dreifachen Fesseln und mit unzersprengbaren (Fesseln) und mit allfachen Fesseln[10]), man sollte meinen, (so) als ob ein Tausend Männer, die *an Körperstärke* die stärksten sind[11]), einen einzigen Mann fesseln würde(n).

56. Wenn, o **Spitama Zaraθuštra**, die **arischen** Länder an des prächtigen glanzvollen **Tištrya** gebührende Anbetung und Preisung dächten[12]),

---

[1]) 394. [2]) = Yt. 8. 3. [3]) 26. [4]) 558. [5]) 53; wörtl. „roganti (ab ipso) non rogato". [6]) 952. [7]) = Yt. 8. 50—51. [8]) 765. [9]) 865. [10]) 1464. [11]) 214. [12]) 1553.

wie es für ihn die gebürendste Anbetung und Preisung ihm, dem besten Aša, gemäß ist, nicht würde hier zu den arischen Ländern °Feindesheer herankommen[1]), nicht Überschwemmung, nicht Krätze, nicht ...[2]), nicht der dem °Feindesheer gehörige Wagen, nicht das erhobene Banner.

57. Ihn befragte Zaraθuštra:

„Was ist denn, Ahura Mazdāh, des prächtigen glanzvollen Tištrya gebürendste Anbetung und Preisung: ihm dem besten Aša gemäß?"

58. Darauf sprach Ahura Mazdāh:

„Zaoθra's sollen ihm die arischen Länder darbringen,
Barəsman's sollen ihm die arischen Länder spreiten,
ein Schaf sollen ihm die arischen Länder kochen, ein weißes oder ein schwarzes[3]) oder (sonst) in irgend einer Farbe gleichfarbiges (Schaf)[4]).

59. Nicht soll davon (was) bekommen[5]) der Schurke, nicht die Dirne, nicht der ...[6]), (der) die Gāθā's nicht rezitirt, das (andere) Leben °zerstört, der Widersacher dieser (unserer) Religion, der ahurischen zaraθuštrischen!

60. Wenn davon[5]) (was) bekäme der Schurke oder die Dirne oder der ...[6]), (der) die Gāθā's nicht rezitirt, das (andere) Leben °zerstört, der Widersacher dieser (unserer) Religion, der ahurischen zaraθuštrischen, (so) nähme der prächtige glanzvolle Tištrya die Heilmittel (mit sich) fort.

61. Gleichzeitig (damit)[4]) würden Überschwemmungen über die arischen Länder kommen,
gleichzeitig (damit) würden °Feindesheere an die arischen Länder °herangehen,
gleichzeitig (damit) würden die arischen Länder (zer)schlagen werden[7]):
50 zu schlagen mit 100 Schlägen,
100 zu schlagen mit 1000 Schlägen,
1000 zu schlagen mit 10 000 Schlägen,
10 000 zu schlagen mit 100 000 Schlägen[8])." — Ob seiner Pracht[9]) ...

62. Wie der beste Oberherr[10]) ...
Verehrung und (Preis, Kraft und Stärke) wünsche ich dem prächtigen glanzvollen Tištrya-Stern (und) dem gewaltigen mazdāhgeschaffenen ...[11]) Satavaēsa.
Aša ist das beste Gut[12]) ...
Dem (gebt ihr) Reichtum[13]) .... Tausend .... Aša ist das beste Gut[12]) ...

---

[1]) 1024. [2]) kapastay-? [3]) 190, 1432. [4]) 1774. [5]) 527. [6]) ašāva-? [7]) ?
[8]) 281. [9]) = Yt. 8. 3. [10]) = Y. 27. 13. [11]) frāpa-? [12]) = Y. 27. 14. [13]) = Y. 72. 9.

9.

Drvāsp Yašt.

0. Durch Befriedigung des Ahura Mazdāh[1]) .... Ich bete das Aša(gebet): Aša ist das beste Gut[2]) ...
(Als Mazdāhanbeter) ... will ich das Glaubensgelübde ablegen[3]) .... und Lob.
Die gewaltige mazdāhgeschaffene ašaheilige Drvāspā (wollen wir) unter Zufriedenstellung[4]) .... soll der wissende ... aufsagen.

I.

1. Die gewaltige mazdāhgeschaffene ašaheilige Drvāspā verehren wir,
(die) das Kleinvieh gesund erhält,
das Großvieh gesund erhält,
die Freunde gesund erhält,
die Kinder gesund erhält,
mit reichem Spähen weither, ...[5]), mit seligem, ...[6]);
2. (die) geschirrte Rosse, rollende Wagen, sausende Räder besitzt, (die) Streifen von Fett (beim Fahren) hinterläßt[7]), die kraftvolle schöngewachsene, guten Vorteil gewährende, heiltätige, (die) einen gesunden Stand, einen gesunden Aufenthaltsort[7]) hat: zur Hilfe der ašagläubigen Männer.
3. Ihr opferte Haošyanha Paraδāta am Anstieg[8]) des schönen mazdāhgeschaffenen Harā-Gebirgs hundert Pferde, tausend Rinder, zehntausend Schafe und (zugleich) das Zaoθra darbringend:
4. „Schenke mir, o gute gewaltigste Drvāspā, diesen Erfolg:
daß ich Sieger werde über alle māzanischen Daēva's,
daß Ich nicht erschreckt (und) aus Angst vor den Daēva's fliehe,
(daß) vor mir[9]) alle Daēva's widerwillig erschreckt fliehen (und) erschreckt ins Dunkel °laufen mögen."
5. Es schenkte ihm da diesen Erfolg die gewaltige mazdāhgeschaffene ašaheilige schützende Drvāspā, (die) dem bittenden Erfolg schenkt[10]), (der) Zaoθra's darbringt, (der) glaubenstreu opfert.
6. Ob ihrer Pracht und Herrlichkeit will ich sie mit hörbarem Gebet verehren, will ich sie mit wohlgebetetem Gebet (und) mit Zaoθra's verehren, die gewaltige mazdāhgeschaffene ašaheilige Drvāspā;
die gewaltige mazdāhgeschaffene ašaheilige Drvāspā verehren wir mit Haoma enthaltender Milch[11]) .... und diese (Frauen) wollen wir verehren.

---

[1]) = Ny. 1. 2. [2]) = Y. 27. 14. [3]) = Ny. 1. 10. [4]) = Yt. 3. 0. [5]) piθana-? [6]) darəγō.haxəδrayana-? [7]) ?. [8]) 390. [9]) Nach dem Text „ihm", falsch übernommen aus Y. 57. 18 (sd.). [10]) 1755. [11]) = Ny. 1. 16.

II.

7. Die ... Drvāspā[1] ....: zur Hilfe der ašagläubigen Männer.
8. Ihr opferte er der strahlende, schöne Herden besitzende Yima vom Berg Hukairya aus hundert Pferde, tausend Rinder, zehntausend Schafe und (zugleich) das Zaoθra darbringend:
9. „Schenke mir, o gute gewaltigste Drvāspā, diesen Erfolg:
daß Ich den Geschöpfen des Mazdāh feiste Herden verschaffe,
daß Ich den Geschöpfen des Mazdāh Sicherheit vor Gefährdung verschaffe,
10. und (daß) Ich beides, Hunger und Durst, von den Geschöpfen des Mazdāh fortschaffe,
und (daß) Ich beides, Altersschwäche und Tod, von den Geschöpfen des Mazdāh fortschaffe,
und (daß) Ich beides, heißen und kalten Wind[2], von den Geschöpfen des Mazdāh fortschaffe: tausend Winter (lang)."
11. Es schenkte ihm da diesen Erfolg die gewaltige mazdāhgeschaffene ašaheilige schützende Drvāspā, (die) dem bittenden Erfolg schenkt[3], (der) Zaoθra's darbringt, (der) glaubenstreu opfert. — Ob ihrer Pracht[4] ...

III.

12. Die ... Drvāspā[1] ......: zur Hilfe der ašagläubigen Männer.
13. Ihr opferte der Sohn des Āθwya(hauses)[5], des gewaltigen Hauses, Θraētaona, bei dem vierohrigen [Lande] Varəna hundert Pferde, tausend Rinder, zehntausend Schafe und (zugleich) das Zaoθra darbringend:
14. „Schenke mir, o gute gewaltigste Drvāspā, diesen Erfolg:
daß ich Sieger werde über den Ažay Dahāka, den °dreimäuligen[6] ...... um die Welt des Aša zu °verderben;
und (daß) ich seine beiden Frauen (als Beute) wegführe[7]: die beiden, Sanhavak (und) Arənavak[8], die den schönsten Körper zur Zeugung (von Kindern) haben[9]; die beiden, die für das Hauswesen die trefflichsten (sind)[10]."
15. Es schenkte ihm[11] ...... und diese (Frauen) wollen wir verehren.

IV.

16. Die ... Drvāspā[1] ....: zur Hilfe der ašagläubigen Männer.
17. Ihr opferte Haoma, der ...[12], der heiltätige schöne gebieterische, mit den goldfarbenen Augen, auf der höchsten Höhe, auf dem Haraitī-Gebirge, und er bat sie um diesen Erfolg:

---

[1]) = Yt. 9. 1—2. [2]) 515. [3]) 1755. [4]) = Yt. 9. 6. [5]) 323. [6]) = Y. 9. 8. [7]) 223. [8]) 1558. [9]) 1687. [10]) 96. [11]) = Yt. 9. 5—6. [12]) frāšmay-?

18. „Schenke mir, o gute gewaltigste Drvāspā, diesen Erfolg:
daß Ich den tūrischen Schurken Franrasyan binde und gebunden schleppe und gebunden herzuführe, gebunden für Kavay Haosravah; töten soll ihn[1]) *angesichts* des Sees Čaēčasta, des tiefen mit der weiten Wasserfläche, Kavay Haosravah, der die Rache vollziehende Sohn des verräterisch getöteten Helden Syāvaršan[2]) und (als Rächer) des Naraviden Aγraēraθa[3])."
19. Es schenkte ihm[4]) ...... und diese (Frauen) wollen wir verehren.

V.

20. Die ... Drvāspā[5]) ....: zur Hilfe der ašagläubigen Männer.
21. Ihr opferte der Held der arischen Länder, der Befestiger des Reiches, Haosravah[6]), *angesichts* des Sees Čaēčasta, des tiefen mit der weiten Wasserfläche, hundert Pferde, tausend Rinder, zehntausend Schafe und (zugleich) das Zaoθra darbringend:
22. „Schenke mir, o gute gewaltigste Drvāspā, diesen Erfolg:
daß Ich den tūrischen Schurken Franrasyan niederschlage *angesichts* des Sees Čaēčasta, des tiefen mit der weiten Wasserfläche, (ich), der die Rache vollziehende Sohn des verräterisch getöteten Helden Syāvaršan[2]) und (als Rächer) des Naraviden Aγraēraθa[3])."
23. Es schenkte ihm[4]) .... und diese (Frauen) wollen wir verehren.

VI.

24. Die ... Drvāspā[5]) ....: zur Hilfe der ašagläubigen Männer.
25. Ihr opferte er der ašagläubige Zaraθuštra in dem arischen Vaējah der guten Dāityā[7]) mit Haoma enthaltender (Milch)[8]) ...... mit ... Sprüchen. Und er bat sie um diesen Erfolg:
26. „Schenke mir, o gute gewaltigste Drvāspā diesen Erfolg:
daß Ich die gute adelige Hutaosā ständig antreibe,
gemäß der Religion zu denken,
gemäß der Religion zu reden,
gemäß der Religion zu handeln;
daß sie an meine mazdayasnische Religion glaube und (sie) begreife[9]), (und) 'daß sie meiner Gemeinde guten Leumund verschaffe'[10])."
27. Es schenkte ihm[4]) .... und diese (Frauen) wollen wir verehren.

VII.

28. Die ... Drvāspā[5]) ....: zur Hilfe der ašagläubigen Männer.
29. Ihr opferte der hocheinsichtige Kavay Vīštāspa *angesichts* des Wassers Dāityā hundert Pferde, tausend Rinder, zehntausend Schafe und (zugleich) das Zaoθra darbringend:

---

[1]) 490. [2]) 429. [3]) 49. [4]) = Yt. 9. 5—6. [5]) = Yt. 9. 1—2. [6]) 1770. [7]) 730. [8]) = Ny. 1. 16. [9]) 1702. [10]) Nach Y. 49. 7; 1859.

30. „Schenke mir, o gute gewaltigste Drvāspā, diesen Erfolg:
daß ich dem *Ašta.aurvant*, dem Sohn des *Vīspa.ϑaurvō.aštay*, ...[1]), mit dem spitz auslaufenden Helm, mit dem spitz auslaufenden Schild, mit dem starken Nacken, dem siebenhundert Kamele (eignen), eine (siegreiche) Schlacht hinter Zainyāvara Xᵛīδahe liefere[2]);
daß ich dem schurkischen Ḣyaoniten Arəǰat̰.aspa eine (siegreiche) Schlacht liefere;
daß ich dem Daēvaanbeter Daršinika eine (siegreiche) Schlacht liefere;
31. und (daß) Ich den Tąθryāvant, (des) Wesen übel ist, niederschlage,
und (daß) Ich den Daēvaanbeter Spinǰauruška niederschlage,
und (daß) Ich wieder heimbringe samt der Humayā die *Vāriδkanā*[3]) aus dem Land der Ḣyaoniten[4]);
und (daß) Ich die ḣyaonitischen Länder entzweischlage:
50 zu schlagen mit 100 Schlägen,
100 zu schlagen mit 1000 Schlägen,
1000 zu schlagen mit 10000 Schlägen,
10000 zu schlagen mit 100000 Schlägen[5]).“
32. Es schenkte ihm da diesen Erfolg die gewaltige mazdāhgeschaffene ašaheilige schützende Drvāspā, (die) dem bittenden Erfolg schenkt[6]), (der) Zaoθra's darbringt, (der) glaubenstreu opfert. — Ob ihrer Pracht[7]) ...
33. Wie der beste Oberherr[8]) ...
Verehrung und (Preis, Kraft und Stärke) wünsche ich der gewaltigen mazdāhgeschaffenen ašaheiligen Drvāspā.
Aša ist das beste Gut[9]) ...
Dem (gebt ihr) Reichtum[10]) .... Tausend ..... Aša ist das beste Gut[9]) ...

10.

Mihr Yašt.

0. Durch Befriedigung des Ahura Mazdāh[11]) .... Ich bete das Aša-(gebet): Aša ist das beste Gut[9]) ...
(Als Mazdāhanbeter) ... will ich das Glaubensgelübde ablegen[12]) .... und Lob.
Den weite Fluren besitzenden Miθra und den gute Weide bietenden Rāman (wollen wir) unter Zufriedenstellung[13]) .... soll der wissende ... aufsagen.

---

[1]) vīspa.θaurva-? [2]) 1662. [3]) 1834; ča ausgelassen. [4]) 1858. [5]) 281. [6]) 1755. [7]) = Yt. 9. 6. [8]) = Y. 27. 13. [9]) = Y. 27. 14. [10]) = Y. 72. 9. [11]) = Ny. 1. 2. [12]) = Ny. 1. 10. [13]) = Yt. 3. 0.

I.

1. Es sprach Ahura Mazdāh zu dem Spitama Zaraθuštra:
„Als ich ihn den weite Fluren besitzenden Miθra schuf[1]), ich o Spitama, da schuf ich ihn an Verehrungswürdigkeit gleichend[2]), an Preiswürdigkeit gleichend: mir selber[2]), dem Ahura Mazdāh.
2. Es °zerstört das ganze Land der miθrabetrügende[3]) Schurke, o Spitama, (so) wie hundert mit der Kayaδa (-Sünde) behaftete, ebenso (wie) auch der Mörder des Ašagläubigen.
Den Vertrag sollst du nicht brechen, o Spitama, nicht den du mit einem Druggläubigen, nicht den du mit einem ašagläubigen Religionsgenossen verabredest; denn für beide gilt der Vertrag, für den Druggläubigen und für den Ašagläubigen[4]).
3. Besitz schneller Rosse gibt er, der weite Fluren besitzende Miθra, (denen), die Miθra nicht betrügen;
den geradesten Pfad gibt[5]) Ātar, (der Sohn) des Mazdāh Ahura, (denen), die Miθra nicht betrügen;
tüchtige Nachkommenschaft geben die guten gewaltigen heiligen Fravašay's der Ašagläubigen (denen), die Miθra nicht betrügen." —
4. Ob seiner Pracht und Herrlichkeit will ich ihn mit hörbarem Gebet (und) mit Zaoθra's verehren, den weite Fluren besitzenden Miθra;
den weite Fluren besitzenden Miθra verehren wir, (der) den arischen Ländern friedliches Wohnen (und) gutes Wohnen gewährt.
5. Er möge zu uns kommen zur Hilfe,
er möge zu uns kommen zur Freiheit[6]),
er möge zu uns kommen zur Unterstützung,
er möge zu uns kommen zur Barmherzigkeit,
er möge zu uns kommen zur Heilung,
er möge zu uns kommen zum Siege,
er möge zu uns kommen zur Seligkeit,
er möge zu uns kommen zum Besitz des (höchsten) Anrechts:
der starke, rings siegreiche, (der) zu verehren (ist und) zu preisen — der nie betrogene — für die ganze stoffliche Welt, Miθra, er der weite Fluren besitzende.
6. Ihn den kraftvollen Yazata, den gewaltigen, unter den Geschöpfen stärksten —: Miθra will ich mit Zaoθra's verehren[7]);
vor ihn will ich treten mit Huldigung und Verehrung, ihn will ich mit hörbarem Gebet (und) mit Zaoθra's verehren: den weite Fluren besitzenden Miθra;
den weite Fluren besitzenden Miθra verehren wir mit Haoma enthaltender Milch[8]) . . . . und diese (Frauen) wollen wir verehren.

---

[1]) 307. [2]) 952. [3]) Hier und im folgenden ist zu beachten, daß miθra- als Nom. appell. „Vertrag" bedeutet; so ist also miθrō.drug- zugleich „miθrabetrügend" und „vertragbrechend". [4]) 270. [5]) 1515. [6]) 1513. [7]) 616. [8]) = Ny. 1. 16.

II.

7. Miθra verehren wir, (der) weite Fluren besitzt, die rechten Sprüche kennt, den beredten tausendohrigen wohlgebauten zehntausendäugigen hohen, (der) auf breiter Warte (steht), den gewaltigen schlaflosen wachsamen;

8. zu dem die Landesherren beten, (wenn) sie in den Kampf ausziehen gegen[1]) die blutdürstigen °Feindesheere, gegen die in Schlachtreihen sich zusammenschließenden (Feinde)[2]), zwischen den beiden sich bekämpfenden Ländern.

9. Welches von den beiden (Ländern) nun zuerst zu ihm — gern in sorglichem Sinn aus gläubigem Gemüt[3]) — beten wird, nach dér Seite wendet sich er der weite Fluren besitzende Miθra zusammen mit dem sieghaften Wind, zusammen mit Dāmōiš Upamana. — Ob seiner Pracht[4]) . . .

III.

10. Miθra (verehren wir, der) weite Fluren besitzt[5]) . . . . . . wachsamen;

11. zu dem die Krieger auf den Rücken der Pferde beten, (indem sie dabei) um Kraft für die Gespanne, um Gesundheit für die Leiber[6]) bitten, (um) die Feinde auf weit hinaus zu erspähen, die Gegner abzuwehren, die feindseligen hassenden Widersacher auf einen Schlag zu besiegen[7]). — Ob seiner Pracht[4]) . . .

IV.

12. Miθra (verehren wir, der) weite Fluren besitzt[5]) . . . . . . wachsamen;

13. der als erster geistiger Yazata über die Harā herankommt[8]), voraus (vor) der unsterblichen, schnelle Rosse besitzenden Sonne[9]);
der als erster die goldgeschmückten schönen Höhen erklimmt[10]); von da aus betrachtet der sehr gewaltige den gesamten arischen Wohnsitz;

14. wo die tapfern Machthaber die vielen Angriffe ordnen[11]);
wo die hohen Berge, die weidereichen wasserreichen für das Vieh . . .[12]) fördern;
wo sich die tiefen Seen mit den weiten Wasserflächen befinden;
wo sich die schiffbaren breiten Wasser mit Wogenschwall tummeln hin zu Fels und Berg[13]) nach dem haraēvischen Maryav[14]) und nach Gava ⟨nach Suγδa⟩[15]) und nach Xᵛāirizam.

15. Über beide (Erdteile), Arəzahī (und) Savahī,
über beide, Fradaδafšū (und) Vīdaδafšū,

---

[1]) 202. [2]) 153. [3]) 111. [4]) = Yt. 10. 4—6. [5]) = Yt. 10. 7. [6]) 635. [7]) 902. [8]) 1755. [9]) 873. [10]) 1679. [11]) 372. [12]) θātairō verderbt. [13]) 376. [14]) 1147. [15]) s. [1]gava- No., 509 und vgl. V. 1. 4.

über beide, Vouru.barəšti (und) Vouru.jarəštī,
über diesen Erdteil hin, den X^{v}aniraθa, den strahlenden, von Rindern bewohnten und die heiltätige Wohnstätte der Rinder,
schaut der gewaltige Miθra;

16. der zu allen Erdteilen, (ihnen) Herrlichkeit schenkend, der geistige Yazata, fährt;
der zu allen Erdteilen, (ihnen) Herrschaft schenkend, der geistige Yazata, fährt.
Denen verschafft er den Sieg[1]), die, ašakundige Dahma's, ihn mit Zaoθra's verehren. — Ob seiner Pracht[2]) ...

V.

17. Miθra (verehren wir, der) weite Fluren besitzt[3]) ...... wachsamen; der von niemandem betrogen (werden darf):
nicht vom Hausherrn des Hauses, nicht vom Dorfherrn des Dorfes, nicht vom Gauherrn des Gaus, nicht vom Landesherrn des Landes.

18. Wenn ihn betrügt
der Hausherr des Hauses oder der Dorfherr des Dorfes oder der Gauherr des Gaus oder der Landesherr des Landes,
(so geht) Miθra ergrimmt, beleidigt vorwärts, zerstört Haus und Dorf und Gau und Land
und die Hausherrn der Häuser und die Dorfherrn der Dörfer und die Gauherrn der Gaue und die Landesherrn der Länder und die Obrigkeiten der Länder.

19. Nach dér Seite wendet sich der ergrimmte beleidigte Miθra, auf welcher der Seiten (sich) der Miθrabetrüger (befindet); und nicht versieht (der) sich des im Geist[4]).

20. Und die Rosse der Miθrabetrüger widersetzen sich der Last (des Reiters)[5]);
laufend kommen sie [die Betrüger] nicht vom Fleck,
reitend machen sie keinen Fortschritt,
fahrend gewinnen sie keinen Vorsprung.[6])
Rückwärts fliegt die Lanze[7]), die der Miθrafeind wirft[8]), bei der Menge von[9]) üblen Zaubersprüchen, die der Miθrafeind betätigt.

21. Wenn er auch gut werfend wirft[8]), auch wenn sie [die Lanze] den Leib erreicht, so schaffen sie ihm (damit) doch keinen Schaden[10]), bei der Menge von[9]) üblen Zaubersprüchen, die der Miθrafeind betätigt;
der Wind entführt diese Lanze, die der Miθrafeind wirft[8]), bei der Menge von üblen Zaubersprüchen, die der Miθrafeind betätigt. — Ob seiner Pracht[2]) ...

---

[1]) 504. [2]) = Yt. 10. 4—6. [3]) = Yt. 10. 7. [4]) 886. [5]) 1391 f. [6]) 148 f., 1386. [7]) 82, 1387. [8]) 1852. [9]) 1022. [10]) 1516.

VI.

22. Miθra (verehren wir, der) weite Fluren besitzt[1] .... wachsamen; der (wenn) unbetrogen den Mann aus der Not wegbringt[2], aus der Gefahr wegbringt.

23. Aus der Not mögest du, aus den Nöten uns wegbringen, o unbetrogener Miθra! Du, du bringst so über die miθrabetrügenden Menschen Angst ihres eigenen Leibes,
fort von ihren Armen bringst Du erzürnt, (der du es) kannst, die Stärke,
fort von (ihren) Füßen die Kraft,
fort von (ihren) Augen die Sehkraft,
fort von (ihren) Ohren das Gehör.

24. Nicht trifft man den mit der gutgeschärften Lanze, nicht mit des fortfliegenden Pfeiles Würfen[3], (ihn), dem in sorglichem Sinn Miθra zu Hilfe kommt[4], er (der) zehntausend Späher hat, der gewaltige allwissende untrügliche. — Ob seiner Pracht[5] ...

VII.

25. Miθra (verehren wir, der) weite Fluren besitzt[1] .... wachsamen; den geheimnisvollen mächtigen Gott, den Nutzen spendenden, beredten, (der) das Gebet erfüllt, den hohen vielvermögenden, mit (dessen) Leib das heilige Wort verbunden ist, den starkarmigen Kriegshelden;

26. (der) den Daēva's auf den °Kopf schlägt[6],
(der) denen, (die) sich strafbar machen, überaus böse (ist)[7],
(der) sich an den miθrabetrügenden Menschen rächt,
den Unterdrücker der Pairikā's,
der (wenn) unbetrogen dem Land zu überlegener Kraft verhilft[8],
der (wenn) unbetrogen dem Land zu überlegenem Sieg verhilft;

27. der die geradesten (Pfade) dem feindlichen Land wegnimmt, die Herrlichkeiten (des Landes) vernichtet[9], den Sieg entwendet, (der) hinter ihnen den Wehrlosen herjagt, zehntausend Schläge austeilt[10], er (der) zehntausend Späher hat, der gewaltige allwissende untrügliche. — Ob seiner Pracht[5] ...

VIII.

28. Miθra (verehren wir, der) weite Fluren besitzt[1] .... wachsamen; der die Säulen des hochgebauten[11] Hauses stützt, die Pfosten stark macht; und dem Haus gewährt er Herden von Vieh und Männern[12], in dem[13] er zufrieden gestellt wird[14];
die andern Häuser zerstört er, in denen er beleidigt wird[14].

---

[1]) = Yt. 10. 7. [2]) 936. [3]) 1705. [4]) 978. [5]) = Yt. 10. 4—6. [6]) 440. [7]) 46. [8]) 393. [9]) 1363. [10]) 1407. [11]) Oder „hochsäulig“? [12]) 1453. [13]) ! [14]) 930.

29. Du bist (je nachdem) böse und (auch) sehr gut gegenüber den Ländern, du, o Miθra;
du bist (je nachdem) böse und (auch) sehr gut gegenüber den Menschen[1]), du, o Miθra;
du, o Miθra, du schaltest über Frieden und Unfrieden der Länder.

30. Du, du bewirkst, (daß) die umfangreichen Häuser von tüchtigen Frauen bewohnt, mit tüchtigen Wagen versehen, mit gebreiteten Kissen, mit gespreiteten Polstern ausgestattet[2]) (werden);
du, du bewirkst, (daß) das hochgebaute[3]) Haus von tüchtigen Frauen bewohnt, mit tüchtigen Wagen versehen, mit gebreiteten Kissen, mit gespreiteten Polstern ausgestattet[2]) (werde):
(das Haus) des Ašagläubigen, der[4]) zu dir mit dem Gebet, (das deinen) Namen nennt, mit dem zeitentsprechenden Spruch, Zaoθra's darbringend, betet.

31. Mit dem Gebet, (das deinen) Namen nennt, mit dem zeitentsprechenden Spruch (und) mit Zaoθra's will ich dich verehren, o gewaltiger Miθra;
mit dem Gebet, (das deinen) Namen nennt, mit dem zeitentsprechenden Spruch (und) mit Zaoθra's will ich dich verehren, o gewaltigster Miθra;
mit dem Gebet, (das deinen) Namen nennt, mit dem zeitentsprechenden Spruch (und) mit Zaoθra's will ich dich verehren, o untrüglicher Miθra!

32. Hör auf unser Gebet, o Miθra, laß dir unser Gebet gefallen, o Miθra, erfüll unser Gebet[5]);
stell dich bei unsern Zaoθra's ein, stell dich bei diesen geweihten ein, sammle sie auf zur Bußzahlung[6]), lege sie im Haus des Lobs nieder.

33. Schenke uns diesen Erfolg, worum wir dich bitten[7]), o gewaltiger, im Festhalten an den gegebenen Sprüchen: Vermögen, Kraft und Sieg, Seligkeit und Erwerb des (höchsten) Anrechts, guten Ruf und Seelenfrieden, Kenntnis und Wissen der Heiligkeit, den ahurageschaffenen Sieg und die siegreiche Überlegenheit, die des besten Aša, und die Erfragung des heiligen Worts;

34. auf daß Wir guten Muts und frischen Muts froh (und) wohlgemut alle Widersacher besiegen;
auf daß Wir guten Muts und frischen Muts froh (und) wohlgemut alle Übelgesinnten besiegen;
auf daß Wir guten Muts und frischen Muts froh (und) wohlgemut alle Feindschaften besiegen (und) überwinden:

---

[1]) 45. [2]) ?; 1082. [3]) s. Yt. 10. 28 No. 11. [4]) 1218 m., 249; eig. „(dessen) der als Ašagl. . . . .“ [5]) 345. [6]) 597. [7]) 1288.

der Daēva's und Menschen, der Zauberer und Hexen, der kavischen und karapanischen Machthaber. — Ob seiner Pracht[1]) ...

IX.

35. Miθra (verehren wir, der) weite Fluren besitzt[2]) ...... wachsamen; (der) ...[3]), ein Heer verschafft, tausend Fertigkeiten besitzt, den herrschenden herrschgewaltigen allwissenden;

36. der die Schlacht in Gang bringt,
der in der Schlacht Stand hält,
der in der Schlacht Stand haltend die Schlachtreihen (der Feinde) zerbricht:
in Verwirrung geraten alle Flügel der zur Schlacht ausgezogenen Schlachtreihe; erschüttert wird die Mitte des blutdürstigen Heeres.

37. Er, (der es) kann, bringt Verderben über sie und Angst[4]);
fort schleudert er die °Köpfe der[5]) Menschen, (die) den Miθra betrügen;
davonfliegen die °Köpfe der[5]) Menschen, (die) den Miθra betrügen.

38. Die grausigen Wohnstätten werden verwüstet[6]), die unwohnlichen Behausungen, in denen die Miθrabetrüger wohnen[7]) und die Druggenossen, die Mörder des wirklich Ašagläubigen.

Grausam zieht den Weg der Gefangenschaft (entlang) das Rind[8]), das weideheimische, (wenn) es zu den Schlupfwinkeln[9]) der miθrabetrügenden Menschen an ihrem Wagen fortgezerrt (wird)[10]). Da stehen sie [die Rinder], Tränen vergießend, (die) dem Maul entlang laufen[11]).

39. Auch ihre[12]) mit Adlerfedern besetzten Pfeile, (die) von dem gut gespannten Bogen durch die Sehne geschnellt dahinfliegen[13]), verfehlen das Ziel[14]),
sofern er der weite Fluren besitzende Miθra ergrimmt beleidigt bleibt, nicht willkommengeheißen.

Auch ihre[12]) gut geschärften spitzen Lanzen mit langem Lanzenschaft, (die) von den Armen (geschleudert) dahinfliegen, verfehlen das Ziel,
sofern er der weite Fluren besitzende Miθra ergrimmt beleidigt bleibt, nicht willkommengeheißen.

Auch ihre[12]) Schleudersteine, (die) aus den Armen (geschleudert) dahinfliegen, verfehlen das Ziel,
sofern er der weite Fluren besitzende Miθra ergrimmt beleidigt bleibt, nicht willkommengeheißen.

40. Auch ihre[12]) gut geführten Dolche, die auf die Köpfe der Menschen herabgeschleudert werden, verfehlen das Ziel[14]),

---

[1]) = Yt. 10. 4—6. [2]) = Yt. 10. 7. [3]) arənaṯ.čaēša-?; nach Bthl. IF. 1. 489 „(der) das versprochene zur Ausführung bringt". [4]) 937. [5]) 1616. [6]) 1700. [7]) 1706. [8]) 1364. [9]) 693. [10]) 1684. [11]) 130; wörtl.: „Tränen .. dem Maul entlanggehenden Laufs"; gemeint sind die Speichelfäden in den Maulwinkeln. [12]) Die der Miθrabetrüger. [13]) 611. [14]) 257.

sofern er der weite Fluren besitzende Miθra ergrimmt beleidigt bleibt, nicht willkommengeheißen.

Auch ihre[1]) gut geschleuderten Keulen, die auf die Köpfe der Menschen herabgeschleudert werden, verfehlen das Ziel[2]),

sofern er der weite Fluren besitzende Miθra ergrimmt beleidigt bleibt, nicht willkommengeheißen.

41. Miθra scheucht (sie) heran, Rašnav scheucht (sie) zurück[3]), der ašafromme Sraoša jagt (sie) von allen Seiten zusammen den schirmenden Yazata's entgegen[4]). Diese Schlachtreihen gibt er (dem Verderben) preis,

sofern er der weite Fluren besitzende Miθra ergrimmt beleidigt bleibt, nicht willkommengeheißen.

42. Also sprechen (sie) zu dem weite Fluren besitzenden Miθra:

„O du weite Fluren besitzender Miθra! Die da führen, *o Miθra*, unsere schnellen Rosse *hier* fort[5]); die da machen, o Miθra, unsere *starken Arme* mit dem Messer zu nicht[6]).“

43. Darauf wirft er der weite Fluren besitzende Miθra sie zu Boden:

50 zu schlagen mit 100 Schlägen,

100 zu schlagen mit 1000 Schlägen,

1000 zu schlagen mit 10000 Schlägen,

10000 zu schlagen mit 100000 Schlägen[7]);

weil er der weite Fluren besitzende Miθra ergrimmt (und) beleidigt (ist). — Ob seiner Pracht[8]) . . .

X.

44. Miθra (verehren wir, der) weite Fluren besitzt[9]) . . . . wachsamen;

dessen Wohnung so breit wie die Erde (ist), in dem stofflichen Dasein erbaut, geräumig, keiner Not ausgesetzt, glänzend (und) gar weithin weites Unterkommen gewährend;

45. dessen acht Gehilfen auf allen Bergen, auf allen Warten als Späher des Miθra sitzen, nach dem Miθrabetrüger ausspähend, auf jene besonders hinsehend[10]), auf jene besonders merkend, die zuerst den Miθra betrügen;

und die Wege jenes[11]) beschirmend, den[11]) die Miθrabetrüger angreifen und die Druggenossen, die Mörder des wirklich Ašagläubigen.

46. Er — der weite Fluren besitzende Miθra — stellt sich schirmend, hinten schirmend, vorne schirmend, als untrüglicher Späher, (der) seine Blicke nach allen Seiten gehen läßt, für den bereit, dem in sorglichem Sinn[12]) Miθra zu Hilfe kommt[12]), er (der) zehntausend Späher hat, der gewaltige allwissende untrügliche. — Ob seiner Pracht[8]) . . .

---

[1]) Die der Miθrabetrüger. [2]) 257. [3]) 803. [4]) 1408. [5]) 1042. [6]) 1586. [7]) 281. [8]) = Yt. 10. 4—6. [9]) = Yt. 10. 7. [10]) 83. [11]) avaēšąm . . yim! [12]) 978.

XI.

47. Miθra (verehren wir, der) weite Fluren besitzt[1] .... wachsamen; den berühmten den, (wenn) er zürnt, die breithufigen (Rosse her)fahren gegen[2]) die blutdürstigen °Feindesheere, gegen die in Schlachtreihen sich zusammenschließenden (Feinde)[3]), zwischen den beiden sich bekämpfenden Ländern.

48. Wenn Miθra herangefahren kommt gegen die blutdürstigen °Feindesheere, gegen die in Schlachtreihen sich zusammenschließenden (Feinde)[3]), zwischen den beiden sich bekämpfenden Ländern:
dann fesselt er nach hinten (auf den Rücken) die °Hände der[4]) miθrabetrügenden Männer,
reißt (ihnen) die Augen aus,
macht (ihnen) die Ohren stumpf;
die Füße kann (jen)er nicht einstemmen[5]); er vermag keinen Widerstand zu erheben[6]). (Und so auch) diese Länder <diese Widersacher>[7]), wo er der weite Fluren besitzende Miθra vernachlässigt wird[8]). — Ob seiner Pracht[9]) ...

XII.

49. Miθra (verehren wir, der) weite Fluren besitzt[1]) .... wachsamen;

50. dem er der Schöpfer Ahura Mazdāh die Wohnung gestaltete auf der hochragenden leuchtenden Harā mit den vielen Ausläufern, wo weder Nacht noch Dunkel, nicht kalter nicht heißer Wind[10]), nicht vielverderbliche Krankheit, nicht die daēvageschaffene Befleckung (herrscht); und nicht steigen Nebel empor von[11]) dem Haraitī-Gebirg.

51. Die[12]) alle mit der Sonne gleichgewillten Aməša Spənta's — gern in sorglichem Sinn aus gläubigem Gemüt[13]) — (ihm) verschafften, der vom Haraitī-Gebirg aus das gesamte stoffliche Dasein betrachtet.

52. Wenn sich der arglistige, er der übles wirkende °heranmacht, schirrt raschen Schritts[14]) den raschen Wagen er der weite Fluren besitzende Miθra und der ašafromme gewaltige Sraoša und er der findige Nairyō.saŋha. Er tötet ihn, sei's in der Schlachtreihe, sei's im (Einzel)-angriff[15]). — Ob seiner Pracht[9]) ...

XIII.

53. Miθra (verehren wir, der) weite Fluren besitzt[1]) ...... wachsamen; der wahrlich mit (zum Gebet) ausgestreckten Händen dem Ahura Mazdāh also sprechend (vor)klagt:

---

1) = Yt. 10. 7. 2) 1670. 3) 153. 4) 82. 5) 692. 6) 930. 7) Wohl Glosse. 8) 758. 9) = Yt. 10. 4—6. 10) 515. 11) 749. 12) Die Wohnung Miθra's. 13) 111. 14) 798. 15) 147; eig. „als einen in der Schl. ... getöteten".

54. „Ich, ich bin der Beschützer aller Geschöpfe, o wohlwirkender!
Ich, ich bin der Wächter aller Geschöpfe, o wohlwirkender!
Gleichwohl[1]) verehren die Menschen mich nicht mit dem Gebet, (das meinen) Namen nennt, wie die andern Yazata's mit dem Gebet verehrt werden, (das ihre) Namen nennt.

55. Wenn mich die Menschen mit dem Gebet, (das meinen) Namen nennt, verehren würden, wie die andern Yazata's mit dem Gebet verehrt werden, (das ihre) Namen nennt, (so) würde ich mich — eignen sonnigen unsterblichen Lebens[2]) — mit dem Alter der bestimmten Zeit[3]) zu den ašagläubigen Männern aufmachen; mit (dem Alter) der bestimmten (Zeit) würde ich hinzukommen[4])." —

56. Mit dem Gebet, (das deinen) Namen nennt, mit dem zeitentsprechenden Spruch betet zu dir der Ašagläubige, Zaoθra's darbringend;
mit dem Gebet, (das deinen) Namen nennt, mit dem zeitentsprechenden Spruch (und) mit Zaoθra's will ich dich verehren, o gewaltiger Miθra;
(mit dem Gebet, das deinen) Namen nennt[5]), ... (und) mit Zaoθra's will ich (dich) verehren[5]) ....

57—59. Hör auf unser Gebet, o Miθra[6]) .... und karapanischen (Machthaber). — Ob seiner Pracht[7]) ...

XIV.

60. Miθra (verehren wir, der) weite Fluren besitzt[8]) ...... wachsamen;
dem guter Leumund, guter Körper, guter Ruhm (eignet), (der) nach Gefallen Gunst erweist, (des) Fluren nach Wunsch sind, ...[9]), der zehntausend Späher besitzt, der gewaltige allwissende untrügliche. — Ob seiner Pracht[7]) ...

XV.

61. Miθra (verehren wir, der) weite Fluren besitzt[8]) ...... wachsamen;
(ihn, der) immer auf den Beinen ist[10]), den wachsamen Späher, den heldenhaften beredten, (der) die Gewässer füllt, auf Anruf hört, Regen fallen läßt, die Pflanzen zum Wachsen bringt, dem Gau Gesetze vorschreibt, den beredten geschickten untrüglichen vielgewandten, vom Schöpfer geschaffenen;

62. der weder Kraft noch Stärke irgend einem der miθrabetrügenden Menschen verleiht;
der weder Herrlichkeit noch Gewinn irgend einem der miθrabetrügenden Menschen verleiht.

---

[1]) 305 u. [2]) 1865. [3]) 333. [4]) 497 f. [5]) = Yt. 10. 31. [6]) = Yt. 10. 32—34. [7]) = Yt. 10. 4—6. [8]) = Yt. 10. 7. [9]) ataurvayō iδa fšuyantəm vāstrīm vasō.-yaonāi intąm huδåŋhəm? [10]) Eig. „mit aufgerichtetem Knöchel".

63. Fort von ihren Armen bringst Du erzürnt, (der du es) kannst, die Stärke[1]) .... untrügliche. — Ob seiner Pracht[2]) ...

XVI.

64. Miθra (verehren wir, der) weite Fluren besitzt[3]) .... wachsamen; in den machtvolle Erhabenheit zur Ausbreitung der schönen Religion[4]), der weithin sich verbreitenden, niedergelegt; des Antlitz[5]) nach allen den sieben Erdteilen gerichtet (ist)[6]);

65. der rasche unter den raschen,
der treue unter den treuen,
der tapfere unter den tapferen,
der beredte unter den beredten;
der Fülle schenkt, der Üppigkeit schenkt, der Herden schenkt, der Herrschaft schenkt, der Söhne schenkt, der Leben schenkt, der Seligkeit schenkt, der den Besitz des (höchsten) Anrechts schenkt;

66. welchen begleitet die gute Ašay und die auf hurtigem Wagen fahrende Pārənday und die starke mannhafte Tapferkeit und die starke kavische Herrlichkeit und der starke unvergängliche Luftraum und der starke Dāmōiš Upamana und die starken Fravašay's der Ašagläubigen und der Einiger[7]) der vielen ašagläubigen Mazdāhanbeter. — Ob seiner Pracht[2]) ...

XVII.

67. Miθra (verehren wir, der) weite Fluren besitzt[3]) .... wachsamen; der mit dem geistergezimmerten hochrädrigen Wagen von dem Erdteil dem Arəzahī her zu dem strahlenden Erdteil dem X^vaniraθa herangefahren kommt, teilhaftig der zeitentsprechenden Tatkraft und der mazdāhgeschaffenen Herrlichkeit und des ahurageschaffenen Siegs;

68. des Wagen die gute Ašay, sie die hohe, lenkt; dem die mazdayasnische Religion die Pfade bereitet, (daß) er gut (drauf) gehe[8]); den geistige weiße lichte strahlende heilige kundige schattenlose, durch die Luft fliegende Renner ziehen, indem ihn Dāmōiš Upamana wahrlich in mächtigem Schuß dahinschießen läßt[9]);
vor dem alle geistigen Daēva's und sie die varənischen Druggenossen Angst bekommen.

69. (Daß) wir uns nur nicht hier dem Streich des ergrimmten Gottes aussetzen, des tausend Streiche sich gegen den Widersacher wenden; der zehntausend Späher hat, der gewaltige allwissende untrügliche. — Ob seiner Pracht[2]) ...

---

[1]) = Yt. 10. 23—24. [2]) = Yt. 10. 4—6. [3]) = Yt. 10. 7. [4]) 1478 (?). [5]) Eig. „bei dem das A.“ [6]) 722. [7]) Wer? [8]) 1880. [9]) 1838.

XVIII.

70. Miθra (verehren wir, der) weite Fluren besitzt[1] . . . . . . wachsamen;
welchem der ahurageschaffene Vərəθraγna vorausfährt[2]) in der Gestalt eines Ebers[3]), (der) sich zur Wehr setzt, mit scharfen Zähnen, eines männlichen mit scharfen Hauern[4]), eines Ebers, (der) mit einem Stoß tötet, (der) ergrimmt unnahbar (ist)[5]), mit gesprenkeltem Gesicht, eines tüchtigen mit metallenen Füssen, mit metallenen Klauen, mit metallenen Sehnen, mit metallenem Schwanz, mit metallenen Kinnbacken;

71. der den Gegner im Lauf überholend[6]), voll Ungestüms[7]), zusammen mit der mannhaften [Göttin der] Tapferkeit[8]) die Gegner im Kampf niederschlägt; und nicht vermeint er geschlagen zu haben[9]), und es ist ihm nicht so, als ob er einen Schlag führe[10]), bis der entzwei schlägt
die Wirbel, die Säulen des Lebens,
und die Wirbel, die Quellen der Lebenskraft[11]).

72. Alles schneidet er zugleich in Stücke[12]), (er) der zugleich die Knochen und Haare und das Gehirn und das Blut der miθrabetrügenden Menschen auf der Erde durcheinander mengt[13]). — Ob seiner Pracht[14]) . . .

XIX.

73. Miθra (verehren wir, der) weite Fluren besitzt[1]) . . . . . . wachsamen;
der wahrlich mit (zum Gebet) ausgestreckten Händen frohgemut (seine) Stimme also sprechend ertönen ließ:
„O Ahura Mazdāh, heiligster Geist, Schöpfer der stofflichen Welt, o ašaehrwürdiger!

74. Wenn mich die Menschen mit dem Gebet, (das meinen) Namen nennt, verehren würden, wie die andern Yazata's mit dem Gebet verehrt werden, (das ihre) Namen nennt, (so) würde ich mich — eignen sonnigen unsterblichen Lebens[15]) — mit dem Alter der bestimmten Zeit[16]) zu den ašagläubigen Männern aufmachen; mit (dem Alter) der bestimmten (Zeit) würde ich hinzukommen[17]).“

75. Wir wollen dein Land in Schutz nehmen[18]),
wir wollen (dein) Land nicht im Stich lassen:
nicht die Häuser im Stich lassen,
nicht die Dörfer im Stich lassen,
nicht die Gaue im Stich lassen,
nicht die Länder im Stich lassen;

---

[1]) = Yt. 10. 7. [2]) 873. [3]) 1817. [4]) ? [5]) 127 f. [6]) 1024; wörtl. „dem Gegner voranlaufend“. [7]) 1741. [8]) 1810. [9]) 1123. [10]) 1559. [11]) 1173 f. [12]) 453. [13]) 1483. [14]) = Yt. 10. 4—6. [15]) 1865. [16]) 333. [17]) 497 f. [18]) 929.

und nicht (soll das geschehen)[1], damit der starkarmige [Miθra] uns berge(nd schütze)[2]) vor den Feinden.

76. Du, du machst dieser Feinde, Du dieser Feindlichgesinnten Anfeindungen zunichte; mach zunichte die Mörder des Ašagläubigen; du bist im Besitz schöner Rosse (und) schönen Wagenzeugs, du bist der gewaltige Helfer auf Anruf.

77. Ich rufe dich [Miθra] zu Hilfe her, her möge er kommen uns zu helfen bei reichlicher und guter Weihe von Zaoθra's[3]),
bei reichlicher und guter Darbringung von Zaoθra's:
auf daß wir durch dich bewohnen mit langem Wohnen eine wohnliche willkommene Wohnstätte[4]).

78. Du, du beschirmst dann die Länder, wenn sie sich der guten Pflege des weite Fluren besitzenden Miθra befleißigen[5]),
du, du machst (sie) dann zu nichte, wenn sie feindliche Länder (sind).
Dich rufe ich zu Hilfe her, her möge er kommen uns zu helfen: der starke, rings siegreiche, verehrungswürdige preiswürdige Miθra, der prächtige Landesherr! — Ob seiner Pracht[6]) ...

XX.

79. Miθra (verehren wir, der) weite Fluren besitzt[7]) .... wachsamen;
der *von Rašnav* die Wohnung empfangen hat, dem Rašnav (sie) zu langer Gemeinschaft ...[8]) übertragen hat.

80. Du, des Wohnorts Hüter, du bist der Beschützer derer, (die) keinen Trug üben;
Du bist der Be-, der Überwacher des Gemeindebezirks derer[9]), (die) keinen Trug üben;
mit dir als Herrn erwerbe ich mir ja die beste Gemeinschaft und den ahurageschaffenen Sieg, bei dessen Gericht[10]) die miθrabetrügenden Menschen in Massen erschlagen liegen[11]). — Ob seiner Pracht[6]) ...

XXI.

81. Miθra (verehren wir, der) weite Fluren besitzt[7]) .... wachsamen;
der *von Rašnav* die Wohnung empfangen hat, dem Rašnav (sie) zu langer Gemeinschaft ...[8]) (über)tragen hat;

82. dem Ahura Mazdāh tausend Fertigkeiten verlieh, zehntausend Augen zum Schauen.
Und kraft dieser Augen und dieser Fertigkeiten erspäht er den, (der) den Vertrag verletzt[12]) und den Vertrag bricht;

---

[1]) 1167 f. [2]) 1353. [3]) 264. [4]) 958. [5]) 1237. [6]) = Yt. 10. 4—6. [7]) = Yt. 10. 7. [8]) manavaintīm? [9]) 827. [10]) 83, 1213 o. [11]) 855. [12]) 1230.

und kraft dieser Augen und dieser Fertigkeiten ist Miθra unbetrügbar, (er) der zehntausend Späher hat, der gewaltige allwissende untrügliche. — Ob seiner Pracht[1]) ...

XXII.

83. Miθra (verehren wir, der) weite Fluren besitzt[2]) .... wachsamen;
den der Landesherr des Landes wahrlich mit (zum Gebet) ausgestreckten Händen zu Hilfe ruft;
den der Gauherr des Gaus wahrlich mit (zum Gebet) ausgestreckten Händen zu Hilfe ruft;
84. den der Dorfherr des Dorfes wahrlich mit (zum Gebet) ausgestreckten Händen zu Hilfe ruft;
den der Hausherr des Hauses wahrlich mit (zum Gebet) ausgestreckten Händen zu Hilfe ruft;
den irgend zwei, (die) sich zu (gegenseitigem) Schutz zusammentun[3]), wahrlich mit (zum Gebet) ausgestreckten Händen zu Hilfe rufen;
den irgend ein der Lehre des Aša zugetaner Armer, (der) seiner Rechte beraubt (ist)[4]), wahrlich mit (zum Gebet) ausgestreckten Händen zu Hilfe ruft;
85. Dessen, des klagenden, Stimme hinauf bis zu jenen Leuchten dringt, rings um die Erde hier geht[5]), sich über die sieben Erdteile verbreitet — sei es daß er (leise) betend die Stimme erhebt oder auch (laut) rufend[6]).
86. Das als Beute fortgeschleppte (Rind)[7]) ruft (ihn) wahrlich <mit (zum Gebet) ausgestreckten Händen>[8]), sich nach der Rinderherde sehnend, zu Hilfe:
‚Wann wird unser Held, er der weite Fluren besitzende Miθra, die Rinderherde, einholen, hinterher fahrend[9])?
Wann wird er uns, die zur Wohnung der Drug hinweggetriebenen (Rinder)[10]), zum Weg des Aša zurückführen?‘
87. Von wem er der weite Fluren besitzende Miθra zufriedengestellt wird[11]), dem kommt er zu Hilfe;
aber von wem er der weite Fluren besitzende Miθra beleidigt wird[11]), dem zerstört er Haus und Dorf und Gau und Land und des Landes Ruhm. — Ob seiner Pracht[1]) ...

XXIII.

88. Miθra (verehren wir, der) weite Fluren besitzt[2]) .... wachsamen;
dem Haoma, der ...[12]), der heiltätige schöne gebieterische, mit den goldfarbenen Augen, opferte auf der höchsten Höhe — auf dem Haraitī-Gebirge — die Hūkairya heißt; (es opferte) dem makellosen [Miθra]

---

[1]) = Yt. 10. 4—6. [2]) = Yt. 10. 7. [3]) 906. [4]) 726. [5]) 1489. [6]) 504. [7]) 1368. [8]) Aus § 84! [9]) 882. [10]) 223. [11]) 930. [12]) frāšmay-?

der makellose [Haoma] mittelst des makellosen Barəsman, mittelst des makellosen Zaoθra, mittelst der makellosen Sprüche.

89. (Haoma), den der ašaehrwürdige Ahura Mazdāh als Zaotar anstellte, (der) den Yasna laut singend rasch zu vollziehen weiß; er betete als Zaotar den Yasna rasch vollziehend, laut singend, mit lauter Stimme: als Zaotar des Ahura Mazdāh, als Zaotar der Aməša Spənta's; seine Stimme drang hinauf bis zu jenen Leuchten, ging rings um die Erde hier, verbreitete sich über sie die sieben Erdteile;

90. der als erster Hāvanan die sternengeschmückten, von Geistern gefertigten Haoma's[1]) auf dem Haraitī-Gebirge aufsetzte[1]); des schöngestaltetem Leib Ahura Mazdāh huldigte[2]), die Ameša Spənta's huldigten; dem die schnelle Rosse besitzende Sonne von ferne Verehrung zu erkennen gibt.

91. Verehrung dem weite Fluren besitzenden, tausendohrigen, zehntausendäugigen Miθra!
Verehrungswürdig bist du, preiswürdig,
verehrungswürdig mögest du sein, preiswürdig in den Häusern der Menschen;
Heil soll dém Manne werden, der zu dir wahrlich betet, Brennholz in der Hand, Barəsman in der Hand, Milch in der Hand, den Mörser in der Hand, mit gewaschenen Händen, mit gewaschenem Mörser, bei gespreitetem Barəsman, bei aufgesetztem Haoma, bei aufgesagtem Ahuna Vairya.

92. Zu dieser Religion bekannte sich der ašaehrwürdige Ahura Mazdāh, dazu Vohu Manah, dazu Aša Vahišta, dazu Xšaθra Vairya, dazu die heilige Ārmatay, dazu die beiden, Haurvatāt (und) Amərətatāt;
es bekannten sich dazu die Aməša Spənta's nach dem Brauch der Religion[3]). Es übertrug ihm[4]) der wohlwirkende Mazdāh die Ratavschaft über die Menschheit, (auf daß) sie dich[4]) unter den Geschöpfen für den Ahū und Ratav der Menschheit ansehen[5]), für den Vervollkommner dieser besten[6]) Geschöpfe.

93. So mögest du denn für beiderlei Leben[7]), für beiderlei Leben uns Schutz gewähren, o du weite Fluren besitzender Miθra, für dieses, das irdische Leben, und (für jenes), das das geistige ist[8]):
vor dem druggläubigen Verderben,
vor dem druggläubigen Aēšma,
vor den druggläubigen °Heerscharen, die das blutige Banner führen,
vor den °Anstürmen des Aēšma, die der arglistige Aēšma samt dem daēvageschaffenen Vīδātav °veranstaltet.

[1]) 719. [2]) 945; eig. „welchem .. Leib".. [3]) 957. [4]) Miθra? [5]) 1324. [6]) Oder „den besten Vervollk. dieser Gesch."?; 1402 No. 5. [7]) 106. [8]) 1218.

94. So mögest du denn, du weite Fluren besitzender Miθra, unsern Gespannen Kraft, (unsern) Leibern Gesundheit[1]) verleihen[2]), (daß wir) die Feinde auf weit hinaus erspähen, die Gegner abwehren, die feindseligen hassenden Widersacher auf einen Schlag besiegen[3]). — Ob seiner Pracht[4]) . . .

XXIV.

95. Miθra (verehren wir, der) weite Fluren besitzt[5]) . . . . wachsamen; der nach Sonnenuntergang, breit wie die Erde, herzukommt; streifend berührt er die beiden Enden dieser breiten runden fernbegrenzten Erde. All das betrachtet er, was (sich) zwischen Erde und Himmel (befindet).

96. In der Hand hält (er) die Keule mit (ihren) hundert Buckeln (und) hundert Schneiden, (die) anprallend auf die Krieger niederstürzt; aus gelbem Metall gegossen, aus festem goldenem[6]), die festeste der Waffen, die sieghafteste der Waffen:

97. Vor der der vielverderbliche Anra Mainyav Angst bekommt;
vor der der arglistige Aēšma, (des) Leib verwirkt ist, Angst bekommt;
vor der die °langhändige Būšyąstā Angst bekommt;
vor der alle geistigen Daēva's und sie die varənischen Druggenossen Angst bekommen.

98. (Daß) wir uns (nur) nicht dem Streich des ergrimmten, weite Fluren besitzenden Miθra aussetzen; nicht sollst du ergrimmt auf uns einschlagen, o Miθra, (du) der weite Fluren besitzende,
der — der stärkste der Yazata's,
der — der heldenhafteste der Yazata's,
der — der rührigste der Yazata's,
der — der schnellste der Yazata's,
der — der siegreichste[7]) der Yazata's
auf dieser Erde hier auftritt: er, der weite Fluren besitzende Miθra. — Ob seiner Pracht[4]) . . .

XXV.

99. Miθra (verehren wir, der) weite Fluren besitzt[5]) . . . . wachsamen; vor dem alle geistigen Daēva's und sie die varənischen Druggenossen Angst bekamen. Herangefahren kommt der Landesherr, er der weite Fluren besitzende Miθra, zu dem rechten Ende dieser breiten runden fernbegrenzten Erde.

---

[1]) 635. [2]) 56. [3]) 902. [4]) = Yt. 10. 4—6. [5]) = Yt. 10. 7. [6]) 1680. [7]) as „er war" ist gestrichen.

100. Auf seiner rechten Seite[1]) fährt er der gute ašafromme Sraoša, auf seiner linken Seite[1]) fährt er der kraftvolle hochgewachsene Rašnav, rings auf allen Seiten fahren die Wasser und (fahren) die Pflanzen und (fahren) die Fravašay's der Ašagläubigen.

101. An sie verteilt er, (der) die Herrschaft führt, gleichmäßig (seine) mit Adlerfedern besetzten Pfeile[2]). Und wenn er fahrend dahin kommt, wo die miθrafeindlichen Länder (liegen), schmettert der als erster die Keule auf Roß und Mann nieder[3]); in plötzlichen Schrecken versetzt er sie beide, auf Roß und Reiter einschlagend[4]). — Ob seiner Pracht[5]) . . .

XXVI.

102. Miθra (verehren wir, der) weite Fluren besitzt[6]) . . . . wachsamen; (der) mit weißen Rossen fahrend den spitzen Speer mit dem langen Schaft führt, den ferntreffenden Pfeilschützen[7]), den gewandten Kriegshelden;

103. den Ahura Mazdāh zum Wächter und Beaufsichtiger für das Gedeihen[8]) der gesamten Menschheit einsetzte;
der der Wächter (ist) und Beaufsichtiger für das Gedeihen[8]) der gesamten Menschheit;
der, nie einschlafend, wachsam des Mazdāh Schöpfung hütet;
der, nie einschlafend, wachsam des Mazdāh Schöpfung bewacht. — Ob seiner Pracht[5]) . . .

XXVII.

104. Miθra (verehren wir, der) weite Fluren besitzt[6]) . . . . wachsamen;
des gar lange Arme die ergreifen[9]), (die) den Miθra betrügen[10]);
auch wenn (er) im östlichen Indien (ist), er packt (ihn),
auch wenn (er) im westlichen (ist), er schlägt (ihn) nieder[11]),
auch wenn (er) an der Mündung der Raŋhā,
auch wenn (er) im Mittelpunkt der Erde hier (wäre)[12]):

105. auch den erhascht Miθra, mit den Armen (ihn) umfassend[13]).
Der Übelberüchtigte, (der) vom geradesten (Weg) abgegangen (ist)[14]), ist unfroh in (seinem) Gemüt[15]); so denkt sich der Übelberüchtigte:
‚nicht all das, (was) übel getan (ist), nicht alles, (was) zum Trug (getan ist)[16]), sieht der blöde Miθra.'

106. Aber Ich denke im Geiste[17]):
‚es gibt keinen Menschen auf der Welt, (der) in solchem Maße Übelgedachtes denken könnte[18]), als der geistige Miθra Gutgedachtes[19]) zu denken vermag;

---

[1]) 1373. [2]) 1774. [3]) 488. [4]) 803. [5]) = Yt. 10. 4—6. [6]) Yt. 10. 7. [7]) 563. [8]) ? [9]) 1185 f. [10]) Oder „falsche Rede führen", 1185 u. [11]) 1814. [12]) 1449. [13]) 862. [14]) 1515. [15]) 111. [16]) 91 (?). [17]) !? [18]) 40. [19]) Wörtl.: „als . . in solchem Maße Gutg . . ."

es gibt keinen Menschen auf der Welt, der in solchem Maße Übelgesagtes reden könnte, als der geistige Miθra Gutgesagtes[1]) zu reden vermag;

es gibt keinen Menschen auf der Welt, (der) in solchem Maße Übelgetanes tun könnte, als der geistige Miθra Gutgetanes[1]) zu tun vermag.

107. Es gibt keinen Menschen auf der Welt, (dem) größere natürliche Weisheit zu eigen ist[2]), als dem geistigen Miθra natürliche Weisheit zu eigen ist;

es gibt keinen Menschen auf der Welt, (der) in solchem Maße mit (seinen) Ohren hört, wie der geistige Miθra, der scharfhörige, mit tausend Fertigkeiten begabte;

jeden, (der) trügt, erblickt er; der machtvolle Miθra tritt hervor, der starke[3]) des Reichs fährt einher, schöne, fernhin leuchtende Blicke blickt er aus den Augen[4]):

108. Wer wird mich verehren, wer betrügen?

Wer meint, daß ich mit guter, wer (daß) ich mit schlechter Verehrung zu verehren sei[5])?

Wem soll Ich Reichtum und Herrlichkeit, wem Gesundheit des Leibes zuteilen, (ich der) ich's vermag[6])?

Wem soll Ich viel Behagen bietendes Vermögen zuteilen, (ich der) ich's vermag?

Wem soll ich künftig gar tüchtige Nachkommenschaft aufwachsen lassen?

109. Wem soll Ich, (ohne daß) er in (seinem) Sinn daran denkt, eine starke Herrschaft zuweisen[7]), mit schönem Gerät, mit zahlreichem Heer, die trefflichste eines allherrschenden Machthabers, (der) aufs °Haupt schlägt, eines tapfern siegreichen unbesieglichen, der die Strafe zu vollstrecken befiehlt[8])? — Sofort bei der Bestimmung[9]) wird die vollstreckt, sobald er ergrimmt (sie zu vollstrecken) befiehlt[10]).

(Aber) auch des gekränkten, nicht befriedigten Sinn besänftigt er durch Miθra[11]) bei guter Befriedigung des Miθra[12]). —

110. Wem soll Ich, (der) ich's vermag[6]), Krankheit und Tod, wem quälende[13]) Armut zuteilen?

Wem soll ich die gar tüchtige Nachkommenschaft auf éinen Hieb erschlagen?

111. Wem soll Ich, (ohne daß) er in (seinem) Sinn daran denkt, die starke Herrschaft[7]) wegnehmen, mit schönem Gerät, mit zahlreichem Heer, die trefflichste eines allherrschenden Machthabers, (der) aufs °Haupt schlägt, eines tapfern siegreichen unbesieglichen, der die Strafe zu vollstrecken befiehlt[8])? — Sofort bei der Bestimmung[9]) wird die vollstreckt, sobald er ergrimmt (sie zu vollstrecken) befiehlt[10]).

---

[1]) s. No. 19 zu § 106. [2]) 1740, 1607, 341. [3]) ?! [4]) 724 f. (?). [5]) 1835. [6]) 552. [7]) 141. [8]) 1637. [9]) 375. [10]) 1604. [11]) 52. [12]) 1821. [13]) ?

(Aber) auch des befriedigten ungekränkten Sinn bringt er durch Miθra in Aufruhr[1]) bei Nichtbefriedigung des Miθra[2]).' — Ob seiner Pracht[3]) . . .

XXVIII.

112. Miθra (verehren wir, der) weite Fluren besitzt[4]) . . . . wachsamen; (der) den silbernen Spieß[5]), die goldene Brustwehr führt, mit der Peitsche lenkt, den machtvollen tapfern Gemeindeherrn, den Kriegshelden. Klar (sind) Miθra's Wege[6]) — wenn er dies Land besucht, wo er in guter Pflege gehalten wird[7]), —: weit (und) tief zur Weide[6]); und seine [des Landes] Tiere (und) Menschen bewegen sich beide frei einher[8]).

113. Alsdann mögen die beiden hohen, Miθra (und) Ahura, kommen, uns zu helfen: wenn laut die Peitsche knallt[9]) und (wenn) die Nüstern der Pferde in Aufregung geraten[10]), (wenn) die Peitschen sausen, die Sehnen schwirren (und) die spitzen Pfeile[11]), dann werden die °Söhne (jener, die) schwerflüssige[12]) Zaoθra's darbringen, erschlagen sich hinstrecken[13]), des Haar(schmuck)s beraubt.

114. So mögest du denn, du weite Fluren besitzender Miθra, unsern Gespannen Kraft, (unsern) Leibern Gesundheit[14]) verleihen[15]), (daß wir) die Feinde auf weit hinaus erspähen, die Gegner abwehren, die feindseligen hassenden Widersacher auf einen Schlag besiegen[16]). — Ob seiner Pracht[3]) . . .

XXIX.

115. Miθra (verehren wir, der) weite Fluren besitzt[4]) . . . . wachsamen. O du weite Fluren besitzender Miθra! Mit Nmānya, mit Vīsya, mit Zantuma, mit Dāḣyuma, mit Zaraθuštrō.təma verbündeter Ratav!

116. Zwanzigfach (bindend) ist Miθra zwischen ein paar Genossen aus dem selben Gau,
dreißigfach zwischen ein paar Genossen aus der selben Gemeinde,
vierzigfach zwischen ein paar Genossen aus dem selben Haus,
fünfzigfach zwischen ein paar Genossen aus der selben Stube[17]),
sechzigfach zwischen ein paar Beigenossen der Priesterzunft,
siebzigfach zwischen den beiden, Schüler (und) Lehrer[18]),
achtzigfach zwischen den beiden, Eidam (und) Schwäher[19]),
neunzigfach zwischen ein paar Brüdern[20]).

117. Hundertfachen Halt (bietet er) zwischen Eltern und Sohn[21]),
tausendfachen Halt zwischen ein paar Ländern,

---

[1]) 61. [2]) 52. [3]) = Yt. 10. 4—6. [4]) = Yt. 10. 7. [5]) ?; s. Bthl., Zum AirWb. 144. [6]) 989. [7]) 1829. [8]) 450. [9]) 263; eig. „wenn die Peitsche einen hohen Ton trägt". [10]) 1646. [11]) 1038. [12]) „Weil aus Blut bestehend", 524. [13]) 841. [14]) 635. [15]) 56. [16]) 902. [17]) 1583. [18]) 20. [19]) 1689. [20]) 972. [21]) 905.

zehntausendfachen Halt bietet Miθra (dem), der zur mazdayasnischen Religion (gehört).
Solch eine Sieghaftigkeit — *jeden* Tags wird es so sein — besitzt (Miθra)[1].

118. Mit untenhin geweihter Verehrung, mit obenhin geweihter will ich nahen.
Wie jene Sonne dort über die hohe Harā hervortritt und herzugefahren kommt, ebenso will auch Ich, o Spitama, mit untenhin geweihter Verehrung, mit obenhin geweihter nahen: den Wünschen des °ruchlosen Anra Mainyav zum Trotz. — Ob seiner Pracht[2] ...

XXX.

119. Miθra (verehren wir, der) weite Fluren besitzt[3]) ..... wachsamen; den Miθra sollst du verehren, o Spitama, (von ihm) den Schülern erzählen[4]); es sollen dich die Mazdāhanbeter mit beiden, Klein- und Großvieh (und) mit fliegenden Vögeln[5]), verehren, die gefiedert fliegen.

120. Miθra ist aller[6]) ašagläubigen Mazdāhanbeter Förderer und Hüter[7]). Zugewiesen (und) geweiht (ist) der Haoma, (sind die Zaoθra's,) die[6]) der Zaotar weihen und opfern soll[8]). Der ašagläubige Mann soll das gehörig in Stand gesetzte Zaoθra genießen, der bewirken möchte, (daß) er der weite Fluren besitzende Miθra, den er verehrt, zufrieden ungekränkt ist[9]).

121. Ihn befragte Zaraθuštra:
„Wie soll, o Ahura Mazdāh, der ašagläubige Mann das gehörig in Stand gesetzte Zaoθra genießen, der bewirken möchte, (daß) er der weite Fluren besitzende Miθra, den er verehrt, zufrieden ungekränkt ist[9])?"

122. Darauf sprach Ahura Mazdāh:
„Während dreier Tage[10]) (und) dreier Nächte sollen sie sich den Leib abwaschen; dreißig Hiebe sollen sie als Buße auf sich nehmen[11]), zu Verehrung und Preis des weite Fluren besitzenden Miθra;
während zweier Tage (und) zweier Nächte[12]) sollen sie sich den Leib abwaschen; zwanzig Hiebe sollen sie als Buße auf sich nehmen, zu Verehrung und Preis des weite Fluren besitzenden Miθra.
Keiner soll mir von diesen Zaoθra's genießen, wenn er nicht die Befähigung erwiesen (hat für den Vortrag) der Staota Yesnya's (und) der Vīspe ratavō[13])." — Ob seiner Pracht[2]) ...

XXXI.

123. Miθra (verehren wir, der) weite Fluren besitzt[3]) .... wachsamen; den Ahura Mazdāh in dem lichten Haus des Lobs verehrte.

[1]) Vgl. Caland KZ. 31. 265. [2]) = Yt. 10. 4—6. [3]) = Yt. 10. 7. [4]) 1195. [5]) 821. [6]) !? [7]) 350 f. [8]) Ungrammatisch und unklar! [9]) 447. [10]) 806. [11]) 464. [12]) 963. [13]) 1166.

124. Die Arme um Sicherheit (der Gläubigen) emporhebend fährt[1]) er der weite Fluren besitzende Miθra heran von dem leuchtenden Haus des Lobs her, den schönen Wagen lenkend[2]), den gleichmäßig tüchtigen, mit allerlei Zierat versehenen, goldenen.

125. An diesem Wagen ziehen[3]) vier weiße gleichfarbige Renner, die Nahrung der Geister genießende, unsterbliche. Die Vorderhufe (sind) golden beschuht, aber ihre hintern silbern[4]); und diese (Renner sind) alle angeschirrt an die Deichsel und den Halsring und das Joch, (die) mit dem aufgespaltenen wohlgefertigten übergesteckten Zapfen zusammengehalten sind[5]), 'köstliches Metall'[5]).

126. Rechts ihm zur Seite[6]) fährt der gerechteste heiligste Rašnav, (der) am besten (den Feind) abwehrt,

und links ihm zur Seite fährt[6]) die richtigste Čistā, Zaoθra's darbringend, die ašaheilige, — weiße Kleider hat die weiße an[7]) — und der Upamana der mazdayasnischen Religion.

127. Herzugefahren kam der tapfere Dāmōiš Upamana in der Gestalt eines Ebers[8]), (der) sich zur Wehr setzt, mit scharfen Zähnen, eines männlichen mit scharfen Hauern[9]), eines Ebers, (der) mit einem Stoß tötet, (der) ergrimmt unnahbar (ist)[10]), mit gesprenkeltem Gesicht, eines tapfern gewandten überrennenden.

Niederwärts von ihm [Miθra] fährt Ātar[11]), er der entflammte, (und) sie die starke kavische Herrlichkeit.

128. Es befinden sich dort im Wagen[12]) des weite Fluren besitzenden Miθra ein Tausend wohlgefertigter Bogen. <Es kommt vor, (daß) die aus einer Tiersehne gefertigte Bogensehne von einem Gavasna(-Tier?) stammt>.[13])

Durch die Luft sich bewegend, fahren sie [die Bogen],
durch die Luft sich bewegend, fliegen sie auf das °Haupt der Daēva's.[14])

129. Es befinden sich dort im Wagen[12]) des weite Fluren besitzenden Miθra ein Tausend mit Geierfedern versehener Pfeile mit goldener Spitze, mit hörnernem Widerhaken, wohlgefertigter. <Es kommt vor, daß eiserne Sprossen (dran) sind>.[15])

Durch die Luft sich bewegend, fahren sie,
durch die Luft sich bewegend, fliegen sie auf das °Haupt der Daēva's.

130. Es befinden sich dort im Wagen[12]) des weite Fluren besitzenden Miθra ein Tausend scharfschneidiger wohlgefertigter Speere;

durch die Luft sich bewegend, fahren sie,
durch die Luft sich bewegend, fliegen sie auf das °Haupt der Daēva's.

---

[1]) 143. [2]) 1360. [3]) 1386. [4]) 837 f. [5]) 1809 (?); der Name der Gottheit Xšaθra als Bez. für das unter ihrer Obhut stehende Metall. [6]) 193. [7]) 1609. [8]) 1817. [9]) ? [10]) 127 f. [11]) 1080. [12]) 42. [13]) 510 No. (?). [14]) Der Satz ist sinnlos aus den §§ 129 ff. übernommen. [15]) 1613.

Es befinden sich dort im Wagen[1]) des weite Fluren besitzenden Miθra
ein Tausend stählerner wohlgefertigter zweischneidiger Wurfäxte[2]);
durch die Luft sich bewegend, fahren sie,
durch die Luft sich bewegend, fliegen sie auf das °Haupt der Daēva's.

131. Es befinden sich dort im Wagen[1]) des weite Fluren besitzenden Miθra
ein Tausend wohlgefertigter zweischneidiger Dolche;
durch die Luft sich bewegend, fahren sie,
durch die Luft sich bewegend, fliegen sie auf das °Haupt der Daēva's.
Es befinden sich dort im Wagen des weite Fluren besitzenden Miθra
ein Tausend wohlgefertigter eiserner Wurfkeulen;
durch die Luft sich bewegend, fahren sie,
durch die Luft sich bewegend, fliegen sie auf das °Haupt der Daēva's.

132. Es befindet sich dort im Wagen des weite Fluren besitzenden Miθra
die schöne gutgeschwungene Keule mit (ihren) hundert Buckeln (und) hundert Schneiden, (die) anprallend auf die Krieger niederstürzt, aus gelbem Metall gegossen, aus festem goldenem[3]), die festeste der Waffen, die sieghafteste der Waffen;
durch die Luft sich bewegend, fährt sie,
durch die Luft sich bewegend, fliegt sie auf das °Haupt der Daēva's.

133. Nach dem Erschlagen der Daēva's, nach dem Niederschlagen der miθrabetrügenden Menschen kommt er, der weite Fluren besitzende Miθra herangefahren über die beiden (Erdteile), Arəzahī (und) Savahī, über die beiden, Fradaδafšū (und) Vīdaδafšū, über die beiden Vouru.barəštī (und) Vouru.jarəštī, und über den Erdteil hier, den strahlenden X^{v}aniraθa.

134. In Angst gerät wahrlich der vielverderbliche Aŋra Mainyav,
in Angst gerät wahrlich der arglistige Aēšma, (des) Leib verwirkt ist,
in Angst gerät wahrlich die °langhändige Būšyąstā,
in Angst geraten wahrlich alle geistigen Daēva's und sie die varənischen Druggenossen.

135. (Daß) wir uns (nur) nicht dem Streich des ergrimmten, weite Fluren besitzenden Miθra aussetzen; nicht sollst du ergrimmt auf uns einschlagen, o Miθra, (du) der weite Fluren besitzende,
der — der stärkste der Yazata's,
der — der heldenhafteste der Yazata's,
der — der rührigste der Yazata's,
der — der schnellste der Yazata's,
der — der siegreichste[4]) der Yazata's
auf dieser Erde hier auftritt: er der weite Fluren besitzende Miθra. —
Ob seiner Pracht[5]) . . .

[1]) 42. [2]) 575. [3]) 1680. [4]) as „er war" ist gestrichen. [5]) = Yt. 10. 4—6.

XXXII.

136. Miθra (verehren wir, der) weite Fluren besitzt[1] .... wachsamen; dem die weißen Renner mittelst des éinen goldnen Rades[2]) am geschirrten Wagen ziehen und die allglänzenden Schleudersteine (fahren)[3]), wenn er sich die Zaoθra's zu seiner Wohnung bringt[4]).

137. „Wohl diesem maßgebenden Mann, o du ašagläubiger Zaraθuštra," — also sprach Ahura Mazdāh —
„für den der ašagläubige Zaotar der Menschheit, der unterrichtete, (der) das heilige Wort in sich aufgenommen hat, bei gespreitetem Barəsman, mit dem Spruch des Miθra Gottesdienst tut; stracks kommt zu diesem maßgebenden Mann Miθra ins Haus[5]), wenn er [der Mann] um seiner [Miθra's] Gunst willen[6]) seinen Befehl zur Ausführung bringt und seinen Befehl befolgt[7])." —

138. „Wehe diesem maßgebenden Mann, o du ašagläubiger Zaraθuštra," — also sprach Ahura Mazdāh —
„für den der nicht ašagläubige Zaotar, der nicht unterrichtete, (der) das heilige Wort nicht in sich aufgenommen, hinter dem Barəsman Aufstellung genommen hat, ein zu volles Barəsman spreitend und den Yasna zu sehr in die Länge ziehend[8])." —

139. Nicht stellt den Ahura Mazdāh zufrieden, nicht die anderen Aməša Spənta's, nicht ihn den weite Fluren besitzenden Miθra, wer den Mazdāh gering achtet, gering die andern Aməša Spənta's, gering ihn den weite Fluren besitzenden Miθra, gering den Dāta und den Rašnav und die Hab und Gut férdernde, Hab und Gut mehrende Arštāt. — Ob seiner Pracht[9]) ...

XXXIII.

140. Miθra (verehren wir, der) weite Fluren besitzt[1]) .... wachsamen; den Miθra will ich verehren, o Spitama, den guten[10]) tapfern geistigen ersten, sehr barmherzigen, unvergleichlichen, (des) Haus auf der Höhe (steht), den kraftvollen tapfern Kriegshelden.

141. Der siegreiche [Miθra] hat eine gutgefertigte Waffe zu eigen, der im Dunkel wachsame[11]) untrügliche;
der stärksten stärkster ist er,
der tapfersten tapferster ist er,
der Götter allerweisester ist er, der siegreiche, (dem) die Herrlichkeit zu eigen ist, der tausendohrige, zehntausendäugige, er (der) zehntausend Späher hat, der gewaltige allwissende untrügliche. — Ob seiner Pracht[9]) ...

---

[1]) = Yt. 10. 7. [2]) 576. [3]) 207 f. [4]) 935. [5]) 1106. [6]) 1285. [7]) 930. [8]) 947; eig. „ein zu langes Y. weihend". [9]) = Yt. 10. 4—6. [10]) vaŋhuš! [11]) 648; eig. „aus der Dunkelheit heraus wachsam".

XXXIV.

142. Miθra (verehren wir, der) weite Fluren besitzt[1] .... wachsamen; der die vielen Gestalten in der Morgenfrühe (wieder) hervorbringt[2], die Schöpfungen des heiligen Geistes[3]; — er, der wohlgeschaffene größte Yazata —, sobald er (seinen) Leib zum Leuchten bringt wie (den Leib) des eigenlichtigen Mondes[4];

143. (so daß) dessen Antlitz strahlt wie (das) des Tištrya-Sterns[5]; dessen[6] — des strahlenden Sonnen(gotts) — Wagen die lichte (Göttin)[7] — (schön) wie die schönsten Geschöpfe[8] —, sich untrüglich immer wieder (einstellend)[9] lenkt[7], o Spitama.

Ich will den (Wagen)[10] verehren, (den) er der schaffende heilige Geist gezimmert (hat), den sternengeschmückten, von Geistern gezimmerten; (den Wagen des Miθra), der zehntausend Späher hat, der gewaltige allwissende untrügliche. — Ob seiner Pracht[11] ...

XXXV.

144. Miθra (verehren wir, der) weite Fluren besitzt[1] .... wachsamen;
Miθra, (der) rings um das Land ist, verehren wir,
Miθra, (der) inmitten des Landes ist, verehren wir,
Miθra, (der) innerhalb des Landes ist, verehren wir,
Miθra, (der) über dem Lande ist, verehren wir,
Miθra, (der) unter dem Lande ist, verehren wir,
Miθra, (der) vor dem Lande ist, verehren wir,
Miθra, (der) hinter dem Lande ist, verehren wir.

145. Die beiden, Miθra (und) Ahura, die beiden hohen gefahrentrückten ašaheiligen verehren wir;
Sterne und Mond und Sonne (und) — mittelst der Barəsman-Pflanzen — den Miθra verehren wir, den Landesherrn aller Länder. — Ob seiner Pracht[11] ...

146. Wie der beste Oberherr[12] ...
Verehrung und (Preis, Kraft und Stärke) wünsche ich dem weite Fluren besitzenden Miθra (und) dem gute Weide bietenden Rāman.
Aša ist das beste Gut[13] ...
Dem (gebt ihr) Reichtum[14] .... Tausend ...... Aša ist das beste Gut[13] ...

---

[1]) = Yt. 10. 7. [2]) Die in der Nacht unsichtbar waren. [3]) 1321. [4]) 1243 o., 1855. [5]) 652. [6]) Des Miθra. [7]) 955. [8]) 1645. [9]) 855. [10]) ? [11]) = Yt. 10. 4—6. [12]) = Y. 27. 13. [13]) = Y. 27. 14. [14]) = Y. 72. 9.

11.
Srōš Yašt Haδōxt.

0. Durch Befriedigung des Ahura Mazdāh[1] .... Ich bete das Aša-(gebet): Aša ist das beste Gut[2] ...
(Als Mazdāhanbeter) ... will ich das Glaubensgelübde ablegen[3] .... und Lob.
Den ašafrommen heldenhaften Sraoša, (der) das heilige Wort in sich aufgenommen hat, das starke Holz schwingt, den ahurischen, (wollen wir) unter Zufriedenstellung[4] .... soll .... aufsagen.

I.

1. Den ašafrommen schöngewachsenen siegreichen, Hab und Gut fördernden, ašaheiligen Sraoša, den Ratav des Aša, verehren wir.
Gute Verehrung, beste Verehrung der Menschheit[5], o Zaraθuštra!
2. Das (ist's, was) am besten den Druggenossen (und) die Druggenossen (und) den Feind zurückhält[6]; das (ist's was) am besten des druggläubigen (Mannes) und des druggläubigen Weibes °Augen <Ohren> °Ohren °Hände °Beine °Mund gefesselt zugrunde richtet[7]: (nämlich) das gute Gebet, (das) nicht trügt (und) kein Leid antut. Die mannhafte Hąm.varətay hält als Brustwehr die Drug am besten zurück[8].
3. Der ašafromme Sraoša (ist's, der) den Armen am besten schirmt, er der sieghafte, (der) die Drug am besten schlägt;
der ašagläubige Mann, (der) am meisten Segensworte spricht, der (ist) an Sieg der siegreichste;
das heilige Wort (ist's, das) die geistige Drug(gesellschaft) am besten fortschafft;
der Ahuna Vairya (ist) der sieghafteste der Sprüche;
das wahrgesprochene Wort (ist) beim Schlußwerk am sieghaftesten;
die mazdayasnische Religion (ist's, die) bei allen guten und bei allen ašaentstammten (das Geforderte) am besten wahrmacht[9] — desgleichen das zaraθuštrische Gesetz.
4. Und wer, o Zaraθuštra, dies geoffenbarte Wort — Mann oder Weib — mit ašaeinigem Denken, mit ašaeinigem Reden, mit ašaeinigem Tun verkündet — bei einem großen Wasser oder einer großen Gefahr oder in finsterer nebliger Nacht[10] oder bei den Übergängen über schiffbare Wasser oder bei Gabelungen der Wege oder bei Zusammenkünften ašagläubiger Männer oder bei °Zusammenrottungen druggläubiger Daēvaanbeter,
5. oder in irgend einer der Unternehmungen oder irgend einem der Rechtshändel in Angst vor Gefahr —:

---

[1]) = Ny. 1. 2. [2]) = Y. 27. 14. [3]) = Ny. 1. 10. [4]) = Yt. 3. 0. [5]) ? [6]) ? [7]) 866. [8]) 739 (?). [9]) ? [10]) 85.

niemals soll den an diesem Tag noch in dieser Nacht der erzürnte zornige zornig gewordene Druganhänger durch keinerlei Erspähen mit den °Augen erspähen [1]),
nicht soll (ihn) die Feindschaft des Banditen, (der) was zur Herde gehört raubt[2]), durch keinerlei Erreichen erreichen.

6. Und dies, o Zaraθuštra, dies geoffenbarte Wort sollst du hersagen, wenn ein *Wegelagerer* sich naht oder eine Räuberbande oder eine daēvische Rotte[3]);
dann werden die feindlichen[4]) druggläubigen Daēvaanbeter, die Zauberer unter den Zauberei treibenden und die Hexen unter den Hexerei treibenden in Angst geraten (und) sich °davonmachen; unterwürfig ...[5]) die Daēva's, unterwürfig die Daēvaanbeter (ihren) °Mund (und) ebenso die (religiös) abtrünnigen.

7. Und wie die Schäfer(hunde), so ...[6]) wir um den ašafrommen Sraoša, ihn den ašaheiligen sieghaften;
so verehren wir den ašafrommen Sraoša, ihn den ašaheiligen sieghaften, mit Gutgedachtem und Gutgesagtem und Gutgetanem.

8. Ob seiner Pracht und Herrlichkeit, wegen seiner Kraft und Wehrhaftigkeit, wegen seiner Verehrung der Yazata's[7]) will ich ihn mit hörbarem Gebet (und) mit Zaoθra's verehren, den ašafrommen Sraoša und die gute hohe Ašay und den schöngewachsenen Nairyō.sanha.
Her zu uns möge der siegreiche ašafromme Sraoša zu helfen kommen.

9. Den ašafrommen Sraoša verehren wir;
den hohen Ratav, ihn den Ahura Mazdāh, verehren wir, der der höchste an Ašagerechtigkeit, der am weitesten in der Ašagerechtigkeit gekommen (ist);
alle zaraθuštrischen Lehren verehren wir;
und alle gutgetanen Werke verehren wir, (die schon) getan (sind) und (die erst) getan werden.
Wen — und welche (Frauen) — unter den Seienden[8]) ...

II.

10—13. Den ašafrommen[9]) .... Sraoša, den Ratav des Aša, verehren wir;
der der Überwinder (ist) des mit der Kayaδa(-Sünde) behafteten[10]) .....
..... °laufen (sie ins Dunkel). — Ob seiner Pracht[11]) ...

---

[1]) 1614. [2]) ? [3]) 1772. [4]) Eig. „die Feindschaft der Daēvaanb. ...“ [5]) †aoi.gəurvayąn?; nyånčō daēvō ... zafarə †aoi.gəurvayąn bedeutet vielleicht „(zur Erde) abwärts gerichtet senkten die Daēva's ... (ihren) °Mund“. Vgl. zur Anschauung Pischels Aufsatz 'Ins Gras beißen' SitzberAW. 1908. 447 ff. [6]) pairi.barāmaide?; wohl „wie die Hunde (die Herde umkreisen), so umkreisen wir den Sraoša“. [7]) 1270 [8]) = Y. 27. 15. [9]) = Yt. 11. 1. [10]) Y. 57. 15—18. [11]) = Yt. 11. 8—9.

III.

14. Wie der beste Oberherr[1]) ...
Den ašafrommen[2]) .... Sraoša ... verehren wir;
der auf Frieden und Verträge der Drug (und) des heiligsten (Geistes) Acht (hat)[3]).
Die Aməša Spənta's kamen zu der sieben Teile umfassenden Erde herab, (zu ihm), der der Religion Religions-Unterweiser (ist); ihn (selber) unterwies in der Religion der ašaehrwürdige Ahura Mazdāh. — Ob seiner Pracht[4]) ...

IV.

15. Wie der beste Oberherr[1]) ...
Den ašafrommen[2]) .... Sraoša ... verehren wir;
den der ašaehrwürdige Ahura Mazdāh zum Unterdrücker des Aēšma mit der blutigen Holz(waffe) eingesetzt hat.
Den Frieden (und) den Sieg[5]) verehren wir, (die beide) Kampf und Hader unterdrücken:
16. die beiden Genossen des ašafrommen Sraoša,
die beiden Genossen des gerechtesten Rašnav,
die beiden Genossen des weite Fluren besitzenden Miθra,
die beiden Genossen des ašaheiligen Vāta,
die beiden Genossen der guten mazdayasnischen Religion,
die beiden Genossen der Hab und Gut fördernden, Hab und Gut mehrenden, Hab und Gut nützenden Arštāt,
die beiden Genossen der guten Ašay,
die beiden Genossen der guten Čistay,
die beiden Genossen der richtigsten Čistā;
17. die beiden Genossen aller Yazata's,
die beiden Genossen des heiligen Worts,
die beiden Genossen des gegen die Daēva's gerichteten Gesetzes,
die beiden Genossen der langen Überlieferung,
die beiden Genossen der Aməša Spənta's,
die beiden Genossen unserer Saošyant's: der zweibeinigen ašagläubigen,
die beiden Genossen der gesamten Schöpfung des Ašaehrwürdigen. — Ob seiner Pracht[4]) ...

V.

18. Wie der beste Oberherr[1]) ...
Den ašafrommen[2]) .... Sraoša ... verehren wir

---

[1]) = Y. 27. 13. [2]) = Yt. 11. 1. [3]) 1614. [4]) = Yt. 11. 8—9. [5]) So wohl nach dem Verfasser des Stücks, aber im Gegensatz zu den sonstigen Stellen, wo die Worte āxštīm hąmvaintīm „siegreichen Frieden" bedeuten.

als den ersten und letzten und mittleren und vordersten
mit dem ersten Opfer und letzten und mittleren und vordersten.

19. Wir verehren alle (siegenden Siege)[1] des ašafrommen Sraoša, des heldenhaften, (der) das heilige Wort in sich aufgenommen hat, des heldenhaften[2] ....

20. Alle von Sraoša beschirmten Häuser verehren wir, in denen der ašafromme liebe geliebte Sraoša willkommengeheißen (ist) und (ebenso) der ašagläubige Mann,
(bei dem) die guten Gedanken überwiegen,
die guten Reden überwiegen,
die guten Taten überwiegen.

21. Den Körper des ašafrommen Sraoša verehren wir,
den Körper des gerechtesten Rašnav verehren wir,
den Körper des weite Fluren besitzenden Miθra verehren wir,
den Körper des ašaheiligen Vāta verehren wir,
den Körper der guten mazdayasnischen Religion verehren wir,
den Körper der Hab und Gut fördernden, Hab und Gut mehrenden, Hab und Gut nützenden Arštāt verehren wir,
den Körper der guten Ašay verehren wir,
den Körper der guten Čistay verehren wir,
den Körper der richtigsten Čistā verehren wir;

22. den Körper aller Yazata's verehren wir,
den Körper des heiligen Worts verehren wir,
den Körper des gegen die Daēva's gerichteten Gesetzes verehren wir,
den Körper der langen Überlieferung verehren wir,
den Körper der Aməša Spənta's verehren wir,
den Körper von uns den Saošyant's: den zweibeinigen ašagläubigen verehren wir,
den Körper der gesamten Schöpfung des Ašaehrwürdigen verehren wir. — Ob seiner Pracht[3] ...

23. Wie der beste Oberherr[4] ...
Verehrung und (Preis, Kraft und Stärke) wünsche ich dem ašafrommen heldenhaften Sraoša, (der) das heilige Wort in sich aufgenommen hat, das starke Holz schwingt, dem ahurischen.
Aša ist das beste Gut[5] ...
Dem (gebt ihr) Reichtum[6] .... Tausend ..... Aša ist das beste Gut[5] ...

---

[1]) 1351 f. [2]) = Y. 57. 33. [3]) = Yt. 11. 8—9. [4]) = Y. 27. 13. [5]) = Y. 27. 14. [6]) = Y. 72. 9.

11a.

Srōš Yašt.

0. Durch Befriedigung des Ahura Mazdāh[1]) .... soll der wissende ... aufsagen.

1—33. Sraoša, den ašafrommen schöngewachsenen[2]) ....
(bei dem) die guten Gedanken überwiegen,
die guten Reden überwiegen,
die guten Taten überwiegen. —
Ob seiner Pracht[3]) .... Aša ist das beste Gut[4]) ...

12.

Rašn Yašt.

0. Durch Befriedigung des Ahura Mazdāh[5]) .... Ich bete das Aša(gebet): Aša ist das beste Gut[4])...

(Als Mazdāhanbeter) ... will ich das Glaubensgelübde ablegen[6]) .... und Lob.

Den gerechtesten Rašnav und die Hab und Gut förderndе, Hab und Gut mehrende Arštāt (und) das wahrgesprochene, das Hab und Gut fördernde Wort (wollen wir) unter Zufriedenstellung[7]) .... soll ... aufsagen.

1. Der ašagläubige [Zaraθuštra] befragte ihn:
„O ašaehrwürdiger Ahura Mazdāh! Ich wende mich an dich, o Ahura Mazdāh; ich frage dich mit richtigem[8]) Wort — antworte mir, (der) du (es) weißt; untrüglich bist du, untrüglichen Verstandes, untrüglich (und) allwissend —:
was ist am heiligen Wort recht geschaffen? was ...[9]) geschaffen? was *hervorragend*? was fürsorglich? was tatkräftig? was geschickt (und) den andern Schöpfungen überlegen?"

2. Darauf sprach Ahura Mazdāh:
„Ich ja, ich will dir das verkünden fürwahr, o ašagläubiger Spitama: das heilige Wort, das hochherrliche! Das ist am heiligen Wort recht geschaffen, das ...[9]) geschaffen, das *hervorragend*, das fürsorglich, das tatkräftig, das geschickt (und) den andern Schöpfungen überlegen" —

3. und es sprach Ahura Mazdāh (weiter) —
„den dritten Teil des Barəsman[10]) sollst du nach dem Weg der Sonne zu spreiten; wir rufen an, wir suchen zu befriedigen: mich den Ahura Mazdāh. Auch die Freundschaft[11]) rufe ich zu dem hier angestellten Gottesgericht, zu dem Feuer und Barəsman, zu der über-

---

[1]) = Yt. 11. 0. [2]) = Y. 57. 2—34. [3]) = Yt. 11. 22—23. [4]) = Y. 27. 14. [5]) = Ny. 1. 2. [6]) = Ny. 1. 10. [7]) = Yt. 3. 0. [8]) ?; eig. „mit der Richtigkeit des Worts". [9]) fraž[dāta]-? [10]) 812. [11]) ?

fließenden Hohlhand, zu der Gottesgerichtsbutter und zum Schmalz der Pflanzen[1]).

4. Dann will ich dir zu Hilfe kommen, ich der Ahura Mazdāh, zu dem dort angestellten Gottesgericht, zu dem Feuer und Barəsman, zu der überfließenden Hohlhand, zu der Gottesgerichtsbutter und zum Schmalz der Pflanzen[1]), zusammen mit dem siegreichen Vāta, zusammen mit Dāmōiš Upamana, zusammen mit der kavischen Herrlichkeit, zusammen mit dem mazdāhgeschaffenen Nutzen."

5. Wir rufen an, wir suchen zu befriedigen ihn den machtvollen Rašnav; auch die Freundschaft[2]) rufe ich zu dem hier angestellten Gottesgericht, zu dem Feuer und Barəsman, zu der überfließenden Hohlhand, zu der Gottesgerichtsbutter und zum Schmalz der Pflanzen[1]).

6. Dann wird dir zu Hilfe kommen er der hohe machtvolle Rašnav zu dem hier angestellten Gottesgericht, zu dem Feuer und Barəsman, zu der überfließenden Hohlhand, zu der Gottesgerichtsbutter und zum Schmalz der Pflanzen[1]), zusammen mit dem siegreichen Vāta, zusammen mit Dāmōiš Upamana, zusammen mit der kavischen Herrlichkeit, zusammen mit dem mazdāhgeschaffenen Nutzen.

7. O ašaheiliger Rašnav, gerechtester Rašnav, heiligster Rašnav, kundigster Rašnav,
o Rašnav, (der) du am besten zu entscheiden weißt,
o Rašnav, (der) du das Ferne am besten triffst,
o Rašnav, (der) du in die Ferne am besten siehst,
o Rašnav, (der) du dem Beklagten am besten beistehst[3]),
o Rašnav, (der) du den Dieb am besten niederschlägst;

8. (der) du (wenn) nicht beleidigt am besten (zum Ziel) geleitest, am besten schlägst (und) am besten den Dieb und den Räuber zugrunde richtest ....[4]).

9. Auch wenn du dich, o ašaheiliger Rašnav, auf dem Erdteil dem Arəzahī befindest, wir rufen an[5]) ... ihn den machtvollen Rašnav ......

10. Auch wenn du dich, o ašaheiliger Rašnav, auf dem Erdteil dem Savahī befindest, wir rufen an[5]) ......

11. Auch wenn du dich, o ašaheiliger Rašnav, auf dem Erdteil dem Fradaδafšū befindest, wir rufen an[5]) ......

12. Auch wenn du dich, o ašaheiliger Rašnav, auf dem Erdteil dem Vīdaδafšū befindest, wir rufen an[5]) ......

13. Auch wenn du dich, o ašaheiliger Rašnav, auf dem Erdteil dem Vouru.barəštī befindest, wir rufen an[5]) ......

14. Auch wenn du dich, o ašaheiliger Rašnav, auf dem Erdteil dem Vouru.Jarəštī befindet, wir rufen an[5]) ......

---

[1]) 1365, 1366. [2]) ? [3]) 945. [4]) ahmi arəθe yahmi gaêθe kəša vašta haδa nara taδa mara haδa nā.tanasuš? [5]) = Yt. 12. 5—8.

15. Auch wenn du dich, o ašaheiliger Rašnav, auf dem Erdteil hier, dem strahlenden X^vaniraθa, befindest, wir rufen an[1]) ....
16. Auch wenn du dich, o ašaheiliger Rašnav, bei dem See Vouru.kaša befindest, wir rufen an[1]) ....
17. Auch wenn du dich, o ašaheiliger Rašnav, auf jenem Baum des Adlers[2]) befindest, der inmitten des Sees Vouru.kaša steht, der gute Heilmittel, kräftige Heilmittel birgt, der Vīspō.biš 'Allheiler' heißt, auf dem aller Pflanzen Samen niedergelegt ist[3]), wir rufen an[1]) ....
18. Auch wenn du dich, o ašaheiliger Rašnav, an der Quelle der Raŋhā[4]) befindest, wir rufen an[1]) ....
19. Auch wenn du dich, o ašaheiliger Rašnav, an der Mündung der Raŋhā befindest, wir rufen an[1]) ....
20. Auch wenn du dich, o ašaheiliger Rašnav, am Ende der Erde hier befindest, wir rufen an[1]) ....
21. Auch wenn du dich, o ašaheiliger Rašnav, im Mittelpunkt der Erde hier befindest, wir rufen an[1]) ....
22. Auch wenn du dich, o ašaheiliger Rašnav, irgendwo[5]) auf der Erde hier befindest, wir rufen an[1]) ....
23. Auch wenn du dich, o ašaheiliger Rašnav, auf der hochragenden leuchtenden Harā mit den vielen Ausläufern befindest, wo weder Nacht noch Dunkel, nicht kalter, nicht heißer Wind[6]), nicht vielverderbliche Krankheit, nicht die daēvageschaffene Befleckung (herrscht) — und nicht steigen Nebel empor von[7]) dem Haraitī-Gebirg —, wir rufen an[1]) ....
24. Auch wenn du dich, o ašaheiliger Rašnav, auf dem *allgefeierten* goldenen Berg Hukairya befindest, von dem mir aus einer Höhe von tausend Männern die gewaltige makellose Arədvī herankommt[8]), wir rufen an[1]) ....
25. Auch wenn du dich, o ašaheiliger Rašnav, auf dem Gipfel des Haraitī-Gebirgs befindest, um den meine Sterne und Mond und Sonne kreisen[9]), wir rufen an[1]) ....
26. Auch wenn du dich, o ašaheiliger Rašnav, auf dem mazdāhgeschaffenen Vanant-Stern befindest, wir rufen an[1]) ....
27. Auch wenn du dich, o ašaheiliger Rašnav, auf dem prächtigen glanzvollen Tištrya-Stern befindest, wir rufen an[1]) ....
28. Auch wenn du dich, o ašaheiliger Rašnav, auf jenen Sternen, denen mit den sieben Merkmalen[10]), befindest, wir rufen an[1]) ....
29. Auch wenn du dich, o ašaheiliger Rašnav, auf jenen Sternen, den des Wassers Samen enthaltenden, befindest, wir rufen an[1]) ....

---

[1]) = Yt. 12. 5—8. [2]) saēna-? [3]) 1468 f. [4]) 42. [5]) upa ausgelassen. [6]) 515. [7]) 749. [8]) 1818. [9]) 623. [10]) „Der große Bär".

30. Auch wenn du dich, o ašaheiliger Rašnav, auf jenen Sternen, den der Erde Samen enthaltenden, befindest, wir rufen an[1] ....
31. Auch wenn du dich, o ašaheiliger Rašnav, auf jenen Sternen, den der Pflanzen Samen enthaltenden, befindest, wir rufen an[1] ....
32. Auch wenn du dich, o ašaheiliger Rašnav, auf jenen Sternen, den dem heiligen Geist entstammten, befindest, wir rufen an[1] ....
33. Auch wenn du dich, o ašaheiliger Rašnav, auf dem des Rindes Ursprung bildenden Mond dort befindest, wir rufen an[1] ....
34. Auch wenn du dich, o ašaheiliger Rašnav, auf der schnelle Rosse besitzenden Sonne befindest, wir rufen an[1] ....
35. Auch wenn du dich, o ašaheiliger Rašnav, in dem anfangslosen unvergänglichen Lichtraum befindest, wir rufen an[1] ....
36. Auch wenn du dich, o ašaheiliger Rašnav, in dem besten Dasein der Ašagläubigen, dem lichten, alle Wonnen bietenden, befindest, wir rufen an[1] ....
37. Auch wenn du dich, o ašaheiliger Rašnav, in dem lichten Haus des Lobs befindest, wir rufen an[1] ....
38. Wie der beste Oberherr[2] ...

Verehrung und (Preis, Kraft und Stärke) wünsche ich für den gerechtesten Rašnav (und die Hab und Gut förderndo, Hab und Gut mehrende Arštāt und) das wahrgesprochene, das Hab und Gut fördernde Wort.

Aša ist das beste Gut[3] ...

Dem (gebt ihr) Reichtum[4] .... Tausend .... Aša ist das beste Gut[3] ...

13.

Fravartīn Yašt.

0. Durch Befriedigung des Ahura Mazdāh[5] .... Ich bete das Aša(gebet): Aša ist das beste Gut[3] ...

(Als Mazdāhanbeter) ... will ich das Glaubensgelübde ablegen[6] .... und Lob.

Die starken rings siegreichen Fravašay's der Ašagläubigen, die Fravašay's der ersten Glaubenslehrer[7], die Fravašay's der Nächstverwandten (wollen wir) unter Zufriedenstellung[8] .... soll ... aufsagen.

I.

1. Es sprach Ahura Mazdāh zu dem Spitama Zaraθuštra:

„So will ich dir denn von der Kraft und Stärke erzählen[9], von der Herrlichkeit und der Hilfe und der Unterstützung, fürwahr o Spitama,

[1] = Yt. 12. 5—8. [2] = Y. 27. 13. [3] = Y. 27. 14. [4] = Y. 72. 9. [5] = Ny. 1. 2. [6] = Ny. 1. 10. [7] 877. [8] = Yt. 3. 0. [9] 22.

(nämlich) der starken rings siegreichen Fravašay's der Ašagläubigen; wie die starken Fravašay's der Ašagläubigen mir zu Hilfe kamen, wie sie mir Beistand brachten.

2. Durch ihre Pracht und Herrlichkeit stützte ich, o Zaraθuštra, den Himmel dort, der in der Höhe licht, strahlend (ist), der die Erde hier von allen Seiten, man könnte meinen wie ein Haus, umgibt; er, der von Geistern hingestellt dasteht, durch und durch gefestigt, fernbegrenzt, anzusehen wie lohendes Metall[1]), nach (allen) Dritteln (der Erde) leuchtend[2]);

3. den als (sein) sternengeschmücktes geistergefertigtes Gewand Mazdāh anhat[3]) zusammen mit Miθra und Rašnav und der heiligen Ārmatay[4]), bei dem gar nicht Anfang noch Ende zu gewahren sind[5]).

4—8. Durch ihre Pracht und Herrlichkeit stützte ich, o Zaraθuštra, die gewaltige makellose Arədvī, die sich weithin verbreitende[6]) .... sie der Weiber Milch.

9. Durch ihre Pracht und Herrlichkeit stützte ich, o Zaraθuštra, die breite ahurageschaffene Erde, sie die lange und weite[7]), die die Trägerin des vielen Schönen[8]) (ist), die das ganze stoffliche Dasein trägt — das lebende und tote — und die hohen Berge, die weidereichen wasserreichen;

10. auf der die in Flüssen laufenden schiffbaren Wasser fließen,
auf der die vielartigen Pflanzen aus dem Boden emporwachsen:
zum Schutz beider, der Haustiere (und) der Menschen[9]),
zum Schutz der arischen Länder,
zum Schutz des fünfartigen Getiers[9]),
zur Unterstützung der ašagläubigen Männer.

11. Durch ihre Pracht und Herrlichkeit erhielt Ich, o Zaraθuštra, in den Mutterleibern die empfangenen Söhne, (sodaß) sie nicht sterben[10]), bis zu der (für alle) festgesetzten Auflösung[11]);
werde ich bei der Lohnverteilung wieder zusammenfügen die Knochen und die Haare und das Fleisch[12]) und die Eingeweide und die Füße und die Zeugungsglieder.

12. Denn wenn mir nicht die starken Fravašay's der Ašagläubigen Beistand geleistet hätten, würde es mir hier nicht Tiere (und) Menschen geben[13]), die beiden, die (ihrer) Arten die besten sind; der Drug würde die Kraft, der Drug die Obergewalt, der Drug die stoffliche Welt zu eigen sein[14]);

13. (der) unter den beiden Geistern zur Drug hält, würde sich zwischen Himmel und Erde niedersetzen,
(der) unter den beiden Geistern zur Drug hält, würde zwischen Himmel und Erde den Sieg davontragen[15]);

---

[1]) 1861, 467; eig. „mit der Erscheinung von Metall“. [2]) 812. [3]) 1394. [4]) 1740. [5]) 451; eig. „die beiden Enden der Seiten“. [6]) = Y. 65. 1—5. [7]) 1154. [8]) 1647. [9]) 507. [10]) 77 f. [11]) 1443. [12]) 1535. [13]) 269. [14]) 779. [15]) 781.

nicht würde alsdann der Sieger dem Besiegten, der arge Geist dem heiligen Geist weichen[1]).

14. Durch ihre Pracht und Herrlichkeit fließen die vorwärtsströmenden Wasser bei den unversieglichen Quellen;
durch ihre Pracht und Herrlichkeit wachsen die Pflanzen aus der Erde empor bei den unversieglichen Quellen;
durch ihre Pracht und Herrlichkeit wehen die in[2]) den Wolken fliegenden Winde bei den unversieglichen Quellen.

15. Durch ihre Pracht und Herrlichkeit empfangen die Weiber Kinder,
durch ihre Pracht und Herrlichkeit gebären sie mit leichter Geburt,
durch ihre Pracht und Herrlichkeit (geschieht es), daß sie schwanger werden[3]).

16. Durch ihre Pracht und Herrlichkeit wird ein beredter Mann geboren werden[4]), (der) in den Versammlungen sein Wort zu Gehör zu bringen weiß[5]), der um Belehrung angegangen wird[6]), der, über den unterliegenden Gaotema siegreich, aus dem Redekampf weggeht[7]);
durch ihre Pracht und Herrlichkeit geht die Sonne auf dem Pfade dort,
durch ihre Pracht und Herrlichkeit geht der Mond auf dem Pfade dort,
durch ihre Pracht und Herrlichkeit gehen die Sterne auf dem Pfade dort.

17. Sie, die Fravašay's der Ašagläubigen, gewähren in den starken Kämpfen am meisten Beistand. Die Fravašay's der Ašagläubigen sind die stärksten, o Spitama: die der ersten Glaubenslehrer oder die der (noch) ungeborenen Männer, der Neugestalter, der Saošyant's; aber im übrigen[8]) (sind) die Fravašay's der lebenden ašagläubigen Männer stärker, o Zaraθuštra Spitama, als (die) der gestorbenen[9]).

18. Und (jeder)mann der sie — ein Fürst des Landes, ein Allherrscher — bei Lebzeiten in guter Pflege halten wird, die Fravašay's der Ašagläubigen, der wird der siegreichste Herrscher werden[10]) — welcher der Menschen es auch (sei)[11]) — wer in guter Pflege hält[12]) ihn, den weite Fluren besitzenden Miθra und die Hab und Gut fördernde, Hab und Gut mehrende Arštāt.

19. Das ist's, (was) ich dir von der Kraft und Stärke erzähle[13]), von der Herrlichkeit und der Hilfe und der Unterstützung, fürwahr o Spitama, (nämlich) der starken rings siegreichen Fravašay's der Ašagläubigen; wie die starken Fravašay's der Ašagläubigen mir zu Hilfe kamen, wie sie mir Beistand brachten."

---

[1]) 781, 1351. [2]) Oder „mit"; 749u. [3]) 1753. [4]) 1658. [5]) 1477. [6]) 536f. [7]) 481. [8]) Eig. „die Fr. der andern". [9]) 41, 992. [10]) 1687. [11]) 424. [12]) 1432f. [13]) 1195.

II.

20. Es sprach Ahura Mazdāh zu dem Spitama Zaraθuštra:
„Wenn dir in diesem stofflichen Dasein ein Strauchdieb in den Weg tritt[1]), o Spitama Zaraθuštra, und wenn (du) vor schrecklichen Kämpfen und Nöten, o Zaraθuštra, Angst um (deine) Person (hast)[2]),
so mögest du diese Sprüche (leise) aufsagen,
so mögest du diese sieghaften Sprüche (laut) rezitiren, o Zaraθuštra:
21. die guten gewaltigen heiligen Fravašay's der Ašagläubigen preise ich, rufe ich, besinge ich;
wir verehren die zum Nmānya, zum Vīsya, zum Zantuma, zum Dāhyuma, zum Zaraθuštrō.təma gehörigen [Fravašay's],
(die) den Ašagläubigen, (die jetzt) sind, angehören,
(die) denen, (die) waren, angehören,
(die) denen, (die) sein werden[3]), angehören:
alle [Fravašay's] aller Länder, die förderlichsten der förderlichsten Länder;
22. die den Himmel gestützt, die das Wasser gestützt, die die Erde gestützt, die das Rind erhalten, die die empfangenen Söhne in den Mutterleibern erhalten haben, (sodaß) sie nicht sterben[4]), bis zu der (für alle) festgesetzten Auflösung[5]);
sie werden bei der Lohnverteilung wieder zusammenfügen die Knochen und die Haare und das Fleisch[6]) und die Eingeweide und die Füße und die Zeugungsglieder.
23. (Die Fravašay's), die viel bringen, die sich kräftig aufmachen, die sich gut aufmachen, die sich tatkräftig aufmachen, die sich kühn aufmachen, die sich auf den Ruf hin aufmachen;
die bei den blutigen Streiten zu rufen (sind),
die bei den Schlachten zu rufen (sind),
die bei den Kämpfen zu rufen (sind);
24. die dem rufenden den Sieg schenken,
dem verlangenden den Erfolg schenken,
dem erkrankten die Gesundheit schenken,
dem gute Herrlichkeit schenken, der sie betend zufriedenstellend, Zaoθra's darbringend, ašagläubig anruft;
25. die sich schon ehedem am liebsten dorthin gewendet haben[7]), wo ašagläubige Männer am gläubigsten an das Aša[8]) sind, und wo die größten Darbringungen (gereicht werden)[9]), und wo der Ašagläubige unangefeindet (ist).“

---

[1]) 843. [2]) 793. [3]) 931. [4]) 77f. [5]) 1443. [6]) 1535. [7]) 975. [8]) 1703. [9]) 1023.

III.

26. Die guten gewaltigen heiligen Fravašay's der Ašagläubigen verehren wir,
die die stärksten unter den Fahrenden,
die flinksten unter den Vorwärtsfahrenden,
die unerschütterlichsten unter den sich Anstemmenden[1]), die geeignetsten unter den Stützbalken[2]), die unüberwindlichsten unter den Waffen und Wehren[3]), die den Angriff nicht (auf den) herankommen lassen, zu dem sie sich wenden[4]).

27. Diese guten, diese besten, sie die guten gewaltigen heiligen Fravašay's der Ašagläubigen verehren wir; sie ja (sind) bei den gespreiteten Barəsman's, sie bei den Schlachten, sie bei den Kämpfen anzurufen; sie hier, wo tapfere Männer in Schlachten kämpfen[5]).

28. Sie rief Mazdāh zu Hilfe, um den Himmel dort zu stützen[6]) und das Wasser und die Erde und die Pflanze,
damit der heilige Geist den Himmel stütze, damit er das Wasser, damit er die Erde, damit er das Rind, damit er die Pflanze, damit er in den Mutterleibern die empfangenen Söhne erhielte, (sodaß) sie nicht sterben[7]), bis zu der (für alle) festgesetzten Auflösung[8]), (und damit er) bei der Lohnverteilung wieder zusammenfüge die Knochen und die Haare und das Fleisch[9]) und die Eingeweide und die Füße und die Zeugungsglieder.

29. Es erhielt der heilige Geist (die Fravašay's), die kraftvoll, stillschweigend dasitzend, schönäugig scharfsichtig (scharf)hörig[10]), auf lange beruhigend (sind); die hohen, die hochgegürtet, die an guter Stätte, an breiter Stätte stehend, flinkfliegend, besitzreich, berühmt, den Himmel stützen.

IV.

30. (Die guten gewaltigen heiligen Fravašay's) der Ašagläubigen verehren wir, (bei denen) die Priesterschaften, die Gemeinden gut aufgehoben sind, (bei denen) sichs zu langdauernder Gemeinschaft am besten wohnen läßt[11]), (die) dén Männern nicht zürnen, die euch ihr guten, ihr guten geheimnisvollen, weithin schauenden, heiltätigen, berühmten Schlachtengewinner, nicht zuvor erzürnt haben[12]).

V.

31. (Die guten gewaltigen heiligen Fravašay's) der Ašagläubigen verehren wir, (die) gegen die Feinde einen starken Willen (bekunden), von oben her wirken, sehr gewaltig; die von oben her in der Schlacht[13]) die starken Arme der hassenden Feinde zunichte machen.

---

[1]) 100. [2]) 140. [3]) 78. [4]) 102. [5]) 364. [6]) vīdiϑāra?, 1444 No. [7]) 77 f. [8]) 1443. [9]) 1535. [10]) 1426. [11]) 1709; eig. „die besten, um dabei zu wohnen". [12]) 871. [13]) 1775.

VI.

32. (Die guten gewaltigen heiligen Fravašay's) der Ašagläubigen verehren wir, die getreuen tapfern kraftvollen, vor Nachstellungen sichern, seligen segenbringenden heiltätigen, die der Ašay Heilmittel teilhaftigen, (die) so breit wie die Erde, so lang wie die Flüsse, so hoch wie die Sonne (sind)[1].

VII.

33. (Die guten gewaltigen heiligen Fravašay's) der Ašagläubigen verehren wir, die tüchtigen tapfern kämpfenden grausigen, (die) zu Fall bringen, zu nichte machen aller Feinde Anfeindungen, der Daēva's und der Menschen, (die) die Gegner beim Angriff niederschlagen nach (ihrem) eignem Wunsch und Willen.

34. Ihr, ihr weiset die beiden guten, den ahurageschaffenen Sieg und die siegende Überlegenheit, den Ländern zu, ihr gewaltigsten, wo ihr guten nicht erzürnt zufriedengestellt ungekränkt nicht beleidigt (seid, wo) Ihr verehrungswürdig preiswürdig, euer Heim nach Gefallen suchend, einherwandelt.

VIII.

35. (Die guten gewaltigen heiligen Fravašay's) der Ašagläubigen verehren wir, die berühmten Schlachtengewinner, die überstarken, ...[2]), (die) von den geradesten (Pfaden) nicht abzubringen (sind)[3]; die beide um Hilfe rufen, der Verfolger und der Verfolgte[4]):
um einzuholen ruft (sie) der Verfolger,
um zu entkommen der Verfolgte.[5])

36. Die sich schon ehedem am liebsten dorthin gewendet haben[6]), wo ašagläubige Männer am gläubigsten an das Aša[7]) sind, und wo die größten Darbringungen (gereicht werden)[8]), und wo der Ašagläubige zufriedengestellt (ist).

IX.

37. (Die guten gewaltigen heiligen Fravašay's) der Ašagläubigen verehren wir, (die) ein zahlreiches Heer bilden, mit umgegürteten Waffen, mit entfalteten Bannern, die glänzenden; die damals bei den starken Kämpfen zu den Xštavay's herabkamen[9]); da schlugen sie, die tapferen Xštavay-Mannen, (siegreiche) Schlachten gegen die dānavischen (Völker).

38. Ihr, ihr (seid es, die) damals[10]) den Angriff der dānavischen Tūrer überwandet;

---

[1]) 1691. [2]) spārō.dāšta-? [3]) 147. [4]) 1407. [5]) 73. [6]) 975. [7]) 1703. [8]) 1023. [9]) 500. [10]) 1304.

ihr, ihr (seid es, die) damals[1]) die Anfeindungen der dānavischen Tūrer überwandet.

Mit Hilfe von euch wurden die kriegerischen Karšnaziden sehr gewaltig (und ebenso) sie die heldenhaften Xštavay-Mannen, sie die heldenhaften Saošyant's, sie die heldenhaften siegreichen. Die grausigen Stätten der über zehntausend gebietenden Dānav's werden verwüstet[2]).

X.

39. (Die guten gewaltigen heiligen Fravašay's) der Ašagläubigen verehren wir, die die beiden Flügel der aufgestellten[3]) Schlachtreihe zerbrechen[4]), die Mitte sprengen; rasch fahren sie hinterher zur Unterstützung der ašagläubigen Männer, zur Bedrängung der üble Werke Wirkenden.

XI.

40. (Die guten gewaltigen heiligen Fravašay's) der Ašagläubigen verehren wir, sie die starken rings siegreichen wehrhaften Schlachtengewinner, (die jetzt) zur Ruhe bringen, (jetzt) aufjagen[5]), die entscheidenden, (die) tüchtige ...[6]), tüchtige Leiber, wirksame Seelen haben, die ašaheiligen,

welche dem rufenden den Sieg schenken,
dem verlangenden den Erfolg schenken,
dem erkrankten die Gesundheit schenken;

41. (die) dem gute Herrlichkeit schenken, der sie so verehren wird, wie sie dieser Mann verehrte, er der ašagläubige Zaraθuštra, der Ratav der stofflichen Welt, die Spitze der zweibeinigen (Welt, so oft) er zu irgend einer Entscheidung kommt, (so oft) er vor irgend einer Not in Angst ist;

42. die, (wenn) gerufen, vom Geist getrieben[7]), von dem Gipfel des Himmels dort herankommen[8]): im Besitz der wohlgebauten Kraft und des ahurageschaffenen Siegs und der siegenden Überlegenheit und des Nutzens, (der) Kostbarkeiten verschafft, Herrlichkeiten verschafft, des ašaheiligen reichgesegneten, (der) ihm, dem besten Aša gemäß verehrungswürdig (und) preiswürdig (ist).

43. Diese [Fravašay's] entsenden zwischen Erde und Himmel den Satavaēsa,

(der) das (Regen)wasser fallen läßt, auf Anruf hört,
(der) das (Regen)wasser fallen läßt, die Pflanzen zum wachsen bringt:
zum Schutz beider, der Haustiere (und) der Menschen[9]),
zum Schutz der arischen Länder,

---

[1]) 1304. [2]) 1700. [3]) ?, hąm.stātahe zu lesen? [4]) 1811 No. [5]) 1408 (?). [6]) [srava]šəmna-? [7]) 1140. [8]) 951. [9]) 507.

zum Schutz des fünfartigen Getiers[1]),
zur Unterstützung der ašagläubigen Männer.

44. Zwischen Erde und Himmel dringt Satavaēsa hindurch,
(der) das (Regen)wasser fallen läßt, auf Anruf hört,
(der) das (Regen)wasser fallen läßt, die Pflanzen wachsen macht, der schöne strahlende lichtvolle:
zum Schutz beider, der Haustiere (und) der Menschen[1]),
zum Schutz der arischen Länder,
zum Schutz des fünfartigen Getiers[1]),
zur Unterstützung der ašagläubigen Männer.

XII.

45. (Die guten gewaltigen heiligen Fravašay's) der Ašagläubigen verehren wir, die mit metallenen Helmen, mit metallenen (Angriffs)waffen, mit metallenen Schildern in lichtumstrahlten Schlachten kämpfen, (die) die gezückten Dolche führen[2]), um tausend Daēva's zu erschlagen.

46. Wenn unter sie hinein der Wind heranweht[3]), (der ihnen) die Witterung von [kämpfenden] Menschen zuträgt[4]), (dann) nehmen sie sich dér Krieger an, auf deren Seite sie den Sieg voraussehen[5]); die weisen ihnen Darbringungen zu[6]), den guten gewaltigen heiligen Fravašay's der Ašagläubigen, bevor (noch) das Schwert gezückt[7]), bevor noch mit den Armen ausgeholt (ist)[8]).

47. Welche von den beiden (Mannschaften) nun zuerst zu ihnen — gern in sorglichem Sinn aus gläubigem Gemüt[9]) — betet, nach dér Seite wenden sich die starken Fravašay's der Ašagläubigen zusammen mit Miθra und Rašnav und dem starken Dāmōiš Upamana, zusammen mit dem sieghaften Wind.

48. Die Länder schlagen sie auf einen Schlag nieder:
50 zu schlagen mit 100 Schlägen,
100 zu schlagen mit 1000 Schlägen,
1000 zu schlagen mit 10000 Schlägen,
10000 zu schlagen mit 100000 Schlägen[10]):
wohin sich die starken Fravašay's der Ašagläubigen wenden zusammen mit Miθra und Rašnav und dem starken Dāmōiš Upamana, zusammen mit dem sieghaften Wind.

XIII.

49. (Die guten gewaltigen heiligen Fravašay's) der Ašagläubigen verehren wir, die um die Hamaspaθmaēdaya-Zeit von (ihrer) Wohnstätte aus

---

[1]) 507. [2]) 202. [3]) 1406. [4]) 944. [5]) 1423; eig. „bei denen Witterung des Siegs". [6]) 1023. [7]) 110. [8]) 411; eig. „vor der Ausholung mit . .". [9]) 111. [10]) 280 f.

heranfliegen; und hier ergehen sie sich zehn Nächte hindurch[1]), das erkunden wollend[2]):

50. ‚Wer wird uns preisen, wer verehren, wer besingen, wer befriedigen, wer willkommenheißen mit Fleisch (und) Kleider spendender Hand[3]), mit Huldigung, (wofür) man das (höchste) Anrecht erhält? —
Von wem wird nun unser Name gepriesen,
von wem von euch (unsere) Seele verehrt werden?[4])
Wem soll von uns dieser Lohn zuteil werden[5]), daß ihm unversiegliche (Speise)[6]) für immer und ewig[7]) zu essen sei[6])?‘

51. Der Mann, der sie[8]) mit Fleisch (und) Kleider spendender Hand[3]) (und) mit Huldigung, (wofür) man das (höchste) Anrecht erhält, verehrt[8]), dem wünschen die starken Fravašay's der Ašagläubigen, (wenn sie) befriedigt ungekränkt unbeleidigt (sind):

52. ‚Es soll sich in diesem Hause einstellen[9]) eine Herde[10]) von Vieh und von Männern[11]),
es soll sich (darin) einstellen das schnelle Roß und der feste Wagen,
es soll sich einstellen der standhafte beredte Mann:
(bei dem), der uns wahrlich mit Fleisch (und) Kleider spendender Hand[3]) (und) mit Huldigung verehrt, (wofür) man das (höchste) Anrecht erhält.‘

XIV.

53. (Die guten gewaltigen heiligen Fravašay's) der Ašagläubigen verehren wir, die den mazdāhgeschaffenen Wassern die schönen Pfade zeigen, die vordem, (nachdem sie) geschaffen (waren)[12]), an dem gleichen Ort — eine gar lange Zeit hindurch — (still)standen, ohne vorwärts zu fließen[13]).

54. Aber jetzt fließen die [Wasser] weiter auf der mazdāhgeschaffenen Bahn[14]), auf der von den Göttern bestimmten Stätte, auf der vorgeschriebenen wasserreichen:
zum Wohlgefallen des Ahura Mazdāh,
zum Wohlgefallen der Aməša Spənta's.

XV.

55. (Die guten gewaltigen heiligen Fravašay's) der Ašagläubigen verehren wir, die den fruchttragenden Pflanzen die schönen Gärten zeigen, die vordem, (nachdem sie) geschaffen (waren)[12]), an dem gleichen Ort — eine gar lange Zeit hindurch — (still)standen, ohne zu sprießen.

56. Aber jetzt lassen sie die [Pflanzen] hervorwachsen[15]) auf der mazdāhgeschaffenen Bahn, auf der von den Göttern bestimmten Stätte, zu der vorgeschriebenen Zeit:

---

[1]) 861. [2]) 559. [3]) 1385 f. [4]) 512. [5]) 733. [6]) 1874. [7]) 1266. [8]) 307. [9]) 928. [10]) upa ausgelassen. [11]) 1453. [12]) 720. [13]) 100. [14]) 626. [15]) 1338.

zum Wohlgefallen des Ahura Mazdāh,
zum Wohlgefallen der Aməša Spənta's.

XVI.

57. (Die guten gewaltigen heiligen Fravašay's) der Ašagläubigen verehren wir, die den Sternen, dem Mond, der Sonne (und) dem anfangslosen Lichtraum die ašaheiligen Pfade zeigten, die vordem am gleichen Ort lange (still)standen, ohne sich weiter zu bewegen:
infolge der Feindseligkeit der Daēva's,
infolge der °Angriffe der Daēva's.

58. Aber jetzt fahren die [Gestirne] weiter zu der fernen Wende des Wegs, (um) den Wendepunkt zu erreichen[1]), den der guten Neugestaltung.

XVII.

59. (Die guten gewaltigen heiligen Fravašay's) der Ašagläubigen verehren wir, die jenen See, den strahlenden Vouru.kaša überwachen, 9 und 90 und 900 und 9000 und 9 mal 10000[2]).

XVIII.

60. (Die guten gewaltigen heiligen Fravašay's) der Ašagläubigen verehren wir, die jene Sterne, die mit den sieben Merkmalen überwachen, 9 und 90 und 900 und 9000 und 9 mal 10000[2]).

XIX.

61. (Die guten gewaltigen heiligen Fravašay's) der Ašagläubigen verehren wir, die jenen Körper, den des Sāmiden Kərəsāspa, des lockenhaarigen, mit der Wurfkeule bewaffneten überwachen, 9 und 90 und 900 und 9000 und 9 mal 10000[2]).

XX.

62. (Die guten gewaltigen heiligen Fravašay's) der Ašagläubigen verehren wir, die jene Samenflüssigkeiten, die des ašagläubigen Spitama Zaraθuštra überwachen, 9 und 90 und 900 und 9000 und 9 mal 10000[2]).

XXI.

63. (Die guten gewaltigen heiligen Fravašay's) der Ašagläubigen verehren wir, die auf der Rechten des herrschenden Fürsten kämpfen, wenn der die ašaheiligen zufriedenstellt, wenn von ihm die starken Fravašay's der Ašagläubigen nicht erzürnt, befriedigt, nicht gekränkt, nicht beleidigt sind.

---

[1]) 1535, 751, 1056. [2]) 1046; = „99999“.

XXII.

64. (Die guten gewaltigen heiligen Fravašay's) der Ašagläubigen verehren wir, die größer, die stärker, die tapferer, die kraftvoller, die siegreicher, die heiltätiger, die beim Schlußwerk tätiger (sind), als daß sie mit Wort(en) beschrieben werden können[1]), (sie) die zu zehntausenden[2]) gar mittenhinein unter die Opferer gefahren kommen[3]).

65. Wenn die Wasser, o Spitama Zaraθuštra, aus dem See Vouru.kaša hervorströmen, und sie die mazdāhgeschaffene Herrlichkeit, dann machen sich die starken Fravašay's der Ašagläubigen auf:
zahlreich zu vielen Hunderten,
zahlreich zu vielen Tausenden,
zahlreich zu vielen Zehntausenden;

66. (um) Wasser zu suchen[4]), jede für ihre Familie[5]), für ihr Dorf, für ihren Gau, für ihr Land, (indem sie) also sprechen:
„Soll unser eignes Land herunterkommen und vertrocknen?"[6])

67. Die [Fravašay's] kämpfen in den Schlachten um (ihre) eigene Statt und Wohnung, wo (eine jede) Statt und Haus zum bewohnen inne hat[7]), man sollte meinen (so), als ob ein tapferer Kriegsmann mit umgegürtetem Wehrgehänge sich um sein wohlerworbenes Vermögen wehrte[8]).

68. Und (die) von ihnen, welche (des Wassers) habhaft werden, die bringen das Wasser weg, eine jede zu ihrer Familie, zu ihrem Dorf, zu ihrem Gau, zu ihrem Land, (indem sie) also sprechen:
„Unser eignes Land soll in die Höhe kommen und gedeihen."[9])

69. Wenn der Fürst des Landes, der Allherrscher, seitens der hassenden Feinde bedroht wird[10]), (so) ruft der nun diese starken Fravašay's der Ašagläubigen herbei;

70. die werden ihm zur Hilfe kommen, wenn von ihm die starken Fravašay's der Ašagläubigen nicht erzürnt, befriedigt, nicht gekränkt, nicht befeindet sind; die lassen ihn im Fluge heimkehren, man sollte meinen (so), als ob man ein wohlgeflügelter Vogel (wäre)[11]).

71. Die dienen ihm als Waffe und Wehr[12]), als Rückhalt und Schutzwand gegen die geistige Drug(gesellschaft) und die verruchte varənische und (gegen) den verderblichen Kayaδa(-Sünder)[13]) und gegen den °ruchlosen Allverderber, ihn den Aŋra Mainyav: man sollte meinen (so), als ob ein Mann auf hundert und tausend und zehntausend *Ähren* einschlüge[14]);

72. auf daß (ihn) auf diese Weise nicht der gutgeschwungene Dolch, nicht die gutgeschleuderte Keule, nicht der scharfangezogene Pfeil, nicht die

[1]) 1195. [2]) 913. [3]) 1388. [4]) 28. [5]) 1062. [6]) 722. [7]) ?; vgl. Geldner ZR. 342. [8]) 1704. [9]) 721. [10]) 1614. [11]) 1827. [12]) 1627. [13]) 1700. [14]) 877.

gutgeworfene Lanze, nicht die vom Arm geschleuderten Steine treffen können.

73. Sie stellen sich dazu, sie stellen sich auch zu (noch) größerem bereit[1]), die ruhigsitzenden guten gewaltigen heiligen Fravašay's der Ašagläubigen, das erkunden wollend[2]): ‚Wer wird uns preisen, wer verehren[3]) .... für immer und ewig (zu essen sei)?‘

74. Die erfolgreichen[4]) Geister verehren wir,
die Wesenheiten[4]) der Saošyant's verehren wir.
Die Seelen verehren wir:
(die) der Haustiere[5]) verehren wir,
(die) der wilden (Tiere)[5]) verehren wir,
(die) der im Wasser lebenden verehren wir,
(die) der in der Erde lebenden verehren wir,
(die) der sich fliegend bewegenden verehren wir,
(die) der in der Freiheit hausenden verehren wir,
(die) der auf der Weide heimischen verehren wir.
Die Fravašay's verehren wir.

75. Die Fravašay's verehren wir:
die getreuen verehren wir,
die tapfern verehren wir, die tapfersten verehren wir,
die heiligen verehren wir, die heiligsten verehren wir,
die gewaltigen verehren wir, die gewaltigsten verehren wir,
die festen verehren wir, die rings siegreichen verehren wir,
die starken verehren wir, die stärksten verehren wir,
die flinken verehren wir, die flinksten verehren wir,
die beim Schlußwerk tätigen verehren wir, die beim Schlußwerk tätigsten verehren wir.

76. Die sind die beim Schlußwerk tätigsten von der Schöpfung der beiden Geister: sie die guten gewaltigen heiligen Fravašay's der Ašagläubigen, die damals hochaufgerichtet dastanden, als die beiden Geister — er, der heilige Geist, und er, der böse, — die Schöpfung schufen.

77. Als Anra Mainyav gegen die Schöpfung des guten Aša andrang, (da) traten beide schützend dazwischen[6]), Vohu Manah und Ātar.

78. Beide überwanden seine, des °ruchlosen Anra Mainyav, Feindseligkeiten, so daß er die Wasser nicht in (ihrem) Lauf, die Pflanzen nicht in (ihrem) Wachstum aufhalten konnte[7]); zu gleicher Zeit flossen des gewaltigen Schöpfers, des herrschenden Ahura Mazdāh, gewaltigste Wasser vorwärts, und es wuchsen die Pflanzen empor.

79. Alle Wasser verehren wir,
alle Pflanzen verehren wir,

---

[1]) 1327. [2]) 559. [3]) = Yt. 13. 50. [4]) yazamaide gestrichen. [5]) 880. [6]) 149. [7]) 1601.

alle guten gewaltigen heiligen Fravašay's der Ašagläubigen verehren wir;
bei (ihren) Namen verehren wir die Wasser,
bei (ihren) Namen verehren wir die Pflanzen,
bei (ihren) Namen verehren wir die guten gewaltigen heiligen Fravašay's der Ašagläubigen.

80. Und unter allen diesen ersten Fravašay's verehren wir nun sie, die Fravašay, die des Ahura Mazdāh, als die größte und beste und schönste und festeste und weiseste und wohlgestaltetste und an Ašagerechtigkeit höchste;

81. des weiße lichte hervorleuchtende Seele das heilige Wort (ist); und die Gestalten, die er annimmt, (sind) die schönen (Gestalten)[1]) der Aməša Spənta's, die großen der Aməša Spənta's.
Die schnelle Rosse besitzende Sonne verehren wir.

XXIII.

82. (Die guten gewaltigen heiligen Fravašay's) der Ašagläubigen verehren wir, (nämlich) die der lichten, energisch blickenden, hochgewachsenen überstarken heldenhaften ahurischen Aməša Spənta's, die ungefährdet, ašaheilig (sind);

83. die (alle) sieben das Gleiche denken,
die (alle) sieben das Gleiche sprechen,
die (alle) sieben das Gleiche tun;
denen der gleiche Gedanke, das gleiche Wort, die gleiche Tat eignet (und) der gleiche Vater und Gebieter, er der Schöpfer Ahura Mazdāh;

84. deren einer in des andern Seele schaut, (die) an Humata denkt[2]), an Hūxta denkt, an Hvaršta denkt, an das Paradies denkt[2]);
deren Pfade leuchten, (wenn) sie zu den Zaoθra's heranfliegen[3]).

XXIV.

85. (Die guten gewaltigen heiligen Fravašay's) der Ašagläubigen verehren wir:
die des heiligen beredten Ātar Urvāzišta und die des ašafrommen heldenhaften Sraoša, (der) das heilige Wort in sich aufgenommen hat, das starke Holz schwingt, des ahurischen, und die des Nairyō.saṅha;

86. und die des gerechtesten Rašnav und die des weite Fluren besitzenden Miθra und die des heiligen Mąθra und die des Himmels und die des Wassers und die der Erde und die der Pflanze und die des (Ur)rinds und die des (Urmenschen) Gaya und die der *seligen* Ašagläubigen[4]).

87. Die Fravašay des ašagläubigen (Ur)menschen Gaya verehren wir, der als erster auf des Ahura Mazdāh Plan und Lehren hörte, aus dem

[1]) 1482. [2]) 1173. [3]) 1356. [4]) 1618.

(Ahura) hervorbrachte die Familie der arischen Länder, das Geschlecht der arischen Länder.

Die Belohnung und die Fravašay des ašagläubigen Zaraθuštra Spitama verehren wir nun:

88. (der) als erster das Gute gedacht hat,
als erster das Gute gesagt hat,
als erster das Gute getan hat;
des ersten Priesters, des ersten Kriegers, des ersten viehzüchtenden Bauern;
(der) als erster teilhaftig ist, als erster teilhaftig macht[1]),
(der) als erster sich verdient, als erster erhalten hat[2]):
das Rind und das Ašaanrecht und das Wort und 'den Gehorsam für das Wort und die Herrschgewalt'[3]) und alles mazdāhgeschaffene ašaentstammte Gute.

89. Der der erste Priester, der der erste Krieger, der der erste viehzüchtende Bauer (ist);
der zuerst (sein) Gesicht abkehrte[4]) von dem Daēva- und Menschen-°gezücht[5]),
der als erster der stofflichen Schöpfung das Aša betete, die Daēva's verwünschte, das Glaubensgelübde als Mazdāhanbeter <als Zaraθuštra-anhänger>[6]) ablegte, den Daēva's feind, Ahura's Lehre zugetan.

90. Der als erster der stofflichen Schöpfung das gegen die Daēva's gerichtete, Ahura's Lehre enthaltende [heilige] Wort aufsagte;
der als erster der stofflichen Schöpfung das gegen die Daēva's gerichtete, Ahura's Lehre enthaltende [heilige] Wort kundtat;
der als erster der stofflichen Schöpfung die gesamte Daēvaschaft unwürdig verehrt, unwürdig gepriesen zu werden nannte;
er der gewaltige, (der) alles (was) zum behaglichen Leben gehört, besitzt (und bietet): der erste (Glaubens)lehrer der Länder;

91. durch den das den ganzen Mąθra in sich fassende Ašagebet bekannt wurde[7]); der Ahū und Ratav der Menschheit, der Beter des Aša, des größten und besten und schönsten (Gebets), und der Erkunder der Religion, der besten unter (allen), (die) es gibt;

92. den alle mit der Sonne gleichgewillten Aməša Spənta's — gern in sorglichem Sinn aus gläubigem Gemüt[8]) — verlangten zum Ahū und Ratav der Menschheit, zum Beter des Aša, des größten und besten und schönsten (Gebets), und zum Erkunder der Religion, der besten unter (allen), (die) es gibt;

93. bei des Geburt und Wachstum die Wasser und Pflanzen sich wieder erholten[9]),

---

[1]) 990. [2]) 1769. [3]) Die Worte (!) aus Y. 33. 14. [4]) 1533. [5]) 1732. [6]) Es ist von Zaraθuštra selber die Rede! [7]) 258. [8]) 111. [9]) 1543.

bei des Geburt und Wachstum die Wasser und Pflanzen wuchsen[1]),
bei des Geburt und Wachstum sich alle vom Heiligen geschaffenen Geschöpfe Glück und Erfolg[2]) verhießen:

94. ‚Nach unserm Wunsch (ist) der Priester geboren, er der Spitama Zaraθuštra; verehren wird uns mit Zaoθra's Zaraθuštra, das Barəsman spreitend;
von nun an wird sich die gute mazdayasnische Religion über alle die sieben Erdteile hin verbreiten;

95. von nun an wird er, der weite Fluren besitzende Miθra alle Obrigkeiten der Länder fördern, und die in Aufregung geratenden (Länder) bringt er zur Ruhe[3]);
(von nun an) wird der gewaltige Apąm Napāt alle Obrigkeiten der Länder fördern, und die in Aufregung geratenden (Länder) wird er im Zaume halten.' —
Die Belohnung und die Fravašay des ašagläubigen Maiδyōi.måŋha, (Sohns) des Ārāstya[4]), verehren wir nun, der zuerst auf des Zaraθuštra Befehl und Lehren hörte.

XXV.

96. Die Fravašay des ašagläubigen Asmō.xᵛanvant[5]) verehren wir,
die Fravašay des ašagläubigen Asma.xᵛanvant[5]) verehren wir,
die Fravašay des ašagläubigen Gavayan verehren wir,
die Fravašay des ašagläubigen Paršaṯ.gav, (Sohns) des Parāta[6]), verehren wir,
die Fravašay des ašagläubigen Vohvastay, (Sohns) des Snaoya, verehren wir,
die Fravašay des ašagläubigen Isvant, (Sohns) des Varāza, verehren wir.

97. Die Fravašay des ašagläubigen Saēna, (Sohns) des Ahūm.stūt[7]), verehren wir, der zuerst mit hundert Schülern auf der Erde hier auftrat[8]);
die Fravašay des ašagläubigen Pərəidiδaya verehren wir,
die Fravašay des ašagläubigen Usmānar, (Sohns) des Paēšatah[9]), verehren wir,
die Fravašay des ašagläubigen Vohu.raočah, (Sohns) des Frānya[10]), verehren wir,
die Fravašay des ašagläubigen Ašō.raočah, (Sohns) des Frānya[11]), verehren wir,
die Fravašay des ašagläubigen Varəsmō.raočah, (Sohns) des Frānya[12]), verehren wir.

---

[1]) 1543. [2]) Eig. „Nachwunschgehen". [3]) 1231. [4]) 1117. [5]) s. 221 No. zu den beiden Namen. [6]) 877. [7]) 285. [8]) 1548. [9]) 408. [10]) 1434. [11]) 259. [12]) 1374.

98. Die Fravašay des ašagläubigen von Zaraθuštra stammenden Isaṭ.-vāstra verehren wir,
die Fravašay des ašagläubigen von Zaraθuštra stammenden Urvataṭ.-nara verehren wir,
die Fravašay des ašagläubigen von Zaraθuštra stammenden Hvarečiθra verehren wir,
die Fravašay des ašagläubigen tapfern Daēvō.ṭbiš verehren wir,
die Fravašay des ašagläubigen θrimiθwant Spitama verehren wir,
die Fravašay des ašagläubigen Dånha, (Sohns) des Zairita, verehren wir.

99. Wir verehren die Fravašay des ašagläubigen Kavay Vīštāspa, des heldenhaften, (der) das heilige Wort in sich aufgenommen hat, das starke Holz schwingt, des ahurischen,
der dem Aša seitlich und vorn[1]) Raum suchte[2]),
der dem Aša seitlich und vorn Raum fand[2]),
der sich als Stütze und Beistand dieser Religion, der ahurischen zaraθuštrischen, bereitstellte;

100. der sie [die Religion], (die) zum Stehen gebracht, gebunden war, aus den Banden herausholte[3]), sie (so) niedersetzte, (daß) sie in der Mitte saß[4]), eine unverrückbare Gebieterin in der Höhe, die ašaheilige,
(die) reichlich mit Rind und Futter versehen (ist),
sich an Rind und Futter erfreut.

101. Die Fravašay des ašagläubigen Zairi.varay verehren wir,
die Fravašay des ašagläubigen Yuxtavaray verehren wir,
die Fravašay des ašagläubigen Srīraoxšan verehren wir,
die Fravašay des ašagläubigen Kərəsaoxšan verehren wir,
die Fravašay des ašagläubigen Vanāra verehren wir,
die Fravašay des ašagläubigen Vīrāz verehren wir,
die Fravašay des ašagläubigen Nījara, (Sohn) des Savah, verehren wir,
die Fravašay des ašagläubigen Būjisravah verehren wir,
die Fravašay des ašagläubigen Bərəzyarštay verehren wir,
die Fravašay des ašagläubigen Tižyarštay verehren wir,
die Fravašay des ašagläubigen Pərəθvarštay verehren wir,
die Fravašay des ašagläubigen Vaēžyarštay verehren wir.

102. Die Fravašay des ašagläubigen Naptya verehren wir,
die Fravašay des ašagläubigen Važāspa verehren wir,
die Fravašay des ašagläubigen Habāspa verehren wir,
die Fravašay des ašaglaubigen Vistarav, Nachkommens des Naotara, verehren wir,
die Fravašay des ašagläubigen Fraš.hąm.varəta verehren wir,

---

[1]) 778. [2]) 28. [3]) 1814. [4]) d. i. „auf dem Ehrenplatz“.

die Fravašay des ašagläubigen Frašōkara verehren wir,
die Fravašay des ašagläubigen Ātərəvanuš verehren wir,
die Fravašay des ašagläubigen Ātərəpāta verehren wir,
die Fravašay des ašagläubigen Ātərədāta verehren wir,
die Fravašay des ašagläubigen Ātərəčiθra verehren wir,
die Fravašay des ašagläubigen Ātərəxᵛarənah verehren wir,
die Fravašay des ašagläubigen Ātərəsavah verehren wir,
die Fravašay des ašagläubigen Ātərəzantav verehren wir,
die Fravašay des ašagläubigen Ātərədaiŋhav verehren wir.

103. Die Fravašay des ašagläubigen Hušyaoθna verehren wir,
die Fravašay des ašagläubigen Pišišyaoθna verehren wir,
die Fravašay des ašagläubigen tapfern Spəntōδāta verehren wir,
die Fravašay des ašagläubigen Bastavaray verehren wir,
die Fravašay des ašagläubigen Kavārasman verehren wir,
die Fravašay des ašagläubigen Frašaoštra aus der Hvōva-Familie verehren wir,
die Fravašay des ašagläubigen Jāmāspa aus der Hvōva-Familie verehren wir,
die Fravašay des ašagläubigen Avāraoštrī verehren wir.

104. Die Fravašay des ašagläubigen Hušyaoθna, Nachkommens des Frašaoštra[1]), verehren wir,
die Fravašay des ašagläubigen Xᵛādaēna, Nachkommens des Frašaoštra[2]), verehren wir, .
die Fravašay des ašagläubigen Haŋhaurvah, Nachkommens des Jāmāspa, verehren wir,
die Fravašay des ašagläubigen Varšna, Nachkommens des Haŋhaurvah[3]), verehren wir,
die Fravašay des ašagläubigen Vohu.nəmah, (Sohns) des Avāraoštrī[4]), verehren wir —:
um zu widerstehen bösen Träumen und bösen Zeichen[5]) und bösen Päderasten und bösen Hexen.

105. Die Fravašay des ašagläubigen Mąθravāka, (Sohns) des Sāimužī[6]), des Meisters der (Priester)schule, des Meisters der (Priester)zunft[7]), verehren wir, der am meisten niederschlug die überaus bösen, dem Ašaglauben feindlichen Irrlehrer, (die ihre) Gesänge schreien(d vortragen), (die) keinen Ahū (und) Ratav (haben), die greulichen, (die) die Fravašay's erzürnt haben —:
um der von Ašagläubigen veranlaßten Anfeindung zu widerstehen.

106. Die Fravašay des ašagläubigen Ašastū, Nachkommens des Maiδyōi.månha[8]), verehren wir,

---

[1]) 1841. [2]) 1875. [3]) 1380. [4]) 179. [5]) 47, 1863. [6]) 1179, 1570. [7]) 1777. [8]) 255.

die Fravašay des ašagläubigen Avarəθrabah, (Sohns) des Rāštarə.vaγəntī[1]), verehren wir,

die Fravašay des ašagläubigen Buδra, Nachkommens des Dāzgrāspa[2]), verehren wir,

die Fravašay des ašagläubigen Zbaurvant verehren wir,

die Fravašay des ašagläubigen Karsna, Nachkommens des Zbaurvant[3]), verehren wir, des heldenhaften, (der) das heilige Wort in sich aufgenommen hat, das starke Holz schwingt, des ahurischen;

107. in dessen Hause die gute schöne strahlende Ašay einherwandelte in der Gestalt eines schönen Mädchens, eines sehr kräftigen schöngewachsenen hochgegürteten[4]), eines geradgewachsenen — reich die Herkunft — eines adeligen[5]);

der, unbezwinglich (in) der Schlacht[6]), mit seinen Armen sich[7]) am besten Raum zu suchen (weiß)[8]);

der, unbezwinglich (in) der Schlacht, mit seinen Armen am besten gegen den Widersacher kämpft.

108. Die Fravašay des ašagläubigen Vīrāspa, Nachkommens des Karsna[9]), verehren wir,

die Fravašay des ašagläubigen Āzāta, Nachkommens des Karsna, verehren wir,

die Fravašay des ašagläubigen Frāyaoδa, Nachkommens des Karsna, verehren wir,

die Fravašay des ašagläubigen Vaŋhav, (Sohns) des Aršya, verehren wir, des beredten Aršya[10]), des beim Schlußwerk tätigsten unter den Mazdāhanbetern,

die Fravašay des ašagläubigen Dārayaṭ.raθa verehren wir,

die Fravašay des ašagläubigen Frārayaṭ.raθa verehren wir,

die Fravašay des ašagläubigen Skārayaṭ.raθa verehren wir.

109. Die Fravašay des ašagläubigen Aršavant verehren wir,

die Fravašay des ašagläubigen Vyaršavant verehren wir,

die Fravašay des ašagläubigen Paityaršavant verehren wir,

die Fravašay des ašagläubigen Amrav verehren wir,

die Fravašay des ašagläubigen Čamrav verehren wir,

die Fravašay des ašagläubigen Drāθa verehren wir,

die Fravašay des ašagläubigen Paiti.drāθa verehren wir,

die Fravašay der ašagläubigen Paiti.vaŋha verehren wir,

die Fravašay des ašagläubigen Frašavaxša verehren wir,

die Fravašay des ašagläubigen Nəmō.vaŋhav, (Sohns) des Vaēδaŋha, verehren wir.

---

1) 1527. 2) 968. 3) 456. 4) 1290. 5) 587. 6) 202. 7) 634; eig. „dem Leib". 8) 35. 9) 1454. 10) 206.

110. Die Fravašay des ašagläubigen Vaēsaδa verehren wir,
die Fravašay des ašagläubigen Ašāvaŋhav, (Sohns) des Bivandaŋha, verehren wir,
die Fravašay des ašagläubigen J̌arō.daṅhav, (Sohns) des Pairištūra, verehren wir,
die Fravašay des ašagläubigen Nеrәmyazdana, (Sohns) des Āiθwyav, verehren wir,
die Fravašay des ašagläubigen Bәrәzišnav, (Sohns) des Ara[1]), verehren wir,
die Fravašay des ašagläubigen Kasupitav, (Sohns) des Ara[2]), verehren wir,
die Fravašay des ašagläubigen Frya verehren wir,
die Fravašay des ašagläubigen Astvaṯәrәta verehren wir.

XXVI.

111. Die Fravašay des ašagläubigen Gaopivaŋhav verehren wir,
die Fravašay des ašagläubigen tapfern Hąm.barәtar-vaŋhvąm verehren wir,
die Fravašay des ašagläubigen Staotar-vahištahe-ašahe verehren wir,
die Fravašay des ašagläubigen Pouruδāxštay, Nachkommens des Xštāva, verehren wir,
die Fravašay des ašagläubigen Xšviwrāspa, Nachkommens des Xštāva, verehren wir.

112. Die Fravašay des ašagläubigen Ayō.astay, Nachkommens des Pouruδāxštay, verehren wir,
die Fravašay des ašagläubigen Vohvastay, Nachkommens des Pouruδāxštay, verehren wir,
die Fravašay des ašagläubigen Gayaδāstay, Nachkommens des Pouruδāxštay, verehren wir,
die Fravašay des ašagläubigen Ašavazdah, Nachkommens des Pouruδāxštay, verehren wir,
die Fravašay des ašagläubigen Uruδav, Nachkommens des Pouruδāxštay, verehren wir,
die Fravašay des ašagläubigen Xšaθrō.činah, Nachkommens des Xšviwrāspa, verehren wir.

113. Die Fravašay des ašagläubigen Ašāhura, Nachkommens des J̌ištay[3]), verehren wir,
die Fravašay des ašagläubigen Frāyazәnta verehren wir,
die Fravašay des ašagläubigen Frәnah, Nachkommens des Frāyazәnta, verehren wir,

[1]) 961. [2]) 460. [3]) 257.

die Fravašay des ašagläubigen J̌arō.vaŋhav, Nachkommens des Frāyazənta, verehren wir,
die Fravašay des ašagläubigen Ašavazdah (und) θrita, (Söhne) des Sāyuždrī, verehren wir,
die Fravašay des ašagläubigen Vohu.raočah, Nachkommens des Varakasa[1]), verehren wir,
die Fravašay des ašagläubigen Arəǰahvant, (Sohns) des Tūra, verehren wir,
die Fravašay des ašagläubigen Usinəmah verehren wir.

114. Die Fravašay des ašagläubigen Yuxtāspa verehren wir,
die Fravašay des ašagläubigen Aša.šyaoθna, Nachkommens des Gayaδāstay, verehren wir,
die Fravašay des ašagläubigen Vohu.nəmah, (Sohns) des Katav, verehren wir,
die Fravašay des ašagläubigen Vohvazdah, (Sohns) des Katav, verehren wir,
die Fravašay des ašagläubigen Ašasarəδa, (Sohns) des Ašasairyank, verehren wir,
die Fravašay des ašagläubigen Ašasarəda, (Sohns) des Zairyank, verehren wir,
die Fravašay des ašagläubigen Čāxšnay verehren wir,
die Fravašay des ašagläubigen Syāvaspī verehren wir,
die Fravašay des ašagläubigen Pouruštay, (Sohns) des Kavay[2]), verehren wir.

115. Die Fravašay des ašagläubigen Varəsmapā, (Sohns) des J̌anauara[3]), verehren wir,
die Fravašay des ašagläubigen Nanarāstay, (Sohns) des Paēšatah, verehren wir,
die Fravašay des ašagläubigen Zrazdātay, (Sohns) des Paēšatah, verehren wir,
die Fravašay des ašagläubigen Gaēvanay, (Sohns) des Vohu.nəmah, verehren wir,
die Fravašay der beiden ašagläubigen (Brüder), Ərəzav (und) Srutō.spāda[4]), verehren wir,
die Fravašay der beiden ašagläubigen (Brüder), Zrayaŋha (und) Spəntō.xratav[5]), verehren wir,
die Fravašay des ašagläubigen Varšnay, (Sohns) des Vāgərəzan[6]), verehren wir,
die Fravašay des ašagläubigen Frāčya, (Sohns) des Taurvaētay, verehren wir,

---

[1]) 1434. [2]) 443. [3]) 1374. [4]) 1648. [5]) 1622. [6]) 1381, 1408.

die Fravašay des ašagläubigen Vahmaēδāta, (Sohns) des Mąθravāka, verehren wir,
die Fravašay des ašagläubigen Uštra, (Sohns) des Saδanah[1]), verehren wir.
116. Die Fravašay des ašagläubigen Daŋhu.srūta verehren wir,
die Fravašay des ašagläubigen Daŋhu.frādah verehren wir,
die Fravašay des ašagläubigen Spō.pad, (Sohns) des Maxštay[2]), verehren wir,
die Fravašay des ašagläubigen Payaŋhar, (Sohns) des Maxštay[3]), verehren wir,
die Fravašay des ašagläubigen Uštāzanta verehren wir,
die Fravašay des ašagläubigen Ašasavah verehren wir,
die Fravašay des ašagläubigen Ašāurvaēθa verehren wir,
die Fravašay des ašagläubigen Haomō.xᵛarənah verehren wir,
die Fravašay des ašagläubigen Varšna verehren wir.
117. Die Fravašay des ašagläubigen Frava verehren wir,
die Fravašay des ašagläubigen Usnāka verehren wir,
die Fravašay des ašagläubigen Xᵛanvant verehren wir,
die Fravašay des ašagläubigen Daēnāvazah verehren wir,
die Fravašay des ašagläubigen Arəǰavan verehren wir,
die Fravašay des ašagläubigen Aiwi.xᵛarənah verehren wir,
die Fravašay des ašagläubigen Huyazata verehren wir,
die Fravašay des ašagläubigen Ḫarəδāspa verehren wir,
die Fravašay des ašagläubigen Pāzinah verehren wir,
die Fravašay des ašagläubigen Xᵛāxšaθra verehren wir,
die Fravašay des ašagläubigen Ašō.paoirya verehren wir,
die Fravašay des ašagläubigen Astvat̰.ərəta verehren wir.

XXVII.

118. Die Fravašay des ašagläubigen Hugav verehren wir,
die Fravašay des ašagläubigen Aŋhuyav verehren wir,
die Fravašay des ašagläubigen Gaoray verehren wir,
die Fravašay des ašagläubigen Gaorayana verehren wir,
die Fravašay des ašagläubigen Mązdrāvaŋhav verehren wir,
die Fravašay des ašagläubigen Srīrāvaŋhav verehren wir,
die Fravašay des ašagläubigen Āyūta verehren wir,
die Fravašay des ašagläubigen Sūrō.yazata verehren wir.
119. Die Fravašay des ašagläubigen Θrəδwa verehren wir,
die Fravašay des ašagläubigen Kavay verehren wir,
die Fravašay des Uxšan, (Sohns) des Vīδisravah, (und) des ašagläubigen Dūraēsrūta, (Sohns) des Bərəzavant[4]), verehren wir,

[1]) 421, 1557. [2]) 1112. [3]) 848. [4]) 751.

die Fravašay des ašagläubigen Vaŋhuδāta, (Sohns) des X^{v}aδāta, verehren wir,
die Fravašay des ašagläubigen Uzya, Nachkommens des Vaŋhuδāta[1]), verehren wir,
die Fravašay des ašagläubigen Frya verehren wir.

120. Die Fravašay des ašagläubigen Ašəm.yeŋhe.raočå mit Namen verehren wir,
die Fravašay des ašagläubigen Ašəm.yeŋhe.varəza mit Namen verehren wir,
die Fravašay des ašagläubigen Ašəm.yahmāi.ušta mit Namen verehren wir,
die Fravašay des ašagläubigen Yōišta (aus der Familie) der Fryāna's und des Usmānar, (Sohns) des Paēšatah[2]), verehren wir —:
um zu widerstehen der von Familienangehörigen veranlaßten Anfeindung.

121. Die Fravašay des ašagläubigen Spitay, (Sohns) des Uspąsnav[3]), verehren wir,
die Fravašay des ašagläubigen Ərəzrāspa, (Sohns) des Uspąsnav[4]), verehren wir,
die Fravašay des ašagläubigen Usaδan, (Sohns) des Mazdayasna, verehren wir,
die Fravašay des ašagläubigen Frādaţ.vaŋhav, (Sohns) des Stivant, verehren wir,
die Fravašay des ašagläubigen Raočasčaēšman verehren wir,
die Fravašay des ašagläubigen Hvarəčaēšman verehren wir,
die Fravašay des ašagläubigen Frasrūtar verehren wir,
die Fravašay des ašagläubigen Vīsrūtar verehren wir,
die Fravašay des ašagläubigen Barəmna verehren wir,
die Fravašay des ašagläubigen Vīsrūta verehren wir.

122. Die Fravašay des ašagläubigen Hvaspa verehren wir,
die Fravašay des ašagläubigen Čaθwarəspa verehren wir,
die Fravašay des ašagläubigen Dawrāmaēšī verehren wir,
die Fravašay des ašagläubigen Fraoraosa, (Sohns) des Kaoša[5]), verehren wir,
die Fravašay des ašagläubigen Frīnāspa, (Sohns) des Kaēva[6]), verehren wir,
die Fravašay des ašagläubigen Frādaţ.nar, (Sohns) des Gravāratav[7]), verehren wir,
die Fravašay des ašagläubigen Vohuštra, (Sohns) des Ąxnaŋha[8]), verehren wir,

---

[1]) 413. [2]) 408. [3]) 408, 1624. [4]) 355. [5]) 432, 975. [6]) 429. [7]) 529, 1014. [8]) 1434, 359.

die Fravašay des ašagläubigen Vivārəšva, (Sohns) des Ainyāva[1]), verehren wir.

123. Die Fravašay des ašagläubigen Frārāzay, (Sohns) des Tūra, verehren wir,

die Fravašay des ašagläubigen Stipay, (Sohns) des Ravant[2]), verehren wir,

die Fravašay des ašagläubigen Paršinta, (Sohns) des Gandrəwa[3]), verehren wir,

die Fravašay des ašagläubigen Avaya, (Sohns) des Spəngha, verehren wir,

die Fravašay des ašagläubigen Aētava, Nachkommens des Māyav, verehren wir,

die Fravašay des ašagläubigen Yaētuš.gav, (Sohns) des Vyātana, verehren wir,

die Fravašay des ašagläubigen Garšta, (Sohns) des Kavay[4]), verehren wir.

124. Die Fravašay des ašagläubigen Pouru.bangha, (Sohns) des Zaoša[5]), verehren wir,

die Fravašay des ašagläubigen Vohu.dāta, (Sohns) des Kāta[6]), verehren wir,

die Fravašay des ašagläubigen Bånha, (Sohns) des Sånhanha[7]), verehren wir,

die Fravašay der beiden ašagläubigen (Brüder), Hvarəz (und) Ankasa[8]), verehren wir,

die Fravašay des ašagläubigen Aravaoštra, (Sohns) des Ərəzavantdaiδhəuš, verehren wir,

die Fravašay des ašagläubigen Frāčiθra, (Sohns) des Bərəzavant, verehren wir,

die Fravašay des ašagläubigen Vohu.pərəsa, (Sohns) des Ainyāva[9]), verehren wir.

125. Die Fravašay des ašagläubigen Parō.dasma, (Sohns) des Dāštāγnay[10]), des Mužers aus dem Mužerland[11]), verehren wir,

die Fravašay der beiden ašagläubigen, des Fratura (und) des Asruta, der beiden Nachkommen des Baēšatastura[12]), verehren wir,

die Fravašay des ašagläubigen Avarəgav, (Sohns) des Ərəzavant, (des Sohns) des Ōiγmatastura[13]), verehren wir,

die Fravašay des ašagläubigen Gaomant, (Sohns) des Zavan[14]), des Raoždyers aus dem Raoždyerland[15]), verehren wir,

---

[1]) 1452, 138. [2]) 1512, 1607 f. [3]) 493. [4]) 516 f., 443. [5]) 1657. [6]) 462 f. [7]) 962, 1577. [8]) 1850, 130. [9]) 138. [10]) 859, 740. [11]) 1190. [12]) 981. [13]) 176. [14]) 1669. [15]) 1497.

die Fravašay des ašagläubigen Θrit, (Sohns) des Aēvō.sarəd, (des Sohns) des Fyušta[1]), des Tanyers aus dem Tanyerland, verehren wir.

126. Die Fravašay des ašagläubigen Tīrō.nakaθwa (aus dem Zweige) der Uspaēšata's (der Familie) der Saēna's[2]) verehren wir,
die Fravašay des ašagläubigen Utayutay, (Sohns) des Viṯkavay, (des Sohns) des Ziγray, (des Sohns) des Saēna[3]), verehren wir,
die Fravašay des ašagläubigen Frō.hakafra, Nachkommens des Mərəzišma (aus der Familie) der Saēna's[4]), verehren wir,
die Fravašay des ašagläubigen Varəsmō.raočah, (Sohns) des Pərəθvafsman[5]), verehren wir.

127. Die Fravašay der beiden ašagläubigen (Brüder), Aša.nəmah (und) Vīdaṯ.gav[6]), aus dem Lande Aŋhvī[7]) verehren wir,
die Fravašay der beiden ašagläubigen (Brüder), Paršaṯ.gav (und) Dāzgrō.gav[8]), aus dem Lande Apaxšīrā[9]) verehren wir,
die Fravašay des ašagläubigen Hufravaxš (aus der Familie) der Kahrkana's[10]) verehren wir,
die Fravašay des ašagläubigen Akayaδa (aus der Familie) der Puδa's[11]) verehren wir,
die Fravašay des ašagläubigen jüngeren J̌āmāspa verehren wir,
die Fravašay des ašagläubigen jüngeren Maiδyōi.mā̊ŋha verehren wir,
die Fravašay des ašagläubigen jüngeren Urvataṯ.nara verehren wir.

128. Die Fravašay des ašagläubigen Raočasčaēšman verehren wir,
die Fravašay des ašagläubigen Hvarəčaēšman verehren wir,
die Fravašay des ašagläubigen Frādaṯ.xᵛarənah verehren wir,
die Fravašay des ašagläubigen Viδaṯ.xᵛarənah verehren wir,
die Fravašay des ašagläubigen Vouru.nəmah verehren wir,
die Fravašay des ašagläubigen Vouru.savah verehren wir,
die Fravašay des ašagläubigen Uxšyaṯ.ərəta verehren wir,
die Fravašay des ašagläubigen Uxšyaṯ.nəmah verehren wir,
die Fravašay des ašagläubigen Astvaṯ.ərəta verehren wir.

XXVIII.

129. (Er) der der sieghafte Saošyant[12]) heißen wird, und Astvaṯ.ərəta heißen (wird):
deshalb der Saošyant, weil er dem gesamten stofflichen Dasein den Nutzen erwirken wird;
deshalb Astvaṯ.ərəta, weil er (allem, was) Leib (und) Leben hat, die leibhaftige Ungefährdetheit verschaffen wird[13]) —:

---

[1]) 25. [2]) 408. [3]) 386. [4]) 1174. [5]) 1374. [6]) 1442. [7]) 112. [8]) 740. [9]) 73. [10]) 452. [11]) 909. [12]) d. i. 'nützen werdend'. [13]) 419 (?).

um der °zweifüßlerentstammten Drug zu widerstehen,
um der von Ašagläubigen veranlaßten Anfeindung zu widerstehen.

XXIX.

130. Die Fravašay des ašagläubigen von Vīvahvant stammenden Yima, des gewaltigen herdenreichen, verehren wir —:
um der von den Daēva's veranlassen Armut zu widerstehen und der futterlosen Dürre und der von Maršavan herrührenden Not.

131. Die Fravašay des ašagläubigen Θraētaona, Nachkommens des Āθwya, verehren wir —:
um der Krätze und Fieberhitze und ...[1]) und dem Fieberfrost und ...[2]) zu widerstehen;
um der vom Drachen veranlaßten Anfeindung zu widerstehen.
Die Fravašay des vielverständigen ašagläubigen Aošnara verehren wir,
die Fravašay des ašagläubigen Uzava, Nachkommens des Tumāspa[3]), verehren wir,
die Fravašay des ašagläubigen Aγraēraθa, Nachkommens des Narav, verehren wir,
die Fravašay des ašagläubigen Manuš.čiθra, (Sohns) des Airyāva[4]), verehren wir.

132. Die Fravašay des ašagläubigen Kavay Kavāta verehren wir,
die Fravašay des ašagläubigen Kavay Aipi.vaŋhav verehren wir,
die Fravašay des ašagläubigen Kavay Usaδan verehren wir,
die Fravašay des ašagläubigen Kavay Aršan verehren wir,
die Fravašay des ašagläubigen Kavay Pisinah verehren wir,
die Fravašay des ašagläubigen Kavay Byaršan verehren wir,
die Fravašay des ašagläubigen Kavay Syāvaršan verehren wir,
die Fravašay des ašagläubigen Kavay Haosravah verehren wir:

133. um (seiner) wohlgefügten Kraft und um (seiner) ahurageschaffenen Wehrhaftigkeit und um (seiner) siegreichen Überlegenheit und um des gutverkündeten Gebots und um des unerschütterlichen Gebots und um des unbesieglichen Gebots und um des auf einen Schlag erfolgenden Siegs über die Widersacher;

134. und um der gesunden Stärke und um der mazdāhgeschaffenen Herrlichkeit und um des Leibes Gesundheit und um der tüchtigen guten Nachkommenschaft, der kundigen beredten strahlenden helläugigen, aus Not befreienden, wohlverständigen (teilhaftig zu werden);
um des künftigen rechten Teilhaftigwerden, des unbestrittenen, des besten Lebens[5]),

135. und um der strahlenden Herrschermacht und um des langen Langlebens und um aller Glücksgüter und um aller Heilmittel (teilhaftig zu werden) —:

---

[1]) naēza- Name einer Krankheit. [2]) vāvaršā-, ebenso. [3]) 410. [4]) 1135. [5]) 1838.

um Zauberern und Hexen, kavischen und karapanischen Machthabern zu widerstehen;
um der von grausamen Menschen veranlaßten Anfeindung zu widerstehen.

136. Die Fravašay des lockenhaarigen, die Wurfkeule führenden, ašagläubigen Kərəsāspa (aus der Familie) des Sāma verehren wir —:
um dem starken Arm [des Feindes] zu widerstehen und dem °Feindesheer mit der breiten Front, dem breiten Banner, dem hochaufgerichteten Banner, dem entfalteten Banner, (das) das blutige Banner einherträgt;
um dem Zerstörung schaffenden greulichen männermordenden unbarmherzigen Räuber zu widerstehen;
um der von Räubern veranlaßten Anfeindung zu widerstehen.

137. Die Fravašay des ašagläubigen Āxrūra, Nachkommens des Haosravah[1]), verehren wir —:
um dem die Freunde betrügenden Druggenossen und dem von Gaēθō.mərənčya abstammenden Geizhals zu widerstehen.
Die Fravašay des heldenhaften ašagläubigen Haošyaŋha verehren wir —:
um den māzanischen Daēva's und den varənischen Druggenossen zu widerstehen;
um der von den Daēva's veranlaßten Anfeindung zu widerstehen.

138. Die Fravašay des ašagläubigen Fraδāxštay, (Sohns) des Xumbya, verehren wir —:
um dem das blutige Holz schwingenden Aēšma zu widerstehen und den Druggenossen, die den Aēšma groß machen;
um der von Aēšma veranlaßten Anfeindung zu widerstehen.

XXX.

139. Die Fravašay der ašagläubigen Hvōvī verehren wir,
die Fravašay der ašagläubigen Frənay verehren wir,
die Fravašay der ašagläubigen Θritī verehren wir,
die Fravašay der ašagläubigen Pouručistā verehren wir,
die Fravašay der ašagläubigen Hutaosā verehren wir,
die Fravašay der ašagläubigen Humāyā verehren wir,
die Fravašay der ašagläubigen Zairičī verehren wir,
die Fravašay der ašagläubigen Vīspataurušī verehren wir,
die Fravašay der ašagläubigen Uštavaitī verehren wir,
die Fravašay der ašagläubigen Tušnāmatay verehren wir.

140. Die Fravašay der ašagläubigen Frənay, der Frau des ašagläubigen Usinəmah[2]), verehren wir,

---

[1]) 310. [2]) 406.

die Fravašay der ašagläubigen Frənay, der Frau des ašagläubigen Frāyazənta, verehren wir,
die Fravašay der ašagläubigen Frənay, der Frau des ašagläubigen Xšviwrāspa, verehren wir,
die Fravašay der ašagläubigen Frənay, der Frau des ašagläubigen Gayaδāstay, verehren wir,
die Fravašay der ašagläubigen Asabanā, der Frau des ašagläubigen Pouruδāxštay[1]), verehren wir,
die Fravašay der ašagläubigen Uxšəntī, der Frau des ašagläubigen Staotar-vahištahe-ašahe, verehren wir.

141. Die Fravašay des ašagläubigen[2]) Mädchen Vaδut verehren wir,
die Fravašay des ašagläubigen Mädchen J̌aγrut verehren wir,
die Fravašay des ašagläubigen Mädchen Franhād verehren wir,
die Fravašay des ašagläubigen Mädchen Urūδayant verehren wir,
die Fravašay des ašagläubigen Mädchen Paēsanhanū verehren wir,
die Fravašay des ašagläubigen (Mädchen) Hvarəδā verehren wir,
die Fravašay des ašagläubigen (Mädchen) Hučiθrā verehren wir,
die Fravašay des ašagläubigen (Mädchen) Kanukā verehren wir,
die Fravašay des ašagläubigen Mädchen Srūtat̰.fəδrī verehren wir.

142. Die Fravašay des ašagläubigen Mädchen Vanhu.fəδrī verehren wir,
die Fravašay des ašagläubigen Mädchen Ǝrədat̰.fəδrī verehren wir — die auch Vīspa.taurvairī 'Allüberwinderin' genannt (wird); darum Vīspa.taurvairī, weil sie den gebären wird, der alle Anfeindungen[3]) von Daēva und Mensch überwinden wird —:
um der von den °Menschern veranlaßten Anfeindung zu widerstehen.

XXXI.

143. Die Fravašay's der ašagläubigen Männer der arischen Länder verehren wir,
die Fravašay's der ašagläubigen Frauen der arischen Länder verehren wir;
die Fravašay's der ašagläubigen Männer der tūrischen Länder verehren wir,
die Fravašay's der ašagläubigen Frauen der tūrischen Länder verehren wir;
die Fravašay's der ašagläubigen Männer der sairimischen Länder verehren wir,
die Fravašay's der ašagläubigen Frauen der sairimischen Länder verehren wir.

144. Die Fravašay's der ašagläubigen Männer der sāinischen Länder verehren wir,

[1]) 207. [2]) Bei den ersten fünf Namen ist ašaonō „des ašagläubigen" gestrichen.
[3]) 1463 f.

die Fravašay's der ašagläubigen Frauen der sāinischen Länder verehren wir;
die Fravašay's der ašagläubigen Männer der dåŋhischen Länder verehren wir,
die Fravašay's der ašagläubigen Frauen der dåŋhischen Länder verehren wir.

145. Die Fravašay's der ašagläubigen Männer aller Länder verehren wir, die Fravašay's der ašagläubigen Frauen aller Länder verehren wir; alle guten gewaltigen heiligen Fravašay's der Ašagläubigen verehren wir, (all) die vom (Ur)menschen Gaya her bis zu dem siegreichen Saošyant[1]) hin.

146. Alsbald sollen sie, die Fravašay's der Ašagläubigen, uns hier besuchen[2]); sie sollen uns zu Hilfe kommen; die schirmen uns — auch (wenn) wir in Nöten sind — mit sichtbaren Hilfen, mit Unterstützung des[3]) Ahura Mazdāh und des gewaltigen ašafrommen Sraoša und des wissenden heiligen Mąθra, des daēvafeindlichen, des Boten des daēvafeindlichen Mazdāh Ahura[4]), den Zaraθuštra der stofflichen Menschheit zuwies als einen, wie er selber (ist)[5]).

147. Nach (hier) unten verlegt euren Aufenthalt, ihr guten, ihr Wasser und ihr Pflanzen und ihr Fravašay's der Ašagläubigen!
Hier in diesem Hause sollt ihr geliebt (und) gern aufgenommen werden[6]); hier denken die Priester der Länder über das gute Aša nach; die Hände strecken sie aus zur Hilfe für uns, ihr gewaltigen, zur Verehrung für euch, ihr gewaltigsten!

148. Die Fravašay all der ašagläubigen (Männer) und ašagläubigen (Frauen) verehren wir nun, deren Seelen verehrenswert und (deren) Fravašay's anzurufen (sind);
und die Fravašay all der ašagläubigen (Männer) und ašagläubigen (Frauen) verehren wir nun, von denen von uns der ašaehrwürdige Ahura Mazdāh weiß, (daß ihnen) das bessere (Los) für (ihre) Verehrung (zuteil werden wird)[7]).
Und von Zaraθuštra haben wir gehört, (daß er) unter all diesen der erste (und) beste Lehrer des ahurischen (Glaubens[8]) sei).

149. Wir verehren nun die Lebenskraft und die Wesenheit und das Wahrnehmungsvermögen und die Seele und die Fravašay
der ersten Verkünder (und) der ersten Hörer der heiligen Lehren[9]), ašagläubiger (Männer) und ašagläubiger (Frauen), die zu Gunsten des Aša den Sieg davongetragen haben[10]);
wir verehren nun die Lebenskraft und die Wesenheit und das Wahrnehmungsvermögen und die Seele und die Fravašay

---

[1]) Astvaṱ.ərəta. [2]) 654. [3]) 42; eig. „mit dem unterstützenden AhM.“. [4]) 1441. [5]) 1855. [6]) 930. [7]) 1315. [8]) 346; eig. „der ahurische Lehrer“. [9]) 1574. [10]) 1351.

der nächstverwandten ašagläubigen (Männer) und ašagläubigen (Frauen), die zu Gunsten des Aša den Sieg davongetragen haben[1]).

150. Wir verehren die ersten (Glaubens)lehrer der Häuser und Dörfer und Gaue und Länder, welche (einst) waren;
wir verehren die ersten (Glaubens)lehrer der Häuser und Dörfer und Gaue und Länder, welche (künftig) sein werden[2]);
wir verehren die ersten (Glaubens)lehrer der Häuser und Dörfer und Gaue und Länder, welche (jetzt) sind.

151. Wir verehren die ersten (Glaubens)lehrer der Häuser und Dörfer und Gaue und Länder:
(die) sich das Haus verdient haben,
(die) sich das Dorf verdient haben,
(die) sich den Gau verdient haben,
(die) sich das Land verdient haben;
(die) sich das Aša verdient haben,
(die) sich das heilige Wort verdient haben,
(die) sich die (Rettung der) Seele[3]) verdient haben,
(die) sich für immer, die guten, das Gute verdient haben[4]).

152. Den Zaraθuštra verehren wir als den Oberherrn und Richter und als den ersten Lehrer der gesamten stofflichen Menschheit[5]):
den wohlmeinendsten unter den Seienden,
den bestherrschenden unter den Seienden,
den reichsten unter den Seienden,
den herrlichsten unter den Seienden,
den verehrungswürdigsten unter den Seienden,
den preiswürdigsten unter den Seienden,
den zur Befriedigung würdigsten unter den Seienden,
den rühmenswertesten unter den Seienden;
und dieser Mann wird genannt der Verehrte und Verehrungswürdige und Preiswürdige und zwar von jedem der Seienden[6]): ihm dem besten Aša gemäß.

153. Die Erde hier verehren wir, und den Himmel dort verehren wir, und (all) das Gute, das sich dazwischen (befindet), verehren wir, das verehrungswürdige und preiswürdige, (das) von dem ašagläubigen Mann zu verehren (ist).

154. Und die Seelen der nützlichen wilden Tiere[7]) verehren wir.
So verehren wir die Seelen der beliebig wo geborenen ašagläubigen Männer und Frauen, deren besseres Ich den Sieg davonträgt oder davontragen wird oder davongetragen hat[1]).

155. Wir verehren nun die Lebenskraft und die Wesenheit und das Wahrnehmungsvermögen und die Seele und die Fravašay der sich auf

[1]) 1351. [2]) 931 u. No. [3]) ? [4]) 1350 (?). [5]) 282. [6]) 1580. [7]) 61.

die Religion verstehenden ašagläubigen (Männer) und ašagläubigen (Frauen, die) den Sieg davontragen, davontragen werden, davongetragen haben, die zu Gunsten des Aša den Sieg davongetragen haben[1]).

Wen — und welche (Frauen) — unter den Seienden[2]) ...

Wie der beste Oberherr[3]) ...

156. Befriedigt sollen die Fravašay's der starken rings siegreichen starken sieghaften Fravašay's der Ašagläubigen, der Fravašay's der ersten Glaubenslehrer[4]), der Fravašay's der Nächstverwandten, zu dem Haus hier kommen!

Befriedigt sollen sie sich in dem Haus hier ergehen!

157. Befriedigt sollen sie dem Haus hier die gute segensreiche Belohnung wünschen,

befriedigt sollen sie sich aus dem Haus hier entfernen.

Die [religiösen] Gesänge und Bräuche[5]) sollen sie dem Schöpfer Ahura Mazdāh und den Aməša Spənta's darbringen.

Keineswegs (aber) sollen sie sich wehklagend aus dem Haus hier entfernen und aus (jedem) von uns, der Mazdāhanbeter[6])!

158. Wie der beste Oberherr[3]) ...

Verehrung und (Preis, Kraft und Stärke) wünsche ich den starken rings siegreichen Fravašay's der Ašagläubigen, den Fravašay's der ersten Glaubenslehrer[4]), den Fravašay's der Nächstverwandten.

Aša ist das beste Gut[7]) ...

Dem (gebt ihr) Reichtum[8]) .... Tausend .... Aša ist das beste Gut[9]) ...

14.

Varhrān Yašt.

0. Durch Befriedigung des Ahura Mazdāh[9]) .... Ich bete das Aša-(gebet): Aša ist das beste Gut[7]) ...

(Als Mazdāhanbeter) ... will ich das Glaubensgelübde ablegen[10]) .... und Lob.

Den ahurageschaffenen Vərəθraγna und die siegende Uparatāt (wollen wir) unter Zufriedenstellung[11]) .... soll ... aufsagen.

I.

1. Den ahurageschaffenen Vərəθraγna verehren wir. —

Es fragte Zaraθuštra den Ahura Mazdāh:

„O Ahura Mazdāh, heiligster Geist, Schöpfer der stofflichen Welt, o ašaehrwürdiger! Wer ist der geistigen Yazata's bestbewaffneter?"

---

1) 1351. 2) = Y. 27. 15. 3) = Y. 27. 13. 4) 877. 5) 1526. 6) 296. 7) = Y. 27. 14. 8) = Y. 72. 9. 9) = Ny. 1. 2. 10) = Ny. 1. 10. 11) = Yt. 3. 0.

Darauf sprach Ahura Mazdāh:
„Der ahurageschaffene Vərəθraγna, o Spitama Zaraθuštra.“ —

2. Zu ihm [Zaraθuštra] kam fahrend her der ahurageschaffene Vərəθraγna zuerst in der Gestalt des kühnen schönen mazdāhgeschaffenen Vāta (Windes); die gute mazdāhgeschaffene Herrlichkeit brachte er, die mazdāhgeschaffene Herrlichkeit und die Heilkraft und die Stärke.

3. Da (sprach) zu ihm der stärkste [Vərəθraγna]:
„Der stärkste bin ich an Stärke[1]),
der siegreichste bin ich an Sieg,
der herrlichste bin ich an Herrlichkeit,
der gunstvollste bin ich an Gunst,
der nutzvollste bin ich an Nutzen,
der heilkräftigste bin ich an Heilkraft.

4. So will ich denn aller Feinde Anfeindungen überwinden, die Anfeindungen der Daēva's und Menschen, der Zauberer und Hexen, der kavischen und karapanischen Machthaber.“ —

5. Ob seiner Pracht und Herrlichkeit will ich ihn mit hörbarem Gebet (und) mit Zaoθra's verehren, den ahurageschaffenen Vərəθraγna;
den ahurageschaffenen Vərəθraγna verehren wir — 'gemäß den ersten Gesetzen Ahura's'[2]) — mit Haoma enthaltender Milch und mit Barəsman[3]) .... und diese (Frauen) wollen wir verehren.

II.

6. Den ahurageschaffenen Vərəθraγna verehren wir. —
Es fragte Zaraθuštra[4]) .... o Spitama Zaraθuštra.“ —

7. Zu ihm kam fahrend her der ahurageschaffene Vərəθraγna zu zweit in der Gestalt eines schönen goldgehörnten männlichen Rindes, über dessen beiden Hörnern[5]) der schöngebaute schöngewachsene Ama sichtbar wurde. So kam der ahurageschaffene Vərəθraγna her. — Ob seiner Pracht[6]) ...

III.

8. Den ahurageschaffenen Vərəθraγna verehren wir. —
Es fragte Zaraθuštra[4]) .... o Spitama Zaraθuštra.“ —

9. Zu ihm kam fahrend her der ahurageschaffene Vərəθraγna zu dritt in der Gestalt eines weißen schönen Rosses[7]) mit goldfarbigen Ohren (und) gold(beschlag)enen Zügeln[8]), über dessen Stirnseite[5]) der schöngebaute schöngewachsene Ama sichtbar wurde. So kam der ahurageschaffene Vərəθraγna her. — Ob seiner Pracht[6]) ...

---

[1]) 142. [2]) Aus Y. 46. 15; 875. [3]) = Ny. 1. 16. [4]) = Yt. 14. 1. [5]) 394; eig. „über welchen, über die ...“. [6]) = Yt. 14. 5. [7]) 190. [8]) s. Yt. 8. 18 No. 6.

IV.

10. Den ahurageschaffenen Vərəθraγna verehren wir. —
Es fragte Zaraθuštra[1] .... o Spitama Zaraθuštra." —

11. Zu ihm kam fahrend her der ahurageschaffene Vərəθraγna zu viert in der Gestalt eines brünstigen Kamel(hengst)s, ...[2]), eines (zur Begattung) anspringenden, ...[3]), mit den Füßen ausschlagenden, (der) mit seinen Zottelhaaren dem Menschen zur Kleidung dient[4]);

12. der unter den begattenden Männchen die größte Kraft und das größte Ungestüm besitzt, (wenn) er auf die Weibchen losgeht[5]); jene unter den Weibchen (sind) die bestgehüteten, die das brünstige Kamel hütet mit starken Vorderschenkeln, mit starkem Höcker, mit ...[6]) Augen, mit klugem Kopf, prächtig hochgewachsen kraftvoll.

13. Dessen[7]), des schillernden (Kamelhengsts), weithin schauendes (Auge)[8]) weit hervorleuchtet auch über die dunkle Nacht hin[9]); der weißlichen Schaum auf (seinen) Kopf zurückwirft, auf beides, (seine) guten Knie (und seine) guten Beine[10]); der dasteht, (indem) er wie ein allherrschender Machthaber seine Blicke hin und her gehen läßt. So kam [Vərəθraγna] her. — Ob seiner Pracht[11]) ...

V.

14. Den ahurageschaffenen Vərəθraγna verehren wir. —
Es fragte Zaraθuštra[1]) .... o Spitama Zaraθuštra." —

15. Zu ihm kam fahrend her der ahurageschaffene Vərəθraγna zu fünft in der Gestalt eines Ebers[12]), (der) sich zur Wehr setzt, mit scharfen Zähnen, eines männlichen mit scharfen Hauern[13]), eines Ebers, (der) mit einem Stoß tötet, (der) ergrimmt unnahbar (ist)[14]), mit gesprenkeltem Gesicht, eines tapferen gewandten überrennenden. So kam [Vərəθraγna] her. — Ob seiner Pracht[11]) ...

VI.

16. Den ahurageschaffenen Vərəθraγna verehren wir. —
Es fragte Zaraθuštra[1]) .... o Spitama Zaraθuštra." —

17. Zu ihm kam fahrend her der ahurageschaffene Vərəθraγna zu sechst in der Gestalt eines fünfzehnjährigen glänzenden kláräugigen schönen Mannes mit kleinen Fersen. So kam [Vərəθraγna] her. — Ob seiner Pracht[11]) ...

VII.

18. Den ahurageschaffenen Vərəθraγna verehren wir. —
Es fragte Zaraθuštra[1]) .... o Spitama Zaraθuštra." —

---

[1]) = Yt. 14. 1. [2]) †vakąm.sav-? [3]) urvata-? [4]) 1165. [5]) 149. [6]) smaršnō.-[daēman]-? [7]) yąm! [8]) ?, 751 No. zu dūraēsūka-. [9]) 952. [10]) 1820. [11]) = Yt. 14. 5. [12]) 1817. [13]) ? [14]) 127 f.

19. Zu ihm kam fahrend her der ahurageschaffene Vərəθraγna zu siebent in der Gestalt des Vārəgan[1]-Vogels, (der seine Beute) von unten her[2]) faßt, von oben her[3]) zerhackt[4]), der unter den Vögeln der schnellste ist, der flinkste unter den vorwärtsfliegenden.

20. Er allein unter (allen) lebenden (Geschöpfen)[5]) holt den fliegenden Pfeil ein[6]) <der (kanns) oder (es geht) gar nicht>[7]), auch wenn er gutgeschossen dahinfliegt[6]);
der (seine) Federn aufsträubend ums erste aufleuchtende Morgenrot fliegt[8]),
im Abenddunkel sich das Abendmahl suchend[9]),
im Morgendunkel sich das Morgenmahl suchend[10]);

21. (der im Fluge) die Einsenkungen der Höhenzüge streift,
(im Fluge) die Höhen der Berge streift,
(im Fluge) die Täler der Flüsse[11]) streift,
(im Fluge) die Wipfel der Bäume[12]) streift,
auf die Stimme der Vögel horchend. So kam [Vərəθraγna] her. — Ob seiner Pracht[13]) . . .

VIII.

22. Den ahurageschaffenen Vərəθraγna verehren wir. —
Es fragte Zaraθuštra[14]) .... o Spitama Zaraθuštra.“ —

23. Zu ihm kam fahrend her der ahurageschaffene Vərəθraγna zu acht in der Gestalt eines wilden schönen Schafbocks mit eingekrümmten Hörnern. So kam [Vərəθraγna] her. — Ob seiner Pracht[13]) . . .

IX.

24. Den ahurageschaffenen Vərəθraγna verehren wir. —
Es fragte Zaraθuštra[14]) .... o Spitama Zaraθuštra.“ —

25. Zu ihm kam fahrend her der ahurageschaffene Vərəθraγna zu neunt in der Gestalt eines wilden schönen Ziegenbocks[15]) mit spitzem Gehörn. So kam [Vərəθraγna] her. — Ob seiner Pracht[13]) . . .

X.

26. Den ahurageschaffenen Vərəθraγna verehren wir. —
Es fragte Zaraθuštra[14]) .... o Spitama Zaraθuštra.“ —

27. Zu ihm kam fahrend her der ahurageschaffene Vərəθraγna zu zehnt in der Gestalt eines prächtigen schönen mazdāhgeschaffenen Kriegsmanns; er führt ein mit Gold eingelegtes Messer[16]), ein verziertes, mit allerlei Zierat versehenes. So kam [Vərəθraγna] her. — Ob seiner Pracht[13]) . . .

---

[1]) ? [2]) d. i. „mit den Fängen“. [3]) d. i. „mit dem Schnabel“. [4]) 1541. [5]) 419. [6]) 378; wörtl. „den Pfeilflug“. [7]) 592. [8]) 1684. [9]) 51. [10]) 221. [11]) 1512. [12]) 402. [13]) = Yt. 14. 5. [14]) = Yt. 14. 1. [15]) 969. [16]) 933.

XI.

28. Den ahurageschaffenen Vərəθraγna verehren wir, den ...[1]), den ...[2]), den tauglich machenden[3]), (der) wohl für friedliche Zustände sorgt, gute Stätte gewährt. Zu ihm betete er, der ašagläubige Zaraθuštra, um Sieg im Denken[4]), um Sieg im Reden, um Sieg im Handeln, um Sieg in der Anrede, um Sieg in der Gegenrede.

29. Ihm schenkte der ahurageschaffene Vərəθraγna die Quellen des Hodensacks[5]), die Stärke der Arme, Gesundheit des ganzen Leibs, Ausdauer des ganzen Leibs und jene Sehkraft, die der im Wasser lebende Fisch Kara besitzt[6]), der einen haarbreiten Wasserwirbel[7]) der fernbegrenzten tiefen, tausend Männer(grössen) tiefen Raŋhā bemerkt. — Ob seiner Pracht[8]) ...

XII.

30—31. Den ahurageschaffenen Vərəθraγna verehren wir[9]) .... und jene Sehhraft, die das männliche Pferd besitzt, das — auch in finstrer, in ...[10]), bewölkter Nacht[11]) — es einem am Boden liegenden Pferdshaar ansieht[12]), welches von beiden (es ist): ein Rücken-[13]) oder Bauch-[14])(haar)[15]). — Ob seiner Pracht[8]) ...

XIII.

32—33. Den ahurageschaffenen Vərəθraγna verehren wir[9]) .... und jene Sehkraft, die der Geier mit goldenem Halsschmuck besitzt, der sogar noch über acht Länder hin[16]) eines faustgroßen Stücks Fleisch[17]) gewahr wird[18]):

auch was (nur) so groß (ist) wie das Blinken einer blinkenden Nadel,
auch was (nur) so groß (ist) wie das Öhr einer Nadel.[19]) — Ob seiner Pracht[8]) ...

XIV.

34. Den ahurageschaffenen Vərəθraγna verehren wir. —
Es fragte Zaraθuštra den Ahura Mazdāh:
„O Ahura Mazdāh, heiligster Geist, Schöpfer der stofflichen Welt, o ašaehrwürdiger! Wenn ich in Worten (und) Gedanken von feindlichen Männern heftig verwünscht werde[20]), was gibts da für ein Mittel[21])?"

35. Darauf sprach Ahura Mazdāh:
„Eine Feder des Vārəngan-Vogels mit der weiten Flügelspannung sollst du dir suchen[22]), o Spitama Zaraθuštra;

---

[1]) aršō.kara-?; Geldner, 3 Yt. 74 „kampflustig". [2]) maršō.kara-?; Geldner aaO. 72 „versöhnlich". [3]) ? [4]) 1421. [5]) 352. [6]) 934. [7]) 1374. [8]) = Yt. 14. 5. [9]) = Yt. 14. 28—29. [10]) avašant-? [11]) 650. [12]) 1571. [13]) Oder „Mähnen-"; eig. „von d. Oberseite stammend". [14]) Oder „Schwanz-"; eig. „von d. Unters. st.". [15]) 49 f. [16]) Eig. „aus dem neunten Land". [17]) 539. [18]) 1045 f. [19]) 1582. [20]) 930. [21]) 915. [22]) 869 f.

mit dieser Feder sollst du über (deinen) Leib streichen,
mit dieser Feder sollst du (deinen) Feind bannen.[1])

36. Gunstbeweise [der Götter] erwirbt[2]), (wer) einen Knochen des starken Vogels oder eine Feder des starken Vogels [als Amulet] trägt[3]). Und kein (noch so) prächtiger Mensch (vermag[4]) ihn) zu töten noch zum Weichen zu bringen[5]); zuerst erwirbt er sich Huldigung[6]), zuerst Ruhmesglanz. Es verleiht Schutz die Feder[7]) des Vogels der Vögel.

37. (Von solchen mit der Feder) tötet alsdann[8]) der Fürst der Machthaber, der Landesherr, nicht hundert, (er) der männertötende; nicht (vermag er), der ...[9]), (wie sonst) auf ein Mal hundert zu töten; éinen (nur) tötet er, weiter geht er[10]).

38. Alle fürchten sich vor dem, (der) die Feder trägt[11]); folglich werden alle Feinde auch vor mir Furcht für (ihre) Person bekommen[12]); alle Übelgesinnten werden vor der Kraft und der Wehrhaftigkeit (und) der in dem Leib niedergelegten geistigen (Energie)[13]) Furcht bekommen.

39. Welche (Kraft) die Fürsten zu eigen hatten, die Fürstensöhne[14]) zu eigen hatten, die berühmten zu eigen hatten, die hatte zu eigen (auch) Kavay Usan:
die (Kraft, die) das männliche Pferd besitzt,
die das brünstige Kamel besitzt,
die das schiffbare Wasser besitzt;

40. die der heldenhafte Θraētaona besaß, der das Ungeheuer Dahāka besiegte, den °dreimäuligen[15]) .... um die Welt des Aša zu °verderben. — Ob seiner Pracht[16]) ...

XV.

41. Den ahurageschaffenen Vərəθraγna verehren wir. —
Vərəθraγna (kommt) herzu (und) breitet sich über dies Haus, das durch (seinen) Rinderreichtum herrliche[17]), wie hier der große Vogel Saēna, wie dort die feuchten Wolken von oben her die großen Berge verhüllen[18]). — Ob seiner Pracht[16]) ...

XVI.

42. Den ahurageschaffenen Vərəθraγna verehren wir. —
Es fragte Zaraθuštra den Ahura Mazdāh:
„O Ahura Mazdāh, heiligster Geist, Schöpfer der stofflichen Welt, o ašaehrwürdiger! Wo ruft man den ahurageschaffenen Vərəθraγna namentlich an[19]), wo preist, wo ehrt man (ihn)?“

---

[1]) 869 f. [2]) 1285. [3]) 213. [4]) 426; mašya! [5]) 31. [6]) 1069, 935. [7]) 894 f. [8]) tā! [9]) vaēsaēpan-? [10]) 148. [11]) 896. [12]) 803. [13]) d. i. der Zauber? So vielleicht, wenn der Text richtig überliefert ist. [14]) 347. [15]) = Y. 9. 8. [16]) = Yt. 14. 5. [17]) 1362 f. (?). [18]) 1353. [19]) 1079.

43. Darauf sprach Ahura Mazdāh:
„Wenn die beiden Heere, o Spitama Zaraθuštra, zusammentreffen, ein jedes eine gerichtete Schlachtreihe[1]);
wenn[2]) die erfolgreichen nicht weiter [zum endgültigen Sieg] kommen;
wenn[2]) die geschlagenen keine [endgültige] Niederlage erleiden:[3])
44. sollst du vier Federn verteilen auf den Weg[4]) nach beiden (Seiten) hin[5])! Welches von den beiden [Heeren] dem schöngebauten[6]) schöngewachsenen Ama, dem ahurageschaffenen Vərəθraγna[6]) zuerst Verehrung darbringt, das von den beiden wird des Siegs teilhaftig[7]).
45. Kraft und Sieg erwünsche ich: zwei Beschützer, zwei Behüter, zwei Wächter.
Die zwei[8]) [Federn] sollen aufflattern, die zwei sollen hin und her flattern, die zwei sollen fortflattern;[9])
die zwei sollen auffliegen, die zwei sollen hin und her fliegen, die zwei sollen fortfliegen.[10])
46. Nicht sollst du, o Zaraθuštra, (einen anderen) in diesem Zauberspruch unterweisen außer dem Vater oder dem Sohn oder dem leiblichen Bruder[11]) oder dem ...[12]) Priester.
Und das (sind) die Worte[13]),
die stark sind (und) fest sind,
stark sind (und) die Versammlung beraten,
stark sind (und) siegreich sind,
stark sind (und) heiltätig sind;
und das (sind) die Worte[13]),
die selbst den noch retten, (des) Haupt (schon) dem Gericht verfallen ist[14]),
(die) selbst den Schlag, (zu dem schon) ausgeholt ist, rückwärts ablenken[15])." — Ob seiner Pracht[16]) ...

XVII.

47. Den ahurageschaffenen Vərəθraγna verehren wir, der zwischen den beiden gerichteten Schlachtreihen hin und her geht und hin und her fragt, samt Miθra, samt Rašnav:
„Wer betrügt den Miθra? Wer gibt den Rašnav preis? Wem soll ich Krankheit und Tod zuteilen, ich (der) ichs vermag[17])?" —
48. Es sprach Ahura Mazdāh:
„Wenn die Menschen den ahurageschaffenen Vərəθraγna nach Gebühr[18]) verehren würden, (so daß) ihm die gebührendste Anbetung und Preisung ihm, dem besten Aša gemäß, zuteil wird, nicht würde hier zu den

[1]) 1514. [2]) 298 u. [3]) 1387. [4]) d. i. die freie Strecke zwischen den Heeren. [5]) 894. [6]) Alles Nominative! [7]) 54. [8]) Eben war von vier Federn die Rede! [9]) 763. [10]) 1153. [11]) 1759. [12]) θrāyavan-? [13]) 15. [14]) 898. [15]) 1782. [16]) = Yt. 14. 5. [17]) 552. [18]) dātahe?! (vgl. Yt. 8. 56); s. aber 717. Auch sonst ist der § syntaktisch nicht in Ordnung.

arischen Ländern °Feindesheer herankommen[1]), nicht Überschwemmung, nicht Krätze, nicht ...[2]), nicht der dem °Feindesheer gehörige Wagen, nicht das erhobene Banner."

49. Ihn befragte Zaraθuštra:
„Was ist denn, Ahura Mazdāh, des ahurageschaffenen Vərəθrayna gebührendste Anbetung und Preisung: ihm dem besten Aša gemäß?"

50. Darauf sprach Ahura Mazdāh:
„Zaoθra's sollen ihm die arischen Länder darbringen,
Barəsman's sollen ihm die arischen Länder spreiten,
ein Schaf sollen ihm die arischen Länder kochen, ein weißes oder ein schwarzes[3]) oder (sonst) in irgend einer Farbe gleichfarbiges (Schaf)[4]).

51. Nicht soll davon (was) bekommen[5]) der Schurke, nicht die Dirne, nicht der ...[6]), (der) die Gāθā's nicht rezitirt, das (andere) Leben °zerstört, der Widersacher dieser (unserer) Religion, der ahurischen zaraθuštrischen!

52. Wenn davon[5]) (was) bekäme der Schurke oder die Dirne oder der ...[6]), (der) die Gāθā's nicht rezitirt, das (andere) Leben °zerstört, der Widersacher dieser (unserer) Religion, der ahurischen zaraθuštrischen, (so) nähme der ahurageschaffene Vərəθrayna die Heilmittel (mit sich) fort.

53. Gleichzeitig (damit)[4]) würden Überschwemmungen über die arischen Länder kommen,
gleichzeitig (damit) würden °Feindesheere an die arischen Länder °herangehen,
gleichzeitig (damit) würden die arischen Länder (zer)schlagen werden[7]):
50 zu schlagen mit 100 Schlägen,
100 zu schlagen mit 1000 Schlägen,
1000 zu schlagen mit 10000 Schlägen,
10000 zu schlagen mit 100000 Schlägen[8])." —

54. Darauf hub er also zu reden an:
„(Ist denn) der ahurageschaffene Vərəθrayna und der vom Schöpfer geschaffene Gə̄uš Urvan nicht (mehr) verehrens- (und) preisenswert, ihr Männer[9]):
wenn jetzt die daēvischen Vyāmbura's, die daēvaanbetenden Menschen, das Blut fließen lassen[10]) oder (es) unter Vergießen verspritzen?

55. wenn jetzt die daēvischen Vyāmbura's, die daēvaanbetenden Menschen, zum Feuer hinzutragen diese Pflanze, die Haperəsī genannt wird, (und) dies Brennholz, das Nəmaδkā genannt wird?

56. wenn jetzt die daēvischen Vyāmbura's, die daēvaanbetenden Menschen, das Rückgrat [des Rinds] eindrücken, den Rumpf verrenken, alle[11])

---

[1]) 1024. [2]) kapastay-? [3]) 190, 1432. [4]) 1774. [5]) 527. [6]) ašāva-? [7]) ?
[8]) 281. [9]) 1273 f. [10]) 1478. [11]) 1028.

Glieder recken[1]) <es sieht so aus, als schlügen sie, (aber) sie schlagen nicht[2]), es sieht so aus als ...[3]) sie, (aber) sie ...[4]) nicht>?
wenn jetzt die daēvischen Vyāmbura's, die daēvaanbetenden Menschen, [dem Rind] die Ohren abdrehen, ihm die Augen ausreißen[5])?" — Ob seiner Pracht[6]) ...

XVIII.

57. Den ahurageschaffenen Vərəθraγna verehren wir. —
Einen *vor dem Untergang rettenden* Haoma(stengel) trage ich [als Zauber] bei mir[7]),
einen sieghaften Haoma(stengel) trage ich bei mir,
den Beschützer des Guts trage ich bei mir,
den Schützer (meiner) Person trage ich bei mir,
— wenn man einen Haoma(stengel) [als Amulet] ansteckt[8]), entgeht man der Fessel[9]) in der Schlacht[10]) —:
58. damit Ich jenes Heer besiege,
damit Ich jenes Heer völlig besiege,
damit Ich jenes Heer entzweischlage, das hinter mir her zieht[11]). — Ob seiner Pracht[6]) ...

XIX.

59. Den ahurageschaffenen Vərəθraγna verehren wir. —
Den Stein sīγūrischer Herkunft trug [als Amulet][12]) der Herrensohn[13]), (trugen) die Söhne, die Herren über Zehntausend:
der Kräftige hieß er, der Siegreiche;
der Siegreiche hieß er, der Kräftige:
60. „Damit Ich eines ebensogroßen Sieges teilhaftig werde wie alle die andern Arier (zusammen),
damit Ich jenes Heer besiege,
damit Ich jenes Heer völlig besiege,
damit Ich jenes Heer entzweischlage, das hinter mir her zieht[11])." — Ob seiner Pracht[6]) ...

XX.

61. Den ahurageschaffenen Vərəθraγna verehren wir. —
Wie der beste Oberherr[14]) ...
Die Kraft für das Rind! Verehrung für das Rind!
Den Spruch für das Rind! Den Sieg für das Rind!

---

1) 1028. 2) 1559. 3) hadåŋhō statt haδa hō? 4) haδən? 5) 689. 6) = Yt. 14. 5. 7) 933. 8) 1329. 9) dušmainyaoṯ „des Feindes" ausgelassen. 10) 1084. 11) 882. 12) 1580. 13) 295. 14) = Y. 27. 13.

Die Nahrung von dem Rind[1]), die Kleidung von dem Rind[1])!
'Die Landwirtschaft für das Rind! Laß feist werden das (Rind) zu unsrer Nahrung!'[2]) — Ob seiner Pracht[3]) . . .

XXI.

62. Den ahurageschaffenen Vərəθraγna verehren wir:
der die Schlachtreihen zerstört,
der die Schlachtreihen zerschneidet,
der die Schlachtreihen ins Gedränge bringt,
der die Schlachtreihen in Verwirrung bringt,
die Schlachtreihen entzwei bricht[4]),
die Schlachtreihen entzwei schneidet[4]),
die Schlachtreihen fortdrängt[4]),
die Schlachtreihen völlig in Verwirrung bringt[4]):
— (er) der ahurageschaffene Vərəθraγna — (die) der Daēva's und Menschen, der Zauberer und Hexen, der kavischen und karapanischen Machthaber. — Ob seiner Pracht[3]) . . .

XXII.

63. Den ahurageschaffenen Vərəθraγna verehren wir. —
Dann wenn der ahurageschaffene Vərəθraγna den zusammengedrängten Schlachtreihen[5]) der verbündeten Länder[6]) der miθrabetrügenden Menschen nach hinten [auf den Rücken] die °Hände fesselt[7]), (ihnen) die Augen ausreißt, (ihnen) die Ohren stumpf macht, kann (jen)er die Füße nicht einstemmen[8]), vermag er keinen Widerstand zu erheben[9]). — Ob seiner Pracht[3]) . . .

64. Wie der beste Oberherr[10]) . . .
Verehrung und (Preis, Kraft und Stärke) wünsche ich dem ahurageschaffenen Vərəθraγna und der siegenden Uparatāt.
Aša ist das beste Gut[11]) . . .
Dem (gebt ihr) Reichtum[12]) . . . . Tausend . . . . Aša ist das beste Gut[11]) . . .

15.

Rām Yašt.

0. Durch Befriedigung des Ahura Mazdāh[13]) . . . . Ich bete das Aša(gebet): Aša ist das beste Gut[11]) . . .
(Als Mazdāhanbeter) . . . will ich das Glaubensgelübde ablegen[14]) . . . . und Lob.

---

[1]) Wie oben gave. [2]) Aus Y. 48. 5; 1427, 1028. [3]) = Yt. 14. 5. [4]) ? [5]) 801. [6]) 1229. [7]) 82. [8]) 692. [9]) 930. [10]) = Y. 27. 13. [11]) = Y. 27. 14. [12]) = Y. 72. 9. [13]) = Ny. 1. 2. [14]) = Ny. 1. 10.

Den überlegen wirkenden, über die andern Geschöpfe hinwegsehenden Vayav — jenes an dir, o Vayav, was an dir dem heiligen Geist entstammt ist — (wollen wir) unter Zufriedenstellung[1] . . . . soll . . . aufsagen.

I.

1. Den Erfolg und das Glück will ich verehren,
den siegreichen Frieden und den Nutzen[2]), jedes von beiden[2]) will ich verehren.
Diesen Vayav verehren wir, diesen Vayav rufen wir für dieses Haus und diesen Hausherrn des Hauses und diesen, (der) glaubenstreu Zaoθra's darbringt; mit Botmäßigkeit gegen das Wort des Rinds[2]) und um des auf einen Schlag erfolgenden Siegs über die Widersacher (teilhaftig zu werden) verehren wir den besten Yazata.

2. Ihm opferte er, der Schöpfer Ahura Mazdāh, in dem arischen Vaējah der guten Dāityā[3]) auf goldenem Thronsessel, auf goldenem Kissen, auf goldenem Teppich[4]), bei gespreitem Barəsman, bei überfließenden Hohlhänden.

3. Ihn bat er: „Diesen Erfolg schenke mir, du der überlegen wirkende Vayav, daß Ich zu Boden schlage die Schöpfung des Aŋra Mainyav, keineswegs (aber) die[5]) des Spənta (Mainyav).“

4. Es schenkte ihm da diesen Erfolg er, der überlegen wirkende Vayav, daß des teilhaftig wurde[6]) er, der Schöpfer Ahura Mazdāh.

5. Den ašaheiligen Vayav verehren wir, den überlegen wirkenden Vayav verehren wir; jenes an dir, o Vayav, was an dir dem heiligen Geist entstammt ist, verehren wir;
ob seiner Pracht und Herrlichkeit will ich ihn mit hörbarem Gebet (und) mit Zaoθra's verehren, den starken, überlegen wirkenden Vayav;
den starken, überlegen wirkenden Vayav verehren wir mit Haoma enthaltender Milch[7]) . . . . und diese (Frauen) wollen wir verehren.

II.

6. Den Erfolg . . . will ich verehren[8]) . . . . verehren wir (den besten Yazata).

7. Ihm opferte Haošyaŋha Paraδāta auf dem Gipfel der mit Eisen zusammengefügten Harā[9]) auf goldenem Thronsessel[10]) . . . . bei überfließenden (Hohlhänden).

8. Ihn bat er: „Diesen Erfolg schenke mir, du der überlegen wirkende Vayav, daß Ich zwei Drittel der māzanischen Daēva's und der varənischen Druganhänger zu Boden schlage.“

---

[1]) = Yt. 3. 0. [2]) ? [3]) 730. [4]) 1003. [5]) avaṯ yō!? [6]) 1741. [7]) = Ny. 1. 16. [8]) = Yt. 15. 1. [9]) 827 (?). [10]) = Yt. 15. 2.

9. Es schenkte ihm (da diesen Erfolg ... Vayav)[1] .... und diese (Frauen) wollen wir verehren.

III.

10. Den Erfolg ... will ich verehren[2] .... verehren wir (den besten Yazata).

11. Ihm opferte der heldenhafte wachsame Urupay auf goldenem (Thronsessel)[3] .... bei überfließenden (Hohlhänden).

12. Ihn bat er: „Diesen Erfolg schenke mir, du der überlegen wirkende Vayav,

daß ich Sieger werde über alle Daēva's und Menschen, über alle Zauberer und Hexen;

daß ich den Anra Mainyav reite, den in Roßgestalt verwandelten[4], dreißig Jahre (lang)[5] über beide Enden der Erde hin."

13. Es schenkte ihm da (diesen Erfolg ... Vayav)[1] .... und diese (Frauen) wollen wir verehren.

IV.

14. Den Erfolg ... will ich verehren[2] .... verehren wir (den besten Yazata).

15. Ihm opferte er, der strahlende, schöne Herden besitzende Yima, auf dem Berg Hukairya, dem allglänzenden goldenen, auf goldenem (Thronsessel)[3] .... bei überfließenden (Hohlhänden).

16. Ihn bat er: „Diesen Erfolg schenke mir, du der überlegen wirkende Vayav,

daß ich der hoheitsvollste (aller) geborenen Menschen werde, ein sonnengleich blickender;

daß ich in meinem Reiche nichtsterbend mache beide, Tiere (und) Menschen[6], nichtvertrocknend beide, Wasser (und) Pflanzen, zu essen unversiegliche Speise[7]."

<Unter des tapfern Yima Herrschaft[8] gab es nicht Kälte[9], nicht Hitze, gab es nicht Altern, nicht Tod, nicht den daēvageschaffenen Neid[10].>

17. Es schenkte ihm (da diesen Erfolg ... Vayav)[1] .... und diese (Frauen) wollen wir verehren.

V.

18. Den Erfolg ... will ich verehren[2] .... verehren wir (den besten Yazata).

---

1) = Yt. 15. 4—5. 2) = Yt. 15. 1. 3) = Yt. 15. 2. 4) 1166. 5) 810. 6) 1453. 7) 1874. 8) 542. 9) 269. 10) ?

19. Ihm opferte der °dreimäulige Ažay Dahāka beim schwerzugänglichen Kvirinta[1]) auf goldenem (Thronsessel)[2]) .... bei überfließenden (Hohlhänden).
20. Ihn bat er: „Diesen Erfolg schenke mir, du der überlegen wirkende Vayav, daß Ich alle[3]) die sieben Erdteile menschenleer mache."
21. Nicht dem opfernden, nicht dem bittenden, nicht dem rufenden, dem nicht treuen, (der) nicht Zaoθra's darbringt: nicht schenkte ihm da den Erfolg er, der überlegen wirkende Vayav. — Ob seiner Pracht[4]) ...

VI.

22. Den Erfolg ... will ich verehren[5]) .... verehren wir (den besten Yazata).
23. Ihm opferte der Sohn des Āθwya(hauses)[6]), des gewaltigen Hauses, Θraētaona, bei dem vierohrigen [Lande] Varəna auf goldenem (Thronsessel)[2]) .... bei überfließenden (Hohlhänden).
24. Ihn bat er: „Diesen Erfolg schenke mir, du der überlegen wirkende Vayav,

daß ich Sieger werde über den Ažay Dahāka, den °dreimäuligen, °dreiköpfigen[7]) .... um die Welt des Aša zu °verderben;

und (daß) ich seine beiden Frauen (als Beute) wegführe[8]): die beiden, Saŋhavak (und) Arənavak[9]), die den schönsten Körper zur Zeugung (von Kindern) haben[10]); die beiden, die für das Hauswesen die trefflichsten (sind)[11])."

25. Es schenkte ihm (da diesen Erfolg ... Vayav)[12]) .... und diese (Frauen) wollen wir verehren.

VII.

26. Den Erfolg ... will ich verehren[5]) .... verehren wir (den besten Yazata).
27. Ihm opferte der heldensinnige Kərəsāspa an der Guδa, dem Arm der mazdāhgeschaffenen Raŋhā, auf goldenem (Thronsessel)[2]) .... bei überfließenden (Hohlhänden).
28. Ihn bat er: „Diesen Erfolg schenke mir, du der überlegen wirkende Vayav,

daß Ich als Rächer (meines) Bruders[13]) Urvāxšaya heimkehre,

daß ich den Hitāspa erschlage[14]), um ihn am Wagen [nach Hause] zurückzuschleifen[15]).

---

[1]) 476. [2]) = Yt. 15. 2. [3]) avi ausgelassen. [4]) = Yt. 15. 5. [5]) = Yt. 15. 1. [6]) 323. [7]) = Y. 9. 8. [8]) 223. [9]) 1558. [10]) 1687. [11]) 96. [12]) = Yt. 15. 4—5. [13]) 428 f. [14]) 1542. [15]) 1389.

Ebenso (ergings) dem ahurischen *Ašti.gafya*[1]), ebenso *Aēvō.gafya*, dem Herrn[2]), ebenso dem im Wasser hausenden Gandarəwa[3]).“

29. Es schenkte ihm (da diesen Erfolg ... Vayav)[4]) .... und diese (Frauen) wollen wir verehren.

VIII.

30. Den Erfolg ... will ich verehren[5]) .... verehren wir (den besten Yazata).

31. Ihm opferte der Landesherr Aurvasāra in den weißlichen Waldgebieten, bei dem weißlichen Wald, bei der Mitte des Waldes auf goldenem (Thronsessel)[6]) .... bei überfließenden (Hohlhänden).

32. Ihn bat er: „Diesen Erfolg schenke mir, du der überlegen wirkende Vayav,
daß mich[7]) nicht erschlägt der Held der arischen Länder, der Befestiger des Reiches, Haosravah[8]);
daß Ich (vielmehr) dem Kavay Haosravah über werde.“ —
Es tötete ihn Kavay Haosravah im All-Arier-Wald[9]).

33. Es schenkte ihm (da diesen Erfolg ... Vayav)[4]) .... und diese (Frauen) wollen wir verehren.

IX.

34. Den Erfolg ... will ich verehren[5]) .... verehren wir (den besten Yazata).

35. Ihm opferte Hutaosā, die mit zahlreicher Brüderschaft, im Haus der Naotariden[10]) auf goldenem (Thronsessel)[6]) .... bei überfließenden (Hohlhänden).

36. Ihn bat sie: „Diesen Erfolg schenke mir, du der überlegen wirkende Vayav, daß ich lieb (und) geliebt (und) willkommengeheißen werde im Haus des Kavay Vīštāspa.“

37. Es schenkte ihr[11]) (da diesen Erfolg ... Vayav)[4]) .... und diese (Frauen) wollen wir verehren.

X.

38. Den Erfolg ... will ich verehren[5]) .... verehren wir (den besten Yazata).

39. Ihm opfern die Mädchen, die noch nicht reif für Männer (sind)[12]), auf goldenem Thronsessel, auf goldenem Kissen, auf goldenem Teppich[13]), bei gespreitetem Barəsman, bei überfließenden Hohlhänden.

---

[1]) 387. [2]) 24. [3]) 493. [4]) = Yt. 15. 4—5. [5]) = Yt. 15. 1. [6]) = Yt. 15. 2. [7]) Nach dem Text nā „uns beide“. [8]) 1770. [9]) 1466; man beachte den Widerspruch, der zwischen diesen letzten Worten und dem flgd. § besteht. [10]) 1822. [11]) Im Text ist ahmāi „ihm“ aus den andern §§ gedankenlos übernommen. [12]) 127. [13]) 1003.

40. Und sie bitten ihn: „Diesen Erfolg schenke uns, du der überlegen wirkende Vayav, daß wir einen Hausherrn von der schönsten Gestalt eines jungen (Helden) bekommen, der uns in guter Pflege halte[1]), so lang wir beide am Leben sind[2]), und (daß) dieser, der kundige . . .[3]) beredte[4]), (uns) Nachkommen schaffe."

41. Es schenkt ihnen nun da diesen Erfolg ... (Vayav)[5]) .... und diese (Frauen) wollen wir verehren.

XI.

42. Den Erfolg ... will ich verehren[6]) .... verehren wir (den besten Yazata);
den zur Schöpfung des heiligen Geists gehörigen, prächtigen glanzvollen verehren wir.

43. 'Vayav' wahrlich heiße ich, o ašagläubiger Zaraθuštra!
Darum heiße ich 'Vayav' wahrlich, weil ich beide Schöpfungen jage[7]), die Spənta Mainyav schuf und die Anra Mainyav schuf[8]);
'Einholer' heiße ich[9]), o ašagläubiger Zaraθuštra!
Darum heiße ich 'Einholer', weil ich beide Schöpfungen einhole[9]), die Spənta Mainyav schuf und die Anra Mainyav schuf.

44. 'Alle besiegend' heiße ich, o ašagläubiger Zaraθuštra!
Darum heiße ich 'Alle besiegend', weil ich beide Schöpfungen besiege, die Spənta Mainyav schuf und die Anra Mainyav schuf[8]);
'Wirker des Guten' heiße ich[10]), o ašagläubiger Zaraθuštra!
Darum heiße ich 'Wirker des Guten', weil ich das Gute wirke[10]) des Schöpfers Ahura Mazdāh (und) der Aməša Spənta's.

45. 'Vorangehend' heiße ich, 'Hinterhergehend' heiße ich, 'Hinterhereinbiegend' heiße ich, 'Fortwerfend' heiße ich, 'Niederwerfend' heiße ich, '. . .[11])' heiße ich, 'Schädigend'[12]) heiße ich, 'Findend'[12]) heiße ich, 'Ruhmverschaffend' heiße ich.

46. 'Der Schnelle' heiße ich, 'der Schnellste' heiße ich,
'der Tapfere' heiße ich, 'der Tapferste' heiße ich,
'der Feste' heiße ich, 'der Festeste' heiße ich,
'der Starke'[12]) heiße ich, 'die Stärke'[12]) heiße ich,
'Wohl spannend'[12]) heiße ich, 'ringsum wohl gedeihend'[12]) heiße ich, 'auf einen Schlag siegend' heiße ich, '. . .[13])' heiße ich, 'Daēvafeinde machend' heiße ich, '. . .[14])' heiße ich.

47. 'Überwinder der Feindschaft' heiße ich, 'Feindschaftsüberwinder' heiße ich;
'Heranwoger (des Wassers)' heiße ich, 'Wegwoger' heiße ich, 'Auseinanderwoger'[15]) heiße ich;

---

[1]) 1829. [2]) 502. [3]) danta- „klug"? [4]) ? [5]) = Yt. 15. 4—5. [6]) = Yt. 15. 1. [7]) Vayav wird zu vayeiti „er jagt" gestellt! [8]) 1219. [9]) 75. [10]) 1434. [11]) dahaka-? [12]) ? [13]) āinivan-? [14]) karədarəsa-? [15]) 888.

'flammend' heiße ich; 'fauchend' heiße ich, 'das Fauchen' heiße ich; '...[1])' heiße ich; 'gierig' heiße ich, 'gierig ...[2])' heiße ich; 'gierig ...[3])' heiße ich.

48. 'Spitzspeer' heiße ich, 'spitzspeerig' heiße ich;
'Breitspeer' heiße ich, 'breitspeerig' heiße ich;
'Scharfspeer' heiße ich, 'scharfspeerig' heiße ich;
'hoheitsvoll' heiße ich, 'sehr hoheitsvoll' heiße ich.

49. Und diese meine Namen sollst du dann rufen, o ašagläubiger Zaraθuštra, wenn (du dich befindest) zwischen blutdürstigen °Feindesheeren, zwischen den in Schlachtreihen sich zusammenschließenden [Feinden][4]), zwischen den beiden sich bekämpfenden Ländern.

50. Und diese meine Namen sollst du dann rufen, o ašagläubiger Zaraθuštra, wenn ein Machthaber des Landes, ein Allherrscher, °gehend oder °laufend[5]) oder °reitend oder fahrend, im Begehr nach Nahrung, im Begehr nach Heilkräften (angreift)[5]).

51. Und diese meine Namen sollst du dann rufen, o ašagläubiger Zaraθuštra, wenn ein dem Ašaglauben feindlicher Irrlehrer, °gehend oder °laufend[5]) oder °reitend oder fahrend, im Begehr nach Macht, im Begehr nach Nahrung, im Begehr nach Heilkräften (angreift)[5]).

52. Und diese meine Namen sollst du dann rufen, o ašagläubiger Zaraθuštra, wenn er gebunden dasteht, gebunden fortgebracht wird[6]), gebunden fortgeführt wird, ...[7]).

53. Vayav, (der) überall bei Rossen (und) Männern dem Zweifel entgegenwirkt, überall Daēvafeinde macht, stellt sich (auch) an den tiefstgelegenen und ganz finsteren Orten[8]) bei dem ein, (der) sich (an ihn) wendet[9]).

54. Mit welchem Opfer soll ich dich verehren,
mit welchem Opfer soll ich (dir) huldigen,
mit welchem Opfer wird dich die Vollziehung erreichen[10]),
den tapfern Vayav[11]), den hochgegürteten, mit starkem Angriff, mit gewölbtem Fuß, den breitbrüstigen, breithüftigen, (des) Augen nicht ...[12]) sind, wie auch die andern über das Reich herrschenden, als Allherrscher herrschenden?

55. Du, du sollst, o ašagläubiger Zaraθuštra, das Barəsman sammeln, ...[13]), das lichtvolle strahlende, früher als das (volle Tages)licht, später als die Morgenröte[14]).

56. Wenn du mich in Verehrung setzest[15]), (so) will Ich dir die mazdāhgeschaffenen herrlichen heiltätigen Sprüche verkünden, auf daß dich

---

[1]) saδay-? [2]) †[gərəδy]aoxa-? [3]) [gərəδi]xava-? [4]) 153. [5]) 822 (?); wörtl. „im B. nach N., i. B. n. heilkräftiger". [6]) frābayamnō, fehlt im AirWb. [7]) fraδbaoye bāše buyente viδbaoye grāfe buyente? [8]) 1081 (?). [9]) 29. [10]) ? [11]) Alles Nominative! Grammatisch wertlose Stelle. [12]) [an]āxrviδa.[dōiθra]-? [13]) fračinaθwarə vičinaθwarə? [14]) 980. [15]) ?, im Text 1. Sg.

nicht überwinde der vielverderbliche Anra Mainyav, nicht der Zauberer, nicht der Zauberei Treibende, nicht der Daēva und nicht der Mensch.

57. O schneller Vayav, wir verehren, o tapferer Vayav, wir verehren (dich):
Vayav den schnellsten unter den schnellen verehren wir,
Vayav den tapfersten unter den tapferen verehren wir;
den mit goldenem Helm (bedeckten) Vayav verehren wir,
den mit goldenem Diadem (geschmückten) Vayav verehren wir,
den mit goldenem Halsschmuck (geschmückten) Vayav verehren wir,
den mit goldenem Wagen (fahrenden) Vayav verehren wir,
den mit goldenen Wagenrädern (fahrenden) Vayav verehren wir,
den mit goldenen Waffen (ausgerüsteten) Vayav verehren wir;
den mit goldenem Gewand (bekleideten) Vayav verehren wir,
den mit goldenem Schuhwerk (angetanen) Vayav verehren wir,
den mit goldenem Gürtel (angetanen) Vayav verehren wir;
den ašaheiligen Vayav verehren wir, den überlegen wirkenden Vayav verehren wir; jenes an dir, o Vayav, verehren wir, was an dir dem heiligen Geist entstammt ist. — Ob seiner Pracht[1] . . .

58. Wie der beste Oberherr[2] . . .
Verehrung und (Preis, Kraft und Stärke) wünsche ich dem überlegen wirkenden, über die andern Geschöpfe hinwegsehenden Vayav. Jenes an dir, o Vayav, was an dir dem heiligen Geist entstammt ist, (verehren wir).
Aša ist das beste Gut[3] . . .
Dem (gebt ihr) Reichtum[4] . . . . Tausend . . . . . Aša ist das beste Gut[3] . . .

16.

Dēn Yašt.

0. Durch Befriedigung des Ahura Mazdāh[5] . . . . Ich bete das Aša(gebet): Aša ist das beste Gut[3] . . .
(Als Mazdāhanbeter) . . . will ich das Glaubensgelübde ablegen[6] . . . . und Lob.
Die mazdāhgeschaffene ašaheilige richtigste Čistā (wollen wir) unter Zufriedenstellung[7] . . . . soll der wissende . . . aufsagen.

I.

1. Die mazdāhgeschaffene ašaheilige richtigste Čistā verehren wir, (die) auf guten Pfaden geleitet, (die) guten Anlauf (zum Ziel)[8] bietet, (die)

---

[1]) = Yt. 15. 5. [2]) = 27. 13. [3]) = Y. 27. 14. [4]) = Y. 72. 9. [5]) = Ny. 1. 2. [6]) = Ny. 1. 10. [7]) = Yt. 3. 0. [8]) ?

. . .[1]), (die) Zaoθra's darbringt; die ašaheilige kunstfertige berühmte, (die ihr Geschäft) rasch vollzieht (und) alsbald vollzieht[2]), (die) an guter Stätte stehend einen guten Kampf führt[3]); (und) sie, die gute mazdayasnische Daēnā (verehren wir);

2. die Zaraθuštra, sich von dem Platz erhebend, aus dem Hause gehend verehrte;
o mazdāhgeschaffene ašaheilige richtigste Čistā, wenn du voraus bist, so wart auf mich; wenn zurück, so hol mich ein[4])!

3. So mögen friedliche Zustände uns beiden werden[5]), daß die Straßen für uns beide gut fahrbar werden, die Berge gute Pfade bieten, die Wälder gute Steige bieten, das schiffbare Wasser gut überschreitbar (ist): uns zum Vorteil, zum Ruhm, zum Preis und zur *Vormacht*[6]).

4. Ob ihrer Pracht und Herrlichkeit will ich sie mit hörbarem Gebet verehren, will ich sie mit wohlgebetetem Gebet (und) mit Zaoθra's verehren, die mazdāhgeschaffene ašaheilige richtigste Čistā;
wir verehren die mazdāhgeschaffene ašaheilige richtigste Čistā mit Haoma enthaltender Milch[7]) . . . . und diese (Frauen) wollen wir verehren.

II.

5. Die . . . richtigste Čistā (verehren wir)[8]) . . . . die . . . mazdayasnische (Daēnā verehren wir),

6. die Zaraθuštra verehrte mittelst gutgedachten Denkens, mittelst gutgesprochenen Redens, mittelst gutgetanen Handelns und um jene Gunst (zu erlangen)[9]):

7. daß ihm die mazdāhgeschaffene ašaheilige richtigste Čistā schenke
Kraft für (seine) Füße,
Gehör für die Ohren,
Stärke für die Arme,
Gesundheit des ganzen Leibes, Ausdauer des ganzen Leibes,
und jene Sehkraft, die der im Wasser lebende Fisch Kara besitzt[10]), der einen haarbreiten Wasserwirbel[11]) der fernbegrenzten tiefen, tausend Männer(größen) tiefen Raŋhā bemerkt. — Ob ihrer Pracht[12]) . . .

III.

8. Die . . . richtigste Čistā (verehren wir)[8]) . . . . die . . . mazdayasnische (Daēnā verehren wir),

9-10. die Zaraθuštra verehrte mittelst gutgedachten Denkens[13]) . . . . und jene Sehkraft, die das männliche Pferd besitzt, das — auch in

[1]) nimarəzišta-? [2]) 339. [3]) 1854. [4]) 1093. [5]) 311. [6]) 987. [7]) = Ny. 1. 16. [8]) = Yt. 16. 1. [9]) 1285 f. [10]) 934. [11]) 1374. [12]) = Yt. 16. 4. [13]) = Yt. 16. 6—7.

finsterer Nacht[1]), (wenn) es regnet schneit trieft hagelt[2]) —, das — sogar noch über acht Gebiete hin[3]) — es einem am Boden haftenden Pferdshaar ansieht[4]), welches von beiden (es ist): ein Rücken- oder Bauch-(haar)[5]). — Ob ihrer Pracht[6]) ...

IV.

11. Die ... richtigste Čistā (verehren wir)[7]) .... die ... mazdayasnische (Daēnā verehren wir),

12-13. die Zaraθuštra verehrte mittelst gutgedachten Denkens[8]) .... und jene Sehkraft, die der Geier mit goldenem Halsschmuck besitzt, der sogar noch über acht Länder hin[3]) eines faustgroßen Stücks Fleisch[9]) gewahr wird[10]):
auch was (nur) so groß (ist) wie das Blinken einer blinkenden Nadel,
auch was (nur) so groß (ist) wie das Öhr einer Nadel.[11]) — Ob ihrer Pracht[6]) ...

V.

14. Die ... richtigste Čistā (verehren wir)[7]) .... die ... mazdayasnische (Daēnā verehren wir),

15. die die ašagläubige wissende Hvōvī verehrte, von dem ašagläubigen Zaraθuštra begehrend, (daß) er ihr gutes Eheglück gewähre[12]),
gemäß der Religion zu denken,
gemäß der Religion zu reden,
gemäß der Religion zu handeln. — Ob ihrer Pracht[6]) ...

VI.

16. Die ... richtigste Čistā (verehren wir)[7]) .... die ... mazdayasnische (Daēnā verehren wir),

17. die der in der Ferne verlangte[13]) Priester verehrte, für die Religion das Imgedächtnisbehalten begehrend, für die (eigene) Person die Kraft begehrend. — Ob ihrer Pracht[6]) ...

VII.

18. Die ... richtigste Čistā (verehren wir)[7]) .... die ... mazdayasnische (Daēnā verehren wir),

19. die der Machthaber des Landes, der Landesherr, verehrte, für das Land friedliche Zustände begehrend, für die (eigene) Person die Kraft begehrend. — Ob ihrer Pracht[6]) ...

---

[1]) 650. [2]) 973, 1644; eig. „in .. regnender .. Nacht". [3]) Eig. „aus dem neunten Gebiet". [4]) 1571. [5]) 49 f., vgl. Yt. 14. 31 No. 13 u. 14. [6]) = Yt. 16. 4. [7]) Yt. 16. 1. [8]) = Yt. 16. 6—7. [9]) 539. [10]) 1045 f. [11]) 1582. [12]) 1432. [13]) Gemeint ist der auch außerhalb des Lands Dienst tuende Priester.

20. Wie der beste Oberherr[1] ...
Verehrung und (Preis, Kraft und Stärke) wünsche ich der mazdāhgeschaffenen ašaheiligen richtigsten Čistā.
Aša ist das beste Gut[2] ...
Dem (gebt ihr) Reichtum[3] .... Tausend ..... Aša ist das beste Gut[2] ...

17.
Art Yašt.

0. Durch Befriedigung des Ahura Mazdāh[4] .... Ich bete das Aša-(gebet): Aša ist das beste Gut[2] ...
(Als Mazdāhanbeter) ... will ich das Glaubensgelübde ablegen[5] ...... und Lob.
Die gute Ašay, die gute Čistay, die gute Ǝrətay, die gute Rasąstāt, den Glanz (und) den mazdāhgeschaffenen Nutzen (wollen wir) unter Zufriedenstellung[6] .... soll der wissende ... aufsagen.

I.

1. Die gute Ašay verehren wir, die lichte hohe schöngewachsene, wohl zu verehrende, (deren) Räder sausen, die kraftvolle, Vorteil gewährende, heiltätige, (deren) Einsicht weit ist, die gewaltige;
2. die Tochter des Ahura Mazdāh, die Schwester der Aməša Spənta's, die mit der Weisheit aller Saošyant's herangefahren kommt[7]; und dem verschafft sie nach (seinem) Wunsch natürliche Weisheit[8], und dem kommt sie zu Hilfe, (der sie) in der Nähe anruft und in der Ferne anruft. Wer der Ašay mit Zaoθra's opfert, der opfert (zugleich) dem Miθra mit Zaoθra's.
3. Ob ihrer Pracht und Herrlichkeit will ich sie mit hörbarem Gebet verehren, will ich sie mit wohlgebetetem Gebet (und) mit Zaoθra's verehren, die gute Ašay;
die gute Ašay verehren wir mit Haoma enthaltender Milch[9] .... und diese (Frauen) wollen wir verehren.

II.

4. Die gute Ašay verehren wir, die lichte[10] .... (deren) Einsicht weit ist, die gewaltige.
5. Verehrung des Haoma und des Mąθra und des ašagläubigen Zaraθuštra!
Und fürwahr Verehrung dem Haoma, weil alle anderen Rauschtränke[11] von dem das blutige Holz schwingenden Aēšma begleitet sind, aber er, der Rauschtrank[12] des Haoma, ist von Aša selber[13] begleitet.

---

[1] = Y. 27. 13. [2] = Y. 27. 14. [3] = Y. 72. 9. [4] = Ny. 1. 2. [5] = Ny. 1. 10. [6] = Yt. 3. 0. [7] 1006. [8] 1411. [9] = Ny. 1. 16. [10] = Yt. 17. 1. [11] 1695. [12] 1114. [13] 1860.

6. O gute Ašay, o schöne Ašay, o lichtstrahlende Ašay, zur Wonne mit (deinen) Strahlen aufstrahlende[1])! O Ašay, (die) du gute Herrlichkeit dén Männern schenkst, denen du dich zugesellst; nach Wohlgerüchen riecht das Haus[2]), in wessen Haus die gute gewaltige Ašay — zustimmenden Sinns zu langer Gemeinschaft — ihre Füße niedersetzt.

7. Die Männer beherrschen die Reiche, (in denen) es viel zu kauen gibt (und) Speisen geborgen sind, (wo) es schöne Wohlgerüche gibt, wo die Lagerstatt gespreitet (ist) und andre schätzbare Besitztümer[3]) (vorhanden sind):

denen du dich zugesellst, o gute Ašay. Heil wahrlich dem du dich zugesellst! Und mir geselle dich zu, o kraftvolle, (deren) Arten weitverbreitet sind[4]).

8. Ihre Häuser

stehen da wohlgegründet, reich an Rindern, die weitaus ersten zu langdauerndem Unterstand[5]):

denen du dich zugesellst (o . . . Ašay)[6]) . . . .

9. Ihre Lagerstätten

stehen da schöngebreitet, wohl durchduftet, wohlgefertigt, mit Polstern versehen, die Füße mit Gold zusammengefügt:

denen du dich zugesellst (o . . . Ašay)[6]) . . . .

10. Ihre maßgebenden Frauen

sitzen wahrlich auf dem Lager[7]), dem schönen, mit Polstern versehenen, die . . .[8]), mit Spangen sich schmückend, mit einem vierkantigen Ohrgehänge Staat machend[9]) und einem goldgeschmückten Halsgeschmeide[10]): „wann wird zu uns der Hausherr herkommen? wann werden wir, (uns) zu erfreuen, Liebes an (unserm) Leib erleben[11])?" —:

(derer) denen du dich zugesellst (o . . . Ašay)[6]) . . . .

11. Ihre Mädchen

sitzen da mit Spangen an den Füßen, die Taille geschnürt[12]), tüchtigen Leibes, mit langen Fingern[13]), von der Körperschöne solcher, wie (sie) das Wohlgefallen der Schauenden (bilden)[14]):

(derer) denen du dich zugesellst (o . . . Ašay)[6]) . . . .

12. Ihre Rosse

erregen Schrecken[15]); die schnellen bewegen flinken Flugs den flinken Wagen[16]); sie ziehen an dem gegerbten Leder(strang)[17]), sie fahren den tapferen Lobsänger, (der) die schnellen Rosse, den festen Wagen besitzt, den spitzen Speer mit dem langen Schaft führt, den ferntreffenden Pfeilschützen[18]), (der) den Gegner von hinten her verfolgt[19]), den Feind von vorn her erschlägt[20]):

---

[1]) 1479. [2]) 1828. [3]) 957. [4]) ? [5]) 694. [6]) = Yt. 17. 7. [7]) 344. [8]) marezyumna-? [9]) 1617. [10]) 1186. [11]) 1707. [12]) 358. [13]) d. i. „mit langen schmalen Händen". [14]) 1656 f. [15]) 927. [16]) 1418. [17]) 582. [18]) 563. [19]) 1439. [20]) 604.

(derer) denen du dich zugesellst (o ... Ašay)[1] ....

13. Ihre Kamele
erregen Schrecken[2], die spitzhöckerigen[3], (die) in heftiger Wut vom Boden *sich* (*auf den Hinterbeinen*) *aufrichtend*[4]) mit einander kämpfen, (wenn sie) brünstig (sind)[5]:
(derer) denen du dich zugesellst (o ... Ašay)[1] ....

14. Ihnen schafft Silber (und) Gold der Schaffner in die Kammer[6]) und aus fremden Ländern prunkvoll gefertigte Kleider[7]:
denen du dich zugesellst, o gute Ašay. Heil wahrlich dem du dich zugesellst! Und mir geselle dich zu, o kraftvolle, (deren) Arten weitverbreitet sind[8].

15. Schau her auf mich[9], wende mir (deine) Gnade zu[10], o hochgewachsene Ašay! Wohlgeschaffen bist du, schönen Anblicks; nach Gefallen vermagst du (deinem) Leib Herrlichkeit zu verleihen[11].

16. Dein Vater (ist) er der Ahura Mazdāh, er der größte der Yazata's, er der beste der Yazata's;
(deine) Mutter (ist) die heilige Ārmatay,
dein Bruder (ist) er der gute ašafromme Sraoša und der hohe kraftvolle Rašnav und der weite Fluren besitzende Miθra, er (der) zehntausend Späher hat, der tausendohrige;
(deine) Schwester (ist) die mazdayasnische Religion.

17. Die preisenswerte unter den Yazata's, die von den geradesten (Pfaden) nicht abzubringende[12], sie die gute hochgewachsene Ašay hielt an auf dem Wagen[13], also mit Worten sprechend:
„Wer bist du, der du mich rufst, der unter denen, die (mich) rufen, die weitaus schönste Stimme besitzt, die Ich gehört habe[14]?"

18. Darauf hub er also zu sprechen an:
„(Ich bin's): der Spitama Zaraθuštra, der als erster Mensch das Aša Vahišta betete, das Gebet an Ahura Mazdāh sprach, das Gebet an die Aməša Spənta's sprach[15];
bei des Geburt und Wachstum die Wasser und Pflanzen sich wieder erholten,
bei des Geburt und Wachstum die Wasser und Pflanzen wuchsen[16];

19. bei des Geburt und Wachstum sich Anra Mainyav °zurückzog von der Erde, der breiten runden fernbegrenzten; also °sprach dieser, er der arglistige vielverderbliche Anra Mainyav:
‚Nicht alle Yazata's (zusammen konnten) mich wegschleppen gegen meinen Willen[17], aber der einzige Zaraθuštra schafft mich gegen meinen Willen fort[18];

---

[1]) = Yt. 17. 7. [2]) 927. [3]) d. i. „mit steifem H.". [4]) 1688. [5]) 868. [6]) 329. [7]) 955. [8]) ? [9]) 725. [10]) 1534. [11]) 728. [12]) 147. [13]) 1506. [14]) 1018f.; wörtl. „dessen Stimme Ich als die weitaus schönste unter den Rufenden gehört habe". [15]) 1275. [16]) 1543. [17]) 129. [18]) Nach Bthl., Zum AirWb. 115.

20. er schlägt mich mit dem Ahuna Vairya, mit solcher Waffe wie (es) ein Stein von der Größe einer Stube (ist)[1]; er macht mir heiß mit dem Aša Vahišta, man sollte meinen (als wäre es) geschmolzenes Eisen[2]; er bewirkt, daß es für mich besser ist, mich von der Erde hier zurückzuziehen[3], (er) der mich allein zum Weichen bringt, er der Spitama Zaraθuštra.'"

21. Darauf hub die gute Ašay, sie die hochgewachsene, also zu sprechen an: „Tritt näher zu mir heran[4], fürwahr ašagläubiger Spitama, lehne dich an meinen Wagen." — Zu ihr trat näher er der Spitama Zaraθuštra, er lehnte sich an ihren Wagen.

22. Ihn berührte sie von oben her ringsum streichelnd
mit dem linken Arm und dem rechten,
mit dem rechten Arm und dem linken[5], also mit Worten sprechend:
„Schön bist du, o Zaraθuštra, wohlgeformt bist du, o Spitama, mit schönen Waden, mit langen Armen; gegeben (ist) deinem Leib Herrlichkeit und (deiner) Seele langdauernde Seligkeit: so wahr ich dir das sage[6]." — Ob ihrer Pracht[7] ...

III.

23. Die (gute) Ašay (verehren wir)[8] .... (deren) Einsicht weit ist, die gewaltige.

24. Ihr opferte Haošyanha Paraδāta am Anstieg[9] des schönen mazdāhgeschaffenen Harā-Gebirgs[9].

25. Und er bat sie: „Diesen Erfolg schenke mir, o gute Ašay, du hochgewachsene,
daß ich Sieger werde über alle māzanischen Daēva's,
daß Ich nicht erschreckt (und) aus Angst vor den Daēva's fliehe,
(daß) vor mir[10] alle Daēva's widerwillig erschreckt fliehen (und) erschreckt ins Dunkel °laufen mögen."

26. Es umkreiste (ihn) laufend, es umkreiste (ihn) gehend[11] die gute Ašay, sie die hochgewachsene: es erlangte diesen Gunstbeweis[12] Haošyanha Paraδāta. — Ob ihrer Pracht[7] ...

IV.

27. Die gute Ašay (verehren wir)[8] .... die gewaltige.

28. Ihr opferte er, der strahlende, schöne Herden besitzende Yima von dem Berg Hukairya aus.

---

[1] 434. [2] 1245. [3] 1480; wörtl. „er macht mein Sichzurückziehen von der Erde zu etwas Besserem". [4] 1061. [5] 955. [6] 1248. [7] = Yt. 17. 3. [8] = Yt. 17. 1. [9] 390. [10] s. Yt. 9. 4 No. 9. [11] 625 (?). [12] 1319.

29—30. Und (er bat) sie[1]: „.......... du hochgewachsene, daß Ich[2]) .... (tausend) Winter (lang)."

31. Es umkreiste (ihn) laufend, es umkreiste (ihn) gehend[3]) die gute Ašay, sie die hochgewachsene: es erlangte diesen Gunstbeweis[4]) er, der strahlende, schöne Herden besitzende Yima. — Ob ihrer Pracht[5]) ...

V.

32. Die gute Ašay (verehren wir)[6]) .... die gewaltige.

33. Ihr opferte der Sohn des Āθwya(hauses)[7]), des gewaltigen Hauses, Θraētaona, bei dem vierohrigen [Lande] Varəna.

34. Und (er bat) sie[1]): „............ du hochgewachsene, daß ich (Sieger) werde[8]) .... die trefflichsten (sind)."

35. Es umkreiste (ihn) laufend, es umkreiste (ihn) gehend[3]) die gute Ašay, sie die hochgewachsene: es erlangte diesen Gunstbeweis[4]) der Sohn des Āθwya(hauses)[7]), des gewaltigen Hauses, Θraētaona. — Ob ihrer Pracht[5]) ...

VI.

36. Die gute Ašay (verehren wir)[6]) .... die gewaltige.

37. Ihr opferte Haoma, der ...[9]), der heiltätige schöne gebieterische, mit den goldfarbenen Augen, auf der höchsten Höhe, auf dem Haraitī-Gebirg.

38. Und (er bat) sie[1]): „........... du hochgewachsene, daß Ich[10]) .... des Naraviden (Aγraēraθa)."

39. Es umkreiste (ihn) laufend, es umkreiste (ihn) gehend[3]) die gute Ašay, sie die hochgewachsene: es erlangte diesen Gunstbeweis[4]) Haoma, der ...[9]), der heiltätige schöne gebieterische, mit den goldfarbenen Augen. — Ob ihrer Pracht[5]) ...

VII.

40. Die gute Ašay (verehren wir)[6]) .... die gewaltige.

41. Ihr opferte der Held der arischen Länder, der Befestiger des Reiches, Haosravah[11]).

42. Und (er bat) sie[1]): „............ du hochgewachsene, daß Ich[12]) .... des Naraviden (Aγraēraθa)."

43. Es umkreiste (ihn) laufend, es umkreiste (ihn) gehend[3]) die gute Ašay, sie die hochgewachsene: es erlangte diesen Gunstbeweis[4]) der Held der arischen Länder, der Befestiger des Reiches, Haosravah[11]). — Ob ihrer Pracht[5]) ...

---

[1]) = Yt. 17. 25. [2]) = Yt. 9. 9—10. [3]) 625 (?). [4]) 1319. [5]) = Yt. 17. 3. [6]) = Yt. 17. 1. [7]) 323. [8]) = Yt. 9. 14. [9]) frāšmay-? [10]) = Yt. 9. 18. [11]) 1770. [12]) = Yt. 9. 22.

VIII.

44. Die gute Ašay (verehren wir)[1] .... die gewaltige.
45. Ihr opferte er der ašagläubige Zaraθuštra in dem arischen Vaējah der guten Dāityā[2]).
46. Und (er bat) sie[3]): „.............. du hochgewachsene, daß Ich[4]) .... guten Leumund (verschaffe).“
47. Es umkreiste (ihn) laufend, es umkreiste (ihn) gehend[5]) die gute Ašay, sie die hochgewachsene: es erlangte diesen Gunstbeweis[6]) er der ašagläubige Zaraθuštra. — Ob ihrer Pracht[7]) ...

IX.

48. Die gute Ašay (verehren wir)[1]) .... die gewaltige.
49. Ihr opferte der hocheinsichtige Kavay Vīštāspa *angesichts* des Wassers Dāityā.
50—51. Und er bat sie: „Diesen Erfolg schenke mir, o gute Ašay, du hochgewachsene, daß ich ...... eine (siegreiche) Schlacht ... liefere[8]) .... mit 100000 Schlägen.“
52. Es umkreiste (ihn) laufend, es umkreiste (ihn) gehend[5]) die gute Ašay, sie die hochgewachsene: es erlangte diesen Gunstbeweis[6]) der hocheinsichtige Kavay Vīštāspa. — Ob ihrer Pracht[7]) ...

X.

53. Die gute Ašay (verehren wir)[1]) .... die gewaltige.
54. Es sprach die gute Ašay, sie die hochgewachsene:
„Niemand soll mir von den Zaoθra's, die mir (die Menschen) zubringen, (etwas) bekommen: weder Männer mit versiegtem Samen noch °Weiber, (die) nicht mehr menstruiren, nicht unmündige Knaben[9]), nicht Mädchen, (die) noch nicht reif (sind) für Männer[10]).
55. Als die Tūrer mit schnellen Rossen und die Naotariden mich verscheuchten[11]), da begab Ich mich ins Versteck[12]) unter den Fuß eines ...[13]) männlichen Rindes;
da holten mich aus dem Versteck[14]) sie, die unmündigen Knaben[9]) (und) sie, die Mädchen, (die) noch nicht reif (sind) für Männer[10]).
56. Als die Tūrer mit schnellen Rossen und die Naotariden mich verscheuchten[11]), da begab Ich mich ins Versteck[12]) unter den Hals eines Schafbocks[15]), (des) Herde aus hundert Schafen besteht;
da holten mich aus dem Versteck[14]) sie, die unmündigen Knaben[9]) (und) sie, die Mädchen, (die) noch nicht reif (sind) für Männer[10]):

---

[1]) = Yt. 17. 1. [2]) 730. [3]) = Yt. 17. 25. [4]) = Yt. 9. 26. [5]) 625 (?). [6]) 1319. [7]) = Yt. 17. 3. [8]) = Yt. 9. 30—31. [9]) 643. [10]) 127. [11]) 656. [12]) 485, 634; eig. „(meine) Person“. [13]) barəmāyaona-? [14]) 485. [15]) 1109.

(damals) als die Tūrer und die Naotariden mich, die schnelle Stuten besitzende[1]), verscheuchten." —

57. Die erste Klage klagte[2]) die gute Ašay, sie die hochgewachsene, wegen des unfruchtbaren °Weibes:
„Begib dich nicht zu ihrer Heimstätte, leg dich nicht nieder auf (ihrem) Lager[3]). Was soll Ich mit ihnen machen[4])?
Soll ich zum Himmel fortgehen,
soll ich mich zur Erde hinabwenden?"

58. Die zweite Klage klagte die gute Ašay, sie die hochgewachsene, wegen jenes °Weibes, die da das Kind gebiert, (das) von einem fremden Mann gezeugt (ist, und es) dem Ehemann zubringt[5]):
„Was soll Ich mit ihnen machen[4])?
Soll ich zum Himmel fortgehen,
soll ich mich zur Erde hinabwenden?"

59. Die dritte Klage klagte die gute Ašay, sie die hochgewachsene:
„Das (ist) die gröbste Tat, (die) mir grausame Menschen antun[6]), wenn sie Mädchen [mit Gewalt] entführen (und sie) zum Gebären bringen, ohne (daß sie) verheiratet (sind)[7]). Was soll Ich mit ihnen machen[4])?
Soll ich zum Himmel fortgehen,
soll ich mich zur Erde hinabwenden?"

60. Da sprach Ahura Mazdāh:
„O schöne, vom Schöpfer geschaffene Ašay!
Nicht zum Himmel gehe fort,
nicht zur Erde wende dich hinab: hier ergeh Du dich im Innern meines schönen, für den Herrscher erbauten Hauses[8]).

61. Mit diesem Opfer will ich dich verehren,
mit diesem Opfer will ich (dir) huldigen,
wie dir Vīštāspa *angesichts* des Wassers Dāityā opferte;
laut soll der Zaotar die Stimme erheben, hinter dem Barəsman stehend:
Mit diesem Opfer will ich dich verehren,
mit diesem Opfer will ich (dir) huldigen,
o schöne, vom Schöpfer geschaffene Ašay." — Ob ihrer Pracht[9]) ...

62. Wie der beste Oberherr[10]) ...
Verehrung und (Preis, Kraft und Stärke) wünsche ich der guten Ašay, der guten Čistay, der guten Ərətay, der guten Rasąstāt, dem Glanz (und) dem mazdāhgeschaffenen Nutzen.
Aša ist das beste Gut[11]) ...
Dem (gebt ihr) Reichtum[12]) .... Tausend ..... Aša ist das beste Gut[11]) ...

---

[1]) ? [2]) 516. [3]) 841. [4]) 447. [5]) 938. [6]) 1606. [7]) 1081; darəɣəm unübersetzt, 693 u. No. 2. [8]) 450. [9]) = Yt. 17. 3. [10]) = Y. 27. 13. [11]) = Y. 27. 14. [12]) = Y. 72. 9.

18.
Aštāt Yašt.

0. Durch Befriedigung des Ahura Mazdāh[1] .... Ich bete das Aša-(gebet): Aša ist das beste Gut[2] ...
(Als Mazdāhanbeter) ... will ich das Glaubensgelübde ablegen[3] ...... und Lob.
Die Herrlichkeit der mazdāhgeschaffenen Arier (wollen wir) unter Zufriedenstellung[4] .... soll der wissende ... aufsagen.
1. Es sprach Ahura Mazdāh zu dem Spitama Zaraθuštra:
„Ich, ich schuf die arische Herrlichkeit, die Milch enthaltende, herdenreiche vielbegehrte, viel Glanz besitzende, (die) sich leicht Wissen erwirbt, leicht Vermögen erwirbt[5], (die) den Āzay unterdrückt, den übelgesinnten unterdrückt.
2. Sie [die Herrlichkeit] überwindet den vielverderblichen Aŋra Mainyav,
sie überwindet den das blutige Holz schwingenden Aēšma,
sie überwindet die erschlaffende Būšyąstā,
sie überwindet den erstarrenden Frost[6],
sie überwindet den Daēva Apaoša,
sie überwindet die nicht-arischen Länder.
3. Ich, ich schuf auch die gute hochgewachsene Ašay; sie ergeht sich im Innern (meines) schönen, für den Herrscher erbauten Hauses[7].
4. Dieser [Herrlichkeit][8] wird sich anschließen die viel Behagen gewährende Ašay mit Gewährung[9] für den die Ašagläubigen zufriedenstellenden Menschen; sie ergeht sich im Innern des schönen, für den Herrscher erbauten Hauses: alle Herden besitzend[10], über alle siegreich, alle Weisheit, alle Herrlichkeit besitzend[10]. Einen Fuß setzt die gute Ašay, sie die hochgewachsene, nieder im Innern des schönen, für den Herrscher erbauten Hauses.
5. Tausend Rosse stellen sich ein, tausend Herden stellen sich ein und auch die tüchtige Nachkommenschaft. Es gerät in Aufregung der ganze Tištrya-Stern (und) der ganze kühne mazdāhgeschaffene Vāta (und) die ganze arische Herrlichkeit.
6. Und sie bringen das Gedeihen zu allen Gipfeln der Berge, zu allen Tälern der Flüsse;
und sie bringen das Gedeihen aller hervorgesproßten Pflanzen, der schönen grünen;
und sie bringen das Verderben[11] zu dem erstarrenden Frost[6];
und sie bringen das Verderben zu dem Daēva Apaoša.

---

[1]) = Ny. 1. 2. [2]) = Y. 27. 14. [3]) = Ny. 1. 10. [4]) = Yt. 3. 0. [5]) 1841 f. [6]) 11, 1811. [7]) 450. [8]) təm?! [9]) ? [10]) Alles Nom. Sg. masc.! [11]) Im Text steht fälschlich fradaθəm „Gedeihen“.

7. Verehrung dem prächtigen glanzvollen Tištrya-Stern! Verehrung dem kühnen mazdāhgeschaffenen Vāta! Verehrung der arischen Herrlichkeit!
Wie der beste Oberherr[1]) ...
Aša ist das beste Gut[2]) ...
8. Den Ahuna Vairya beten wir,
das Aša Vahišta, den schönsten Aməša Spənta, beten wir;
die wahrgesprochenen sieghaften heiltätigen Sprüche beten wir,
die heiltätigen wahrgesprochenen sieghaften Sprüche beten wir;
das heilige Wort — o mazdayasnische Religion — das Haoma heischende, verehren wir,
die arische Herrlichkeit verehren wir.
Wen — und welche (Frauen) — unter den Seienden[3]) ...
9. Wie der beste Oberherr[1]) ...
Verehrung und (Preis, Kraft und Stärke) wünsche ich der Herrlichkeit der mazdāhgeschaffenen Arier.
Aša ist das beste Gut[2]) ...
Dem (gebt ihr) Reichtum[4]) ...... Tausend .... Aša ist das beste Gut[2]) ...

19.

Zam Yašt.[5])

0. Durch Befriedigung des Ahura Mazdāh[6]) .... Ich bete das Aša-(gebet): Aša ist das beste Gut[2]) ...
(Als Mazdāhanbeter) ... will ich das Glaubensgelübde ablegen[7]) .... und Lob.
Das mazdāhgeschaffene, das Behagen des Aša gewährende Gebirge Uši.darəna und die mazdāhgeschaffene kavische Herrlichkeit und die mazdāhgeschaffene unnahbare Herrlichkeit (wollen wir) unter Zufriedenstellung[8]) ... soll der wissende ... aufsagen.
1. Als erstes Gebirge erstand, o Spitama Zaraθuštra, auf der Erde hier das Haraitī-Gebirge; es umlagert ganz die westlichen Länder, dazu auch die östlichen[9]).
Als zweites (erstand) das Gebirge Zərəδaza zu beiden Seiten[10]) des Manuša[11]); auch das umlagert[12]) ganz die westlichen Länder, dazu auch die östlichen.
2. Von diesem nehmen ihren Ausgangspunkt die Gebirge Uši.dam Uši.darəna und der Gebirgszug Ərəzifya, als sechstes Ərəzura, als siebentes Būmya, als achtes Raoδita, als neuntes Mazišvant, als

[1]) = Y. 27. 13. [2]) = Y. 27. 14. [3]) = Y. 27. 15. [4]) = Y. 72. 9. [5]) Vgl. folgd. Seite No. 10. [6]) = Ny. 1. 2. [7]) = Ny. 1. 10. [8]) = Yt. 3. 0. [9]) 1015. [10]) Eig. „abseits von beiden Seiten". [11]) 1692. [12]) 589.

zehntes Antarə.danhav, als elftes Ərəziša, als zwölftes Vāiti.-gaēsa;

3. und Ādarana und Bayana und Iškata Upāiri.saēna (und) Kąsō.-tafəδra, das ...[1]); das Gebirg 'die zwei ...[2])', das Gebirg 'die acht ...[3])', die Berggipfel 'die acht Renner'[4]), der Höhenrücken 'die vier ...[5])';

4. und (die Gebirge) Aēzaxan und Maēnaxan und die beiden Vāxəδrikā's und die beiden Asayā's und die beiden Tuδaskā's und die beiden Višavā's und Draošišvant und Sāirivant und Nanhušmant und Kakahyav und die Antarə.kanha's;

5. und (die Gebirge) Sičidāva und Ahurana und Raēmana und Aša.-stəmbana und die beiden Urunyō.vāiδimiδkā's und Asnvant und Ušaoma und Ušta.xᵛarənah und Syāmaka und Vafrayā und Vouruša;

6. und (die Gebirge) Yahmyaǰatara und Aδutavah und Spitavarənah und Spəntō.dāta und Kadrva.aspa und Kaoirisa und die Bergspitze Barō.srayan und Barana und der Berg Frāpayah und Udrya und der Berg Raēvant und die (anderen) Berge, welchen früher die Menschen Namen gegeben haben, vom Begehen und Betrachten her (sie nehmend)[6]).

7. (Es gibt) so 2244 Berge[7]), o Spitama Zaraθuštra.

8. So groß (der Raum ist), über den hin sich die Berge hinzutretend erstrecken, über all den (Raum) hin[8]) (erstreckt sich) der Anteil, (der) dem Priester und den Krieger und den viehzüchtenden Bauern bestimmt ist[9]).

I.[10])

9. Die starke mazdāhgeschaffene kavische Herrlichkeit (Xᵛarənah) verehren wir, die vielgepriesene, überlegen wirkende, fürsorgliche tatkräftige gewandte, über die andern Geschöpfe hinwegsehende;

10. die dem Ahura Mazdāh eignet, auf daß Ahura Mazdāh die Geschöpfe erschaffen (kann): zahlreich und gut, zahlreich und schön, zahlreich und trefflich, zahlreich und tauglich, zahlreich und strahlend;

11. auf daß sie die Menschheit neu gestalten[11]) zu einer nicht alternden, nicht sterbenden, nicht verwesenden, nicht faulenden, immer lebenden, immer gedeihenden, nach Gefallen schaltenden;
wenn die Toten wieder auferstehen, (wenn) kommen wird der lebendige ungefährdete [Saošyant][12]), wird nach (seinem) Willen die Menschheit neugestaltet werden.

12. Nicht sterben werden Wesen und Dinge, die sich an die Gebote des Aša halten[13]);

---

[1]) varafa-? [2]) 1775; hamankuna-? [3]) 1392; vašan-? [4]) 973. [5]) 1445; viδwana-? [6]) 90. [7]) 578. [8]) 83. [9]) 921. [10]) Von hier an in der Tat Xᵛarr Yašt. [11]) 1258. [12]) 143. [13]) 1558.

die Drug wird wieder dahin fortgebracht werden[1], woher sie auch herzugekommen war[2], um den Ašagläubigen zu °verderben, ihn und (sein) Geschlecht und (sein) Hab und Gut[3];
und es wird zugrunde gehen die Schurkin und verderben wird der Schurke[4]. — So der [beste] Richter (ist er)[5].

13. Ob ihrer Pracht und Herrlichkeit will ich sie mit hörbarem Gebet (und) mit Zaoϑra's verehren, die starke mazdāhgeschaffene kavische Herrlichkeit;
die starke mazdāhgeschaffene kavische Herrlichkeit verehren wir mit Haoma enthaltender Milch[6] .... und diese (Frauen) wollen wir verehren.

II.

14. Die starke mazdāhgeschaffene kavische Herrlichkeit verehren wir, die vielgepriesene, überlegen wirkende, fürsorgliche tatkräftige gewandte, über die andern Geschöpfe hinwegsehende;

15. die den Amǝša Spǝnta's eignet, den lichten, energisch blickenden, hochgewachsenen überstarken heldenhaften ahurischen, die ungefährdet, ašaheilig (sind);

16. die (alle) sieben das Gleiche denken,
die (alle) sieben das Gleiche sprechen,
die (alle) sieben das Gleiche tun;
denen der gleiche Gedanke, das gleiche Wort, die gleiche Tat eignet (und) der gleiche Vater und Gebieter, er der Schöpfer Ahura Mazdāh;

17. deren einer in des andern Seele schaut, (die) an Humata denkt[7], an Hūxta denkt, an Hvaršta denkt, an das Paradies denkt[7];
deren Pfade leuchten, (wenn) sie zu den Zaoϑra's heranfliegen[8];

18. die dieser Schöpfung — des Ahura Mazdāh — Schöpfer und Gestalter, Bildner und Beaufsichtiger, Beschützer und Beschirmer sind.

19—20. Diese nun (sind es), die die Menschheit nach (ihrem) Willen neu gestalten zu einer nicht alternden, nicht sterbenden, nicht verwesenden, nicht faulenden[9] .... und diese (Frauen) wollen wir verehren.

III.

21. Die starke ... kavische (Herrlichkeit verehren wir)[10] .... über die andern Geschöpfe (hinwegsehende);

22. die den geistigen und körperlichen Yazata's eignet und den (schon) geborenen und den (noch) nicht geborenen Neugestaltern und Saošyant's.

---

[1]) 1067. [2]) 1239. [3]) 1593. [4]) 1151. [5]) s. Y. 27. 13. [6]) = Ny. 1. 16. [7]) 1173. [8]) 1356. [9]) = Yt. 19. 11—13. [10]) = Yt. 19. 9.

23—24. Diese nun (sind es), die die Menschheit nach (ihrem) Willen neu gestalten zu einer nicht alternden, nicht sterbenden, nicht verwesenden, nicht faulenden[1] . . . . und diese (Frauen) wollen wir verehren.

IV.

25. Die starke ... kavische (Herrlichkeit verehren wir)[2] . . . . über die andern Geschöpfe (hinwegsehende);

26. die dem Haošyanha Paraδāta über eine gar lange Zeitdauer hin zu eigen war,
sodaß er auf der siebenteiligen Erde herrschte[3]) über Daēva's und Menschen, über Zauberer und Hexen, über kavische und karapanische Machthaber;
(sodaß) der zwei Drittel der māzanischen Daēva's und der varənischen Druganhänger erschlug. — Ob ihrer Pracht[4]) . . .

V.

27. Die starke ... kavische (Herrlichkeit verehren wir)[2]) . . . . über die andern Geschöpfe (hinwegsehende);

28. die dem heldenhaften wachsamen Urupay zu eigen war,
sodaß er auf der siebenteiligen Erde herrschte[3]) über Daēva's und Menschen, über Zauberer und Hexen, über kavische und karapanische Machthaber;

29. sodaß er Sieger wurde über alle Daēva's und Menschen, über alle Zauberer und Hexen;
sodaß er den Anra Mainyav ritt, den in Roßgestalt verwandelten[5]), dreißig Jahre (lang)[6]) über beide Enden der Erde hin. — Ob ihrer Pracht[4]) . . .

VI.

30. Die starke . . . kavische (Herrlichkeit verehren wir)[2]) . . . . über die andern Geschöpfe (hinwegsehende);

31. die ihm, dem strahlenden, schöne Herden besitzenden Yima über eine gar lange Zeitdauer hin zu eigen war, sodaß er auf der siebenteiligen Erde herrschte[3]) über Daēva's und[7]) . . . . Machthaber;

32. der [Yima] von den Daēva's wegschaffte:
beides, Vermögen und Vorteil,
beides, die Üppigkeit und die Herden[8]),
beides, Zufriedenheit und Ansehen[9]);
unter dessen Herrschaft es Speise und Trank[10]) unversieglich zu genießen gab[11]); nichtsterbend beide: Tiere (und) Menschen[12]), nichtvertrocknend beide: Wasser (und) Pflanzen;

---

[1]) = Yt. 19. 11—13. [2]) = Yt. 19. 9. [3]) 1258 o. [4]) = Yt. 19. 13. [5]) 1166. [6]) 810. [7]) = Yt. 19. 28. [8]) 1027; s. Yt. 5. 26 No. 1. [9]) 806. [10]) 267; eig. „beide Speisen", 1869 m. als „vegetabilische und animalische Kost" aufgefaßt. [11]) 267 (?). [12]) 1453.

33. unter dessen Herrschaft es nicht Kälte gab[1]), nicht Hitze, nicht Altern gab, nicht Tod, nicht den daēvageschaffenen Neid[2]), vordem daß er log[3]), vordem daß er anfing, sich in Gedanken mit ihm, dem lügnerischen unwahren Wort zu beschäftigen[4]).

34. Aber als[5]) er anfing, sich in Gedanken mit ihm, dem lügnerischen unwahren Wort zu beschäftigen[4]), ging weg von ihm die Herrlichkeit sichtbarlich in Gestalt eines Vogels[6]);
(als) er, der strahlende, schöne Herden besitzende Yima die Herrlichkeit entweichen sah[7]), begann Yima betrübt umherzuirren[8]), und der Feindseligkeit erlegen[9]) (mußte) er sich über die Erde hin verborgen halten[10]).

35. (Als der) erste (Teil der) Herrlichkeit entwich, die Herrlichkeit von dem strahlenden Yima (und) wegging die Herrlichkeit von Yima, dem Vīvahvant-Sproß, in Gestalt des Vogels Vārəgan:
erhaschte jene Herrlichkeit er, der weite Fluren besitzende Miθra, der scharfhörige, mit tausend Fertigkeiten begabte. Miθra, den Landesherrn aller Länder, verehren wir, den Ahura Mazdāh zum glanzvollsten der geistigen Yazata's gemacht hat.

36. Als (der) zweite (Teil der) Herrlichkeit entwich[11]), die Herrlichkeit von dem strahlenden Yima (und) wegging die Herrlichkeit von Yima, dem Vīvahvant-Sproß, in Gestalt des Vogels Vārəgan:
erhaschte jene Herrlichkeit der Sohn des Āθwya(hauses)[12]), des gewaltigen Hauses, Θraētaona, sodaß er unter den siegreichen Menschen der siegreichste war(d) — abgesehen von Zaraθuštra —;

37. der das Ungeheuer Dahāka besiegte[13]) . . . . um die Welt des Aša zu °verderben.

38. Als (der) dritte (Teil der) Herrlichkeit entwich, die Herrlichkeit von dem strahlenden Yima (und) wegging die Herrlichkeit von Yima, dem Vīvahvant-Sproß, in Gestalt des Vogels Vārəgan:
erhaschte jene Herrlichkeit der heldensinnige Kərəsāspa, sodaß er mit Hilfe der mannhaften Tapferkeit unter den starken Menschen der stärkste war(d) — abgesehen von Zaraθuštra —;

39. denn ihm gesellte sie sich zu, die starke mannhafte Tapferkeit. Die mannhafte Tapferkeit verehren wir, (die immer) auf den Beinen, ohne Schlaf, (auch) auf dem Lager ruhend wach (ist)[14]), die sich dem Kərəsāspa zugesellte,

40. der das gehörnte, das Rosse verschlingende, Männer verschlingende, das giftige fahlgelbe Ungeheuer besiegte, ⟨auf dem das Gift floß am Hintern, an der Nase, in der Höhe — —⟩[15]), auf dem das gelbliche Gift

---

[1]) 269. [2]) ? [3]) 123; eig. „vor dem Nichtlügen". [4]) 596. [5]) 305 m. [6]) 1326. [7]) 975. [8]) 971. [9]) 741. [10]) 691. [11]) 964. [12]) 323. [13]) = Y. 9. 8. [14]) 338. [15]) 560; aus Pü. zu Y. 9. 11.

klafterhoch floß[1]); auf dem sich Kərəsāspa im eisernen (Kessel) um die Mittagszeit[2]) (Fleisch)speise kochte[3]). Und diesem Schurken wurde es heiß[4]) .... der heldensinnige Kərəsāspa (bei Seite).

41. Der [Kərəsāspa] den Gandarəwa tötete, den mit goldfarbener Ferse[5]), welcher mit geöffnetem °Rachen °heranging, (um) die stoffliche Welt des Aša zu °nichte zu machen;

der die neun von Paθana stammenden °Söhne tötete und die °Söhne des Nivika und die °Söhne des Dāštayānay;

der den mit goldenem Diadem geschmückten Hitāspa tötete und den von Dānay stammenden[6]) Varəšava und den Pitaona, (der) den Pairikā's stark ergeben (war)[5]);

42. der den Arəzō.šamana tötete, (der) mannhafte Tapferkeit besitzt, den heldenhaften geliebten ...[7]), den schlauen, krumm °gehenden, wachsamen, (der) nicht vorwärts [aus der Deckung] hervorläuft, ein Juwel an sich trägt[5]), ...[8]), ...[9]), ...[10]), (wenn er) in den Kampf gezogen (war)[11]);

43. der den Snāviδka tötete, den aus der Rasse der Gehörnten, mit °Händen aus Stein. Der sprach also in der Versammlung:

„Minderjährig bin ich, (noch) nicht volljährig[12]); wenn ich (erst) volljährig sein werde:

will ich mir die Erde zum Rad machen,

will ich mir den Himmel zum Wagen machen[13]);

44. will ich herabholen den Spənta Mainyav aus dem lichten Haus des Lobs,

will ich °herausgehen machen den Aŋra Mainyav aus der abscheulichen Hölle;

die beiden sollen meinen Wagen ziehen: Spənta Mainyav und Aŋra (Mainyav), ⟨sofern mich nicht der heldensinnige Kərəsāspa töten wird⟩[16]).“ —

Ihn tötete der heldensinnige Kərəsāspa, (er schuf ihm) Aushauchen des Lebens, *Vernichtung* der Lebenskraft[14]). — Ob ihrer Pracht[15]) ...

VII.

45. Die starke mazdāhgeschaffene unnahbare Herrlichkeit (Xᵛarənah) verehren wir, die vielgepriesene, überlegen wirkende, fürsorgliche tatkräftige gewandte, über die andern Geschöpfe hinwegsehende;

46. worum sich bemühten Spənta Mainyav und Aŋra (Mainyav)[17]), um diese unnahbare (Herrlichkeit).

Da schickte jeder von beiden die schnellsten Boten aus:

---

[1]) 1472. [2]) 1704. [3]) 905. [4]) = Y. 9. 11. [5]) ? [6]) Oder „zu den Dānav's gehörend“. [7]) Verderbtes Wort: —uštəm. [8]) apa.dis- „fortweisend“? [9]) nyāidāuru? [10]) apastanah-? [11]) 495. [12]) 895. [13]) 576. [14]) 75 o. [15]) = Yt. 19. 13. [16]) Spätere Zutat. [17]) 857.

Spənta Mainyav schickte als Boten aus den Vohu Manah und den Aša Vahišta und Ātar, den Sohn des Ahura Mazdāh;
Aŋra Mainyav schickte als Boten aus den Aka Manah und den das blutige Holz schwingenden Aēšma und das Ungeheuer Dahāka und den Spityura, (der) den Yima [mit der Säge] entzweischnitt[1]).

47. Drauf reckte sich weiter empor Ātar, (der Sohn) des Mazdāh Ahura, so also denkend:
„Diese Herrlichkeit, die unnahbare, werde ich erfassen." —
Da °machte sich von hinten her an ihn heran das °dreimäulige Ungeheuer, (des) Wesen übel ist, also (s)ein Lästerwort °sprechend:

48. „Zurück! laß dir das gesagt sein[2]), o Ātar, (Sohn) des Mazdāh Ahura! Wenn du diese, die unnahbare (Herrlichkeit) festhältst, will ich dich ganz und gar zu Grunde richten[3]), damit du künftig nicht (mehr) aufleuchten kannst[4]) auf der Erde, um zu schirmen alles was zum Aša gehört[5])."
Da zog Ātar die Hände wieder zurück, besorgt, weil ihm nach dem Leben getrachtet wurde[6]), da das Ungeheuer furchtbar war[7]).

49. Drauf °stürmte weiter heran[8]) das °dreimäulige Ungeheuer, (des) Wesen übel ist, so also denkend:
„Diese Herrlichkeit, die unnahbare, werde ich erfassen!" —
Da richtete sich gegen ihn von hinten her Ātar auf, (der Sohn) des Mazdāh Ahura, also mit Worten sprechend:

50. „Zurücke! laß dir das gesagt sein[2]), o °dreimäuliges Ungeheuer Dahāka! Wenn du diese, die unnahbare (Herrlichkeit) festhältst, werde ich dich am Hintern (mit Flammen) aussprühen[9]), an (deinem) °Maul werde ich emporleuchten, damit du künftig nicht (mehr) °herankommen kannst[10]) zu der ahurageschaffenen Erde, um alles was zum Aša gehört zu °verderben." —
Da zog das Ungeheuer die °Hände wieder zurück, besorgt, weil ihm nach dem Leben getrachtet wurde[6]), da Ātar furchtbar war. —

51. Diese Herrlichkeit schwoll hin bis zum See Vouru.kaša; nach ihr haschte sogleich der schnelle Rosse besitzende Apąm Napāt[11]), und sie verlangt der schnelle Rosse besitzende Apąm Napāt:
„Diese Herrlichkeit, die unnahbare, werde ich erfassen auf dem Grund[12]) des (wunder)tiefen Meers, auf dem Grund[12]) der tiefen Seen!"

52. Den hohen Gott, den strahlenden Gebieter, den schnelle Rosse besitzenden Apąm Napāt verehren wir, den auf Anruf helfenden Helden, der die Menschen schuf, der die Menschen gestaltete, der ein im Wasser lebender Yazata am besten hört, (wenn) man zu ihm betet[13]).

---

[1]) 1625. [2]) 673. [3]) 322. [4]) 414. [5]) 478. [6]) 978; eig. „besorgt wegen des Trachtens nach dem Leben". [7]) 971. [8]) 765. [9]) 1338. [10]) 101. [11]) 527. [12]) bunəm — bune. [13]) 1275 u.

53. „So möge denn ein jeder von euch Menschen" — also sprach Ahura Mazdāh — „o du ašagläubiger Zaraθuštra, die unnahbare Herrlichkeit zu erlangen suchen!
Gaben des Priesters würde der als glänzende Belohnung empfangen[1]),
Gaben des Priesters würde der als reichliche Belohnung empfangen,
Gaben des Priesters (würde) der (empfangen)!
54. Ihm wird sich die viel Behagen gewährende, die ...[2]) Ašay zugesellen, (die) über Rind und Futter gebietet;
ihm wird sich der Sieg zugesellen, (der) alle Tage währt, beim Angriff niederschlägt, (der) die Jahre überdauert[3]);
und dieses Siegs teilhaftig, wird er die blutdürstigen °Feindesheere überwinden,
und dieses Siegs teilhaftig, wird er alle Feinde überwinden." —
Ob ihrer Pracht und Herrlichkeit will ich sie mit hörbarem Gebet (und) mit Zaoθra's verehren, die starke mazdāhgeschaffene unnahbare Herrlichkeit;
die starke mazdāhgeschaffene unnahbare Herrlichkeit verehren wir mit Haoma enthaltender Milch[4]) .... und diese (Frauen) wollen wir verehren.

VIII.

55. Die starke ... unnahbare (Herrlichkeit verehren wir)[5]) .... über die andern Geschöpfe hinwegsehende;
56. die der schurkische tūrische Franrasyan aus dem See Vouru.kaša (zu holen) begehrte: nackt (war er), die Kleider hatte er abgeworfen[6]), diese Herrlichkeit begehrend, die den arischen Ländern, den jetzigen und den künftigen[7]), und die dem ašagläubigen Zaraθuštra gehört;
er machte sich schwimmend an diese Herrlichkeit heran[8]), diese Herrlichkeit lief fort, diese Herrlichkeit wich aus, und es entstand jener Abfluß[9]) des Sees Vouru.kaša, die Bucht, die Haosravah heißt.
57. Da °ging, o Spitama Zaraθuštra, der vielkräftige Tūrer Franrasyan aus dem See Vouru.kaša heraus, einen bösen °Spruch °sprechend: „Iθe iθa yaθna ahmāi![10])
Nicht vermochte ich mich dieser Herrlichkeit zu bemächtigen[11]), die den arischen Ländern, den jetzigen und den künftigen[7]), und die dem ašagläubigen Zaraθuštra gehört.
58. Beides will ich durcheinander mengen[12]), alles Feste und Flüssige[13]), an Größe, Güte und Schönheit; in Bedrängnis soll Ahura Mazdāh geraten[14]) beim Schaffen der widrigen Geschöpfe[15])!"

---

[1]) 345. [2]) spāra.dāšta-? [3]) 1467. [4]) = Ny. 1. 16. [5]) = Yt. 19. 45. [6]) 1615. [7]) 225. [8]) 1698. [9]) 56, 927. [10]) Sinnlose Fluchworte. [11]) 932. [12]) 1483. [13]) 644. [14]) Eig. „er gerät". [15]) 798.

Und °hinabging, o Spitama Zaraθuštra, der vielkräftige Tūrer Franrasyan zu dem See Vouru.kaša

59. zum zweiten Male, nackt, die Kleider hatte er abgeworfen[1]), diese Herrlichkeit (zu holen) begehrend, die den arischen Ländern[2]) .... (es entstand jener Abfluß) des Sees Vouru.kaša, die Bucht, die Vanhazdāh heißt.

60—61. Da °ging, o Spitama Zaraθuštra, der vielkräftige Tūrer Franrasyan aus dem See Vouru.kaša heraus, einen bösen °Spruch °sprechend:

„Iθe iθa yaθna ahmāi avaeθa iθa yaθna kahmāi![3])

Nicht vermochte ich mich dieser Herrlichkeit zu bemächtigen[4]), die den arischen Ländern[5]) .... zu dem See Vouru.kaša.

62. Zum dritten Male (wars), die Kleider hatte er abgeworfen[1]), diese Herrlichkeit (zu holen) begehrend, die den arischen Ländern[2]) .... (es entstand jener Abfluß) des Sees Vouru.kaša, das Wasser, welches Awždānvan heißt.

63. Da °ging, o Spitama Zaraθuštra, der vielkräftige Tūrer Franrasyan aus dem See Vouru.kaša heraus, einen bösen °Spruch °sprechend:

„Iθe iθa yaθna ahmāi avaθe iθa yaθna ahmāi āvōya iθa yaθna ahmāi![3])

Nicht vermochte ich mich dieser Herrlichkeit zu bemächtigen[4]), die den arischen Ländern, den jetzigen und den künftigen[6]), und die dem ašagläubigen Zaraθuštra gehört!" —

64. Nicht vermochte er sich dieser Herrlichkeit zu bemächtigen, die den arischen Ländern, den jetzigen und den künftigen[6]), und die dem ašagläubigen Zaraθuštra gehört. — Ob ihrer Pracht[7]) ...

IX.

65. Die starke ... unnahbare (Herrlichkeit verehren wir)[8]) .... über die andern Geschöpfe hinwegsehende;

66. die (dem) zu eigen wird, der von dorther seine Herrschaft entfalten wird[9]), wo der vom Haētumant(fluß) gebildete See Kąsaoya (ist)[10]), wo das Gebirg Uši.dam (liegt), von dem ringsher die vielen, in den Bergen heimischen Wasser zusammenkommen[11]).

67. In ihn [den See] ergießt sich, in ihn mündet ein[12]) die X^{v}āstrā und die Hvaspā, die Fradaθā und sie, die schöne X^{v}arənahvaitī. und sie, die *gewaltige* Uštavaitī und die weidereiche Urvaδā und die Ərəzī und die Zarənumaitī;

---

[1]) 1615. [2]) = Yt. 19. 56. [3]) Sinnlose Fluchworte. [4]) 932. [5]) = Yt. 19. 57—58. [6]) 225. [7]) = Yt. 19. 54. [8]) = Yt. 19. 45. [9]) 552 f. [10]) 471. [11]) 90. [12]) 625.

in ihn ergießt sich, in ihn mündet ein[1]) der prächtige glanzvolle Haē-(tumant)[2]), weißliche Wellen(kämme) emportreibend[3]), viele Überschwemmungen (veranlass)end[4]).

68. Ihm [dem Haētumant]
ist die Stärke des Rosses zuteil,
ist die Stärke des Kamels zuteil,
ist die Stärke des Kriegsmanns zuteil;
ist die kavische Herrlichkeit zuteil;
und es befindet sich in ihm, o ašagläubiger Spitama, soviel kavische Herrlichkeit, daß er hier die nicht-arischen Länder (alle) auf einmal fort und wegschwemmen könnte[5]).

69. Dort werden sie alsdann einherziehen[6]), Hunger und Durst empfindend[7]), Kälte und Hitze empfindend! —
Auf diese Weise ist die kavische Herrlichkeit die Schützerin der arischen Länder und des fünfartigen Getiers[8]), den ašagläubigen Männern und der mazdayasnischen Religion zu helfen. — Ob ihrer Pracht[9]) ...

X.

70. Die starke ... kavische (Herrlichkeit verehren wir)[10]) .... über die andern Geschöpfe (hinwegsehende):

71. die zu eigen war dem Kavay Kavāta und ihm dem Kavay Aipivanhav und ihm dem Kavay Usaδan und ihm dem Kavay Aršan und ihm dem Kavay Pisinah und ihm dem Kavay Byaršan und ihm dem Kavay Syāvaršan:

72. sodaß sie alle tapfere, alle heldenhafte, alle fürsorgliche, alle tatkräftige, alle geschickte, alle kühntätige Kavay's wurden. — Ob ihrer Pracht[9]) ...

XI.

73. Die starke ... kavische (Herrlichkeit verehren wir)[10]) .... über die andern Geschöpfe (hinwegsehende);

74—76. die zu eigen war dem Kavay Haosravah um (seiner) wohlgefügten Kraft und ... Wehrhaftigkeit[11]) .... und um aller Heilmittel (teilhaftig zu werden):

77. sodaß Kavay Haosravah (Herr ward) über den Wegelagerer auf ihr, der langen Rennbahn[12]), (und daß) er[13]) durchaus nicht die Fallgrube schnitt[14]), als ihn arglistig der Schurke zu Roß bekämpfte[15]).

---

[1]) 625. [2]) Verstümmelt. [3]) 1373. [4]) 347; verstümmeltes Wort: — əmnō. [5]) 990. [6]) 1386. [7]) 917. [8]) 507. [9]) = Yt. 19. 13. [10]) = Yt. 19. 9. [11]) = Yt. 13. 133—135. [12]) 469. [13]) Im Text „wir" aus Yt. 5. 50. [14]) 1516. [15]) 1089.

Über alle ward Fürst Kavay Haosravah Sieger: den tūrischen Schurken Franrasyan (und dessen Bruder) Kərəsavazdah fesselte er, (er) der die Rache vollziehende Sohn des verräterisch getöteten Helden Syāvaršan[1]) und (als Rächer) des Naraviden Aɣraēraθa[2]). — Ob ihrer Pracht[3]) . . .

XII.

78. Die starke . . . kavische (Herrlichkeit verehren wir)[4]) . . . . über die andern Geschöpfe (hinwegsehende);

79. die dem ašagläubigen Zaraθuštra zu eigen war:
gemäß der Religion zu denken,
gemäß der Religion zu reden,
gemäß der Religion zu handeln;
sodaß er von der gesamten stofflichen Menschheit
der ašagerechteste an Aša war,
der bestherrschende an Herrschaft,
der reichste an Reichtum,
der herrlichste an Herrlichkeit,
der siegreichste durch Sieg.

80. Sichtbarlich °trieben sich vor ihm[5]) die Daēva's umher[5]),
sichtbarlich geschahen (ihre) Begattungen[6]),
sichtbarlich schleppten sie den Menschen die Weiber weg[7]), und ihnen, den schreienden jammernden, taten die Daēva's Gewalt an[8]).

81. Da verscheuchte sie allein der Ahuna Vairya, den der ašagläubige Zaraθuštra unter Einhaltung der Pausen viermal vortrug[9]), die zweite Hälfte mit lauterem Vortrag[10]): alle Daēva's, (sodaß sie,) unwürdig verehrt, unwürdig gepriesen zu werden, sich in die Erde verkrochen.

82. Dessen [des Zaraθuštra] Herrlichkeit da (zu holen) begehrte der tūrische Schurke Franrasyan über alle die sieben Erdteile hin; über sie die sieben Erdteile hin °ging der schurkische Franrasyan, die Herrlichkeit des Zaraθuštra begehrend. Er machte sich schwimmend an die Herrlichkeit heran[11]), ...[12]). Zurück wendeten sie sich beide[13]), sie beide kamen dem Verlangen des verlangenden nach[14]), wie es nur immer das Gefallen (war)[15]): das meine, das des Ahura Mazdāh und (das) der mazdayasnischen Religion. — Ob ihrer Pracht[3]) . . .

XIII.

83. Die starke . . . kavische (Herrlichkeit verehren wir)[4]) . . . . über die andern Geschöpfe (hinwegsehende);

---

[1]) 429. [2]) 49. [3]) = Yt. 19. 13. [4]) = Yt. 19. 9. [5]) d. i. „vor seiner Zeit"; 1326. [6]) 932. [7]) 456. [8]) 1377. [9]) 1448. [10]) 534 f. [11]) 1698. [12]) avi vayąn vītāpəm? [13]) 1533. [14]) 28. [15]) 435.

84. die dem Kavay Vīštāspa zu eigen war:
gemäß der Religion zu denken,
gemäß der Religion zu reden,
gemäß der Religion zu handeln;
sodaß er sich dieser Religion angelobte, den Übelgesinnten zurückscheuchend, die Daēva's vertreibend [1];

85—86. der dem Aša seitlich und vorn [2]) Raum suchte [3]), der (dem Aša) seitlich und [4]) .... sich an Rind und Futter (erfreut).

87. Sieger wurde er, der heldenhafte Kavay Vīštāspa über den Tąθryāvant, (des) Wesen übel ist, und über den Daēvaanbeter Pəšana und über den Druggenossen Arəǰaṯ.aspa und auch über die andern schlimmen lästernden Hyaoniten. — Ob ihrer Pracht [5]) ...

XIV.

88. Die starke ... kavische (Herrlichkeit verehren wir) [6]) .... über die andern Geschöpfe (hinwegsehende);

89. die dem „Sieghaften" [7]) unter den Saošyant's zu eigen sein wird und auch (seinen) andern Genossen, auf daß er die Menschheit neu gestalte [8]) zu einer nicht alternden, nicht sterbenden, nicht verwesenden, nicht faulenden, immer lebenden, immer gedeihenden, nach Gefallen schaltenden. Wenn die Toten wieder auferstehen, (wenn) kommen wird der lebendige ungefährdete (Saošyant [7])) [9]), wird nach (seinem) Willen die Menschheit neugestaltet werden.

90. (Nicht sterben) werden [10]) .... die Schurkin und verderben wird der Schurke [11]). — So der [beste] Richter (ist er) [12]). — Ob ihrer Pracht [5]) ...

XV.

91. Die starke ... kavische (Herrlichkeit verehren wir) [6]) .... über die andern Geschöpfe (hinwegsehende).

92. Wenn Astvaṯ.ərəta aus dem Wasser Kąsaoya hervortreten wird, der Bote des Mazdāh Ahura, der Sohn der Vīspa.taurvairī 'Allüberwinderin' [13]), das sieghafte Geschoß schwingend,
das der heldenhafte Θraētaona führte [14]), als der Ažay Dahāka (von ihm) getötet wurde;

93. das der Tūrer Franrasyan führte, als der Druggenosse Zainigav (von ihm) getötet wurde;
das Kavay Haosravah führte, als der Tūrer Franrasyan (von ihm) getötet wurde,
das Kavay Vīštāspa führte, (um) das [beleidigte] Aša an dem °Feindesheer zu rächen [15]):

---

[1]) ?, 254 f. [2]) 778. [3]) 28. [4]) = Yt. 13. 99—100. [5]) = Yt. 19. 13. [6]) = Yt. 19. 9. [7]) Astvaṯ.ərəta. [8]) 1258. [9]) 143. [10]) = Yt. 19. 12. [11]) 1151. [12]) s. Y. 27. 13. [13]) Beiname der Ərədaṯ.fəδrī. [14]) 1313. [15]) 464 (?).

dann[1]) wird er [Astvaṭ.ərəta] dort die Drug aus der Welt des Aša fortschaffen.

94. Er wird mit den Augen der Weisheit schauen; auf alle Geschöpfe der ...[2]), häßlich anzusehenden (Drug?) wird er den Blick richten; er wird auf das gesamte stoffliche Dasein mit den Augen des Glücks[3]) den Blick richten und (sie) überwachend wird er die gesamte stoffliche Lebewelt unvergänglich machen[4]).

95. Seine — des sieghaften Astvaṭ.ərəta — Genossen treten hervor, Gutes denkend, Gutes redend, Gutes tuend, mit gutem Wesen, und nicht führen sie irgend welche falsche Rede mit ihrer eigenen Zunge[5]); vor ihnen wird der das blutige Holz schwingende, übelberüchtigte Aēšma fliehen;

überwinden wird das Aša die böse, häßlich anzusehende, finstere Drug.

96. Überwunden wird auch Aka Manah, Vohu Manah überwindet ihn;

überwunden wird das falschgesprochene (Wort), das wahrgesprochene Wort überwindet es;

überwinden wird Haurvatāt und Amərətatāt beide: Hunger und Durst;

überwinden wird Haurvatāt und Amərətatāt den schlimmen Hunger und Durst;

fliehen wird ohnmächtig der üble Werke wirkende Aŋra Mainyav. — Ob ihrer Pracht[6]) ...

97. Wie der beste Oberherr[7]) ...

Verehrung und (Preis, Kraft und Stärke) wünsche ich für das[8]) .... Gebirge Uši.darəna[8]) .... mazdāhgeschaffene (unnahbare Herrlichkeit).

Aša ist das beste Gut[9]) ...

Dem (gebt ihr) Reichtum[10]) .... Tausend .... Aša ist das beste Gut[9]) ...

20.

Hōm Yašt.

0. Durch Befriedigung des Ahura Mazdāh[11]) ...... Ich bete das Aša(gebet): Aša ist das beste Gut[9]) ...

(Als Mazdāhanbeter) ... will ich das Glaubensgelübde ablegen[12]) .... und Lob.

Den das Aša fördernden Haoma (wollen wir) unter Zufriedenstellung[13]) .... soll der wissende ... aufsagen.

---

[1]) tā! [2]) Verderbt: — šō. [3]) 379. [4]) 696. [5]) 1182. [6]) = Yt. 19. 13. [7]) = Y. 27. 13. [8]) = Yt. 19. 0. [9]) = Y. 27. 14. [10]) = Y. 72. 9. [11]) = Ny. 1. 2. [12]) = Ny. 1. 10. [13]) = Yt. 3. 0.

1. Den goldfarbenen hochgewachsenen Haoma verehren wir,
den die Lebewesen fördernden Haoma, den . . .[1]) verehren wir,
den Todwehrer Haoma verehren wir.
Ich rufe zu mir herab deine Rauschbegeisterung, o goldfarbener[2]) . . . . die Drug besiegend; herab darum, daß ich . . . überwinde . . . . (°Feindesheer).

2. Den goldfarbenen . . . Haoma[3]) . . . . den Todwehrer (Haoma) verehren wir, alle Haoma's verehren wir;
die Belohnung und die Fravašay des ašagläubigen Spitama Zaraθuštra verehren wir nun.
Wen — und welche (Frauen) — unter den Seienden[4]) . . .

3. Wie der beste Oberherr[5]) . . .
Verehrung und (Preis, Kraft und Stärke) wünsche ich dem das Aša fördernden Haoma.
Aša ist das beste Gut[6]) . . .
Dem (gebt ihr) Reichtum[7]) . . . . Tausend . . . . . . Aša ist das beste Gut[6]) . . .

21.

Vanand Yašt.

0. Durch Befriedigung[8]) . . . .
(Als Mazdāhanbeter) . . . will ich das Glaubensgelübde ablegen[9]) . . . . . und Lob.
Den mazdāhgeschaffenen Stern Vanant (wollen wir) unter Zufriedenstellung[10]) . . . . soll . . . aufsagen.

1. Den mazdāhgeschaffenen ašaheiligen Stern Vanant, den Ratav des Aša, verehren wir;
ich will den kraftvollen, bei (seinem) Namen angerufenen heiltätigen Vanant verehren, um den verhaßten und abscheulichsten Xrafstra's des Anra Mainyav, (den) man am meisten vertreiben soll[11]), zu widerstehen.

2. Wie der beste Oberherr[5]) . . .
Verehrung und (Preis, Kraft und Stärke) wünsche ich dem mazdāhgeschaffenen Stern Vanant.
Aša ist das beste Gut[6]) . . .
Dem (gebt ihr) Reichtum[7]) . . . . Aša ist das beste Gut[6]) . . .

---

[1]) frāšmay-? [2]) = Y. 9. 17—18. [3]) = Y. 10. 21. [4]) = Y. 27. 15. [5]) = Y. 27. 13. [6]) = Y. 27. 14. [7]) = Y. 72. 9. [8]) = Ny. 1. 2. [9]) = Ny. 1. 10. [10]) = Yt. 3. 0. [11]) ča ausgelassen.

Sih rōčak.

1.

1. (Der Tag) des prächtigen hoheitsvollen Ahura Mazdāh (und) der Aməša Spənta's.
2. (Der Tag) des Vohu Manah, des siegreichen Friedens, (der) über die andern Geschöpfe hinwegsieht; der angeborenen mazdāhgeschaffenen Weisheit, der erlernten[1]) mazdāhgeschaffenen Weisheit.
3. (Der Tag) des schönsten Aša Vahišta, des gewaltigen mazdāhgeschaffenen Airyaman-išya(-Gebets), der guten weitschauenden mazdāhgeschaffenen ašaheiligen Saokā.
4. (Der Tag) des Xšaθra Vairya, des feurigen Metallstroms, der Barmherzigkeit, (die) für die Armen sorgt[2]).
5. (Der Tag) der guten heiligen Ārmatay, der guten weitschauenden mazdāhgeschaffenen ašaheiligen Rātā.
6. (Der Tag) des Ratav Haurvatāt, der Yāiryā Hušitay, der Jahre(sgötter), der Ratav's des Aša.
7. (Der Tag) des Ratav Amərətatāt; der beiden: der fetten Herde (und) des nutzbringenden Getreidefelds; des gewaltigen mazdāhgeschaffenen Gaokərəna; des weite Fluren besitzenden Miθra und des gute Weide bietenden Rāman; des Aša Vahišta und des Ātar, (des Sohns) des Ahura Mazdāh; des hohen Gotts Napāt Apąm und des mazdāhgeschaffenen Wassers; der Fravašay's der Ašagläubigen und der Scharen von Heldensöhnen besitzenden Frauen und der Yāiryā Hušitay und des gutgebauten schöngewachsenen Ama und des ahurageschaffenen Vərəθraγna und der siegreichen Uparatāt; des ašafrommen, die Belohnungen verschaffenden, siegreichen, Hab und Gut fördernden Sraoša; des gerechtesten Rašnav und der Hab und Gut fördernden, Hab und Gut mehrenden Arštāt.
8. (Der Tag) des prächtigen hoheitsvollen Schöpfers Ahura Mazdāh (und) der Aməša Spənta's.
9. (Der Tag) des Ātar, des Sohns des Ahura Mazdāh, des Glanzes[3]) (und) des mazdāhgeschaffenen Nutzens, der Herrlichkeit[3]) der mazdāhgeschaffenen Arier und der mazdāhgeschaffenen kavischen Herrlichkeit; des Ātar, des Sohns des Ahura Mazdāh, des Kavay Haosravah,

[1]) d. i. „vom Ohr gehört“. [2]) 805. [3]) Beide Male x^varənah-.

des Sees Haosravah, des mazdāhgeschaffenen Bergs Asnvant, des mazdāhgeschaffenen Sees Čaēčasta und der mazdāhgeschaffenen kavischen Herrlichkeit; des Ātar, des Sohns des Ahura Mazdāh, des mazdāhgeschaffenen Bergs Raēvant und der mazdāhgeschaffenen kavischen Herrlichkeit; des Ātar, des Sohns des Ahura Mazdāh, — o Ātar, heiliger Kriegsheld, o hoheitsvoller Yazata, an Heilmitteln reicher Yazata —; des Ātar, des Sohns des Ahura Mazdāh, samt allen Feuer(arte)n; des Enkels des Reichs, des Yazata Nairyō.saŋha.

10. (Der Tag) der guten mazdāhgeschaffenen Wasser, des makellosen ašaheiligen Wassers Arədvī, aller mazdāhgeschaffenen Wasser und aller mazdāhgeschaffenen Pflanzen.

11. (Der Tag) der unsterblichen reichen, schnelle Rosse besitzenden Sonne.

12. (Der Tag) des den Ursprung des Rindes bildenden Monds und des einziggeschaffenen (Ur)rinds und des vielartigen Getiers.

13. (Der Tag) des prächtigen glanzvollen Tištrya-Sterns, des gewaltigen mazdāhgeschaffenen . . .[1]) Satavaēsa; der mazdāhgeschaffenen Sterne, (die) den Samen des Wassers, den Samen der Erde, den Samen der Pflanzen enthalten; des mazdāhgeschaffenen Sterns Vanant; jener Sterne, die sieben Merkmale (haben), der mazdāhgeschaffenen glanzvollen heiltätigen.

14. (Der Tag) des Gəuš Tašan, des Gəuš Urvan, der gewaltigen mazdāhgeschaffenen ašaheiligen Drvāspā.

15. (Der Tag) des prächtigen hoheitsvollen Schöpfers Ahura Mazdāh (und) der Aməša Spənta's.

16. (Der Tag) des weite Fluren besitzenden, tausendohrigen, zehntausendäugigen Miθra, des bei (seinem) Namen angerufenen Yazata, (und) des gute Weide bietenden Rāman.

17. (Der Tag) des ašafrommen heldenhaften Sraoša, (der) das heilige Wort in sich aufgenommen hat, das starke Holz schwingt, des ahurischen.

18. (Der Tag) des gerechtesten Rašnav und der Hab und Gut fördernden, Hab und Gut mehrenden Arštāt (und) des wahrgesprochenen, des Hab und Gut fördernden (heiligen) Worts.

19. (Der Tag) der starken, rings siegreichen Fravašay's der Ašagläubigen.

20. (Der Tag) des gutgebauten schöngewachsenen Ama, des ahurageschaffenen Vərəθraγna und der siegreichen Uparatāt.

21. (Der Tag) des gute Weide bietenden Rāman (und) des überlegen wirkenden, über die andern Geschöpfe hinwegsehenden Vayav — jenes an dir, o Vayav, was an dir dem heiligen Geist entstammt ist (verehren wir) —; des unvergänglichen Θwāša, des endlosen Zrvan, des ewigen Zrvan.

---

[1]) frāpa-?

22. (Der Tag) des wohlmeinenden Vāta(Windes), des westlichen[1]), östlichen[2]), südlichen[3]), nördlichen[4]), (und) der mannhaften Tapferkeit.
23. (Der Tag) des prächtigen hoheitsvollen Schöpfers Ahura Mazdāh (und) der Ameša Spənta's.
24. (Der Tag) der mazdāhgeschaffenen ašaheiligen richtigsten Čistā (und) der guten mazdayasnischen Daēnā(Religion).
25. (Der Tag) der guten Ašay, der guten Čistay, der guten Ǝrətay, der guten Rasąstāt, des Glanzes[5]) (und) des mazdāhgeschaffenen Nutzens; der auf hurtigem Wagen fahrenden Pārənday, der Herrlichkeit[5]) der mazdāhgeschaffenen Arier und der mazdāhgeschaffenen kavischen Herrlichkeit und der mazdāhgeschaffenen unnahbaren Herrlichkeit und der mazdāhgeschaffenen Herrlichkeit des Zaraθuštra.
26. (Der Tag) der Hab und Gut fördernden Arštāt; des mazdāhgeschaffenen, das Behagen des Aša gewährenden Gebirgs Uši.darəna.
27. (Der Tag) des hohen gewaltigen Himmels, des besten Daseins der Ašagläubigen, des lichten, alle Wonnen bietenden.
28. (Der Tag) der Erde, des guttätigen Yazata, — diese Stätten diese Wohnplätze —; des mazdāhgeschaffenen, das Behagen des Aša gewährenden Gebirgs Uši.darəna und aller das Behagen des Aša, viel Behagen gewährenden mazdāhgeschaffenen Gebirge und der mazdāhgeschaffenen kavischen Herrlichkeit und der mazdāhgeschaffenen unnahbaren Herrlichkeit.
29. (Der Tag) des heiligen ašaheiligen, energisch antreibenden Mąθra; des gegen die Daēva's gerichteten Gesetzes, des von Zaraθuštra stammenden Gesetzes; der langen Überlieferung; der guten mazdayasnischen Religion; des Glaubens an das heilige Wort[6]); des verstandesgemäßen Auffassens der mazdayasnischen Religion, der Kenntnis des heiligen Worts; der angeborenen mazdāhgeschaffenen Weisheit, der erlernten[7]) mazdāhgeschaffenen Weisheit.
30. (Der Tag) des unvergänglichen anfangslosen Lichtraums, des lichten Hauses des Lobs, des unvergänglichen Orts der Gemischten, der mazdāhgeschaffenen Činvaṭ-Brücke; des hohen Gotts Napāt Apąm und des mazdāhgeschaffenen Wassers; des ašafördernden Haoma; der dahmamäßigen guten Āfritay; des starken Dāmōiš Upamana; aller ašaheiligen geistigen (und) stofflichen Yazata's; der starken, rings siegreichen Fravašay's der Ašagläubigen, der Fravašay's der ersten Glaubenslehrer[8]), der Fravašay's der Nächstverwandten (und jedes bei (seinem) Namen angerufenen Yazata.

---

[1]) [2]) [3]) [4]) Eig.: (der Reihe nach) „von unten (vom Tiefland), von oben (vom Hochgebirge), von vorne, von hinten (kommend)". [5]) Beide Male xᵛarənah-. [6]) 1703. [7]) Eig. „vom Ohr gehört". [8]) 877.

2.

1. Den prächtigen hoheitsvollen Ahura Mazdāh verehren wir,
die gutherrschenden wohlmeinenden Aməša Spənta's verehren wir.
2. Den Vohu Manah, den Aməša Spənta, verehren wir,
den siegreichen Frieden, (der) über die andern Geschöpfe hinwegsieht, verehren wir,
die angeborene mazdāhgeschaffene Weisheit verehren wir,
die erlernte[1]) mazdāhgeschaffene Weisheit verehren wir.
3. Den Aša Vahišta, den schönsten Aməša Spənta, verehren wir,
das Airyaman-išya(-Gebet) verehren wir: das gewaltige mazdāhgeschaffene verehren wir,
die gute weitschauende mazdāhgeschaffene ašaheilige Saokā verehren wir.
4. Den Xšaθra Vairya, den Aməša Spənta, verehren wir,
den feurigen Metallstrom verehren wir,
die Barmherzigkeit, (die) für die Armen sorgt[2]), verehren wir.
5. Die heilige gute Ārmatay verehren wir,
die gute weitschauende mazdāhgeschaffene ašaheilige Rātā verehren wir.
6. Die Haurvatāt, den Aməša Spənta, verehren wir,
die Yāiryā Hušitay verehren wir,
die ašaheiligen Jahre(sgötter), die Ratav's des Aša, verehren wir.
7. Die Amərətatāt, den Aməša Spənta, verehren wir,
die fette Herde verehren wir, und die nutzbringenden Getreidefelder verehren wir,
den gewaltigen mazdāhgeschaffenen Gaokərəna verehren wir;
den weite Fluren besitzenden Miθra verehren wir,
den gute Weide bietenden Rāman verehren wir;
Aša Vahišta und Ātar, den Sohn des Ahura Mazdāh, verehren wir;
den hohen Gott, den strahlenden Gebieter, den schnelle Rosse besitzenden Apąm Napāt verehren wir,
und das mazdāhgeschaffene ašaheilige Wasser verehren wir;
die guten gewaltigen heiligen Fravašay's der Ašagläubigen verehren wir,
und die Scharen von Heldensöhnen besitzenden Frauen verehren wir,
und die Yāiryā Hušitay verehren wir,
und den gutgebauten schöngewachsenen Ama verehren wir,
und den ahurageschaffenen Vərəθraγna verehren wir,
und die siegreiche Uparatāt verehren wir;
den ašafrommen, siegreichen, Hab und Gut fördernden ašaheiligen Sraoša, den Ratav des Aša, verehren wir,
den gerechtesten Rašnav verehren wir,

---

[1]) d. i. „vom Ohr gehört". [2]) 805.

und die Hab und Gut förderndе, Hab und Gut mehrende Arštāt verehren wir.

8. Den prächtigen hoheitsvollen Schöpfer Ahura Mazdāh verehren wir,
die gutherrschenden wohlmeinenden Aməša Spənta's verehren wir.

9. Den Ātar, den Sohn des Ahura Mazdāh, verehren wir,
den mazdāhgeschaffenen Glanz[1]) verehren wir,
den mazdāhgeschaffenen Nutzen verehren wir,
die mazdāhgeschaffene arische Herrlichkeit[1]) verehren wir,
die starke mazdāhgeschaffene kavische Herrlichkeit verehren wir;
den Ātar, den Sohn des Ahura Mazdāh, verehren wir,
den Kavay Haosravah verehren wir,
den See Haosravah verehren wir,
den mazdāhgeschaffenen Berg Asnvant verehren wir,
den mazdāhgeschaffenen See Čaēčasta verehren wir,
die starke mazdāhgeschaffene kavische Herrlichkeit verehren wir;
den Ātar, den Sohn des Ahura Mazdāh, verehren wir,
den mazdāhgeschaffenen Berg Raēvant verehren wir,
die starke mazdāhgeschaffene kavische Herrlichkeit verehren wir;
den Ātar, den Sohn des Ahura Mazdāh, verehren wir,
— o Ātar, heiliger Kriegsheld, (dich) verehren wir,
o hoheitsvoller Yazata, (dich) verehren wir,
o an Heilmitteln reicher Yazata, (dich) verehren wir; —
den Ātar, den Sohn des Ahura Mazdāh, verehren wir,
alle Feuer(arten) verehren wir,
den Enkel des Reichs, den Yazata Nairyō.saŋha, verehren wir.

10. Die guten mazdāhgeschaffenen ašaheiligen Wasser verehren wir,
die gewaltige makellose ašaheilige Arədvī verehren wir,
alle mazdāhgeschaffenen ašaheiligen Wasser verehren wir,
alle mazdāhgeschaffenen ašaheiligen Pflanzen verehren wir.

11. Die schnelle Rosse besitzende Sonne, die unsterbliche Pracht, verehren wir.

12. Den des Rindes Ursprung bildenden Mond verehren wir,
die Fravašay der Seele des einziggeschaffenen (Ur)rinds verehren wir,
die Fravašay der Seele des vielartigen Getiers verehren wir.

13. Den prächtigen glanzvollen Tištrya-Stern verehren wir,
den gewaltigen mazdāhgeschaffenen . . .[2]) Satavaēsa verehren wir,
alle den Samen des Wassers enthaltenden Sterne verehren wir,
alle den Samen der Erde enthaltenden Sterne verehren wir,
alle den Samen der Pflanzen enthaltenden Sterne verehren wir;
den mazdāhgeschaffenen Stern Vanant verehren wir,

---

[1]) Beide Male x^{v}arənah.- [2]) frāpa-?

jene Sterne, die sieben, verehren wir, (die) sieben Merkmale haben, die mazdāhgeschaffenen glanzvollen heiltätigen —: um zu widerstehen Zauberern und Hexen.

14. Die Seele des guttätigen (Ur)rinds verehren wir,
die gewaltige mazdāhgeschaffene ašaheilige Drvāspā verehren wir.

15. Den prächtigen hoheitsvollen Schöpfer Ahura Mazdāh verehren wir,
die gutherrschenden wohlmeinenden Aməša Spənta's verehren wir.

16. Den weite Fluren besitzenden, tausendohrigen, zehntausendäugigen Miθra, den bei (seinem) Namen angerufenen Yazata, verehren wir,
den gute Weide bietenden Rāman verehren wir.

17. Sraoša, den ašafrommen schöngewachsenen siegreichen, Hab und Gut fördernden, ašaheiligen, den Ratav des Aša, verehren wir.

18. Den gerechtesten Rašnav verehren wir,
und die Hab und Gut fördernde, Hab und Gut mehrende Arštāt verehren wir,
das wahrgesprochene, das Hab und Gut fördernde (heilige) Wort verehren wir.

19. Die guten gewaltigen heiligen Fravašay's der Ašagläubigen verehren wir.

20. Den gutgebauten schöngewachsenen Ama verehren wir,
den ahurageschaffenen Vərəθraγna verehren wir,
und die siegreiche Uparatāt verehren wir.

21. Den gute Weide bietenden Rāman verehren wir,
den ašaheiligen Vayav verehren wir; den überlegen wirkenden, über die andern Geschöpfe hinwegsehenden Vayav verehren wir; jenes an dir, o Vayav, verehren wir, was an dir dem heiligen Geist entstammt ist;
den unvergänglichen Θwāša verehren wir,
den endlosen Zrvan verehren wir, den ewigen Zrvan verehren wir.

22. Den heiligen wohlmeinenden Vāta(Wind) verehren wir: den westlichen verehren wir, den östlichen verehren wir, den südlichen verehren wir, den nördlichen[1]) verehren wir;
die mannhafte Tapferkeit verehren wir.

23. Den prächtigen hoheitsvollen Schöpfer Ahura Mazdāh verehren wir,
die gutherrschenden wohlmeinenden Aməša Spənta's verehren wir.

24. Die mazdāhgeschaffene ašaheilige richtigste Čistā verehren wir,
die gute mazdayasnische Daēnā(Religion) verehren wir.

25. Die gute Ašay verehren wir, die lichte hohe kraftvolle schöngewachsene segensreiche,
den mazdāhgeschaffenen Glanz[2]) verehren wir,
den mazdāhgeschaffenen Nutzen verehren wir,
die auf hurtigem Wagen fahrende Pārənday verehren wir,
die mazdāhgeschaffene arische Herrlichkeit[2]) verehren wir,

---

[1]) 57; vgl. S. 1. 22 Noten. [2]) Beide Male xᵛarənah-.

die starke mazdāhgeschaffene kavische Herrlichkeit verehren wir,
die starke mazdāhgeschaffene unnahbare Herrlichkeit verehren wir,
die mazdāhgeschaffene Herrlichkeit des Zaraθuštra verehren wir.

26. Die Hab und Gut fördernde Arštāt verehren wir,
das Gebirge Uši.darəna, den mazdāhgeschaffenen, das Behagen des Aša gewährenden Yazata, verehren wir.

27. Den sonnigen Himmel verehren wir,
das beste Dasein der Ašagläubigen, das lichte, alle Wonnen bietende, verehren wir.

28. Die Erde, den guttätigen Yazata, verehren wir,
diese Stätten, diese Wohnplätze verehren wir,
das Gebirge Uši.darəna, den mazdāhgeschaffenen das Behagen des Aša gewährenden Yazata, verehren wir,
alle das Behagen des Aša, viel Behagen gewährenden, mazdāhgeschaffenen ašaheiligen Gebirge, die Ratav's des Aša, verehren wir,
die starke mazdāhgeschaffene kavische Herrlichkeit verehren wir,
die starke mazdāhgeschaffene unnahbare Herrlichkeit verehren wir.

29. Den heiligen hochherrlichen Mąθra verehren wir,
das gegen die Daēva's gerichtete Gesetz verehren wir,
das von Zaraθuštra stammende Gesetz verehren wir,
die lange Überlieferung verehren wir,
die gute mazdayasnische Religion verehren wir,
den Glauben an das heilige Wort[1]) verehren wir,
das verstandesgemäße Auffassen der mazdayasnischen Religion verehren wir,
die Kenntnis im heiligen Wort verehren wir,
die angeborene mazdāhgeschaffene Weisheit verehren wir,
die erlernte[2]) mazdāhgeschaffene Weisheit verehren wir.

30. Den unvergänglichen anfangslosen Lichtraum verehren wir,
das lichte Haus des Lobs verehren wir,
den unvergänglichen Ort der Gemischten verehren wir,
die mazdāhgeschaffene ašaheilige Činvaṭ-Brücke verehren wir,
den hohen Gott, den strahlenden Gebieter, den schnelle Rosse besitzenden Apąm Napāt verehren wir,
und das mazdāhgeschaffene ašaheilige Wasser verehren wir,
den goldfarbenen hochgewachsenen Haoma verehren wir,
den die Lebewesen fördernden Haoma, den . . .[3]) verehren wir,
den Todwehrer Haoma verehren wir,
die dahmamäßige gute Āfritay verehren wir,

[1]) 1703. [2]) Eig. „vom Ohr gehörte". [3]) frāšmay-?

den starken heldenhaften Yazata Dāmōiš Upamana verehren wir,
jeden ašaheiligen geistigen Yazata verehren wir,
und jeden ašaheiligen stofflichen Yazata verehren wir,
die guten gewaltigen heiligen Fravašay's der Ašagläubigen preise ich,
rufe ich[1] .... bis zu dem siegreichen (Saošyant hin).

[1]) = Y. 26. 1—10.

Die Āfrinakān's.

1.

Āfrinakān i Dahmān.

1. Wie der beste Oberherr[1] ...
Aša ist das beste Gut[2] ...
(Als Mazdāhanbeter) ... will ich das Glaubensgelübde ablegen[3] ..... und Lob.
Die dahmamäßige gute Āfritay (und) den starken Dāmōiš Upamana (wollen wir) unter Zufriedenstellung[4] .... soll der wissende ... aufsagen.

2—7. Sie (die Zuweisungen) ... mögen sich in diesem (unserm) Hause einstellen[5] .... bei langdauernder Genossenschaft (mit ... Ašay).
Aša ist das beste Gut[2] ...

8. Des prächtigen hoheitsvollen Ahura Mazdāh![6]
Ich wünsche, o ...[7] Landesherr, höhere Kraft, höheren Sieg, höhere Herrschergewalt: der Herrschermacht und der Botmäßigkeit; lange Herrschaft der Herrschgewalt, langes Leben der Lebenskraft, Gesundheit den Leibern;

9. (ich wünsche) gutgebaute schöngewachsene Kraft, den ahurageschaffenen Sieg und die siegreiche Überlegenheit,
(daß wir) die Feinde auf weit hinaus erspähen, die Gegner abwehren, die feindseligen hassenden Widersacher auf einen Schlag besiegen[8].

10. Ich flehe (darum), als Gewinner der Schlacht siegreich zu werden über jeden hassenden Feind[9], über jeden üblen Feind, (der) ungebührlich denkt, ungebührlich spricht, ungebührlich handelt.

11. (Ich flehe darum), siegreich zu werden durch zeitentsprechendes Denken, zeitentsprechendes Reden, zeitentsprechendes Handeln; niederschlagen zu können alle Übelgesinnten, alle Daēvaanbeter, damit ich mir den guten Vorteil und den guten Leumund erwerbe[10] und für die Seele die langdauernde Seligkeit.

---

[1]) = Y. 27. 13. [2]) = Y. 27. 14. [3]) = Ny. 1. 10. [4]) = Yt. 3. 0. [5]) = Y. 60. 2—7. [6]) ? [7]) xšaθrayāne? [8]) 902. [9]) 1354. [10]) 1795.

12. Ich wünsche: lang lebe, nach Wunsch lebe — zur Unterstützung der ašagläubigen Männer, zur Bedrängung der üble Werke Wirkenden — das beste Dasein der Ašagläubigen, das lichte, alle Wonnen bietende. So möge es kommen, wie ich (es) wünsche[1]).
(Wir preisen was von andern) gut gedacht[2]) .... (bemühen).
Wie der beste Oberherr[3]) ...
Aša ist das beste Gut[4]) ...
13. Wie der beste Oberherr[3]) ...
Verehrung und (Preis, Kraft und Stärke) wünsche ich der dahmamäßigen guten Āfritay (und) dem starken Dāmōiš Upamana.
Aša ist das beste Gut[4]) ...
So möge es kommen[5]) .... (bemühen).

2.
Āfrīnakān i Gāsān.

1. Wie der beste Oberherr[3]) ...
Aša ist das beste Gut[4]) ...
(Als Mazdāhanbeter) ... will ich das Glaubensgelübde ablegen[6]) .... und Lob.
Den prächtigen hoheitsvollen Ahura Mazdāh, die Aməša Spənta's; die heiligen, als Ratav's herrschenden, ašaheiligen Gāθā's: die Ahunavaitī-Gāθā, die Uštavaitī-Gāθā, die Spəntā.mainyū-Gāθā, die Vohuxšaθrā-Gāθā, die Vahištōištī-Gāθā;
2. die (starken rings siegreichen) Fravašay's der Ašagläubigen, (die Fravašay's der ersten Glaubenslehrer[7])), die Fravašay's der Nächstverwandten
(wollen wir) unter Zufriedenstellung[8]) ...... soll der wissende ... aufsagen.
3. Den prächtigen hoheitsvollen Ahura Mazdāh verehren wir,
die gutherrschenden wohlmeinenden Aməša Spənta's verehren wir;
die heiligen, als Ratav's herrschenden, ašaheiligen Gāθā's verehren wir:
die ašaheilige Ahunavaitī-Gāθā, den Ratav des Aša, verehren wir,
die ašaheilige Uštavaitī-Gāθā, den Ratav des Aša, verehren wir,
die ašaheilige Spəntā.mainyū-Gāθā, den Ratav des Aša, verehren wir,
die ašaheilige Vohuxšaθrā-Gāθā, den Ratav des Aša, verehren wir,
die ašaheilige Vahištōištī-Gāθā, den Ratav des Aša, verehren wir.
4. Die guten ... (Fravašay's der Ašagläubigen verehren wir)[9]) .... mit Huldigung verehrt, (wofür) man das (höchste) Anrecht erhält.'
Aša ist das beste Gut[4]) ...
5. Des prächtigen hoheitsvollen Ahura Mazdāh![10])
Ich wünsche[11]) ...... (bemühen).

---

[1]) 494. [2]) = Y. 35. 2. [3]) = Y. 27. 13. [4]) = Y. 27. 14. [5]) = A. 1. 12. [6]) = Ny. 1. 10. [7]) 877. [8]) = Yt. 3. 0. [9]) = Yt. 13. 49—52. [10]) ? [11]) = A. 1. 8—12.

6. Wie der beste Oberherr[1] ...
Verehrung und (Preis, Kraft und Stärke) wünsche ich für den ... Ahura Mazdāh[2] .... die Fravašay's der Nächstverwandten.
Aša ist das beste Gut[3] ...
So möge es kommen, wie ich (es) wünsche[4].
(Wir preisen was von andern) gut gedacht[5] .... (bemühen).
Wie der beste Oberherr[1] ...
Aša ist das beste Gut[3] ...
Dem (gebt ihr) Reichtum[6] ..... Tausend ...... Aša ist das beste Gut[3] ...

3.

Āfrīnakān i Gāsānbār.

1. Wie der beste Oberherr[1] ...
Aša ist das beste Gut[3] ...
(Als Mazdāhanbeter) ... will ich das Glaubensgelübde ablegen[7] .... und Lob.
Die(se) Ratav's, die Tages- und Tagesabteilungs- und Monats- und Jahreszeiten- und Jahres-(götter wollen wir) verehren und preisen und zufriedenstellen und loben.
Den hohen Ratav, den des Aša; die(se) Ratav's, die Tages- und Tagesabteilungs- und Monats- und Jahreszeiten- und Jahres-(götter); die allergrößten Ratav's, die die Ratav's des Aša sind: zur Zeit der Haomabereitung;
2. den Ratav Maiδyōi.zarəmaya, den Ratav Maiδyōišam, den Ratav Paitiš.hahya, den Ratav Ayāθrima, den Ratav Maiδyāirya, den Ratav Hamaspaθmaēdaya
(wollen wir) unter Zufriedenstellung[8] ..... soll der wissende ... aufsagen.
3. Und spendet, ihr Mazdāhanbeter, für diesen Ratav und als (seine) Opferspeise, für ihn, den Maiδyōi.zarəmaya, das Junge[9] (von einem Stück) geringsten Kleinviehs[10], (das) keine Milch (zum Säugen) hat:
wenn es dazu reicht; oder (aber wenn) es nicht dazu reicht[11],
4. dann soll er vom Milchwein ein hinreichend Maß spenden, er soll es trinken lassen[12] die durch Gehorsam bestunterrichteten, (die) die Sprüche am besten kennen, die in Bezug auf das Aša ašagerechtesten, die in Bezug auf die Herrschaft bestherrschenden, ...[13], (die) die weitgehendsten Unterstützungen gewähren, die mitleidsvollsten, (die) die Armen am besten beschirmen, (die) sich auf die Bräuche des Aša am besten verstehen[14] — Weiber, Beischlaf (und) Fülle herzubringend[15]:

---

[1]) = Y. 27. 13. [2]) = A. 2. 1—2. [3]) = Y. 27. 14. [4]) 494. [5]) = Y. 35. 2. [6]) = Y. 72. 9. [7]) = Ny. 1. 10. [8]) = Yt. 3. 0. [9]) 1191 (?). [10]) 1298. [11]) 1237. [12]) 1837. [13]) anazavaxtəma-? [14]) 957. [15]) 889 (?).

wenn es dazu reicht; oder (aber wenn) es nicht dazu reicht[1]),

5. dann sollt ihr Trachten und (noch) größere Massen von getrocknetem ausgelesenem Brennholz zum Haus des Ratav herzubringen[2]):

wenn es dazu reicht; oder (aber wenn) es nicht dazu reicht[1]),

dann sollt ihr auf der Schulter zu tragende[3]), unter dem Arm zu tragende[4]), in der Hand zu tragende (Massen) von getrocknetem ausgelesenem Brennholz zum Haus des Ratav herzubringen:

je nachdem es möglich ist oder nicht[5]).

6. Dem nun, (der) die Herrschaft am besten führt, nämlich dem Ahura Māzdah, wird die Herrschaft zugewiesen werden.

Dem wahrlich, (der) die Herrschaft am besten führt, teilen wir die Herrschaft zu, die unser (Anliegen bildet)[6]), und überweisen (sie ihm) und suchen (sie ihm) zu verschaffen[7]): dem Mazdāh Ahura und dem Aša Vahišta. Gespendet ist von ihm der den Ratav's genehme Myazda[8]).

7. Fünfundvierzig [Tage sinds bis zum (Haupt)tag] des Maiδyōi.zarəmaya [im Monat] des Aša Vahišta [am Tag] des Schöpfers[9]).

Es soll ihm dafür ein so großer Lohn für das künftige Leben zugesichert werden[10]), als ob er in diesem, dem stofflichen Dasein tausend Schafmütter samt den Jungen[11]) nach Recht (und) Pflicht für (seine) Seele an ašagläubige Männer verschenkt hätte: an (irgend) einen der Seienden, (der) um das beste Aša Sorge trägt[12]).

Und (dafür daß) man den ersten Myazda, den des Maiδyōi.zarəmaya-(festes), nicht darbringt[13]), o Spitama Zaraθuštra, erklärt[14]) der Ratav, (der) den Myazda dargebracht hat, den Laien, (der) keinen Myazda dargebracht hat, (für) unfähig, (sich) am Gottesdienst unter den Mazdāhanbetern (zu beteiligen)[15]).

8. Sechzig [Tage sinds bis zum (Haupt)tag] des Maiδyōišam [im Monat] des Tištrya [am Tag] des Schöpfers[16]).

Es soll ihm dafür ein so großer Lohn für das künftige Leben zugesichert werden[10]), als ob er in diesem, dem stofflichen Dasein tausend Mutterkühe samt den Jungen nach Recht (und) Pflicht für (seine) Seele an ašagläubige Männer verschenkt hätte: an (irgend) einen der Seienden, (der) um das beste Aša Sorge trägt[12]).

Und (dafür daß) man den zweiten Myazda, den des Maiδyōišam(festes), nicht darbringt, o Spitama Zaraθuštra, erklärt[14]) der Ratav, (der) den Myazda dargebracht hat, den Laien, (der) keinen Myazda dargebracht

---

[1]) 1237. [2]) 1391. [3]) Eig. „des Größe zum Ohr geht". [4]) Eig. „des Größe den gebogenen Arm füllt". [5]) 1046; eig. „wenn es möglich ist oder nicht möglich ist". [6]) s. 88 No. 3. [7]) 1820. [8]) 1191. [9]) 1118 m. [10]) 1188. [11]) 832. [12]) 596 (?). [13]) 58. [14]) Eig. „macht .. unfähig". [15]) 159. [16]) 1118 u.

hat, (für) unfähig, durch das (bloße) Wort einen Vertrag unter den Mazdāhanbetern (abzuschließen)[1].

9. Fünfundsiebzig [Tage sinds bis zum (Haupt)tag] des Paitiš.hahya [im Monat] des Xšaθra Vairya [am Tag] des anfangslosen (Lichtraums)[2].

Es soll ihm dafür ein so großer Lohn für das künftige Leben zugesichert werden[3], als ob er in diesem, dem stofflichen Dasein tausend Roßstuten samt den Jungen nach Recht (und) Pflicht für (seine) Seele an ašagläubige Männer verschenkt hätte: an (irgend) einen der Seienden, (der) um das beste Aša Sorge trägt[4].

Und (dafür daß) man den dritten Myazda, den des Paitiš.hahya(festes), nicht darbringt, o Spitama Zaraθuštra, erklärt[5] der Ratav, (der) den Myazda dargebracht hat, den Laien, (der) keinen Myazda dargebracht hat, (für) *unfähig, eine Hitzeprobe* unter den Mazdāhanbetern (abzulegen)[6].

10. Dreißig [Tage sinds bis zum (Haupt)tag] des Ayāθrima [im Monat] des Miθra [am Tag] des anfangslosen (Lichtraums)[7].

Es soll ihm dafür ein so großer Lohn für das künftige Leben zugesichert werden[3], als ob er in diesem, dem stofflichen Dasein tausend Kamelstuten samt den Jungen nach Recht (und) Pflicht für (seine) Seele an ašagläubige Männer verschenkt hätte: an (irgend) einen der Seienden, (der) um das beste Aša Sorge trägt[4].

Und (dafür daß) man den vierten Myazda, den des Ayāθrima(festes), nicht darbringt, o Spitama Zaraθuštra, verurteilt der Ratav, (der) den Myazda dargebracht hat, den Laien, (der) keinen Myazda dargebracht hat, unter den Mazdāhanbetern zum (Verlust eines) ausgesuchten (Stücks) Großvieh[8].

11. Achtzig [Tage sinds bis zum (Haupt)tag] des Maiδyāirya [im Monat] des Schöpfers [am Tag] des Vərəθraγna[9].

Es soll ihm dafür ein so großer Lohn für das künftige Leben zugesichert werden[3], als ob er in diesem, dem stofflichen Dasein tausend (Stück) irgend welcher Herden(tiere) nach Recht (und) Pflicht für (seine) Seele an ašagläubige Männer verschenkt hätte: an (irgend) einen der Seienden, (der) um das beste Aša Sorge trägt[4].

Und (dafür daß) man den fünften Myazda, den des Maiδyāirya(festes), nicht darbringt, o Spitama Zaraθuštra, verurteilt der Ratav, (der) den Myazda dargebracht hat, den Laien, (der) keinen Myazda dargebracht hat, unter den Mazdāhanbetern zum (Verlust seines) Anteils an Hab und Gut[10].

12. Fünfundsiebzig [Tage sinds bis zum (Haupt)tag] des Hamaspaθmaēdaya [am Tag] der Vahištōištī-Gāθā[11].

---

[1]) 169. [2]) 838. [3]) 1188. [4]) 596 (?). [5]) Eig. „macht". [6]) 48; d. h. „er darf die Wahrheit seiner Worte nicht durch ein Gottesurteil erhärten". [7]) 160. [8]) 1412. [9]) 1117. [10]) 1283. [11]) 1776.

Es soll ihm dafür ein so großer Lohn für das künftige Leben zugesichert werden[1], als ob er in diesem, dem stofflichen Dasein alles Feste und Flüssige[2] an Größe und Güte und Schönheit nach Recht (und) Pflicht für (seine) Seele an ašagläubige Männer verschenkt hätte: an (irgend) einen der Seienden, (der) um das beste Aša Sorge trägt[3].

Und (dafür daß) man den sechsten Myazda, den des Hamaspaθmaēdaya-(festes), nicht darbringt, o Spitama Zaraθuštra, verurteilt der Ratav, (der) den Myazda dargebracht hat, den Laien, (der) keinen Myazda dargebracht hat, zum (Verlust des) ahurischen Richters[4] unter den Mazdāhanbetern.

13. Ohne Sünde zu tun, mag man ihn dann anschreien und fortjagen[5], ohne Sünde zu tun, mag man an ihm dann ...[6] Handlungen begehen: der Ratav an dem Laien; ebenso der Laie an dem Ratav.
Aša ist das beste Gut[7] ...

14—18. Des prächtigen hoheitsvollen Ahura Mazdāh! Ich wünsche[8] .... So möge es kommen, wie ich (es) wünsche. (Wir preisen was von andern) gut gedacht ..... (bemühen). Wie der beste Oberherr[9] ....
Aša ist das beste Gut[7] ...

19. Wie der beste Oberherr[9] ...
Verehrung und (Preis, Kraft und Stärke) wünsche ich für die(se) Ratav's, die Tages- und Tagesabteilungs-[10] ..... den Ratav Hamaspaθmaēdaya.
Aša ist das beste Gut[7] ... So möge es kommen[11] ..... (bemühen). Wie der beste Oberherr[9] .... Aša ist das beste Gut[7] ...
Dem (gebt ihr) Reichtum[12] .... Aša ist das beste Gut[7] ...

4.

Āfrīnakān i Rapiθwin.

1. Wie der beste Oberherr[9] ...
Aša ist das beste Gut[7] ...
Als Mazdāhanbeter, als Zaraθuštraanhänger will ich das Glaubensgelübde ablegen[13], den Daēva's feind, Ahura's Lehre zugetan:
Dem ašaheiligen Rapiθwina, dem Ratav des Aša, zu Verehrung und Preis und Befriedigung und Lob;
dem Frādat̰.fšav und dem ašaheiligen Zantuma, dem Ratav des Aša, zu Verehrung und Preis und Befriedigung und Lob.

2. Den prächtigen hoheitsvollen Ahura Mazdāh, die Aməša Spənta's, den Aša Vahišta und Ātar, den Sohn des Ahura Mazdāh; alle ... Yazata's[14] .... die Fravašay's der Nächstverwandten

---

[1]) 1188. [2]) 644. [3]) 596 (?). [4]) 850; d. h. „er verliert das Recht, einen Richter anzurufen". [5]) 1630. [6]) nāršnay-? [7]) = Y. 27. 14. [8]) = A. 1. 8—12. [9]) = Y.27. 13. [10]) = A. 3. 1—2. [11]) = A. 1. 12. [12]) = Y. 72. 9. [13]) 1362. [14]) = Y. 22. 27.

(wollen wir) unter Zufriedenstellung verehren und preisen und befriedigen und loben.

„Wie der (beste) Oberherr" soll[1] ..... der wissende ... aufsagen.

3. So nun tat Ahura Mazdāh dem Spitama Zaraθuštra den für den Ratav Rapiθwina gesprochenen Spruch kund:

„'Nun frag uns, was du uns zu fragen hast[2]), o ašagläubiger Zaraθuštra! Eine Frage von dir ist ja wie eine (Frage) Mächtiger[3]), weil (wer es) vermag deinen des Mächtigen Wunsch erfüllen möchte'[4])."

4. Es fragte Zaraθuštra den Ahura Mazdāh:

„O Ahura Mazdāh, heiligster Geist, Schöpfer der stofflichen Welt, o ašaehrwürdiger!

Wie viel Anspruch auf das (andere) Leben erwirbt sich der Mann,
wie viel Anrecht (darauf) erwirbt sich der Mann,
wie groß (ist) der Lohn, (der) dem Mann zuteil wird[5]):

5. der mit dem Gebet zur Zufriedenstellung des Ratav Rapiθwina (den Spruch an) den Ratav Rapiθwina aufsagt,

(der) dem Ratav Rapiθwina opfert mit gewaschenen Händen, mit gewaschenem Mörser, bei gespreitetem Barəsman, bei aufgesetztem Haoma, bei aufleuchtendem Feuer, bei aufgesagtem Ahuna Vairya, (während) die Zunge von Haoma benetzt, der Leib mit dem heiligen Wort eins geworden ist[6])?"

6. Ihm antwortete Ahura Mazdāh:

„Wie der Wind, (der) von der südlichen Seite (weht), o Spitama Zaraθuštra, die ganze stoffliche Welt fördert und mehrt und (ihr) nützt und (sie) in Behagen versetzt[7]),

so viel Anspruch auf das (andere) Leben erwirbt sich der Mann,
so groß (ist) der Lohn, (der) dem Mann zuteil wird,

7. der mit dem Gebet zur Zufriedenstellung des Ratav Rapiθwina (den Spruch an) den Ratav Rapiθwina aufsagt,

(der) dem Ratav Rapiθwina opfert mit gewaschenen Händen, mit gewaschenem Mörser, bei gespreitetem Barəsman, bei aufgesetztem Haoma, bei aufleuchtendem Feuer, bei aufgesagtem Ahuna Vairya, (während) die Zunge von Haoma benetzt, der Leib mit dem heiligen Wort eins geworden ist[6])."

8. (So) tat Ahura Mazdāh dem Spitama Zaraθuštra den für den Ratav Rapiθwina gesprochenen Spruch kund.

Aša ist das beste Gut[8]) ...

9. Des prächtigen hoheitsvollen Ahura Mazdāh! Ich wünsche[9]) ....
Aša ist das beste Gut[8]) ...

---

[1]) = Y. 0. 3. [2]) 998. [3]) 141. [4]) 32; aus Y. 43. 10; eig. „weil man dich Mächtigen machen möchte zu einem (des Wunschs) teilhaftigen". [5]) 110 f. [6]) 1736. [7]) 256. [8]) = Y. 27. 14. [9]) = A. 1. 8—12.

10. Wie der beste Oberherr[1]) ...
Verehrung und (Preis, Kraft und Stärke) wünsche ich für den ... Ahura (Mazdāh)[2]) .... die Fravašay's der Nächstverwandten.
Aša ist das beste Gut[3]) ...
So möge es kommen[4]) .... Aša ist das beste Gut[3]) ...

[1]) = Y. 27. 13. [2]) = A. 4. 2. [3]) = Y. 27. 14. [4]) = A. 2. 6.

VIDĒVDĀT.

Vidēvdāt.

1.

1. Es sprach Ahura Mazdāh zu dem Spitama Zaraθuštra:
„Ich, ich machte, o Spitama Zaraθuštra, auch den nicht irgend welche Freuden bietenden Ort zu einem Frieden gewährenden[1]).
Denn wenn Ich, o Spitama Zaraθuštra, auch den nicht irgend welche Freuden bietenden Ort nicht zu einem Frieden gewährenden machte,
(so) würde das gesamte stoffliche Dasein nach dem arischen Vaējah hinzukommen.

2. Als den erstbesten[2]) der Orte und Stätten schuf Ich, der Ahura Mazdāh, das arische Vaējah der guten Dāityā[3]);
aber ihm [Vaējah] °schuf als Landplage[4]) der vielverderbliche Aŋra Mainyav das rötliche Schlangen(getier) und den daēvageschaffenen Winter.

3. Dort (gibt es) zehn Wintermonate, (nur) zwei Sommer(monate), und (auch) die sind
(zu) kalt[5]) für das Wasser,
(zu) kalt für die Erde,
(zu) kalt für die Pflanze;
und (es ist) des Winters Mitte und (es ist) des Winters Herz[6]);
dann (wenn) der Winter zu Ende °geht, dann (gibt es) sehr viele Überschwemmungen[7]).

4. Als den zweitbesten der Orte und Stätten schuf Ich, der Ahura Mazdāh, Gava, (wo) die Suγδa's wohnen[8]);
aber ihm [Gava] °schuf als Landplage[4]) der vielverderbliche Aŋra Mainyav sie, die für die Kuh und . . .[9]) vielverderbliche Fohlenfliege.

5. Als den drittbesten der Orte und Stätten schuf Ich, der Ahura Mazdāh, das gewaltige ašagläubige Marγav;
aber ihm [Marγav] °schuf als Landplage[4]) der vielverderbliche Aŋra Mainyav . . .[10]) und . . .[11]).

6. Als den viertbesten der Orte und Stätten schuf Ich, der Ahura Mazdāh, das schöne Bāxδī mit hochaufgerichtetem Banner;

---

[1]) 1525. [2]) 1401. [3]) 730. [4]) 840. [5]) 1566. [6]) 1692. [7]) 1428. [8]) 509. [9]) daya-?; nach Justi IFAnz. 17. 93 f. „(ihr) Junges"; vgl. Bthl., Zum AirWb. 234. [10]) marəδā-? [11]) vīθušā-?

aber ihm [Bāxδī] °schuf als Landplage[1]) der vielverderbliche Aŋra Mainyav ...[2]) und ...[3]).

7. Als den fünftbesten der Orte und Stätten schuf Ich, der Ahura Mazdāh, Nisāya, das zwischen Marγav und Bāxδī (liegt)[4]);
aber ihm [Nisāya] °schuf als Landplage[1]) der vielverderbliche Aŋra Mainyav die üble[5]) Zweifelsucht.

8. Als den sechstbesten der Orte und Stätten schuf Ich, der Ahura Mazdāh, Harōiva, (wo) die Häuser verlassen werden[6]);
aber ihm [Harōiva] °schuf als Landplage[1]) der vielverderbliche Aŋra Mainyav das Weinen und Stöhnen[7]).

9. Als den siebentbesten der Orte und Stätten schuf Ich, der Ahura Mazdāh, Vaēkərəta, (wo) die Heimat des Igels ist;
aber ihm [Vaēkərəta] °schuf als Landplage[1]) der vielverderbliche Aŋra Mainyav sie, die Zauberin Xną̊θaitī, die sich dem Kərəsāspa zugesellte.

10. Als den achtbesten der Orte und Stätten schuf Ich, der Ahura Mazdāh, das weidenreiche Urvā;
aber ihm [Urvā] °schuf als Landplage[1]) der vielverderbliche Aŋra Mainyav die bösen Besitzer.

11. Als den neuntbesten der Orte und Stätten schuf Ich, der Ahura Mazdāh, Xnənta, (wo) die Vəhrkāner wohnen;
aber ihm [Xnənta] °schuf als Landplage[1]) der vielverderbliche Aŋra Mainyav die übeln Untaten, (die auch durch Leibesstrafen) nicht gesühnt werden können, die die päderastischen (sind).

12. Als den zehntbesten der Orte und Stätten schuf Ich, der Ahura Mazdāh, das schöne Haraxᵛaitī;
aber ihm [Haraxᵛaitī] °schuf als Landplage[1]) der vielverderbliche Aŋra Mainyav die üblen Untaten, (die auch durch Leibesstrafen) nicht gesühnt werden können, die im Leichenvergraben (bestehen).

13. Als den elftbesten der Orte und Stätten schuf Ich, der Ahura Mazdāh, das prächtige herrliche Haētumant;
aber ihm [Haētumant] °schuf als Landplage[1]) der vielverderbliche Aŋra Mainyav die bösen Zauberer.

14. ⟨Und diese (Landplage) soll ein deutliches Zeichen für dies (Land), diese ein deutliches Merkmal (dafür) bieten: (daß) wohin man auch kommt ...[8]) den Zauberei treibenden;
und sie sind die größten Zauberer, und es kommen die in die Höhe[9]), die (da sind), um zu °zerstören und ins Herz zu treffen[10]); ...[11]) und der Heuschrecke.⟩

---

[1]) 840. [2]) bravara-? [3]) usad-? [4]) 1085 f. [5]) ča ausgelassen. [6]) ? Pü.: „Wenn jemand darinnen stirbt". [7]) 778. [8]) zaoyehe? [9]) 498. [10]) 1670. [11]) xštąmičaṯča?

15. Als den zwölftbesten der Orte und Stätten schuf Ich, der Ahura Mazdāh, die drei Gaue umfassende (Landschaft) Raγay[1];
aber ihm [Raγay] °schuf als Landplage[2]) der vielverderbliche Aŋra Mainyav die böse und übergroße Zweifelsucht.
16. Als den dreizehntbesten der Orte und Stätten schuf Ich, der Ahura Mazdāh, das gewaltige ašagläubige Čaxra;
aber ihm [Čaxra] °schuf als Landplage[2]) der vielverderbliche Aŋra Mainyav die üblen Untaten, (die auch durch Leibesstrafen) nicht gesühnt werden können, die im Kochen von Leichen(teilen bestehen).
17. Als den vierzehntbesten der Orte und Stätten schuf Ich, der Ahura Mazdāh, Varəna, das vierohrige, in dem Θraētaona geboren wurde, der Erleger des Ažay Dahāka;
aber ihm [Varəna] °schuf als Landplage[2]) der vielverderbliche Aŋra Mainyav unzeitige Körpergebrechen und die nicht-arischen Herrn des Landes[3]).
18. Als den fünfzehntbesten der Orte und Stätten schuf Ich, der Ahura Mazdāh, das „Sieben-Hindav(-Land)";
aber ihm [Hindav] °schuf als Landplage[2]) der vielverderbliche Aŋra Mainyav unzeitige Körpergebrechen und unzeitige Hitze.
19. Als den sechzehntbesten der Orte und Stätten schuf Ich, der Ahura Mazdāh, (das Land) Upa Aoδaēšu Raŋhayå ('an den Quellen der Raŋhā')[4]), (wo) die wohnen, (die) keinen Oberherrn haben[5]);
aber ihm [UAR.] °schuf als Landplage[2]) der vielverderbliche Aŋra Mainyav den daēvageschaffenen Winter und die taožischen Herrn des Landes.
20. Es gibt auch (noch) andre[6]) schöne und wunderbare und schätzenswerte und taugliche und strahlende Orte und Stätten.
Aša ist das beste Gut[7]) . . .

2.

1. Es fragte Zaraθuštra den Ahura Mazdāh:
„O Ahura Mazdāh, heiligster Geist, Schöpfer der stofflichen Welt, o aša-ehrwürdiger!
Mit wem von den Menschen hast du dich zuerst besprochen, du, der Ahura Mazdāh, abgesehen von mir: dem Zaraθuštra?
wen hast du in ihr, der ahurischen zaraθuštrischen Religion unterwiesen?"
2. Darauf sprach Ahura Mazdāh:
„Mit dem schönen, gute Herden besitzenden Yima, o ašagläubiger Zaraθuštra:

---

[1]) 811. [2]) 840. [3]) 683. [4]) 42. [5]) 210. [6]) 137, 267. [7]) = Y. 27. 14.

Mit ihm von den Menschen habe ich mich zuerst besprochen, Ich, der Ahura Mazdāh, abgesehen von dir[1]): dem Zaraθuštra;
ihn habe ich in ihr, der ahurischen zaraθuštrischen Religion unterwiesen. —

3. Alsdann sprach ich zu ihm, o Zaraθuštra, Ich, der Ahura Mazdāh:
„Stell dich bereit, o schöner Yima, Vīvahvantsproß, meine Religion zu behalten und zu hegen[2]).“
Da antwortete mir der, der schöne Yima, o Zaraθuštra:
„Ich bin nicht geschaffen[3]), nicht gelehrt[4]), die Religion zu behalten und zu hegen.“

4. Alsdann sprach ich zu ihm, o Zaraθuštra, Ich, der Ahura Mazdāh:
„Wenn du dich nicht bereit stellst, o Yima, meine Religion zu behalten und zu hegen[2]),
so fördere meine Welt,
so mehre meine Welt,
so sollst du dich mir bereit stellen[5]) als Schützer und Wächter und Beaufsichtiger der Welt.“

5. Da antwortete mir der, der schöne Yima, o Zaraθuštra:
„Ich, ich will deine Welt fördern,
Ich will deine Welt mehren,
Ich will mich dir bereit stellen als Schützer und Wächter und Beaufsichtiger der Welt;
nicht soll es unter meiner Herrschaft kalten Wind geben, nicht heißen; nicht Krankheit, nicht Tod.“

6. Da übergab Ich, der Ahura Mazdāh, ihm zwei Geräte [als Hoheitszeichen]: einen goldenen Pfeil und eine goldgeschmückte Peitsche[6]).

7. Yima ist (so) im Besitz der beiden Gewalten[7]).

8. Und dem Reich des Yima gingen dreihundert Winter hin[8]). Drauf ward ihm die Erde hier voll[9])
von Kleinvieh und Großvieh und Menschen
und Hunden und Vögeln und von roten flammenden Feuern[10]):
es fanden nicht (mehr) Platz[11]) Kleinvieh und Großvieh und Menschen.

9. Da tat ich dem Yima zu wissen:
„O schöner Yima, Vīvahvantsproß! Voll ist die Erde hier durch die Ansammlung[12])
von Kleinvieh und Großvieh und Menschen
und Hunden und Vögeln und von roten flammenden Feuern[10]):
es finden nicht (mehr) Platz Kleinvieh und Großvieh und Menschen.“

---

[1]) 999. [2]) 958. [3]) 714. [4]) 428. [5]) 1458. [6]) 1583. [7]) 959 (?). [8]) 501. [9]) 930. [10]) 1582. [11]) 518. [12]) 1807.

10. Da ging Yima zum Licht vor am Mittag dem Pfad der Sonne entgegen[1]:
der ritzte die Erde da mit dem goldenen Pfeil[2],
er strich über sie hin mit der Peitsche[3], also sprechend:
„Geliebte heilige Ārmatay! geh vorwärts und tu dich auseinander, um tragen zu können[4] Kleinvieh und Großvieh und Menschen."

11. Da dehnte Yima die Erde hier auseinander, (sodaß sie) um éin Drittel größer (wurde) als vordem:
Ein *Heim* schafften sich da Kleinvieh und Großvieh und Menschen[5] nach ihrem Willen und Belieben, wie auch immer ihr Belieben (war).

12—14. Und dem Reich des Yima gingen sechshundert Winter hin. Drauf ward ihm die Erde hier voll[6] .... und Menschen."

15. Da dehnte Yima die Erde hier auseinander, (sodaß sie) um zwei Drittel größer (wurde) als vordem:
Ein *Heim* schafften sich da Kleinvieh und Großvieh und Menschen[5] nach ihrem Willen und Belieben, wie auch immer ihr Belieben (war).

16. Und dem Reich des Yima gingen neunhundert Winter hin. Drauf ward ihm die Erde hier voll[7]
von Kleinvieh und Großvieh und Menschen
und Hunden und Vögeln und von roten flammenden Feuern[8]:
es fanden nicht (mehr) Platz[9] Kleinvieh und Großvieh und Menschen

17. Da tat ich dem Yima zu wissen:
„O schöner Yima, Vīvahvantsproß! Voll ist die Erde hier durch die Ansammlung[10]
von Kleinvieh und Großvieh und Menschen
und Hunden und Vögeln und von roten flammenden Feuern[8]:
es finden nicht (mehr) Platz Kleinvieh und Großvieh und Menschen."

18. Da ging Yima zum Licht vor am Mittag dem Pfad der Sonne entgegen[1]:
der ritzte die Erde da mit dem goldenen Pfeil[2],
er strich über sie hin mit der Peitsche[3], also sprechend:
„Geliebte heilige Ārmatay! Geh vorwärts und tu dich auseinander, um tragen zu können[4] Kleinvieh und Großvieh und Menschen."

19. Da dehnte Yima die Erde hier auseinander, (sodaß sie) um drei Drittel größer (wurde) als vordem:
Ein *Heim* schafften sich da Kleinvieh und Großvieh und Menschen[5] nach ihrem Willen und Belieben, wie auch immer ihr Belieben (war)." — —

---

[1]) 1509. [2]) 1583. [3]) 1547 f. [4]) 1041 f. [5]) 212. [6]) = V. 2. 8—10. [7]) 930. [8]) 1582. [9]) 518. [10]) 1807.

20. Eine Versammlung veranstaltete[1]) er, der Schöpfer Ahura Mazdāh, mit den geistigen Yazata's[1]), (er, der) in dem arischen Vaējah der guten Dāityā[2]) berühmt (ist);
eine Versammlung veranstaltete er, der strahlende, schöne Herden besitzende Yima, mit den besten Menschen, (er, der) in dem arischen Vaējah der guten Dāityā berühmt (ist).
21. Zu dieser Versammlung kam er, der Schöpfer Ahura Mazdāh, hinzu mit den geistigen Yazata's, (er, der) in dem arischen Vaējah der guten Dāityā[2]) berühmt (ist);
zu dieser Versammlung kam er, der strahlende, schöne Herden besitzende Yima hinzu mit den besten Menschen, (er, der) in dem arischen Vaējah der guten Dāityā berühmt (ist).
22. Und es sprach Ahura Mazdāh zu Yima·
„O schöner Yima, Vīvahvantsproß!
Über die böse stoffliche Menschheit sollen die Winter kommen[3]), (und) infolgedessen der strenge verderbliche Winter(frost);
über die böse stoffliche Menschheit sollen die Winter kommen, infolgedessen zunächst das Gewölk Schneemassen herschneien wird von den höchsten Bergen her[4]) bis zu Tiefen, (wie sie) die Arədvī (hat)[5]).
23. Und (nur) ein Drittel des Getiers, o Yima, wird alsdann (mit dem Leben) davonkommen (von allem)[6]),
was an den furchtbarsten (der) Stätten ist[7]),
und was auf den Höhen der Berge ist,
und was in den Tälern der Flüsse in festen Gebäuden (sich befindet)[8]).
24. Vor dem Winter pflegte dieses Land Grasweide zu tragen[9]);
darauf soll dann bei der Schneeschmelze Wasser in Massen fließen[10]), und unbetretbar für die stoffliche Welt wird es hier erscheinen, o Yima, wo jetzt der Tritt des Schafviehs zu sehen ist[11]).
25. Alsdann bereite sie, die Burg,
einen Čarətav lang nach jeder der vier Seiten[12]);
ebenda bring herzu den Samen von Kleinvieh und Großvieh und Menschen und Hunden und Vögeln und von roten leuchtenden Feuern[13]).
Alsdann bereite sie, die Burg,
einen Čarətav lang nach jeder der vier Seiten zur Wohnung für die Menschen[14]),
einen Čarətav lang nach jeder der vier Seiten als Stall für die Tiere[14]).
26. Ebenda laß Wasser fortfließen einen Weg von der Länge eines Hāθra;
ebenda leg Wiesen an[15]) — ⟨immer wird die goldfarbige, immer die unversiegliche (Speise) gegessen⟩[16]);

---

[1]) 1762. [2]) 730. [3]) 47. [4]) 1626. [5]) 963. [6]) 812. [7]) 799; die „ebenen Sand- und Salzwüsten sind gemeint". [8]) 819. [9]) 959; eig. „es war Grasweide tragen". [10]) 1389, 1438. [11]) 96. [12]) 582. [13]) 1582. [14]) 89. [15]) 1147. [16]) 1866.

ebenda leg Häuser an und Keller und Vorhalle und Bastei und Umwallung [1]).

27. Ebenda bring herzu den Samen aller (der) Männer und Frauen, die die größten und besten und schönsten dieser Erde sind;

ebenda bring herzu den Samen aller (der) Tiergattungen, die die größten und besten und schönsten dieser Erde sind;

28. ebenda bring herzu den Samen aller (der) Pflanzen, die die höchsten und wohlriechendsten dieser Erde sind;

ebenda bring herzu den Samen aller (der) Speisen, die die schmackhaftesten und wohlriechendsten dieser Erde sind.

Die (alle) mach paarweise [2]) zu etwas unversieglichem [3]), so lang als diese Menschen in der Burg sein werden.

29. Nicht (dürfen) dahinein(kommen)

(Gebrechen wie): der Brusthöcker, nicht der Rückenhöcker, nicht . . . [4]), nicht der Wahnsinn, nicht das Muttermal, nicht . . . [5]), nicht . . . [6]), nicht die (Körper)-verkrümmung, nicht die Zahnverunstaltung, nicht der Aussatz, (womit) die Absonderung der [betroffenen] Person verbunden (ist) [7]);

und nicht (irgendwelche) andre Leiden, die ein Merkmal des Aŋra Mainyav sind, (das) in die Menschen hineingelegt (ist).

30. In der größten (Abteilung) des Bezirks mach neun Gänge [8]), in der mittleren sechs, in der kleinsten drei.

In die Gänge der größten (Abteilung) bring [9]) herzu den Samen von tausend Männern [10]) und Frauen, in (die der) mittleren von sechshundert, in (die der) kleinsten von dreihundert;

und zeichne sie [die Gänge] mit dem goldenen Pfeil [11]), und an die Burg bring ein Tor an, ein lichtes, innen eigenlichtiges [12])."

31. Da meinte Yima:

„Wie soll Ich denn die Burg machen [13]), von der mir Ahura Mazdāh sprach?"

Da sprach Ahura Mazdāh zu Yima: „O schöner Yima, Vīvahvantsproß!

Stampf die Erde hier mit den Fersen,

quetsch (sie) mit den Händen auseinander, ganz so wie heutzutage die Leute aufgeweichten Lehm auseinanderkneten [14])."

32. Da tat Yima so, wie (es) Ahura Mazdāh von ihm verlangte [15]):

Er stampfte die Erde hier mit den Fersen,

er quetschte (sie) mit den Händen auseinander, ganz so wie heutzutage die Leute aufgeweichten Lehm auseinanderkneten [14]).

---

[1]) 1002; d. letzte nach Jackson, IF. 25. 182: „Vorhalle". [2]) 1183. [3]) 54. [4]) apāvaya-? „entmannt" (Darmesteter)? s. Bthl., Zum AirWb. 104. [5]) daway-? „Art Gebrechen". [6]) kasvīš-? „Art Gebrechen". [7]) 818. [8]) 892 o. [9]) 892. [10]) 1555. [11]) 1371. [12]) 766. [13]) 650. [14]) 1665. [15]) 29.

33. Da bereitete Yima die Burg
einen Čarətav lang nach jeder der vier Seiten [1];
ebenda brachte er herzu den Samen von Kleinvieh und Großvieh und Menschen und Hunden und Vögeln und von roten leuchtenden Feuern [2].
Da bereitete Yima die Burg
einen Čarətav lang nach jeder der vier Seiten zur Wohnung für die Menschen [3];
einen Čarətav lang nach jeder der vier Seiten als Stall für die Tiere [3].

34. Ebenda ließ er Wasser fortfließen einen Weg von der Länge eines Hāθra;
ebenda legte er Wiesen an — ⟨immer wird die goldfarbige, immer die unversiegliche (Speise) gegessen⟩ [4];
ebenda legte er Häuser an und Keller und Vorhalle und Bastei und Umwallung [5].

35. Ebenda brachte er herzu den Samen aller (der) Männer und Frauen, die die größten und besten und schönsten dieser Erde sind;
ebenda brachte er herzu den Samen aller der Tiergattungen, die die größten und besten und schönsten dieser Erde sind;

36. ebenda brachte er herzu den Samen aller (der) Pflanzen, die die höchsten und wohlriechendsten dieser Erde sind;
ebenda brachte er herzu den Samen aller (der) Speisen, die die schmackhaftesten und wohlriechendsten dieser Erde sind.
Die (alle) machte er paarweise [6] zu etwas unversieglichem [7], so lange als diese Menschen in der Burg sein werden.

37. Nicht (kamen) dahinein
(Gebrechen wie): der Brusthöcker, nicht der Rückenhöcker, nicht ... [8], nicht der Wahnsinn, nicht das Muttermal, nicht ... [9], nicht ... [10], nicht die (Körper)-verkrümmung, nicht die Zahnverunstaltung, nicht der Aussatz, (womit) die Absonderung der [betroffenen] Person verbunden (ist) [11];
und nicht (irgend welche) andre Leiden, die ein Merkmal des Aŋra Mainyav sind, (das) in die Menschen hineingelegt (ist).

38. In der größten (Abteilung) des Bezirks machte er neun Gänge, in der mittleren sechs, in der kleinsten drei;
in die Gänge der größten (Abteilung) brachte er herzu den Samen von tausend Männern und Frauen, in (die der) mittleren von sechshundert, in (die der) kleinsten von dreihundert;
und er zeichnete [12] [die Gänge] mit dem goldnen Pfeil, und er brachte an die Burg ein Tor an, ein lichtes, innen eigenlichtiges [13]. —

---

1) 582. 2) 1582. 3) 89. 4) 1866. 5) 1002; s. § 26 No. 1. 6) 1183. 7) 54. 8) apāvaya-? s. No. 4 zu § 29. 9) daway-? „Art Gebrechen". 10) kasvīš-? „Art Gebrechen". 11) 818. 12) Im Text 2. Sg. Imp. aus V. 2. 30. 13) 766.

39. „O Schöpfer der stofflichen Welt, ašaehrwürdiger!
Was sind denn das für Leuchten, o ašaehrwürdiger Ahura Mazdāh, die dort leuchten[1]) in dieser Burg, die Yima erbaute[2])?"
40. Da sprach Ahura Mazdāh:
„(Es sind) ewige und vergängliche Leuchten[1]). Ein Mal [nur im Jahr] sieht man untergehen und aufgehen[3]) Sterne und Mond und Sonne.
41. Und die [Bewohner] halten für einen Tag, was ein Jahr (ist)[4]).
(Nach je) vierzig Jahren wird von dem Menschenpaar ein Menschenpaar erzeugt[5]): ein Paar, Weib und Mann[6]); desgleichen bei den Tiergattungen[7]).
Und diese Menschen leben das schönste Leben in dieser Burg, die Yima erbaute[2])." —
42. „O Schöpfer der stofflichen Welt, ašaehrwürdiger!
Wer hat dort die mazdayasnische Religion verbreitet[8]), in dieser Burg, die Yima erbaute[2])?"
Da sprach Ahura Mazdāh:
„Der Vogel Karšiptar[9]), o Spitama Zaraθuštra." —
43. „O Schöpfer (der stofflichen Welt,) ašaehrwürdiger!
Wer ist ihr [der Burgbewohner] Ahū und Ratav?"
Da sagte Ahura Mazdāh:
„Urvataṭ.nara, o Zaraθuštra, und du: der Zaraθuštra!" —
Aša ist das beste Gut[10]) ...

3.

1. „O Schöpfer der stofflichen Welt, ašaehrwürdiger!
Wo auf der Erde hier[11]) (ist es) erstens am behaglichsten[12])?"
Da sagte Ahura Mazdāh:
„Wahrlich, wo der ašagläubige Mann einhergeht, o Spitama Zaraθuštra:
Brennholz in der Hand, Barəsman in der Hand, Milch in der Hand, den Mörser in der Hand;
im Einklang mit der Religion Sprüche aufsagend, um den weite Fluren besitzenden Miθra und den gute Weide bietenden Rāman zu bitten." —
2. „O Schöpfer (der stofflichen Welt,) ašaehrwürdiger!
Wo auf der Erde hier[11]) (ist es) zweitens am behaglichsten[12])?"
Da sagte Ahura Mazdāh:
„Wahrlich, wo der ašagläubige Mann (sein) Haus errichtet hat, (das) mit Feuer, mit Milch, mit Weib, mit Kind, mit guten Herden versehen (ist);
3. dann ist in diesem Haus
reichlich vorhanden das Rind[13]),

---

[1]) 1490. [2]) 1364. [3]) 1529. [4]) 1287. [5]) 1658. [6]) 1182. [7]) 64. [8]) 172. [9]) 458. [10]) = Y. 27. 14. [11]) 475. [12]) 1707. [13]) 984.

reichlich vorhanden die Ašagerechtigkeit,
reichlich vorhanden das Futter,
reichlich vorhanden der Hund,
reichlich vorhanden die Frau,
reichlich vorhanden das Kind,
reichlich vorhanden das Feuer,
reichlich vorhanden alles (was) zum Wohlleben gehört.“ —

4. „O Schöpfer (der stofflichen Welt,) ašaehrwürdiger!
Wo auf der Erde hier[1]) (ist es) drittens am behaglichsten[2])?“
Da sagte Ahura Mazdāh:
„Wahrlich, wo man am meisten, o Spitama Zaraθuštra, durch Aussäen anbaut: Getreide und Gräser und Pflanzen mit eßbaren Früchten[3]),
indem man zur Wüste hin Wasser schafft[4]),
<indem man zum Wasser hin Wüste schafft>.“ —

5. „O Schöpfer (der stofflichen Welt,) ašaehrwürdiger!
Wo auf der Erde hier[1]) (ist es) viertens am behaglichsten[2])?“
Da sagte Ahura Mazdāh:
„Wahrlich, wo man am meisten Kleinvieh und Großvieh züchtet[5]).“ —

6. „O Schöpfer (der stofflichen Welt,) ašaehrwürdiger!
Wo auf der Erde hier[1]) (ist es) fünftens am behaglichsten[2])?“
Da sagte Ahura Mazdāh:
„Wahrlich, wo am meisten harnen Kleinvieh und Großvieh.“ — —

7. „O Schöpfer (der stofflichen Welt,) ašaehrwürdiger!
Wo auf der Erde hier[1]) (ist es) erstens am unbehaglichsten?“
Da sagte Ahura Mazdāh:
„Am '°Nacken des Arəzura', o Spitama Zaraθuštra, wo die Daēva's °zusammenkommen[6]) aus der Höhle der Drug[7]).“ —

8. „O Schöpfer (der stofflichen Welt,) ašaehrwürdiger!
Wo auf der Erde hier[1]) (ist es) zweitens am unbehaglichsten?“
Da sagte Ahura Mazdāh:
„Wahrlich, wo man am meisten Leichen vergräbt — tote Hunde und tote Menschen[8]).“ —

9. „O Schöpfer (der stofflichen Welt,) ašaehrwürdiger!
Wo auf der Erde hier[1]) (ist es) drittens am unbehaglichsten?“
Da sagte Ahura Mazdāh:
„Wahrlich, wo am meisten Leichenstätten durch Erdaufschüttung errichtet werden[9]), darein die toten Menschen gelegt werden.“ —

10. „O Schöpfer (der stofflichen Welt,) ašaehrwürdiger!
Wo auf der Erde hier[1]) (ist es) viertens am unbehaglichsten?“

---

[1]) 475. [2]) 1707. [3]) 1414. [4]) 123. [5]) 1658. [6]) 203. [7]) 522f. [8]) 1565 [9]) 411.

Da sagte Ahura Mazdāh:
„Wahrlich, wo es am meisten dem bösen Geist gehörige Höhlen gibt[1].“ —

11. „O Schöpfer (der stofflichen Welt,) ašaehrwürdiger!
Wo auf der Erde hier[2]) (ist es) fünftens am unbehaglichsten?“
Da sagte Ahura Mazdāh:
„Wahrlich, wo des ašagläubigen Mannes Weib und Kind, o Spitama Zaraθuštra, den staubigen trocknen Weg der Gefangenschaft entlang zieht[3]) (und) die klagende Stimme erhebt.“ — —

12. „O Schöpfer (der stofflichen Welt,) ašaehrwürdiger!
Wer befriedigt erstens mit größter Zufriedenstellung die Erde hier?“
Da sagte Ahura Mazdāh:
„Wahrlich, wo man am meisten ausgräbt (an Stätten), darein Leichname eingegraben sind[4]) — tote Hunde und tote Menschen[5]).“ —

13. „O Schöpfer (der stofflichen Welt,) ašaehrwürdiger!
Wer befriedigt zweitens mit größter Zufriedenstellung die Erde hier?“
Da sagte Ahura Mazdāh:
„Wahrlich, wo man am meisten Leichenstätten, darein tote Menschen gelegt sind, durch Abtragung zerstört[6]).“ —

14. Nicht soll einer allein einen Toten tragen[7]);
wenn ihn aber einer allein — den Toten trägt:
so dringt die Nasav (in ihn) ein von der Nase her, von den Augen her[8]), vom Munde her, durch die Ohren[9]), vom Geschlechtsteil her, vom After her;
auf deren Nägel[10]) kommt diese Drug, die Nasav, herzugeflogen[11]):
dann können sie nun und nimmermehr geläutert werden[12]).“ —

15. „O Schöpfer (der stofflichen Welt,) ašaehrwürdiger!
Wo soll dieses Mannes — des Totenwärters — [vorgeschriebener] Ort sein?“
Da sagte Ahura Mazdāh:
„Wo es auf dieser Erde am meisten an Wasser und Pflanzen mangelt,
und (wo) der Erdboden am saubersten und trockensten (ist)[13]),
und (wo) am wenigsten die Wege gehen[14]) Kleinvieh und Großvieh und das Feuer, (der Sohn) des Ahura Mazdāh, und das ašamäßig gespreitete Barəsman und er, der ašagläubige Mann.“ —

16. „O Schöpfer (der stofflichen Welt,) ašaehrwürdiger!
Wie weit weg vom[15]) Feuer,
wie weit weg vom Wasser,
wie weit weg von dem zu spreitenden Barəsman,
wie weit weg von den ašagläubigen Männern?“

---

[1]) 523. [2]) 475. [3]) 1364. [4]) 438 o. [5]) 1565. [6]) 438 m.; nach dem Text „durch Aufschüttung“, s. § 9. [7]) 933, 23. [8]) 1482, 583. [9]) Eig.: „von dem oberen Teil des Gesichts, der Stirn und Ohren umfaßt“. [10]) d. i.: „der Hände und Füße“. [11]) 1647. [12]) 156. [13]) 1436. [14]) 440. [15]) 774; eig. „wie viel an Länge vom“.

17. Da sagte Ahura Mazdāh:
„Dreißig Schritt vom Feuer,
dreißig Schritt vom Wasser,
dreißig Schritt von dem zu spreitenden Barəsman,
drei Schritt von den ašagläubigen Männern.
18. Dort auf der Erde sollen die Mazdāhanbeter eine Ummauerung rundum aufmauern;
mit Speisen sollen sie sich dann einstellen, die Mazdāhanbeter,
mit Kleidern sollen sie sich dann einstellen, die Mazdāhanbeter.
19. Unter den allerärmsten und heruntergekommensten (Leuten) soll er [der Leichenwärter][1]) diese Speisen essen, sich in diese Kleider kleiden,
bis daß er alt oder gebrechlich geworden oder (ihm) der Same versiegt ist.
20. Dann wenn er alt oder gebrechlich geworden oder (ihm) der Same versiegt ist,
dann sollen möglichst stark und möglichst energisch und möglichst geschickt[2]) die Mazdāhanbeter auf einem Vorsprung des Gebirgs ihm den °Kopf schinden[3]), soweit das Haar geht[4]),
den allergefräßigsten unter den aasfressenden Geschöpfen des heiligen Geists soll man den Leichnam überantworten[5]), den Geiervögeln, also sprechend:
‚Jener dort sagt ab allem, (was) übel gedacht[6]) und übel gesagt und übel getan (ist)‘.
21. Und wenn er andre Übeltaten begangen hat, (so) ist die Strafe dafür beglichen[7]);
wenn er aber andre Übeltaten nicht begangen hat, (so gilt) der (Schuld)-begleich dieses Mannes[8]) für immer und ewig.“ —

22. „O Schöpfer (der stofflichen Welt,) ašaehrwürdiger!
Wer befriedigt drittens mit größter Zufriedenstellung die Erde hier?“
Da sagte Ahura Mazdāh:
„Wahrlich, wo man am meisten dem bösen Geist gehörige Höhlen durch Graben abträgt.“ —
23. „O Schöpfer (der stofflichen Welt,) ašaehrwürdiger!
Wer befriedigt viertens mit größter Zufriedenstellung die Erde hier?“
Da sagte Ahura Mazdāh:
„Wahrlich, wo man am meisten, o Spitama Zaraθuštra, durch Aussäen anbaut: Getreide und Gräser und Pflanzen mit eßbaren Früchten[9]),
indem man zur Wüste hin Wasser schafft[10]),
⟨indem man zum Wasser hin Wüste schafft⟩.

---

[1]) 767. [2]) 1322. [3]) 1113. [4]) 904; eig.: „in der Breite der (behaarten) Haut“. [5]) 265. [6]) 1106. [7]) 151. [8]) 829. [9]) 1414. [10]) 123.

24. Denn nicht (ist) diese Erde froh, die lange ungepflügt dalag[1]), die vom Pflüger zu pflügen (ist)[2]), Gutes darum heischend beim Bewohner[3]);
ebenso(wenig) die schöngewachsene Frau, die lange kinderlos ist[4]), Gutes darum heischend vom Mann[5]).
25. Wer diese Erde bearbeitet, o Spitama Zaraθuštra,
mit dem linken Arm und dem rechten,
mit dem rechten Arm und dem linken[6]):
(der) schafft ihr Gewinn, man könnte wirklich meinen, wie ein lieber Mann seinem lieben Weib[7]), auf dem gepolsterten Lager ruhend[8]), einen Sohn oder (andern) Gewinn verschafft[7]).
26. Wenn einer diese Erde bearbeitet, o Spitama Zaraθuštra,
mit dem linken Arm und dem rechten,
mit dem rechten Arm und dem linken[6]),
so sprach diese Erde: ‚O Mann, der du mich bearbeitest
mit dem linken Arm und dem rechten,
mit dem rechten Arm und dem linken,
27. fürwahr, ich will künftig zu den Ländern hindurchdringen,
fürwahr, ich will künftig immer (hier) hervorbringen[9]):
alle(rhand) Lebensmittel sollen sie einheimsen[10]), abgesehen von der Vollernte des Getreides[11]).‘
28. Wenn einer diese Erde nicht bearbeitet, o Spitama Zaraθuštra,
mit dem linken Arm und dem rechten,
mit dem rechten Arm und dem linken[6]),
so sprach diese Erde: ‚O Mann, der du mich nicht bearbeitest
mit dem linken Arm und dem rechten,
mit dem rechten Arm und dem linken,
29. fürwahr, du sollst künftig stehen, an eines andern Tür dich lehnend[12]), und unter den(en, die) um Lebensmittel betteln[13]);
fürwahr, es werden an dir vorbei die vom Mund triefenden Speisen getragen (werden)[14]);
die werden zu denen[15]) getragen[16]), bei denen (schon) Überfluß an guten (Dingen ist)[17]).‘“ — —
30. „O Schöpfer der stofflichen Welt, ašaehrwürdiger!
Was ist der Kern der mazdayasnischen Religion?[18])“
Da sagte Ahura Mazdāh:
„Wenn man tüchtig Getreide baut[19]), o Spitama Zaraθuštra!
31. Wer Getreide durch Aussähen anbaut:
der baut das Aša an[20]),
der führt die mazdayasnische Religion vorwärts,

[1]) 1707; eig.: „eine lange“. [2]) 458. [3]) 94. [4]) 86; s. Zusatz zu No. 1. [5]) 94. [6]) 955. [7]) 483. [8]) 1571. [9]) 959. [10]) 1868. [11]) 1810. [12]) 766. [13]) 1868. [14]) 357 f. [15]) Im Text Dual, aus Y. 32. 15 übernommen. [16]) 10. [17]) 1018. [18]) 1532. [19]) 1228. [20]) 449.

der bringt diese mazdayasnische Religion zum Gedeihen — hundert (neue) Wohnstätten, tausend (neue) Aufenthaltsorte, zehntausend Yeńhē.-hātąm(-Gebete)[1] (sinds, die er schafft)[2].

32. Wenn das Getreide [zum Ausdreschen] zurechtgelegt wird, dann fangen die Daēva's (vor Angst) zu schwitzen an[3];

wenn die Mühle[4] [zum Mahlen des Getreides] zurechtgelegt wird[5], dann verlieren die Daēva's die Fassung[6];

wenn das Mehl [zum Teiganmachen] zurechtgelegt wird, dann °heulen die Daēva's[7];

wenn der Teig [zum Backen] zurechtgelegt wird[8], dann farzen die Daēva's (vor Angst)[9].

Hier soll dauernd im Haus von diesem Mehlteig vorhanden sein[10], um auf die Daēva's einzuschlagen[11]; im °Maul soll es (ihnen) durch ihn gar heiß werden[12]: man sieht sie sich zur Flucht wenden[13].

Damit das Getreide reichlich wachse, darum soll man denn den Mąθra aufsagen[14].

33. Keiner von denen, (die) nicht essen, ist tüchtig:
die kräftigen Werke des Aša zu verrichten,
noch den kräftigen Landbau zu treiben,
noch in den kräftigen Besitz von Söhnen zu gelangen:[15])
Durch Essen lebt die ganze stoffliche Welt,
durch Nichtessen °stirbt sie[16]." —

34. „O Schöpfer der stofflichen Welt, ašaehrwürdiger!
Wer befriedigt fünftens mit größter Zufriedenstellung die Erde hier?"
Da sagte Ahura Mazdāh:
„Wahrlich, wo(fern) man auf der Erde hier, o Spitama Zaraθuštra, dem ašagläubigen Mann für (seine) Arbeit nach Recht zahlt[17].

35. Wahrlich, wo(fern) man (aber) auf der Erde hier, o Spitama Zaraθuštra, dem ašagläubigen Mann für (seine) Arbeit nicht nach Recht (und) Pflicht zahlt:

den soll man von der heiligen Erde weg hin zur Finsternis werfen, zur Verwesung, zum (Ort des) übelsten Dasein(s) und auf lauter spitzes Reisig[18]." —

36. „O Schöpfer der stofflichen Welt, ašaehrwürdiger!
Wenn man hier in die Erde eingräbt tote Hunde und tote Menschen, ein halbes Jahr lang, ohne (sie wieder) auszugraben[19],

---

[1]) 1273; paiti ausgelassen. [2]) 837. [3]) 1860. [4]) ? [5]) 1583. [6]) 624. [7]) 908. [8]) 525. [9]) 869. [10]) 525. [11]) 84. [12]) 631 f. [13]) 1559; eig.: „sie werden fliehend gesehen". [14]) 1265; der zweite Teil des Satzes ist in NA. zum nächsten § gezogen. [15]) 244 f. [16]) 1142. [17]) 1426. [18]) 1068. [19]) 130.

was ist die Strafe dafür[1])?"
Da sagte Ahura Mazdāh:
„Man bestimme 500 Hiebe mit der Pferdepeitsche, 500 mit dem Zuchtriemen." —

37. „O Schöpfer (der stofflichen Welt,) ašaehrwürdiger!
Wenn man hier in die Erde eingräbt tote Hunde und tote Menschen, ein Jahr lang, ohne (sie wieder) auszugraben[2]),
was ist die Strafe dafür[1])?"
Da sagte Ahura Mazdāh:
„Man bestimme 1000 Hiebe mit der Pferdepeitsche, 1000 mit dem Zuchtriemen." —

38. „O Schöpfer (der stofflichen Welt,) ašaehrwürdiger!
Wenn man hier in die Erde eingräbt tote Hunde und tote Menschen, zwei Jahr lang, ohne (sie wieder) auszugraben[2]),
wie kann man das durch (Vermögens)strafe, wie durch (Leibes)strafe sühnen, wie kann man sich davon entsündigen[3])?"

39. Da sagte Ahura Mazdāh:
„Es gibt dafür keinesfalls eine (Sühne durch Vermögens)strafe,
es gibt dafür keinesfalls eine (Sühne durch Leibes)strafe,
es gibt dafür überhaupt keine Sühne[4]): (weil) die Tat (auch durch Leibesstrafen) unsühnbar ist für immer und ewig." —

40. [5])„Unter welchen Bedingungen (kann es doch geschehen)[6])?" —
„Sofern er sich der mazdayasnischen Religion angelobt hat oder (darin) unterrichtet wird[7]);
aber wenn er sich der mazdayasnischen Religion (noch) nicht angelobt hat und nicht (darin) unterrichtet wird[8]),
(dann) tilgt sie auch diese (Sünden) bei denen[9]), (die) sich der mazdayasnischen Religion (nun) angeloben, (sofern) sie alsdann ungebührliche Handlungen nicht (mehr) begehen.

41. Denn es tilgt, o Spitama Zaraθuštra, die mazdayasnische Religion von dem sich (ihr) angelobenden Mann die Fessel;
sie tilgt ...[10]), sie tilgt die Tötung eines Ašagläubigen;
sie tilgt das Vergraben von Leichen, sie tilgt (auch) die unsühnbare Untat;
sie tilgt (auch) eine Schuld, (die) schwere Sühne erheischt[11]);
sie tilgt alle die Untaten, die überhaupt begangen werden.

42. Man könnte wirklich meinen, o Spitama Zaraθuštra, die mazdayasnische Religion fege alles weg, (was) ein ašagläubiger Mann Übles gedacht[12]), Übles gesagt, Übles getan hat,

---

[1]) 585. [2]) 130. [3]) 585; wörtl.: „was ist dafür die (V.) ... (L.)strafe ... Entsündigung?" [4]) 1043. [5]) Nachträglicher Zusatz bis Ende des Kapitels. [6]) 475. [7]) 1641. [8]) 117. [9]) 591. [10]) draoša- „Bez. einer sündigen Handlung". [11]) 889. [12]) 1152.

wie ein stark gehender Wind von Westen her[1]) den Luftraum ringsum [von Dünsten] freifegt[2]).
<Gut (ist) hier, o Zaraθuštra, die gutvollzogene Handlung, (die) zu vollziehen (ist);
die gute mazdayasnische Religion setzt den Mündigen die Strafe fest>." —
Aša ist das beste Gut[3]) . . .

4.

1. Wer einem darleihenden Mann das Darlehen nicht wiedergibt, wird zu einem Dieb des Darlehens, zu einem Räuber an dem Darlehensgeber[4]): (als ob) er, seis am Tage, seis in der Nacht, die Habe des (fremden) Hauses für seinen (Bedarf) wegnähme[5]). —

2. „O Schöpfer der stofflichen Welt, ašaehrwürdiger!
Wie vielfach sind deine — des Ahura Mazdāh — Verträge?[6])"
Da sagte Ahura Mazdāh:
„Sechs(fach), o ašagläubiger Zaraθuštra:
die erste (Art des Vertrags wird) durch das (bloße) Wort geschlossen[7]),
die zweite (wird) durch Handschlag geschlossen[8]),
die dritte (wird) durch Verpfändung eines Schafs geschlossen[9]),
die vierte (wird) durch Verpfändung eines Rinds geschlossen[10]),
die fünfte (wird) durch Verpfändung eines Manns geschlossen[11]),
die sechste (wird) durch Verpfändung eines Land(stück)s geschlossen[12]).
<Welch (letzte Art des Vertrags dient) zum guten Wachstum für das Land des gedeihenden wachsenden weisen nützenden>.

3. Das (bloße) Wort schließt den ersten Vertrag ab;
der durch Handschlag geschlossene hebt (ihn) dann auf:
der durch Handschlag geschlossene setzt (ihn) dann (verstärkend) zwischen den beiden Verträglern fort[13]).
Der durch Verpfändung eines Schafs geschlossene hebt (diesen) dann auf:
der durch Verpfändung eines Schafs geschlossene setzt (diesen) dann (verstärkend) zwischen den beiden Verträglern fort.

4. Der durch Verpfändung eines Rinds geschlossene (Vertrag) hebt (letzten) dann auf:
der durch Verpfändung eines Rinds geschlossene setzt (ihn) dann (verstärkend) zwischen den beiden Verträglern fort[13]).
Der durch Verpfändung eines Manns geschlossene hebt (den) dann auf:
der durch Verpfändung eines Manns geschlossene setzt (den) dann (verstärkend) zwischen den beiden Verträglern fort.

---

[1]) 703. [2]) 797. [3]) = Y. 27. 14. [4]) 1070. [5]) 34 f. [6]) 577, 15. [7]) 1342. [8]) 1686. [9]) 880. [10]) 1591. [11]) 1455. [12]) 682. [13]) 1536; „der dem Rang nach höhere Vertrag ändert die Abmachungen des früheren, zugleich aber dessen Fortsetzung bildend".

Der durch Verpfändung eines Land(stück)s geschlossene hebt (ihn) dann auf:
der durch Verpfändung eines Land(stück)s geschlossene setzt (ihn) dann (verstärkend) zwischen den beiden Verträglern fort." —

5. „O Schöpfer (der stofflichen Welt,) ašaehrwürdiger!
In welchem Maß macht solch Vertrag — der durch das (bloße) Wort geschlossene — sündig, (wenn er) verletzt (wird)?"
Da sagte Ahura Mazdāh:
„Mit dreimalhundert mitbüßenden Männern aus der nächsten Verwandtschaft (hat) er (es) wieder gut zu machen[1])." —

6. „O Schöpfer (der stofflichen Welt,) ašaehrwürdiger!
In welchem Maß macht solch Vertrag — der durch Handschlag geschlossene — sündig, (wenn er) verletzt (wird)?"
Da sagte Ahura Mazdāh:
„Mit sechshundert mitbüßenden Männern aus der nächsten Verwandtschaft (hat) er (es) wieder gut zu machen[1])." —

7. „O Schöpfer (der stofflichen Welt,) ašaehrwürdiger!
In welchem Maß macht solch Vertrag — der durch Verpfändung eines Schafs geschlossene — sündig, (wenn er) verletzt (wird)?"
Da sagte Ahura Mazdāh:
„Mit siebenhundert mitbüßenden Männern aus der nächsten Verwandtschaft (hat) er (es) wieder gut zu machen[1])." —

8. „O Schöpfer (der stofflichen Welt,) ašaehrwürdiger!
In welchem Maß macht solch Vertrag — der durch Verpfändung eines Rinds geschlossene — sündig, (wenn er) verletzt (wird)?"
Da sagte Ahura Mazdāh:
„Mit achthundert mitbüßenden Männern aus der nächsten Verwandtschaft (hat) er (es) wieder gut zu machen[1])." —

9. „O Schöpfer (der stofflichen Welt,) ašaehrwürdiger!
In welchem Maß macht solch Vertrag — der durch Verpfändung eines Manns geschlossene — sündig, (wenn er) verletzt (wird)?"
Da sagte Ahura Mazdāh:
„Mit neunhundert mitbüßenden Männern aus der nächsten Verwandtschaft (hat) er (es) wieder gut zu machen[1])." —

10. „O Schöpfer (der stofflichen Welt,) ašaehrwürdiger!
In welchem Maß macht solch Vertrag — der durch Verpfändung eines Land(stück)s geschlossene — sündig, (wenn er) verletzt (wird)?"
Da sagte Ahura Mazdāh:
„Mit tausend mitbüßenden Männern aus der nächsten Verwandtschaft (hat) er (es) wieder gut zu machen[1])." —

---

[1]) 1757.

11. „O Schöpfer (der stofflichen Welt,) ašaehrwürdiger!
Wenn einer den — durch das (bloße) Wort geschlossenen — Vertrag verletzt,
was ist die Strafe dafür[1])?“
Da sagte Ahura Mazdāh:
„Man bestimme 300 Hiebe mit der Pferdepeitsche, 300 mit dem Zuchtriemen.“ —

12. „O Schöpfer (der stofflichen Welt,) ašaehrwürdiger!
Wenn einer den — durch Handschlag geschlossenen — Vertrag verletzt,
was ist die Strafe dafür[1])?“
Da sagte Ahura Mazdāh:
„Man bestimme 600 Hiebe mit der Pferdepeitsche, 600 mit dem Zuchtriemen.“ —

13. „O Schöpfer (der stofflichen Welt,) ašaehrwürdiger!
Wenn einer den — durch Verpfändung eines Schafs geschlossenen — Vertrag verletzt,
was ist die Strafe dafür[1])?“
Da sagte Ahura Mazdāh:
„Man bestimme 700 Hiebe mit der Pferdepeitsche, 700 mit dem Zuchtriemen.“ —

14. „O Schöpfer (der stofflichen Welt,) ašaehrwürdiger!
Wenn einer den — durch Verpfändung eines Rinds geschlossenen — Vertrag verletzt,
was ist die Strafe dafür[1])?“
Da sagte Ahura Mazdāh:
„Man bestimme 800 Hiebe mit der Pferdepeitsche, 800 mit dem Zuchtriemen.“ —

15. „O Schöpfer (der stofflichen Welt,) ašaehrwürdiger!
Wenn einer den — durch Verpfändung eines Manns geschlossenen — Vertrag verletzt,
was ist die Strafe dafür[1])?“
Da sagte Ahura Mazdāh:
„Man bestimme 900 Hiebe mit der Pferdepeitsche, 900 mit dem Zuchtriemen.“ —

16. „O Schöpfer (der stofflichen Welt,) ašaehrwürdiger!
Wenn einer den — durch Verpfändung eines Land(stück)s geschlossenen — Vertrag verletzt,
was ist die Strafe dafür[1])?“
Da sagte Ahura Mazdāh:
„Man bestimme 1000 Hiebe mit der Pferdepeitsche, 1000 mit dem Zuchtriemen.“ — —

---

[1]) 585.

17. Wenn einer sich zu einem Hieb gegen Jemand erhebt, (so begeht) er damit eine Bedrohung (Āgərəpta);[1])
wenn er (auf ihn) losgeht, (so begeht) er damit einen Angriff (Avaoirišta);[2])
wenn er ihn mit der Absicht der Mißhandlung trifft, (so begeht) er damit eine Verletzung (Arəduš);[3])
(bei) der fünften (Begehung) der Arəduš(Sünde)[4]) verwirkt man den Leib[5]). —
18. „O Schöpfer der stofflichen Welt, ašaehrwürdiger!
Wer gegen Jemand eine Bedrohung verübt[6]),
was ist die Strafe dafür[7])?"
Da sprach Ahura Mazdāh:
„5 Hiebe mit der Pferdepeitsche, 5 mit dem Zuchtriemen;
beim zweiten Mal 10 Hiebe mit der Pferdepeitsche, 10 mit dem Zuchtriemen;
beim dritten Mal 15 Hiebe mit der Pferdepeitsche, 15 mit dem Zuchtriemen;
19. beim vierten Mal bestimme man 30 Hiebe mit der Pferdepeitsche, 30 mit dem Zuchtriemen;
beim fünften Mal bestimme man 50 Hiebe mit der Pferdepeitsche, 50 mit dem Zuchtriemen;
beim sechsten Mal bestimme man 70 Hiebe mit der Pferdepeitsche, 70 mit dem Zuchtriemen;
beim siebenten Mal bestimme man 90 Hiebe mit der Pferdepeitsche, 90 mit dem Zuchtriemen." —
20. „(Wenn einer) zum achten Mal solche Taten begeht, ohne (daß) die frühere wieder gut gemacht (ist)[8]),
was ist die Strafe dafür[7])?"
Da sagte Ahura Mazdāh:
„Dafür bestimme man ihm, (des) Leib verwirkt ist, 200 Hiebe mit der Pferdepeitsche, 200 mit dem Zuchtriemen[9])." —
21. „O Schöpfer (der stofflichen Welt,) ašaehrwürdiger!
Wenn er (es) nicht wieder gut machen sollte[10]), wer gegen Jemand eine Bedrohung verübt[6]),
was ist die Strafe dafür[7])?"
Da sagte Ahura Mazdāh:
„Dafür bestimme man ihm, (des) Leib verwirkt ist, 200 Hiebe mit der Pferdepeitsche, 200 mit dem Zuchtriemen[9])." —
22. „O Schöpfer (der stofflichen Welt,) ašaehrwürdiger!
Wer auf Jemanden einen Angriff macht[11]),

---

[1]) 310. [2]) 168. [3]) 194. [4]) 909. [5]) 850. [6]) 527. [7]) 585. [8]) 130. [9]) 224. [10]) 1377. [11]) 1534.

was ist die Strafe dafür [1])?"
Da sagte Ahura Mazdāh:
„10 Hiebe mit der Pferdepeitsche, 10 mit dem Zuchtriemen;
beim zweiten Mal 15 Hiebe mit der Pferdepeitsche, 15 mit dem Zuchtriemen;
23. beim dritten Mal bestimme man 30 Hiebe mit der Pferdepeitsche, 30 mit dem Zuchtriemen;
beim vierten Mal bestimme man 50 Hiebe mit der Pferdepeitsche, 50 mit dem Zuchtriemen;
beim fünften Mal bestimme man 70 Hiebe mit der Pferdepeitsche, 70 mit dem Zuchtriemen;
beim sechsten Mal bestimme man 90 Hiebe mit der Pferdepeitsche, 90 mit dem Zuchtriemen." —
24. „(Wenn einer) zum siebenten Mal solche Taten begeht, ohne (daß) die frühere wieder gut gemacht (ist)[2]),
was ist die Strafe dafür [1])?"
Da sagte Ahura Mazdāh:
„Dafür bestimme man ihm, (des) Leib verwirkt ist, 200 Hiebe mit der Pferdepeitsche, 200 mit dem Zuchtriemen [3])." —
25. „O Schöpfer (der stofflichen Welt,) ašaehrwürdiger!
Wenn er (es) nicht wieder gut machen sollte [4]), wer auf Jemanden einen Angriff macht [5]),
was ist die Strafe dafür [1])?"
Da sagte Ahura Mazdāh:
„Dafür bestimme man ihm, (des) Leib verwirkt ist, 200 Hiebe mit der Pferdepeitsche, 200 mit dem Zuchtriemen [3])." —
26. „O Schöpfer (der stofflichen Welt,) ašaehrwürdiger!
Wer Jemandem einen Verletzungshieb schlägt [6]),
was ist die Strafe dafür [1])?"
Da sagte Ahura Mazdāh:
„15 Hiebe mit der Pferdepeitsche, 15 mit dem Zuchtriemen;
27. beim zweiten Mal bestimme man 30 Hiebe mit der Pferdepeitsche, 30 mit dem Zuchtriemen;
beim dritten Mal bestimme man 50 Hiebe mit der Pferdepeitsche, 50 mit dem Zuchtriemen;
beim vierten Mal bestimme man 70 Hiebe mit der Pferdepeitsche, 70 mit dem Zuchtriemen;
beim fünften Mal bestimme man 90 Hiebe mit der Pferdepeitsche, 90 mit dem Zuchtriemen." —
28. „(Wenn einer) zum sechsten Mal solche Taten [7]) . . . . (200) mit dem Zuchtriemen." —

---

[1]) 585. [2]) 130. [3]) 224. [4]) 1377. [5]) 1534. [6]) 194. [7]) = V. 4. 20.

29. „O Schöpfer (der stofflichen Welt,) ašaehrwürdiger!
Wenn er (es) nicht wieder gut machen sollte[1]), wer Jemandem einen Verletzungshieb schlägt[2]),
was ist die Strafe dafür[3])?“
Da sagte Ahura Mazdāh:
„(Dafür bestimme man)[4]) .... (200) mit dem Zuchtriemen.“ —
30. „O Schöpfer (der stofflichen Welt,) ašaehrwürdiger!
Wer Jemandem eine unblutige Schwäre (X^vara) schlägt,
was ist die Strafe dafür[3])?“
Da sagte Ahura Mazdāh:
31. „Man bestimme 30 Hiebe mit der Pferdepeitsche, 30 mit dem Zuchtriemen;
beim zweiten Mal bestimme man 50 Hiebe mit der Pferdepeitsche, 50 mit dem Zuchtriemen;
beim dritten Mal bestimme man 70 Hiebe mit der Pferdepeitsche, 70 mit dem Zuchtriemen;
beim vierten Mal bestimme man 90 Hiebe mit der Pferdepeitsche, 90 mit dem Zuchtriemen.“ —
32. „(Wenn einer) zum fünften Mal solche Taten (begeht)[5]) .... (200) mit dem Zuchtriemen.“ —
33. „O Schöpfer (der stofflichen Welt,) ašaehrwürdiger!
Wenn er (es) nicht wieder gut machen sollte[1]), wer Jemandem eine unblutige Schwäre schlägt, was ist die Strafe dafür[3])?“
Da sagte Ahura Mazdāh:
„(Dafür bestimme man)[4]) .... (200) mit dem Zuchtriemen.“ —
34. „O Schöpfer (der stofflichen Welt,) ašaehrwürdiger!
Wer Jemandem eine Schwäre mit Blutverlust schlägt,
was ist die Strafe dafür[3])?“
Da sagte Ahura Mazdāh:
„Man bestimme 50 Hiebe mit der Pferdepeitsche, 50 mit dem Zuchtriemen;
beim zweiten Mal bestimme man 70 Hiebe mit der Pferdepeitsche, 70 mit dem Zuchtriemen;
beim dritten Mal bestimme man 90 Hiebe mit der Pferdepeitsche, 90 mit dem Zuchtriemen.“ —
35. „(Wenn einer) zum vierten Mal solche Taten (begeht)[5])............. (200) mit dem Zuchtriemen.“ —
36. „O Schöpfer (der stofflichen Welt,) ašaehrwürdiger!
Wenn er (es) nicht wieder gut machen sollte[1]), wer Jemandem eine Schwäre mit Blutverlust schlägt, was ist die Strafe dafür[3])?“
Da sagte Ahura Mazdāh:
„(Dafür bestimme man)[4]) .... (200) mit dem Zuchtriemen.“ —

---

[1]) 1377. [2]) 194. [3]) 585. [4]) = V. 4. 21. [5]) = V. 4. 20.

37. „O Schöpfer (der stofflichen Welt,) ašaehrwürdiger!
Wer Jemandem eine Schwäre mit Knochenbruch schlägt,
was ist die Strafe dafür[1])?"
Da sagte Ahura Mazdāh:
„Man bestimme 70 Hiebe mit der Pferdepeitsche, 70 mit dem Zuchtriemen;
beim zweiten Mal bestimme man 90 Hiebe mit der Pferdepeitsche, 90 mit dem Zuchtriemen." —
38. „(Wenn einer) zum dritten Mal solche Taten (begeht)[2]) .... (200) mit dem Zuchtriemen." —
39. „O Schöpfer (der stofflichen Welt,) ašaehrwürdiger!
Wenn er (es) nicht wieder gut machen sollte[3]), wer Jemandem eine Schwäre mit Knochenbruch schlägt,
was ist die Strafe dafür[1])?"
Da sagte Ahura Mazdāh:
„(Dafür bestimme man)[4]) .... (200) mit dem Zuchtriemen." —
40. „O Schöpfer (der stofflichen Welt,) ašaehrwürdiger!
Wer Jemandem einen Hieb (Snaθa) mit Todeserfolg[5]) schlägt,
was ist die Strafe dafür[1])?"
Da sagte Ahura Mazdāh:
„Man bestimme 90 Hiebe mit der Pferdepeitsche, 90 mit dem Zuchtriemen." —
41. „(Wenn einer) zum zweiten Mal solche Taten (begeht)[2]) .... (200) mit dem Zuchtriemen." —
42. „O Schöpfer (der stofflichen Welt,) ašaehrwürdiger!
Wenn er (es) nicht wieder gut machen sollte[3]), wer Jemandem einen Hieb mit Todeserfolg[5]) schlägt,
was ist die Strafe dafür[1])?"
Da sagte Ahura Mazdāh:
„(Dafür bestimme man)[4]) .... (200) mit dem Zuchtriemen.
43. Alsdann sind deren Taten ausgeglichen[6]) gemäß dem Weg des Aša, gemäß dem heiligen Wort des Aša, gemäß der Vorschrift des Aša." —

44. [7])Und wenn Männer des gleichen Glaubens herkommen[8]), Brüder oder Freunde, Geld heischend oder eine Frau heischend oder Belehrung heischend:
wenn sie Geld heischend kommen, soll man Geld hier (für sie) zusammenbringen[9]);
wenn sie eine Frau heischend kommen, (so) möge man (ihnen) eine Frau zur Ehe geben[10]);

---

[1]) 585. [2]) = V. 4. 20. [3]) 1377. [4]) = V. 4. 21. [5]) Eig. „das Wahrnehmungsvermögen wegnehmend". [6]) 1804. [7]) Von hier bis § 49 fragmentarisch. [8]) 1804. [9]) 1705. [10]) 1343.

45. wenn sie Belehrung heischend kommen, soll man (ihnen) das heilige Wort vorsagen[1])
die erste Hälfte des Tags und die zweite,
die erste Hälfte der Nacht und die zweite[2]):
um die Weisheit des zu mehren, (der) am Aša festhält[3]);
und in ehrfürchtiger Gerechtigkeit soll er dauernd sich bemühen, (seine) Weisheit zu mehren[4]);
(nur) um Mittag und um Mitternacht[5]) soll er sich zum Schlaf hinlegen, (jeden) Tag (und jede) Nacht[6]):
bis daß sie die Sprüche auswendig gelernt haben werden, die zuvor die Lehrer auswendig gelernt haben[7]).

46. Mit heißen Wassern stellen sie (das Gottesgericht) an den Männern an[8]) o Zaraθuštra:
man soll das Entleihen nicht ableugnen[9]) weder (das) eines (wirklich) vorhandenen Fleisch(stück)s noch (das) eines Kleids.

47. Und also sage ich:
„Dir dem beweibten spreche ich den Vorrang zu, o Spitama Zaraθuštra, vor dem, daß einer unverheiratet altern sollte[10]);
dem (der) ein Hauswesen hat (spreche ich einen höhern Wert zu) als dem, (der) kein Hauswesen hat[11]);
dem mit Kindern (einen höhern) als dem kinderlosen[12]);
dem vermöglichen (einen höhern) als dem armen[13]).

48. Und der von den beiden Männern hat den guten Sinn besser erfaßt[14]), der den Bauch mit Fleisch füllt[15]), als der, der nicht desgleichen (tut)[16]).
— Der (eine Vertrag) wird auf Treu und Glauben geschlossen[17]),
der (andere) unter Verpfändung eines Asperəna[18]),
der unter Verpfändung eines Schafs,
der unter Verpfändung eines Rinds,
der unter Verpfändung eines Manns. —

49. Die Männer ja kommen (heil) heim[19]):
(auch wenn ihnen) Astō.vīδātav zu Leibe geht,
auch wenn (ihnen) der gutangezogene Pfeil zu Leibe geht,
auch wenn (ihm) der Wintersturm zu Leibe geht (und) er hat (nur) wenig Gewand an[20]),
auch wenn er dem sterblichen druggläubigen Machthaber, (ihn) auf den °Kopf schlagend, zu Leibe geht,
auch wenn er dem dem Ašaglauben feindlichen Irrlehrer, (der) *im Verborgenen sein Wesen treibt*, zu Leibe geht. —

---

[1]) 537. [2]) 1036. [3]) 384. [4]) 1231. [5]) Eig.: „in der Mitte der Tage und Nächte". [6]) 1863. [7]) 773. [8]) 446. [9]) 58; wörtl. „man soll das Nichtgeben (näml. seitens des Verleihenden) ... nicht behaupten". [10]) 1111 [11]) 348. [12]) 86. [13]) 239. [14]) 607. [15]) 850. [16]) 366. [17]) Eig.: „beredet". [18]) 1143. [19]) 151. [20]) 440.

50. (Wenn) die erste dieser Taten begangen (wird), nicht die zweite[1]),
wenn sie dort die Schuld an dieser Tat (bei Jemand) feststellen[2]),
wenn sie in diesem, dem stofflichen Dasein (die Schuld feststellen):
(so) soll man (ihm) mit eisernen Messern bis auf die Knochen des vergänglichen Leibes schneiden[3]),
oder (noch) größeres als dies (soll ihm als Strafe geschehen)[4]).

51. Wenn sie dort die Schuld an dieser Tat (bei Jemand) feststellen[2]),
wenn sie in diesem, dem stofflichen Dasein (die Schuld feststellen):
(so) soll man mit eisernen Fesseln die Knochen (seines) vergänglichen Leibes zusammenfesseln[5]),
oder (noch) größeres als dies (soll ihm als Strafe geschehen)[4]).

52. Wenn sie dort die Schuld an dieser Tat (bei Jemand) feststellen[2]),
wenn sie in diesem, dem stofflichen Dasein (die Schuld feststellen):
(so) soll er in eine hundertmänner(tiefe) Felsspalte zwangsweise gebracht werden[6]) ⟨vergänglichen Leibes⟩[7]),
oder (noch) größeres als dies (soll ihm als Strafe geschehen)[4]).

53. Wenn sie dort die Schuld an dieser Tat (bei Jemand) feststellen[2]),
wenn sie in diesem, dem stofflichen Dasein (die Schuld feststellen):
(so) soll er sich zwangsweise in das äußerste Grenzgebiet begeben[8]).

54. Wenn sie dort die Schuld an dieser Tat (bei Jemand) feststellen[2]),
wenn sie in diesem, dem stofflichen Dasein (die Schuld feststellen):
soll er das schwefelhaltige goldhaltige Wasser, (das) die Schuldermittelung bewirkt, trinken[9]), des Lugs bewußt[10]), indem er dem Rašnav widerspricht und den Miθra betrügt[11])." —

55. „O Schöpfer (der stofflichen Welt,) ašaehrwürdiger!
Wenn einer das schwefelhaltige goldhaltige Wasser, (das) die Schuldermittelung bewirkt, trinkt[9]), des Lugs bewußt[10]), indem er dem Rašnav widerspricht und den Miθra betrügt[11]),
was ist die Strafe dafür?"
Da sagte Ahura Mazdāh:
„Man bestimme 700 Hiebe mit der Pferdepeitsche, 700 mit dem Zuchtriemen." —
Aša ist das beste Gut[12])...

5.

1. „Es stirbt da ein Mann[13]) in den Tälern der Flüsse; da fliegt ein Vogel auf[13]) von den Höhen der Berge zu den Tälern der Flüsse; er frißt den Körper[13]) an, den des toten Menschen.

---

[1]) 964; d. i. „schon bei erstmaliger Begehung". [2]) 1322. [3]) 453; eig.: „die Knochen sollen durch Schneiden mit Messern getroffen werden". [4]) 1156. [5]) 879. [6]) 1326. [7]) Stumpfsinnig wiederholt. [8]) 1153; „weil dort die größte Gefahr ist". [9]) apāiθiš!! Die §§ 54 und 55 sind nicht in Ordnung. [10]) 768. [11]) 91. [12]) = Y. 27. 14. [13]) 631.

Da fliegt der Vogel (wieder) auf[1]) von den Tälern der Flüsse zu den Höhen der Berge; er fliegt auf einen Baum mit hartem oder weichem Holz[2]), ihn zu bespeien, ihn zu bekacken, ihn zu bekoten.

2. Da macht sich ein Mann auf[1]) von den Tälern der Flüsse zu den Höhen der Berge; er geht zu dem Baum[1]), zu dem dieser Vogel (geflogen war), fürs Feuer will er Brennholz haben[3]): er fällt ihn, er zerlegt ihn (in Blöcke und) zerlegt ihn (weiter in Scheite)[4]); er entzündet ihn am Feuer, dem Sohn des Ahura Mazdāh:

was ist die Strafe dafür[5])?"

3. Da sagte Ahura Mazdāh:

„Weder der von Hunden verschleppte noch der von Vögeln verschleppte noch der von Wölfen verschleppte noch der vom Wind verschleppte noch der von Fliegen verschleppte Leichenteil macht Jemanden sündig.

4. Und wenn diese Leichenteile — ein von Hunden verschleppter[6]) und ein von Vögeln verschleppter und ein von Wölfen verschleppter und ein vom Wind verschleppter und ein von Fliegen verschleppter Leichenteil Jemanden sündig machen würde[6]), würden mir in Kürze bei der gesamten stofflichen Menschheit[7]) <darauf ausgehend als Mißächter des heiligen Rechts>[8]) die Seelen voll Angst, die Leiber dem Gericht verfallen (sein)[9]): bei der Fülle der Leichname, die hier auf dem Erdboden daliegen[10])." —

5. „O Schöpfer (der stofflichen Welt,) ašaehrwürdiger!

Da läßt einer Wasser über ein Getreidefeld laufen[11]); entlang dem Kanal läuft (es) alsdann, entlang zum zweiten Mal[12]), entlang zum dritten Mal;

dann beim vierten Mal schwemmen sie [die Wasser] einen Leichnam an[13]), einen Hund oder einen Fuchs oder einen Wolf:

was ist die Strafe dafür[5])?"

6. Da sagte Ahura Mazdāh:

„Weder der von Hunden verschleppte noch der von Vögeln verschleppte noch der von Wölfen verschleppte noch der vom Wind verschleppte noch der von Fliegen verschleppte Leichenteil macht Jemanden sündig.

7. Und wenn diese Leichenteile — ein von Hunden verschleppter[6]) und ein von Vögeln verschleppter und ein von Wölfen verschleppter und ein vom Wind verschleppter und ein von Fliegen verschleppter Leichenteil Jemanden sündig machen würde[6]), würden mir in Kürze bei der gesamten stofflichen Menschheit[7]) <darauf ausgehend als Mißächter

---

[1]) 631. [2]) 535; wörtl. „auf einen Baum der harten und weichen". [3]) 28. [4]) 645. [5]) 585. [6]) 340. [7]) Eig. Subjekt des Satzes. [8]) Glosse?; vgl. Y. 53. 9; 34. [9]) 533. [10]) 1521. [11]) 1268. [12]) 1344. [13]) 456.

des heiligen Rechts>[1]) die Seelen voll Angst, die Leiber dem Gericht verfallen (sein)[2]): bei der Fülle der Leichname, die hier auf dem Erdboden daliegen[3]).“ —

8. „O Schöpfer (der stofflichen Welt,) ašaehrwürdiger!
Tötet etwa das Wasser einen Menschen?“
Da sagte Ahura Mazdāh:
„Das Wasser tötet den Menschen nicht! Astō.vīδātav bindet ihn, (der Daēva) Vaya führt ihn gebunden fort;
das Wasser treibt (den Leichnam) nach oben,
das Wasser treibt (ihn den Fluß) hinunter,
das Wasser läßt (ihn an seichter Stelle) liegen;[4])
die Vögel verzehren ihn alsdann:
(es sind) die Schicksalsbestimmungen, (die) hier (bei ihm) sich vollziehen und (ihren) Abschluß erreichen[5]).“ —

9. „O Schöpfer (der stofflichen Welt,) ašaehrwürdiger!
Tötet etwa das Feuer den Menschen?“
Da sagte Ahura Mazdāh:
„Das Feuer tötet den Menschen nicht! Astō.vīδātav bindet ihn, (der Daēva) Vaya führt ihn gebunden fort; das Feuer verbrennt Leib und Leben:
(es sind) die Schicksalsbestimmungen, (die) hier (bei ihm) sich vollziehen und (ihren) Abschluß erreichen[5]).“ —

10. „O Schöpfer (der stofflichen Welt,) ašaehrwürdiger!
Die Sommerszeit ist vorbei; im Winter also[6]): wie sollen sie da, die Mazdāhanbeter verfahren[7])?“
Da sagte Ahura Mazdāh:
„Haus für Haus, Hof für Hof sollen sie drei Kammern für diesen Toten anlegen.“ —

11. „O Schöpfer (der stofflichen Welt,) ašaehrwürdiger!
Wie groß sollen die Kammern für diesen Toten sein[8])?“
Da sagte Ahura Mazdāh:
„(So groß), daß sie nicht an seinen mit dem Gesicht nach oben gerichteten Kopf anstoße, nicht vorn an die Füße, nicht seitwärts an die Hände[9]):
so ist die vorschriftsmäßige Kammer für diesen Toten[10]).

12. Dort sollen sie den leblosen Leib niederlegen auf die Dauer von zwei Tagen oder drei Tagen[11]) oder von einem Monat oder bis zur Zeit, wo die Vögel auffliegen, die Pflanzen emporsprießen, die Lachen sich verlaufen, der Wind die Erde ausgetrocknet hat[12]).

---

[1]) s. V. 5. 4 No. 8. [2]) 533. [3]) 1521. [4]) 1388. [5]) 923. [6]) 1773. [7]) 1375. [8]) 432. [9]) 351. [10]) 33. [11]) 963. [12]) 1095.

13. Dann wenn die Vögel auffliegen, die Pflanzen emporsprießen, die Lachen sich verlaufen, der Wind die Erde ausgetrocknet hat[1]), dann sollen die Mazdāhanbeter den Körper der Sonne aussetzen.

14. Wenn die Mazdāhanbeter den Körper nicht ein Jahr lang der Sonne aussetzen[2]), sollst du die Strafe so hoch (wie) für die Tötung eines Ašagläubigen festsetzen[3]), bis daß es
auf die Leichname geregnet hat
und auf die Leichenstätten geregnet hat
und auf die Leichenausscheidungen geregnet hat,
und (bis) die Vögel (alles) aufgefressen haben[4]).“ —

15. „O Schöpfer (der stofflichen Welt,) ašaehrwürdiger!
Entläßt Du, der Ahura Mazdāh, das Wasser aus dem See Vouru.kaša, zugleich den Wind und die Wolken[5])?

16. Führst du (das Wasser) hin zum Leichnam[6]), du der Ahura Mazdāh?
Führst du (es) hin zur Leichenstätte, du der Ahura Mazdāh?
Führst du (es) hin zur Leichenausscheidung, du der Ahura Mazdāh?
Läßt du (es) zu dem Knochen hinzu, du der Ahura Mazdāh?
Schwemmst du (was) unlauter (ist) fort[7]), du der Ahura Mazdāh?
Schwemmst du das (alles) auf einmal hin zum See Pūitika?“

17. Da sagte Ahura Mazdāh:
„(Es ist) ganz so, o Zaraθuštra, wie Du fürwahr sagst[8]):
das Wasser entlasse Ich, der Ahura Mazdāh, aus dem See Vouru.kaša, zugleich den Wind und die Wolken[5]);

18. ich führe (das Wasser) hin zum Leichnam, ich der Ahura Mazdāh,
ich führe (es) hin zur Leichenstätte, ich der Ahura Mazdāh,
ich führe (es) hin zur Leichenausscheidung, ich der Ahura Mazdāh,
ich lasse (es) zu dem Knochen hinzu, ich der Ahura Mazdāh,
ich schwemme (was) unlauter (ist) fort, ich der Ahura Mazdāh,
ich schwemme das (alles) auf einmal hin zum See Pūitika[9]).

19. Diese (Dinge) wallen beständig innerhalb des Sees auf und ab[10]); geläutert[11]) fließen (dann) die Wasser aus dem See Pūitika zum See Vouru.kaša[9]), zum Baume Hvāpı.
Hier wachsen meine Pflanzen, alle, von allen Arten, <von hundertfachen, von tausendfachen (Arten), zehntausende von zehntausenden>.

20. Darauf laß ich es von allen Seiten zugleich regnen[12]), ich der Ahura Mazdāh:
zur Speise für den ašagläubigen Mann,
und zum Futter für das guttätige Rind;

[1]) 1095. [2]) 1849. [3]) 245. [4]) 93; eig. „bis ... zu den beregneten Leichnamen ...“. [5]) 1762. [6]) 1387. [7]) 106. [8]) 24. [9]) 909. [10]) 1601. [11]) 1234; eig. „mit Läuterung“. [12]) 1411.

mein Getreide — der Mensch soll (es) essen,
das Gras (aber ist) für das guttätige Rind[1]).

21. <Das (ist) besser, das (ist) schöner als Du (es) fürwahr sag(en kann)st>[2])."
Mit dieser Rede beruhigte der ašaehrwürdige Ahura Mazdāh ihn, den ašagläubigen Zaraθuštra.

„*(Sie), die beste, vollbringt für den Menschen die künftige Geburt*[3]), sie, die mazdayasnische Religion, vollbringt (sie), o Zaraθuštra, (für den)[4]), der sein Gemüt vollkommen macht durch gute Gedanken und gute Worte und gute Taten." —

22. „O Schöpfer (der stofflichen Welt,) ašaehrwürdiger!
Um wie viel größer, besser, schöner ist dies, das daēvafeindliche zaraθuštrische Gesetz als die andern Lehren[5]) an Größe und Güte und Schönheit?"

23. Da sagte Ahura Mazdāh:
„Man könnte wirklich meinen, o Spitama Zaraθuštra,
dies, das daēvafeindliche zaraθuštrische Gesetz (ist) an Größe und Güte und Schönheit (so viel mehr) als die andern Lehren:
wie der See Vouru.kaša (größer) als die andern Wasser (ist);

24. man könnte wirklich meinen, o Spitama Zaraθuštra,
dies, das daēvafeindliche zaraθuštrische Gesetz (ist) an Größe und Güte und Schönheit (so viel mehr) als die andern Lehren:
wie ein größeres Wasser kleinere Wasser mit sich fortreißt[6]);
man könnte wirklich meinen, o Spitama Zaraθuštra,
dies, das daēvafeindliche zaraθuštrische Gesetz (ist) an Größe und Güte und Schönheit (so viel mehr) als die andern Lehren:
wie ein größerer Baum kleinere Bäume verbirgt[7]);

25. man könnte wirklich meinen, o Spitama Zaraθuštra,
dies, das daēvafeindliche zaraθuštrische Gesetz (ist) an Größe und Güte und Schönheit (so viel mehr) als die andern Lehren:
wie der Himmel dort[8]) die Erde hier von allen Seiten umgibt." —

26. Der (zu dem Zweck) angerufene Ratav[9]), der (dazu) angerufene Sraošāvarəz (kann),
wird ein Vermögensstück (als Sühne) angeboten oder (auch) nicht angeboten,
wird ein Vermögensstück (als Sühne) festgesetzt oder (auch) nicht festgesetzt,
wird ein Vermögensstück (als Sühne) übergeben oder (auch) nicht übergeben[10]),
— so kann er, der Ratav, ihm ein Drittel von der Strafe dafür erlassen[11]).

---

[1]) 1266. [2]) ? [3]) Aus Y. 48. 5; 1236. [4]) 1236. [5]) 1639. [6]) 688. [7]) 1360. [8]) hāu asma fehlt im Text, vgl. Yt. 13. 2. [9]) 38. [10]) 770 u. No. [11]) 586.

Und wenn er andre Übeltaten begangen hat, (so) ist die Strafe dafür beglichen[1];
wenn er aber andre Übeltaten nicht begangen hat, (so gilt) der (Schuld)-begleich dieses Mannes[2] für immer und ewig." —

27. „O Schöpfer (der stofflichen Welt,) ašaehrwürdiger!
Wenn Männer, (die) beisammen wohnen, sich zusammen auf das Lager niederlassen oder zusammen auf das Kissen[3],
und (wenn) sich ihnen gegenüber zwei andere Männer befinden[4] oder fünf oder fünfzig oder hundert — zusammen mit den Frauen,
(wenn) dann einer dieser Männer stürbe:
wieviel im Kreis der Männer[5] trifft diese Drug, die Nasav, mit Krankheit und Fäulnis und Befleckung[6]?"
28. Da sagte Ahura Mazdāh:
„Wenn es ein Priester ist,
kommt diese Drug, die Nasav, herangeflogen, o Spitama Zaraθuštra:
wenn sie den elften trifft, steckt sie indirekt den zehnten an;
wenn es aber ein Krieger ist,
kommt diese Drug, die Nasav, herangeflogen, o Spitama Zaraθuštra:
wenn sie den zehnten trifft, steckt sie indirekt den neunten an[7];
wenn es aber ein viehzüchtender Bauer ist,
kommt diese Drug, die Nasav, herangeflogen, o Spitama Zaraθuštra:
wenn sie den neunten trifft, steckt sie indirekt den achten an.
29. Wenn es aber ein Schäferhund ist,
kommt diese Drug, die Nasav, herangeflogen, o Spitama Zaraθuštra:
wenn sie den achten trifft, steckt sie indirekt den siebenten an;
wenn es aber ein Hofhund ist,
kommt diese Drug, die Nasav, herangeflogen, o Spitama Zaraθuštra:
wenn sie den siebenten trifft, steckt sie indirekt den sechsten an;
30. wenn es aber ein Bluthund ist,
kommt diese Drug, die Nasav, herangeflogen, o Spitama Zaraθuštra:
wenn sie den sechsten trifft, steckt sie indirekt den fünften an;
wenn es aber ein junger Hund[8] ist,
kommt diese Drug, die Nasav, herangeflogen, o Spitama Zaraθuštra:
wenn sie den fünften trifft, steckt sie indirekt den vierten an;
31. wenn es aber ein Stachelschwein-Hund[9] ist,
kommt diese Drug, die Nasav, herangeflogen, o Spitama Zaraθuštra:
wenn sie den vierten trifft, steckt sie indirekt den dritten an;

---

[1] 151. [2] 829. [3] 1803 f. [4] 278. [5] 131. [6] 849. [7] 1482 f. [8] 643; d. i. „ein ausgewachsener Hund jeder Rasse". [9] Das Stachelschwein wird im Avesta zur Gattung „Hund" gezählt.

wenn es aber ein J̌ažav[1])-Hund ist,
kommt diese Drug, die Nasav, herangeflogen, o Spitama Zaraθuštra:
wenn sie den dritten trifft, steckt sie indirekt den zweiten an;
32. wenn es aber ein Aiwizuš[1])-Hund ist,
kommt diese Drug, die Nasav, herangeflogen, o Spitama Zaraθuštra:
wenn sie den zweiten trifft, steckt sie indirekt den ersten an;
wenn es aber ein Vīzuš[1])-Hund ist,
kommt diese Drug, die Nasav, herangeflogen, o Spitama Zaraθuštra:
wenn sie den ersten trifft, steckt sie indirekt den ersten an.“ —
33. „O Schöpfer (der stofflichen Welt,) ašaehrwürdiger!
Wenn es aber ein Urupay[1])-Hund ist, auf wie viel von den Geschöpfen des heiligen Geists erstreckt dieser, der Urupay-Hund seinen Einfluß direkt, auf wie viel erstreckt er seinen Einfluß indirekt[2])?“
34. Da sagte Ahura Mazdāh:
„Nicht erstreckt dieser, der Urupay[1])-Hund auf die Geschöpfe des heiligen Geists direkt seinen Einfluß, nicht erstreckt er (auf sie) seinen Einfluß indirekt, außer auf den[3]), der (ihn) tötet und schlachtet[4]): an den heftet er sich[5]) für immer und ewig.“ —
35. „O Schöpfer (der stofflichen Welt,) ašaehrwürdiger!
Wenn es aber ein druggläubiger °zweifüßiger Schurke ist — desgleichen ein dem Ašaglauben feindlicher Irrlehrer —, auf wie viel von den Geschöpfen des heiligen Geists erstreckt er seinen Einfluß direkt, auf wie viel erstreckt er seinen Einfluß indirekt[2])?“
36. Da sagte Ahura Mazdāh:
„Wie ein vertrockneter, über ein Jahr °toter Frosch[6])!
(So) lang er lebt[7]), o Spitama Zaraθuštra, erstreckt der druggläubige °zweifüßige Schurke — desgleichen der dem Ašaglauben feindliche Irrlehrer — seinen Einfluß direkt auf die Geschöpfe des heiligen Geists,
(so) lang er lebt, erstreckt er seinen Einfluß (auch) indirekt (auf sie);
37. (so) lang er lebt[7]), verdirbt er das Wasser,
(so) lang er lebt, bringt er das Feuer zum Verlöschen,
(so) lang er lebt, schleppt er das Vieh mit sich als Beute fort,
(so) lang er lebt, führt er gegen den ašagläubigen Mann den tödlichen[8]), Leben zerstörenden Hieb:
nicht (aber) desgleichen, (wenn er) °gestorben (ist)[7]).
38. (So) lang er lebt[7]), o Spitama Zaraθuštra, bringt der druggläubige °zweifüßige Schurke — desgleichen der dem Ašaglauben feindliche Irrlehrer — den ašagläubigen Mann um die Nutznießung[9]) von Nahrung und Kleidung und Holz und Reisig und Eisen(gerät)[10]):
nicht (aber) desgleichen, (wenn er) °gestorben (ist)[7]).“ — —

---

[1]) Unbekannte „Hunde“-gattung. [2]) 1482. [3]) 139. [4]) Nach Bthl., Zum AirWb. 154. [5]) 1741. [6]) 1389. [7]) 609. [8]) Eig. „das Wahrnehmungsvermögen wegnehmend“. [9]) 936. [10]) 1068.

39. „O Schöpfer (der stofflichen Welt,) ašaehrwürdiger!
Wenn wir, o ašaehrwürdiger Ahura Mazdāh, in die Häuser in diesem, dem stofflichen Dasein zusammenbringen [1]) Feuer und Barəsman und Schalen und Haoma's und Kelterpresse,
und (wenn) dann aus diesem Hause ein Hund oder ein Mensch stürbe:
wie sollen sie da, die Mazdāhanbeter, verfahren [2])?"

40. Da sagte Ahura Mazdāh:
„Heraustragen aus diesen Häusern sollen sie, o Spitama Zaraθuštra, Feuer und Barəsman und Schalen und Haoma's und Kelterpresse;
heraustragen sollen sie den Toten ganz (so), wie (eben) ein gesetzestreuer Mann zum gesetzlich vorgeschriebenen (Ort) getragen und (dort) verzehrt wird [3])." —

41. „O Schöpfer (der stofflichen Welt,) ašaehrwürdiger!
Wie? Sollen die Mazdāhanbeter das Feuer (wieder) hinbringen [4]) zu diesem Hause, wo der Mann da verstorben ist?"

42. Da sagte Ahura Mazdāh:
„Neun Nächte sollen sie, die Mazdāhanbeter, zuwarten [5]) — im Winter, im Sommer aber einen Monat lang;
dann sollen die Mazdāhanbeter das Feuer (wieder) zu diesem Hause hinbringen, wo der Mann da verstorben ist." —

43. „O Schöpfer (der stofflichen Welt,) ašaehrwürdiger!
Und wenn die Mazdāhanbeter das Feuer (wieder) zu diesem Hause hinbringen, wo der Mann da verstorben ist — vor Ablauf [6]) der Zeit von neun Nächten, vor Ablauf [6]) eines Monats [7]),
was ist die Strafe dafür [8])?"

44. Da sagte Ahura Mazdāh:
„Dafür bestimme man ihm, (des) Leib verwirkt ist, 200 Hiebe mit der Pferdepeitsche, 200 mit dem Zuchtriemen [9])." —

45. „O Schöpfer (der stofflichen Welt,) ašaehrwürdiger!
Wenn hier im Hause eines Mazdāhanbeters [10]) eine Frau in die Schwangerschaft kommt [11]) —
einen Monat lang [12]) oder zwei Monate lang oder drei Monate lang oder vier Monate lang oder fünf Monate lang oder sechs Monate lang oder sieben Monate oder acht Monate lang oder neun Monate lang oder zehn Monate lang —
(wenn) dort die Frau dann mit einem leblosen (Kind) niederkommt [13]):
wie sollen sie da, die Mazdāhanbeter, verfahren [2])?"

46. Da sagte Ahura Mazdāh:
„Wo in diesem Hause des Mazdāhanbeters der Erdboden weitaus am saubersten und trockensten (ist) [14]), und (wo) am wenigsten die Wege

---

[1]) 942. [2]) 1375. [3]) 729. [4]) 473. [5]) 1124. [6]) Eig. „innerhalb". [7]) 1170. [8]) 585. [9]) 224. [10]) 3. [11]) 396. [12]) 25. [13]) 86. [14]) 1436.

gehen[1]) Kleinvieh und Großvieh und das Feuer, (der Sohn) des Ahura Mazdāh, und das ašamäßig gespreitete Barəsman und er, der ašagläubige Mann[2]).“ —

47. „O Schöpfer (der stofflichen Welt,) ašaehrwürdiger!
Wie weit weg vom[3]) Feuer,
wie weit weg vom Wasser,
wie weit weg von dem zu spreitenden Barəsman,
wie weit weg von den ašagläubigen Männern?“

48. Da sagte Ahura Mazdāh:
„Dreißig Schritt vom Feuer,
dreißig Schritt vom Wasser,
dreißig Schritt von dem zu spreitenden Barəsman,
drei Schritt von den ašagläubigen Männern.

49. Dort auf der Erde sollen die Mazdāhanbeter eine Ummauerung rundum aufmauern;
mit Speisen sollen sie sich dann einstellen, die Mazdāhanbeter,
mit Kleidern sollen sie sich dann einstellen, die Mazdāhanbeter.“ —

50. „O Schöpfer (der stofflichen Welt,) ašaehrwürdiger!
Was soll diese Frau als erste der Speisen genießen[4])?“

51. Da sagte Ahura Mazdāh:
„Ein Gemisch aus Rindsurin und Asche[5]): drei Schlucke oder sechs oder neun. Die Leichenstätten soll sie (damit) besprengen innen im Mutterleib, im Eingeweide[6]);

52. dann (soll sie genießen) flüssige Pferde- und Kuh- und Schaf- und Ziegenmilch: nicht entrahmte (oder) entrahmte; und trockenes gargekochtes Fleisch[7]) und trockenes gemahlenes Getreide und ungemischten Wein[7]).“ —

53. „O Schöpfer (der stofflichen Welt,) ašaehrwürdiger!
Wie lang sollen sie zuwarten[8])? Wie lang soll bis zum Genuß von Fleisch und Getreide und Wein zugewartet werden[9])?“

54. Da sagte Ahura Mazdāh:
„Drei Tage sollen sie zuwarten! Drei Tage soll mit dem Genuß von Fleisch und Getreide und Wein zugewartet werden. Dann nach Verlauf von drei Tagen soll sie sich den Leib auswaschen, die Kleider aus(waschen) mit Rindsurin und Wasser bei den neun Löchern [des Reinigungsraumes][10]):
auf diese Weise (sind sie) wieder zu läutern[11]).“ —

55. „O Schöpfer (der stofflichen Welt,) ašaehrwürdiger!
Wie lang sollen sie zuwarten[8])? Wie lang soll man nach den (ersten) drei Tagen zuwarten

---

[1]) 440. [2]) Vgl. zu diesem u. d. flg. §§: V. 3. 15 ff. [3]) 774; eig. „wie viel an Länge vom“. [4]) 423. [5]) 320; eig. „aschegemischtes samt R.“ [6]) 1531. [7]) 123; eig. „wasserlos“. [8]) 1124. [9]) 391. [10]) 1110. [11]) 1233.

bis zur Verwendung[1]) der Lagerstätten,
bis zur Verwendung der Speisen,
bis zur Verwendung der Kleider:
bis zur Verwendung (auch) für andere Mazdāhanbeter?"

56. Da sagte Ahura Mazdāh:
„Neun Tage sollen sie zuwarten, neun Tage soll man nach den (ersten) drei Tagen zuwarten
bis zur Verwendung der Lagerstätten,
bis zur Verwendung der Speisen,
bis zur Verwendung der Kleider:
bis zur Verwendung (auch) für andere Mazdāhanbeter[2]).
Dann nach Verlauf der neun Tage soll sie sich den Leib auswaschen, die Kleider aus(waschen) mit Rindsurin und Wasser:
auf diese Weise (sind sie) wieder zu läutern[3])." —

57. „O Schöpfer (der stofflichen Welt,) ašaehrwürdiger!
Sind die Kleider[4]), nach(dem sie) zum Zweck der Läuterung gewaschen (worden sind)[5]), zu gebrauchen für einen Zaotar[4]) oder einen Hāvanan oder einen Ātərəvaxš oder einen Frabərətar oder einen Ābərət oder einen Āsnātar oder einen Raēθwiškara oder einen Sraošāvarəz oder (überhaupt) für einen Menschen, (der) ein Priester oder ein Krieger[6]) oder ein viehzüchtender Bauer (ist)?"

58. Da sagte Ahura Mazdāh:
„Nicht sind die Kleider, nach(dem sie) zum Zweck der Läuterung gewaschen (worden sind)[5]), zu gebrauchen weder für einen Zaotar[4]) noch einen Hāvanan noch einen Ātərəvaxš noch einen Frabərətar noch einen Ābərət noch einen Āsnātar noch einen Raēθwiškara noch einen Sraošāvarəz noch (überhaupt) für einen Menschen, (der) ein Priester oder ein Krieger[6]) oder ein viehzüchtender Bauer (ist)." —

59. Wenn hier im Hause eines Mazdāhanbeters[7]) eine Frau die Regel hat oder wenn sie wegen eines ihr zugefügten (körperlichen) Schadens ⟨eine Quetschung (etwa)⟩ auf einen (bestimmten) Platz angewiesen (ist)[8]),
dann sollen sie mittelst[9]) des (Kleidungsstücks ihr) Lager und (ihr) Kissen zudecken[10]), so lang bis sie (wieder) die zum Gebet aneinander gelegten Hände herausholen darf[11]).

60. Denn Ahura Mazdāh ist nicht willens, (etwas) von beweglichen Sachen verkommen zu lassen[12]):
nicht (was) einen Asperəna (als Pfand) wert (ist),
nicht (was) noch weniger wert (ist)[13]),

---

[1]) 391. [2]) Nach Bthl., Zum AirWb. 215. [3]) 1233. [4]) 1810. [5]) 1003. [6]) Die letzten Worte des § widersprechen §§ 55 und 56. [7]) 3. [8]) 83 f. [9]) ? [10]) 340. [11]) 1778. [12]) 834. [13]) 169 f.; oder „für dessen Pfandwert es (wegen seiner Geringfügigkeit) keine Bezeichnung gibt".

(nicht) soviel an Maß als eine Frau als Abfälle (beim Spinnen) bei Seite wirft[1]).

61. Und wenn die Mazdāhanbeter auf einem Toten[2]) soviel an Maß ⟨als Abfälle⟩ liegen lassen als an Maß eine Frau Abfälle (beim Spinnen) bei Seite wirft[3]),

erwirbt er sich, (so lang) er lebt, das Ašaanrecht nicht[4]), und (wenn er) °gestorben[5]) (ist), wird er des besten Lebens nicht teilhaftig[6]):

62. zu dem Dasein(sort), dem der Druggenossen, dem aus Finsternis bestehenden, der Finsternis entstammten, finsteren wird er gelangen. 'Zu solchem Leben wird euch, ihr Druggenossen, ob eurer Taten das eigene Ich hinbringen'[7]) ⟨zu dem übelsten Dasein⟩. —

Aša ist das beste Gut[8]) . . .

6.

1. „Wie lange Zeit[9]) (ruht) der Bann auf einem Grundstück[10]), wo Hunde und Menschen verstorben sind?"

Da sagte Ahura Mazdāh:

„Ein Jahr lang, o ašagläubiger Zaraθuštra, (ruht) der Bann auf einem Grundstück, wo Hunde und Menschen verstorben sind.

2. Und nicht sollen dann die Mazdāhanbeter auf dies Land Samen werfen noch Wasser (darüber) lassen[11]), wo Hunde und Menschen verstorben sind: innerhalb der Dauer eines Jahres.

Nach Belieben können die Mazdāhanbeter da auf ein anderes Grundstück Samen werfen, nach Belieben Wasser (darüber) lassen.

3. Wenn die Mazdāhanbeter auf das Grundstück, wo Hunde und Menschen verstorben sind, Samen werfen, wenn sie (darüber) Wasser laufen lassen vor Ablauf[12]) eines Jahres,

dann versündigen sie, die Mazdāhanbeter, sich mit der Sünde des Leichenvergrabens am Wasser[13]) und an der Erde und an der Pflanze." —

4. „O Schöpfer (der stofflichen Welt,) ašaehrwürdiger!

Wenn die Mazdāhanbeter auf das Grundstück, wo Hunde und Menschen verstorben sind, Samen werfen, wenn sie (darüber) Wasser laufen lassen vor Ablauf[12]) eines Jahres,

was ist die Strafe dafür[14])?"

5. Da sagte Ahura Mazdāh:

„Dafür bestimme man ihm, (des) Leib verwirkt ist, 200 Hiebe mit der Pferdepeitsche, 200 mit dem Zuchtriemen[15])." —

---

[1]) 1788 f. [2]) 17. [3]) 1789. [4]) 253. [5]) Die Anwendung von məša weist schon auf den Ausschluß aus der ahurischen Welt. [6]) 923. [7]) Nach Y. 31. 20; 1042. [8]) = Y. 27. 14. [9]) 774; eig. „wie viel Zeit an Länge". [10]) 1664. [11]) 449. [12]) Eig. „innerhalb". [13]) 1059. [14]) 585. [15]) 224.

6. „O Schöpfer (der stofflichen Welt,) ašaehrwürdiger!
Wenn die Mazdāhanbeter ein urbar zu machendes Grundstück bewässern und pflügen und umgraben wollen[1]),
wie sollen sie da, die Mazdāhanbeter, verfahren[2])?"
7. Da sagte Ahura Mazdāh:
„Dort auf dem Grundstück mögen die Mazdāhanbeter ringsum auflesen die Knochen da und die Haare und die Schleimauswürfe und die Ausleerungen und das Blut." —
8. „O Schöpfer (der stofflichen Welt,) ašaehrwürdiger!
Wenn die Mazdāhanbeter nicht ringsum auflesen würden die Knochen da und die Haare und die Schleimauswürfe und die Ausleerungen und das Blut,
was ist die Strafe dafür[3])?"
9. Da sagte Ahura Mazdāh:
„Dafür bestimme man ihm, (des) Leib verwirkt ist, 200 Hiebe mit der Pferdepeitsche, 200 mit dem Zuchtriemen[4])." —
10. „O Schöpfer (der stofflichen Welt,) ašaehrwürdiger!
Wenn einer einen Knochen eines toten Hundes oder Menschen hinfallen läßt —
so viel gerade als[5]) des kleinsten Fingers vorderstes Glied[6]) —, woran Fett oder fettiger Stoff haftet[7]),
was ist die Strafe dafür[3])?"
11. Da sagte Ahura Mazdāh:
„Man bestimme 30 Hiebe mit der Pferdepeitsche, 30 mit dem Zuchtriemen." —
12. „O Schöpfer (der stofflichen Welt,) ašaehrwürdiger!
Wenn einer einen Knochen eines toten Hundes oder Menschen hinfallen läßt —
so viel gerade als[5]) eines mittelgroßen Fingers[8]) vorderstes Glied —, woran Fett oder fettiger Stoff haftet[7]),
was ist die Strafe dafür[3])?"
13. Da sagte Ahura Mazdāh:
„Man bestimme 50 Hiebe mit der Pferdepeitsche, 50 mit dem Zuchtriemen." —
14. „O Schöpfer (der stofflichen Welt,) ašaehrwürdiger!
Wenn einer einen Knochen eines toten Hundes oder Menschen hinfallen läßt —
so viel gerade als[5]) des größten Fingers[8]) vorderstes Glied —, woran Fett oder fettiger Stoff haftet[7]),
was ist die Strafe dafür[3])?"
15. Da sagte Ahura Mazdāh:
„Man bestimme 70 Hiebe mit der Pferdepeitsche, 70 mit dem Zuchtriemen." —

---

[1]) 1496. [2]) 1375. [3]) 585. [4]) 224. [5]) 83. [6]) 979. [7]) 1521. [8]) 1115.

16. „O Schöpfer (der stofflichen Welt,) aša ehrwürdiger!
Wenn einer einen Knochen eines toten Hundes oder Menschen hinfallen läßt —
von der Dicke eines Fingers oder von der Größe einer Rippe —, woran Fett oder fettiger Stoff haftet[1]),
was ist die Strafe dafür[2])?"
17. Da sagte Ahura Mazdāh:
„Man bestimme 90 Hiebe mit der Pferdepeitsche, 90 mit dem Zuchtriemen." —
18. „O Schöpfer (der stofflichen Welt,) aša ehrwürdiger!
Wenn einer einen Knochen eines toten Hundes oder Menschen hinfallen läßt —
zwei Finger dick oder doppelt so groß wie eine Rippe —, woran Fett oder fettiger Stoff haftet[1]),
was ist die Strafe dafür[2])?"
19. Da sagte Ahura Mazdāh:
„Dafür bestimme man ihm, (des) Leib verwirkt ist, 200 Hiebe mit der Pferdepeitsche, 200 mit dem Zuchtriemen[3])." —
20. „O Schöpfer (der stofflichen Welt,) aša ehrwürdiger!
Wenn einer einen Knochen eines toten Hundes oder Menschen hinfallen läßt —
von der Stärke eines Arms oder von der Größe eines Hinterbackens —, woran Fett oder fettiger Stoff haftet[1]),
was ist die Strafe dafür[2])?"
21. Da sagte Ahura Mazdāh:
„Man bestimme 400 Hiebe mit der Pferdepeitsche, 400 mit dem Zuchtriemen." —
22. „O Schöpfer (der stofflichen Welt,) aša ehrwürdiger!
Wenn einer einen Knochen eines toten Hundes oder Menschen hinfallen läßt —
so viel gerade als[4]) der Kopf eines Menschen[5]) —, woran Fett oder fettiger Stoff haftet[1]),
was ist die Strafe dafür[2])?"
23. Da sagte Ahura Mazdāh:
„Man bestimme 600 Hiebe mit der Pferdepeitsche, 600 mit dem Zuchtriemen." —
24. „O Schöpfer (der stofflichen Welt,) aša ehrwürdiger!
Wenn einer den ganzen vollständigen Leib eines toten Hundes oder Menschen hinfallen läßt, woran Fett oder fettiger Stoff haftet[1]),
was ist die Strafe dafür[2])?"

---

[1]) 1521. [2]) 585. [3]) 224. [4]) 83. [5]) 1049.

25. Da sagte Ahura Mazdāh:
„Man bestimme 1000 Hiebe mit der Pferdepeitsche, 1000 mit dem Zuchtriemen.“ —

26. „O Schöpfer (der stofflichen Welt,) ašaehrwürdiger!
Wenn sie, die Mazdāhanbeter, schreitend oder laufend oder reitend oder fahrend[1], auf einen Leichnam in fließendem Wasser stoßen[2], wie sollen sie da, die Mazdāhanbeter, verfahren[3]?“
27. Da sagte Ahura Mazdāh:
„Man soll zuwarten, o Zaraθuštra, bis die Schuhe ausgezogen, bis die Kleider abgelegt sind[4]; man gehe weiter voran — man schaffe, o Zaraθuštra, den Toten aus dem Wasser[5] —
bis zu den Knöcheln ins Wasser,
bis zu den Knien ins Wasser,
bis zur (Leibes-)Mitte ins Wasser,
bis zur Mannshöhe ins Wasser (gehend)[6]:
bis daß man zu dem toten Körper gelangen kann.“ —
28. „O Schöpfer (der stofflichen Welt,) ašaehrwürdiger!
Und wenn die Leichname verfaulen und verwesen[7],
wie sollen sie da, die Mazdāhanbeter, verfahren[8]?“
29. Da sagte Ahura Mazdāh:
„Soviel sie nur davon mit den Händen zusammenraffen können[8], soviel sollen sie aus dem Wasser herausholen (und) im Trocknen, auf dem Land niederlegen[9]: sie sollen sich nicht dadurch, daß sie Knochen oder Haare oder Schleimauswürfe oder Ausleerungen oder Blut hineinfallen lassen, an den Wassern versündigen[10].“ —
30. „O Schöpfer (der stofflichen Welt,) ašaehrwürdiger!
Wieviel von dem stehenden Wasser trifft diese Drug, die Nasav, mit Krankheit und Fäulnis und Befleckung[11]?“
31. Da sagte Ahura Mazdāh:
„Sechs Schritt nach jeder der vier Seiten (bleibt) das Wasser so lang durch Verseuchung ungenießbar[12], bis daß diese Leiche herausgebracht (ist)[13]:
man soll so viel (als möglich) von dem Leichnam aus dem Wasser herausholen[14] (und) im Trocknen, auf dem Land niederlegen[9];
32. von dem Wasser sollen sie die Hälfte oder ein Drittel oder ein Viertel oder ein Fünftel ausschöpfen (und fortgießen): je nachdem[15] es möglich oder nicht möglich ist[16].

---

[1]) 158. [2]) 17. [3]) 1375. [4]) 1124; eig. „warten unter gleichzeitigem Ausziehen d. Sch., Ablegen d. Kl.“. [5]) 938. [6]) 1072. [7]) 974. [8]) 528, 601. [9]) 1840. [10]) 866 f.; eig. „sie sollen sich nicht durch das Hineinfallenlassen weder von Knochen noch . . . versündigen“. [11]) 849. [12]) 155. [13]) 941. [14]) 939. [15]) Eig. „wenn“. [16]) 1046.

Nach(dem) der Leichnam weggetragen (ist)[1],
nach(dem) das Wasser ausgeschöpft (ist)[2],
wird das Wasser infolge (seiner) Läuterung beliebig genießbar[3]) für beide, Tiere und Leute — ebenso wie auch zuvor[4])." —

33. „O Schöpfer (der stofflichen Welt,) aša ehrwürdiger!
Wieviel von dem in einer Brunnengrube befindlichen und dem (aus dem Boden) hervorsprudelnden Wasser[5]) trifft diese Drug, die Nasav, mit Krankheit und Fäulnis und Befleckung[6])?"

34—35. Da sagte Ahura Mazdāh:
„So lang (bleibt) das Wasser durch Verseuchung ungenießbar[7]), bis daß diese Leiche herausgebracht (ist)[8]): man soll ... von (dem Leichnam)[9]) .... ebenso wie auch zuvor." —

36. „O Schöpfer (der stofflichen Welt,) aša ehrwürdiger!
Wieviel von dem Schnee- und Regen-Wasser[10]) trifft diese Drug, die Nasav, mit Krankheit und Fäulnis und Befleckung[6])?"

37. Da sagte Ahura Mazdāh:
„Drei Schritt nach jeder der vier Seiten (bleibt) das Wasser so lang durch Verseuchung ungenießbar[7]), bis daß diese Leiche herausgebracht (ist)[8]): man soll so viel (als möglich) von dem Leichnam aus dem Wasser herausholen[11]) (und) im Trocknen, auf dem Land niederlegen[12]).

38. Nach(dem) der Leichnam weggetragen (ist)[1]),
nach(dem) das (Schnee- und Regen-)Wasser zerflossen (ist),
wird das Wasser infolge (seiner) Läuterung beliebig genießbar[3]) für beide, Tiere (und) Leute — ebenso wie auch zuvor[4])." —

39. „O Schöpfer (der stofflichen Welt,) aša ehrwürdiger!
Wieviel von dem fließenden Wasser trifft diese Drug, die Nasav, mit Krankheit und Fäulnis und Befleckung[6])?"

40. Da sagte Ahura Mazdāh:
„Drei Schritt stromabwärts, neun Schritt stromaufwärts, sechs Schritt quer (über den Strom)[13]) (bleibt) das Wasser so lang[14]) .... auf dem Land niederlegen.

41. Nach(dem) der Leichnam weggetragen (ist)[1]),
nach(dem) die Wellen dreimal darübergegangen (sind)[15]),
wird das Wasser infolge (seiner) Läuterung beliebig genießbar[3]) für beide, Tiere (und) Leute — ebenso wie auch zuvor[4])." —

42. „O Schöpfer (der stofflichen Welt,) aša ehrwürdiger!
Sind die Haoma's dann zu läutern[16]), o aša ehrwürdiger Ahura Mazdāh, wenn sie zu dem Leichnam eines toten Hundes oder Menschen hinzugebracht (worden sind)?"

---

[1]) 1088. [2]) 856. [3]) 1234. [4]) 1774. [5]) 410 f. [6]) 849. [7]) 155. [8]) 941. [9]) = V. 6. 31—32. [10]) 1644. [11]) 939. [12]) 1840. [13]) 115. [14]) = V. 6. 31. [15]) 93. [16]) 1233.

43. Da sagte Ahura Mazdāh:
„Sie sind zu läutern[1]), o ašagläubiger Zaraθuštra!
Gekelterter Haoma[2]) (verursacht)[3]) weder Krankheit noch Tod, (auch) nicht, (wenn er) zu einem Leichnam hinzugebracht (ist);
dagegen die ungekelterten[2]) (Haoma's), die (verursachen sie), wenn (hinzugebracht,) auf vier Finger (Entfernung);[4])
diese sollen sie auf die Erde ins Innere des Hauses[5]) niederlegen, bis daß ihnen die Dauer eines Jahrs (darüber) hingegangen ist[6]);
aber nach Jahresfrist können sie nach Belieben den ašagläubigen Männern als Nahrung dienen[7]) — ebenso wie auch zuvor[8]).“ —
44. „O Schöpfer (der stofflichen Welt,) ašaehrwürdiger!
Wohin sollen wir den Leib toter Menschen tragen, o Ahura Mazdāh? Wo sollen wir (ihn) niederlegen[9])?“
45. Da sagte Ahura Mazdāh:
„Auf den höchsten Orten, o Spitama Zaraθuštra, auf daß seiner am sichersten gewahr werden[10]) die aasfressenden Hunde oder die aasfressenden Vögel.
46. Da sollen sie, die Mazdāhanbeter, ihn, den Toten[11]), an seinen Füßen und an seinem Haar festmachen[12]) — ein Stück Eisen[13]) oder ein Stein[14]) oder ein Stück Horn[15]) (tut es auch)[13]) —: sonst[16]) könnten aasfressende Hunde oder aasfressende Vögel irgendwelche Knochen [des Leichnams] zu Wassern oder Pflanzen verschleppen[17]).“ —
47. „O Schöpfer (der stofflichen Welt,) ašaehrwürdiger!
Wenn sie (ihn) nicht festmachten (und) infolgedessen die aasfressenden Hunde oder aasfressenden Vögel irgendwelche Knochen [des Leichnams] zu Wassern oder Pflanzen verschleppten:
was ist die Strafe dafür[18])?“
48. Da sagte Ahura Mazdāh:
„Dafür bestimme man ihm, (des) Leib verwirkt ist, 200 Hiebe mit der Pferdepeitsche, 200 mit dem Zuchtriemen[19]).“ —
49. „O Schöpfer (der stofflichen Welt,) ašaehrwürdiger!
Wohin sollen wir die Knochen toter Menschen tragen, o Ahura Mazdāh? Wo sollen wir (sie) niederlegen[9])?“
50. Da sagte Ahura Mazdāh:
„Einen Aufbau soll man dann dafür errichten[20]) —
über den Hund hinaus[21]),
über den Fuchs hinaus,

---

[1]) 1233. [2]) 16. [3]) Eig. „(ist)“. [4]) 1060. [5]) 132. [6]) 1553. [7]) 270. [8]) 1774. [9]) 475. [10]) 1659. [11]) 16. [12]) 698. [13]) 156 u. No. [14]) 1685. [15]) 996. [16]) Eig. „wenn nicht“. [17]) 944; eig. „beim Tragen von .... hinkommen“. [18]) 585. [19]) 224. [20]) 412. [21]) 394; d. h. „daß der Hund ... nicht dazu gelangen kann“.

über den Wolf hinaus —,
(der) nicht von oben her durch Regenwasser zu benetzen (ist)[1].

51. Wenn die Mazdāhanbeter (dazu) in der Lage sind,
(sollen die Gebeine) auf einer Stein- oder[2]) Kalk- oder[2]) Lehm[3])-(Unterlage in dem Aufbau niedergelegt werden)[4]).
Wenn die Mazdāhanbeter (dazu) nicht in der Lage sind,
soll man die (Knochen)[5]) zu (ihrer) Belichtung (und) Besonnung[6]) (so) auf der Erde hinlegen, (daß) sie [ohne Unterlage selber] ihr eigenes Lager (und) eigenes Kissen bilden[5]).“ —
Aša ist das beste Gut[7]) . . .

7.

1. Es fragte Zaraθuštra den Ahura Mazdāh:
„O Ahura Mazdāh, heiligster Geist, Schöpfer der stofflichen Welt, o ašaehrwürdiger!
Wann kommt diese Drug, die Nasav, zu den toten Menschen herzugeflogen?“

2. Da sagte Ahura Mazdāh:
„Gleich nach dem Tod[8]), o Spitama Zaraθuštra, (wenn) die Wahrnehmungskraft aus (dem Körper) herausgeht[9]), kommt diese Drug, die Nasav, von Norden her in abscheulicher Fliegengestalt herzugeflogen[10]), die Knie nach vorn haltend, den Steiß emporrichtend, über und über mit Flecken bedeckt[11]), (anzusehen) wie abscheulichste Xrafstra's.“ —

3. „O Schöpfer (der stofflichen Welt,) ašaehrwürdiger!
Wenn aber sie, die (Leute), von Hunden getötet (sind) und von Wölfen[12]) getötet und von Zauberern getötet und durch Feindschaft getötet und durch (Sturz in) eine Felsenkluft getötet und von Menschen getötet und verräterisch getötet und durch Erdrosselung getötet (sind),
wie lange Zeit darauf kommt diese Drug, die Nasav, herzugeflogen?“

4. Da sagte Ahura Mazdāh:
„Im nächstfolgenden Tagesabschnitt[13]) kommt diese Drug, die Nasav, herzugeflogen.“ —

5—8. „O Schöpfer (der stofflichen Welt,) ašaehrwürdiger!
Wenn Männer, (die) beisammen wohnen[14]) . . . ., wenn sie den fünften trifft, steckt sie indirekt den vierten an.
Dann sollen sie damit (ihr) Lager und (ihr) Kissen zudecken[15]).“ —

---

[1]) 117. [2]) Eig. „wenn (sie dazu in der Lage sind)“. [3]) ? [4]) 655. [5]) 1878. [6]) 1491. [7]) = Y. 27. 14. [8]) 374. [9]) 919. [10]) 764. [11]) 46. [12]) 1623. [13]) 220. [14]) = V. 5. 27—30. [15]) 340; aus V. 5. 59.

9. „O Schöpfer (der stofflichen Welt,) ašaehrwürdiger!
In welchem Maß trifft diese Drug, die Nasav, die beiden, das Bett und das Polster[1]), mit Krankheit und Fäulnis und Befleckung[2])?"
10. Da sagte Ahura Mazdāh:
„Zu oberst das Lager, zu innerst das Kleidungsstück erreicht[3]) diese Drug, die Nasav, mit Krankheit und Fäulnis und Befleckung[2])." —
11. „O Schöpfer (der stofflichen Welt,) ašaehrwürdiger!
Sind die Kleider dann zu läutern[4]), o ašaehrwürdiger Ahura Mazdāh, wenn sie zu dem Leichnam eines toten Hundes oder Menschen hinzugebracht (worden sind)?"
12. Da sagte Ahura Mazdāh:
„Sie sind zu läutern[4]), o ašagläubiger Zaraθuštra!" —
„Unter welchen Bedingungen[5])?" —
„Sofern er [der Leichnam] (die Kleider) mit Samen oder Blut oder Kot oder Speichel besudelt hat[6]), so sollen die Mazdāhanbeter diese Kleider zerschneiden und verscharren;
13. aber wenn er (sie) nicht mit Samen oder Blut oder Kot oder Speichel besudelt hat[6]), so sollen die Mazdāhanbeter diese Kleider mit Rindsharn abspülen:
14. Wenn (das Kleid) aus Leder ist,
sollen sie (es) dreimal mit Rindsharn abspülen,
sollen sie (es) dreimal mit Erde überschütten[7]),
sollen sie (es) dreimal mit Wasser abspülen,
sollen sie (es) drei Monate am Fenster des Hauses ausräuchern;
15. aber wenn (das Kleid) aus Webstoff ist,
sollen sie (es) sechsmal mit Rindsharn abspülen,
sollen sie (es) sechsmal mit Erde überschütten[7]),
sollen sie (es) sechsmal mit Wasser abspülen,
sollen sie (es) sechs Monate am Fenster des Hauses ausräuchern.
16. Das Wasser namens Arədvī, o Spitama Zaraθuštra, das macht mir die Wasser vollkommen, das die Samenflüssigkeiten der Männer, das der Weiber Mutterleiber, das der Weiber Milch." —
17—22. „O Schöpfer (der stofflichen Welt,) ašaehrwürdiger!
Sind die Kleider . . . zu gebrauchen[8]) . . . . ⟨zu dem übelsten Dasein⟩." —
23. „O Schöpfer (der stofflichen Welt,) ašaehrwürdiger!
Sind die Leute dann zu läutern[9]), o ašaehrwürdiger Ahura Mazdāh, wenn sie den Leichnam eines toten Hundes oder Menschen genießen?"

---

[1]) 16. [2]) 849. [3]) 93 m. (?); aēte und ča gestrichen. [4]) 1233. [5]) 475. [6]) 93 o. [7]) 438. [8]) = V. 5. 57—62. [9]) 155.

24. Da sagte Ahura Mazdāh:
„Sie sind nicht zu läutern[1]), o ašagläubiger Zaraθuštra, und (ebensowenig) die Männer, (die) die Galle und (die) das Herz (aus den Leichen) herausschneiden,
und (ebensowenig) die Männer, (die ihnen) die Augäpfel aus der Augenhöhle herausreißen[2]):
auf deren Nägel[3]) kommt diese Drug, die Nasav, herzugeflogen[4]); dann können sie nun und nimmermehr geläutert werden[5]).“ —

25. „O Schöpfer (der stofflichen Welt,) ašaehrwürdiger!
Sind die Leute dann zu läutern[1]), o ašaehrwürdiger Ahura Mazdāh, wenn sie einen mit Unrat behafteten Leichnam zum Wasser oder zum Feuer herzubringen und es so verunreinigen[6])?“

26. Da sagte Ahura Mazdāh:
„Sie sind nicht zu läutern[1]), o ašagläubiger Zaraθuštra;
die verleihen am meisten Macht der Spinne und der Heuschrecke[7]), sie, die sich mit Leichen abgebenden Druggenossen;
die verleihen am meisten Macht der futterlosen Dürre, sie, die sich mit Leichen abgebenden Druggenossen;

27. die verleihen am meisten Macht dem daēvageschaffenen rindermordenden Winter[8]) mit dem tiefen Schnee, (der wie ein Raubtier) heranschleicht, dem grausigen gefahrenreichen[9]) arglistigen, sie, die sich mit Leichen abgebenden Druggenossen:
auf deren Nägel[3]) kommt diese Drug, die Nasav, herzugeflogen[4]); dann können sie nun und nimmermehr geläutert werden[5]).“ —

28. „O Schöpfer (der stofflichen Welt,) ašaehrwürdiger!
Sind die Brennhölzer dann zu läutern, o ašaehrwürdiger Ahura Mazdāh, wenn sie zu dem Leichnam eines toten Hundes oder Menschen hinzugebracht (worden sind)?“

29. Da sagte Ahura Mazdāh:
„Sie sind zu läutern[10]), o ašagläubiger Zaraθuštra!“ —
„Unter welchen Bedingungen[11])?“ —
„Sofern der Leichnam nicht angefressen (ist) — aasfressende Hunde oder aasfressende Vögel (sinds, die das tun)[12]) —, sollen sie in der Länge einer Spanne (Vītastay) vom trocknen (Holz)[13]), in der Länge einer Elle (Frārāθnay) vom feuchten auf der Erde hier nach jeder der vier Seiten niederlegen[13]); einmal sollen sie (die Hölzer) mit Wasser besprengen[14]):
in solcher Weise (ist) die Läuterung vorzunehmen[10]).

30. Aber wenn der Leichnam angefressen (ist) — aasfressende Hunde oder aasfressende Vögel (sinds, die das tun)[12]) —, sollen sie in der Länge

---

[1]) 155. [2]) 523. [3]) „Der Hände und Füße“. [4]) 1647. [5]) 156. [6]) 155 u.; eig. „herzubringen mit Verunreinigung“. [7]) 1114. [8]) 480. [9]) 48. [10]) 1233. [11]) 475. [12]) 469. [13]) 1840. [14]) 1644 f.

einer Elle (Frārāθnay) vom trocknen, in der Länge einer Armlänge (Frabāzav) vom feuchten (Holz)[1]) auf der Erde hier nach jeder der vier Seiten niederlegen; einmal sollen sie (die Hölzer) mit Wasser besprengen[2]):

in solcher Weise (ist) die Läuterung vorzunehmen[3]).

31. So viel von trockenen Brennhölzern, so viel von feuchten, so viel von harten, so viel von weichen sollen sie auf der Erde hier nach jeder der vier Seiten niederlegen; einmal sollen sie (sie) mit Wasser besprengen[2]):

in solcher Weise (ist) die Läuterung vorzunehmen[3])." —

32. „O Schöpfer (der stofflichen Welt,) ašaehrwürdiger!

Sind die Getreide und Gräser dann zu läutern, o ašaehrwürdiger Ahura Mazdāh, wenn sie zu dem Leichnam eines toten Hundes oder Menschen hinzugebracht (worden sind)?"

33. Da sagte Ahura Mazdāh:

„Sie sind zu läutern[3]), o ašagläubiger Zaraθuštra!" —

„Unter welchen Bedingungen[4])?" —

„Sofern der Leichnam nicht angefressen (ist) — aasfressende Hunde oder aasfressende Vögel (sinds, die das tun)[5]) —, sollen sie in der Länge einer Elle (Frārāθnay) vom trocknen, in der Länge einer Armlänge (Frabāzav) vom feuchten[1]) (Getreide) auf der Erde hier nach jeder der vier Seiten niederlegen; einmal sollen sie (das Getreide) mit Wasser besprengen[2]):

in solcher Weise (ist) die Läuterung vorzunehmen[3]).

34. Aber wenn der Leichnam angefressen ist — aasfressende Hunde oder aasfressende Vögel (sinds, die das tun)[5]) —, sollen sie in der Länge einer Armlänge (Frabāzav) vom trocknen, in der Länge einer Klafter (Vībāzav) vom feuchten (Getreide)[6]) auf der Erde hier nach jeder der vier Seiten niederlegen; einmal sollen sie (das Getreide) mit Wasser besprengen[2]):

in solcher Weise (ist) die Läuterung vorzunehmen[3]).

35. So viel vom trocknen Getreide, so viel vom feuchten,
so viel vom gesäten, so viel vom wildgewachsenen[7]),
so viel vom geschnittenen, so viel vom nichtgeschnittenen,
so viel vom gedroschenen, so viel vom nichtgedroschenen,
so viel vom geschroteten, so viel vom nichtgeschroteten,
so viel vom gemahlenen, so viel vom nichtgemahlenen,
so viel vom ....[8]) Getreide

sollen sie auf der Erde hier nach jeder der vier Seiten niederlegen; einmal sollen sie (es) mit Wasser besprengen[2]):

in solcher Weise (ist) die Läuterung vorzunehmen[3])." — —

---

[1]) 1021. [2]) 1644 f. [3]) 1233. [4]) 475. [5]) 469. [6]) 1448. [7]) 47; eig. „nichtgesät". [8]) aθrant-?

36. „O Schöpfer (der stofflichen Welt,) ašaehrwürdiger!
Wenn sie, die Mazdāhanbeter sich der Heilkunst widmen wollen[1]), an wem von den beiden sollen sie zunächst ihre Befähigung [zur Chirurgie] zu erweisen suchen: an Mazdāhanbetern oder an Daēvaanbetern[2])?"
37. Da sagte Ahura Mazdāh:
„An Daēvaanbetern sollen sie eher ihre Befähigung zu erweisen suchen[2]) als an Mazdāhanbetern;
wenn er einen ersten Daēvaanbeter operirt (und) der (Operirte) °stirbt,
wenn er einen zweiten Daēvaanbeter operirt (und) der (Operirte) °stirbt,
wenn er einen dritten Daēvaanbeter operirt (und) der (Operirte) °stirbt: (dann ist) der für immer und ewig ungeeignet[3]).
38. Nicht sollen sie dann auch bei Mazdāhanbetern als Ärzte wirken[4]), und sie sollen nicht an Mazdāhanbetern Operationen ausführen, und nicht soll er durch Operationen Schaden tun[5]);
wenn sie dann auch bei Mazdāhanbetern als Ärzte wirken, wenn sie Mazdāhanbeter operiren, wenn er durch Operationen Schaden tut[5]), (so) büße er für des Geschädigten Schädigung mit der Strafe[6]) für vorsätzliche (Körperverletzung)[7]). —
39. Wenn er einen ersten Daēvaanbeter operirt (und) der kommt davon[8]),
wenn er einen zweiten Daēvaanbeter operirt (und) der kommt davon,
wenn er einen dritten Daēvaanbeter operirt (und) der kommt davon: (dann ist) der erprobt für immer[2]) und ewig.
40. Nach Belieben sollen sie dann auch bei Mazdāhanbetern als Ärzte wirken[9]),
nach Belieben sollen sie Mazdāhanbeter operiren,
nach Belieben soll er durch Operationen heilen[5]).
41. Einen Priester soll man um einen dahmamäßigen Segensspruch heilen[10]),
eines Hauses Hausherrn soll man heilen um den Preis eines (Stücks) Großvieh (von) geringster (Güte)[11]),
eines Dorfes Dorfherrn soll man heilen um den Preis eines (Stücks) Großvieh (von) mittlerer (Güte),
eines Gaues Gauherrn soll man heilen um den Preis eines (Stücks) Großvieh (von) bester (Güte),
eines Landes Landesherrn soll man heilen um den Preis eines mit vieren bespannten Wagens.
42. Was zunächst die Frau des Hausherrn des Hauses (angeht, so) soll man (sie) heilen um den Preis für eine Eselsstute[12]),

[1]) 915. [2]) 1166. [3]) 33. [4]) 589. [5]) 453; die Formen von karət- sind verstümmelt. [6]) 464. [7]) 920. [8]) 496. [9]) 1450. [10]) 966. [11]) 1591. [12]) 435, 662.

die Frau des Dorfherrn des Dorfs soll man heilen um den Preis für ein weibliches Rind,
die Frau des Gauherrn des Gaus soll man heilen um den Preis für eine Roßstute,
die Frau des Landesherrn[1]) des Lands soll man heilen um den Preis für eine Kamelstute.

43. Den Sohn des Herrenhofs soll man heilen um den Preis eines (Stücks) Großvieh (von) bester (Güte);
ein (Stück) Großvieh (von) bester (Güte) soll man heilen um den Preis eines (Stücks) Großvieh (von) mittlerer (Güte),
ein (Stück) Großvieh (von) mittlerer (Güte) soll man heilen um den Preis eines (Stücks) Großvieh (von) geringster (Güte),
ein (Stück) Großvieh (von) geringster (Güte) soll man heilen um den Preis eines Schafs,
ein Schaf soll man heilen um den Preis einer Fleischspeise[2]). —

44. Wenn (Ärzte) zusammenkommen, (die) verschiedene Heilarten haben, o Spitama Zaraθuštra —
einer (der) mit dem Messer heilt[3]),
und einer (der) mit Pflanzen(säften) heilt,
und einer (der durch Besprechung) mit dem heiligen Wort heilt —:
(so) sollen sie sich an den hier wenden[4]), (der) mit dem heiligen Wort heilt; der ist der heiltüchtigen heiltüchtigster: (der) mit dem heiligen Wort heilt[5]), der bei einem ašagläubigen Mann (auch) die Eingeweide heilt[6]).“ —

45. „O Schöpfer (der stofflichen Welt,) ašaehrwürdiger!
In welcher Frist[7]) wird ein Leichnam — tote Menschen[8]) —, (dadurch daß er) auf der Erde niedergelegt dem Licht (und) der Sonne ausgesetzt[9]) (ist, selber) zu Erde[10])?“

46. Da sagte Ahura Mazdāh:
„In Jahresfrist, o ašagläubiger Zaraθuštra, wird ein Leichnam — tote Menschen[8]) —, (dadurch daß er) auf der Erde niedergelegt dem Licht (und) der Sonne ausgesetzt[9]) (ist, selber) zu Erde[10]).“ —

47. „O Schöpfer (der stofflichen Welt,) ašaehrwürdiger!
In welcher Frist[7]) wird ein Leichnam — tote Menschen —, (der) in die Erde eingegraben (ist, selber) so gut wie Erde[11])?“

48. Da sagte Ahura Mazdāh:
„Nach fünfzig Jahren, o Spitama Zaraθuštra, wird ein Leichnam — tote Menschen —, (der) in die Erde eingegraben (ist, selber) so gut wie Erde[11]).“ —

---

[1]) 681. [2]) 1868 f. [3]) 901. [4]) 1180 o. 1. Stelle. [5]) 1180 o. 2. Stelle. [6]) 1531 (?). [7]) Eig. „wieviel Zeit an Länge“. [8]) 1565. [9]) Eig. „unter Belichtung und Besonnung“. [10]) 1491, 1663. [11]) 1565, 1663.

49. „O Schöpfer (der stofflichen Welt,) ašaehrwürdiger!
In welcher Frist[1]) wird ein Leichnam — tote Menschen —, (der) an einer Leichenstätte niedergelegt (ist, selber) so gut wie Erde[2])?"
50. Da sagte Ahura Mazdāh:
„Nicht vorher, o Spitama Zaraθuštra, als diese [Leichenstätte] sich mit dem Staub vermengt hat[3]).
Treibe, o Spitama Zaraθuštra, jedweden der stofflichen Menschheit (dazu) an, an diesen Leichenstätten (mit) abzutragen[4]).
51. Und wenn mir einer von diesen Leichenstätten ein Stück so groß als[5]) sein Leib ist, abträgt:
(so) soll ihm beglichen sein das (üble) Denken, beglichen das Reden, beglichen das Tun[6]),
es soll ihm wieder gut gemacht sein das (üble) Denken, wieder gut gemacht das Reden, wieder gut gemacht das Tun[7]).
52. Wegen dieses Manns werden die zwei Geister nicht in Kampf (miteinander) eintreten[8]).
‚Stracks gehe weiter zum Paradies' (so) werden ihn, o Zaraθuštra, willkommen heißen die Sterne[9]) und der Mond und die Sonne.
Und (so) werde Ich ihn willkommen heißen, ich der Schöpfer Ahura Mazdāh: ‚Nach Wunsch (gehe es) dir hier, o Mann[9]), der du vom vergänglichen[10]) Leben zum unvergänglichen[10]) Leben herüberkamst[11])'." —

53. „O Schöpfer (der stofflichen Welt,) ašaehrwürdiger!
Wo ist der Daēva? wo der Daēvaverehrer? wo der °Genosse der Daēva's? wo der °Gefährte der Daēva's? wo °kommen die Daēva's zusammen:
50 zu schlagen mit 100 Schlägen,
100 zu schlagen mit 1000 Schlägen,
1000 zu schlagen mit 10 000 Schlägen,
10 000 zu schlagen mit 100 000 Schlägen[12])?"
54. Da sagte Ahura Mazdāh:
„An diesen Leichenstätten, o Spitama Zaraθuštra, die auf der Erde hier aufgeschüttet werden[13]), darein die toten Menschen gelegt werden: dort ist der Daēva[14]), dort der Daēvaverehrer, dort der °Genosse der Daēva's, dort der °Gefährte der Daēva's, dort °kommen die Daēva's zusammen:
50 zu schlagen mit 100 Schlägen,
100 zu schlagen mit 1000 Schlägen,
1000 zu schlagen mit 10 000 Schlägen,
10 000 zu schlagen mit 100 000 Schlägen[12]).

---

[1]) Eig. „wieviel Zeit an Länge". [2]) 1565, 1663. [3]) 1482. [4]) 439. [5]) 1157; eig. „so viel an Größe als". [6]) 151. [7]) 1377. [8]) 1527. [9]) 945. [10]) Eig. „gefahr-voll, -entrückt". [11]) 851. [12]) 281. [13]) 930; eig. „durch Aufschüttung aufgeschüttet". [14]) 1730; eig. „der da ist D., der . .".

55. Man könnte wirklich meinen, o Spitama Zaraθuštra, sie die Daēva's °essen an diesen Leichenstätten und geben [das Gegessene dort wieder] von sich, wie Ihr, die Menschen, in diesem, dem stofflichen Dasein <gare>[1]) Speisen schmort[2]) und gares Fleisch eßt[2]) ....[3]).

56. Diese [Leichenstätte] bildet ja eine Stütze der Daēva's, solang der Gestank davon (noch) wahrnehmbar ist[4]).

57. An diesen Leichenstätten entstehen Krankheit und Krätze und Fieber und ...[5]) und Fieberfrost und ...[6]). — <Greis ist das Haar>[7]).

58. An diesen Leichenstätten vereinigen sich die °verderblichsten Menschen nach Sonnenuntergang.

59. <Wenn, wer geringe Einsicht besitzt, nicht nach größrer Einsicht strebt[8]) — —. Ein Drittel dieser Krankheiten bestärken die °Menscher[9]). An den Lippen und ...[10]) und ...[11]) (hat das Kind) krause Haare[12])>." —

60—69. „O Schöpfer (der stofflichen Welt,) ašaehrwürdiger!
Wenn hier im Hause eines Mazdāhanbeters[13]) eine Frau in die Schwangerschaft kommt[14]), ... und Wasser bei den neun Löchern [des Reinigungsraums]: auf diese Weise (sind sie) wieder zu läutern." —

70. „O Schöpfer (der stofflichen Welt,) ašaehrwürdiger!
Und wenn Fieber ihren bebenden Leib befällt[15]), und wenn die zwei übelsten Krankheiten — Hunger und Durst — sie befallen: darf diese Frau Wasser trinken?"

71. Da sagte Ahura Mazdāh:
„Sie mag trinken! Das ist für sie das größere Anliegen[16]), daß sie (ihre) Lebenskraft rette[17]) ....[18]). Und es soll diese Frau *eine Hand voll* Wasser trinken[19]). Dann sollt Ihr, die Mazdāhanbeter, die Strafe (dafür) bestimmen)[20]): der (zu dem Zweck) angerufene Ratav[21]), der (dazu) angerufene Sraošāvarəz bestimmt die Strafe[22])." —

72. „Was ist die Strafe dafür?"
Da sagte Ahura Mazdāh:
„Dafür bestimme man ihr, (deren) Leib verwirkt ist, 200 Hiebe mit der Pferdepeitsche, 200 mit dem Zuchtriemen." —

73. „O Schöpfer (der stofflichen Welt,) ašaehrwürdiger!
Sind die Trinkschalen[23]) dann zu läutern, o ašaehrwürdiger Ahura

---

[1]) Wohl auszulassen, 1878 xᵛāsta-No. [2]) 1782 f.; 3. pl. statt 2. pl. [3]) nāuiti hā aēte yōi mašyāka xᵛarənti framanyete? [4]) 1741. [5]) naēza-, Name einer Krankheit. [6]) aγōstay-, ebenso. [7]) 903. [8]) 1156 (?). [9]) 772. [10]) dumna- „Hand"? [11]) θrivata-, ein Körperteil? [12]) 44 (?); ganz dunkle Stelle. [13]) 3. [14]) = V. 5. 45—54. [15]) 501. [16]) 195. [17]) 917. [18]) para kahmāicit̰ dahmanąm dahmāhu vaēθāhu dahmača ašavanasča? [19]) 1687; eig. „das Maß der Hand habendes Wasser". [20]) frāθwərəšaēta? [21]) 38. [22]) 1636; obwohl ihr also in anbetracht der Lebensgefahr das Trinken empfohlen ist, bleibt die Handlung doch strafbar (vgl. Spiegel, Comm. zum Avesta I 235). [23]) 357.

Mazdāh, wenn sie zu dem Leichnam eines toten Hundes oder Menschen hinzugebracht (worden sind)?"

74. Da sagte Ahura Mazdāh:
„Sie sind zu läutern[1]), o ašagläubiger Zaraθuštra!" —
„Unter welchen Bedingungen[2])?" —
„Sofern (die Schale) von Gold ist[3]):
soll man (sie) einmal mit Rindsharn abspülen,
soll man (sie) einmal bis oben mit Erde anfüllen,
soll man (sie) einmal mit Wasser abspülen:
in solcher Weise (ist) die Läuterung vorzunehmen[1]);

75. aber wenn sie von Silber ist:
soll man (sie) zweimal mit Rindsharn abspülen,
soll man (sie) zweimal bis oben mit Erde anfüllen,
soll man (sie) zweimal mit Wasser abspülen:
in solcher Weise (ist) die Läuterung vorzunehmen[1]);
aber wenn sie von Eisen ist:
soll man (sie) dreimal mit Rindsharn abspülen,
soll man (sie) dreimal bis oben mit Erde anfüllen,
soll man (sie) dreimal mit Wasser abspülen:
in solcher Weise (ist) die Läuterung vorzunehmen[1]);
aber wenn sie von Stahl ist:
soll man (sie) viermal mit Rindsharn abspülen,
soll man (sie) viermal bis oben mit Erde anfüllen,
soll man (sie) viermal mit Wasser abspülen:
in solcher Weise (ist) die Läuterung vorzunehmen[1]);
aber wenn sie von Stein ist:
soll man (sie) sechsmal mit Rindsharn abspülen,
soll man (sie) sechsmal bis oben mit Erde anfüllen,
soll man (sie) sechsmal mit Wasser abspülen:
in solcher Weise (ist) die Läuterung vorzunehmen[1]);
aber wenn sie von Erde, von Holz (oder) von Horn ist, (ist sie) nimmer zu läutern." —

76. „O Schöpfer (der stofflichen Welt,) ašaehrwürdiger!
Ist das Rind[4]) dann zu läutern, o ašaehrwürdiger Ahura Mazdāh, wenn es den Leichnam eines toten Hundes oder Menschen genießt?"

77. Da sagte Ahura Mazdāh:
Sie sind[4]) zu läutern, o ašagläubiger Zaraθuštra!
Nicht darf man (von dem Rind) die Milch <den Käse>[5]) beim Zaoθra verwenden, nicht das Fleisch[6]) beim Zaoθra (und) zum Barəsman vor Ablauf[7]) eines Jahres;

[1]) 1233. [2]) 475. [3]) 1677. [4]) Die Numeri wechseln. [5]) Wohl Glosse. [6]) 832, 1029. [7]) Eig. „innerhalb".

aber nach Jahresfrist sollen sie den ašagläubigen Männern nach Belieben als Nahrung dienen[1]: ebenso wie auch zuvor[2].“ —

78. „Wer mag der sein, o Ahura Mazdāh, der an das Aša denkend, das Aša suchend, das Aša vernachlässigt ⟨und an das Aša denkend⟩ und die Drug findet[3])?“

79. Da sagte Ahura Mazdāh:

„Wer an das Aša denkend, das Aša suchend, das Aša vernachlässigt ⟨und an das Aša denkend⟩ und die Drug findet[3], (das) wird wahrlich der sein, o ašagläubiger Zaraθuštra:

der durch Leichenteile verunreinigtes, als Zaoθra verpöntes Wasser darbringt,

der in der Zeit der (Morgen- und Abend-)Dämmerung[4] das verpönte Zaoθra darbringt.“ —

Aša ist das beste Gut[5] . . .

8.

1. „Wenn in einer aus Holz aufgerichteten Hütte oder in einem Unterschlupf aus Reisiggeflecht ein Hund oder ein Mensch stirbt[6],

wie sollen sie da, die Mazdāhanbeter, verfahren[7]?“

2. Da sagte Ahura Mazdāh:

„Nach [passenden] Leichenstätten sollen sie sich umsehen, Leichenstätten sollen sie herrichten[8].

Wenn sie inne werden, (daß) der Tote leichter hinzubringen (ist)[9], (so) sollen sie den Toten wegtragen (und) folglich die Behausung dalassen[10]; die Behausung sollen sie ausräuchern mit Sandelholz[11] oder Benzoe[11] oder Aloe[11] oder Haδānaēpatā [Granatapfel][11] oder mit irgend welchen (andern) sehr wohlriechenden Pflanzen.

3. Wenn sie inne werden, (daß) die Behausung leichter hinzubringen (ist, so) sollen sie die Behausung wegtragen (und) folglich den Toten dalassen[10]; die Behausung sollen sie ausräuchern mit Sandelholz[12] . . . . Pflanzen.“ —

4. „O Schöpfer (der stofflichen Welt,) ašaehrwürdiger!

Wenn hier im Hause eines Mazdāhanbeters[13] ein Hund oder ein Mensch stirbt an einem Regen- oder Schnee- oder Sturm-(Tag)[14] oder bei Einbruch der Dunkelheit[15] oder (wenn sonst) ein Tag kommt, (da) Tiere nicht heraus (und) Menschen nicht herauskönnen[16],

wie sollen sie da, die Mazdāhanbeter, verfahren[7]?“

---

[1]) 1868. [2]) 1774. [3]) 1493 f. [4]) 391; eig. „in den an die Nacht angrenzenden Dunkelheiten“. [5]) = Y. 27. 14. [6]) 307. [7]) 1375. [8]) 429. [9]) 391. [10]) 172. [11]) Bedeutungen nach der Bestimmung der indischen Parsen. [12]) = V. 8. 2. [13]) 3. [14]) 1410, 1626; eig. „an einem regnenden . . . (Tag)“. [15]) 88. [16]) 1368.

5—7. Da sagte Ahura Mazdāh:
„Wo in diesem Haus des Mazdāhanbeters (der Erdboden) weitaus (am saubersten)[1] .... drei Schritt von den ašagläubigen Männern.

8. Dort nun sollen die Mazdāhanbeter in der Erde eine Grube ausgraben: bis zur Mitte (der) Bein(höhe) in hartem Erdboden, bis zur (Leibes-)Mitte eines Manns in weichem Erdboden[2]; hinbringen sollen sie ihm [dem Leichnam] als Lager Asche oder Mist[3]; oben (über) ihm sollen sie Staub von Ziegel oder Stein oder von trockenen Erd(art)en[4]) hinbringen.

9. Dort nun sollen sie den leblosen Leib niederlegen auf die Dauer von zwei Tagen oder drei Tagen[5]) oder von einem Monat oder bis zur Zeit, wo die Vögel auffliegen, die Pflanzen emporsprießen, die Lachen sich verlaufen, der Wind die Erde ausgetrocknet hat[6]).

10. Dann wenn die Vögel auffliegen, die Pflanzen emporsprießen, die Lachen sich verlaufen, der Wind die Erde ausgetrocknet hat[6]), dann sollen die Mazdāhanbeter eine Bresche in das Haus brechen[7]); zwei Männer ⟨(zwei) der wachsamsten (und) tüchtigen[8])⟩ sollen nackt (und) unbekleidet, (indem) sie ihn [den Leichnam] mittelst[9]) Lehmziegeln oder Steinen festmachen, ihn über einer Kalkunterlage auf die Erde hinlegen[10]), auf daß seiner am sichersten gewahr werden[11]) die aasfressenden Hunde oder die aasfressenden Vögel.

11. Dort sollen sich die Leichenwärter hinsetzen drei Schritt[12]) entfernt von den Toten[13]); dann soll der ašagläubige Ratav zu den Mazdāhanbetern sprechen: ‚O Mazdāhanbeter, man soll Harnmengen sammeln, mit denen sich diese Leichenwärter Haare und Haut[14]) abspülen sollen‘.“ —

12. „O Schöpfer (der stofflichen Welt,) ašaehrwürdiger!
Was für Harn(art)e(n), o ašaehrwürdiger Ahura Mazdāh, sollen es denn sein, mit denen sich diese Leichenwärter Haare und Haut[14]) abspülen sollen: von Kleinvieh oder von Großvieh oder von Männern oder von Frauen?“

13. Da sagte Ahura Mazdāh:
„Von Kleinvieh oder Großvieh, nicht von Männern noch von Frauen, mit Ausnahme von zweien, die sind: der in Sippenehe lebende (Mann) und die in Sippenehe lebende (Frau); die sollen die Harnmengen harnen, mit denen sich diese Leichenwärter Haare und Haut[14]) abspülen sollen.“ —

14. „O Schöpfer (der stofflichen Welt,) ašaehrwürdiger!
Wenn des Wegs hinausgetragen werden[15]) tote Hunde und tote Menschen, sollen diese Wege begehen[16]) Kleinvieh oder Großvieh oder Männer

---

[1]) = V. 5. 46—48. [2]) 837, 1047 (Ntr. 1895). [3]) 320. [4]) 1840. [5]) 963. [6]) 1095. [7]) 390. [8]) ?; s. 1471 No. zu vīzōišta-. [9]) Eig. „an“. [10]) 395 f. [11]) 1659. [12]) Eig. „soviel wie drei Schritt“. [13]) 1754. [14]) 634; eig. „Leib“. [15]) 938. [16]) 843.

oder Frauen oder das Feuer, der Sohn des Ahura Mazdāh, oder das ašamäßig gespreitete Barəsman?“

15. Da sagte Ahura Mazdāh:
„Nicht sollen diese Wege begehen weder Kleinvieh noch Großvieh noch Männer noch Frauen noch das Feuer, der Sohn des Ahura Mazdāh, noch das ašamäßig gespreitete Barəsman.

16. Einen gelblichen vieräugigen Hund[1]), weißlich mit gelblichen Ohren, sollen sie dann drei Mal diese Wege auf und abführen[2]):
und beim Herzugeleiten des gelben vieräugigen Hundes, des weißlichen mit gelblichen Ohren, fliegt[3]) diese Drug, die Nasav, nach Norden zu davon, o Spitama Zaraθuštra.

17. Wenn nicht[4]): (so) sollen sie, o Spitama Zaraθuštra, einen gelblichen vieräugigen Hund[1]), <nicht[5])> weißlich mit gelblichen Ohren, dann nun sechsmal diese Wege hinzu (und) auf und abführen:
und beim Herzugeleiten des gelblichen vieräugigen Hundes, des weißlichen mit gelblichen Ohren, fliegt[3]) diese Drug, die Nasav, nach Norden zu davon, o Spitama Zaraθuštra.

18. Wenn nicht[4]): (so) sollen sie, o Spitama Zaraθuštra, einen gelblichen vieräugigen Hund[1]), <nicht[5])> weißlich mit gelblichen Ohren, dann nun neunmal diese Wege hinzu (und) auf und abführen:
und beim Herzugeleiten des gelblichen vieräugigen Hundes, des weißlichen mit gelblichen Ohren, fliegt[3]) diese Drug, die Nasav, nach Norden zu davon, o Spitama Zaraθuštra.

19. Wenn nicht: <........ mit gelblichen Ohren>[6]), (so) soll ein Priester zuerst diese Wege begehen, die sieghaften Worte hersagend: ‚Wie der beste Oberherr[7]) ...

20. ‘Wen, o Mazdāh[8]) .... tu ... Kunde’[8]).
‘Wer ist es, der siegreich[9]) .... dem (du es wünschest)’[9]).

21. Schützt uns vor dem Feind, o Mazdāh und o heilige[10]) Ārmatay!
(Ver)schwinde daēvische Drug,
(ver)schwinde daēvaentstammte,
(ver)schwinde daēvageschaffene,
(ver)schwinde daēvaerzeugte!
Verschwinde, o Drug, °zieh ab, o Drug, verschwinde völlig, o Drug, im Norden sollst du verschwinden[11]), nicht sollst du die stoffliche Welt des Aša °zunichte machen!‘

---

[1]) 578 f.; es handelt sich um das sog. Sagdīd; „vieräugig“ bed. „mit zwei dunkeln Flecken über den Augen“. Man hat wohl nur einen einzigen Hund anzunehmen (vgl. Geldner KZ. 25. 582); man muß dann in § 17 u. 18 das zweite nōiṯ „nicht“ streichen. Nimmt man zweierlei Hunde an, so hat man überall vā „oder“ zu ergänzen und muß im zweiten Teil von § 17 u. 18 nōiṯ „nicht“ einfügen: in Ordnung ist die Stelle keinesfalls. [2]) 1610. [3]) 92. [4]) 1297 u. [5]) s. unter No. 1. [6]) Aus den vorang. §§. [7]) = Y. 27. 13. [8]) = Y. 46. 7. [9]) Aus Y. 44. 16. [10]) Eines der beiden ča ist ausgelassen. [11]) 79.

22. Nach Gefallen können alsdann, o Mazdāhanbeter, diese Wege begehen Kleinvieh oder Großvieh oder Männer oder Frauen oder das Feuer, der Sohn des Ahura Mazdāh, oder das ašamäßig gespreitete Barəsman; nach Gefallen können alsdann die Mazdāhanbeter dieses Hauses den Fleisch (und) Wein enthaltenden Myazda bereiten, (ohne) sich zu versündigen[1]) — ganz wie auch zuvor[2])." —

23. „O Schöpfer (der stofflichen Welt,) ašaehrwürdiger!
Wenn einer ein Gewandstück aus Zeug oder Leder auf einem Toten liegen läßt[3]), so viel gerade[4]) als ein paar Männerstrümpfe (groß sind)[5]),
was ist die Strafe dafür[6])?"
Da sagte Ahura Mazdāh:
„Man bestimme 400 Hiebe mit der Pferdepeitsche, 400 mit dem Zuchtriemen." —

24. „O Schöpfer (der stofflichen Welt,) ašaehrwürdiger!
Wenn einer ein Gewandstück aus Zeug oder Leder auf einem Toten liegen läßt[3]), so viel gerade[4]) als eine Hose (groß ist), (die) die beiden (Schenkel) bedeckt[7]),
was ist die Strafe dafür[6])?"
Da sagte Ahura Mazdāh:
„Man bestimme 600 Hiebe mit der Pferdepeitsche, 600 mit dem Zuchtriemen." —

25. „O Schöpfer (der stofflichen Welt,) ašaehrwürdiger!
Wenn einer ein Gewandstück aus Zeug oder Leder auf einem Toten liegen läßt[3]), so viel gerade[4]) als das Gewand eines Mannes (groß ist)[8]),
was ist die Strafe dafür[6])?"
Da sagte Ahura Mazdāh:
„Man bestimme 1000 Hiebe mit der Pferdepeitsche, 1000 mit dem Zuchtriemen." —

26. „O Schöpfer (der stofflichen Welt,) ašaehrwürdiger!
Wenn einer gegen seinen Willen Päderastie duldet und Päderastie treibt[9]),
was ist die Strafe dafür[6])?"
Da sagte Ahura Mazdāh:
„Man bestimme 800 Hiebe mit der Pferdepeitsche, 800 mit dem Zuchtriemen." —

27. „O Schöpfer (der stofflichen Welt,) ašaehrwürdiger!
Wenn einer mit seinem Willen Päderastie duldet und Päderastie treibt[9]),
wie kann man das durch (Vermögens)strafe, wie durch (Leibes)strafe sühnen, wie kann man sich davon entsündigen[10])?"

---

[1]) yaoždayąn gestrichen. [2]) 124. [3]) 17. [4]) 83. [5]) 324. [6]) 585. [7]) 451. [8]) 1455; eig. „als éin Männergewand". [9]) 1323 o. [10]) 585; s. No. 3 zu V. 3. 38.

Da sagte Ahura Mazdāh:
„Es gibt dafür keinesfalls eine (Sühne durch Vermögens)strafe,
es gibt dafür keinesfalls eine (Sühne durch Leibes)strafe,
es gibt dafür überhaupt keine Sühne[1]): (weil) die Tat (auch durch Leibesstrafen) unsühnbar ist für immer und ewig." —

28—30. „Unter welchen Bedingungen[2]) .... setzt den Mündigen die Strafe fest>." —

31. „O Schöpfer (der stofflichen Welt,) ašaehrwürdiger!
Wer gehört zu den Daēva's, wer (ist) ein Daēvaanbeter[3]), wer ein aktiver Päderast der Daēva's, wer ein passiver Päderast der Daēva's, wer eine Hure der Daēva's[4]), wer (ist) ein (den wirklichen) gleichwertiger Daēva[5]), wer (ist) ganz (und gar) ein Daēva[6]), wer (ist) vor dem °Sterben ein Daēva, wer verwandelt sich nach dem °Sterben in (einen) geistige(n) Daēva?"

32. Da sagte Ahura Mazdāh:
„Ein Mann (der) der Päderastie dient und ein Mann (der) der Päderastie fröhnt[7]), o Spitama Zaraθuštra:
der gehört zu den Daēva's, der (ist) ein Daēvaanbeter, der (ist) ein aktiver Päderast der Daēva's, der ein passiver Päderast der Daēva's, der eine Hure der Daēva's, der (ist) ein (den wirklichen) gleichwertiger Daēva, der (ist) ganz (und gar) ein Daēva, der (ist) vor dem °Sterben ein Daēva, der verwandelt sich nach dem °Sterben in (einen) geistige(n) Daēva:
wenn ein Mann in einen (anderen) Mann Samenflüssigkeit ergießt oder wenn ein Mann Samenflüssigkeit (anderer) Männer in sich aufnimmt." —

33. „O Schöpfer (der stofflichen Welt,) ašaehrwürdiger!
Sind die Männer dann zu läutern, o ašaehrwürdiger Ahura Mazdāh, wenn sie auf den Leichnam von ausgetrockneten, (weil schon) über Jahresfrist °totgegangenen (Wesen) stoßen[8])?"

34. Da sagte Ahura Mazdāh:
„Sie sind zu läutern, o ašagläubiger Zaraθuštra! Trocknes wird nicht an Trocknem haften[9]); wenn Trocknes an Trocknem haften bliebe[10]), würden mir in Kürze bei der gesamten stofflichen Menschheit[11]) <darauf ausgehend als Mißächter des heiligen Rechts>[12]) die Seelen voll Angst, die Leiber dem Gericht verfallen (sein)[13]): bei der Fülle der Leichname, die hier auf dem Erdboden daliegen[14])." —

---

[1]) 1043. [2]) = V. 3. 40—42. [3]) 670. [4]) 531. [5]) 1787. [6]) 1460. [7]) 1323. [8]) 1816 f.; und zwar daēvischer Wesen. [9]) 1631. [10]) 1632. [11]) [12]) s. Noten 7 u. 8 zu V. 5. 4. [13]) 533. [14]) 1521.

35. „O Schöpfer (der stofflichen Welt,) aša ehrwürdiger!
Sind die Männer dann zu läutern, o aša ehrwürdiger Ahura Mazdāh, wenn sie zu dem Leichnam eines toten Hundes oder Menschen hinzugebracht (worden sind)?"

36. Da sagte Ahura Mazdāh:
„Sie sind zu läutern [1]), o ašagläubiger Zaraθuštra!" —
„Unter welchen Bedingungen [2])?" —
„Sofern der Leichnam angefressen (ist) — aasfressende Hunde oder aasfressende Vögel (sinds, die das tun) [3]) —, so soll er seinen Leib ringsum mit Rindsharn und Wasser reinigen:
auf diese Weise (sind) sie wieder zu läutern [1]).

37. Aber wenn der Leichnam nicht angefressen (ist) — aasfressende Hunde oder aasfressende Vögel (sinds, die das tun) [3]) —, dann sollen die Mazdāhanbeter zum erstenmal in die Erde drei Löcher graben; drauf soll man sich den eignen Leib ringsum mit Rindsharn, nicht mit Wasser, reinigen; sie sollen meine Hunde herholen, (indem) sie (sie) an den Vorderbeinen [von ihrem Lager weg] fortschleppen [4]).

38. Zum zweiten Male sollen die Mazdāhanbeter dann drei Löcher in die Erde graben; drauf soll man sich den eignen Leib ringsum mit Rindsharn, nicht mit Wasser, reinigen; sie sollen meine Hunde herholen, (indem) sie (sie) an den Vorderbeinen [von ihrem Lager weg] fortschleppen [4]);
bis dahin sollen sie zuwarten, daß ihm zu oberst des Kopfs von den Spitzen her die Haare trocken werden [5]).

39. Zum drittenmal sollen die Mazdāhanbeter dann drei Löcher in die Erde graben, drei Schritt weit [6]) von den beiden ersteren; drauf soll man sich den eignen Leib mit Wasser, nicht mit Harn, ringsum reinigen.

40. Zuerst sollen sie ihnen die Hände waschen; denn wenn seine Hände nicht gewaschen (sind), so verunreinigt er seinen ganzen Leib [7]);
wenn dann ihre Hände gewaschen (sind), alsdann sollst du dreimal mit den gewaschenen Händen ihr Oberstes, den Vorderkopf [8]), begießen." —

41. „O Schöpfer (der stofflichen Welt,) aša ehrwürdiger!
Und wenn sich die guten Wasser auf (deren) Oberstes, den Vorderkopf [8]), hinwenden, auf welchen Teil [9]) von ihnen kommt diese Drug, die Nasav, herzugeflogen?"
Da sagte Ahura Mazdāh:
„Vorn auf den Sattel [10]) zwischen deren Augenbrauen kommt diese Drug, die Nasav, herzugeflogen." —

---

[1]) 1233. [2]) 475. [3]) 469. [4]) 1088, 2 Stellen; wörtl. „. . . herholen im Forttragen (vom Lager), nicht im Nichtforttragen, durch Forttragen an den Vorderbeinen". [5]) 399. [6]) Eig. „soviel als . .". [7]) 156. [8]) 1336. [9]) 475; eig. „wohin". [10]) hō.nā verderbtes Wort, gemeint ist die Stelle „zwischen Stirn und Nase des Menschen".

42. „O Schöpfer (der stofflichen Welt, ašaehrwürdiger!)
Und wenn sich die guten Wasser vorn auf den Sattel[1]) zwischen deren Augenbrauen hinwenden, auf welchen Teil[2]) von ihnen kommt diese Drug, die Nasav, herzugeflogen?"
Da sagte Ahura Mazdāh:
„Hinten auf deren Kopf[3]) kommt diese Drug, die Nasav, herzugeflogen." —

43. „O Schöpfer (der stofflichen Welt, ašaehrwürdiger!)
Und wenn sich die guten Wasser auf den Hinterkopf hinwenden, auf welchen Teil[2]) von ihnen kommt diese Drug, die Nasav, herzugeflogen?"
Da sagte Ahura Mazdāh:
„Vorn auf den obern Teil von deren Gesicht[4]) kommt diese Drug, die Nasav, herzugeflogen." —

44. „O Schöpfer (der stofflichen Welt, ašaehrwürdiger!)
Und wenn sich die guten Wasser vorn auf den obern Teil des Gesichts[4]) hinwenden, auf welchen Teil[2]) von ihnen kommt diese Drug, die Nasav, herzugeflogen?"
Da sagte Ahura Mazdāh:
„An deren rechtes Ohr kommt diese Drug, die Nasav, herzugeflogen." —

45. „O Schöpfer (der stofflichen Welt, ašaehrwürdiger!)
Und wenn sich die guten Wasser auf das rechte Ohr hinwenden, auf welchen Teil[2]) von ihnen kommt diese Drug, die Nasav, herzugeflogen?"
Da sagte Ahura Mazdāh:
„Auf deren linkes Ohr kommt diese Drug, die Nasav, herzugeflogen." —

46. „O Schöpfer (der stofflichen Welt, ašaehrwürdiger!)
Und wenn sich die guten Wasser auf das linke Ohr hinwenden, auf welchen Teil[2]) von ihnen kommt diese Drug, die Nasav, herzugeflogen?"
Da sagte Ahura Mazdāh:
„Auf deren rechte Schulter kommt diese Drug, die Nasav, herzugeflogen." —

47. „O Schöpfer (der stofflichen Welt, ašaehrwürdiger!)
Und wenn sich die guten Wasser auf die rechte Schulter hinwenden, auf welchen Teil[2]) von ihnen kommt diese Drug, die Nasav, herzugeflogen?". —
Da sagte Ahura Mazdāh:
„Auf deren linke Schulter kommt diese Drug, die Nasav, herzugeflogen." —

---

[1]) s. No. 10 zu V. 8. 41. [2]) s. No. 9 zu V. 8. 41. [3]) 1336. [4]) Eig. „was den Kinnladen gegenüber liegt".

48. „O Schöpfer (der stofflichen Welt, ašaehrwürdiger!)
Und wenn sich die guten Wasser auf die linke Schulter hinwenden, auf welchen Teil[1]) von ihnen kommt diese Drug, die Nasav, herzugeflogen?"
Da sagte Ahura Mazdâh:
„Zu deren rechter Achselhöhle kommt diese Drug, die Nasav, herzugeflogen." —

49. „O Schöpfer (der stofflichen Welt, ašaehrwürdiger!)
Und wenn sich die guten Wasser zu der rechten Achselhöhle hinwenden, auf welchen Teil[1]) von ihnen kommt diese Drug, die Nasav, herzugeflogen?"
Da sagte Ahura Mazdâh:
„Zu deren linker Achselhöhle kommt diese Drug, die Nasav, herzugeflogen." —

50. „O Schöpfer (der stofflichen Welt, ašaehrwürdiger!)
Und wenn sich die guten Wasser zu der linken Achselhöhle hinwenden, auf welchen Teil[1]) von ihnen kommt diese Drug, die Nasav, herzugeflogen?"
Da sagte Ahura Mazdâh:
„Vorn auf deren Nacken kommt diese Drug, die Nasav, herzugeflogen." —

51. „O Schöpfer (der stofflichen Welt, ašaehrwürdiger!)
Und wenn sich die guten Wasser vorn auf den Nacken hinwenden, auf welchen Teil[1]) von ihnen kommt diese Drug, die Nasav, herzugeflogen?"
Da sagte Ahura Mazdâh:
„Auf deren Rücken kommt diese Drug, die Nasav, herzugeflogen." —

52. „O Schöpfer (der stofflichen Welt, ašaehrwürdiger!)
Und wenn sich die guten Wasser auf den Rücken hinwenden, auf welchen Teil[1]) von ihnen kommt diese Drug, die Nasav, herzugeflogen?"
Da sagte Ahura Mazdâh:
„Auf deren rechte Brustwölbung kommt diese Drug, die Nasav, herzugeflogen." —

53. „O Schöpfer (der stofflichen Welt, ašaehrwürdiger!)
Und wenn sich die guten Wasser auf die rechte Brustwölbung hinwenden, auf welchen Teil[1]) von ihnen kommt diese Drug, die Nasav, herzugeflogen?"
Da sagte Ahura Mazdâh:
„Auf deren linke Brustwölbung kommt diese Drug, die Nasav, herzugeflogen." —

---

[1]) s. No. 9 zu V. 8. 41.

54. „O Schöpfer (der stofflichen Welt, ašaehrwürdiger!)
Und wenn sich die guten Wasser auf die linke Brustwölbung hinwenden, auf welchen Teil[1]) von ihnen kommt diese Drug, die Nasav, herzugeflogen?"
Da sagte Ahura Mazdāh:
„Auf deren rechte Rippengegend kommt diese Drug, die Nasav, herzugeflogen." —
55. „O Schöpfer (der stofflichen Welt, ašaehrwürdiger!)
Und wenn sich die guten Wasser auf die rechte Rippengegend hinwenden, auf welchen Teil[1]) von ihnen kommt diese Drug, die Nasav, herzugeflogen?"
Da sagte Ahura Mazdāh:
„Auf deren linke Rippengegend kommt diese Drug, die Nasav, herzugeflogen." —
56. „O Schöpfer (der stofflichen Welt, ašaehrwürdiger!)
Und wenn sich die guten Wasser auf die linke Rippengegend hinwenden, auf welchen Teil von ihnen[1]) kommt diese Drug, die Nasav, herzugeflogen?"
Da sagte Ahura Mazdāh:
„Auf deren rechten Hinterbacken kommt diese Drug, die Nasav, herzugeflogen." —
57. „O Schöpfer (der stofflichen Welt, ašaehrwürdiger!)
Und wenn sich die guten Wasser auf den rechten Hinterbacken hinwenden, auf welchen Teil[1]) von ihnen kommt diese Drug, die Nasav, herzugeflogen?"
Da sagte Ahura Mazdāh:
„Auf deren linken Hinterbacken kommt diese Drug, die Nasav, herzugeflogen." —
58. „O Schöpfer (der stofflichen Welt, ašaehrwürdiger!)
Und wenn sich die guten Wasser auf den linken Hinterbacken hinwenden, auf welchen Teil[1]) von ihnen kommt diese Drug, die Nasav, herzugeflogen?"
Da sagte Ahura Mazdāh:
„Auf die Innenseiten von deren Oberschenkel[2]) kommt diese Drug, die Nasav, herzugeflogen:
wenn es ein Mann ist, (so) sollst du ihn erst hinten, dann vorn angießen[3]);
wenn es ein Weib ist, (so) sollst du sie erst vorn, dann hinten angießen." —
59. „O Schöpfer (der stofflichen Welt, ašaehrwürdiger!)
Und wenn sich die guten Wasser auf die Innenseiten der Ober-

---

[1]) s. No. 9 zu V. 8. 41. [2]) Dahin, wo sich die Oberschenkel gegenseitig berühren. [3]) 372.

schenkel[1]) hinwenden, auf welchen Teil[2]) von ihnen kommt diese Drug, die Nasav, herzugeflogen?"

Da sagte Ahura Mazdāh:

„Auf deren rechten Oberschenkel kommt diese Drug, die Nasav, herzugeflogen." —

60. „O Schöpfer (der stofflichen Welt, ašaehrwürdiger!)

Und wenn sich die guten Wasser auf den rechten Oberschenkel hinwenden, auf welchen Teil[2]) von ihnen kommt diese Drug, die Nasav, herzugeflogen?"

Da sagte Ahura Mazdāh:

„Auf deren linken Oberschenkel kommt diese Drug, die Nasav, herzugeflogen." —

61. „O Schöpfer (der stofflichen Welt, ašaehrwürdiger!)

Und wenn sich die guten Wasser auf den linken Oberschenkel hinwenden, auf welchen Teil[2]) von ihnen kommt diese Drug, die Nasav, herzugeflogen?"

Da sagte Ahura Mazdāh:

„Auf deren rechtes Knie kommt diese Drug, die Nasav, herzugeflogen." —

62. „O Schöpfer (der stofflichen Welt, ašaehrwürdiger!)

Und wenn sich die guten Wasser auf das rechte Knie hinwenden, auf welchen Teil[2]) von ihnen kommt diese Drug, die Nasav, herzugeflogen?"

Da sagte Ahura Mazdāh:

„Auf deren linkes Knie kommt diese Drug, die Nasav, herzugeflogen." —

63. „O Schöpfer (der stofflichen Welt, ašaehrwürdiger!)

Und wenn sich die guten Wasser auf das linke Knie hinwenden, auf welchen Teil[2]) von ihnen kommt diese Drug, die Nasav, herzugeflogen?"

Da sagte Ahura Mazdāh:

„Auf deren rechte Wade kommt diese Drug, die Nasav, herzugeflogen." —

64. „O Schöpfer (der stofflichen Welt, ašaehrwürdiger!)

Und wenn sich die guten Wasser auf die rechte Wade hinwenden, auf welchen Teil[2]) von ihnen kommt diese Drug, die Nasav, herzugeflogen?"

Da sagte Ahura Mazdāh:

„Auf deren linke Wade kommt diese Drug, die Nasav, herzugeflogen." —

---

[1]) s. No. 2 zu V. 8. 58. [2]) s. No. 9 zu V. 8. 41.

65. „O Schöpfer (der stofflichen Welt, ašaehrwürdiger!)
Und wenn sich die guten Wasser auf die linke Wade hinwenden, auf welchen Teil[1]) von ihnen kommt diese Drug, die Nasav, herzugeflogen?"
Da sagte Ahura Mazdāh:
„Auf deren rechten Knöchel kommt diese Drug, die Nasav, herzugeflogen." —

66. „O Schöpfer (der stofflichen Welt, ašaehrwürdiger!)
Und wenn sich die guten Wasser auf den rechten Knöchel hinwenden, auf welchen Teil[1]) von ihnen kommt diese Drug, die Nasav, herzugeflogen?"
Da sagte Ahura Mazdāh:
„Auf deren linken Knöchel kommt diese Drug, die Nasav, herzugeflogen."

67. „O Schöpfer (der stofflichen Welt, ašaehrwürdiger!)
Und wenn sich die guten Wasser auf den linken Knöchel hinwenden, auf welchen Teil[1]) von ihnen kommt diese Drug, die Nasav, herzugeflogen?"
Da sagte Ahura Mazdāh:
„Auf deren rechten Vorderfuß kommt diese Drug, die Nasav, herzugeflogen." —

68. „O Schöpfer (der stofflichen Welt, ašaehrwürdiger!)
Und wenn sich die guten Wasser auf den rechten Vorderfuß hinwenden, auf welchen Teil[1]) von ihnen kommt diese Drug, die Nasav, herzugeflogen?"
Da sagte Ahura Mazdāh:
„Auf deren linken Vorderfuß kommt diese Drug, die Nasav, herzugeflogen." —

69. „O Schöpfer der stofflichen Welt, ašaehrwürdiger!
Und wenn sich die guten Wasser auf den linken Vorderfuß hinwenden, auf welchen Teil[1]) von ihnen kommt diese Drug, die Nasav, herzugeflogen?"
Da sagte Ahura Mazdāh:
„Unter die Sohle wird sie hinabgescheucht[2]), man könnte wirklich meinen wie der Flügel einer Fliege[3]).

70. Mit gleichzeitig aufgestemmten Zehen (und) hochgehobenen Fersen[4]) sollst du ihre rechte Fußsohle begießen, dann kommt jene Drug, die Nasav, an die linke Fußsohle herzugeflogen;
ihre linke Fußsohle sollst du begießen, dann wird jene Drug, die Nasav, unter die Zehen hinabgescheucht, man könnte wirklich meinen wie der Flügel einer Fliege[3]).

---

[1]) s. No. 9 zu V. 8. 41. [2]) 1363. [3]) 870. [4]) 527.

71. Mit gleichzeitig aufgestemmten Fersen (und) hochgehobenen Zehen sollst du ihre rechten Zehen begießen, dann kommt jene Drug, die Nasav, an die linken Zehen herzugeflogen;
ihre linken Zehen sollst du begießen:
72. Dann wird jene Drug, die Nasav, hinabgescheucht[1] .....

73. „O Schöpfer (der stofflichen Welt, ašaehrwürdiger!)
Wenn sie, die Mazdāhanbeter, schreitend oder laufend oder reitend oder fahrend[2], zu einem Feuer kommen, (womit) man eine Leiche kocht — sie kochen eine Leiche (oder) sie schmoren eine Leiche[3] —,
wie sollen sie da, die Mazdāhanbeter, verfahren[4]?"
74. Da sagte Ahura Mazdāh:
„Diesen Leichenkocher soll man niederschlagen[5], sie sollen ihn erschlagen, den Kessel sollen sie zerstören[6], den Aufbau sollen sie einreißen[6].
75. Von dem Feuer weg <mit den beiden Strahlen>[7] sollst du die Hölzer zum Verlöschen bringen oder die Reiser[8], (die) dem Feuer Nahrung bieten, indem[9] man das Feuer durch Herausziehen des feuerspendenden Reisigs zerteilt und zerstreut[10], damit es so rasch als möglich ausgehe[11].
76. Soviel er dabei beim ersten Mal fassen (kann), das soll er auf dem Erdboden niederlegen[12], so weit weg von dem Feuer, (womit) man Leichen kochte, als eine besonders große Spanne [Vītastay] (beträgt)[13]; er soll es zerteilen und zerstreuen, damit es so rasch als möglich ausgehe[11].
77. Soviel er dabei beim zweiten Mal fassen (kann)[14] ....
Soviel er dabei beim dritten Mal fassen (kann)[14] ....
Soviel er dabei beim vierten Mal fassen (kann)[14] ....
Soviel er dabei beim fünften Mal fassen (kann)[14] ....
Soviel er dabei beim sechsten Mal fassen (kann)[14] ....
Soviel er dabei beim siebenten Mal fassen (kann)[14] ....
Soviel er dabei beim achten Mal fassen (kann)[14] ....
78. Soviel er dabei beim neunten Mal fassen (kann), das soll er auf dem Erdboden niederlegen[12], so weit weg von dem Feuer, (womit) man Leichen kochte, als eine besonders große Spanne [Vītastay] (beträgt)[13].
79. Wenn einer, o Spitama Zaraθuštra, ašamäßig Brennholz bringt von Sandelholz oder Benzoe oder Aloe oder Haδānaēpatā [Granatapfel][15] oder irgend welchen andern sehr wohlriechenden Pflanzen,
80. — von welcher (Seite) her (und) nach welcher[16] Seite hin der Wind des Feuers Geruch verbreitet —, von der her (und) nach der[16] Seite hin wendet sich Ātar[17], (der Sohn) des Mazdāh Ahura, als Tausendtöter

[1]) = V. 9. 26—27. [2]) 158. [3]) 1782, 16. [4]) 1375. [5]) 16. [6]) 748; eig. „forttragen". [7]) ? [8]) 1549. [9]) vā gestrichen. [10]) 412. [11]) 1406 f.; eig. „raschestens". [12]) 1771. [13]) 1440. [14]) = V. 8. 76. [15]) s. No. 11 zu V. 8. 2. [16]) Eig. „irgend welcher". [17]) 425.

der geistigen, der Finsternis entstammten, druggläubigen Daēva's, für die doppelte Zahl (als Töter) der Zauberer und Hexen[1]." —

81. „O Schöpfer (der stofflichen Welt,) ašaehrwürdiger!
Wenn einer das zum Leichenkochen verwendete Feuer an den richtigen Ort hinbringt, wie großer Lohn wird dem Mann werden[2]) nach der Trennung des Leibes und des Wahrnehmungsvermögens?"
Da sagte Ahura Mazdāh:
„Als ob er in diesem, dem stofflichen Dasein 10000 Feuerbrände zum richtigen Ort hinbrächte[3])." —

82. „O Schöpfer[4]) .... Wenn einer das Feuer, (womit) man (Leichnams)Flüssigkeiten kocht (an den richtigen Ort hinbringt), wie großer Lohn wird dem Mann werden[2]) nach der Trennung des Leibes und des Wahrnehmungsvermögens?"
Da sagte Ahura Mazdāh:
„Als ob er in diesem, dem stofflichen Dasein 1000 Feuerbrände zum richtigen Ort hinbrächte[3])." —

83. „O Schöpfer[4]) .... Wenn einer von der Mistdarre Feuer (hinbringt)[4]) .... als ob er in diesem, dem stofflichen Dasein 500 Feuerbrände .... (hinbrächte)." —

84. „O Schöpfer[4]) .... Wenn einer aus einem Töpferofen Feuer (hinbringt)[4]) .... 400 Feuerbrände zum richtigen Ort (hinbrächte)." —

85. „O Schöpfer[4]) .... Wenn einer aus einem Glasbrennofen Feuer (hinbringt)[4]) ....
Da sagte Ahura Mazdāh:
„Soviel es ihm von den Glasgefäßen einzelne Scherben (gibt, als ob) er soviel[5]) Feuerbrände zusammentragend[6]) zum richtigen Ort hinbrächte." —

86. „O Schöpfer[4]) .... Wenn einer von einem ...[7])-Ofen Feuer (hinbringt)[4]) ....
Da sagte Ahura Mazdāh:
„Soviel es ihm einzelne Gräser (gibt, als ob) er soviel[8]) Feuerbrände zusammentragend[6]) zum richtigen Ort hinbrächte." —

87. „O Schöpfer[4]) .... Wenn einer aus der Schweiße[9]), (worin) Gold geschweißt wird, Feuer (hinbringt)[4]) .... 100 Feuerbrände .... (hinbrächte)." —

88. „O Schöpfer[4]) .... Wenn einer aus der Schweiße[9]), (worin) Silber geschweißt wird, Feuer (hinbringt)[4]) .... 90 Feuerbrände ...... (hinbrächte)." —

---

[1]) 967. [2]) 1188, 270. [3]) 319. [4]) = V. 8. 81. [5]) 1565. [6]) Eig. „im Zusammentragen". [7]) parō.bərəjya-? [8]) 402. [9]) pisra-.

89. „O Schöpfer[1]) .... Wenn einer aus der Schweiße[2]), (worin) Eisen geschweißt wird, Feuer (hinbringt)[1]) .... 80 Feuerbrände .... (hinbrächte).“ —

90. „O Schöpfer[1]) .... Wenn einer aus der Schweiße[2]), (worin) Stahl geschweißt wird, Feuer (hinbringt)[1]) .... 70 Feuerbrände .... (hinbrächte).“ —

91—94. „O Schöpfer[1]) .... Wenn einer vom Backofen Feuer (hinbringt)[1]) .... 60 Feuerbrände .... (hinbrächte).“ —

„O Schöpfer[1]) .... Wenn einer vom Kessel Feuer (hinbringt)[1]) .... 50 Feuerbrände .... (hinbrächte).“ —

„O Schöpfer[1]) .... Wenn einer von der ...[3])-Heizvorrichtung Feuer (hinbringt)[1]) .... 40 Feuerbrände ..... (hinbrächte).“ —

„O Schöpfer[1]) .... Wenn einer von einem Ort, (wo) Viehzucht getrieben wird, Feuer (hinbringt)[1]) .... 30 Feuerbrände (hinbrächte).“ —

95—96. „O Schöpfer[1]) .... Wenn einer von dem ...[4]) Feuer (hinbringt)[1]) .... 20 Feuerbrände .... (hinbrächte).“ —

„O Schöpfer[1]) .... Wenn einer vom nächstbesten (Ort) weg[5]) Feuer (hinbringt)[1]) ....

Da sagte Ahura Mazdāh:

„Als ob er in diesem, dem stofflichen Dasein 10 Feuerbrände zum richtigen Ort hinbrächte.“ —

97. „O Schöpfer (der stofflichen Welt,) ašaehrwürdiger!

Sind die Männer dann zu läutern, o ašaehrwürdiger Ahura Mazdāh, wenn sie an eine Leiche herangetreten sind[6]), fern an einem Ort der Einsamkeit[7])?“

98. Da sagte Ahura Mazdāh:

„Sie sind zu läutern[8]), o ašagläubiger Zaraθuštra!“ —

„Unter welchen Bedingungen[9])?“ —

„Sofern der Leichnam angefressen (ist) — aasfressende Hunde oder aasfressende Vögel (sinds, die das tun)[10]) —, so soll er seinen Leib mit Rindsharn ringsum reinigen; dreißigmal (ist damit) abzuspülen, dreißigmal (damit) abzureiben[11]): (also) mit Abwaschung erster (Ordnung)[12]).

99. Wenn aber der Leichnam nicht angefressen (ist) — aasfressende Hunde oder aasfressende Vögel (sinds, die das tun)[10]) —, (soll man) sich fünfzehnmal (damit) abspülen, fünfzehnmal (damit) abreiben.

---

[1]) = V. 8. 81. [2]) pisra-. [3]) taxairya-? [4]) skairya-? [5]) 1060f. [6]) ava.-hišta? [7]) 1514. [8]) 1233. [9]) 475. [10]) 469. [11]) 1629. [12]) 50 (?).

100. Er soll das erste Hāθra weit laufen; weiter soll er dann laufen[1]): sobald ihm irgend ein Mensch dort begegnet[2]), soll er mit lauter Stimme den Ruf ergehen lassen[3]):
'Ich bin hier an den Körper eines Toten herangetreten[4]),
(ohne) daß ich etwas dazu getan hätte in Gedanken,
(ohne) daß ich etwas dazu getan hätte in Wort,
(ohne) daß ich etwas dazu getan hätte in Werk[5]);
ihr könntet mich läutern[4]).'
Er soll laufen, (bis) er den ersten (ihm aufstoßenden Menschen) erreicht[6]); wenn sie ihn nicht läutern[4]),
(so) erhalten sie ein Drittel dieser [sündigen] Tat als (ihr) Teil[7]).

101. Er soll das zweite Hāθra weit laufen[8]) ...., (bis) er den zweiten (ihm aufstoßenden Menschen) erreicht; wenn sie ihn nicht läutern[4]),
(so) erhalten sie die Hälfte dieser [sündigen] Tat als (ihr) Teil.

102. Er soll das dritte Hāθra weit laufen[8]) ...., (bis) er den dritten (ihm aufstoßenden Menschen) erreicht; wenn sie ihn nicht läutern,
(so) erhalten sie das Ganze dieser [sündigen] Tat[9]) als (ihr) Teil.

103. Weiter soll er dann laufen; sobald er auf das nächste Haus und Dorf und Gau und Land dort stoßen wird, (soll er) mit lauter Stimme den Ruf ergehen lassen[3]):
'Ich bin hier an den Körper eines Toten herangetreten[4]),
(ohne) daß ich etwas dazu getan hätte in Gedanken,
(ohne) daß ich etwas dazu getan hätte in Wort,
(ohne) daß ich etwas dazu getan hätte in Werk[5]);
ihr könntet mich läutern.'
Wenn sie ihn nicht läutern[4]), so soll er sich seinen Leib ringsum mit Rindsharn und Wasser reinigen:
auf diese Weise (ist er) wieder zu läutern[10])." —

104. „O Schöpfer (der stofflichen Welt,) ašaehrwürdiger!
Wenn sich aber Wasser auf diesen Wegen[11]) befindet, (so) erheischt das Wasser (doch) eine Strafe.
Was ist die Strafe dafür[12])?"

105. Da sagte Ahura Mazdāh:
„Man bestimme 400 Hiebe mit der Pferdepeitsche, 400 mit dem Zuchtriemen." —

106. „O Schöpfer (der stofflichen Welt,) ašaehrwürdiger!
Wenn sich aber ein Baum auf diesen Wegen[11]) befindet, (so) erheischt das Feuer[13]) (doch) eine Strafe.
Was ist die Strafe dafür[12])?"

---

[1]) 624 f. [2]) 424. [3]) 1527. [4]) 1234. [5]) 114. [6]) 625 o., 397 f. [7]) 924. [8]) = V. 8. 100. [9]) 1463. [10]) 1233. [11]) 132; eig. „innerhalb". [12]) 585. [13]) „Das im Holz des Baums geborgen ist".

107. Da sagte Ahura Mazdāh:
„(Man bestimme) 400 Hiebe[1] .... mit dem Zuchtriemen.
Das ist dafür die Strafe, das ist dafür die Sühne für den Ašagläubigen, (der) hier Buße tut;
für den (aber, der) nicht Buße tut, (gilt der Spruch)[2]: ‚'Im Haus der Drug sind das die rechten Gesellen'[3])'.“ —
Aša ist das beste Gut[4]) ...

9.

1. Es fragte Zaraθuštra den Ahura Mazdāh:
„O Ahura Mazdāh, heiligster Geist, Schöpfer der stofflichen Welt, o ašaehrwürdiger!
Wohin sollen sich hier in dem stofflichen Dasein die Menschen wenden[5]), sie, die einen von der Nasav [Leichenhexe] befleckten verunreinigten Körper läutern wollen?“
2. Da sagte Ahura Mazdāh:
„An einen ašagläubigen Mann[5]), o Spitama Zaraθuštra, der das Sprechen der rechten Sprüche kennt, (der) ašagläubig das heilige Wort erforscht; der mit der mazdayasnischen Religion in Bezug auf das Amt des Reinigers am besten vertraut ist[6]);
der schneidet auf der Oberfläche der Erde[7]) hier Pflanzen ab eine Strecke von neun Klaftern (Vībāzav) nach jeder der vier Seiten:
3—5. Wo es auf dieser Erde am meisten an Wasser und Pflanzen mangelt[8])
.... drei Schritt von den ašagläubigen Männern.
6. Ein erstes Loch sollst du ausstechen[9])
zwei Finger (in) der Tiefe[10]) nach Eintritt des Sommers,
vier Finger[11]) nach Eintritt des eisigen Winters[12]).
7. Ein zweites Loch sollst du (ausstechen)[13]) .... ein drittes Loch ....
ein viertes Loch ...... ein fünftes .... ein sechstes ....“ —
8. „Wie weit von einander?“ — „(Soviel) als éine Schrittlänge (beträgt)[14]).“ —
„Wie so: éine Schrittlänge?“ — „Das heißt: drei Fuß[15]). —
9. Drei weitere Löcher sollst du ausstechen[9])
zwei Finger (in) der Tiefe[10]) nach Eintritt des Sommers,
vier Finger[11]) nach Eintritt des eisigen Winters[12]).“ —
„Wie weit von den beiden ersteren?“ — „(Soviel) als drei Schrittlängen (betragen).“ —
„Wie so: drei Schrittlängen?“ — „Das heißt: die (drei) Schritte müssen aneinander gelegt werden[15]).“ —

---

[1]) = V. 8. 105. [2]) 849. [3]) Aus Y. 49. 11; 1760. [4]) = Y. 27. 14. [5]) 473. [6]) 1236. [7]) 894. [8]) = V. 3. 15—17. [9]) 1110. [10]) 1086. [11]) Eig. „(soviel) als vier Finger“. [12]) 372. [13]) = V. 9. 6. [14]) 25. [15]) 435.

„Was heißt das: die Schritte müssen aneinander gelegt werden?" — „Das heißt: neun Fußlängen[1]). —

10. Furchstriche nun sollst du mit einem spitzen Metallstück ziehen[2])." —
„Wie weit von den beide(rlei) Löchern?" — „(Soviel) als drei Schrittlängen (betragen)." —
„Wie so: drei Schrittlängen?" — „Das heißt: die (drei) Schritte müssen aneinander gelegt werden." —
„Was heißt das: die Schritte müssen aneinander gelegt werden?" — „Das heißt: neun Fußlängen[1]). —

11. Dann sollst du zwölf Furchstriche ziehen[2]):
drei sollst du (so) ziehen, daß darinnen von den übrigen[3]) abgesondert drei Löcher (sind)[4]);
drei sollst du (so) ziehen, daß darinnen von den übrigen[3]) abgesondert sechs Löcher (sind);
drei sollst du (so) ziehen, daß darinnen von den übrigen[3]) abgesondert neun Löcher (sind).
Drei (Furchstriche) sollst du (so) ziehen, (daß) darinnen (sind) die an die inneren angrenzenden (jedoch) abgesonderten Löcher[5]);
zu den drei neun Fuß langen (freien) Stellen[6]) sollst du Steine zu den Löchern hinzubringen[7]) oder ein (Stück) Huf oder einen Holzklotz oder einen Erdklos oder sonst ein (Trumm) harter Erde[8]).

12. Darauf soll er, der Verunreinigte, zu diesen Löchern hinzukommen[9]); dann sollst Du, o Zaraϑuštra, außen an den abgegrenzten Raum herantreten[10]) und du sollst diese Worte rezitiren:
‚'Und (der Ašaanhänger) Gebet, (ihre) Frommergebenheit und (ihr) Glaubenseifer'[11]).'
Darauf soll er, der Verunreinigte, antworten[12]):
‚'Und (der Ašaanhänger) Gebet, (ihre) Frommergebenheit und (ihr) Glaubenseifer'[11]).'

13. Dann wird jene Drug zu Boden gestreckt mit jedem der Worte[13]), (die geeignet sind):
den °ruchlosen Aŋra Mainyav (nieder)zuschlagen,
den das blutige Holz schwingenden Aēšma (nieder)zuschlagen,
die māzanischen Daēva's (nieder)zuschlagen,
alle Daēva's (nieder)zuschlagen.

14. Rindsurin (sollst du) dann in ein (Gefäß) aus Eisen oder Blei gießen[14]);
wenn ein Blei(gefäß) zum Begießen (da ist)[15]), sollst du, o Zaraϑuštra, einen Rohrstock mit neun Knoten holen[16]); du sollst das Blei(gefäß) vorn an diesem Stock befestigen[17]).

---

[1]) 435. [2]) 457. [3]) antarāiš statt antarə zu lesen? [4]) 1439. [5]) 133. [6]) 1045. [7]) 308; eig. „durch Hinzutreten (2 mal) bringen". [8]) 1557, 471. [9]) Eig. „durch Hinzutreten (2 mal) kommen". [10]) 1087; eig. „an das Äußere des . . .". [11]) Aus Y. 49. 10; 335. [12]) 55. [13]) 471. [14]) 1808. [15]) 839. [16]) 1045. [17]) 873.

15. Zuerst soll man ihm die Hände waschen; denn wenn seine Hände nicht gewaschen (sind), so verunreinigt er seinen ganzen Leib[1]);
wenn dann seine Hände gewaschen (sind), alsdann sollst du dreimal mit den gewaschenen Händen sein Oberstes, den Vorderkopf[2]), begießen;
dann kommt jene Drug, die Nasav, vorn auf den Sattel[3]) zwischen seinen Augenbrauen herzugeflogen.

16. Du sollst ihn vorn auf dem Sattel[3]) zwischen den Augenbrauen begießen, dann kommt jene Drug, die Nasav, hinten auf den Kopf herzugeflogen;
du sollst ihn hinten am Kopf begießen, dann kommt jene Drug, die Nasav, vorn auf den obern Teil des Gesichts[4]) herzugeflogen;
du sollst ihn vorn auf den obern Teil des Gesichts begießen, dann kommt jene Drug, die Nasav, auf das rechte Ohr herzugeflogen.

17. Du sollst sein rechtes Ohr begießen, dann kommt jene Drug, die Nasav, an das linke Ohr herzugeflogen;
du sollst sein linkes Ohr begießen, dann kommt jene Drug, die Nasav, an die rechte Schulter herzugeflogen;
du sollst seine rechte Schulter begießen, dann kommt jene Drug, die Nasav, an die linke Schulter herzugeflogen;
du sollst seine linke Schulter begießen, dann kommt jene Drug, die Nasav, an die rechte Achselhöhle herzugeflogen.

18. Du sollst seine rechte Achselhöhle begießen, dann kommt jene Drug, die Nasav, an die linke Achselhöhle herzugeflogen;
du sollst seine linke Achselhöhle begießen, dann kommt jene Drug, die Nasav, vorn an den Nacken herzugeflogen;
du sollst vorn seinen Nacken begießen, dann kommt jene Drug, die Nasav, an den Rücken herzugeflogen.

19. Du sollst seinen Rücken begießen, dann kommt jene Drug, die Nasav, an die rechte Brustwölbung herzugeflogen;
du sollst seine rechte Brustwölbung begießen, dann kommt jene Drug, die Nasav, an die linke Brustwölbung herzugeflogen;
du sollst seine linke Brustwölbung begießen, dann kommt jene Drug, die Nasav, an die rechte Rippengegend herzugeflogen.

20. Du sollst seine rechte Rippengegend begießen, dann kommt jene Drug, die Nasav, an die linke Rippengegend herzugeflogen;
du sollst seine linke Rippengegend begießen, dann kommt jene Drug, die Nasav, an die rechte Hinterbacke herzugeflogen;
du sollst seine rechte Hinterbacke begießen, dann kommt jene Drug, die Nasav, an die linke Hinterbacke herzugeflogen.

---

[1]) 156. [2]) 1336. [3]) hō.nā; s. No. 10 zu V. 8. 41. [4]) s. No. 4 zu V. 8. 43.

21. Du sollst seine linke Hinterbacke begießen, dann kommt jene Drug, die Nasav, auf die Innenseiten der Oberschenkel[1]) herzugeflogen;
du sollst die Innenseiten seiner Oberschenkel begießen:
wenn es ein Mann ist, (so) sollst du ihn erst hinten, dann vorn angießen[2]),
wenn es ein Weib ist, (so) sollst du sie erst vorn, dann hinten angießen —:
dann kommt jene Drug, die Nasav, auf den rechten Oberschenkel herzugeflogen.

22. Du sollst seinen rechten Oberschenkel begießen, dann kommt jene Drug, die Nasav, auf den linken Oberschenkel herzugeflogen;
du sollst seinen linken Oberschenkel begießen, dann kommt jene Drug, die Nasav, an das rechte Knie herzugeflogen;
du sollst sein rechtes Knie begießen, dann kommt jene Drug, die Nasav, an das linke Knie herzugeflogen.

23. Du sollst sein linkes Knie begießen, dann kommt jene Drug, die Nasav, an die rechte Wade herzugeflogen;
du sollst seine rechte Wade begießen, dann kommt jene Drug, die Nasav, an die linke Wade herzugeflogen;
du sollst seine linke Wade begießen, dann kommt jene Drug, die Nasav, an den rechten Knöchel herzugeflogen;
du sollst seinen rechten Knöchel begießen, dann kommt jene Drug, die Nasav, an den linken Knöchel herzugeflogen.

24. Du sollst seinen linken Knöchel begießen, dann kommt jene Drug, die Nasav, auf den rechten Vorderfuß herzugeflogen;
du sollst seinen rechten Vorderfuß begießen, dann kommt jene Drug, die Nasav, auf den linken Vorderfuß herzugeflogen;
du sollst seinen linken Vorderfuß begießen, dann wird jene Drug, die Nasav, unter die Sohle hinabgescheucht[3]), man könnte wirklich meinen wie der Flügel einer Fliege[4]).

25. Mit gleichzeitig aufgestemmten Zehen (und) hochgehobenen Fersen[5]) sollst du seine rechte Fußsohle begießen, dann kommt jene Drug, die Nasav, an die linke Fußsohle herzugeflogen;
seine linke Fussohle sollst du begießen, dann wird jene Drug, die Nasav, unter die Zehen hinabgescheucht, man könnte wirklich meinen wie der Flügel einer Fliege[4]).

26. Mit gleichzeitig aufgestemmten Fersen (und) hochgehobenen Zehen sollst du seine rechten Zehen begießen, dann kommt jene Drug, die Nasav, an die linken Zehen herzugeflogen;
seine linken Zehen sollst du begießen, dann wird jene Drug, die Nasav, nach den nördlichen Gegenden hinabgescheucht in abscheulicher Fliegengestalt, die Knie nach vorn haltend, den Steiß empor-

---

[1]) s. No. 2 zu V. 8. 58. [2]) 872. [3]) 1363. [4]) 870. [5]) 527.

richtend, über und über mit Flecken bedeckt[1]), (anzusehen) wie abscheulichste Xrafstra's.

27. Und du mögest diese Worte aufsagen, die das sieghafteste und heiltätigste sind[2]): ‚Wie der beste Oberherr[3]) .... nicht sollst du die stoffliche Welt des Aša °zunichte machen!'

28. An dem ersten Loch wird der Mann von der Nasav frei, und du mögest diese Worte aufsagen[4]) ....
An dem zweiten (Loch)[5]) ....
An dem dritten (Loch)[5]) ....
An dem vierten (Loch)[5]) ....
An dem fünften (Loch)[5]) ....
An dem sechsten (Loch)[5]) ....

29. Drauf soll er, der Verunreinigte, sich zu denen auf der andern Seite des Reinigungsraums setzen, (die) von den anderen (zuvor bezeichneten sechs) Löchern gesondert (ist)[6]), in der Entfernung[7]) von vier Finger(breiten); und mit breiten Klumpen von deren [der Wasserlöcher] Erde soll er sich abreiben[8]).

30. Fünfzehnmal sollen sie (ihn) mit Erde überschütten; bis dahin sollen sie zuwarten, daß ihm zu oberst des Kopfs von den Spitzen her die Haare trocken werden[9]).

31. Wenn sein Leib trocken, frei von Staub geworden ist[10]), dann soll er, der Verunreinigte, zu den andern Löchern hinzutreten[11]);
so soll er denn am ersten Loch seinen Leib einmal mit Wasser ringsum reinigen,
so soll er denn am zweiten Loch seinen Leib zweimal mit Wasser ringsum reinigen,
so soll er denn am dritten Loch seinen Leib dreimal mit Wasser ringsum reinigen.

32. Dann soll er den (Leib) beräuchern mit Sandelholz oder Benzoe oder Aloe oder Haδānaēpatā [Granatapfel][12]) oder mit irgend welchen (andern) sehr wohlriechenden Pflanzen;
dann soll er (seine) Kleider anlegen,
dann soll er, der Verunreinigte, zu den Häusern hinzutreten[13]).

33. Still soll er an seinem Ort sitzen bleiben[14]), (der) innerhalb des Hauses von den übrigen Mazdāhanbetern abgesondert (ist); nicht (soll er) zum Feuer kommen dürfen[15]), nicht zum Wasser, nicht zur Erde, nicht zum Rind, nicht zur Pflanze, nicht zum ašagläubigen Mann (und) nicht zur ašagläubigen Frau,

---

[1]) 46. [2]) 1413. [3]) = V. 8. 19—21. [4]) = V. 9. 27. [5]) = V. 9. 28. [6]) 1110 f.; d. h. „er soll von der größeren Abteilung in die kleinere gehen". [7]) Eig. „in solcher Entf. wie . . .". [8]) 893. [9]) 399. [10]) 1812. [11]) 308; eig. „durch Hinzutreten kommen". [12]) s. No. 11 zu V. 8. 2. [13]) vgl. No. 11. [14]) 189. [15]) 552.

so lange bis ihm drei Tage hingegangen sind; dann nach Verlauf von drei Tagen soll er sich den Leib abwaschen, die Kleider ab(waschen) mit Rindsurin und Wasser:
auf diese Weise (ist er) wieder zu läutern[1]).

34. Still soll er an seinem Ort sitzen bleiben[2]), (der) innerhalb des Hauses von den übrigen Mazdāhanbetern abgesondert (ist); nicht (soll er) zum Feuer kommen dürfen[3]), nicht zum Wasser, nicht zur Erde[4]) .... so lange bis ihm sechs Tage hingegangen sind; dann nach Verlauf von sechs Tagen soll er sich den Leib abwaschen, die Kleider ab(waschen) mit Rindsurin und Wasser:
auf diese Weise (ist er) wieder zu läutern[1]).

35. Still soll er an seinem Ort sitzen bleiben, (der) innerhalb[4]) ...., so lange bis ihm neun Tage hingegangen sind; dann nach Verlauf von neun Tagen soll er sich den Leib abwaschen[4]) .... zu läutern.

36. Alsdann darf (er) zum Feuer kommen, zum Wasser, zur Erde, zum Rind, zur Pflanze, zum ašagläubigen Mann, zur ašagläubigen Frau.

37. Einen Priester soll man[5]) läutern um einen dahmamäßigen Segensspruch[6]),
eines Landes Landesherrn soll man läutern um einen Kamelhengst erster (Güte),
eines Gaues Gauherrn soll man läutern um einen Roßhengst erster (Güte)[7]),
eines Dorfes Dorfherrn soll man läutern um einen Rinderstier erster (Güte),
eines Hauses Hausherrn soll man läutern um eine trächtige Kuh[8]).

38. Die Frau des Hausherrn des Hauses soll man[5]) läutern um eine Kuh, (die) weder säugt noch trägt,
Knechte und Taglöhner[9]) soll man läutern um eine säugende Kuh,
geringster Leute Kind[10]) soll man läutern um das Junge eines Schafviehs.

39. Wenn die Mazdāhanbeter dazu im Stand sind, sollen sie einem solchen Mann[11]) Kleinvieh und Großvieh zu eigen geben;
wenn die Mazdāhanbeter nicht dazu im Stand sind[12]) <zu Kleinvieh und Großvieh>, sollen sie einem solchen Mann ein anderes Besitzstück zu eigen geben:
in dem Maß, daß der Mann, (der) die Läuterung vollzieht, befriedigt (und) ungekränkt aus diesen Häusern fortziehe.

---

1) 1233. 2) 189. 3) 552. 4) = V. 9. 33. 5) Eig. „du". 6) 1234. 7) 50. 8) 228. 9) 1328. 10) 1328; eig. „ein geringstes Kind". 11) 15. 12) 14.

40. Und wenn (aber) der Mann, (der) die Läuterung vollzieht, gekränkt (und) unbefriedigt aus diesen Häusern fortgeht, alsdann kommt, o Spitama Zaraθuštra, diese Drug, die Nasav, wieder zum Vorschein von der Nase her[1]), von den Augen her[2]), vom Munde her, durch die Ohren[3]), vom Geschlechtsteil her, vom After her;

41. auf deren Nägel[4]) kommt diese Drug, die Nasav, herzugeflogen[5]): dann können sie nun und nimmermehr geläutert werden[6]).

Widerwillig ja (nur) wärmt, o Spitama Zaraθuštra, sie, die Verunreinigten, die Sonne dort, widerwillig (tuts) der Mond dort, widerwillig die Sterne dort.

42. Seine Pflicht erfüllt ja (nur), o Spitama Zaraθuštra, der Mann, (der) die Läuterung vollzieht, wenn er ihn, den Verunreinigten, von der Nasav frei macht:

er erfüllt seine Pflicht gegen das Feuer, gegen[7]) das Wasser, die Erde, das Rind, die Pflanze, den ašagläubigen Mann, die ašagläubige Frau.“ —

43. Ihn befragte Zaraθuštra:

„O Schöpfer der stofflichen Welt, ašaehrwürdiger!

Wie großer Lohn wird dem Mann werden[8]) nach der Trennung des Leibes und des Wahrnehmungsvermögens, wenn er ihn, den Verunreinigten, von der Nasav frei macht?“

44. Da sagte Ahura Mazdāh:

„Zugesichert werden soll dem Mann als Lohn dort für die künftige Welt[9]) die (ununterbrochene) Dauer des besten Daseins.“ —

45. Ihn befragte Zaraθuštra:

„O Schöpfer (der stofflichen Welt,) ašaehrwürdiger!

Wie kann ich der Drug zu Leibe gehen[10]), die von dem Toten aus zu dem Lebenden hinzufliegt?

Wie kann ich der Nasav zu Leibe gehen, die von dem Toten aus in den Lebenden eindringt[11])?“

46. Da sagte Ahura Mazdāh:

„Die Verse sag her, die in den Gāθā's zweimal[12]) aufzusagen sind,
die Verse sag her, die in den Gāθā's dreimal[12]) aufzusagen sind,
die Verse sag her, die in den Gāθā's viermal[12]) aufzusagen sind:

hernach fliegt[13]), o Spitama Zaraθuštra, die Nasav fort, man könnte wirklich meinen, wie ein gut angezogener Pfeil oder wie übers Jahr das (dürre) Reisig[14]) oder wie die der (Jahres)zeit entsprechende Wolle [der Tiere][15]).“ —

---

1) 882. 2) 583. 3) s. No. 9 zu V. 3. 14. 4) s. No. 10 zu V. 3. 14. 5) 1647. 6) 156. 7) „er erfüllt seine Pflicht“ ist bei jedem der (6) Worte zu wiederholen. 8) 1188. 9) 164. 10) 869. 11) 1482. 12) s. die Aufzählung der betr. Strophen: V. 10. 4 (967), V. 10. 8 (811), V. 10. 12 (579). 13) Eig. „schwimmt“. 14) 1068. 15) 1372.

47. „O Schöpfer (der stofflichen Welt, ašaehrwürdiger!)
Und wenn ein Mann[1]) die (vorgeschriebene) Begießung vornehmen sollte, der mit der mazdayasnischen Religion in Bezug auf das Amt des Reinigers nicht vertraut ist,
wie kann er der Drug zu Leibe gehen, die von dem Toten aus zu dem Lebenden hinzufliegt?
wie kann er der Nasav zu Leibe gehen, die von dem Toten aus in den Lebenden eindringt[2])?"

48. Da sagte Ahura Mazdāh:
„Man könnte wirklich meinen, o Spitama Zaraθuštra, (daß) diese Drug, die Nasav, noch viel stärker gedeiht, als sie vordem war; sie (mehrt dann) die Krankheiten, sie die Verderbnisse, sie die Widerwärtigkeiten: ebenso wie auch zuvor[3])." —

49. „O Schöpfer (der stofflichen Welt, ašaehrwürdiger!)
Was ist die Strafe dafür[4])?"
Da sagte Ahura Mazdāh:
„Fesseln sollen sie, die Mazdāhanbeter, (ihm) anlegen[5]), zuerst sollen sie ihm die Hände fesseln, die Kleider sollen sie ihm wegnehmen, sie sollen ihm den °Kopf schinden, soweit das Haar geht[6]); den allergefräßigsten unter den aasfressenden Geschöpfen des heiligen Geists soll man den Leichnam überantworten, den Geiervögeln[7]), also sprechend:
‚Jener dort sagt ab allem, (was) übel gedacht[8]) und übel gesagt und übel getan (ist)'.

50. Und wenn er andre Übeltaten begangen hat, (so) ist die Strafe dafür beglichen[9]);
wenn er aber andre Übeltaten nicht begangen hat, (so gilt) der (Schuld)-begleich dieses Mannes[10]) für immer und ewig." —

51. „Wer ist das[11]), o Ahura Mazdāh, der mir sichtlich Gedeihen wegbringt[12]), Wachstum wegbringt, Krankheit herzubringt[12]), Verderben herzubringt?"

52. Da sagte Ahura Mazdāh:
„Das ist wahrlich, o ašagläubiger Zaraθuštra, der dem Ašaglauben feindliche Irrlehrer[11]), der in diesem, dem stofflichen Dasein die (vorgeschriebene) Begießung vornimmt und (doch) mit der mazdayasnischen Religion in Bezug auf das Amt des Reinigers nicht vertraut ist[13]).

53. Von diesem Ort und (dieser) Stätte, o Spitama Zaraθuštra,
fort geht Glück und Fülle,
fort Gesundheit und Heiltum,

---

[1]) 1051; eig. „dér M.". [2]) 1482. [3]) 1774. [4]) 585. [5]) 1771. [6]) 904; s. No. 4 zu V. 3. 20. [7]) 265. [8]) 1106. [9]) 151. [10]) 829. [11]) 33f. [12]) 1560; eig. „gesehen wird ... wegbringen". [13]) 686f.

fort Gedeihen und Zunahme und Wachstum,
fort das Sprießen der Getreide und Gräser.“ —

54. „O Schöpfer (der stofflichen Welt, aša ehrwürdiger!)
Wann werden zu diesem Ort und (dieser) Stätte wiederkehren
das Glück und die Fülle,
wann Gesundheit und Heiltum,
wann Gedeihen und Zunahme und Wachstum,
wann das Sprießen der Getreide und Gräser?“

55. Da sagte Ahura Mazdāh:
„Keinesfalls werden, o Spitama Zaraθuštra, zu Ort und Stätte vordem zurückkehren
weder Glück und Fülle,
noch Gesundheit und Heiltum,
noch Gedeihen und Zunahme und Wachstum,
noch das Sprießen der Getreide und Gräser:

56. vor dem, daß hier der dem Ašaglauben feindliche Irrlehrer auf einen Schlag niedergeschlagen wird, oder daß sie in diesem Land den ašafrommen Sraoša verehren: drei Tage (und) drei Nächte lang, bei aufleuchtendem Feuer, bei gespreitetem Barәsman, bei aufgesetztem Haoma.

57. Hernach werden zu diesem Ort und zu (dieser) Stätte zurückkehren
Glück und Fülle,
hernach Gesundheit und Heiltum,
hernach Gedeihen und Zunahme und Wachstum,
hernach das Sprießen der Getreide und Gräser.“ —
Aša ist das beste Gut[1]) . . .

10.

1. Es fragte Zaraθuštra den Ahura Mazdāh:
„O Ahura Mazdāh, heiligster Geist, Schöpfer der stofflichen Welt, o ašaehrwürdiger!
Wie kann ich der Drug zu Leibe gehen[2]), die von dem Toten aus zu dem Lebenden hinzufliegt?
Wie kann ich der Nasav zu Leibe gehen, die von dem Toten aus in den Lebenden eindringt[3])?“

2. Da sagte Ahura Mazdāh:
„Die Verse sag her, die in den Gāθā's zweimal aufzusagen sind,
die Verse sag her, die in den Gāθā's dreimal aufzusagen sind,
die Verse sag her, die in den Gāθā's viermal aufzusagen sind;
die Verse sag her, die in den Gāθā's zweimal und dreimal und viermal aufzusagen sind.“ —

---

[1]) = Y. 27. 14. [2]) 869. [3]) 1482.

3. „O Schöpfer (der stofflichen Welt, aša ehrwürdiger!)
Was (sind) das für Verse, die in den Gāθā's zweimal aufzusagen sind!"
Da sagte Ahura Mazdāh:
„Dies (sind) die Verse, die in den Gāθā's zweimal aufzusagen sind; die folgenden Verse sag zweimal her[1]):
4. Zum Gebet um[2]) .... — Wir preisen[3]) .... — In der Genossenschaft des Aša[4]) .... — Wie du[5]) .... — Als den segensreichen[6]) .... — Deine Lobredner[7]) .... — Nach seinem Wunsch[8]) .... — Für den heiligen Geist[9]) .... — Das gute Reich[10]) .... — Das beste Gut[11]) ....
5. Und nach den zweimal aufzusagenden Versen sag her die folgenden sieghaften heiltätigen Worte:
‚Ich gehe dem Anra Mainyav zu Leibe:
vom Haus aus, vom Dorf aus, vom Gau aus, vom Land aus;
von der eigenen Person[12]) aus, von dem verunreinigten Mann aus, von der verunreinigten Frau aus;
von dem Hausherrn des Hauses aus, von dem Dorfherrn des Dorfes aus, von dem Gauherrn des Gaues aus, von dem Landesherrn des Landes aus;
von der gesamten Schöpfung des Ašaehrwürdigen aus.
6. Ich gehe der Nasav zu Leibe, ich gehe der direkten Ansteckung (durch sie) zu Leibe, ich gehe der indirekten Ansteckung zu Leibe:
vom Haus aus, vom Dorf aus, vom Gau aus, vom Land aus;
von der eigenen Person[12]) aus, von dem verunreinigten Mann aus, von der verunreinigten Frau aus;
von dem Hausherrn des Hauses aus, von dem Dorfherrn des Dorfes aus, von dem Gauherrn des Gaues aus, von dem Landesherrn des Landes aus;
von der gesamten Schöpfung des Ašaehrwürdigen aus'." —
7. „O Schöpfer (der stofflichen Welt, ašaehrwürdiger!)
Was (sind) das für Verse, die in den Gāθā's dreimal aufzusagen sind?"
Da sagte Ahura Mazdāh:
„Dies (sind) die Verse, die in den Gāθā's dreimal aufzusagen sind; die folgenden Verse sag dreimal her:
8. Aša ist das beste Gut[13]) .... — Er, der gewaltigste[14]) .... — Dem, (der) die Herrschaft am besten[15]) .... — Dem Mißgläubigen[16]) ....
9. Und nach den dreimal aufzusagenden Versen sag her die folgenden sieghaften heiltätigen Worte:

[1]) 370. [2]) = Y. 28. 1. [3]) = Y. 35. 2. [4]) = Y. 35. 8. [5]) = Y. 39. 4. [6]) = Y. 41. 3. [7]) = Y. 41. 5. [8]) = Y. 43. 1. [9]) = Y. 47. 1. [10]) = Y. 51. 1. [11]) = Y. 53. 1. [12]) 634. [13]) = Y. 27. 14. [14]) = Y. 33. 11. [15]) = Y. 35. 5. [16]) = Y. 53. 9.

'Ich gehe dem Indra zu Leibe, ich gehe dem Saurva zu Leibe, ich gehe dem Daēva Nāŋhaiθya zu Leibe:
vom Haus aus, vom Dorf aus, vom Gau aus, vom Land aus;
10. ich gehe den beiden: dem Taurvay zu Leibe (und) dem Zairik[1]) zu Leibe:
vom Haus aus, vom Dorf aus, vom Gau aus, vom Land aus'." —
11. „O Schöpfer (der stofflichen Welt, ašaehrwürdiger!)
Was (sind) das für Verse, die in den Gāθā's viermal aufzusagen sind?"
Da sagte Ahura Mazdāh:
„Dies (sind) die Verse, die in den Gāθā's viermal aufzusagen sind; die folgenden Verse sag viermal her[2]):
12. Wie der beste Oberherr[3]) .... — O Mazdāh, tu mir[4]) .... — Her komme der liebe[5]) ....
13. Und nach den viermal aufzusagenden Versen sag her die folgenden sieghaften heiltätigen Worte:
'Ich gehe dem das blutige Holz schwingenden Aēšma zu Leibe, ich gehe dem Daēva Akataš zu Leibe:
vom Haus aus, vom Dorf aus, vom Gau aus, vom Land aus;
14. ich gehe den varenischen Daēva's zu Leibe, ich gehe dem Daēva Vātya zu Leibe:
vom Haus aus, vom Dorf aus, vom Gau aus, vom Land aus'.
15. Dies (sind) die Verse, die in den Gāθā's zweimal aufzusagen sind,
dies (sind) die Verse, die in den Gāθā's dreimal aufzusagen sind,
dies (sind) die Verse, die in den Gāθā's viermal aufzusagen sind.
16. Dies (sind) die Verse, die gegen Aŋra Mainyav Schläge führen,
dies (sind) die Verse, die gegen den das blutige Holz schwingenden Aēšma Schläge führen,
dies (sind) die Verse, die gegen die māzanischen Daēva's Schläge führen,
dies (sind) die Verse, die gegen alle Daēva's Schläge führen.
17. Dies (sind) die Verse, die die Unterdrücker sind jener Drug, jener Nasav, welche von dem Toten aus zu dem Lebenden hinzufliegt;
dies (sind) die Verse, die die Unterdrücker sind jener Drug, jener Nasav, welche von dem Toten aus in den Lebenden eindringt[6]).
18. [7])So sollst Du denn, o Zaraθuštra, neun Löcher ausstechen, wo es auf dieser Erde am meisten an Wasser und Pflanzen mangelt ⟨Tiere (und) Menschen (finden) beide keine Nahrung⟩[8]).
'(Sie), die beste, vollbringt für den Menschen die künftige Geburt'[9]), sie, die mazdayasnische Religion, vollbringt (sie), o Zaraθuštra, (für den)[10]), der sein Wesen vollkommen macht durch gute Gedanken und gute Worte und gute Taten.

---

[1]) 643f., 1680. [2]) 310. [3]) = Y. 27. 13. [4]) = Y. 34. 15. [5]) = Y. 54. 1. [6]) 1482.
[7]) Von hier späterer Zusatz. [8]) 122. [9]) Aus Y. 48. 5; 1236. [10]) 1236.

19. Du sollst fürwahr (dein) Wesen vollkommen machen; so nämlich geschieht dessen — seines eignen Wesens fürwahr — Heilmachung für jedweden der stofflichen Menschheit, der sein Wesen vollkommen macht durch gute Gedanken und gute Worte und gute Taten."

20. Wie der beste Oberherr[1] ..... 'Wen, o Mazdāh .... nicht sollst du die stoffliche Welt des Aša °zunichte machen!

Aša ist das beste Gut[2]) ...

11.

1. Es fragte Zaraθuštra den Ahura Mazdāh:

„O Ahura Mazdāh, (heiligster Geist, Schöpfer der stofflichen Welt,) o ašaehrwürdiger!

Wie soll ich das Haus läutern? wie das Feuer, wie das Wasser, wie die Erde, wie das Rind, wie die Pflanze, wie den ašagläubigen Mann, wie die ašagläubige Frau, wie die Sterne, wie den Mond, wie die Sonne, wie den anfangslosen Lichtraum, wie (überhaupt) alles mazdāhgeschaffene ašaentstammte Gute?"

2. Da sagte Ahura Mazdāh:

„Du sollst, o Zaraθuštra, die Läuterung durch Aufsagen [der dafür vorgeschriebenen Formeln] vollziehen[3]):

so werden die Häuser geläutert, (so) das Feuer geläutert, das Wasser geläutert, die Erde geläutert, das Rind geläutert, die Pflanze geläutert, der ašagläubige Mann geläutert, die ašagläubige Frau geläutert, die Sterne geläutert, der Mond geläutert, die Sonne geläutert, der anfangslose Lichtraum geläutert, (so wird überhaupt) alles mazdāhgeschaffene ašaentstammte Gute geläutert.

3. Und du mögest diese Worte aufsagen, die das sieghafteste und heiltätigste sind[4]): fünf Ahuna Vairya's mögest du rezitiren: wie der beste Oberherr[5]) ...

Der Ahuna Vairya gewährt persönlichen Schutz[6]).

Wie der beste Oberherr[1]) ..... 'Wen, o Mazdāh ..... des Aša!

4. Ich soll das Haus läutern —, so sag her die folgenden Worte: ,'Immer ist Bə̄ndva für mich das größte Hindernis'[7])'.

Ich soll das Feuer läutern —, so sag her die folgenden Worte: ,Mittelst der Tätigkeit dieses Feuers hier nahen wir uns dir zuerst, o Mazdāh Ahura[8])'.

5. Ich soll das Wasser läutern —, so sag her die folgenden Worte: ,Wir verehren die hervorquellenden und (dann) sich zusammenfindenden (und dann) fortfließenden Wasser[9])'.

---

[1]) = V. 8. 19—21. [2]) = Y. 27. 14. [3]) 1640; eig. „aufsagen". [4]) 1413. [5]) = Y. 27. 13. [6]) 684; eig. „schirmt den Leib". [7]) Aus Y. 49. 1; 752. [8]) Aus Y. 36. 1; 315. [9]) Aus Y. 38. 3; 1104.

Ich soll die Erde läutern —, so sag her die folgenden Worte: ‚So verehren wir samt den (Götter-)Frauen die Erde hier[1])‘.

6. Ich soll das Rind läutern —, so sag her die folgenden Worte: ‚Durch die (Aussicht auf die) Heimzahlungen für das beste Tun spornen wir an, dem Vieh (Frieden und Futter zu gewähren)[2])‘.

Ich soll die Pflanze läutern —, so sag her die folgenden Worte: ‚'Aber ihm hat Mazdāh (Ahura) durch Aša die Pflanzen wachsen lassen'[3])‘.

7. Ich soll den ašagläubigen Mann läutern, ich soll die ašagläubige Frau läutern —, so sag her die folgenden Worte: ‚Her komme der liebe Airyaman zur Unterstützung zu den Männern und Frauen des Zaraθuštra, zur Unterstützung des guten Sinns[4]). Welches Ich den köstlichen Lohn verdient, (dem) erbitte ich den Preis der Gerechtigkeit[5]), den begehrenswerten[6]), welchen Ahura Mazdāh zuteilen wird[7])‘.[8]) —

8. Und du mögest diese Worte (aufsagen, die das Sieghafteste und Heiltätigste sind): acht Ahuna Vairya's mögest du rezitiren: wie der beste Oberherr[9])...
'Wen, o Mazdāh[10]) .... des Aša!

9. ‚Ich gehe dem Aēšma zu Leibe, ich gehe der Nasav zu Leibe, ich gehe der direkten Ansteckung (durch diese) zu Leibe, ich gehe der indirekten Ansteckung zu Leibe;
ich gehe dem Xrū zu Leibe, ich gehe der Xrviγnī zu Leibe;
ich gehe dem Būδay zu Leibe, ich gehe der Būiδižā zu Leibe;
ich gehe der Kundī zu Leibe, ich gehe der Kundižā zu Leibe;
ich gehe ihr, der aufreibenden Būšyąstā zu Leibe, ich gehe ihr, der °langhändigen Būšyąstā zu Leibe;
ich gehe der Mūiδī zu Leibe, ich gehe der Kapastay[11]) zu Leibe;
ich gehe der Pairikā zu Leibe, die an Feuer Wasser Erde Rind Pflanze herangeht;
ich gehe der Befleckung zu Leibe, die an Feuer Wasser Erde Rind Pflanze herangeht.

10. Ich gehe dir, o arglistiger Aŋra Mainyav, zu Leibe:
vom Haus aus, vom Feuer aus, vom Wasser aus, von der Erde aus, vom Rind aus, von der Pflanze aus;
vom ašagläubigen Mann aus, von der ašagläubigen Frau aus;
von den Sternen aus, vom Mond aus, von der Sonne aus, von dem anfangslosen Lichtraum aus;
(überhaupt) von allem mazdāhgeschaffenen ašaentstammten Guten aus.‘

11. Und du mögest diese Worte (aufsagen, die das Sieghafteste und Heiltätigste sind): vier Ahuna Vairya's mögest du rezitiren: wie der beste Oberherr[9])...
'Wen, o Mazdāh[10]) .... des Aša!

---

[1]) Aus Y. 38. 1. [2]) Aus Y. 35. 4; 321, 703. [3]) Aus Y. 48. 6; 1337. [4]) 199. [5]) 1288. [6]) 378. [7]) 1113. [8]) = Y. 54. 1. [9]) =. Y. 27. 13. [10]) = V. 8. 20—21. [11]) Name einer Krankheit.

12. „. . .[1]) den Aēšma, die Nasav, die direkte Ansteckung (durch diese), die indirekte Ansteckung, den Xrū, die Xrviɣnī, den Būδay, die Būiδižā, die Kundī, die Kundižā, sie, die aufreibende Būšyąstā, sie, die °langhändige Būšyąstā, die Mūiδī, die Kapastay[2]);

. . .[3]) die Pairikā, die an Feuer Wasser Erde Rind Pflanze herangeht;

. . .[3]) die Befleckung, die an Feuer Wasser Erde Rind Pflanze herangeht.

13. . . .[3]) dich, o arglistiger Aŋra Mainyav:

vom Haus aus, vom Feuer aus, vom Wasser aus, von der Erde aus, vom Rind aus, von der Pflanze aus;

vom ašagläubigen Mann aus, von der ašagläubigen Frau aus;

von den Sternen aus, vom Mond aus, von der Sonne aus, von dem anfangslosen Lichtraum aus;

(überhaupt) von allem mazdāhgeschaffenen ašaentstammten Guten aus.'

14. Und du mögest diese Sprüche (aufsagen, die das Sieghafteste und Heiltätigste sind):

,Vier mazdā.aṭ.mōi „o Mazdāh (tu) mir" mögest du rezitiren: ,'o Mazdāh, (tu) mir[4]) . . . .

15—16. Ich gehe dem Aēšma zu Leibe[5]) . . . .'

17. Und du mögest diese Sprüche (aufsagen, die das Sieghafteste und Heiltätigste sind): fünf Ahuna Vairya's mögest du rezitiren: wie der beste Oberherr[6]) . . .

'Wen, o Mazdāh[7]) . . . . des Aša!" —

Aša ist das beste Gut[8]) . . .

12.

1. „Wenn der Vater stirbt oder die Mutter stirbt, wie lang soll man für sie — der Sohn für den Vater, die Tochter für die Mutter — die (Trauer)frist aushalten:

wie lang (wenn) sie Gemeinder, wie lang (wenn) sie im Bann (waren)[9])?"

Da sagte Ahura Mazdāh:

„Dreißig (Tage, wenn) sie Gemeinder, sechzig (wenn) sie im Bann (waren)[9])". —

2. „O Schöpfer (der stofflichen Welt, ašaehrwürdiger!)

Wie kann ich das Haus läutern? Wie können (die Häuser) geläutert werden[10])?"

Da sagte Ahura Mazdāh:

„Durch dreimal(ige) Abwaschung der Körper,

---

[1]) paršta (14 mal)?; vgl. V. 11. 9, wo pərənе. [2]) s. No. 11 zu § 9. [3]) paršta s. No. 1. [4]) = Y. 34. 15. [5]) = V. 11. 9—10. [6]) = Y. 27. 13. [7]) = V. 8. 20—21. [8]) = Y. 27. 14. [9]) 1125. [10]) 930.

durch dreimal(ige) Abwaschung der Kleider,
durch dreimal(igen) Vortrag der Gāθā's.
Folgendes (soll er) uns (dann weiter tun)[1]:
dem Feuer soll er huldigen, das Barəsman soll er spreiten, den guten Wassern soll er Zaoθrā's darbringen.
Geläutert sind dann die Häuser (‚sodaß), o Spitama Zaraθuštra,
die Wasser nach Belieben hinzukommen können[2]),
die Pflanzen nach Belieben hinzukommen können,
die Aməša Spənta's nach Belieben hinzukommen können." —

3—4. „Wenn der Sohn stirbt oder die Tochter stirbt, wie lang soll man für sie — der Vater für den Sohn, die Mutter für die Tochter — die (Trauer)frist aushalten:
wie lang (wenn) sie Gemeinder, wie lang (wenn) sie im Bann (waren)[3])?"
Da sagte Ahura Mazdāh:
„Dreißig (Tage, wenn) sie Gemeinder, sechzig (wenn) sie im Bann (waren)". — „O Schöpfer[4]) ....

5—6. „Wenn der Bruder stirbt oder die Schwester stirbt, wie lang soll man für sie — der Bruder für die Schwester, die Schwester für den Bruder — die (Trauer)frist aushalten:
wie lang (wenn) sie Gemeinder, wie lang (wenn) sie im Bann (waren)[3])?"
Da sagte Ahura Mazdāh:
„Dreißig (Tage, wenn) sie Gemeinder, sechzig (wenn) sie im Bann (waren)". — „O Schöpfer[4]) ....

7—8. „Wenn der Hausherr stirbt oder die Hausherrin stirbt, wie lang soll man für sie die (Trauer)frist aushalten:
wie lang (wenn) sie Gemeinder, wie lang (wenn) sie im Bann (waren)[3])?"
Da sagte Ahura Mazdāh:
„Sechs Monate (wenn) sie Gemeinder, zwölf (wenn) sie im Bann (waren)." <Die Mädchen von selber das Kind>[5]). — „O Schöpfer[4]) ....

9—10. „Wenn der Großvater stirbt oder die Großmutter stirbt, wie lang soll man für sie — der Enkel für den Großvater, die Enkelin für die Großmutter — die (Trauer)frist aushalten:
wie lang (wenn) sie Gemeinder, wie lang (wenn) sie im Bann (waren)[3])?"
Da sagte Ahura Mazdāh:
„Fünfundzwanzig (Tage, wenn) sie Gemeinder, fünfzig (wenn) sie im Bann (waren)." — „O Schöpfer[4]) ....

11—12. „Wenn der Enkel stirbt oder die Enkelin stirbt, wie lang soll man für sie — der Großvater für den Enkel, die Großmutter für die Enkelin — die (Trauer)frist aushalten:

---

[1]) imā nō? [2]) 397. [3]) 1125. [4]) = V. 12. 2. [5]) ?

wie lang (wenn) sie Gemeinder, wie lang (wenn) sie im Bann (waren)[1]?“
Da sagte Ahura Mazdāh:
„Fünfundzwanzig (Tage, wenn) sie Gemeinder, fünfzig (wenn) sie im Bann (waren).“ — „O Schöpfer[2]) ....

13—14. „Wenn der Bruderssohn stirbt oder die Bruderstochter stirbt, wie lang soll man für sie die (Trauer)frist aushalten:
wie lang (wenn) sie Gemeinder, wie lang (wenn) sie im Bann (waren)[1]?“
Da sagte Ahura Mazdāh:
„Zwanzig (Tage, wenn) sie Gemeinder, vierzig (wenn) sie im Bann (waren).“ — „O Schöpfer[2]) ....

15—16. „Wenn der Vatersbruder stirbt oder die Vatersschwester stirbt, wie lang soll man für sie die (Trauer)frist aushalten:
wie lang (wenn) sie Gemeinder, wie lang (wenn) sie im Bann (waren)[1]?“
Da sagte Ahura Mazdāh:
„Fünfzehn (Tage, wenn) sie Gemeinder, dreißig (wenn) sie im Bann (waren).“ — „O Schöpfer[2]) ....

17—18. „Wenn der Sohn des Vatersbruders stirbt oder die Tochter der Vatersschwester stirbt, wie lang soll man für sie die (Trauer)frist aushalten:
wie lang (wenn) sie Gemeinder, wie lang (wenn) sie im Bann (waren)[1]?“
Da sagte Ahura Mazdāh:
„Zehn (Tage, wenn) sie Gemeinder, zwanzig (wenn) sie im Bann (waren).“ — „O Schöpfer[2]) .....

19—20. Wenn der Sohn des Sohns des Vatersbruders stirbt oder die Tochter der Tochter der Vatersschwester stirbt[3]), wie lang soll man für sie die (Trauer)frist aushalten:
wie lang (wenn) sie Gemeinder, wie lang (wenn) sie im Bann (waren)[1]?“
Da sagte Ahura Mazdāh:
„Fünf (Tage, wenn) sie Gemeinder, zehn (wenn) sie im Bann (waren).“ — „O Schöpfer[2]) ....

21. Und wenn sonst irgend (einer) aus der Verwandtschaft stirbt[4]), (der)[5]) einem andern Glauben, einer andern Lehre zugetan (ist)[6]), auf wie viel von den Geschöpfen des heiligen Geists erstreckt er seinen Einfluß direkt, auf wie viel erstreckt er seinen Einfluß indirekt[7])?“

22—24. Da sagte Ahura Mazdāh:
„Wie ein ... (°toter) Frosch[8]) ...., nicht (aber) desgleichen, (wenn er) °gestorben (ist).“ —
Aša ist das beste Gut[9]) ...

---

[1]) 1125. [2]) = V. 12. 2. [3]) Dem Sinn nach: 748 No. zu duγδairi. [4]) 471. [5]) yaθa?! [6]) 139. [7]) 1482. [8]) = V. 5. 36—38. [9]) = Y. 27. 14.

13.

1. Was (ist) das für ein dem heiligen Geist zugehöriges Geschöpf[1]) unter den Geschöpfen, die die geschaffene Schöpfung des heiligen Geists bilden:
immer in der Morgenfrühe bis Sonnenaufgang[2]) wendet es sich tausend tötend gegen[1]) die dem bösen Geist zugehörigen (Geschöpfe)?"
2. Da sagte Ahura Mazdāh:
„Der scheue spitzschnäuzige Hund[3]), der Vanhāpara (Igel), den die übelredenden Leute Dužaka nennen[4]);
das (ist) das dem heiligen Geist zugehörige Geschöpf unter den Geschöpfen, die die geschaffene Schöpfung des heiligen Geists bilden:
immer in der Morgenfrühe bis Sonnenaufgang[2]) wendet es sich tausend tötend gegen die dem bösen Geist zugehörigen (Geschöpfe).
3. Und wer ihn tötet, o Spitama Zaraθuštra, den scheuen spitzschnäuzigen Hund, den Vanhāpara (Igel), den die übelredenden Leute Dužaka nennen[4]), °schädigt seine Seele selbst noch im neunten Geschlecht[5]), so daß für sie [die Nachkommen] die Činvaṭ-Brücke unüberschreitbar sein wird[6]), wenn er nicht, (solang) er lebt, (seine) Strafe abmacht[7])". —
4. „O Schöpfer (der stofflichen Welt, ašaehrwürdiger!)
Wenn einer den scheuen spitzschnäuzigen Hund, den Vanhāpara (Igel), den die übelredenden Leute Dužaka nennen[4]), tötet,
was ist die Strafe dafür[8])?"
Da sagte Ahura Mazdāh:
„Man bestimme 1000 Hiebe mit der Pferdepeitsche, 1000 mit dem Zuchtriemen." —
5. „Was (ist) das für ein dem bösen Geist zugehöriges Geschöpf[1]) unter den Geschöpfen, die die geschaffene Schöpfung des bösen Geists bilden:
immer in der Morgenfrühe bis Sonnenaufgang[2]) wendet es sich tausend tötend gegen[1]) die dem heiligen Geist zugehörigen (Geschöpfe)?"
6. Da sagte Ahura Mazdāh:
„Der Daēva Zairimyanura mit Namen, o Spitama Zaraθuštra, den die übelredenden Leute Zairimyāka nennen[9]);
das (ist) das dem bösen Geist zugehörige Geschöpf unter den Geschöpfen, die die geschaffene Schöpfung des bösen Geists bilden:
immer in der Morgenfrühe bis Sonnenaufgang wendet es sich tausend tötend gegen die dem heiligen Geist zugehörigen (Geschöpfe).
7. Und wer ihn tötet, o Spitama Zaraθuštra, den Daēva Zairimyanura, den die übelredenden Leute Zairimyāka nennen[9]):

---

[1]) 618. [2]) 415. [3]) 1581. [4]) 1348. [5]) 1045. [6]) 756; eig. „für welche Schwerbeikömmlichkeit (in Bezug auf) die Č-Brücke sein wird". [7]) 1637, 610. [8]) 585. [9]) 1682.

(so) soll ihm beglichen sein das (üble) Denken, beglichen das Reden, beglichen das Tun[1]);
es soll ihm wieder gut gemacht sein das (üble) Denken, wieder gut gemacht das Reden, wieder gut gemacht das Tun[1])." —

8. „Wenn einer Schäfer- und Hof- und Blut-Hunde und solche, (die) Kunststücke können, tötet, (so) geht seine Seele unter noch ärgerem Angstgeschrei und unter größerem Wehklagen weg zum künftigen Leben[2]), als ein Wolf Wehgeheul ausstößt[3]), (der) in einer sehr tiefen Fallgrube gefangen (ist)[4]).
9. Keine andere Seele wird seiner Seele Hilfe leisten bei (seinem) Tod[5]) trotz[6]) ihrem Angstgeschrei und Wehgeschrei[7]),
noch werden die Hunde, die beiden Brückenwächter, bei (seinem) Tod Hilfe leisten[8]) trotz[6]) seinem Angstgeschrei und Wehgeschrei.
10. Wenn einer einem Schäferhund eine Quetschwunde (Pištra) schlägt oder ihm ein Ohr ausreißt oder ihm einen Fuß abschneidet,
wenn dann — was jenes Anwesen anlangt[9]) — ein Dieb oder Wolf unvermerkt aus dem Anwesen Vermögensstücke fortschleppt[10]),
(so) soll er dann für den Schaden aufkommen[11]); die Schädigung des Hunds soll er abbüßen mit der Strafe[12]) für vorsätzliche (Körperverletzung)[13]).
11. Wenn einer einem Hofhund eine Quetschwunde schlägt oder ihm ein Ohr ausreißt oder ihm einen Fuß abschneidet,
wenn dann — was jenen Hof anlangt — ein Dieb oder Wolf unvermerkt aus dem Hof Vermögensstücke fortschleppt,
(so) soll er dann für den Schaden aufkommen[11]); die Schädigung des Hunds soll er abbüßen mit der Strafe[12]) für vorsätzliche (Körperverletzung)[13])." —
12. „O Schöpfer (der stofflichen Welt, ašaehrwürdiger!)
Wenn einer einem Schäferhund einen Hieb (Snaθa) schlägt, (der) das Wahrnehmungsvermögen nimmt (und) die Lebenskraft zerstört,
was ist die Strafe dafür[14])?"
Da sagte Ahura Mazdāh:
„Man bestimme 800 Hiebe mit der Pferdepeitsche, 800 mit dem Zuchtriemen." —
13. „O Schöpfer (der stofflichen Welt, ašaehrwürdiger!)
Wenn einer einem Hofhund einen Hieb schlägt, (der) das Wahrnehmungsvermögen nimmt (und) die Lebenskraft zerstört,
was ist die Strafe dafür[14])?"
Da sagte Ahura Mazdāh:
„Man bestimme 700 Hiebe mit der Pferdepeitsche, 700 mit dem Zuchtriemen." —

---

[1]) 151, 1377. [2]) 534 u. [3]) 1359. [4]) 1515. [5]) 1530. [6]) Eig. „bei". [7]) 534 m. (?). [8]) 898. [9]) 166. [10]) 701. [11]) 464 m. [12]) 464 o. [13]) 920. [14]) 585.

14. „O Schöpfer (der stofflichen Welt, ašaehrwürdiger!)
Wenn einer einem Bluthund einen Hieb schlägt, (der) das Wahrnehmungsvermögen nimmt (und) die Lebenskraft zerstört,
was ist die Strafe dafür?"
Da sagte Ahura Mazdāh: „... 600 Hiebe[1]) ....". —
15. „O Schöpfer (der stofflichen Welt, ašaehrwürdiger!)
Wenn einer einem jungen[2]) Hund einen Hieb schlägt, (der) das Wahrnehmungsvermögen nimmt (und) die Lebenskraft zerstört,
was ist die Strafe dafür?"
Da sagte Ahura Mazdāh: „... 500 Hiebe[1]) ....
16. Das (ist) für den Jažav[3]), das für den Vīzuš[3]), das für das Stachelschwein[4]), das für den Urupay[3]) mit dem starken Gebiß, das für den Raopay[3]), den ...[5]), das (ist die Strafe für die Tötung) aller aus der (Schöpfung) des heiligen Geists zum Hundegeschlecht gehörigen (Tiere), ausgenommen den Otter, (der) im Wasser lebt[6])." —

17. „O Schöpfer (der stofflichen Welt, ašaehrwürdiger!)
Bei wem[7]) ist der Schäferhund richtig am Platz[8])?"
Da sagte Ahura Mazdāh:
„(Bei dem), der eine Yujyastay weit von (seinem) Anwesen weggeht[8]), in der Absicht, die Diebe oder[9]) den Wolf zu verfolgen[10])." —
18. „O Schöpfer (der stofflichen Welt, ašaehrwürdiger!)
Bei wem[7]) ist der Hofhund richtig am Platz[11])?"
Da sagte Ahura Mazdāh:
„(Bei dem), der eine hāθra-lange Wegstrecke von (seinen) Höfen weggeht[11]), in der Absicht, die Diebe oder[9]) den Wolf zu verfolgen[10])." —
19. „O Schöpfer (der stofflichen Welt, ašaehrwürdiger!)
Bei wem[7]) ist der Bluthund richtig am Platz[12])?"
Da sagte Ahura Mazdāh:
„(Bei dem), der keine (besondere) Fertigkeit verlangt, (sondern nur) Schutz für (seine) Person verlangt[12])." —

20. „O Schöpfer (der stofflichen Welt, ašaehrwürdiger!)
Wenn einer einen Schäferhund an Nahrungsmangel leiden läßt[13]), in welchem Maß macht solches Tun sündig[14])?"
Da sagte Ahura Mazdāh:
„Als ob er in diesem, dem stofflichen Dasein den Hausherrn eines Hauses erster (Größe) Nahrungsmangel leiden ließe[15]): so versündigt er sich[16])." —

---

[1]) = V. 13. 13. [2]) s. No. 8 zu V. 5. 30. [3]) Unbekannte „Hunde"-arten. [4]) s. No. 9 zu V. 5. 31. [5]) yaonō.xᵛatahe? [6]) 1610. [7]) Eig. „wo". [8]) 881. [9]) ča. [10]) 1631. [11]) 1474. [12]) 1433, 634. [13]) 642. [14]) 1597 u., 15. [15]) 719, 63. [16]) 1597 m.

21. „O Schöpfer (der stofflichen Welt, ašaehrwürdiger!)
Wenn einer einen Hofhund an Nahrungsmangel leiden läßt, in welchem Maß macht solches Tun sündig[1])?"
Da sagte Ahura Mazdāh:
„Als ob er in diesem, dem stofflichen Dasein den Hausherrn eines Hauses mittlerer (Größe) Nahrungsmangel leiden ließe[2]): so versündigt er sich[3])." —

22. „O Schöpfer (der stofflichen Welt, ašaehrwürdiger!)
Wenn einer einen Bluthund an Nahrungsmangel leiden läßt, in welchem Maß macht solches Tun sündig[1])?"
Da sagte Ahura Mazdāh:
„(Als ob) er einen wahrlich hier ašagläubigen Mann, (der) in sein Haus kommt[4]) mit jenen Merkmalen, wie (sie) ein Priester (hat)[5]), Nahrungsmangel leiden ließe: so versündigt er sich[3])." —

23. „O Schöpfer (der stofflichen Welt, ašaehrwürdiger!)
Wenn einer einen jungen[6]) Hund an Nahrungsmangel leiden läßt, in welchem Maß macht solches Tun sündig[1])?"
Da sagte Ahura Mazdāh:
„Als ob er in diesem, dem stofflichen Dasein ein in (seinem) Dienst tätiges, von einem Gemeinder gezeugtes Kind <es verrichtet einen Dienst> Nahrungsmangel leiden ließe[7]): so versündigt er sich[3])." — —

24. „O Schöpfer (der materiellen Welt, ašaehrwürdiger!)
Wenn einer einen Schäferhund an Nahrungsmangel leiden läßt, was ist die Strafe dafür?"
Da sagte Ahura Mazdāh:
„Dafür bestimme man ihm, (des) Leib verwirkt ist, 200 Hiebe mit der Pferdepeitsche, 200 mit dem Zuchtriemen." —

25. „O Schöpfer (der stofflichen Welt, ašaehrwürdiger!)
Wenn einer einen Hofhund an Nahrungsmangel leiden läßt, was ist die Strafe dafür?"
Da sagte Ahura Mazdāh:
„Man bestimme 90 Hiebe mit der Pferdepeitsche, 90 mit dem Zuchtriemen." —

26. „O Schöpfer (der stofflichen Welt, ašaehrwürdiger!)
Wenn einer einen Bluthund an Nahrungsmangel leiden läßt, was ist die Strafe dafür?"
Da sagte Ahura Mazdāh: „... 70 Hiebe[8]) ...." —

27. „O Schöpfer (der stofflichen Welt, ašaehrwürdiger!)
Wenn einer einen jungen[6]) Hund an Nahrungsmangel leiden läßt, was ist die Strafe dafür?"
Da sagte Ahura Mazdāh: „... 50 Hiebe[8]) .... —

---

[1]) 1597 u., 15. [2]) 719, 63. [3]) 1597 m. [4]) 4. [5]) 1119, 167. [6]) s. No. 8 zu V. 5. 30. [7]) 1713. [8]) = V. 13. 25.

28. Denn das, o **Spitama Zaraθuštra**, kommt unter den Geschöpfen des heiligen Geists in diesem, dem stofflichen Dasein am raschesten zur Altersgebrechlichkeit, was die Hunde (sind)[1], die ohne Essen beim Essenden stehen, *von der Seite* (drauf) hinspähend, (aber) nichts abbekommend[2].

Hervor(geholt werde) Milch und Fett samt Fleisch[3], man soll (es) dem Hund als Speisen bringen[4]: so (ist) seine gehörige Mahlzeit[5]." —

29. „O Schöpfer (der stofflichen Welt, ašaehrwürdiger!)

Wenn hier im Hause eines **Mazdāh**anbeters einerseits[6] ein Hund seine Stimme nicht braucht[7], (weil er) nicht recht bei Verstand (ist)[8],

wie sollen sie da, die **Mazdāh**anbeter, verfahren[9]?"

30. Da sagte **Ahura Mazdāh**:

„Sie sollen ihm ein zugeschnittenes Holzstück am Hals anbringen[10], in sein Maul sollen sie es dann hineinzwängen[11]: von der Größe einer ***Aštay*** aus hartem, doppelt so groß aus weichem (Holz)[12].

31. An ihm [dem Maul] sollen sie (das Holz) festmachen[13];

(só) sollen sie ihn unschädlich machen[14], damit nicht der Hund, (der) seine Stimme nicht braucht[7], (weil er) nicht recht bei Verstand (ist)[8], ein Schaf oder einen Menschen zu Schaden bringe[15]. Für des geschädigten Schädigung büße er mit der Strafe[16] für vorsätzliche (Körperverletzung)[17]:

32. Fällt er zum ersten Mal ein Schaf an, fügt er zum ersten Mal einem Menschen Schaden zu, (so) soll man ihm das rechte Ohr abschneiden;

fällt er zum zweiten Mal ein Schaf an, fügt er zum zweiten Mal einem Menschen Schaden zu, (so) soll man ihm das linke Ohr abschneiden;

33. fällt er zum dritten Mal ein Schaf an, fügt er zum dritten Mal einem Menschen Schaden zu, (so) soll man ihm den rechten Fuß anschneiden;

fällt er zum vierten Mal ein Schaf an, fügt er zum vierten Mal einem Menschen Schaden zu, (so) soll man ihm den linken Fuß anschneiden;

34. fällt er zum fünften Mal ein Schaf an, fügt er zum fünften Mal einem Menschen Schaden zu, (so) sollen sie ihm auch noch den Schwanz abschneiden[18]. — An ihm[19] .... (Körperverletzung)." —

35. „O Schöpfer (der stofflichen Welt, ašaehrwürdiger!)

Wenn hier im Hause eines **Mazdāh**anbeters andrerseits[20] ein Hund seine Sinne nicht zu brauchen weiß, (weil er) nicht recht bei Verstand (ist)[21],

wie sollen sie da, die **Mazdāh**anbeter, verfahren[9]?"

---

[1]) 1684. [2]) 348. [3]) 562. [4]) 935. [5]) 731. [6]) 1309; Correlat in V. 13. 35. [7]) d. i. „er beißt ohne vorher zu bellen". [8]) 169, vā gestrichen. [9]) 1375. [10]) 738, 621. [11]) 362. [12]) 262. [13]) 698 m. [14]) 698 o.; eig. „festmachen". [15]) 169. [16]) 464. [17]) 920. [18]) 750. [19]) = V. 13. 31. [20]) 1309; s. V. 13. 29. [21]) 281.

Da sagte Ahura Mazdāh:

„In einem solchen Fall sollen sie ein Heilmittel für ihn ausfindig zu machen suchen gerade wie für einen ašagläubigen Gemeinder[1])." —

36. „O Schöpfer (der stofflichen Welt, ašaehrwürdiger!)

Wenn man (trotz) Suchens (ein Heilmittel) nicht ausfindig machen kann[2]), wie sollen sie da, die Mazdāhanbeter, verfahren[3])?"

37. Da sagte Ahura Mazdāh:

„Sie sollen ihm (ein zugeschnittenes Holzstück am Hals) anbringen[4]) ....

.... (só) sollen sie ihn unschädlich machen, sonst könnte der Hund, (der) seine Sinne nicht (recht) zu brauchen weiß, in eine Grube[5]) oder ein Brunnenloch oder einen Felsspalt oder in das Bett eines fließenden Wassers[6]) geraten; dadurch könnte er Schaden nehmen[7]).

38. Wenn er auf diese Weise zu Schaden kommt, so werden dadurch die Täter[8]) verwirkten Leibes." —

39. Den Hund, o Zaraθuštra, ließ Ich, der Ahura Mazdāh, sein eigenes (natürlich) Gewand (und) sein eigenes Schuhwerk haben;

(ich machte ihn) zu einem eifrig wachenden, scharfbeißenden, (der) seine Nahrung von den Männern abbekommt[9]), damit er auf die Anwesen Acht gebe;

und Ich, der Ahura Mazdāh, habe den Hund (dazu) bestimmt, daß er auf die Person des Türers Acht habe[10]) ....[11]).

40. Und solang er eifrig mit Bellen ist[12]), o Spitama Zaraθuštra, wird wahrlich nicht — (was) diesen Hof (anlangt) — ein Dieb oder ein Wolf unvermerkt (etwas) aus dem Hof fortschleppen.

<Zu erschlagen (sind) die Wölfe,
zu vertilgen (sind) die Wölfe,
auszurotten (sind) die geifernden Wölfe>[13]). —

41. „O Schöpfer (der stofflichen Welt, ašaehrwürdiger!)

Welcher von den beiden Wolf(bastarden), o ašaehrwürdiger Ahura Mazdāh, verdient noch mehr umgebracht zu werden, den ein Hund einer Wölfin zeugt oder den ein Wolf einer Hündin (zeugt)[14])?"

Da sagte Ahura Mazdāh:

„Der von den beiden Wolf(bastarden) verdient noch mehr umgebracht zu werden, o ašagläubiger Zaraθuštra, den ein Hund einer Wölfin zeugt als der, den ein Wolf einer Hündin (zeugt)[14]).

---

[1]) 915. [2]) 1318. [3]) 1375. [4]) = V. 13. 30—31. [5]) 281. [6]) 1531, vā ausgelassen. [7]) 8. [8]) 1713. [9]) Eig. „der die Nahrung der Männer hat". [10]) 1157. [11]) yezi asta aša xraθwa yezi asta gaēθābyō? etwa „so lange er bei rechtem Verstand ist (!), so lange ist er (ein Wächter) für die Anwesen"; vgl. Geldner KZ. 25. 415. [12]) 1650 f.; eig. „mit der Stimme". [13]) 898 f. [14]) 1419: nur dem Sinn nach.

42. Auf der einen Seite werden Hunde °geworfen, (je nachdem) Schäfer-[1]) und Hof- und Blut-(Hunde) und solche, (die) Kunststücke können: tödlich[2]) gleichsam für Haus und Hof; und die[3]) nun werden schädlicher und verderblicher und für Haus und Hof gefährlicher als sonst der Hund (es ist)[4]);
43. auf der andern Seite[1]) werden Wölfe °geworfen: tödlich[2]) für Haus und Hof, und die[3]) nun werden schädlicher und verderblicher und für Haus und Hof gefährlicher als sonst die Wölfe (es sind)[4])."

44. Der éine Hund läßt sich mit achten vergleichen[5]):
er zeigt ein Gebaren wie[6]) ein Priester,
er zeigt ein Gebaren wie ein Krieger,
er zeigt ein Gebaren wie ein viehzüchtender Bauer,
er zeigt ein Gebaren wie ein Knecht,
er zeigt ein Gebaren wie ein Dieb,
er zeigt ein Gebaren wie ein Disav[7]),
er zeigt ein Gebaren wie eine Hure,
er zeigt ein Gebaren wie ein Kind.
45. Speisen genießt er wie der Priester,
leicht befriedigt (ist er) wie der Priester,
leicht gekränkt (ist er) wie der Priester,
(auch) bei geringer Kost (ist er) glücklich[8]) wie der Priester:
soviel Gebarungen zeigt er[6]) wie der Priester.
(Indem) er sich an die beiden voraus(gehenden) *hält*, (ist er) wie der Krieger[9]),
(indem) er auf das guttätige Rind einschlägt, (ist er) wie der Krieger[10])
vor (und) hinter dem Haus[11]) (ist er) wie der Krieger:
soviel Gebarungen zeigt er wie der Krieger.
46. Wachsam, ohne tiefen Schlaf (ist er) wie der viehzüchtende Bauer,
vor (und) hinter dem Haus[11]) (ist er) wie der viehzüchtende Bauer,
hinter (und) vor dem Haus (ist er) wie der viehzüchtende Bauer:
soviel Gebarungen zeigt er[6]) wie der viehzüchtende Bauer.
Gefällig (ist er) wie der Knecht,
in der Nähe verwundet[2]) er wie der Knecht,
. . . . . .[12]) wie der Knecht:
soviel Gebarungen zeigt er wie der Knecht.
47. Das Dunkel liebt er wie der Dieb,
mit der Nacht vertraut[13]) (ist er) wie der Dieb,
blindlings essend (ist er) wie der Dieb,
und so unzuverlässig (ist er) wie der Dieb:

[1]) 881. [2]) ? [3]) taēčiṯ yå?! [4]) 134 f. [5]) 262; eig. „éines Hundes (ist) der Vergleich mit achten". [6]) 1781. [7]) Name eines nächtlichen Raubtiers. [8]) 460. [9]) 1238 (?). [10]) 84. [11]) 882. [12]) zairimyafsma θryafsma? [13]) Eig. „die Nacht zur Heimstätte habend".

soviel Gebarungen zeigt er[1]) wie der Dieb.
Das Dunkel liebt er wie der Disav[2]);
mit der Nacht vertraut[3]) (ist er) wie der Disav,
blindlings essend (ist er) wie der Disav,
und so unzuverlässig (ist er) wie der Disav:
soviel Gebarungen zeigt er wie der Disav.

48. Gefällig (ist er) wie die Hure,
in der Nähe verwundet[4]) er wie die Hure,
(er) kackt auf den Weg[5]) wie die Hure,
......[6]) wie die Hure:
soviel Gebarungen zeigt er[1]) wie die Hure.
Verschlafen (ist er) wie das Kind[7]),
geifernd (ist er) wie das Kind,
(er) streckt die Zunge heraus wie das Kind[8]),
im Herumlaufen um die beiden Voraus(gehenden ist er) wie das Kind[9]):
soviel Gebarungen zeigt er wie das Kind.

49. Wenn die zwei zu diesen meinen Häusern kommen, (so) soll man (sie) nicht aussperren[10]), nämlich der Schäferhund und der Hofhund. Nicht würde mein Haus festgefügt auf der ahurageschaffenen Erde dastehn[11]), wenn mir nicht der Schäferhund da wäre oder der Hofhund[12]). —

50. „O Schöpfer (der stofflichen Welt, ašaehrwürdiger!)
Wenn ein Hund stirbt[13]), *(der) sein Brot nicht mehr verdient*[14]) und (dem) der Same versiegt ist[13]), wohin kommt deren Wahrnehmungskraft[15])?“

51. Da sagte Ahura Mazdāh:
„Sie geht zu den Quellen der Wasser fort[15]), o Spitama Zaraθuštra. Da in diesen [Wassern] entstehen (draus) zwei[16]) im Wasser lebende Ottern: auf tausend weibliche[17]) Hunde (und) tausend männliche[17]) Hunde (kommt) paarweise ein Weibchen und ein Männchen[18]).
Der Töter einer Otter bewirkt sie, die futterlose Dürre.

52. Von diesem Ort und (dieser) Stätte, o Spitama Zaraθuštra,
fort geht Glück und Fülle,
fort Gesundheit und Heiltum,
fort Gedeihen und Zunahme und Wachstum,
fort das Sprießen der Getreide und Gräser.“ —

53. „O Schöpfer (der stofflichen Welt, ašaehrwürdiger!)
Wann werden zu diesem Ort und (dieser) Stätte zurückkehren
das Glück und die Fülle,

---

[1]) 1786. [2]) s. No. 7 zu § 44. [3]) s. No. 13 zu § 47. [4]) ? [5]) 189. [6]) zairimyafsma θryafsma? [7]) 81. [8]) 1815 f. [9]) 865 (?). [10]) 449; ungrammatische Stelle. [11]) 1444. [12]) 267. [13]) 1584. [14]) Eig. „seinen Verdienst verloren habend“. [15]) 919. [16]) 387. [17]) Eig. „weibliche (männliche) Namen habend“. [18]) 1584, ungrammatisch.

wann Gesundheit und Heiltum,
wann Gedeihen und Zunahme und Wachstum,
wann das Sprießen der Getreide und Gräser?"

54. Da sagte Ahura Mazdāh:
„Keinesfalls werden, o Spitama Zaraθuštra, zu Ort und Stätte vordem zurückkehren
weder Glück und Fülle,
noch Gesundheit und Heiltum,
noch Gedeihen und Zunahme und Wachstum,
noch das Sprießen der Getreide und Gräser:

55. vor dem daß hier der Ottertöter auf einen Schlag niedergeschlagen wird, oder daß sie die den Dahma's zugehörige Seele dieser Otter verehren: drei Tage (und) drei Nächte lang, bei aufleuchtendem Feuer, bei gespreitetem Barəsman, bei aufgesetztem Haoma.

56. Hernach werden zu diesem Ort und (dieser) Stätte zurückkehren
Glück und Fülle,
hernach Gesundheit und Heiltum,
hernach Gedeihen und Zunahme und Wachstum,
hernach das Sprießen der Getreide und Gräser." —
Aša ist das beste Gut[1]) . . .

14.

1. Es fragte Zaraθuštra den Ahura Mazdāh:
„O Ahura Mazdāh, heiligster Geist, Schöpfer der stofflichen Welt, o aša-ehrwürdiger!
Wenn einer ihr, der im Wasser lebenden Otter <auf tausend weibliche[2]) Hunde (und) tausend männliche[2]) Hunde (kommt ein Paar)> einen Hieb schlägt, (der) das Wahrnehmungsvermögen nimmt (und) die Lebenskraft zerstört,
was ist die Strafe dafür[3])?"

2. Da sagte Ahura Mazdāh:
„Man bestimme 10000 Hiebe mit der Pferdepeitsche, 10000 mit dem Zuchtriemen.
Zehntausend Trachten von hartem getrockneten ausgesuchten Brennholz soll er dem Feuer, (dem Sohn) des Ahura Mazdāh, nach Recht (und) Pflicht für (seine) Seele als Sühne[3]) überantworten.

3. Zehntausend Trachten von weichem Brennholz aus Sandelholz oder Benzoe oder Aloe oder Haδānaēpatā [Granatapfel][4]) oder vom (Holz) irgend welcher (anderer) der sehr wohlriechenden Bäume soll er dem Feuer, (dem Sohn) des Ahura Mazdāh, nach Recht (und) Pflicht für (seine) Seele als Sühne[3]) überantworten.

---

[1]) = Y. 27. 14. [2]) s. No. 17 zu V. 13. 51. [3]) 585. [4]) s. No. 11 zu V. 8. 2.

4. Zehntausend spreitbare (Pflanzenstengel) soll er zum Baresman spreiten[1]),
zehntausend haomahaltige milchhaltige, richtig bereitete, gefilterte, von den Gemeindern richtig bereitete, von den Gemeindern gefilterte Zaoθra's in Mischung mit der Pflanze, die Haδānaēpatā heißt[2]), soll er den guten Wassern nach Recht (und) Pflicht für (seine) Seele als Sühne[3]) überantworten.
5. Zehntausend auf dem Bauch kriechende Schlangen soll er niederschlagen,
zehntausend Hundsschlangen, (nämlich) Kahrpuna's[4]) soll er niederschlagen,
zehntausend Schildkröten soll er niederschlagen,
zehntausend sich aufblähende Frösche[5]) soll er niederschlagen,
zehntausend im Wasser lebende Frösche soll er niederschlagen,
zehntausend (Getreide)körner (ver)schleppende Ameisen soll er niederschlagen,
zehntausend kleine übelriechende ...[6])-Ameisen soll er niederschlagen;
6. zehntausend im Kot sich aufhaltende Maden soll er niederschlagen,
zehntausend abscheuliche Fliegen soll er niederschlagen,
zehntausend mit Unrat angefüllte Gruben der Erde hier soll er durch Graben zuschütten.
Zweimal sieben Feuergerätschaften[7]) soll er den ašagläubigen Männern nach Recht (und) Pflicht für (seine) Seele als Sühne[3]) überantworten:
7. Die ...[8]) Feuergeräte; die beiden, den Yaoždānay[9]) (und) den Garəmō.-skarana[10]); den runden Feuerwedel, (der) sich unten weit auseinanderwölbt (und) oben eng zusammenläuft[11]); eine Axt mit scharfer Schneide[12]) (und) scharfer Kante; einen Keil mit scharfer Schneide[13]) (und) scharfer Kante
soll er den ašagläubigen Männern nach Recht (und) Pflicht für (seine) Seele als Sühne[3]) überantworten, mit denen diese Mazdāhanbeter Brennholz für das Feuer, (den Sohn) des Ahura Mazdāh, auslesen (sollen).
8. Alle Ausrüstungsgegenstände für einen Priester soll er den ašagläubigen Männern nach Recht (und) Pflicht für (seine) Seele als Sühne[3]) überantworten;
(und) zu diesen Ausrüstungsgegenständen für den Priester (gehören)
die Strafgeisel, der Milchbehälter, das Schutztuch, der Xrafstratöter mit dem Zuchtriemen, die Schüsseln [für den Myazda], die Mischkrüge, der nach Vorschrift gefertigte Mörser, die zum Haoma gehörigen Schalen und das Baresman.

---

[1]) 1596. [2]) 1759. [3]) 585. [4]) 455; daēvische Tiere. [5]) Landfrösche sind gemeint. [6]) araēka-? [7]) 677; im flgd. § werden nur 6 aufgeführt. [8]) pairiš.hanāna-? [9]) Womit das Feuer wieder in hellen Brand gesetzt wird. [10]) 1236. [11]) 319. [12]) 653 o. [13]) 653 u.

9. Alle Ausrüstungsgegenstände für einen Krieger[1]) soll er den ašagläubigen Männern nach Recht (und) Pflicht für (seine) Seele als Sühne[2]) überantworten;

(und) zu diesen Ausrüstungsgegenständen für den Krieger (gehören)

als erstes der Speer, als zweites der Dolch, als drittes die Keule, als viertes das Schießgerät[3]), als fünftes das Wehrgehänge mit dem Köcher samt dreißig eisenspitzigen (Pfeilen)[4]), als sechstes die Schleuder, (deren) Arme von Sehnen gebildet (werden), samt dreißig Schleudersteinen[5]), als siebentes der Panzer, als achtes die Halsberge, als neuntes das Brusttuch, als zehntes der Helm, als elftes der Gürtel, als zwölftes ein paar Beinschienen[6]).

10. Alle Ausrüstungsgegenstände für einen viehzüchtenden Bauern soll er den ašagläubigen Männern nach Recht (und) Pflicht für (seine) Seele als Sühne[2]) überantworten;

(und) zu diesen Ausrüstungsgegenständen des viehzüchtenden Bauern (gehören)

die beiden, der Pflug (und) ...[7]), die ...[8]) (und) Befestigungen[9]), Stachel und Peitsche[10]), (womit) man das Vieh am besten antreibt[11]), eine steinerne Kelterpresse[12]), ein Stößel mit rundlichem Kopfstück[13]).

11. Einen Spaten (soll er) gießen für den werktätigen (Bauern), ein Teil Silber, ein Teil Gold[14])." —

„O Schöpfer (der stofflichen Welt, ašaehrwürdiger!) Wie viel Silber[15])?"

Da sagte Ahura Mazdāh: „(Soviel) als der Wert eines Roßhengstes (ist)[15])." —

„O Schöpfer (der stofflichen Welt, ašaehrwürdiger!) Wie viel Gold?"

Da sagte Ahura Mazdāh: „(Soviel) als der Wert eines Kamelhengstes (ist). —

12. Einen Bewässerungskanal mit fließendem Wasser[16]) soll er den ašagläubigen Männern nach Recht (und) Pflicht für (seine) Seele als Sühne[2]) überantworten." —

„O Schöpfer (der stofflichen Welt, ašaehrwürdiger!) Wie groß (soll) der Bewässerungskanal (sein)[17])?"

Da sagte Ahura Mazdāh: „(So) tief als ein Hund (und so) breit als ein Hund[17]). —

13. Ein urbar zu machendes Ackergrundstück[18]) soll er den ašagläubigen Männern nach Recht (und) Pflicht für (seine) Seele als Sühne[2]) überantworten." —

„O Schöpfer (der stofflichen Welt, ašaehrwürdiger!) Wie groß (soll) das Grundstück (sein)[19])?"

---

[1]) 1506. [2]) 585. [3]) Eig. „die Bogen, d. h. Bogen mit Zubehör". [4]) 1651. [5]) 981. [6]) 1523. [7]) yuyō.səmī-?, 1302. [8]) ayažāna-? [9]) 830. [10]) Eig. „die beiden (Geräte) zum Antreiben des Viehs". [11]) 511. [12]) 1804. [13]) 1286. [14]) 1808. [15]) 896. [16]) 1344. [17]) 1617. [18]) 1664. [19]) 971.

Da sagte Ahura Mazdāh:

„So daß das Wasser (des Grabens) ausreicht, um zweimal [im Jahr] vermittelst Durchstechens [des Damms] übergelassen zu werden[1]). —

14. Einen Rinderstall mit neun Pferchen (und) neun Reisig(scheidewänd)en[2]) soll er den ašagläubigen Männern nach Recht (und) Pflicht für (seine) Seele als Sühne[3]) überantworten." —

„O Schöpfer (der stofflichen Welt, ašaehrwürdiger!) Wie groß (soll) der Stall (sein)[4])?"

Da sagte Ahura Mazdāh:

„Zwölf Gänge (sollen drin sein) höchstens, neun Gänge im Mittel, sechs Gänge mindestens[4]). —

Einen Divan mit schöner Decke samt Polster[5]) soll er den ašagläubigen Männern nach Recht (und) Pflicht für (seine) Seele als Sühne überantworten. —

15. Ein Mädchen ohne Gebrechen, (das noch) unberührt (ist)[6]), soll er den ašagläubigen Männern nach Recht (und) Pflicht für (seine) Seele als Sühne[3]) überantworten." —

„O Schöpfer (der stofflichen Welt, ašaehrwürdiger!) Was für ein Mädchen?"

Da sagte Ahura Mazdāh:

„Es möge ein (Mädchen), Schwester oder Tochter geheißen[7]), mit Ohrschmuck versehen, nach (vollendetem) fünfzehnten Jahr[8]) ašagläubigen Männern zur Ehe gegeben werden[9]). —

16. Zwei mal sieben (Stück) Schafviehs soll er den ašagläubigen Männern nach Recht (und) Pflicht für (seine) Seele als Sühne[3]) überantworten;

zwei mal sieben junge Hunde soll er großziehen[10]);

zwei mal sieben Brückenstege soll er anbringen über[11]) schiffbare Wasser.

17. Zweimal neunzig nicht gehörig gepflegte (Hunde)lagerstätten: — die gehörige Pflege soll er dafür beschaffen[12]);

zweimal neunzig Hunde soll er von Stiptay's[13]) ringsum reinigen und von Anāiritay's[13]) und von Vyanura's[13]) und von all den bösesten (Insekten) ringsum (reinigen), die auf Hunden schmarotzen[14]);

zweimal neunzig ašagläubige Männer[15]) soll er laben mit Fleisch- oder (Pflanzen)kost[16]) oder mit Milch- oder (Beeren)wein[17]).

18. Das ist dafür die Strafe, das ist dafür die Sühne für den Ašagläubigen, (der) hier Buße tut;

für den (aber, der) nicht Buße tut, (gilt der Spruch)[18]): ‚'Im Haus der Drug sind das die rechten Gesellen'[19])'." —

Aša ist das beste Gut[20]) ...

---

[1]) 971. [2]) 1045. [3]) 585. [4]) 1441. [5]) 1865. [6]) 211. [7]) ? [8]) 845. [9]) 1343 f. [10]) 498. [11]) 1534. [12]) 212. [13]) Namen verschiedener Insekten. [14]) 1608. [15]) 1044. [16]) 1869. [17]) 1837. [18]) 849. [19]) Aus Y. 49. 11; 1760. [20]) = Y. 27. 14.

15.

1. „Wie vielfach sind die getanen Taten[1]), die die stoffliche Welt tut — (wenn sie) begangen (sind), nicht beglichen, nicht wieder gut gemacht[1]), so werden dadurch die Täter[2]) verwirkten Leibes?"
2. Da sagte Ahura Mazdāh:
„Fünf(fach), o ašagläubiger Zaraθuštra!
Die erste dieser Taten, die die Menschen begehen, (ist),
wenn einer einen ašagläubigen Mann bei einem, (der) einen andern Glauben hat oder einer andern Lehre zugetan ist, verleumdet[3]) — wissentlich mit voller Absicht macht er sich daran[4]) —,
so werden dadurch die Täter[2]) verwirkten Leibes.
3. Die zweite dieser Taten, die die Menschen begehen, (ist),
wenn einer einem Schäfer- oder Hof-Hund nicht zerkleinerte Knochen gibt[5]) oder (zu) heiße Speisen,
4. und wenn die Knochen (ihm) zwischen den Zähnen stecken bleiben (oder) sich im Hals festsetzen[6]), oder wenn (ihm) die (zu) heißen Speisen Maul oder Zunge verbrennen[7]) — dadurch könnte er Schaden nehmen[8]) —:
wenn er auf diese Weise zu Schaden kommt, so werden dadurch die Täter[2]) verwirkten Leibes.
5. Die dritte dieser Taten, die die Menschen begehen, (ist),
wenn einer eine Hündin, (die kurz zuvor) geworfen hat, schlägt oder verfolgt oder anschreit oder aufscheucht[9]),
6. und wenn die Hündin in eine Grube oder ein Brunnenloch oder einen Felsspalt oder in das Bett eines fließenden Wassers[10]) geriete — dadurch könnte sie Schaden nehmen —:
wenn sie auf diese Weise zu Schaden kommt, so werden dadurch die Täter[2]) verwirkten Leibes.
7. Die vierte dieser Taten, die die Menschen begehen, (ist),
wenn einer eine Frau, (die) die Regel hat, menstruirt, ihre Blutung hat, beschläft,
so werden dadurch die Täter[2]) verwirkten Leibes.
8. Die fünfte dieser Taten, die die Menschen begehen, (ist),
wenn einer eine Kindbetterin[11]) — (gleichviel, ob) sie säugt oder nicht säugt[12]) —, (die) ihre Zeit noch nicht abgewartet hat, vordem beschläft[13]) — dadurch könnte sie Schaden nehmen —:
wenn sie auf diese Weise zu Schaden kommt, so werden dadurch die Täter[2]) verwirkten Leibes." — —

---

[1]) 74. [2]) 1713. [3]) Eig. „einem verkleinernden Wort hingibt". [4]) 152. [5]) 296 f. [6]) 515 f. [7]) 515 m. [8]) 8. [9]) 884 u. [10]) 1531, vā gestrichen. [11]) Eig. „Frau, (die eben) geboren hat". [12]) 906. [13]) 120.

9. „Wenn einer zu einem Mädchen geht, (dem schon) ein Ratav bestellt[1]) oder (auch) ein Ratav (noch) nicht bestellt ist, (das schon) verlobt oder (auch noch) nicht verlobt ist[2]), und es schwanger macht[3]), nicht soll sie — das Mädchen — aus Scham vor den Menschen[4]) heimlich sich die Regel (wieder) verschaffen, heimlich sich Wasser und Kraut (verschaffen)[5]).

10. Und wenn sie — das Mädchen — aus Scham vor den Menschen[4]) heimlich sich die Regel (wieder) verschafft, heimlich sich Wasser und Kraut[6]), (so ist sie) für die begangenen Taten verantwortlich.

11. Wenn einer zu einem Mädchen geht, (dem schon) ein Ratav bestellt[1]) oder (auch) ein Ratav (noch) nicht bestellt ist, (das schon) verlobt oder (auch noch) nicht verlobt ist[2]), und es schwanger macht[3]), nicht soll sie — das Mädchen — aus Scham vor den Menschen[4]) aus sich (ihre) Leibesfrucht beschädigen[7]).

12. Und wenn sie — das Mädchen — aus Scham vor den Menschen[4]) aus sich (ihre) Leibesfrucht beschädigt, (so) fällt auf die erwachsenen Familienangehörigen die Sünde, die sie tut, und der Schaden, den sie zufügt[8]); an den erwachsenen Familienangehörigen soll man die Schädigungen der Geschädigten strafen[8]) mit der Strafe für vorsätzliche (Körperverletzung)[9]).

13. Wenn einer zu einem Mädchen geht, (dem schon) ein Ratav bestellt[1]) oder (auch) ein Ratav (noch) nicht bestellt ist, (das schon) verlobt oder (auch noch) nicht verlobt ist[2]), und es schwanger macht[3]), und wenn sie — das Mädchen — sagt: ‚Dér Mann hier (ist) der Erzeuger des Kindes'[10]), und wenn der Mann sagt: ‚Such eine Alte[11]) für diese (Dinge)[12]) ausfindig machen, frag (sie)[11])', —

14. sie — das Mädchen — sucht dann eine Alte für diese (Dinge)[12]) ausfindig zu machen, sie fragt (sie); diese Alte bringt Banha[13]) herzu oder Šaēta[13]) oder Γnāna[13]) oder Fraspāt[13]) oder sonst eine von den abtreibenden Pflanzen[14]): ‚Damit such[15]) (dein) Kind [im Mutterleib] zu °töten!' —, dann versucht sie — das Mädchen — (ihr) Kind damit zu °töten[16]):

so wirken gleichgroßen (Anteil) an solchem Tun[17]) der Mann und das Mädchen und die Alte.

15. Wenn einer zu einem Mädchen geht, (dem schon) ein Ratav bestellt[1]) oder (auch) ein Ratav (noch) nicht bestellt ist, (das schon) verlobt oder (auch noch) nicht verlobt ist[2]), und es schwanger macht[3]), soll er so lang Sorge tragen, bis das Kind groß geworden ist[18]).

---

[1]) d.h. „die mündig ist". [2]) 1605. [3]) 911. [4]) 1029, 1148. [5]) 152 u. [6]) 641. [7]) 1861. [8]) 906, eig. „(so) tut sie Sünde für die Familienang., Schaden für die F.". [9]) 920. [10]) 910. [11]) 503. [12]) ? [13]) Namen von Pflanzen (und deren Saft), die zur Kindabtreibung benutzt wurden. [14]) 1440. [15]) 12. [16]) 1145. [17]) 1787. [18]) 498; vgl. V. 15. 45.

16. Wenn es [das Mädchen] keine Pflege empfängt — infolgedessen nimmt das Kind Schaden mangels gehöriger Pflege[1] —, (so) büße er für des Geschädigten Schädigung mit der Strafe[2]) für vorsätzliche (Körperverletzung)[3]." —

17. „O Schöpfer (der stofflichen Welt, ašaehrwürdiger!)
Wenn das [die Niederkunft] vor sich geht innerhalb (des Bezirks) der beiden, der Genossenschaft (und) der Gemeinde[4],
von wem unter den Mazdāhanbetern soll sie Pflege empfangen[5]?"

18. Da sagte Ahura Mazdāh:
„Wer zu einem Mädchen geht, (dem schon) ein Ratav bestellt[6] oder (auch) ein Ratav (noch) nicht bestellt ist, (das schon) verlobt oder (auch noch) nicht verlobt ist[7],
(der) soll so lang (für sie) Sorge tragen, bis das Kind groß geworden ist[8].

19. Wenn es [das Mädchen] keine Pflege empfängt, (so) trifft er damit alle Weiber[9], zweibeinige und vierbeinige. <Sie — das Mädchen — (ist) zweibeinig, sie — die Hündin — vierbeinig>." — —

20. „O Schöpfer (der stofflichen Welt, ašaehrwürdiger!)
Wenn das [Werfen der Hündin] vor sich geht innerhalb (des Bezirks) der beiden, der Genossenschaft (und) der Gemeinde[4],
von wem unter den Mazdāhanbetern soll sie Pflege empfangen[5]?"

21. Da sagte Ahura Mazdāh:
„Wer das ihrer [der Hündin] Lagerstätte nächstgelegene Haus gebaut hat[10], (der ist) zur Wartung verpflichtet[11]:
so lang soll er Sorge tragen, bis sie, die Hunde, groß geworden sind[12].

22. Wenn sie [die Hündin] keine Wartung empfängt — infolgedessen nehmen sie, die Hunde, Schaden mangels gehöriger Pflege[1] —, (so) bestrafe man die Schädigungen der Geschädigten mit der Strafe[2] für vorsätzliche (Körperverletzung)[3]." —

23. „O Schöpfer (der stofflichen Welt, ašaehrwürdiger!)
Und wenn es — (es handelt sich um) die Hündin — in den Kamelställen vor sich geht[13],
von wem unter den Mazdāhanbetern soll sie Pflege empfangen[5]?"

24—25. Da sagte Ahura Mazdāh:
„Wer diesen Kamelstall gebaut hat oder wem (sonst)[14] dieser Kamelstall gehört[15], (der ist) zur Wartung verpflichtet[11]: so lang[16]..................". —

26. „O Schöpfer (der stofflichen Welt, ašaehrwürdiger!)
Und wenn es — (es handelt sich um) die Hündin — in den Pferdeställen vor sich geht[13],
von wem unter den Mazdāhanbetern soll sie Pflege empfangen[5]?"

---

1) 59. 2) 464. 3) 920. 4) 1564. 5) 935. 6) s. N. 1 zu § 9. 7) 1605. 8) 498; vgl. V. 15. 45. 9) 360 (?). 10) 106. 11) 19. 12) Vgl. V. 15. 45. 13) 500. 14) Nach dem Text yeńhå vō „welcher von euch", aber wohl verderbt aus yeńhē vā. 15) 421. 16) = V. 15. 21—22.

27—28. Da sagte Ahura Mazdāh:
„Wer diesen Pferdestall gebaut hat oder wem (sonst)[1]) dieser Pferdestall gehört, (der ist) zur Wartung verpflichtet[2]): so lang[3]) ....". —
29. „O Schöpfer (der stofflichen Welt, ašaehrwürdiger!)
Und wenn es — (es handelt sich um) die Hündin — in den Rinderställen vor sich geht[4]),
von wem unter den Mazdāhanbetern soll sie Pflege empfangen[5])?"
30—31. Da sagte Ahura Mazdāh:
„Wer diesen Rinderstall gebaut hat oder wem (sonst)[1]) dieser Rinderstall gehört, (der ist) zur Wartung verpflichtet[2]): so lang[3]) ....". —
32. „O Schöpfer (der stofflichen Welt, ašaehrwürdiger!)
Und wenn es — (es handelt sich um) die Hündin — in den Schafhürden vor sich geht[4]),
von wem unter den Mazdāhanbetern soll sie Pflege empfangen[5])?"
33—34. Da sagte Ahura Mazdāh:
„Wer diese Schafhürde gebaut hat oder wem (sonst)[1]) diese Schafhürde gehört, (der ist) zur Wartung verpflichtet[2]): so lang[3]) ....". —
35. „O Schöpfer (der stofflichen Welt, ašaehrwürdiger!)
Und wenn es — (es handelt sich um) die Hündin — auf den Wällen vor sich geht[4]),
von wem unter den Mazdāhanbetern soll sie Pflege empfangen[5])?"
36—37. Da sagte Ahura Mazdāh:
„Wer diesen Wall errichtet hat[6]) oder wem (sonst)[1]) dieser Wall gehört, (der ist) zur Wartung verpflichtet[2]): so lang[3]) ....". —
38. „O Schöpfer (der stofflichen Welt, ašaehrwürdiger!)
Und wenn es — (es handelt sich um) die Hündin — in den Gräben vor sich geht[4]),
von wem unter den Mazdāhanbetern soll sie Pflege empfangen[5])?"
39. Da sagte Ahura Mazdah:
„Wer diesen Graben ausgeschachtet hat oder wem (sonst)[1]) dieser Graben gehört, (der ist) zur Wartung verpflichtet[2]): so lang soll er Sorge tragen, bis sie, die Hunde, groß geworden sind[7]).
40. Wenn sie [die Hündin] keine Wartung empfängt — infolgedessen nehmen sie, die Hunde, Schaden mangels gehöriger Pflege[8]) —, (so) bestrafe man die Schädigungen der Geschädigten mit der Strafe[9]) für vorsätzliche (Körperverletzung)[10])." —
41. „O Schöpfer (der stofflichen Welt, ašaehrwürdiger!)
Und wenn es — (es handelt sich um) die Hündin — mitten auf einer Weide[11]) vor sich geht[4]),

---

[1]) s. No. 14 zu § 24. [2]) 19. [3]) = V. 15. 21—22. [4]) 500. [5]) 935. [6]) 674. [7]) Vgl. V. 15. 45. [8]) 59. [9]) 464. [10]) 920. [11]) 1414, vā 2mal gestrichen.

von wem unter den Mazdāhanbetern soll sie Pflege empfangen[1])?"

42. Da sagte Ahura Mazdāh:
„Wer diese Weide angelegt hat oder wem (sonst)[2]) diese Weide gehört, (der ist) zur Wartung verpflichtet[3]).

43. Und sie sollen ihr ein Lager verschaffen[4]) auf ...[5]) oder sonst welchen ...[6]); so lang soll er Sorge tragen, bis sie — die (jungen) Hunde — so werden, daß sie sich selber wehren (und) selber ihre Nahrung suchen können[7])." —

44. „O Schöpfer (der stofflichen Welt, ašaehrwürdiger!)
Wann werden die (jungen) Hunde so, daß sie sich selber wehren (und) selber ihre Nahrung suchen können[7])?"

45. Da sagte Ahura Mazdāh:
„Sobald die Hunde zweimal sieben Häuser umlaufen können[8]); nach Belieben soll er [der Hund] dann hinausgehen[9]) im Winter; ebenso (kann er es) im Sommer (tun)[10]).
Sechs Monate (muß) man für einen (jungen) Hund, sieben Jahre für ein Kind Sorge (tragen)[11]).
<Für das Feuer, den Sohn des Ahura Mazdāh, desgleichen für die Frau>." —

46. „O Schöpfer (der stofflichen Welt, ašaehrwürdiger!)
Wenn die Mazdāhanbeter wollen, (daß) sich ein läufischer (Hund) paare[12]), wie sollen sie da, die Mazdāhanbeter, verfahren[13])?"

47. Da sagte Ahura Mazdāh:
„Dort nun sollen die Mazdāhanbeter in der Erde eine Grube ausgraben mitten in den Schafhürden:
bis zur Mitte (der) Bein(höhe) in hartem Erdboden,
bis zur (Leibes-)Mitte eines Manns in weichem Erdboden[14]).

48. Von dem ersten (Hund) soll man (die) Kind(er) absperren, desgleichen das Feuer[15]), den Sohn des Ahura Mazdāh; so lang soll man Sorge tragen, bis der Hund anderswohin geht[16]); und (man soll) einen zweiten (Rüden) und noch einen weiteren zu(lassen) und (zwar soll man ihn) gesondert von den beiden ersten (halten)[17]): só werden sie keinen Schaden nehmen[18]).

49. Wer eine Hündin, (die kurz zuvor) geworfen hat — — —[19]), — sie hat sich mit drei (Rüden) abgegeben und ist trächtig geworden und hat Junge geworfen und säugt sie[20]) und ...[21]); und sie[22]) bringt da[23]) Junge[24]) zur Welt, (nachdem) sie sich mit Hunden abgegeben hat." —

---

[1]) 935. [2]) Vgl. No. 14 zu V. 15. 24. [3]) 19. [4]) 938. [5]) nəmō.vantā-, Bez. eines weichen warmen Stoffs. [6]) starətaēšī-, ebenso. [7]) 1879; eig. „bis die Hunde zu etwas sich von selbst wehrendem .. werden". [8]) 865. [9]) 1604. [10]) 365. [11]) 804 f. [12]) 1107. [13]) 1375. [14]) 837. [15]) 698. [16]) 135. [17]) 822, 77. [18]) 1486. [19]) Der Rest des Satzes fehlt, s. § 50. [20]) 911. [21]) ayata-? [22]) taēča!? [23]) ča ausgelassen. [24]) ?

50. O Schöpfer (der stofflichen Welt, aša ehrwürdiger!)
Wer eine Hündin, (die kurz zuvor) geworfen hat, schlägt, — sie hat sich mit drei (Rüden) abgegeben und ist trächtig geworden und hat Junge geworfen und säugt sie[1]) und ...[2]); und sie[3]) bringt da[4]) Junge[5]) zur Welt, (nachdem) sie sich mit Hunden abgegeben hat —,
was ist die Strafe dafür?"
51. Da sagte Ahura Mazdāh:
„Man bestimme 700 Hiebe mit der Pferdepeitsche, 700 mit dem Zuchtriemen." —
Aša ist das beste Gut[6]) ...

16.

1. „O Schöpfer der stofflichen Welt, aša ehrwürdiger!
Wenn sich hier im Hause eines Mazdāhanbeters eine Frau befindet[7]), (die) die Regel hat, menstruirt, ihre Blutung hat,
wie sollen sie da, die Mazdāhanbeter, verfahren[8])?"
2. Da sagte Ahura Mazdah:
„Man soll hier für sie einen Platz aussuchen[9]) abseits von Bäumen und Sträuchern, (die) Brennholz (geben)[10]); trockener Müll soll an dem Ort hingestreut werden[11]). Vom Vorder(teil des) Haus(es) sollen sie absperren entweder die Hälfte[12]) oder ein Drittel oder ein Viertel oder ein Fünftel,
sonst könnte die [menstruirende] Frau ins Feuer blicken[13]),
sonst könnte die Frau des Feuers Flammen mit ihren Blicken treffen[14])." —
3. „O Schöpfer (der stofflichen Welt, aša ehrwürdiger!)
Wie weit[15]) weg vom Feuer,
wie weit weg vom Wasser,
wie weit weg von dem zu spreitenden Baresman,
wie weit weg von den ašagläubigen Männern?"
4. Da sagte Ahura Mazdāh:
„Fünfzehn Schritt vom Feuer,
fünfzehn Schritt vom Wasser,
fünfzehn Schritt von dem zu spreitenden Baresman,
drei Schritt von den ašagläubigen Männern." —
5. „O Schöpfer (der stofflichen Welt, aša ehrwürdiger!)
Wie weit[15]) soll der herantreten[16]), der der Frau, (die) die Regel hat, menstruirt, ihre Blutung hat, die Nahrung zuträgt?"
6. Da sagte Ahura Mazdāh:
„Auf drei Schritt soll der herantreten, der der Frau, (die) die Regel hat, menstruirt, ihre Blutung hat, die Nahrung zuträgt." —

---

[1]) 911. [2]) ayata-? [3]) taēča!? [4]) ča ausgelassen. [5]) ? [6]) = Y. 27. 14.
[7]) 1754. [8]) 1375. [9]) 441; aēte mazdayasna gestrichen. [10]) 27. [11]) 904. [12]) 979.
[13]) 1324. [14]) 725. [15]) Eig. „wieviel an Länge". [16]) 1601.

„Worin[1]) soll er das Essen bringen, worin[1]) soll er das Bier[2]) bringen[3])?“ —
„In[1]) einem (Gefäß) aus Eisen oder aus Blei[4]), die beiden mindestwertigen Metalle[5]).“ —

7. „Wie viel Speise soll man (ihr) bringen, wie viel Bier[2]) soll man (ihr) bringen[6])?“ —
„Zwei Portionen Brot, eine Portion Bier[6]), sonst könnte die Frau von Kräften kommen[7]). —
Wenn ein [saugendes] Kind (mit der menstruirenden Frau) in Berührung kommt[8]), soll man zuerst seine — dieses Kindes — Hände abwaschen an dessen Leib[9]).

8. Wenn die Frau (noch) Blutspuren (von der Menstruation) sieht[10]), nachdem ihr drei Nächte (darüber) vergangen sind[11]), soll sie still an ihrem Ort sitzen bleiben[12]), so lange bis ihr vier Nächte vergangen sind;
wenn die Frau (noch) Blutspuren sieht, nachdem ihr vier Nächte (darüber) vergangen sind, soll sie still an ihrem Ort sitzen bleiben, so lange bis ihr fünf Nächte vergangen sind;

9. wenn die Frau (noch) Blutspuren sieht[10]), nachdem ihr fünf Nächte (darüber) vergangen sind[11]), soll sie still an ihrem Ort sitzen bleiben[12]), so lange bis ihr sechs Nächte vergangen sind;
wenn die Frau (noch) Blutspuren sieht, nachdem ihr sechs Nächte (darüber) vergangen sind, soll sie still an ihrem Ort sitzen bleiben, so lange bis ihr sieben Nächte vergangen sind;

10. wenn die Frau (noch) Blutspuren sieht[10]), nachdem ihr sieben Nächte (darüber) vergangen sind[11]), soll sie still an ihrem Ort sitzen bleiben[12]), so lange bis ihr acht Nächte vergangen sind;
wenn die Frau (noch) Blutspuren sieht, nachdem ihr acht Nächte (darüber) vergangen sind, soll sie still an ihrem Ort sitzen bleiben, bis ihr neun Nächte vergangen sind;

11. wenn die Frau (noch) Blutspuren sieht[10]), nachdem ihr neun Nächte, (darüber) vergangen sind[11]), da (ist es so, daß) die Daēva's ihr ein Unglück zufügen[13]) zu Verehrung und Preis der Daēva's. —
Man soll hier für sie einen Platz aussuchen[14]) abseits von Bäumen und Sträuchern, (die) Brennholz (geben)[15]).

12. Dort in der Erde sollen die Mazdāhanbeter drei Löcher graben, zwei Löcher — (da) sollen sie mit Rindsurin waschen —, eins — mit Wasser[16]).
Das Xrafstra(geschmeiß), die körnerschleppende Ameise, soll man im Sommer töten, zweihundert (Stück), dagegen (zweihundert Stück) beliebiger dem bösen Geist entstammter Xrafstra's[17]) soll man[18]) im Winter töten[17]).“ —

---

[1]) ? [2]) „(Alkohol.) Getreide“. [3]) 595. [4]) 1649. [5]) 1081. [6]) 1266. [7]) 1493. [8]) 360. [9]) 6 (?) [10]) 1434. [11]) 1553. [12]) 189. [13]) 840. [14]) 441; aēte mazdayasna gestrichen. [15]) 27. [16]) 1110. [17]) 1262 (?) [18]) aēte (d. i. mazdayasna) ausgelassen.

13. „(Wenn) man dieser Frau eines Mazdāhanbeters, (die) die Regel hat, menstruirt, ihre Blutung hat, die Regel vertreibt[1]),
was ist die Strafe dafür?“
Da sagte Ahura Mazdāh:
„Dafür bestimme man ihm, (des) Leib verwirkt ist, 200 Hiebe mit der Pferdepeitsche, 200 mit dem Zuchtriemen[2]).“ —

14. „O Schöpfer (der stofflichen Welt, ašaehrwürdiger!)
Wenn sich einer an den Leib einer Frau, (die) die Regel hat, menstruirt, ihre Blutung hat, mit vorsätzlichem Tun heranmacht, sodaß ihre Merkmale, die Regel erscheint, <sodaß ihre Regeln, das Merkmal erscheint>[3]),
was ist die Strafe dafür?“

15. Da sagte Ahura Mazdāh:
„Für die erstmalige Begattung, für die erstmalige Beschlafung[4]) bestimme man 30 Hiebe mit der Pferdepeitsche, 30 mit dem Zuchtriemen;
für die zweite Begattung, für die zweite Beschlafung bestimme man 50 Hiebe mit der Pferdepeitsche, 50 mit dem Zuchtriemen;
für die dritte Begattung, für die dritte Beschlafung bestimme man 70 Hiebe mit der Pferdepeitsche, 70 mit dem Zuchtriemen.“ —

16. <„Für die vierte Begattung, für die vierte Beschlafung[4]), wenn er unter (ihr) Gewand hineinkommt, wenn er zwischen (ihre) befleckten[5]) Schenkel[6]) hineinkommt[5]), ohne (daß) Samenerguß erfolgt[7]),
was ist die Strafe dafür?“
Da sagte Ahura Mazdāh:
„90 Hiebe mit der Pferdepeitsche bestimme man, 90 mit dem Zuchtriemen>.

17. Wer in eine Frau, (die) die Regel hat, menstruirt, ihre Blutung hat, Samen ergießt, (der) begeht keine bessere Tat, als ob er seines selbsterzeugten Sohnes Leichnam zu Brei verkochte (und) das Fett dem Feuer darbrächte[8]). —

18. Alle (sind) druggläubig (und) leibhaftig mit der Drug verbunden, die den Lehrer nicht achten;
all (die) achten den Lehrer nicht, die (ihm) ungehorsam (sind)[9]);
all (die sind ihm) ungehorsam, die nicht ašagläubig (sind);
all die nicht ašagläubigen (sind) verwirkten Leibes.“ —
Aša ist das beste Gut[10]) . . .

17.

1. Es fragte Zaraθuštra den Ahura Mazdāh:
„O Ahura Mazdāh, (heiligster Geist, Schöpfer der stofflichen Welt,) o ašaehrwürdiger!

---

[1]) 677. [2]) 224. [3]) ? [4]) 390; eig. „zum ersten .. Mal bei der Beschlafung ..“. [5]) 500. [6]) Sing. [7]) 101. [8]) 1037. [9]) 60. [10]) = Y. 27. 14.

Wie wird zu[1]) stärkstem Töten[2]) der Daēva Aoša von dem Menschen verehrt[3])?“

2. Da sagte Ahura Mazdāh:

„Der wahrlich, o ašagläubiger Zaraθuštra, der in diesem, dem stofflichen Dasein sich die Haare ordnet und sich die Haare ringsum verschneidet und die Nägel[4]) zuschneidet[5]), und sie [Haare und Nägel] fallen läßt in Erdlöcher[6]) oder[7]) sie in eine Erdspalte[6]) (fallen läßt).

3. Und an diesen mißbrauchten Stätten der Erde entstehen die Daēva's, und an diesen mißbrauchten Stätten der Erde entstehen die Xrafstra's[8]): was die Leute „Laus“ nennen, was den Leuten das Getreide in den Getreidespeichern °wegfrißt, die Kleider in den Kleiderkammern[9]).

4. Vielmehr wenn Du dir[10]), o Zaraθuštra, in diesem, dem stofflichen Dasein die Haare geordnet und die Haare ringsum verschnitten[11]) und die Nägel[4]) zugeschnitten hast[12]), so sollst Du (sie) dann[10]) wegschaffen

zehn Schritt von den ašagläubigen Männern,
zwanzig Schritt von dem Feuer,
dreißig Schritt von dem Wasser,
fünfzig Schritt von dem zu spreitenden Barəsman.

5. Alsdann sollst du dort ein Loch graben eine Dištay (tief) in hartem Erdboden, eine Spanne (Vītastay) (tief) in weichem Erdboden[13]); du sollst sie hinbringen[14]) und diese sieghaften Worte hersagen, o Zaraθuštra: ‚‘Aber ihm [dem Rind] hat Mazdāh durch Aša die Pflanzen wachsen lassen’[15])‘.

6. Mit einem Metall(stück) sollst du einen ringsum gehenden Furchstreifen ziehen[16]) — drei oder sechs oder neun;

den Ahuna Vairya sollst du aufsagen — drei oder sechs oder neun (Mal).

7. Für die [abgeschnittenen] Nägel[4]) sollst du ein Loch graben[12]) außerhalb des Hauses, so groß gerade als des kleinsten Fingers vorderstes Glied[17]); du sollst sie hinbringen[14]) und diese sieghaften Worte hersagen, o Zaraθuštra: ‚‘(Kommt her zu mir), o Aša, Vohu Manah, auf daß man auf mich höre (auch) außer den Bündlern’[18])‘.

8. Mit einem Metall(stück) sollst du einen ringsum gehenden Furchstreifen ziehen[16]) — drei oder sechs oder neun;

den Ahuna Vairya sollst du aufsagen — drei oder sechs oder neun (Mal).

9. ‚Ich weise dir, o Vogel Ašō.zušta[19]), diese Nägel zu, ich überweise[20]) (dir) diese Nägel; diese Nägel sollen dir, o Vogel Ašō.zušta, als Speere

---

[1]) Eig. „mit“. [2]) So daß er am stärksten töten kann (?). [3]) 43 (?). [4]) „An Hand und Fuß“. [5]) Im Text 3. pl. [6]) 1487. [7]) ča! [8]) 1476. [9]) 1625. [10]) 305. [11]) 1374. [12]) 1647. [13]) 1370, 1440. [14]) 686. [15]) Aus Y. 48. 6; 1337. [16]) 449. [17]) 979. [18]) Aus Y. 33. 7; 699, 857. [19]) Theologischer Name der Eule. [20]) 1317.

dienen[1]) und als Dolche und Bogen und als adlerfedernbesetzte Pfeile und als Schleudersteine[2]) gegen die māzanischen Daēva's.'

10. Wenn sie (ihm) die Nägel nicht zuweisen, dann werden sie zu[3]) Speeren und Dolchen und Bogen und zu adlerfedernbesetzten Pfeilen und zu Schleudersteinen der māzanischen Daēva's [beim Kampf des Ašō.zušta] gegen die māzanischen Daēva's.

11. Alle (sind) druggläubig (und) leibhaftig mit der Drug verbunden, die den Lehrer nicht achten;
all (die) achten den Lehrer nicht, die (ihm) ungehorsam (sind)[4]);
all (die sind ihm) ungehorsam, die nicht ašagläubig (sind);
all die nicht ašagläubigen (sind) verwirkten Leibes." —
Aša ist das beste Gut[5]) ...

18.

1. „(Es gibt) ja vielerlei Menschen[6])", — also sprach Ahura Mazdāh —, „o du ašagläubiger Zaraθuštra:
es braucht das Schutztuch zum Schein[7]), (wer) nicht mit der Religion umgürtet (ist)[8]); zum Betrug läßt er sich Priester nennen[9]);
nicht sollst du ihn Priester nennen", — also sprach Ahura Mazdāh —, „o du ašagläubiger Zaraθuštra.

2. Es braucht den Xrafstratöter zum Schein[7]), (wer) nicht mit der Religion umgürtet (ist)[8]); zum Betrug läßt er sich Priester nennen[9]);
nicht sollst du ihn Priester nennen", — also sprach Ahura Mazdāh —, „o du ašagläubiger Zaraθuštra.

3. Es braucht das Pflanzen(bündel)[10]) zum Schein[7]), (wer) nicht mit der Religion umgürtet (ist)[8]); zum Betrug läßt er sich Priester nennen[9]);
nicht sollst du ihn Priester nennen", — also sprach Ahura Mazdāh —, „o du ašagläubiger Zaraθuštra.

4. Betrüglich handhabt die Strafgeisel[11]), (wer) nicht mit der Religion umgürtet (ist)[8]); zum Betrug läßt er sich Priester nennen[9]);
nicht sollst du ihn Priester nennen", — also sprach Ahura Mazdāh —, „o du ašagläubiger Zaraθuštra.

5. Wer den ganzen Tag über[12]) lieg(end ruh)t[13]), ohne zu beten[14]), ohne [die vorgeschriebenen Gebete] zu sprechen, ohne (sie) in Gedanken zu wiederholen, ohne sich [im Guten] zu üben[14]), nicht lernend, nicht lehrend[15]), (um) den zu entkräften, (der ihm) nach dem Leben trachtet[16]) — zum Betrug läßt er sich Priester nennen[9]) —:
nicht sollst du ihn Priester nennen", — also sprach Ahura Mazdāh —, „o du ašagläubiger Zaraθuštra.

---

1) 1647. 2) 981. 3) 1317. 4) 60. 5) = Y. 27. 14. 6) 855. 7) 126; eig. „anders (als der Wahrheit entspricht)". 8) 118. 9) 747, 1750 u. 10) Barəsman. 11) 466, 1151. 12) 641. 13) 605. 14) 347. 15) 209. 16) 605; gemeint ist der böse Geist.

6. Dén sollst du einen Priester nennen[1]", — also sprach Ahura Mazdāh —, „o du ašagläubiger Zaraθuštra, der den ganzen Tag über die ašaheilige Weisheit ausforscht[2]), (die) aus Not befreit, die Freiheit verschafft[3]), Seligkeit schenkt, um das (andere) Leben zu erlangen, Aša-gerechtigkeit zu erlangen, das Beste des besten Lebens zu erlangen[4])." —

7. „Mich fürwahr befrage, den heiligsten Schöpfer, und der am besten sich versteht und am besten zu antworten weiß auf das Gefragte[5]). So wird dir das Bessere zuteil werden, so wirst du heiliger werden[6]), wenn du mich befragen wirst."

8. Es fragte Zaraθuštra den Ahura Mazdāh:

„O Ahura Mazdāh, (heiligster Geist, Schöpfer der stofflichen Welt,) o ašaehrwürdiger!

Welches sind die Gefahren (von Seiten) des Maršavan[7])?"

9. Da sagte Ahura Mazdāh:

„Er könnte durch (seine) schlechte Religion, o Spitama Zaraθuštra, (einen dazu) verleiten:

d(aß) er[8]), einen drei Frühlinge umfassenden Zeitraum hindurch[9]), dem Studium [der heiligen Texte] nicht obliegt,

(daß er) die Gāθā's nicht aufsagt[8]),

(daß er) die guten Wasser nicht verehrt.

10. Und wer mir diesen Mann, (der) in Gefangenschaft verbracht (ist), wieder in Freiheit versetzt[10]), begeht keine bessere Handlung, als wenn er sich (selber) den °Kopf schindete soweit das Haar geht[11]). —

11. Die Verwünschung eines einzigen üblen, dem Ašaglauben feindlichen Irrlehrers geschieht durch Vorstrecken des Kinns[12]), (die) zweier durch Herausstrecken der Zunge, für dreie (braucht man) gar keine, vier verwünschen sich von selber[13]).

12. Wer irgend einem üblen, dem Ašaglauben feindlichen Irrlehrer gekelterten Haoma spendet oder mit Myazda versehene Weihen, begeht keine bessere Handlung, als wenn er eine tausend Rosse starke °Heerschar gegen die mazdayasnischen Dörfer herzuführte, die Männer erschlüge (und) das Vieh als Beute fortschleppte." —

13. „Mich fürwahr befrage, den heiligsten Schöpfer, und der am besten sich versteht und am besten zu antworten weiß auf das Gefragte[5]). So wird dir das Bessere zuteil werden, so wirst du heiliger werden[6]), wenn du mich befragen wirst."

---

[1]) 747. [2]) 536. [3]) Hier ist činvaṱ.pərətūm ausgelassen; vgl. Bthl., Zum AirWb. 168. [4]) 1402. [5]) 997. [6]) 1612. [7]) 1153. [8]) 99. [9]) 1497. [10]) 362. [11]) 904; vgl. No. 4 zu V. 3. 20. [12]) 330. [13]) 1861.

14. Es fragte Zaraθuštra den Ahura Mazdāh:
„O Ahura Mazdāh, heiligster Geist, Schöpfer der stofflichen Welt, o ašaehrwürdiger!
Wer ist der Büttel (Sraošāvarəz) des ašafrommen heldenhaften Sraoša, (der) das heilige Wort in sich aufgenommen hat, das starke Holz schwingt, des ahurischen?“
15. Da sagte Ahura Mazdāh:
„Der Vogel, der Hahn [Parō.dərəs] heißt, o Spitama Zaraθuštra, den (aber) die übelredenden Leute Kahrkatāt nennen; denn dieser Vogel erhebt (seine) Stimme um die starke Morgenröte[1]):
16. ‚Steht auf, o Menschen, betet das beste Aša(gebet), schmäht die Daēva's! (Sonst) °macht sie sich, die °langhändige Būšyąstā zu euch auf, die schläfert das ganze stoffliche Dasein auf einmal ein beim Erwachen des (Tages)lichts[2]):
„Schlaf (noch) lang[3]), o Mensch[4]), deine (Zeit) ist (noch) nicht um[5]);
17. nicht befaßt euch mit den drei besten (Dingen)[6]), dem gutgedachten Denken und dem gutgesagten Wort und der gutgetanen Tat;
(vielmehr) befaßt euch[6]) mit den drei übelsten (Dingen), dem übelgedachten Denken und dem übelgesagten Wort und der übelgetanen Tat“.‘
18. Zum ersten Drittel in der Nacht[7]) fordert das Feuer, (der Sohn) des Ahura Mazdāh, den Hausherrn des Hauses auf:
19. ‚Zu Hilfe! Hausherr[8]) des Hauses, steh auf; zieh (deine) Kleider an[9]); wasch dir die Hände, hol Brennholz herzu, bring (es) zu mir heran, laß mich wieder aufflammen[10]) durch[11]) die mit gewaschenen Händen richtig bereiteten Hölzer[10]);
es ist, als ob der daēvageschaffene Āzay mir die Lebenskraft ganz und gar entzweisprengte[12]).‘
20. Und zum zweiten Drittel in der Nacht[7]) fordert das Feuer, (der Sohn) des Ahura Mazdāh, den viehzüchtenden Bauern auf:
21. ‚Zu Hilfe! Viehzüchtender Bauer, steh auf; zieh (deine) Kleider an[9]), wasch dir die Hände, hol Brennholz herzu, bring (es) zu mir heran, laß mich wieder aufflammen[10]) durch[11]) die mit gewaschenen Händen richtig bereiteten Hölzer[10]);
es ist als ob der daēvageschaffene Āzay mir die Lebenskraft ganz und gar entzweisprengte[12]).‘
22. Und zum dritten Drittel in der Nacht[7]) fordert das Feuer, (der Sohn) des Ahura Mazdāh, den ašafrommen Sraoša auf:

---

[1]) Die dritte Abteilung der Nacht. [2]) 977. [3]) 693. [4]) 1862. [5]) 1553. [6]) 91. [7]) 549. [8]) 178. [9]) 1290. [10]) 1487. [11]) ? [12]) 1559f.; eig. „Āzay scheint ... entzweizusprengen“.

'Zu Hilfe! O du ašafrommer schöngewachsener Sraoša! Und bringt[2]) denn irgend einer der stofflichen Menschheit[1]) die mit gewaschenen Händen richtig bereiteten Hölzer dar?
Es ist, als ob der daēvageschaffene Āzay mir die Lebenskraft ganz und gar entzweisprengte[3]).'

23. Dann weckt dieser ašafromme Sraoša jenen Vogel — Hahn [Parō.dərəs] mit Namen, o Spitama Zaraθuštra, — den (aber) die übelredenden Leute Kahrkatāt nennen; denn dieser Vogel erhebt (seine) Stimme um die starke Morgenröte[4]):

24. 'Steht auf, o Menschen, betet das beste Aša(gebet), schmäht die Daēva's! (Sonst) °macht sie sich, die °langhändige Būšyąstā zu euch auf, die schläfert das ganze stoffliche Dasein auf einmal ein beim Erwachen des (Tages)lichts[5]):
„Schlaf (noch) lang[6]), o Mensch[7]), deine (Zeit) ist (noch) nicht um[8]);

25. nicht befaßt euch mit den drei besten (Dingen)[9]), dem gutgedachten Denken und dem gutgesagten Wort und der gutgetanen Tat;
(vielmehr) befaßt euch[9]) mit den drei übelsten (Dingen), dem übelgedachten Denken und dem übelgesagten Wort und der übelgetanen Tat".' —

26. Es spricht der Freund zum Freund[10]), (während) sie auf dem Kissen ruhen: 'Steh auf!' (so) treibt er [der Hahn] mich (vom Lager) auf[11])'.
Wer von den beiden zuerst aufsteht, wird zum Paradies gelangen;
wer von den beiden zuerst dem Feuer, (dem Sohn) des Ahura Mazdāh, die mit gewaschenen Händen richtig bereiteten Brennhölzer darbringt, dem wird Ātar, (wenn er) zufriedengestellt, nicht gekränkt (ist), in Erfüllung der Bitte wünschen[12]):

27. 'Es mögen dir zuteil werden[12]) Herden von Vieh, zuteil eine Fülle von Männern[13]);
es möge dir ein regsamer Geist zuteil werden und ein regsames Gemüt[14]);
ein frohgemutes Leben sollst du leben[15]) (all) die Nächte, die du leben wirst[16])'. —
Das ist des Feuers Segensspruch (für den), der[17]) ihm trockenes, zu hellem (Brand) ausgesuchtes, nach dem Brauch des Aša richtig bereitetes Brennholz (dar)bringt.

28. Und wer diese meine Vögel[18]), o Spitama Zaraθuštra, paarweise, Weibchen und Männchen, an einen ašagläubigen Mann nach Recht (und) Pflicht verschenkt, der mag ein Haus (zu) verschenken glauben[19]), (mit) hundert Säulen, mit tausend Tragbalken, mit zehntausend Türmen, mit zehntausend Warten[20]).

---

1) 470 f. 2) mąm ausgelassen. 3) 1559 f., s. No. 12 zu § 21. 4) s. No. 1. zu § 15. 5) 977. 6) 693. 7) 1862. 8) 1553. 9) 91. 10) 307. 11) 184. 12) 1743. 13) 1435. 14) 1427. 15) 502 u. 16) 502 m. 17) 331, 370. 18) „Hühner". 19) 1123. 20) 914.

29. Und wer ein Stück Fleisch so groß als der Leib dieses meines Vogels, des Hahns [Parō.dərəs], verschenkt[1]), an den werde ich nie eine zweite Frage richten[2]), ich der Ahura Mazdāh; stracks (soll er) weiter gehen zum Paradies[3]).“ —

30. Der ašafromme Sraoša fragte die Drug, (nachdem) er (seine) Keule außer Bereitschaft gesetzt hatte:
„O lästige faule Drug, °gebierst Du denn als einzige in der ganzen stofflichen Welt ohne Begattung[4])?“

31. Da °antwortete sie ihm, die daēvische Drug:
„O ašafrommer schöngewachsener Sraoša, Ich °gebäre keineswegs (als einzige) in der ganzen stofflichen Welt ohne Begattung[4]); es sind auch für mich wahrlich vier Männer da[5]);

32. die schwängern mich ebenso, wie wenn[6]) sonst[7]) Männer den Samen in (ihren) Weibern bergen[6]).“

33. Der ašafromme Sraoša fragte die Drug, (nachdem) er (seine) Keule außer Bereitschaft gesetzt hatte:
„O lästige faule Drug, wer von diesen deinen Männern (ist) der erste?‘,

34. Da °antwortete sie ihm, die daēvische Drug:
„O ašafrommer schöngewachsener Sraoša, der fürwahr (ist) von diesen meinen Männern der erste:
wenn jemand nicht einmal ein ganz geringfügiges (Stück seiner) fahrenden Habe[8]), trotzdem er drum gebeten wird[9]), einem ašagläubigen Mann nach Recht (und) Pflicht schenkt[10]);

35. der schwängert mich ebenso, wie wenn[6]) sonst[7]) Männer den Samen in (ihren) Weibern bergen[6]).“

36. Der ašafromme Sraoša fragte die Drug, (nachdem) er (seine) Keule außer Bereitschaft gesetzt hatte:
„O lästige faule Drug, wie kann man das wieder gut machen[11])?“

37. Da °antwortete sie ihm, die daēvische Drug:
„O ašafrommer schöngewachsener Sraoša, so kann man das wieder gut machen[12]):
wenn man auch (nur) ein ganz geringfügiges[13]) (Stück seiner) fahrenden Habe, ohne darum gebeten zu sein[14]), einem ašagläubigen Mann nach Recht (und) Pflicht schenkt;

38. der zerstört meine Leibesfrucht ebenso[15]), als ob ein °vierfüßiger Wolf das Kind aus dem Mutterleib herausrisse[16]).“

---

[1]) 637; eig. „die Leibesgröße dieses Vogels an Fleisch verschenkt“. [2]) 929; nämlich an der Činvat̰-Brücke. [3]) 989. [4]) 119, 1043. [5]) 270. [6]) 1363. [7]) Eig. „auch die andern“. [8]) 1299. [9]) 606; eig. „bei Bitte“. [10]) Eig. „nicht schenkt“. [11]) 413; eig. „was ist dafür das Wiedergutmachen?“ [12]) vgl. Nr. 11. [13]) 591. [14]) 53; eig. „bei Nichtbitte“. [15]) 493. [16]) 689.

39. Der ašafromme Sraoša fragte die Drug, (nachdem) er (seine) Keule außer Bereitschaft gesetzt hatte:
„O lästige faule Drug, wer von diesen deinen Männern (ist) der zweite?"
40. Da °antwortete sie ihm, die daēvische Drug:
„O ašafrommer schöngewachsener Sraoša, der fürwahr (ist) von diesen meinen Männern der zweite:
wenn jemand über die Spitzen (seiner) Vorderfüße[1]) um eines Vorderfußes Länge hinausspißt[2]);
41. der schwängert mich ebenso, wie wenn[3]) sonst[4]) Männer den Samen in (ihren) Weibern bergen[3])."
42. Der ašafromme Sraoša fragte die Drug, (nachdem) er (seine) Keule außer Bereitschaft gesetzt hatte:
„O lästige faule Drug, wie kann man das wieder gut machen[5])?"
43. Da °antwortete sie ihm, die daēvische Drug:
„O ašafrommer schöngewachsener Sraoša, so kann man das wieder gut machen[6]):
wenn man, nachdem man sich erhoben, drei Schritt (davon)[7]) dreimal das Aša spricht, zweimal die (mit) Humatanąm 'gut gedacht'[8]), dreimal die (mit) Huxšaϑrō.təmāi 'dem, der die Herrschaft am besten führt' (beginnende Strophe)[9]), dann vier Ahuna Vairya's aufsagt (und) das Yeńhe.hātąm-(Gebet) betet;
44. der zerstört meine Leibesfrucht ebenso[10]), als ob ein °vierfüßiger Wolf das Kind aus dem Mutterleib herausrisse[11])."
45. Der ašafromme Sraoša fragte die Drug, (nachdem) er (seine) Keule außer Bereitschaft gesetzt hatte:
„O lästige faule Drug, wer von diesen deinen Männern (ist) der dritte?"
46. Da °antwortete sie ihm, die daēvische Drug:
„O ašafrommer schöngewachsener Sraoša, der fürwahr (ist) von diesen meinen Männern der dritte:
wenn jemand im Schlaf[12]) Samen ergießt;
47. der schwängert mich ebenso, wie wenn[3]) sonst[4]) Männer den Samen in (ihren) Weibern bergen[3])."
48. Der ašafromme Sraoša fragte die Drug, (nachdem) er (seine) Keule außer Bereitschaft gesetzt hatte:
„O lästige faule Drug, wie kann man das wieder gut machen[5])?"
49. Da °antwortete sie ihm, die daēvische Drug:
„O ašafrommer schöngewachsener Sraoša, so kann man das wieder gut machen[6]):

---

[1]) Eig. „über die vorderen Vorderfüße". [2]) 984; das Urinlassen soll im Hocken geschehen, der Urin zwischen den Füßen zu Boden gehen. [3]) 1363. [4]) Eig. „die andern". [5]) 413, s. No. 11 zu § 36. [6]) vgl. No. 5. [7]) 807. [8]) d. i. Y. 35. 2. [9]) d. i. Y. 35. 5. [10]) 493. [11]) 689. [12]) 1862; eig. „eingeschlafen".

wenn man, aus dem Schlaf aufgewacht, dreimal das Aša spricht, zweimal die (mit) Humatanąm 'gut gedacht'[1]), dreimal die (mit) Huxšaθrō.təmāi 'dem, der die Herrschaft am besten führt' (beginnende Strophe)[2]), dann vier Ahuna Vairya's aufsagt (und) das Yeṅhe.hātąm-(Gebet) betet;

50. der zerstört meine Leibesfrucht ebenso[3]), als ob ein °vierfüßiger Wolf das Kind aus dem Mutterleib herausrisse[4]). —

51. Alsdann sagt er zu der heiligen Ārmatay:

,O heilige Ārmatay, diesen Mann[5]) überantworte ich dir, diesen Mann sollst du mir (wieder) ausantworten[6]) bei der gewaltigen Neugestaltung (der Menschheit) als einen, (der) die Gāθā's kennt, den Yasna (Haptaṅhātay) kennt, die [heiligen] Lehren (durch Fragen) erkundet hat, als einen weisen geschickten, (der) mit dem heiligen Wort eins geworden (ist).

52. Und als Namen sollst du[7]) ihm[8]) beilegen Ātərə.dāta oder Ātərə.čiθra oder Ātərə.zantav oder Ātərə.daṅhyav oder (sonst) irgend ein mit Ātar in Beziehung gesetztes (Wort) als Namen[7])'."

53. Der ašafromme Sraoša fragte die Drug, (nachdem) er (seine) Keule außer Bereitschaft gesetzt hatte:

„O lästige faule Drug, wer von diesen deinen Männern (ist) der vierte?"

54. Da °antwortete sie ihm, die daēvische Drug:

„O ašafrommer schöngewachsener Sraoša, der fürwahr (ist) von diesen meinen Männern der vierte:

wenn ein Mann <ein Weib> nach (vollendetem) fünfzehnten Jahr °einhergeht[9]), ohne den Gürtel oder das Hemd angelegt zu haben[10]);

55. nach(dem er) den vierten Schritt getan hat[11]), gleich drauf beseitigen Wir, die Daēva's, (ihm) beides zugleich, die Zunge und den Speck[12])."

<Dann (ist) sie [die Drug] im Stand °zunichte (zu) machen[13]) die stoffliche Welt des Aša, wie die Zauberei treibenden Zanda's die Welt des Aša °zunichte machen können>.

56. Der ašafromme Sraoša fragte die Drug, (nachdem) er (seine) Keule außer Bereitschaft gesetzt hatte:

„O lästige faule Drug, wie kann man das wieder gut machen[14])?"

57. Da °antwortete sie ihm, die daēvische Drug:

„O ašafrommer schöngewachsener Sraoša, dafür gibt es kein Wiedergutmachen[15]),

58. wenn ein Mann <ein Weib> nach (vollendetem) fünfzehnten Jahr °einhergeht[9]), ohne den Gürtel oder das Hemd angelegt zu haben[10]);

[1]) d. i. Y. 35. 2. [2]) d. i. Y. 35. 5. [3]) 493. [4]) 689. [5]) Den Samen, s. § 46. [6]) 1638. [7]) 318, 471. [8]) Dem Mann aus dem Samen, vgl. § 46 u. 51. [9]) 820. [10]) 118 u. und m.; „im Nichtanlegen des G. oder im N. d. H."; man macht sich so des „Nacktgehens" schuldig: Gürtel und Hemd als Abzeichen des Gläubigen. [11]) 657. [12]) 907. [13]) 552. [14]) 418, s. No. 11 zu § 36. [15]) 267, 1034.

59. nach(dem er) den vierten Schritt getan hat[1]), gleich drauf beseitigen Wir, die Daēva's, (ihm) beides zugleich, die Zunge und den Speck[2]).“
<Dann (ist) sie [die Drug] im Stand °zunichte (zu) machen[3]) die stoffliche Welt des Aša, wie die Zauberei treibenden Zanda's die Welt des Aša °zunichte machen können>. —

60. „Mich fürwahr befrage, den heiligsten Schöpfer, und der am besten sich versteht und am besten zu antworten weiß auf das Gefragte[4]). So wird dir das Bessere zuteil werden, so wirst du heiliger werden[5]), wenn du mich befragen wirst.“

61. Es fragte Zaraθuštra[6]) .... (Ahura Mazdāh), o ašaehrwürdiger!
Wer kränkt dich, den Ahura Mazdāh, mit der größten Kränkung[7])?
Wer beleidigt (dich) mit der größten Beleidigung?“

62. Da sagte Ahura Mazdāh:
„Die Hure wahrlich, o ašagläubiger Zaraθuštra, die den Samen durcheinandermengt
der Gemeinder und der Nichtgemeinder[8]),
der Daēvaverehrer und der Nichtdaēvaverehrer,
derer (die) ihren Leib verwirkt haben und derer (die) ihren Leib nicht verwirkt haben.

63. Ein Drittel der im Flußbett fließenden Wasser hindert sie an (ihrem) Lauf[9]) dadurch, daß sie sie mit ihrem Blick trifft[10]), o Zaraθuštra;
einem Drittel der emporsprießenden schönen gelbgrünen Pflanzen nimmt sie das Wachstum[11]) dadurch, daß sie sie mit ihrem Blick trifft[10]), o Zaraθuštra;

64. einem Drittel der heiligen Ārmatay [Erde] nimmt sie die Farben weg[12]) dadurch, daß sie sie mit ihrem Blick trifft[10]), o Zaraθuštra;
einem Drittel der ašagläubigen Männer[13]), (bei denen) die guten Gedanken, die guten Worte, die guten Taten überwiegen, nimmt sie Kraft und Sieg[14]) und den Besitz des (höchsten) Anrechts dadurch, daß sie (ihnen) in den Weg °tritt[15]), o Zaraθuštra.

65. Und die erkläre ich dir, o Spitama Zaraθuštra, für todeswürdigere (Wesen)[16]), als die sich rasch (im Bogen) schnellenden Schlangen[17]) oder als die schleichenden Wölfe oder als die auf Raub ausgehende Wölfin, (wenn) sie ins Gehöft °einbricht[18]), oder als das tausend (Junge) zur Welt °bringende Froschweibchen, (wenn) es sich ins Wasser °stürzt[19]).“ — —

---

[1]) 657. [2]) 907. [3]) 552. [4]) 997. [5]) 1612. [6]) = V. 18. 14. [7]) 367. [8]) 1483. [9]) 627. [10]) 831; eig. „durch das Anblicken“. [11]) 1339. [12]) 1372. [13]) Sing. collectiv gebr. [14]) 1263. [15]) 832; eig. „durch °Entgegentreten“. [16]) 608. [17]) 560. [18]) 229. [19]) 1389.

66. „Mich fürwahr befrage, den heiligsten Schöpfer, und der am besten sich versteht und am besten zu antworten weiß auf das Gefragte[1]). So wird dir das Bessere zuteil werden, so wirst du heiliger werden[2]), wenn du mich befragen wirst."

67. Es fragte Zaraθuštra[3]) . . . . (o Ahura Mazdāh), o aša-ehrwürdiger!

Wenn einer, (der es) wahrnimmt, weiß (und) überlegt, in eine die Regel habende, menstruirende, ihre Blutung habende Frau, (die es ebenfalls) wahrnimmt, weiß (und) überlegt, (seinen) Samen ergießt[4]),

68. wie hat man dafür aufzukommen, wie hat man es zu sühnen[5]), was hat er dafür, (wenn) er sich überlegt hat, (was) er getan, (als Buße) auf sich zu nehmen[6])?"

69. Da sagte Ahura Mazdāh:

„Wenn einer, (der es) wahrnimmt, weiß (und) überlegt, in eine die Regel habende, menstruirende, ihre Blutung habende Frau, (die es ebenfalls) wahrnimmt, weiß (und) überlegt, (seinen) Samen ergießt[4]),

70. (so) soll er tausend Schafe schlachten und von all diesen Tieren soll er die Asmaniva's samt Zaoθra dem Feuer nach Recht (und) Pflicht darbringen; die Vorderfüße (aber) soll er den guten Wassern darbringen[7]);

71. tausend Trachten von hartem getrockneten ausgesuchten Brennholz soll er dem Feuer nach Recht (und) Pflicht darbringen;

tausend Trachten von weichem Brennholz aus Sandelholz oder Benzoe oder Aloe oder Haδānaēpatā [Granatapfel][8]) oder vom (Holz) irgend welcher (anderer) der sehr wohlriechenden Bäume soll er dem Feuer nach Recht (und) Pflicht darbringen;

72. tausend spreitbare (Pflanzenstengel) soll er zum Baresman spreiten[9]);

tausend haomahaltige, milchhaltige, richtig bereitete, gefilterte, von Gemeindern richtig bereitete, von Gemeindern gefilterte Zaoθra's in Mischung mit der Pflanze, die Haδānaēpatā heißt[10]), soll er den guten Wassern nach Recht (und) Pflicht darbringen;

73. tausend auf dem Bauch kriechende Schlangen soll er niederschlagen, zweitausend auch von den andern;

tausend sich aufblähende Frösche[11]) soll er niederschlagen, zweitausend im Wasser lebende;

tausend (Getreide)körner (ver)schleppende Ameisen soll er niederschlagen, zweitausend auch von den andern.

74. Dreißig Brückenbalken soll er über schiffbare Wasser befestigen[12]);

tausend Hiebe bestimme man mit der Pferdepeitsche, zweitausend mit dem Zuchtriemen.

---

[1]) 997. [2]) 1612. [3]) = V. 18. 14. [4]) 427 f. [5]) 829; eig. „was ist dafür .. das Aufkommen, was .. die Sühne?" [6]) 224. [7]) 221. [8]) s. No. 11 zu V. 8. 2. [9]) 1596. [10]) 1759. [11]) Landfrösche sind gemeint. [12]) 1002.

75. So hat man dafür aufzukommen, so hat man es zu sühnen[1]); das hat er dafür, (wenn) er sich überlegt hat, (was) er getan, (als Buße) auf sich zu nehmen[2]).

76. Wenn er (die Buße) auf sich nimmt[2]), wird er zu dem Dasein(sort), dem der Ašagläubigen, gelangen;

wenn er (sie) nicht auf sich nimmt, wird er zu dem Dasein(sort), dem der Druggenossen, dem aus Finsternis bestehenden, der Finsternis entstammten, finsteren gelangen.“ —

Aša ist das beste Gut[3]) . . .

19.

1. Von der nördlichen Seite her, von den nördlichen Seiten her °machte sich der vielverderbliche Anra Mainyav heran[4]), der Daēva der Daēva's; so °sprach er[4]), der arglistige vielverderbliche Anra Mainyav:

„Drug, °geh hin, °töte den ašagläubigen Zaraθuštra.“ —

Die Drug °ging um ihn herum[4]); der Daēva Būtay, die mit Maršavan in Verbindung stehende Gefahr . . .[5]).

2. Zaraθuštra sagte den Ahuna Vairya auf[4]): „Wie der beste Oberherr[6]) . . . .“; er verehrte die guten Wasser der guten Dāityā, er bekannte sich zur mazdayasnischen Religion[7]). —

Die Drug, ihm erlegen, °wich (vor ihm) zurück[4]); der Daēva Būtay, die mit Maršavan in Verbindung stehende Gefahr . . .[5]).

3. Die Drug °antwortete ihm[8]):

„O . . .[9]) Anra Mainyav! Ich kann des Verderbens für ihn, für den Spitama Zaraθuštra, nicht gewahr werden; der ašaheilige Zaraθuštra ist (zu) hoheitsvoll[8]).“ —

Zaraθuštra wurde in (seinem) Geist gewahr[10]): ‚Die druggläubigen arglistigen Daēva's verabreden sich über mein Verderben[8])‘.

4. Es erhob sich Zaraθuštra, es machte sich auf Zaraθuštra ungebeugt[11]) von Aka Manah (und) durch die Schwierigkeit der in feindseliger Absicht gefragten (Fragen)[12]); Steine in der Hand haltend — so groß wie eine Kammer sind sie[13]) — vom Schöpfer Ahura Mazdāh (sie) bekommend[14]) (steht) der ašagläubige Zaraθuštra.

„Wo[15]) auf der breiten runden fernbegrenzten Erde hier (ist das Ziel der Steine, die) du hältst[15]) an der Drəjā auf dem Hügel[15]) des Hauses Pourušaspa's[16])?“

5. Zu wissen tat Zaraθuštra dem Anra Mainyav[11]):

„O arglistiger Anra Mainyav!

[1]) s. No. 5 zu V. 18. 68. [2]) 224. [3]) = Y. 27. 14. [4]) 1673. [5]) davažā? [6]) = Y. 27. 13. [7]) 1362. [8]) 1673 f. [9]) skutara-? [10]) 1325. [11]) 1674. [12]) 816. [13]) 434. [14]) 1319. [15]) ? [16]) 777.

Ich werde die daēvageschaffene Schöpfung schlagen[1]),
ich werde die daēvageschaffene Nasav schlagen,
ich werde die Zauberin, die Xną̄θaitī, schlagen:
bis daß der sieghafte Saošyant[2]) geboren wird[1]) aus dem Wasser Kąsaoya, von der östlichen Seite her, von den östlichen Seiten her."

6. Ihm °antwortete der arglistige Aŋra Mainyav[1]):
„Zerstöre[3]) meine Schöpfung nicht, o ašagläubiger Zaraθuštra! Du, du bist der Sohn Pourušaspa's[1]). Von (deiner) Mutter ward ich angerufen[4]). Schwör ab die gute mazdayasnische Religion[1]), um die Gunst zu erlangen, wie (sie) der Landesherr Vaδaγan erlangt hat[5])."

7. Ihm erwiderte er, der Spitama Zaraθuštra:
„Nicht werde ich sie abschwören, die gute mazdayasnische Religion[1]), (damit) nicht der Leib, (damit) nicht die Lebenskraft, (damit) nicht das Wahrnehmungsvermögen sich (von einander) trennen."

8. Ihm °antwortete der arglistige Aŋra Mainyav:
„Mit wessen Spruch willst du überwinden, mit wessen Spruch willst du beseitigen, mit welcher wohlgefertigten[6]) Waffe meine dem bösen Geist entstammte Schöpfung?"

9. Ihm erwiderte er, der Spitama Zaraθuštra:
„Der Haomamörser und die Schalen und die Haoma's, die von Mazdāh verkündeten Sprüche, das Vahištəm[7]) ist mein Gewaffen[8]); mit diesem Spruch will ich überwinden, mit diesem Spruch will ich, mit dieser wohlgefertigten[6]) Waffe (deine Schöpfung) beseitigen, o du arglistiger Aŋra Mainyav.
Spənta Mainyav hat (den Spruch) geschaffen, hat (ihn) in der unbegrenzten Zeit[9]) geschaffen;
die gutherrschenden wohlmeinenden Aməša Spənta's haben (ihn) geschaffen." —

10. Zaraθuštra sagte den Ahuna Vairya auf[10]): „Wie der beste Oberherr[11]) ....". Es sprach der ašagläubige Zaraθuštra: „'Danach frag ich dich — gib mir rechte Kunde, o Ahura'[12])."

11. Es fragte Zaraθuštra[13]): „............. (Ahura Mazdāh), o ašaehrwürdiger!"
— auf dem Hügel an der Drəjā[14]) (in Verehrung für)[15]) den guten schätzereichen Ahura Mazdāh sitzend, für Aša Vahišta, für Xšaθra Vairya, für die heilige Ārmatay.

12. „Wie soll Ich sie [die Geschöpfe Ahura's[16])] losbringen von jener Drug, von dem arglistigen Aŋra Mainyav?

---

[1]) 1674. [2]) Astvaṯ.ərəta. [3]) Einzige Stelle, wo marək- von der Tätigkeit ahurischer Wesen gebraucht ist. [4]) 1667. [5]) 1344, 1674. [6]) ! [7]) d. i. Y. 27. 14. [8]) 1402. [9]) 1704. [10]) 1673. [11]) = Y. 27. 13. [12]) Aus Y. 44. 8; 998 o. [13]) = V. 18. 14. [14]) 777. [15]) So?! [16]) ?

wie soll ich die direkte Ansteckung, wie die indirekte Ansteckung, wie die Nasav beseitigen von jenem, dem mazdayasnischen Dorf?
wie soll ich den ašagläubigen Mann läutern, wie soll ich die Läuterung der ašagläubigen Frau besorgen[1])?"

13. Da sagte Ahura Mazdāh:
„Ruf herab, o Zaraθuštra, die gute mazdayasnische Religion;
ruf herab, o Zaraθuštra: — herab kamen die Aməša Spənta's zu der sieben Teile umfassenden Erde —,
ruf herab, o Zaraθuštra, den unvergänglichen Θwāša, den endlosen Zrvan, den überlegen wirkenden Vayav;
ruf herab, o Zaraθuštra, den heldenhaften mazdāhgeschaffenen Vāta, die heilige schöne [Ārmatay[2]),] die Tochter des Ahura Mazdāh;

14. ruf herab, o Zaraθuštra, meine, des Ahura Mazdāh Fravašay, sie die größte und beste und schönste und festeste und weiseste und wohlgestaltetste und an Ašagerechtigkeit höchste, (meine), dessen Seele das heilige Wort (ist);
von selbst ruf herab, o Zaraθuštra, diese, des Ahura Mazdāh, Schöpfung. —

15. Mein Geheiß vollzog Zaraθuštra:
‚Ich rufe herab den ašaehrwürdigen Ahura Mazdāh, *der Schöpfung Schöpfer*;
ich rufe herab den weite Fluren besitzenden Miθra, den gutbewaffneten, den herrlichsten der bewaffneten, den siegreichsten der bewaffneten;
ich rufe herab den ašafrommen schöngewachsenen Sraoša, (der seine) Waffe mit der Hand gegen den °Kopf der Daēva's (gerichtet) hält;

16. ich rufe herab den hochherrlichen Mąθra Spənta;
ich rufe herab den unvergänglichen Θwāša, den endlosen Zrvan, den überlegen wirkenden Vayav;
ich rufe herab den heldenhaften mazdāhgeschaffenen Vāta, die heilige schöne [Ārmatay[2]),] die Tochter des Ahura Mazdāh;
ich rufe herab die gute mazdayasnische Religion, das gegen die Daēva's gerichtete <zaraθuštrische> Gesetz'." —

17. Es fragte Zaraθuštra den Ahura Mazdāh:
„*O Schöpfer der guten* (Dinge), Ahura Mazdāh!
Mit welcher Verehrung soll ich ehren, mit welcher Verehrung soll ich verehren diese, des Ahura Mazdāh Schöpfung?"

18. Da sagte Ahura Mazdāh:
„Du sollst zu den sprossenden Pflanzen hingehen, o Spitama Zaraθuštra: ‚O schöne (empor)gewachsene gewaltige' — diesen Spruch her-

---

[1]) 1235. [2]) ?

sagend — ‚Verehrung, o gute mazdāhgeschaffene ašaheilige Pflanze! Aša ist das beste Gut[1]) . . .‘.

19. Das Barəsman soll man . . .[2]) darbringen ein Aēša lang, ein Yava breit; . . . .[3]) ašagläubige Männer, (die es) mit der linken Hand festhalten, indem sie das Gebet an Ahura Mazdāh (und) das Gebet an die Aməša Spənta's sprechen[4]) und an den goldfarbenen hochgewachsenen Haoma und den schönen[5]) Vohu Manah und die gute mazdāhgeschaffene Rātā, (sie) die besten für den ašaehrwürdigen“.[6])

20. Es fragte Zaraθuštra den Ahura Mazdāh:
„O allwissender Ahura Mazdāh; schlaflos bist du, durch Banha nicht zu betäuben, Du, der Ahura Mazdāh.
Der Gut(ge)sinn(te) steckt sich direkt an, der Gut(ge)sinn(te) steckt sich indirekt an an jenem[7]), dem von den Daēva's geschlagenen Körper[7]). Die Daēva's stecken (ihn) direkt an[8]). Kann der Gut(ge)sinn(te) geläutert werden[9])?“

21. Da sagte Ahura Mazdāh:
„Rindsurin sollst du sammeln, o Zaraθuštra, bei einem Stier in ein vorschriftsmäßig hergestelltes Bixəδra[10]);
zu(m Zweck der) Läuterung sollst du (ihn) herzubringen[11]) zu der ahurageschaffenen Erde;
einen ringsum gehenden Furchstreifen soll der Mann ziehen[12]), er (der) die Läuterung vollzieht.

22. Hundert Ašagebete sollst du beten, doppelt so oft[13]) sollst du den Ahuna Vairya aufsagen. Vier Waschungen nehme er vor mit Rindsurin, (der) vom Rind erzeugt, zwei mit Wasser, (das) von Mazdāh erzeugt (ist)[14]).

23. Es kann der Gut(ge)sinn(te) geläutert werden, es kann der Mensch geläutert werden; der Gut(ge)sinn(te) soll [die Kleider] ausziehen[15])
mit dem linken Arm und dem rechten,
mit dem rechten Arm und dem linken[16]);
dann sollst du den Gut(ge)sinn(ten) dem von den starken [Göttern] geschaffenen Licht aussetzen[17]), damit ihn die gottgeschaffenen Sterne bescheinen[18]) so lange, bis ihm neun Tage (darüber) vergangen sind.

24. Und nach (einer Zeit von) neun Tagen
sollst du dem Feuer die Zaoθra's darbringen,
sollst du dem Feuer harte Brennhölzer darbringen,
sollst du dem Feuer Räucherwerk von Benzoe[19])(-Pflanzen)[20]) darbringen:
den Gut(ge)sinn(ten) soll man beräuchern.

---

1) = Y. 27. 14. 2) hē, wem? 3) mā hē barəsma pairi.kərətəm pairi.kərəntīš [narō] anhən? 4) 1275. 5) ! 6) ?; der ganze § ist scheußlich. 7) 1483 o. 8) 1463 m. 9) 1284. 10) 963. 11) 1285. 12) 457. 13) 967. 14) 483. 15) 528. 16) 955. 17) 721. 18) 922. 19) s. No. 11 zu V. 8. 2. 20) 918.

25. Es kann der Gut(ge)sinn(te) geläutert werden, es kann der Mensch geläutert werden; der Gut(ge)sinn(te) soll [die Kleider] ausziehen[1])
mit dem linken Arm und dem rechten,
mit dem rechten Arm und dem linken[2]).
Der Gut(ge)sinn(te) soll sprechen: ‚Verehrung dem Ahura Mazdāh, Verehrung den Aməša Spənta's, Verehrung zugleich den Ašagläubigen'." —

26. Es fragte Zaraθuštra den Ahura Mazdāh: „Allwissender Ahura Mazdāh!
Soll ich den ašagläubigen Mann antreiben,
soll ich die ašagläubige Frau antreiben,
soll ich (sie) antreiben,
(daß) sie[3]) der druggläubigen daēvaanbetenden ...[4]) Menschen ahurageschaffenes Land sich aneignen[3]), (ihr) fließendes Wasser[5]), das Wachstum (ihrer) Getreide (und) ihr übriges Besitztum sich aneignen[5])?"
Da sagte Ahura Mazdāh:
„Du sollst (sie dazu) antreiben, o ašagläubiger Zaraθuštra!" —
27. „O Schöpfer (der stofflichen Welt, ašaehrwürdiger!)
Wo finden die Buchungen statt,
wo werden die Buchungen (mit einander) verglichen,
wo werden die Buchungen zum Abschluß gebracht,
wo werden die Buchungen gegen einander abgerechnet,
(die) der Mensch im stofflichen Leben für seine Seele veranlaßt[6])?"
28. Da sagte Ahura Mazdāh:
„Drauf (wenn) der Mensch gestorben, drauf (wenns) mit dem Menschen zu Ende gegangen ist[7]), drauf......[8]) die druggläubigen arglistigen Daēva's.
Aufleuchtet in der dritten Nacht, *aufflammt* die Morgenröte[9]); die das Behagen des Aša gewährenden Gebirge ersteigt der gutbewaffnete Miθra; die Sonne geht auf.
29. Der Daēva Vīzarəša mit Namen, o Spitama Zaraθuštra, führt die Seele[10]) der druggläubigen daēvaanbetenden ...[4]) Menschen gebunden fort[10]); er kommt zu dem von Zrvan geschaffenen Pfad[11]) — der für den Druggläubigen und der für den Ašagläubigen (bestimmt ist) —, zu der mazdāhgeschaffenen Činvaṯ-Brücke; Wahrnehmungskraft und Seele befragen sie nach dem Anteil an Hab und Gut, (der dem Verstorbenen) in dem stofflichen Dasein verliehen (war)[12]).
30. Jenes schöngeschaffene[13]) tüchtige wohlgewachsene (Mädchen[14])) stellt sich ein, mit den beiden Hunden[15]), ...[16]), mit einem Strick[17]) versehen, die gewandte kunstfertige.

---

[1]) 528. [2]) 955. [3]) 1740. [4]) mərəzujītay-? [5]) 851. [6]) 733. [7]) 1554. [8]) pairiθnəm dərənınti? Lesung unsicher. [9]) 1394. [10]) 1471. [11]) 1704. [12]) 1283. [13]) Eig. „schöne geschaffene". [14]) ? [15]) Vgl. V. 13. 9. [16]) nivavaiti? [17]) pasvaiti? Etwa „mit Kleinvieh"; oder pusavaiti „mit Diadem" zu lesen? So jetzt Geldner ZR. 354.

<Die zerrt der Druggläubigen schlechte Seelen in die Finsternis hinab>[1]).
Die bringt die Seelen der Ašagerechten — über die hohe Harā kommt sie heran — über die Činvaṭ-Brücke[2]) hinüber zum Uferdamm der geistigen Yazata's[3]).

31. Es erhebt sich Vohu Manah von (seinem) aus Gold gefertigten Thron, es verkündet Vohu Manah: ‚Wie (ists geschehen), ašagläubiger, (daß du) hergekommen (bist)[4]) von dem gefahrdrohenden Dasein zu dem gefahrlosen Dasein?'

32. Befriedigt gehen fort die Seelen der Ašagläubigen hin zu des Ahura Mazdāh, zu der Aməša Spənta's aus Gold gefertigten Thronsitzen, zu dem Haus des Lobs, dem Wohnort des Ahura Mazdāh, dem Wohnort der Aməša Spənta's, dem Wohnort zugleich der Ašagläubigen.

33. Der die Läuterung vollziehende Ašagerechte — nach (seinem) Tod bekommen die druggläubigen arglistigen Daēva's ebenso Angst vor (seiner) Witterung wie eine von Wölfen bedrohte Schafmutter vor dem Wolf Angst bekommt.

34. Die ašagläubigen Männer vereinigen sich, Nairyō.sanha vereinigt sich (mit ihnen); der Bote des Mazdāh Ahura[5]), das ist[6]) Nairyō.sanha.
Von selbst ruf herab, o Zaraθuštra, diese, des Ahura Mazdāh Schöpfung. —

35. Mein Geheiß vollzog Zaraθuštra:
‚Ich rufe herab den ašaehrwürdigen Ahura Mazdāh, der Schöpfung Schöpfer;
ich rufe herab die ahurageschaffene Erde, das mazdāhgeschaffene Wasser, die ašaheilige Pflanze;
ich rufe herab das Meer Vouru.kaša,
ich rufe herab den lichten Himmel,
ich rufe herab den unvergänglichen anfangslosen Lichtraum;

36. ich rufe herab das beste Dasein der Ašagläubigen, das lichte alle Wonnen bietende;
ich rufe herab das Haus des Lobs, den Wohnort des Ahura Mazdāh, den Wohnort der Aməša Spənta's, den Wohnort zugleich der Ašagläubigen;
ich rufe herab die mazdāhgeschaffene Činvaṭ-Brücke des unvergänglichen Orts der Gemischten;

37. ich rufe herab die gute weitschauende Saokā;
ich rufe herab die starken Fravašay's der Ašagläubigen, (die) allen Wesen den Nutzen schaffen[7]);

---

[1]) 47. [2]) 1755. [3]) 1728. [4]) 1072. [5]) 1054. [6]) Eig. „sprich". [7]) 1563.

ich rufe herab den ahurageschaffenen, Herrlichkeit besitzenden, mazdāhgeschaffenen Vərəθraγna;
ich rufe herab den prächtigen glanzvollen Tištrya-Stern in Gestalt des goldgehörnten Rinds;

38. ich rufe herab die heiligen[1]), als Ratav's herrschenden, ašaheiligen Gāθā's:
ich rufe herab die Ahunavaitī-Gāθā,
ich rufe herab die Uštavaitī-Gāθā,
ich rufe herab die Spəntā.mainyū-Gāθā,
ich rufe herab die Vohuxšaθrā-Gāθa,
ich rufe herab die Vahištōištī-Gāθā;

39. ich rufe herab den Erdteil dort, Arəzahī (und) Savahī,
ich rufe herab den Erdteil dort, Fradaδafšū (und) Vīdaδafšū,
ich rufe herab den Erdteil dort, Vouru.barəštī (und) Vouru.jarəštī,
ich rufe herab den Erdteil hier, den strahlenden Xᵛaniraθa;
ich rufe herab das reiche herrliche (Land) Haētumant;
ich rufe herab die gute Ašay <die gute Čistay>;
ich rufe herab die richtigste Čistā;
ich rufe herab die Herrlichkeit der arischen Länder;
ich rufe herab die Herrlichkeit des strahlenden, schöne Herden besitzenden Yima.

40. Verehrt (sei), zufriedengestellt, geliebt, willkommen geheißen der ašafromme Sraoša, der schöngewachsene sieghafte ašafromme Sraoša!
Dem Feuer sollst du Zaoθra's darbringen,
dem Feuer sollst du harte Brennhölzer darbringen,
dem Feuer sollst du Räucherwerk von Benzoe[2])-(Pflanzen)[3]) darbringen!
Das Vāzišta-Feuer, (das) den Daēva schlägt, den Spənjaγrya[4]), sollst du verehren!
Gekochte Speisen sollst du (ihm) darbringen (und den Opferguß, den) die überfließende Hohlhand (hält).

41. Den ašafrommen Sraoša sollst du verehren; der ašafromme Sraoša möge den Daēva Kunda, den ohne Rauschtrank trunkenen[5]), treffen, (sodaß) er in die Behausung der Drug[6]), (in die Behausung) der druggläubigen daēvaverehrenden ...[7]) Menschen °hinabstürzt[6]).
<(An)[8]) den nächsten Ländern soll er vollziehen, (was) nach dem Amt des Läuterers zu vollziehen (ist)[9]), soll er die landwirtschaftlichen (Verrichtungen) betreiben: zur Nahrung für die Haustiere, für das Rind zur Nahrung>.

---

[1]) Von hier ab Dative u. Genetive gegenüber den bisherigen Akkusativen! [2]) s. No. 11 zu V. 8. 2. [3]) 918. [4]) 1619. [5]) 1447. [6]) 781. [7]) merezujītay-? [8]) ? [9]) 977.

42. Ich rufe herab den im Wasser, auf dem Grund der tiefen Seen lebenden Fisch Kara;
ich rufe herab die beiden Mərəzav's[1]) im *Süden, die ewigen,* die am besten kämpfen von der Schöpfung der beiden Geister[2]);
ich rufe herab die strahlenden sieben Hörner [Srū's][3]) — ihre Kinder ...[4]) werden[5])'." —

43. Es °redete hin, es °redete her, es überlegte hin, es überlegte her[6]) der vielverderbliche Aŋra Mainyav: der Daēva der Daēva's, der Daēva Indra, der Daēva Saurva, der Daēva Nāŋhaiθya, die beiden, Taurvay und Zairik[7]), der das blutige Holz schwingende Aēšma, der Daēva Akataš, der daēvageschaffene Winter, die von Maršavan herrührende Gefahr, das Alter, (das) die Väter unverständig macht[8]), der Daēva Būtay, der Daēva Dr̥iway, der Daēva Daway, der Daēva Kasvīš, der Daēva Paitiša, der unter den Daēva's am meisten daēvische.

44. Also °sprach er, der arglistige vielverderbliche Aŋra Mainyav:
„Sollen wir druggläubigen arglistigen Daēva's Versammlungen veranstalten[9]) auf dem '°Kopf des Arəzūra'?"

45. Es °eilten, es °sprachen die druggläubigen arglistigen Daēva's,
es °heulten, es °sprachen die druggläubigen arglistigen Daēva's,
einen üblen °Spruch °sprachen die druggläubigen arglistigen Daēva's:
„Ja wohl[10]), wir wollen Versammlungen veranstalten auf dem '°Kopf des Arəzūra'.

46. Geboren ja (ist) er, der ašagläubige Zaraθuštra, im Hause des Pourušaspa; wo können wir ihm den Untergang bereiten?
Ér (ist) der Daēva's Schläger,
ér (ist) der Daēva's Widerwärtigkeit,
ér (ist) der Drugfeind der Drug[11]);
abwärts (geht es) mit den Daēvaverehrern, mit der daēvageschaffenen Nasav, mit dem falsch gesprochenen Draoga." —

47. (So) °sprachen sie (und) °eilten (davon) die druggläubigen arglistigen Daēva's zu der Tiefe des finsteren Daseins, zu der abscheulichen Hölle. —
Aša ist das beste Gut[13]) ...

20.

1. Es fragte Zaraθuštra[14]) .... (Ahura Mazdāh), o ašaehrwürdiger!
Wer zuerst unter den fürsorglichen tatkräftigen geschickten vermögenden reichen tüchtigen Paraδāta[15])-Menschen

---

[1]) Ein Sternbild? [2]) 1174. [3]) Ebenfalls ein Sternbild? [4]) pusa-? [5]) ? [6]) 688. [7]) 643 f. [8]) 757 (?). [9]) 942. [10]) ?, 371 No. [11]) 942. [12]) 1446. [13]) = Y. 27. 14. [14]) = V. 18. 14. [15]) Sonst im Avesta Ehrentitel des Haošyaŋha.

hielt zurück die Krankheit zur Krankheit,
hielt zurück den Tod zum Tode,
hielt zurück die fliegenden Lanzen [1]),
hielt zurück die Fiebergluten vom Leib des Menschen?"

2. Da sagte Ahura Mazdāh:
„θrita zuerst, o Spitama Zaraθuštra, unter den fürsorglichen tatkräftigen geschickten vermögenden reichen tüchtigen Paraδāta [2])-Menschen
hielt zurück die Krankheit zur Krankheit,
hielt zurück den Tod zum Tode,
hielt zurück die fliegenden Lanzen [1]),
hielt zurück die Fiebergluten vom Leib des Menschen.

3. Arznei verlangte er von ihm [3]), Glücksgüter von Xšaθra Vairya [4]):
um zu widerstehen der Krankheit, um zu widerstehen dem Tod, um zu widerstehen dem Dāžav [5]), um zu widerstehen dem Fieber, um zu widerstehen dem Sārana, um zu widerstehen dem Sārastya, um zu widerstehen dem Ažana, um zu widerstehen dem Ažahva, um zu widerstehen dem Kuruγa, um zu widerstehen dem Aživāka, um zu widerstehen dem Druka, um zu widerstehen dem Astairya [5]), um zu widerstehen dem bösen °Blick der Verwesung (und) der Befleckung, die (alle) Aŋra Mainyav °schuf gegen ihn, den Leib der Menschen.

4. Dann aber brachte Ich, der Ahura Mazdāh, die Heilkräuter [6]) —
zahlreich zu vielen Hunderten,
zahlreich zu vielen Tausenden,
zahlreich zu vielen Zehntausenden —
um den éinen Gaokərəna herum." —

5. „Das alles gönnen wir, das alles versprechen wir, das alles erflehen wir für ihn, den Leib der Menschen:

6. um zu widerstehen der Krankheit, um zu widerstehen dem Tod, um zu widerstehen dem Dāžav [5]), um zu widerstehen dem Fieber, um zu widerstehen dem Sārana, um zu widerstehen dem Sārastya, um zu widerstehen dem Ažana, um zu widerstehen dem Ažahva, um zu widerstehen dem Kuruγa, um zu widerstehen dem Aživāka, um zu widerstehen dem Druka, um zu widerstehen dem Astairya [5]), um zu widerstehen dem bösen °Blick der Verwesung (und) der Befleckung, die (alle) Aŋra Mainyav °schuf gegen ihn, den Leib der Menschen.

7. Ich banne dich, die Krankheit, ich banne dich, den Tod, ich banne dich, den Dāžav [5]), ich banne dich, das Fieber, ich banne dich, den Sārana, ich banne dich, den Sārastya, ich banne dich, den Ažana, ich banne dich, den Ažahva, ich banne dich, den Kuruγa [5]), ich banne

---

[1]) ? [2]) s. No. 15 zu § 1. [3]) 1473. [4]) ?, āyapta xšaθra vairya!? [5]) Alles Namen von Krankheiten. [6]) 403.

dich, den Aživāka[1]), ich banne dich, den Druka, ich banne dich, den Astairya[1]), ich banne dich, o böser °Blick.

8. [2]) 'Durch dessen [Mazdāh's] Mehrung wir die Drug besiegen möchten[3]) — durch die Mehrung möchten wir die Drug[4]) besiegen —, dessen starkes Reich für mich[5]), o Ahura ...'

9. Ich gehe zu Leibe den Aširya's[6]), ich gehe zu Leibe den Aγūirya's[6]), ich gehe zu Leibe der Aγrā[1]), ich gehe zu Leibe der Uγrā, ich gehe zu Leibe der Krankheit, ich gehe zu Leibe dem Tod, ich gehe zu Leibe dem Dāžav, ich gehe zu Leibe dem Fieber, ich gehe zu Leibe dem Sārana, ich gehe zu Leibe dem Sārastya, ich gehe zu Leibe dem Ažana, ich gehe zu Leibe dem Ažahva, ich gehe zu Leibe dem Kuruγa, ich gehe zu Leibe dem Aživāka, ich gehe zu Leibe dem Druka, ich gehe zu Leibe dem Astairya[1]), ich gehe zu Leibe dem bösen °Blick der Verwesung (und) der Befleckung, die (alle) Anra Mainyav °schuf gegen ihn, den Leib der Menschen;

10. ich gehe zu Leibe jedwedem, Krankheit und Tod, allen Zauberern und Hexen, allen den druggläubigen Weibern.

11. Her komme der liebe Airyaman zur Unterstützung zu den Männern und Frauen des Zaraθuštra, zur Unterstützung des guten Sinns[7]).
Welches Ich den köstlichen Lohn verdient, (dem) erbitte ich den Preis der Gerechtigkeit[8]), den begehrenswerten[9]), welchen Ahura Mazdāh zuteilen wird[10]).

12. Schlagen soll das Ā.airyəmā.išyō(-Gebet) jedwedes, Krankheit und Tod, alle Zauberer und Hexen, alle die druggläubigen Weiber.

13—14. Wie der beste Oberherr[11]) .... nicht sollst du die stoffliche Welt des Aša °zunichte machen!" —
Aša ist das beste Gut[12]) ...

21.

1. „Verehrung dir, heiliges Rind, Verehrung dir, guttätiges Rind;
Verehrung dir dem fördernden, Verehrung dir dem mehrenden;
Verehrung dir, (da) du dem besten Ašagläubigen sein Anteil gibst[13]), (auch) dem noch nicht geborenen Ašagläubigen[14]), während[15]) (ihn, den Anteil) die Hure °zunichte macht (und) der dem Ašaglauben feindliche Irrlehrer und der druggläubige menschliche Machthaber." —

2. „Es wallt der Nebel, er wallt vor dem Wasser, dem Wasser entlang abwärts, auf dem Wasser[16]): tausend Regentropfen, ja zehntausend Regentropfen[17])", (so) sollst du sprechen, o ašagläubiger Zaraθuštra, —

---

[1]) Alles Namen von Krankheiten. [2]) Der § ist Y. 31. 4 nachgebildet. [3]) 1420. [4]) druje!? [5]) 28. [6]) Namen von Schmarotzertieren des menschlichen Körpers (?). [7]) 199. [8]) 1288. [9]) 378. [10]) 1113; der § = Y. 54. 1. [11]) = V. 8. 19—21. [12]) = Y. 27. 14. [13]) 923. [14]) 120. [15]) yā!? [16]) 389, 1236 f. [17]) 1798 (?).

(und) verschwunden (ist) die Krankheit, verschwunden der Tod [1]), verschwunden die mordende Krankheit, verschwunden der mordende Tod, verschwunden das . . . [2]) Verderben [1]).

3. Wenn man [3]) (ihm) nachmittags Schaden °zufügt, soll man (ihn) abends heilen [4]); wenn man (ihm) abends Schaden °zufügt, soll man nachts heilen; wenn man (ihm) nachts Schaden °zufügt, soll man morgens heilen. (Wenn) es tüchtig regnet [5]), (wird) das Wasser frisch, die Erde frisch [6]); die Pflanzen (werden) frisch, (wieder) frisch (werden) die Arzneien, frisch die Heilung schaffenden (Mittel) [7]).

4. Wie das Meer Vouru.kaša der Sammelort des Wassers ist [8]), erheb dich, ... [9]); erheb dich, geh suchend umher, (du) dem für Geburt und Wachstum Ahura Mazdāh eine feste Stätte zugewiesen hat [10]).

5. Gehe auf, geh auf, o Sonne mit den schnellen Rossen, über die hohe Harā hin; Licht sollst du bei den Geschöpfen schaffen, dazu geh auf [11]), wenn du dich auf dem Berg aufhältst [12]), auf der mazdāhgeschaffenen Bahn [13]), auf der von den Göttern bestimmten Stätte, auf der vorgeschriebenen wasserreichen.

6. ⟨Und vordem, o Übeltäter⟩ und vordem das heilige Wort [14]).
Ich, ich will dir nun Geburt und Wachstum rein waschen,
ich will dir Gestalt und Rüstigkeit läutern,
ich will schaffen, (daß) du schwanger wirst (und) Milch bekommst [15]).

7. O tätige, (die du) mit Muttermilch Melkmilch Butter Mark Nachkommenschaft versehen bist! Dir will Ich nun die tausend Quellen rein waschen, (die) zum Milchgefäß [16]) zusammenfließen, das die Nahrung des Kindes ist [17]).

8. Wie das Meer (Vouru.kaša) [18]) . . . ., (du) dem für Geburt und Wachstum Ahura Mazdāh die Erde zugewiesen hat.

9. Gehe auf, geh auf, o Mond, (der du) den Ursprung des Rinds bildest, über die hohe Harā hin; Licht sollst du bei den Geschöpfen schaffen, dazu geh auf [11]), wenn du dich auf dem Berg aufhältst [12]), auf der mazdāhgeschaffenen Bahn [13]), auf der von den Göttern bestimmten Stätte, auf der vorgeschriebenen wasserreichen.

10. ⟨Und vordem, o Übeltäter⟩ und vordem das heilige Wort [14]).
Ich, ich will dir nun Geburt und Wachstum rein waschen,

---

[1]) Eig. „bei verschwundener Krankheit". [2]) apa.gaδa-? [3]) Wer? die Hure? s. § 1. [4]) 1145. [5]) Eig. „wenn es in ringsher strömenden Regengüssen ringsher regnet". [6]) 1411. [7]) 915. [8]) 1429. [9]) hąm.yaētåŋhō yaonəmča avi ząmča ząmča avi yaonəmča; Geldner KZ. 24. 147: „richte deinen Lauf zur Erde, zur Erde deinen Lauf" (vom Wasser, das von der Erde aufsteigt und als Regenwasser wieder zur Erde zurückkehrt). [10]) 1230 f. [11]) 648. [12]) 741. [13]) 626.. [14]) ? [15]) 1753. [16]) d. i. „die weibliche Brust". [17]) 481. [18]) = V. 21. 4.

ich will dir Gestalt und Rüstigkeit läutern,
ich will schaffen, (daß) du schwanger wirst (und) Milch bekommst[1]).

11. O tätige, (die du) mit Muttermilch Melkmilch Butter Mark Nachkommenschaft versehen bist! Dir will Ich nun die tausend Quellen rein waschen, (die) zum Milchgefäß[2]) zusammenfließen, das die Nahrung des Kindes ist[3]).

12. Wie das Meer Vouru.kaša der Sammelort des Wassers ist[4]), erheb dich, ...[5]); erheb dich, geh suchend umher, (du) dem für Geburt und Wachstum Ahura Mazdāh das Wachstum[6]) zugewiesen hat.

13. Gehe(t) auf, geh(t)[7]) auf, geheimnisvolle, des Wassers Ursprung bildende Sterne, über die hohe Harā hin; Licht sollt[7]) ihr bei den Geschöpfen schaffen, dazu geh(t) auf, wenn ihr euch auf dem Berg aufhaltet[7]), auf der mazdāhgeschaffenen Bahn, auf der von den Göttern bestimmten Stätte, auf der vorgeschriebenen wasserreichen.

14. ⟨Und vordem, o Übeltäter⟩ und vordem das heilige Wort[8]).
Ich, ich will dir nun Geburt und Wachstum rein waschen,
ich will dir Gestalt und Rüstigkeit läutern,
ich will schaffen, (daß) du schwanger wirst (und) Milch bekommst[1]).

15. O tätige, (die du) mit Muttermilch Melkmilch Butter Mark Nachkommenschaft versehen bist! Dir will Ich nun die tausend Quellen rein waschen, (die) zum Milchgefäß[2]) zusammenfließen, das die Nahrung des Kindes ist[3]).

16. Wie das Meer Vouru.kaša der Sammelort des Wassers ist[4]), erheb dich, ...[5]); erheb dich, geh suchend umher, (du) dem für Geburt und Wachstum Ahura Mazdāh den Nachmittag[6]) zugewiesen hat.

17. Erhebe dich, erheb dich! Durch Beschwörung (bist du) vertrieben, o Kaxužī[8]), vertrieben, o Ayehyā, vertrieben, o zauberische Dirne!

18—23. Ich gehe zu Leibe den Aširya's[9]) .... die stoffliche (Welt) des Aša (°zunichte machen)!
Aša ist das beste Gut[10]) ...

22.

1. Es sprach Ahura Mazdāh zu dem Spitama Zaraθuštra:
„Ich, ich der Ahura Mazdāh, Ich der Schöpfer der guten (Dinge), der ich dies Haus gestaltete, das schöne lichte erstrahlende, ich will hinausgehen, ich will fortgehen.

2. Darauf erblickte mich[11]) der schurkische, und es °schuf mir der schurkische vielverderbliche Anra Mainyav 9 und 90 und 900 und 9000 und

[1]) 1753. [2]) d. i. „die weibliche Brust". [3]) 481. [4]) 1429. [5]) s. No. 9 zu § 4. [6]) ? [7]) Überall im § die 2. Sg. statt Pl. in Anlehnung an § 5. [8]) 432. [9]) = V. 20. 9—14. [10]) = Y. 27. 14. [11]) 459.

9 mal 10 000[1]) Krankheiten. Und Du, o Mąθra Spənta, der hochherrliche, mögest mich heilen.

3. Ich will dir als Entgelt dafür geben auf einmal tausend schnelle tüchtig laufende Rosse,
ich will beten, o gute mazdāhgeschaffene ašaheilige Saokā[2]);
ich will dir als Entgelt dafür geben auf einmal tausend ...[3]) steifhöckrige Kamele,
ich will beten, o gute mazdāhgeschaffene ašaheilige Saokā[2]);

4. ich will dir als Entgelt dafür geben auf einmal tausend dunkelfarbige Rinder mit makellosen Leibern,
ich will beten, o gute mazdāhgeschaffene ašaheilige Saokā[2]);
ich will dir als Entgelt dafür geben auf einmal tausend feiste Schafe von allen (Haar)farben,
ich will beten, o gute mazdāhgeschaffene ašaheilige Saokā[2]).

5. Und Ich segne dich mit schöner dahmamäßiger Segnung, mit lieber dahmamäßiger Segnung:
die mangelndes voll macht[4]),
(die) schon volles überfließen läßt[5]),
(die) auch den Nichtkranken krank werden läßt und den Kranken gesund macht[6])."

6. Ihm antwortete Mąθra Spənta, der hochherrliche:
„Wie soll Ich dich heilen, wie soll Ich dir beseitigen[7]) die 9 und 90 und 900 und 9000 und 9 mal 10 000[1]) Krankheiten?"

7. Zu Nairyō.saŋha[8]) sprach er, der Schöpfer Ahura Mazdāh[9]):
„O beredter Nairyō.saŋha, geh weg, fahr hin ins Haus zu Airyaman; das sollst du dem Airyaman kund tun[10]):

8. ‚Das läßt dir der ašaehrwürdige Ahura Mazdāh kund tun[11]): „„Ich, ich der Ahura Mazdāh, Ich der Schöpfer der guten (Dinge), der ich dies Haus gestaltete, das schöne lichte erstrahlende, ich will hinausgehen, ich will fortgehen.

9. Darauf erblickte mich[12]) der schurkische, und es °schuf mir der schurkische vielverderbliche Aŋra Mainyav 9 und 90 und 900 und 9000 und 9 mal 10 000[1]) Krankheiten. Und Du, o Airyaman, der liebe, mögest mich heilen.

10—12. Ich will dir (als Entgelt dafür) geben[13]) .... (gesund) macht"".'"

13. In Gehorsam gegen sein [des Ahura Mazdāh] Wort[14]) ging der beredte Nairyō.saŋha fort (und) fuhr hin ins Haus zu Airyaman; das tat er dem Airyaman kund:

---

[1]) 1046; „= 99999". [2]) ? [3]) urvatō? [4]) 1407. [5]) 531. [6]) 926. [7]) 966. [8]) nairyō.saŋhō! [9]) 36 f. [10]) 198, 370. [11]) 1578, 370. [12]) 459. [13]) = V. 22. 4—5. [14]) 828 o.

14—18. „Das läßt dir der ašaehrwürdige Ahura Mazdāh kund tun[1]): ‚Ich, ich der Ahura Mazdāh[2]) .... (gesund) macht'." —

19. Alsbald geschah es — (es dauerte) nicht lang[3]) —, daß emsig tätig er, der liebe Airyaman, herankam:
zum Berg, (auf dem) die beiden [Ahura Mazdāh und Zaraθuštra] die heiligen Unterredungen führen,
zum Baum, (unter dem) die beiden die heiligen Unterredungen führen[4]).

20. Haar von neun Roßhengsten brachte er[5]), der liebe Airyaman,
Haar von neun Kamelhengsten brachte er, der liebe Airyaman,
Haar von neun Rinderstieren brachte er, der liebe Airyaman,
Haar von neun Schafböcken brachte er, der liebe Airyaman;
neun Weidengerten brachte er[6]), neun Furchstreifen zog er[7]).

21—26. Ich gehe zu Leibe den Aširya's[8]) .... (Welt) des Aša (°zunichte machen)! —
Aša ist das beste Gut[9]) ...

Ich verwünsche die Daēva's. (Es gibt nur) éin(en) Weg, den des Aša, alle (Wege) der anderen (sind) Unwege[10]).

---

[1]) 1578. [2]) = V. 22. 1—5. [3]) 1177. [4]) 1622. [5]) 482. [6]) 1314. [7]) 449. [8]) = V. 20. 9—14. [9]) = Y. 27. 14. [10]) 75, 1217; vgl. Y. 72. 11.

INDEX.

Aufgenommen sind sämtliche Eigennamen und alle avestischen Ausdrücke mit Ausnahme einiger Krankheitsnamen (z. B. V. 20. 3) und ähnlicher Wörter, die in den Fußnoten genügend bezeichnet sind. Im Sachindex wird der Leser vielleicht den oder jenen Hinweis vergeblich suchen, ich hoffe aber allzu wichtige Dinge nicht übersehen zu haben. Fast überall habe ich mich darauf beschränkt, drei Stellen anzuführen; ein beigefügtes 'usw.' weist auf die Unvollständigkeit der Angaben hin. — Die Anordnung der Buchstaben ist: a = ā, å, ą, ə = ə̄, b, c = č, d = δ, e, f, g = γ, h, h̆, i = ī, j = ǰ, k, l, m, n, ŋ = ń, o = ō, p, q, r, s, š, t, θ, ṱ, u = ū, v, w, x, x^{v}, y, z, ž. — = bedeutet, daß die betreffenden Buchstaben nicht unterschieden werden. Die Einschubvokale (s. Vorwort S. X) sind in kleinerem Druck gegeben, aber in der Reihenfolge der Buchstaben wie die übrigen behandelt. Im Index angewendete Abkürzungen (s. auch Vorwort S. XI) sind:

a. bedeutet ašagläubiger Mann.
d. „ druggläubiger Mann.
EN. „ Eigenname eines Mannes, dessen Glaubensrichtung unbekannt ist.
aF. (*M.*) bedeutet ašagläubige Frau (Mädchen).
G. bedeutet ahurische Gottheit (*wG.* weibliche Gottheit).
D. „ daēvische Gottheit (*wD.* weibliche Gottheit).
B. „ Berg (oder Gebirge).
F. „ Fluß.
L. „ Land.
V. „ Volk.
M., *MT.* bedeutet Monat, Monatstag.
* bedeutet, daß das so bez. Wort nur in Zusammensetzung vorkommt.

---

¹) Die drei Namen bezeichnen das selbe Gebirge.

Verbesserungen.

S. 18 § 4 letzte Reihe lies: um zufriedenzustellen auch meine ....
S. 26 § 4 „ „ „ : „ „ „ „ „ .
S. 38 § 6 „ „ „ : Dahaka's.
S. 42 § 6 „ „ „ : .... wir Dir [8]).
In den Noten „ : [8]) 1859.
S. 49 in „ „ „ : [21]) D. i. Y. 47.
S. 69 § 4 letzte Reihe „ : auf diese Weise die Priesterschaften, mit ....
S. 77 § 15 3. u. 4. „ „ : (-Sünde).
S. 103 § 4 5. Reihe „ : fortzuschaffen jedweden.
S. 104 § 10 1. „ „ : Rāman (und) ...
S. 112 § 4 letzte Reihe „ : ist zu streichen.
S. 136 § 8 2. Reihe „ : Tištryaēinī's.
S. 158 § 1 2. „ „ : über die anderen.
S. 165 § 3 8. „ „ : vor dem ... [5]), vor dem männlichen ....
In den Noten „ : [5]) ustrāi vairyāi?
S. 224 § 17 6. Reihe „ : die beiden Genossen von uns den Saošyant's: den zweibeinigen ....
S. 244 § 101 7. „ „ : (Sohns).
S. 247 § 111 2. „ „ : Hąm.barətar.vaŋhvąm.
4. „ „ : } Staotar.vahištahe.ašahe.
S. 255 § 140 letzte Reihe „ : }
S. 286 § 3 1. u. 2. Reihe „ : (und) die Kąsō.tafəδra's.
§ 8 3. Reihe „ : dem Krieger und dem
S. 296 § 92 2. „ „ : Vīspa.taurvā.
S. 388 § 54 2. „ „ : zurückkehren.

Kolibri 360 GmbH
Ferdinand-Jühlke-Straße 7
99095 Erfurt, Deutschland
produktsicherheit@kolibri360.de